航天器飞行控制技术基础

（第二版）

李建成　等　编著

中国宇航出版社
·北京·

图书在版编目（CIP）数据

航天器飞行控制技术基础 / 李建成等编著. -- 2版.
北京 : 中国宇航出版社, 2024. 9. -- ISBN 978-7-5159-2427-4

Ⅰ. V448.2

中国国家版本馆CIP数据核字第2024V3H257号

责任编辑 张丹丹 朱琳琳 **封面设计** 王晓武

出版发行	中国宇航出版社		
社址	北京市阜成路8号 **邮编** 100830 (010)68768548	**版次**	2024年9月第2版 2024年9月第1次印刷
网址	www.caphbook.com	**规格**	787×1092
经销	新华书店	**开本**	1/16
发行部	(010)68767386 (010)68371900 (010)68767382 (010)88100613（传真）	**印张**	26.25
		字数	639千字
零售店	读者服务部 (010)68371105	**书号**	ISBN 978-7-5159-2427-4
承印	天津画中画印刷有限公司	**定价**	105.00元

本书如有印装质量问题，可与发行部联系调换

《航天器飞行控制技术基础（第二版）》编写委员会

主　编　李建成

副主编　钟文冬　杨正磊

编　委　（按姓氏笔画排序）

王晓伟　王瑞花　孙　斌　孙守明

杨怀彬　张海威　淡　鹏　靳忠涛

前　言

近年来，低轨互联网星座管理、在轨服务与自主管理、太空交通管理、太空活动长期可持续发展等议题持续走热，商业航天飞速发展，人工智能、机器人、先进制造等技术在航天领域的运用日新月异，太空安全治理对航天器全寿命管理的要求越来越高。航天器飞行控制作为航天器全寿命管理不可或缺的一部分，其作用日趋重要。

根据最新航天技术发展及应用情况，在第一版的基础上，对本书进行了修改和完善，主要调整如下：

1）调整了全书章节结构，对有关章节和内容进行了增删。调整后为：第 1 章概述；第 2 章发射场与运载火箭；第 3 章航天器；第 4 章航天测控网；第 5 章运载火箭跟踪测量；第 6 章航天器跟踪测量；第 7 章航天器遥测遥控；第 8 章航天器姿态测量与控制；第 9 章航天器轨道测量与确定；第 10 章航天器轨道控制；第 11 章航天器返回；第 12 章航天器寿命末期管理。

2）从全寿命管理角度，扩充航天器寿命末期管理内容。

3）增加了国外主要发射场及典型运载火箭的介绍。

4）对运载火箭跟踪测量、航天器跟踪测量、航天器轨道控制等章进行了补充完善，增加了常用监测分析与计算、航天器自主控制等内容。

5）对第一版中部分描述不准确的术语进行了修改。

总体而言，与第一版相比，修订后内容更加全面，不仅保留了航天器自发射入轨至离轨全阶段飞行控制的系统性，同时更加贴合工程应用实际。对于航天器测控系统总体从业人员，以及从事航天器飞行控制及相关工作的工程技术人员都有很好的参考价值。

在编写本书过程中，参考了相关文献和标准，在此向相关文献的作者表示衷心的感谢，同时也感谢第一版的读者及同行专家，你们的宝贵建议是对本书再版最大的肯定。

由于作者水平有限，书中难免有错误和不当之处，敬请各位读者批评指正。读者可将意见和建议发送至电子邮箱 pather123@163. com。

作　者

2024 年 6 月

目 录

第1章 概 述 …… 1
1.1 航天工程 …… 1
1.1.1 航天工程的分类 …… 1
1.1.2 航天工程的组成 …… 7
1.2 航天器飞行控制 …… 9
1.2.1 发射入轨段 …… 9
1.2.2 早期轨道段 …… 10
1.2.3 在轨运行段 …… 10
1.2.4 返回及离轨段 …… 10
1.3 本书的结构 …… 11
第2章 发射场与运载火箭 …… 13
2.1 航天发射场 …… 13
2.1.1 航天发射方式 …… 13
2.1.2 发射场及组成 …… 14
2.1.3 发射场选址 …… 15
2.1.4 世界主要航天发射场简介 …… 17
2.2 运载火箭 …… 25
2.2.1 运载火箭的分类 …… 25
2.2.2 运载火箭系统的组成 …… 27
2.2.3 运载火箭的主要技术参数 …… 34
2.3 世界主要运载火箭 …… 36
2.3.1 美国 …… 37
2.3.2 苏联/俄罗斯 …… 43
2.3.3 欧洲 …… 45
2.3.4 印度 …… 46
2.3.5 中国 …… 48
2.3.6 其他国家 …… 63
参考文献 …… 65

第 3 章 航天器 …… 66
3.1 航天器的分类 …… 66
3.1.1 人造地球卫星 …… 67
3.1.2 空间探测器 …… 71
3.1.3 载人及货运航天器 …… 72
3.2 航天器系统的组成 …… 75
3.2.1 结构与机构分系统 …… 76
3.2.2 测控分系统 …… 80
3.2.3 数据管理分系统 …… 84
3.2.4 控制分系统 …… 87
3.2.5 推进分系统 …… 88
3.2.6 电源分系统 …… 97
3.2.7 热控分系统 …… 100
参考文献 …… 104

第 4 章 航天测控网 …… 105
4.1 概述 …… 105
4.1.1 测控网的组成 …… 105
4.1.2 测控网的功能 …… 106
4.1.3 测控网的布局 …… 106
4.1.4 测控网的运行模式 …… 107
4.2 航天测控中心 …… 108
4.2.1 测控中心的作用 …… 108
4.2.2 测控中心的组成 …… 108
4.3 地基测控网 …… 110
4.3.1 地面测控站 …… 110
4.3.2 海上测量船 …… 114
4.4 天基测控网 …… 115
4.4.1 中继卫星系统 …… 115
4.4.2 导航卫星系统 …… 117
4.5 测控网信息交换 …… 120
4.5.1 发射入轨段测控信息交换 …… 121
4.5.2 在轨运行段测控信息交换 …… 123
4.5.3 返回段测控信息交换 …… 125
4.5.4 主、备测控中心间信息交换 …… 127
参考文献 …… 128

第 5 章　运载火箭跟踪测量 …… 129
5.1　运载火箭弹道 …… 129
5.1.1　运载火箭飞行弹道 …… 129
5.1.2　运载火箭飞行程序 …… 131
5.1.3　运载火箭的质心动力学方程 …… 131
5.2　火箭跟踪测量 …… 132
5.2.1　飞行姿态监视 …… 132
5.2.2　飞行弹道监视 …… 134
5.2.3　跟踪条件分析 …… 142
5.2.4　分离点火箭姿态 …… 145
5.3　发射窗口 …… 147
5.3.1　发射窗口约束 …… 148
5.3.2　典型轨道航天器发射窗口 …… 151
5.4　箭体陨落预报 …… 157
参考文献 …… 158

第 6 章　航天器跟踪测量 …… 159
6.1　无线电测控 …… 159
6.1.1　统一测控系统 …… 159
6.1.2　雷达系统 …… 167
6.1.3　深空测控 …… 172
6.2　光学测量 …… 177
6.3　跟踪测量计算 …… 178
6.3.1　测站跟踪预报 …… 179
6.3.2　天线角计算 …… 180
6.3.3　巡航可见预报计算 …… 181
6.3.4　测站干扰预报 …… 181
6.3.5　跟踪遮蔽角 …… 182
6.3.6　跟踪动态性能 …… 183
6.3.7　测控链路估算 …… 183
参考文献 …… 187

第 7 章　航天器遥测遥控 …… 188
7.1　基本原理 …… 188
7.2　航天器遥测 …… 190
7.2.1　遥测信息格式 …… 191
7.2.2　遥测信息处理 …… 201
7.3　航天器遥控 …… 207

7.3.1 遥控信息格式 …… 207
7.3.2 遥控信息处理 …… 214
7.3.3 遥控信息校验和比对 …… 217
参考文献 …… 222

第 8 章 航天器姿态测量与控制 …… 223
8.1 姿态控制系统的组成 …… 223
8.2 坐标系及姿态描述 …… 224
8.2.1 航天器本体坐标系 …… 224
8.2.2 常用参考坐标系 …… 224
8.2.3 姿态描述 …… 227
8.3 姿态确定及计算 …… 231
8.3.1 姿态敏感器 …… 231
8.3.2 姿态确定方法 …… 237
8.3.3 星敏感器姿态角计算 …… 239
8.4 姿态控制执行机构 …… 239
8.4.1 推力器 …… 239
8.4.2 磁力矩器 …… 240
8.4.3 飞轮 …… 241
8.5 典型航天器姿态控制方案 …… 243
8.5.1 某遥感卫星姿态控制方案 …… 244
8.5.2 某静止轨道卫星姿态控制方案 …… 245
参考文献 …… 251

第 9 章 航天器轨道测量与确定 …… 252
9.1 轨道测量数据 …… 253
9.1.1 惯性导航数据 …… 253
9.1.2 外测数据 …… 254
9.1.3 GNSS 数据 …… 257
9.2 初始轨道确定及分离点参数计算 …… 257
9.2.1 初始轨道计算 …… 258
9.2.2 初始轨道修正 …… 264
9.2.3 分离点参数计算 …… 266
9.3 精密轨道确定 …… 268
9.3.1 动力学模型 …… 268
9.3.2 轨道参数估计 …… 269
参考文献 …… 271

第 10 章　航天器轨道控制 …… 272
10.1　轨道描述及类型 …… 272
10.1.1　轨道描述 …… 272
10.1.2　轨道类型 …… 273
10.2　常见的航天器轨道 …… 275
10.2.1　冻结轨道 …… 275
10.2.2　太阳同步轨道 …… 276
10.2.3　地球静止轨道 …… 278
10.2.4　双曲线深空探测轨道 …… 280
10.3　轨道运动及控制方程 …… 281
10.3.1　摄动运动及轨道控制动力学方程 …… 281
10.3.2　轨道平面内控制 …… 283
10.3.3　轨道平面控制 …… 285
10.4　典型航天器轨道控制 …… 286
10.4.1　初始轨道捕获与轨道维持 …… 286
10.4.2　星座构型控制 …… 288
10.4.3　交会对接控制 …… 291
10.4.4　地球静止轨道卫星控制 …… 294
10.5　航天器自主轨道控制 …… 315
10.5.1　自主轨道捕获 …… 316
10.5.2　自主轨道保持 …… 318
10.5.3　自主碰撞规避 …… 319
10.5.4　自主交会对接 …… 321
10.5.5　深空自主导航 …… 322
参考文献 …… 325

第 11 章　航天器返回 …… 326
11.1　航天器返回过程 …… 326
11.1.1　制动段 …… 326
11.1.2　过渡段 …… 327
11.1.3　再入段 …… 328
11.1.4　着陆段 …… 331
11.2　航天器返回方式 …… 333
11.2.1　弹道式返回 …… 333
11.2.2　弹道-升力式返回 …… 334
11.2.3　升力式返回 …… 334
11.2.4　受控陨落 …… 336

11.3　返回制动参数计算 …… 337
11.3.1　返回圈选择 …… 338
11.3.2　控制参数计算 …… 339
11.4　返回弹道计算 …… 340
11.4.1　GNSS 弹道计算 …… 340
11.4.2　内测弹道计算 …… 340
11.4.3　外测弹道计算 …… 341
11.5　返回落点预报 …… 341
11.5.1　返回运动模型 …… 341
11.5.2　再入制导方法 …… 345
11.5.3　积分计算落点 …… 345
参考文献 …… 347

第 12 章　航天器寿命末期管理 …… 348
12.1　依据、原则和内容 …… 348
12.1.1　依据 …… 348
12.1.2　原则 …… 348
12.1.3　内容及要求 …… 349
12.2　空间碎片减缓要求 …… 349
12.3　漂星再定点 …… 350
12.4　退役和报废 …… 352
12.4.1　退役 …… 352
12.4.2　报废 …… 352
12.5　离轨 …… 353
12.5.1　离轨方式 …… 353
12.5.2　离轨的一般原则 …… 354
12.5.3　推进式离轨的一般过程 …… 354
12.5.4　典型航天器离轨 …… 355
12.6　钝化 …… 359
参考文献 …… 361

附　录 …… 362
附录 A　长征系列运载火箭主要参数 …… 362
附录 B　中国运载火箭发射记录 …… 365
附录 C　其他国家主要运载火箭发射记录 …… 386

第1章　概　述

我国古代有“后羿射日”“嫦娥奔月”的传说，西方文明中有太阳神和月神的神话故事，可见，人类对外太空探索的渴望伴随着人类数千年的文明。然而，人类真正意义上进入现代航天时代，开始于齐奥尔科夫斯基、戈达德等科学家建立航天理论并进行实践。被称为火箭之父的俄国科学家齐奥尔科夫斯基最先论证了利用火箭进行星际交通、制造地球卫星的可能性，指出制造火箭和发展宇航的合理途径，并找到了液体火箭发动机结构等一系列重要工程技术的解决方案。美国科学家戈达德是液体火箭的发明者，他于1926年3月16日发射了世界上第一枚液体火箭。自1957年10月4日，苏联在拜科努尔航天发射场将人类第一颗人造地球卫星斯普特尼克1号发射进入太空以来，短短半个多世纪，人类的航天活动由地球空间延伸到月球空间，再到行星际空间，从无人飞行延伸到载人飞行，航天技术取得了突飞猛进的发展，从通信、遥感领域，到导航及天文观测，航天器已经广泛应用于人类生活和社会的各个领域，极大地促进了科技发展和社会进步，同时也为人类活动提供了诸多便利。

1.1　航天工程

人类为了探索、开发和利用地球外层空间及地球以外空间和天体，通常采用系统工程的理论和方法来组织进行一些工程项目或计划，这些航天活动的工程项目或计划即称为航天工程。

1.1.1　航天工程的分类

航天工程种类繁多，可依据不同的标准和原则进行划分。

按工程目的，可将航天工程划分为空间探测工程和空间利用工程。空间探测是指为了一定的科学目的，对空间环境和天体进行的一类探测活动。依据探测范围的大小，空间探测又可分为近地空间探测、月球探测、火星探测等行星际探测，未来可能对太阳系以外的星际空间进行探测；空间利用是指以科学研究和应用为目的，发射一个或多个航天器，直接或间接地为人类服务，所用的航天器一般包括人造地球卫星、航天飞机、载人飞船、空间站等。

按照服务性质，可将航天工程划分为军用航天工程、民用航天工程和商业航天工程。顾名思义，军用航天是指以军事应用为目的，开发和利用太空的航天工程，应用领域包括军事侦察、通信、导航、测绘和预警等。民用航天则是以民事应用（非军事）为目的，开发和利用太空的航天工程，一般用于执行科学研究、经济开发、工业生产等民用任务，应用领域有气象、资源普查、遥感成像等。商业航天则是商业公司主要以商业盈利为目的，进行的开发和利用太空的活动。伴随着“互联网＋航天”的产业升级变革，在全球新一轮工业革命的大背景下，商业航天也是航天技术发展所经历的一个必然阶段。目前，我国商业航天的主要发展领域包括商业火箭发射、遥感、物联网应用及通信卫星应用等。

按照是否载人，还可将航天工程划分为无人航天工程和载人航天工程。

此外，按照功能和特点，可将航天工程分为人造地球卫星工程、载人航天工程和深空探测工程等。其中，人造地球卫星工程又可分为科学实验工程、技术试验工程和应用工程；载人航天工程可分为载人飞船工程、航天飞机工程和空间站工程等；深空探测工程又可分为月球探测工程、行星探测工程及星际空间探测工程等，如图 1－1 所示。

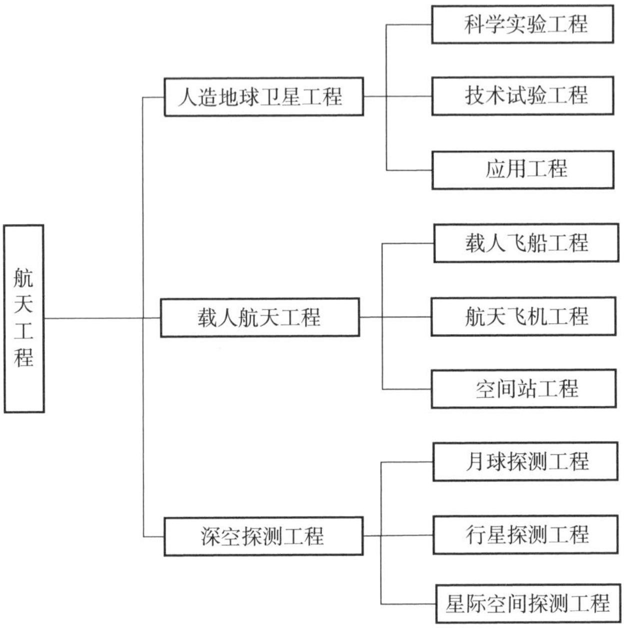

图 1－1　航天工程的分类

1.1.1.1　人造地球卫星工程

人造地球卫星也称为人造卫星，是由运载器送入空间轨道并能绕地球运行的无人航天器。人造地球卫星是目前我国及世界上其他各国发射数量最多、用途最广的一类航天器。按人造地球卫星运行轨道划分，可分为近地轨道卫星、中地球轨道卫星、地球同步轨道卫星等；按任务性质和应用领域可分为科学实验卫星、技术试验卫星和应用卫星。科学实验卫星是指用于科学研究和空间探测的人造地球卫星，主要包括空间物理探测卫星和天文卫星，借助望远镜、光谱仪、电离计、压力测量仪等仪器研究地球、太阳等天体及空间环境。技术试验卫星是指用于航天新技术、新材料和新概念试验或为应用卫星进行先期试验的人造地球卫星，此类卫星试验内容广泛，如生物对空间环境的适应性试验、交会对接试验、离子推进试验和激光通信试验等。应用卫星是指直接为国民经济和军事服务的人造地球卫星，也是目前发射数量和种类最多的人造地球卫星。

自 1970 年 4 月 24 日我国成功发射第一颗人造地球卫星东方红一号至今，通过启动各类大型系列航天工程，已形成了科学探测与技术试验、导航定位、遥感、气象、通信、地球资源等几大卫星系列工程。

（1）实践系列卫星

我国的科学探测和技术试验卫星工程多以“实践”系列命名。自 1971 年 3 月 3 日实践一号卫星发射以来，我国已经成功发射了 20 余颗“实践”系列卫星，进行了空间环境探测、空间射线观测、太空育种等多项科学实验任务，同时也完成了自旋稳定、三轴稳定、卫星编队、星间测量和通信、Ka 频段大容量通信以及各类卫星平台大量的技术试验与验证，为促进我国空间科学技术的发展发挥了重要作用。

特别是近年来，中国科学院主导的空间科学先导专项一期工程，先后成功发射了暗物质卫星（悟空号）、实践十号卫星、量子卫星（墨子号）以及硬 X 射线调制望远镜卫星（慧眼号）等，重点针对暗物质粒子空间探测、空间大尺度量子力学试验、黑洞和天文观测、微重力和生命科学等领域，实现了多项国际领先或先进的空间技术突破，极大地提升了中国在国际空间科学领域的声誉。空间科学先导专项（二期）于 2018 年 7 月 4 日正式启动，将瞄准宇宙和生命起源与演化、太阳系与人类的关系两大科学前沿，在时域天文学、太阳磁场与爆发的关系、太阳风-磁层相互作用规律、引力波电磁对应体等方向开展卫星研制，并进行科学实验。

（2）北斗导航卫星工程

北斗导航卫星工程是我国为建立自主、独立运行的全球卫星导航系统——北斗卫星导航系统，着眼于国家安全和经济社会发展需要而启动的重大专项工程。北斗卫星导航系统能够为全球用户提供全天候、全天时、高精度的定位、导航和授时服务，属于国家重要空间基础设施。我国自 20 世纪 80 年代开始探索适合国情的卫星导航系统发展道路，该工程形成了“三步走”的发展战略：

第一步，建设北斗一号系统。北斗一号系统工程于 1994 年启动建设；2000 年，发射两颗地球静止轨道（GEO）卫星，建成系统并投入使用。系统采用有源定位体制，为我国用户提供定位、授时、广域差分和短报文通信服务。

第二步，建设北斗二号系统。北斗二号系统在兼容北斗一号系统技术体制的基础上，增加无源定位体制，能够为亚太地区用户提供定位、测速、授时和短报文通信服务。北斗二号系统工程于 2004 年启动，2012 年建成，完成了地球静止轨道卫星、倾斜地球同步轨道卫星、中地球轨道卫星应用组网。

第三步，建设北斗三号系统。北斗三号系统继承有源服务和无源服务两种技术体制，于 2009 年启动，系统包括 3 颗地球静止轨道卫星、3 颗倾斜地球同步轨道卫星及 24 颗中地球轨道卫星。2020 年 6 月 23 日，随着最后一颗北斗三号 GEO 卫星的成功发射并升空，我国北斗三号卫星导航系统正式建成，自此，北斗三号导航卫星系统将面向全球用户，提供基本导航（定位、测速、授时）、全球短报文通信、国际搜救服务，中国及周边地区用户还可额外享有区域短报文通信、星基增强、精密单点定位等服务。

（3）高分专项工程

高分专项工程即高分辨率对地观测系统重大专项，是国家中长期科学和技术发展规划纲要（2006—2020 年）的 16 个重大科技专项之一。该工程于 2010 年启动，2020 年建成，系统统筹建设基于卫星、平流层飞艇和飞机的高分辨率对地观测系统，完善地面资源，并与其他观测手段结合，形成全天候、全天时、全球覆盖的对地观测能力，由天基观测系统、临近空间观测系统、航空观测系统、地面系统、应用系统等组成。其中，天基观测部分包括高分一号至高分十四号等 14 个系列、20 余颗卫星组成的高分卫星网络，覆盖了从全色、多光谱到高光谱，从光学到雷达，从太阳同步轨道到地球同步轨道等多种类型，构成了一个具有高空间分辨率、高时间分辨率和高光谱分辨率能力的对地观测系统。高分专项工程的实施，将为中国现代农业、防灾减灾、资源环境、公共安全等重要领域提供信息服务和决策支持，对于促进我国空间基础设施建设，加快我国空间信息与应用技术发展，提升自主创新能力，满足国家经济建设、社会发展和国家安全需要具有重要战略意义。

（4）气象卫星工程

我国的气象卫星工程也称为风云卫星工程，自 1988 年成功发射第一颗风云一号极轨气象卫星以来，已构建了涵盖风云一号、风云二号、风云三号、风云四号在内的四代气象卫星体系，形成了完善的气象卫星系统，同时促使我国成为继美国、俄罗斯之后世界上同时拥有两种轨道气象卫星的国家。世界上越来越多的国家开始使用我国提供的气象数据，彰显了我国在全球气象观测与服务领域中的重要地位。

风云一号卫星为我国第一代气象卫星，共发射 4 颗，采用极地太阳同步轨道，能够获取昼夜可见光、红外云图、冰雪覆盖、植被、海洋水色等气象数据。风云一号的发射，结束了我国气象预报卫星数据长期依赖国外的历史，也为我国后续气象卫星的发展奠定了基础。

风云二号卫星为我国第二代气象卫星，采用地球静止轨道，卫星采用自旋稳定平台，自 1997 年第一颗风云二号 01 卫星发射至 2018 年最后一颗风云二号 09 卫星发射，风云二号卫星在长达 20 年的时间内，在我国及周边国家气象观测预报、减灾防灾方面发挥了重要作用。

风云三号卫星于 2000 年 9 月批准立项，为我国新一代极轨气象系列卫星，风云三号卫星计划发射 8 颗，目前在轨运行 4 颗，已被世界气象组织纳入新一代世界极轨气象卫星网，卫星装载多达 11 种有效载荷，瞄准国际先进水平，可对地面上空 30 km 的范围形成立体的彩色图像，大大增强了气象预报的精细化和准确度。

风云四号卫星的论证开始于 20 世纪 90 年代。2016 年 12 月，随着搭载风云四号卫星的长征三号乙运载火箭发射升空，标志着我国静止轨道气象卫星完成了从第一代（风云二号）向第二代的跨越。该卫星为我国首颗地球同步轨道三轴稳定气象卫星，成功突破了代表国际前沿的高精度图像定位与配准等关键技术，整体性能达到国际先进水平。

（5）资源系列卫星

资源系列卫星是专门用于探测和研究地球资源的卫星，可分为陆地资源卫星和海洋资源卫星。

世界上第一颗陆地资源卫星是美国1972年发射的陆地卫星一号。我国于1990年开始和巴西联合研制资源卫星，并以“资源”系列命名。1999年发射的中巴联合研制的第一颗资源一号卫星，也是我国第一代传输型地球资源卫星。截至目前，我国的资源系列卫星共发射了资源一号、资源二号、资源三号系列等共10余颗卫星，在勘查底层结构、普查农作物和预报自然灾害等领域发挥了重要作用。

海洋系列卫星包括海洋一号卫星、海洋二号卫星等。海洋一号卫星为海洋水色卫星，主要任务是探测海洋水色环境要素、水温、污染物及浅海水深和水下地形，海洋二号卫星为海洋动力环境卫星，主要任务是探测海面风场、温度场、海面高度、流场等数据。2018年10月发射的中法海洋卫星是我国和法国合作研制的首颗海洋卫星，将与已发射的海洋一号和二号卫星联合工作，进一步丰富海洋探测手段，提升我国海洋的立体观测能力。

（6）数据中继卫星

通信卫星（Communications Satellite）是世界上应用最早、应用最广的卫星之一，是卫星通信系统的空间组成部分。通信卫星通过转发无线电信号，来实现卫星通信站（终端）之间或地球站与航天器之间的通信。

通信卫星种类很多，数据中继卫星是其中非常重要的一类，享有“卫星的卫星”之誉。我国数据中继卫星以“天链”命名，其需求最初源于我国的载人航天工程，目的是解决地面测控网对近地轨道航天器覆盖率低的问题，可为卫星、飞船等航天器提供数据中继和测控服务，极大地提高了各类卫星的使用效益和通信能力。自2008年我国发射第一颗中继卫星——天链一号01星以来，已经发展了天链一号和天链二号两代中继卫星，均采用地球静止轨道，天链一号搭载单址天线，单次可服务一个目标，天链二号则搭载多址天线，可同时对多个目标提供数据中继服务。

1.1.1.2 载人航天工程

顾名思义，载人航天工程是指有人参与空间飞行的一类航天工程。由于航天员的参与，给航天科学实验带来了很大的方便性和灵活性，但也使航天工程更为复杂，安全性要求更高。目前，载人航天器按飞行和工作方式又可分为载人飞船、航天飞机和空间站等。载人飞船，也称为宇宙飞船，是能够保障航天员在外层空间生活和执行航天任务并能够安全返回地面的航天器。航天飞机又称为太空梭，是世界上第一种可重复利用的、往返于太空地面之间的航天器，它既能像运载火箭那样把人造卫星等航天器送入太空，也能像载人飞船那样在空间轨道上运行，还能像飞机那样在大气层中滑翔着陆。空间站又称为太空站，是指长期在空间运行并具备一定试验或生产条件的可供航天员生活和工作的航天器。

我国的载人航天工程于1992年9月21日由中共中央政治局常委会批准实施，是我国空间科学实验的重大战略工程之一。工程确定了三步走的发展战略：第一步，发射载人飞船，建成初步配套的试验性载人飞船工程，开展空间应用实验；第二步，突破载人飞船和空间飞行器的交会对接技术，并利用载人飞船技术改装、发射一个空间实验室，解决有一定规模的、短期有人照料的空间应用问题；第三步，建造载人空间站，解决有较大规模的、长期有人照料的空间应用问题。目前，我国已完成载人航天工程所有阶段，2022年

11 月 3 日，中国空间站“梦天舱”与“天和核心舱”顺利完成转位对接，标志着中国空间站正式建成，正式进入发展应用阶段。截至目前，中国共进行了 13 次载人航天发射，圆满完成了载人飞行、空间实验室建立、交会对接、太空行走、空间货物运送等多项试验。未来，随着中国空间站的常态化运行，还会有更多的航天员进驻。

1.1.1.3 深空探测工程

深空探测是指人类进行的脱离地球引力场，对太阳系及太阳系以外空间进行探测的活动。深空探测的主要意义在于进一步解答地球如何起源和演变、太阳系的形成和演化、地球以外有无可供人类开发和利用的空间等，一般可分为月球探测和行星探测。

（1）月球探测

月球探测是深空探测的早期活动。1959 年 1 月，苏联发射了人类第一个月球探测器——月球 1 号（Lunar－1），此后美苏发射了几十个无人月球探测器和数艘载人月球飞船，分别飞越、撞击月球，成为月球卫星，并在月球表面着陆进行探测。

2004 年，我国正式开展月球探测工程，又称为嫦娥工程。嫦娥工程整体上制定了“探”“登”“驻”三个阶段，分别计划实现无人月球探测、载人登月和长久驻月等目标。目前，我国的嫦娥工程处于第一阶段（即探月阶段），第一阶段又分为“绕”“落”“回”三个步骤。“绕”包括嫦娥一号和嫦娥二号，于 2007 年启动，发射月球轨道器、硬着陆器，分别在距月球表面 200 km 和 100 km 高度的轨道绕月飞行，进行月球全球探测；“落”包括嫦娥三号和嫦娥四号，于 2013 年启动，发射月球软着陆器、巡视器，降落到月球表面，释放月球车，进行着陆区局部详细探测，着陆器还携带天文望远镜，从月亮上观测星空；“回”包括再入返回飞行试验器、嫦娥五号、嫦娥六号，于 2017 年启动。嫦娥五号于 2020 年 11 月 24 日成功发射，12 月 17 日，返回器携带月球采样品顺利返回，圆满完成了我国首次地外天体采样返回任务。嫦娥六号于 2024 年 5 月 3 日发射，历时 53 天飞行后，圆满完成了月背采样返回任务。

（2）行星探测

随着航天技术的不断发展，人类进行空间探测的距离越来越远，领域也更加广泛，主要目的是对太阳系其他行星甚至太阳系以外空间进行深入探测。我国的行星探测工程目前主要进行了火星探测。

2007 年 6 月，中俄正式签订合作协议，按照计划由中国研制的萤火一号探测器和俄罗斯研制的福布斯-土壤探测器将一起搭载天顶号运载火箭从拜科努尔航天发射场启程，对火星进行探测。萤火一号探测器的主要探测目标是对火星的空间磁场、电离层和粒子分布变化率进行探测，原计划“乘坐”在福布斯-土壤探测器顶部，待福布斯-土壤探测器绕火星飞行 3 圈后分离。然而，2011 年 11 月，探测器发射不久，福布斯-土壤探测器变轨失败，导致我国首次火星探测以失败告终。

2020 年 4 月 24 日，我国的行星探测任务被命名为天问系列，2020 年 7 月 23 日发射的首颗火星探测器被命名为天问一号。天问一号探测器一次性完成了“绕”“着”“巡”，实现了对火星的“环绕、着陆、巡视”3 个目标，对火星进行全球性综合探测，并对火星表面重点地区进行巡视勘察，探测火星的形貌、土壤、环境、大气，研究火星水冰分布、物理场和内部结构。

1.1.2　航天工程的组成

航天工程是一项复杂的系统工程，一般由发射场系统、航天运输系统、航天器系统、测控系统、运控与应用系统、回收及着陆场系统、航天员系统等多个系统组成，如图 1－2 所示。根据航天工程类型和任务的不同，特定的航天工程包含其中若干系统或全部系统。

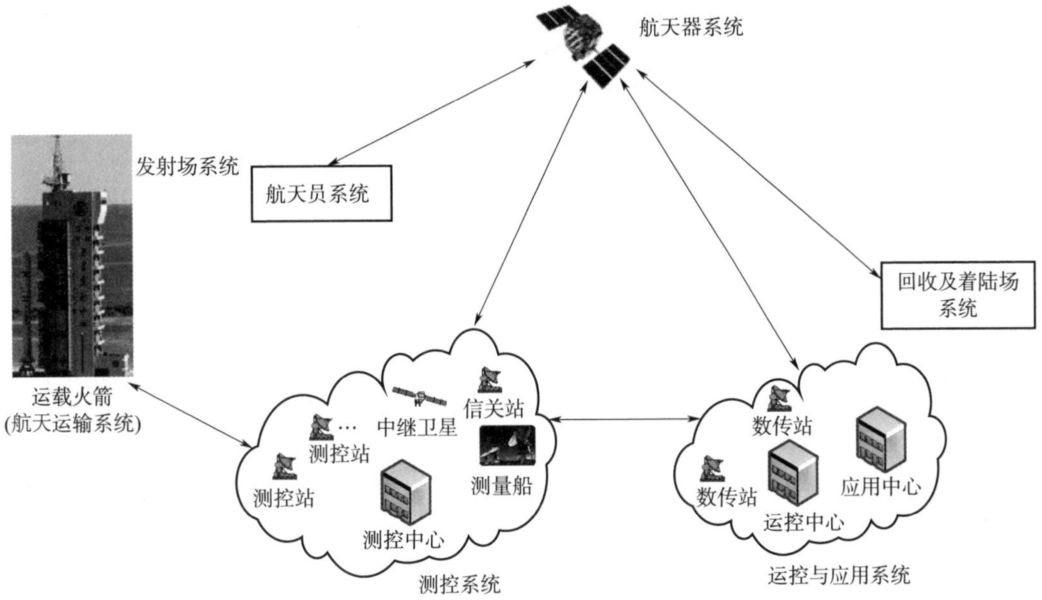

图 1－2　航天工程的系统组成

1.1.2.1　发射场系统

发射场系统是装备有专门设施，借助航天运载器从地面将航天器发射进入空间的系统。其主要职能是完成航天器、航天运载器的进场、技术区测试、总装，转场运输，运载火箭起竖对接、测试、总检查和推进剂加注及发射任务，并提供相应的地面保障设施。根据发射场建设地点的不同，发射场系统可分为陆上发射场和海上发射场。

1.1.2.2　航天运输系统

航天运输系统一般指航天运载器，是指往返于地球表面和空间轨道之间以及轨道与轨道之间，能够运输各种有效载荷的运输工具系统的总称。航天运输系统是人类进行空间探索和应用的基础，一般包括运载火箭、航天飞机、空天飞机、应急救生飞行器和各种辅助系统等，其有效载荷包括航天器、航天员以及完成航天任务所需的设备、器材、物资等。按照是否可重复利用，可将航天运输系统分为一次性运载器和可重复使用运载器。航天技术发展初期，航天运载器通常为一次性使用的运载火箭，随后为降低发射成本，出现了航天飞机、空天飞机等可重复使用的航天运载器。随着航天飞机逐渐退出历史舞台，美国

SpaceX 公司突破了可回收的运载火箭技术，研制了猎鹰系列可重复使用运载火箭，一定程度上代表了未来航天运载器的发展方向。目前，我国航天运载器仍以一次性运载火箭为主。

1.1.2.3 航天器系统

航天器是航天运输系统的主要载荷，又称为空间飞行器或太空飞行器，是在地球大气层外的宇宙空间（太空）执行探索、开发和利用太空等航天任务，并按照天体力学规律运行的飞行器，包括人造地球卫星、空间探测器、宇宙飞船和空间站等。

1.1.2.4 测控系统

测控系统是对运载火箭和航天器及其有效载荷进行跟踪测量、监视和控制的系统，是航天工程的重要组成部分，也是实施航天器飞行控制任务的主体，其作用是对运载火箭和航天器各飞行阶段进行跟踪、测量和控制，确保航天器按预定的状态和计划完成航天任务。

1.1.2.5 运控与应用系统

运控与应用系统实际上包括运控系统和应用系统两个部分。运控系统是负责航天器载荷管理、运用及相关状态监视的系统，如遥感卫星运控系统的主要任务是根据用户需求，进行成像任务规划，并负责将接收到的业务数据发送至用户。应用系统则指航天器的用户系统，是航天工程任务的归宿，直接为科学研究、技术试验、国民经济建设和军事目的等服务。不同类型的航天工程，其应用系统职能和任务不尽相同，如遥感卫星应用系统的主要任务是完成遥感数据的分析、识别和还原，并生成各类产品等，科学实验卫星应用系统则主要负责开展各类技术验证试验等。

1.1.2.6 回收及着陆场系统

回收及着陆场系统是提供航天器（载人飞船或返回式航天器）返回着陆区，对返回着陆后的航天器或航天员实施搜救和回收，并对航天器出黑障后进行跟踪测量的系统。一般可将着陆场分为主着陆场、副着陆场和应急着陆场。主着陆场是航天器正常返回的着陆场；副着陆场一般为主着陆场的气象备用着陆场；应急着陆场是航天器出现异常或航天员生命安全异常的情况下，航天器应急返回的着陆区域。

1.1.2.7 航天员系统

仅载人航天工程包含航天员系统。航天员系统的主要任务是选拔、培训合格的航天员，设计合理的人工环境和研制相应的专用设备，以保证在轨航天员的生命安全、生活条件和工作能力的系统，并在训练和载人飞行任务实施过程中，对航天员实施医学监督与医学保障。按照任务和功能的要求，航天员系统一般包括以下分系统：航天员选拔训练分系统、航天员医学监督与保障分系统、航天服分系统、航天营养与食品分系统、失重生理效应与特种防护分系统、航天器拟人载荷及医学评价分系统、地面模拟设备分系统、飞行训练分系统等。

1.2 航天器飞行控制

航天器飞行控制阶段划分如图 1-3 所示。

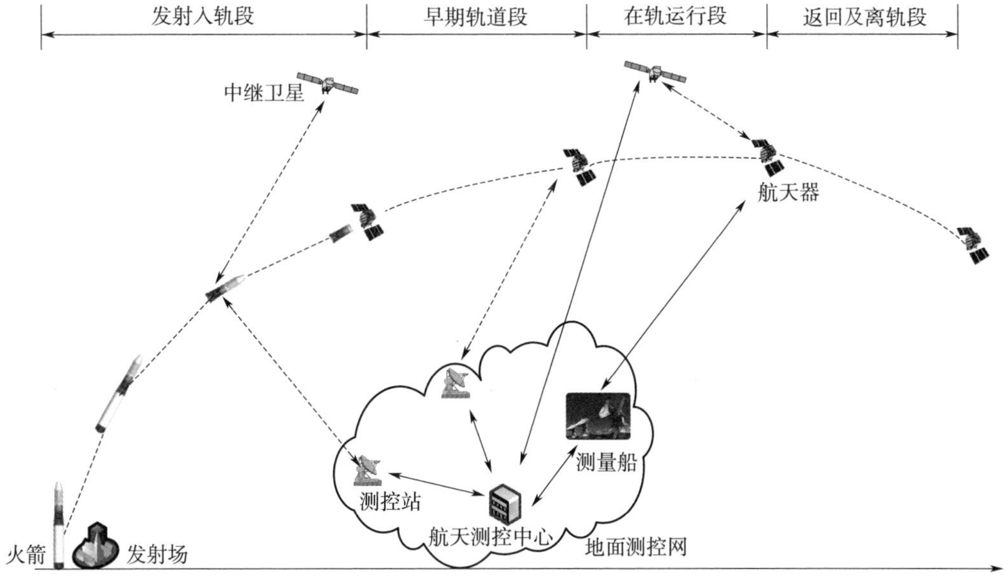

图 1-3 航天器飞行控制阶段划分

航天器飞行控制，是指在航天器自发射至退役（或返回）的全寿命阶段，为了确保航天器完成各类科学实验、载荷应用等任务，对航天器进行的跟踪测量、状态监视、飞行控制、载荷运用等活动的总称。就目前人类进入太空的模式和方式而言，一般可将航天器飞行控制的全过程划分为发射入轨段、早期轨道段、在轨运行段、返回及离轨段等，对于某一特定的航天器而言，可包括其中的全部阶段或若干个阶段。

1.2.1 发射入轨段

发射入轨段，也称为主动段或上升段，一般指从运载火箭起飞至航天器与运载火箭分离、航天器进入初始轨道的阶段。此阶段的主要飞行控制任务包括：

1）运载火箭、航天器跟踪测量。自运载火箭起飞后，通过光学、无线电设备对运载火箭、航天器进行跟踪测量，完成运载火箭、航天器状态及飞行弹道监视。

2）航天器初始轨道确定。航天器与运载火箭分离后，利用各类测量数据对火箭末级、航天器进行初始轨道确定。

3）运载火箭安控。运载火箭在飞行过程中，根据火箭飞行弹道和获得的安控信息，必要时对火箭实施安控。

1.2.2 早期轨道段

早期轨道段，是指从航天器进入初始轨道至航天器完成在轨运行状态建立的阶段。此阶段的主要飞行控制任务包括：

1）轨道捕获控制。通常，航天器与运载火箭分离后，由于运载火箭入轨偏差、初始轨道设计等原因，初始轨道不满足在轨运行轨道要求，需要对航天器进行轨道捕获控制，以满足航天器在轨运行轨道要求。典型的如地球静止轨道卫星进入同步转移轨道后，一般须进行数次远地点点火和捕获控制，最终实现卫星同步定点，组网卫星须进行相位捕获、轨道面调整后完成星座组网等。

2）在轨状态建立。航天器入轨初期，部分部件或载荷通常处于未加电状态，此时无法进行在轨运用，入轨后将逐步进行载荷加电设置、各分系统参数设置等，使其满足在轨工作要求。

3）在轨测试。航天器在正式应用之前，须进行在轨测试，一般分为平台在轨测试和载荷在轨测试两部分，涵盖内容包括功能和性能测试。平台在轨测试通常包括航天器测控、姿轨控、热控、电源、结构等分系统测试。载荷在轨测试内容和周期根据各类航天器载荷不同而不同，如通信卫星载荷为转发器、天线等，导航卫星载荷为原子钟，成像卫星则为光学成像部件等，测试周期从数天至数月不等。

1.2.3 在轨运行段

在轨运行段，对地面而言也称为长期管理段。对于一般航天器，在轨运行段是指从航天器在轨状态建立完成至航天器在轨应用结束，进行退役、报废或离轨控制前的阶段；对于返回式航天器，在轨运行段是指在轨运行状态建立后至完成空间飞行任务、进行离轨制动前的阶段。此阶段的主要飞行控制任务包括：

1）航天器在轨状态监视。按时对航天器进行跟踪，根据遥测对航天器进行状态监视，航天器出现故障时进行异常处置。

2）航天器轨道测量。利用各类遥、外测数据对航天器轨道进行测定。

3）载荷业务数据上注。依据航天器运控与应用系统的需求，完成航天器载荷业务数据上注。

4）航天器轨道机动和维持。航天器因受天体摄动、太阳光压摄动及大气阻力的影响，当逐渐出现不满足工作轨道空间位置要求的情况时，通常需要进行轨道维持。同时，根据应用任务需求，航天器也可能需要进行轨道机动。典型例子包括地球静止轨道卫星须进行东西位置、南北位置保持，太阳同步冻结轨道卫星须进行轨迹网维持等。

1.2.4 返回及离轨段

返回段是返回式航天器特有的飞行阶段，是指航天器完成在轨应用或空间飞行任务后，进行制动返回着陆场的阶段。离轨段则指对到达寿命末期、具备离轨能力的航天器，进行离轨控制，使航天器脱离运行轨道的阶段。此阶段的主要飞行控制任务包括：

1）对航天器进行返回制动控制，返回过程中通过光学、无线电设备对航天器进行跟踪测量，实现航天器飞行弹道及状态监视。

2）落点计算预报。根据航天器返回的实时弹道、制导模型进行返回落点计算及预报。

3）航天器离轨控制。航天器寿命末期，为减少对在轨航天器的碰撞风险，对具备离轨能力的航天器进行离轨处置，脱离运行轨道。

4）钝化处理。对退役处理的航天器，进行钝化处理，以减少产生更多碎片的风险。

1.3　本书的结构

图 1－4 所示为本书各章节的结构安排。全书从系统工程的角度出发，各章节围绕航天器自发射入轨开始至寿命末期离轨飞行控制的全过程，涉及航天器发射入轨段、早期轨道段、在轨运行段、返回及离轨段等几个阶段，以航天工程应用为背景，按阶段、分要素对航天器飞行控制过程中涉及的相关概念、基本原理及理论基础进行较为全面、系统的论述。

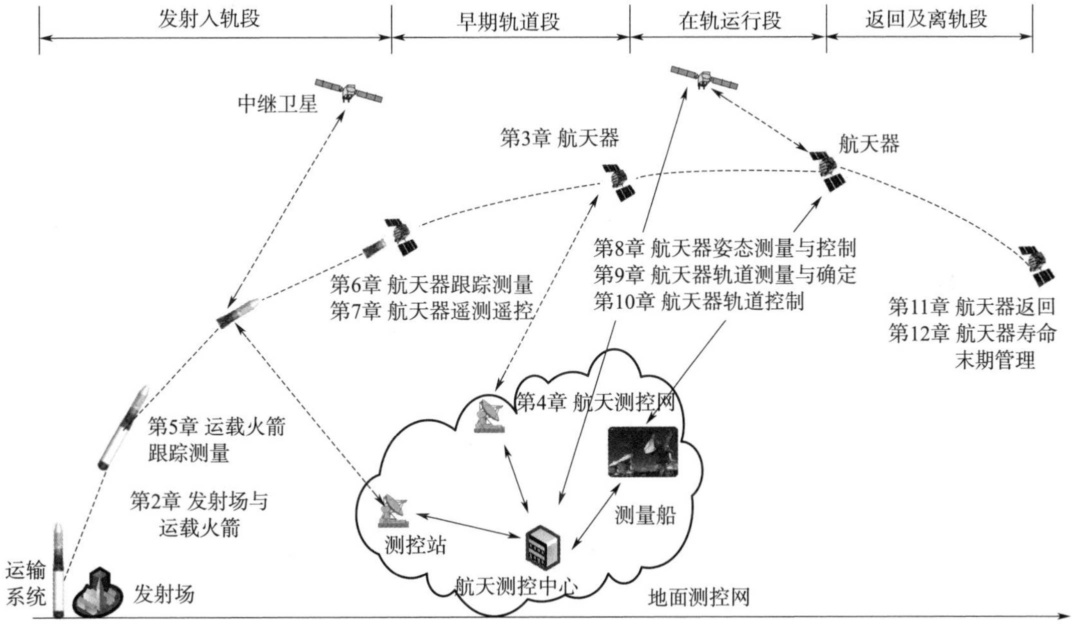

图 1－4　本书各章节的结构

全书共分为以下 12 章：

第 1 章概述。基于航天系统工程的概念及其组成，介绍航天器飞行控制任务各阶段划分及本书章节结构。

第 2 章发射场与运载火箭。介绍航天发射场、运载火箭的分类及系统组成，以及国内外航天发射场及运载火箭概况。

第 3 章航天器。介绍航天器的概念、分类、一般系统组成，并阐述航天器平台的系统基本组成及功能。

第 4 章航天测控网。从航天测控网的基本组成和职能划分，对航天测控网进行系统介绍。

第 5 章运载火箭跟踪测量。介绍运载火箭弹道，阐述航天发射过程中对运载火箭跟踪测量，并进行其姿态和弹道监视的基本原理，以及航天发射窗口选择和制约因素等。

第 6 章航天器跟踪测量。介绍航天器跟踪测量及相关计算的基本原理。

第 7 章航天器遥测遥控。介绍航天器遥测遥控的基本原理、信息格式及处理方法。

第 8 章航天器姿态测量与控制。介绍航天器姿态及描述方法，阐述航天器常见姿态敏感器及其工作原理，结合工程应用，介绍典型的航天器飞行控制过程中的姿态控制过程。

第 9 章航天器轨道测量与确定。介绍用于航天器轨道确定的数据源，阐述航天器初轨确定、轨道改进的基本原理。

第 10 章航天器轨道控制。介绍典型的几类航天器轨道，阐述航天器轨道控制基本原理，结合工程实践，介绍几类典型航天器轨道控制过程。

第 11 章航天器返回。介绍航天器返回的一般过程，阐述返回式航天器进行返回控制、落点预报的基本原理。

第 12 章航天器寿命末期管理。介绍航天器寿命末期管理的基本原则，以及在航天器寿命末期对航天器进行漂星再定点、退役报废、离轨、钝化等几种处置方式。

第 2 章　发射场与运载火箭

航天发射场和运输系统是航天系统工程的重要组成部分，是人类完成航天系统工程任务的基础和前提条件，也是航天器踏上太空征程的起点。

2.1　航天发射场

2.1.1　航天发射方式

航天发射，是指利用运载火箭等运载工具，将包括卫星、飞船、探测器等在内的各类航天器送入太空的活动，具有技术复杂、风险大、资金投入多等特点，是一个国家综合国力的集中展现和科技发展水平的标志，也是人类开发和利用太空资源的前提。

航天发射方式，是指运载火箭的发射方式。目前，航天发射方式主要有陆上发射、海上发射和空中发射 3 种，如图 2－1 所示。

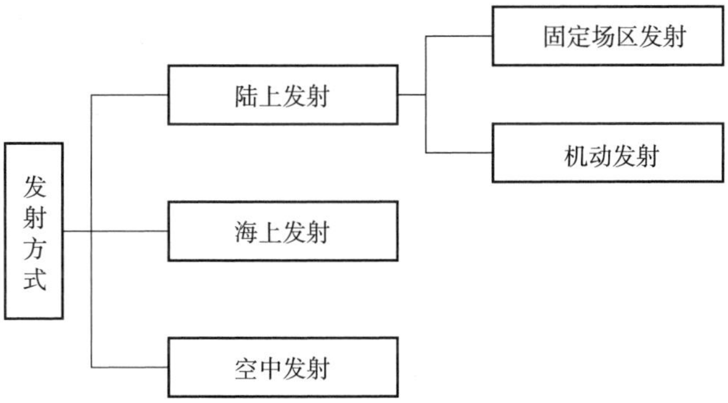

图 2－1　航天发射方式

（1）陆上发射

陆上发射，是指在陆地上依托发射场等设施实施运载火箭发射。陆上发射的优点是地面发射装置便于安装和维护，火箭发射瞄准便于实施，也可以确保发射安全。陆上发射又分为固定场区发射和机动发射两种方式。固定场区发射是指建立固定发射塔架，火箭依托塔架实施发射，适合于中大型火箭发射。机动发射则指依托机动发射车及配套装置适时改变地点实施运载火箭发射的方式。机动发射的主要目的是提高特殊情况下航天器发射的生存能力和灵活性，要求运载火箭小型化，能够快速转移。

（2）海上发射

海上发射，是指在海上建立发射平台，实施火箭发射。相比于陆上发射，海上发射可根据航天器发射需求选择合适的发射位置。若将发射平台建在赤道附近，则能够最大限度地利用地球自转的速度增加火箭的运载能力，同时，海上发射能够远离人口稠密地区，有助于减少火箭发射对人的不利影响，降低火箭出现故障后的附加危害风险。

（3）空中发射

空中发射，是指将火箭通过飞机（称为载机）运送到高空后，再释放火箭，火箭在空中点火实施发射。空中发射火箭主要有两方面优势：一是运输火箭的载机相当于火箭的基础级，火箭释放时已经具有一定的速度和高度，能够提高火箭本身的运载能力；二是火箭在同温层实施发射，基本不再受天气影响，发射窗口增大，射向选择灵活。

2.1.2 发射场及组成

航天技术发展初期，运载火箭都是从陆上实施发射的，后来出现了海上发射、空中发射等多种航天发射方式。目前，陆上发射仍是航天器进入太空最主要的方式，陆上发射离不开发射场，世界上主要的、大型的航天发射场均建设在陆地上。

航天发射场是为保障航天器和运载器的装配、测试、运输等发射前准备，以及航天器发射、弹道测量、发送指令、接收和处理遥测信息而专门建造的一整套地面设备、设施和建筑。

航天发射场的主要任务是为运载火箭、航天器及有效载荷提供在发射场工作阶段的转运、吊装、推进剂加注、装配测试的技术准备和实施发射，以及通信、气象、计量、水暖电、消防等各种地面勤务保障和后勤支持。

2.1.2.1 发射场功能组成

根据功能分区，航天发射场由技术区、发射区、试验指挥区和试验协作区等部分组成。

（1）技术区

主要完成运载火箭和航天器发射前各项技术准备的场所，实施对接、总装和测试，并提供相应的技术勤务和保障。

（2）发射区

运载火箭、航天器进行最后射前准备和实施发射的场所，主要完成起飞前运载火箭和航天器系统功能检查、火箭推进剂加注、发射方位瞄准、临射检查、点火发射，并提供发射前工作环境、安全救生和消防等其他保障。

（3）试验指挥区

对各项发射活动进行组织指挥，监控发射场测量控制信息的场所，并负责运载火箭上升段测量控制。

（4）试验协作区

航天工程参试人员的生活、工作场所，若为载人航天发射场，还应包括航天员区，为航天员提供各种模拟训练、医疗和生活保障。

2.1.2.2 发射场系统组成

根据系统组成，航天发射场由测试发射指控、推进剂加注及供气、技术勤务、测控通信、气象等系统组成，若为载人航天发射场，还应包括航天员救生系统。

（1）测试发射指控系统

测试发射指控系统是发射任务的指挥保障系统，对上接收指控中心指挥，对下指挥和管理航天器、运载火箭、地面勤务保障等系统和相关岗位，具有指挥保障、监测控制、监视显示信息交换等功能。

（2）推进剂加注及供气系统

推进剂加注及供气系统主要完成火箭和推进剂的转注、贮存，实施推进剂加注和泄出，处理废弃推进剂。供气系统主要完成压缩、贮存和供给航天器、火箭所需的高纯氮气、氦气等特殊用气。

（3）技术勤务系统

技术勤务系统保障发射前运载火箭、航天器和航天员的各项发射准备工作，提供供配电、吊装、空调、运输、消防和维修等各项技术服务。

（4）测控通信系统

测控通信系统完成运载火箭上升段飞行的跟踪测量监视、实况记录及安全控制等。

（5）气象系统

气象系统包括地面观测、高空探测、雷电检测、气象雷达和卫星云图接收处理等，为航天发射提供短期、中期及长期天气预报和相关气象测量数据。

（6）航天员救生系统

航天员救生系统保障火箭在待发射阶段出现危及航天员生命安全的情况时，正确地实施航天员撤离或逃逸救生。

2.1.3　发射场选址

航天发射场选址需要考虑诸多因素，主要以航天器、运载火箭的发射使用需求为基础。归纳起来，主要有以下几个方面：

（1）气象条件要求

气象条件对航天发射场场址选择与航天发射任务至关重要，它不仅影响航天发射的安全和年可发射时间，还影响发射场建设投资成本和运行维护成本。综合考虑主要有：1）场区温度适中，年、月、旬温差小；2）降水量与湿度适中，暴雨发生强度与频度低；3）雷暴发生强度与频度低；4）地面风年平均风速低，阵性大风或热带气旋影响日数少；5）高空风风速低，风切变小；6）云雾天气少，能见度好。

（2）安全要求

发射场安全要求包括发射区安全和运载火箭航区安全。航天发射活动是一项高风险作业，火箭推进剂多为易燃、易爆物质，容易发生泄漏、火灾和爆炸等安全事故。因此，发射场区周边人口密度应较低，与中、大型城镇有一定的安全距离。发射场选址还须考虑火箭发射区、坠落区以及航天器回收区建立禁区的可能性，考虑在火箭发射时或在主动段飞行时出现故障的情况下所要采取的安全措施。

（3）交通运输要求

火箭、航天器及发射设备装置一般都是通过铁路、公路运往发射场，因此，发射场宜选择靠近国家铁路、公路干线及机场的位置。大型运载火箭一般选取海上运输方式，因此，发射场宜选择在沿海有港口的地区。

（4）测量控制要求

一般而言，航天发射需要在航区内对运载火箭及航天器进行测量跟踪和状态监视，必要时进行安控。因此，发射场选址时，需考虑火箭、航天器飞行测量控制设备站点布设，航区内尽量充分利用国内陆地测控网站，尽量减少海洋测量船和国外布站需求。

（5）航天器飞行轨道与射向要求

除上述涉及的因素外，航天器类型及轨道要求也是发射场选址需要考虑的因素。不同用途或类型的航天器及运载火箭对发射场地理位置的要求不同：对于极地轨道和太阳同步轨道航天器，发射场适宜选择高纬度地区；载人航天发射场适宜选择开阔、平坦，对航天员逃逸救生安全条件好的地区，而地球静止轨道航天器和相应运载火箭发射场适宜选择低纬度地区。

地球静止轨道航天器发射宜选择低纬度地区，这主要基于以下两个原因：

一是低纬度地区能够提供更大的火箭入轨所需的初速度。

地球上不同纬度地球自转的线速度计算式为

$$v_E = 2\pi(R + H)\cos\theta / T \tag{2-1}$$

式中，R 为地球半径；H 为当地海拔；θ 为地理纬度；T 为地球自转周期。

地球在赤道上拥有最大的自转线速度，可高达约 465 m/s，而在纬度 40°时约 355 m/s。对于地球同步轨道航天器发射，火箭发射场距离赤道越近，纬度越低，越有利于航天器发射。

如图 2-2 所示，L 点为发射场，假设航天器入轨时所需的初速度为 $\boldsymbol{v}$ ，若将该速度矢量在赤道方向和垂直于赤道的方向进行分解，则有 $\boldsymbol{v} = \boldsymbol{v}_1 + \boldsymbol{v}_2$，$\boldsymbol{v}_1$ 为垂直于赤道方向的速度分量，$\boldsymbol{v}_2$ 为沿赤道方向的速度分量。地球自转的初速度 $\boldsymbol{v}_E$ 能够提供部分赤道方向的速度增量，而根据式（2-1）可以看出，纬度越低，地球自转的线速度越大，则航天器入轨需要火箭提供的速度增量越低。因此，发射场纬度越低，相同运载火箭可提供更大的运载能力，也越有利于地球同步轨道卫星发射。

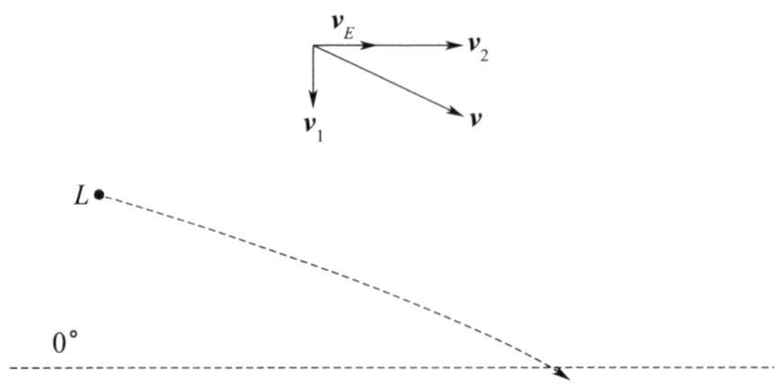

图 2-2　发射场纬度与航天器入轨速度示意图

二是低纬度发射场能够降低航天器初始入轨倾角。

地球静止轨道航天器的入轨方式，一般先通过运载火箭把航天器送入地球同步转移轨道，然后航天器在转移轨道远地点点火，调整轨道倾角和半长轴，最终使航天器进入倾角约为 0° 的地球同步轨道。

如图 2-3 所示，假设航天发射场在 L 点，D 点为航天器入轨点，航天器进入地球同步转移轨道时在远地点速度为 $\boldsymbol{v}_1$，$\boldsymbol{v}_2$ 为航天器进入地球静止轨道时的速度，有 $\boldsymbol{v}_2=\boldsymbol{v}_1+\boldsymbol{v}_3$，速度增量 $\boldsymbol{v}_3$ 须由航天器进入同步转移轨道后，利用自身推进剂获得，受限于发射场点位，一般情况下，航天器进入地球同步转移轨道时的速度方向与赤道夹角约为发射场纬度。若发射场位于 L'，在相同运载火箭情况下，有 $|\boldsymbol{v}_1|=|\boldsymbol{v}'_1|$，同样地，有 $\boldsymbol{v}_2=\boldsymbol{v}'_1+\boldsymbol{v}'_3$，显然，$\boldsymbol{v}'_1$ 速度方向与赤道夹角更小，则有 $|\boldsymbol{v}'_3|<|\boldsymbol{v}_3|$，即意味着使航天器进入地球同步转移轨道后，需要自身消耗的推进剂更少，从另一个角度，也意味着航天器载荷质量可以进一步增加或在轨寿命延长。

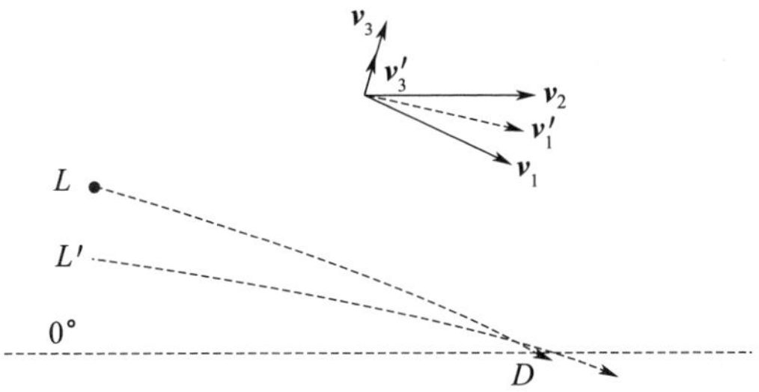

图 2-3　发射场纬度与航天器入轨倾角示意图

这也是世界主要发射场尽量建在国境内距离赤道近的低纬度地区的原因。在世界众多的主要航天发射场中，圭亚那航天中心因其独特的地理位置——位于北纬约 5°，而被公认为全球最佳的火箭发射地点。据估算，就同一种运载火箭而言，在圭亚那航天中心发射比在拜科努尔发射场发射的运载量可高 70%；同等重量的有效载荷，远地点发动机推进剂要比在美国肯尼迪航天中心发射节省约 20%。

2.1.4　世界主要航天发射场简介

世界上早期的航天发射场大多由导弹发射及试验设施演变而来。第二次世界大战期间，德国在佩内明德建立了第一个导弹试验靶场，并建成了最初的导弹测控系统。第二次世界大战结束后，美、苏纷纷斥资研制弹道导弹，建立自己的导弹试验靶场及测控系统。战略导弹及试验靶场的发展为航天发射提供了运载器和发射场的早期技术和经验储备。随着航天时代的到来，为了发射航天器，早期的战略导弹改装为运载火箭，一批试验靶场被相应地改造为航天发射场。

目前，世界上拥有航天发射场的国家和地区主要有美国、俄罗斯、欧洲、中国、日本、印度、巴西、韩国等，分布如图 2-4 所示。

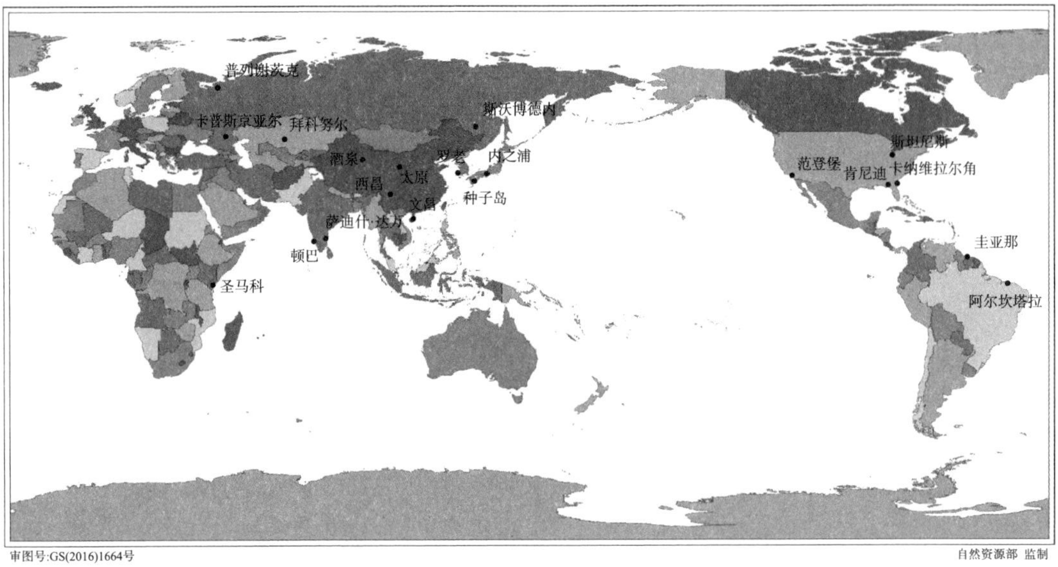

图 2-4　世界主要航天发射场的分布

2.1.4.1　美国

美国作为世界上最主要的航天强国之一，其主要航天发射场有肯尼迪航天中心、卡纳维拉尔角空军基地、范登堡空军基地及斯坦尼斯航天中心。

（1）肯尼迪航天中心

肯尼迪航天中心（Kennedy Space Center）位于美国东部佛罗里达州东海岸的梅里特岛，建于 1962 年 7 月，是美国国家航空航天局（National Aeronautics and Space Administration，NASA）进行测试、准备和实施发射的最重要场所，其名称是为了纪念已故美国总统约翰·肯尼迪（John F. Kennedy）。

肯尼迪航天中心南北长约 56 km，东西宽约 20 km，濒临大西洋，地理条件优越。该中心在 1947 年被辟为火箭试验发射场，是美国本土最接近赤道的地区之一。在此向东发射火箭，能够充分利用地球自转产生的附加速度，有助于卫星更快入轨。此外发射场东南方向有巴哈马群岛和西印度群岛，适宜建测控站，是各类航天器理想的发射场所。肯尼迪航天中心承担了美国所有向地球同步轨道发射卫星的任务，还发射了“阿波罗”飞船、“天空实验室”及各种行星际探测器，是美国航天发射的重要基地。整个航天中心有 23 个发射阵地，其中著名的 39 号发射阵地有 A、B 两座发射台，许多大型航天器都在这里进行发射。

（2）卡纳维拉尔角空军基地

卡纳维拉尔角空军基地（Cape Canaveral Air Force Station，CCAFS）位于大西洋和巴纳纳河之间、佛罗里达州东海岸的一个半岛上，隶属于美国空军航天司令部第 45 航天联队，总部在帕特里克空军基地附近。该基地建于 1949 年，见证了美国早期的亚轨道火箭发射历程，并在此铸就了美国太空探索史上的多个“第一”：1958 年发射了美国第一颗卫星，1961 年送第一位美国宇航员进入太空，1966 年实现了第一次无人登月尝试等。此外，它还是美国第一艘绕金星轨道运行的航天器（1978 年）、第一个环绕火星轨道运行的航天器（1996 年）、第一个绕土星轨道运行的航天器（2004 年）和绕水星轨道运行的航天器（2011 年）的发射地，以及第一个离开太阳系的探测器（1977 年）的起点。

（3）范登堡空军基地

范登堡空军基地（Vandenberg Air Force Base）位于美国加利福尼亚州南部海边的圣塔巴巴拉县（Santa Barbara County），建于 1941 年，最初被称为坎普·库克基地，1957 年被选作导弹基地，1958 年改名为范登堡空军基地。范登堡基地地处美国西海岸，面积约 280 km^2，拥有约 50 km 的海岸线，航区往西或西南延伸，跨过太平洋，避开了人口稠密区和工业城市，测量和监控环境好，测量、跟踪站设在加利福尼亚州海岸、夏威夷及太平洋诸岛上，有利于发射高倾角轨道和极轨道卫星，也是美国继卡纳维拉尔角后的第二个航天飞机发射场。

范登堡空军基地于 1958 年 12 月发射了美国第一枚导弹——雷神中程弹道导弹。之后不久，又发射了其第一枚洲际导弹——宇宙神 D。还使用雷神/阿金纳火箭发射了世界上第一颗极轨道卫星——发现者 1 号。

（4）斯坦尼斯航天中心

斯坦尼斯航天中心位于美国密西西比州圣路易湾海岸新奥尔良东北方向 88 km 处的汉考克郡，最初是美国陆军弹道导弹局下属的“密西西比试验站”，1974 年更名为“国家航天技术实验室”，并归入 NASA。1988 年，为了纪念美国太空计划的坚定支持者约翰·C. 斯坦尼斯，最终更名为“约翰·C. 斯坦尼斯航天中心”。

斯坦尼斯航天中心主要负责 NASA 的火箭推进试验（包括航天飞机发动机和轨道器推进系统试验及未来运载器推进部件试验），试验了阿波罗飞船的发动机及土星 5 号运载火箭。航天飞机的所有主发动机在飞行前都要在该中心做验收试验。

此外，斯坦尼斯航天中心还是 NASA 小卫星技术计划与私人公司之间的桥梁，是 NASA 遥感成果商业化的主要中心。

2.1.4.2　苏联/俄罗斯

苏联/俄罗斯航天发射场主要有拜科努尔发射场、普列谢茨克发射场、卡普斯京亚尔发射场及斯沃博德内航天发射场。

（1）拜科努尔发射场

拜科努尔发射场建于 1955 年，位于哈萨克斯坦共和国境内的丘拉塔姆地区拜科努尔镇西南方向约 288 km 处，东西长 90 km，南北约 75 km，占地 6 717 km^2，场区地形起伏，是人烟稀少的半沙漠草原区。

拜科努尔发射场是世界第一座，也是规模最大的航天发射场之一，“联盟”系列飞船，宇宙号卫星，“礼炮”号空间站和“暴风雪”号航天飞机都是从这里开始太空之旅的。发射场拥有完备的发射、控制、监视、遥测、跟踪和回收设施，可以发射“质子号”“能源号”“联盟号”等多种运载火箭。就规模及其在太空探索中所发挥的巨大作用而言，拜科努尔发射场在世界航天发射场中占据极其特殊的地位。

1991年年底苏联解体后，拜科努尔发射场划归哈萨克斯坦所有，经历了短暂的衰落。为了应对美国的太空战略，1994年，俄罗斯开始重新租用拜科努尔发射场，继续进行航天发射。

（2）普列谢茨克发射场

普列谢茨克发射场，也称“北部航天发射场”，得名于阿尔汉格尔斯克州的一个“城市式”乡普列谢茨克，位于俄罗斯西北部，阿尔汉格尔斯克市以南180 km，南北长46 km，东西宽82 km。

普列谢茨克发射场始建于1957年，是苏联（现属于俄罗斯）除拜科努尔发射场以外最重要的发射场，主要用于发射军事载荷。普列谢茨克发射场共有18种发射装置，拥有可发射所有轻型及中型运载火箭的阵地设施和发射系统。普列谢茨克发射场同时还是俄罗斯最重要的战略导弹试验发射基地。

苏联解体后，为了减少对拜科努尔发射场的依赖，1994年11月，叶利钦总统签署命令，正式确立了普列谢茨克发射场“国家第一航天发射场”的地位。目前俄罗斯大部分航天器发射和火箭技术试验都在普列谢茨克发射场进行。2004年发射场重建工作完成后，可发射所有型号的运载火箭，取代拜科努尔发射场，成为俄罗斯最重要的综合性航天发射场。

（3）卡普斯京亚尔发射场

卡普斯京亚尔发射场（Kapustin Yar）始建于1946年年底，坐落于伏尔加河沿岸，它的一部分位于目前俄罗斯伏尔加格勒和阿斯特拉罕地区，而另一部分位于哈萨克斯坦西部。卡普斯京亚尔发射场是苏联最早的一个导弹和航天器试验基地，建成后不久，进行了大量的“V-2”导弹飞行试验，同时也发射探空火箭。20世纪50年代，卡普斯京亚尔导弹发射场大规模扩建，并承担了大量中程和短程导弹发射任务。1962年，开始参与卫星发射活动，以发射小型科学卫星为主。

在拜科努尔和普列谢茨克两个发射场先后启用后，它的主要任务是为导弹、航天器的研制试验和航天计划的应急和备用发射服务。

（4）斯沃博德内航天发射场

苏联解体后，担负主要发射任务的拜科努尔发射场位于哈萨克斯坦境内，俄罗斯航天专家一致认为，把用中小型运载火箭发射航天器转到普列谢茨克航天发射场是可行的，但发射重型运载火箭质子号，普列谢茨克航天发射场就无能为力了。于是，1993年2月1日，俄罗斯开展新航天发射场场址选勘工作，1996年3月1日，叶利钦总统正式宣布，将位于俄罗斯远东阿穆尔州的斯沃博德内-18洲际导弹基地转型为航天发射场，标志着俄罗斯新建的斯沃博德内航天发射场正式成立。

1997年3月4日，斯沃博德内航天发射场首次发射起飞1号运载火箭，将1颗重87 kg的泽亚号军用卫星成功地送入预定轨道，掀开了俄罗斯航天发展史上新的一页。

2005年，俄罗斯航天局在拜科努尔发射场完成租赁更新后，决定不再需要同类型的第二座航天发射场。2007 年，普京总统下令关闭了斯沃博德内航天发射场。

2.1.4.3　中国

自 1970 年中国发射第一颗人造地球卫星以来，航天技术发展迅速，已形成分布相对合理、设施完善、功能齐全的发射场布局，基本上满足了本国对卫星、飞船和空间探测器的发射要求，具备了一定的航天发射规模和能力。中国主要拥有酒泉、太原、西昌、文昌等几大发射中心或发射场，布局及主要射向如图 2 - 5 所示。

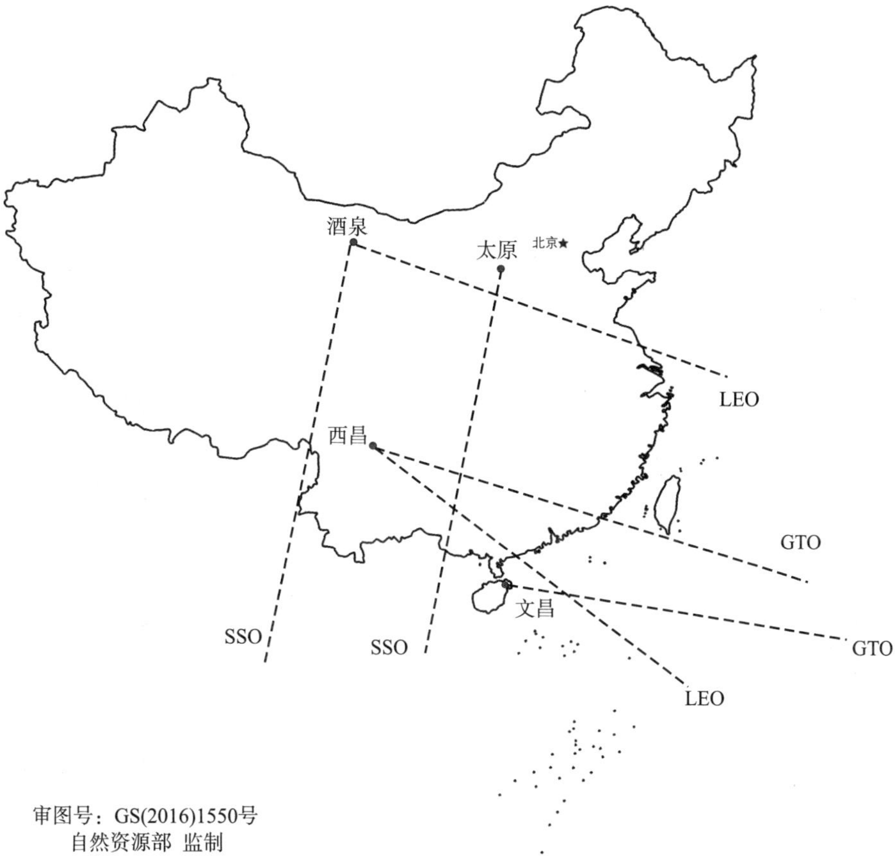

图 2 - 5　我国航天发射场布局及主要射向

其中，酒泉卫星发射中心主要承担太阳同步轨道卫星、返回式卫星、载人航天工程等发射任务，太原卫星发射中心主要承担太阳同步轨道卫星发射任务，西昌卫星发射中心是中国中高轨航天器的主要发射场，将逐步定位为承担应急发射任务，文昌发射场主要承担地球同步轨道卫星、大质量极轨卫星、大吨位空间站和深空探测器的发射任务。

（1）酒泉卫星发射中心

酒泉卫星发射中心（Jiuquan Satellite Launch Centre，JSLC）又称“东风航天城”，始建于 1958 年，位于酒泉市及阿拉善盟两市交界。发射中心属内陆及沙漠性气候，地势平坦，人烟稀少，全年少雨，白天时间长，每年约有 300 天可进行发射试验，可充分利用国内数千千米的陆上航天测控网，技术保障、测控通信、铁路运输、发配电等配套设施完善，很适合载人航天器发射，先后完成了中国第一颗人造地球卫星、第一颗返回式人造地球卫星、第一枚远程弹道导弹、第一次“一箭三星”、第一颗国外卫星、第一艘载人飞船等发射任务。

（2）太原卫星发射中心

太原卫星发射中心（Taiyuan Satellite Launch Centre，TSLC）位于山西省忻州市岢岚县的高原地区，地处温带，海拔 1 500 m 左右，与芦芽山风景区毗邻。中心始建于 1967 年，目前已建成为具有多功能、多发射方式，集指挥控制、测控通信、综合保障系统于一体的现代化发射场，具备多射向、多轨道、远射程和高精度测量的能力。20 世纪 90 年代，曾连续六次以一箭双星方式成功将美国摩托罗拉公司 12 颗铱星送入太空预定轨道。此后还成功发射了巴西、欧盟等国家和地区的 4 颗商业卫星。随着航天器发射对机动能力需求的增加，中心还逐步拓展了机动发射能力，先后数次完成海上发射任务。

（3）西昌卫星发射中心

西昌卫星发射中心（Xichang Satellite Launch Center，XSLC）又称“西昌卫星城”，位于四川省凉山彝族自治州冕宁县，该地区属亚热带气候，全年地面风力柔和适度，每年 10 月至次年 5 月是最佳发射季节。中心于 1982 年建成，从地理位置上来看，西昌卫星发射中心优越条件颇多：海拔高、纬度低；地形隐蔽，地质结构坚实；交通和通信条件理想。西昌卫星发射中心也是中国目前对外开放中规模最大、承揽卫星发射任务最多、具备发射多型号卫星能力的新型航天器发射场，先后成功发射本国第一颗试验通信卫星、实用通信卫星、国际商业卫星、导航卫星、月球探测卫星、数据中继卫星和第一枚大推力捆绑式运载火箭等。

（4）文昌航天发射场

文昌航天发射场（Wenchang Spacecraft Launch Site，WSLS）位于中国海南省文昌市龙楼镇境内，始建于 2007 年，2014 年建成。文昌航天发射场是一个综合发射能力强，安全性、可靠性和信息化程度高，生态环保、世界一流的现代化新型航天发射场，也是世界上为数不多的低纬度发射场之一，不仅可用于满足中国航天发展的新需要，还能使火箭燃料消耗大大减少（同型号火箭运载能力可增加约 10%），亦可通过海运解决巨型火箭运输难题并提升残骸坠落的安全性。

（5）海上发射平台

海上发射可以弥补高纬度国家由于地理位置和气候环境影响而缺少理想航天发射中心的短板，同时具有发射位置灵活的优点，可在一定程度上降低运载火箭对测控、安控的要求。

北京时间 2019 年 6 月 5 日 12 时 06 分，中国在黄海海域使用长征十一号固体运载火箭成功完成“一箭七星”海上发射技术试验，这也是中国首次在海上进行航天发射，填补了运载火箭海上发射的空白。截至目前，中国能够实施海上发射的运载火箭还包括长征十一号、捷龙三号、谷神星一号、力箭一号等，并取得了数次成功。

2.1.4.4　欧洲

欧洲的航天发射场主要有圭亚那航天中心和圣马科发射场。

（1）圭亚那航天中心

圭亚那航天中心（Centre Spatial Guyanais）建设于1968年，是法国与多个欧洲国家共同合作在法属圭亚那的库鲁西北沿海地区设立的太空中心与火箭发射场，纬度仅为5°。由于地处赤道附近，是国际上公认的最理想发射场。欧洲空间局、法国国家空间研究中心与阿里安航天公司都在圭亚那航天中心发射火箭，它也是欧洲空间局开展航天活动的主要场所。1979年12月24日，阿里安系列运载火箭在这里首次发射成功。

（2）圣马科发射场

20世纪60年代中期，意大利在非洲东部肯尼亚东海岸的恩格瓦纳海湾建立了第一个民用的移动式赤道发射场——圣马科发射平台（San Marco Platform）。该发射场距海岸4.8 km，于1966年投入使用，最初用于发射美国研制的“侦察兵”运载火箭。发射场包括发射和指挥所两个不同类型的平台。发射平台是一个矩形钢铁海上平台，长91 m，宽28 m，配备有火箭发射架、探空火箭发射架、总装测试房、各级运载火箭库房等设施和设备。指挥所平台由石油钻井平台改建而成，距发射平台920 m，平台呈正三角形，边长40 m，控制平台上建有发射控制中心、航天器控制中心、遥测站、雷达和安控系统等。

2.1.4.5　其他国家

除美国、苏联（俄罗斯）、中国及欧洲外，世界上拥有航天发射场的国家还包括日本、韩国、印度、巴西等国家。

（1）种子岛宇宙中心（日本）

种子岛是日本九州地区鹿儿岛县南部海面上一个远离陆地的小岛，种子岛宇宙中心（Tanegashima Space Center）位于日本种子岛南部，主要由竹崎发射场、大崎发射场以及吉信发射场组成。

竹崎发射场于1966年9月开始营建，1968年投入使用，占地约0.79 km^2，主要发射小型火箭，包括日本LS－C火箭和JCR火箭等初期试验用的火箭。

大崎发射场于1980年建成，占地约7.6 km^2，是种子岛宇宙中心为发射大型液体火箭而设立的核心设施，发射的火箭包括N－1、N－2、H－1火箭。1975年9月，第一枚H－1火箭从这里起飞。

吉信发射场位于大崎发射场东北方向约1 km处，1985年开始兴建，1988年12月发动机点火试验设施，测控中心，动力站，液氧、液氢以及高压气体库等也相继建成。该发射场是为适应日本H－2新型运载火箭的发射而兴建的。

（2）内之浦航天中心（日本）

内之浦航天中心始建于1962年2月，1963年12月投入使用，位于鹿儿岛县内之浦町，之前称鹿儿岛航天中心，2003年改称为内之浦航天中心。该航天中心的火箭发射设施、遥感勘测设施、火箭与卫星指挥所和光学观测站等专用设施都建在不同海拔的山顶坪上，是世界罕见的山地发射台。

内之浦航天中心最初用于发射大气探空火箭和气象探空火箭，后来发射相对小型的固体推进剂火箭。该航天中心包括“缪”火箭发射场和 KS 中心。“缪”火箭发射场是内之浦航天中心最大的发射场。KS 中心即探空火箭发射场，是日本 SS-520、S-520 和 S-310 型观测火箭的点火发射平台。1970 年 2 月 11 日，在该发射场用兰姆达 4S-5 火箭把日本的第一颗技术卫星（质量 24 kg，被命名为大隅号）送入轨道，使日本成为世界上第四个发射人造卫星的国家。

（3）罗老航天中心（韩国）

2000 年，韩国在俄罗斯的帮助下开始建造罗老航天中心（Naro Space Center）。该发射场位于高兴郡，离首尔 485 km，目前拥有韩国最高技术水平的任务指挥中心、发射和飞行安全控制设施、发射架、气象观测台，以及雷达和光学系统等。该中心包括两个发射台。LC-1 发射台也称 LB-1，是在罗老航天中心建造的第一个发射台，支持罗老 1 号火箭（Naro-1）发射和 KSLV-Ⅱ、TLV 火箭发射，计划将从 2025 年起支持 SSLV（小型卫星运载火箭）的发射。LC-2 发射台也称 LB-2，是罗老航天中心的第二个发射台，它从 2021 年起支持 KSLV-Ⅱ的发射，与没有脐带缆塔的 LC-1 不同，LC-2 有一个塔来支撑 KSLV-Ⅱ火箭。

罗老航天中心第一次发射于 2009 年 8 月 25 日，使用俄罗斯-韩国罗老 1 号（Naro-1）火箭进行，但未能进入预定轨道。第二枚火箭于 2010 年 6 月 10 日发射，火箭发射 137 s 后失去联络，也以失败告终。2013 年 1 月 30 日进行了第三次尝试，最终成功将一颗卫星送入轨道。

（4）萨迪什·达万航天中心（印度）

萨迪什·达万航天中心（Satish Dhawan Space Centre，SDSC）位于印度安得拉邦的斯里赫里戈达岛，距南印度大城市钦奈约 80 km，最初名为斯里赫里戈达靶场，主要用于发射探空火箭。2002 年，为了纪念印度空间研究组织（Indian Space Research Organisation，ISRO）前主席萨迪什·达万，改为现名。萨迪什·达万航天中心是印度的主要航天发射场，印度空间研究组织的绝大多数载荷在此发射，同时该发射场也提供国际商业发射服务。

萨迪什·达万航天中心的第一次发射任务于 1971 年 10 月 1 日进行，发射了一枚 RH-125 型探空火箭。印度第一次发射人造卫星的尝试于 1979 年 8 月 10 日在这里进行，当时试图用一枚卫星运载火箭（SLV）发射罗希尼-1A 卫星，但由于火箭第二级发动机推力矢量控制失败，卫星未能成功入轨。

值得一提的是，印度当地时间 2017 年 2 月 15 日 9 时 28 分，ISRO 在萨迪什·达万航天中心成功发射一箭 104 星，打破了俄罗斯在 2014 年 6 月创造的“一箭 37 星”的世界纪录，是当时人类单次发射卫星数量最多的一次。

（5）顿巴赤道发射场（印度）

顿巴赤道发射场（Thumba Equatorial Rocket Launching Station，TERLS）坐落于印度南端附近的特里凡得琅，地理坐标为北纬 8°31′，东经 76°52′，海拔 64 m，发射区面积约为 2 km^2，有三个发射台，是印度 1963 年建立的第一个科学试验靶场，由 ISRO 经营。

该发射场接近赤道，是进行低高度上层大气和电离层研究的理想场所，因此，自 1963 年 11 月 21 日投入使用以来，主要用于发射各种类型的地球物理和天文研究的探空火箭。该发射场在美国、苏联、法国等国支持下成为探空火箭的国际发射场。

（6）阿尔坎塔拉发射中心（巴西）

巴西的阿尔坎塔拉发射中心位于南纬 2.3°的巴西东北部海岸，是目前世界上距离赤道最近的航天发射中心。同等条件下，与高纬度发射场相比，该发射中心能大大增加有效载荷的运载能力，降低发射成本。此外，靠近海岸线的地理位置也能提供向北和向西面向大海的广阔的发射角，因此，阿尔坎塔拉发射中心堪称世界上最灵活而且费效比最佳的发射中心之一。

该发射中心始建于 1982 年，1990 年 2 月 21 日，该中心进行了第一次发射任务。1997 年 11 月 2 日，巴西自己制造的第一枚运载火箭首次在阿尔坎塔拉发射中心尝试发射，但以失败告终。除了巴西的探空火箭、气象火箭和其他亚轨道科学研究任务之外，法国政府还在这里进行了 ongoron Ⅰ和 ongoron Ⅱ火箭的测试。

当地时间 2023 年 3 月 19 日下午 2 时 52 分，韩国太空新创公司 INNOSPACE 自主研制的运载火箭“韩光-TLV”（HANBIT-TLV）在阿尔坎塔拉发射中心发射升空。

2.2　运载火箭

火箭是一种靠火箭发动机喷射工质而产生反作用力向前推进的飞行器。根据用途不同，火箭可以装载各种有效载荷：当它装有战斗部时，就被称为火箭武器，也被称为导弹；当它用于探测大气层有关数据时，就被称为探空火箭；当它装载某些科学仪器、卫星等各类航天器时，就被称为运载火箭。目前，运载火箭仍是各类航天器进入太空的主要手段，其技术的发展决定着一个国家进出空间、利用空间和控制空间的能力，是航天工程的基础。

2.2.1　运载火箭的分类

通常根据运载火箭级数的多少、运载火箭能源的种类以及用途不同，对运载火箭进行分类。运载火箭的分类如图 2-6 所示。按运载火箭级数分，可分为单级火箭和多级火箭，其中，多级火箭根据其级间组合方式不同，又可分为串联式火箭、并联式火箭和串并联混合式火箭，其结构示意图如图 2-7 所示。按运载火箭动力种类不同，又可将运载火箭分为液体火箭、固体火箭和固液混合式火箭等。

2.2.1.1　单级火箭和多级火箭

如图 2-7（a）所示，单级火箭结构简单，故障率低，然而，单级火箭在飞行过程中不能抛掉废重，只能通过增加推进剂加注量和减小火箭结构质量来获得较大的飞行速度，而多级火箭可在飞行过程中舍弃推进剂耗尽后的子级，减小火箭结构部分质量，增加火箭推重比，提高火箭效率。多级火箭的每级都为独立的火箭，火箭在发射飞行过程中，一般

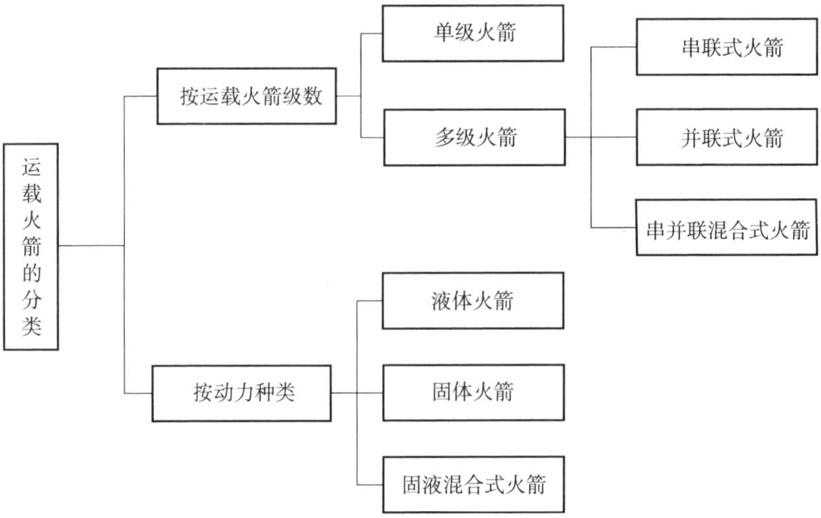

图 2－6　运载火箭的分类

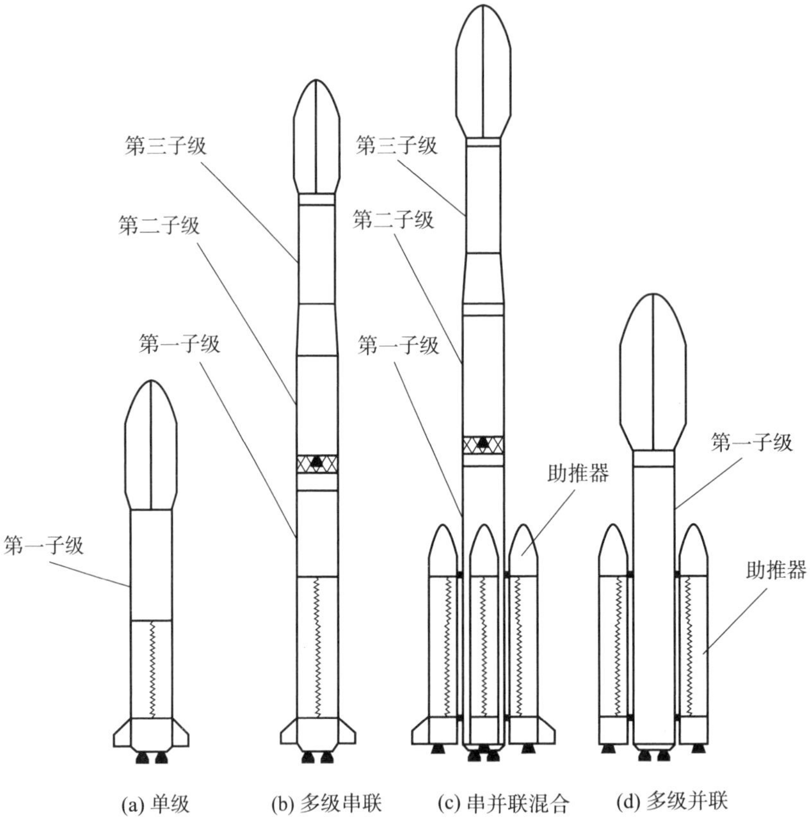

图 2－7　运载火箭的组合方式

先启动第一子级（或第一子级和助推器），第一子级（或助推器）推进剂耗尽后自动脱落，再启动后续子级，直到把航天器送入预定轨道。然而，并不是火箭级数越多越好，火箭级数一般不超过四级，子级越多，系统越复杂，故障率将呈几何级增长。

2.2.1.2　火箭的串联和并联

多级火箭按照级与级之间的连接形式来分，又可分为串联式、并联式（俗称捆绑式）、串并联混合式 3 种。串联指多级火箭纵向排列，如图 2-7（b）所示。串联式多级火箭级与级之间的连接分离机构简单，但串联后火箭总长较长，火箭的长细比（长度与直径之比）大，给设计带来一定的困难。此外，级数过多也会带来发动机高空点火困难的问题；并联式多级火箭采用横向捆绑连接，连接分离机构稍复杂，如图 2-7（d）所示。但其中间芯级第一子级与旁边捆绑的助推器可在地面同时点火，在一定程度上可避免高空点火，点火的可靠性较高；串并联混合式火箭指结构中既有串联结构，又有并联结构，如图 2-7（c）所示，一般为助推器与第一子级并联捆绑，第一子级又与其他子级串联。一般地，助推器与芯级火箭在地面一起点火，但工作一定时间后先关机，关机后与芯级火箭分离并被抛掉，助推器因在第一子级火箭飞行的半路上关机，所以只能算它是半级火箭。

我国长征四号系列、长征六号等火箭为典型的多级串联火箭，而长征五号 B 运载火箭是在长征五号火箭一级的基础上捆绑 4 个助推器，是典型的并联一级半火箭，而长征二号 F、长征三号 B 等运载火箭在结构上属于串并联混合式，分别为两级半和三级半火箭。

2.2.1.3　固体火箭和液体火箭

运载火箭按其所用的推进剂类型来分，可分为固体火箭、液体火箭和固液混合型火箭 3 种。顾名思义，它们之间的主要区别在于火箭发动机使用的推进剂形态。固体火箭具有结构简单、推力大、存放时间长、发射便捷、准备时间短等优点，但也存在比冲小、燃烧时间短、推力不可调，且燃烧过程无法控制等缺点。常用的固体推进剂有 HTPB（端羟基聚丁二烯）、HTPE（端羟基聚醚预聚物）、NEPE（硝酸酯增塑聚醚）、GAP（缩水甘油叠氮聚醚）等。液体火箭比冲高、推重比大、推力可调，易于进行点火启停控制，但也具有发动机研发成本高、结构复杂、推进剂不易储存等缺点。常用的液体推进剂有偏二甲肼（$C_2H_8N_2$）/四氧化二氮（N_2O_4）、煤油/液氧、液氢/液氧等。固液混合型火箭一般指火箭的多个子级可采用固体、液体火箭组合的形式。

我国长征四号系列运载火箭是一种三级液体火箭，推进剂为四氧化二氮＋偏二甲肼。长征十一号运载火箭为一种四级固体火箭，推进剂为 HTPB 固体推进剂。长征一号运载火箭则是一种固液混合型的三级火箭，其第一子级、第二子级是推进剂为硝酸-27S＋偏二甲肼的液体火箭，第三子级则是推进剂为聚硫橡胶固体推进剂的固体火箭。

2.2.2　运载火箭系统的组成

无论是固体运载火箭还是液体运载火箭，单级运载火箭还是多级运载火箭，其系统组成一般包括：结构系统、动力系统、控制系统、遥测系统、外弹道测量系统、初始瞄准系统、安全自毁系统等。若为发射载人飞船使用的火箭，还包括逃逸系统，如图 2-8 所示。

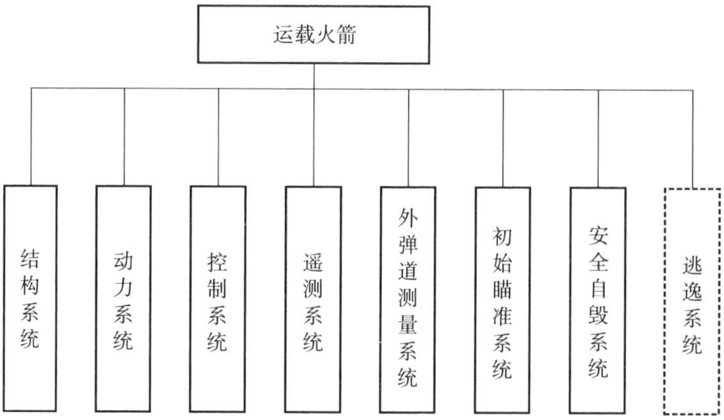

图 2－8　运载火箭系统的组成

2.2.2.1　结构系统

结构系统是运载火箭的基体，其作用是维持火箭的外形，安装、连接火箭各系统内的有效载荷、仪器设备、动力装置及其他火箭部件，储存推进剂，承受地面运输、发射操作及飞行中箭上的各种载荷，维持良好的气动外形，保证火箭的完整性。

运载火箭结构系统示意图如图 2－9 所示，按照舱段自上至下可划分为有效载荷舱（整流罩、航天器、航天器支架等）、仪器舱、发动机舱段及尾舱段等，其中各子级之间有级间段，需要分离的部分有分离机构等。

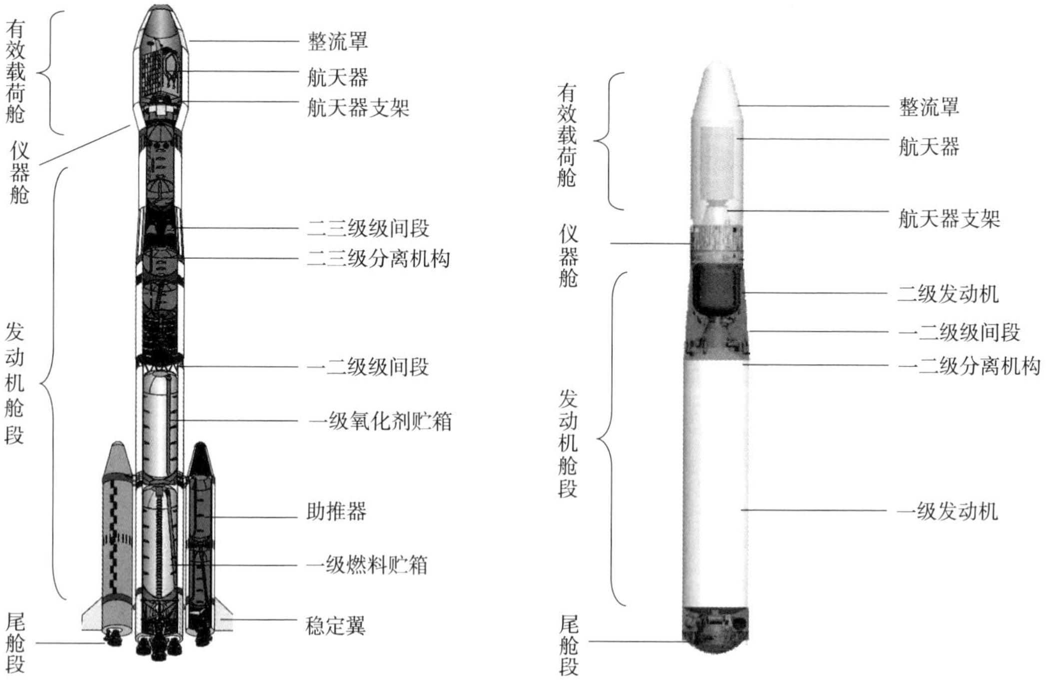

图 2－9　运载火箭结构系统示意图

（1）整流罩

整流罩是保护有效载荷的火箭外壳，呈光滑的流线型，在飞行中承受空气动力和气动加热。由于有效载荷最终要与火箭分离，因此一般由纵向分开的两瓣组成。通常火箭在飞出稠密大气层后，即可按照控制系统的程控指令将整流罩分开抛掉。制造整流罩的材料要具有良好的无线电波穿透性能，以便在火箭的飞行过程中对航天器等有效载荷进行跟踪。

（2）航天器支架

航天器支架用于连接航天器和运载火箭，为航天器提供安装接口，在发射过程中承受航天器载荷，将运载火箭的推力传递给航天器，同时还能够为火箭与航天器之间的仪器、电缆等提供安装空间。为了承受航天器载荷，给航天器提供可靠的安装，航天器支架多采用金属结构制造，具有自重轻、承重大等特点。

（3）仪器舱

仪器舱一般在有效载荷舱的下面，它是安装飞行控制系统主要仪器设备的专用舱段。为了便于安装仪器设备和对仪器设备进行检查测试，仪器舱的侧壁上有可以打开的舱口。为了使仪器设备不受气动加热的影响，通常在仪器舱的外表面喷有防热涂层。

（4）发动机舱段

发动机舱段结构因火箭发动机类型不同而略有不同。

液体火箭发动机舱段一般包括氧化剂贮箱、燃料贮箱和发动机推力结构。氧化剂贮箱和燃料贮箱占火箭壳体的大部分，它们除了储存推进剂以外，还作为火箭的主要承力构件。对于低温推进剂贮箱，为了防止推进剂蒸发，必须有减少热传导的隔热层结构。发动机推力结构一是用于安装发动机，二是用于把火箭发动机产生的推力传给箭体。

固体发动机一般由前封头、外壳、装药结构、喷管装置和后封头等部分组成。前封头、外壳和喷管装置构成发动机燃烧室，固体推进剂在其中燃烧。前封头上通常装有点火装置。前封头是薄壁结构，用金属制成，形状有球形、椭球形或环-球形。大型固体火箭发动机常分段制造，靠增加段数获得所需的推力，外壳为薄壁壳体，用合金钢、铝合金和复合材料制成。外壳内壁有隔热层，外表面也涂有很薄的隔热层，以减小气动加热的影响。喷管装置（单喷管或多喷管）固定在火箭发动机后封头上，在控制系统操纵下使燃气流偏转，产生控制力矩。

（5）级间段

级间段是多级火箭各子级之间的连接结构。它有两种结构形式，一种是用钢管焊接起来的杆系结构，另一种是半硬壳式结构。半硬壳式结构是一段空心圆柱体或空心锥体，侧壁开有能自动排气的舱口。采用这些结构形式，主要是为了让前面一级火箭发动机开始工作时产生的燃气能顺利地排出。

（6）尾舱

尾舱又叫作尾段，它在火箭的最下端。尾舱既可以作为发动机的保护罩，也可以作为火箭发射时竖立在发射台上的支撑构件。为了改善火箭的飞行稳定性，有时在尾舱上还装有尾翼。由于尾舱内需要操作的开关和阀门很多，尾舱上开有各种舱口。尾舱紧靠发动机，底部受高温燃气回流的影响，须采取防热措施。

（7）分离机构

分离机构的作用，是在火箭飞行过程中，把需要分离的部分及时解锁和顺利地分离开。如：分离已工作结束的助推器和下面级火箭，以便继续飞行的火箭轻装前进；分离整流罩，以便有效载荷能不受干扰地进行工作。

按分离力作用方向的不同，可将分离机构分为纵向分离机构（如上下两级火箭的分离）和横向分离机构（如助推器和芯级火箭的分离）。按分离对象的不同，有卫星（飞船）等有效载荷与火箭的分离机构，简称星（船）箭分离机构；多级火箭各级之间的分离机构，简称级间分离机构；整流罩与火箭的分离机构，简称抛罩机构等。

航天器分离机构（也称为星箭分离机构）一般有弹射分离机构和制动火箭分离机构两种，级间分离机构有热分离和冷分离两种。分离机构包括爆炸螺栓、环形爆炸索、弹簧或气动作动器或反推火箭和辅助加力火箭等组件。分离时，爆炸螺栓或环形爆炸索爆炸，使连接解锁，然后由弹簧（或气动作动器或反推火箭和辅助加力火箭，或靠前面一级火箭发动机的强大气流）将需要分离的两部分推开。

2.2.2.2 动力系统

火箭的动力系统包括火箭发动机和推进剂输送系统，通常简称为火箭发动机。火箭发动机的基本工作原理是，燃料和氧化剂以一定的混合比在燃烧室内进行化学反应，产生高温高压的燃气，通过喷管向外高速喷射，从而使火箭受到反作用推力。根据推进剂的种类和形态，一般可将火箭发动机分为液体火箭发动机和固体火箭发动机。

（1）液体火箭发动机

液体火箭发动机一般由推进剂供应系统、推力室和发动机控制系统组成。

图 2－10 所示为典型的双组元液体火箭发动机结构图。推进剂供应系统是把液体推进剂（包括氧化剂和燃料）从贮箱输送到燃烧室的系统。根据其输送方式，有挤压式和泵压式两种。挤压式供应系统通过携带的高压气瓶压力，源源不断地将推进剂送往燃烧室，而泵压式供应系统在推进剂通往燃烧室的管道中安装有涡轮泵，发动机工作时，通过涡轮泵向燃烧室输送推进剂。相比于挤压式供应系统，泵压式供应系统无须携带高压气瓶，可相应地减轻火箭质量，因此，现代的大型火箭主要采用泵压式推进剂供应系统。

推力室是发动机中产生推力的部分，由推进剂喷注器、燃烧室和喷管组成。对非自燃推进剂，还要配有点火装置，如火花塞等。推进剂由喷注器喷入燃烧室，经雾化、混合、燃烧，形成 3 000～4 000 ℃的高温和几十兆帕的高压燃气，在喷管内迅速膨胀，以每秒几千米的速度高速喷出而产生推力。

发动机控制系统的作用则是控制发动机的启动、点火和关机等工作程序，控制推进剂的混合比例，控制推力的大小和方向等，与运载火箭控制系统配合，确保运载火箭按照预定弹道飞行。

（2）固体火箭发动机

固体火箭发动机主要由燃烧室、喷管和点火装置等几部分组成，如图 2－11 所示。

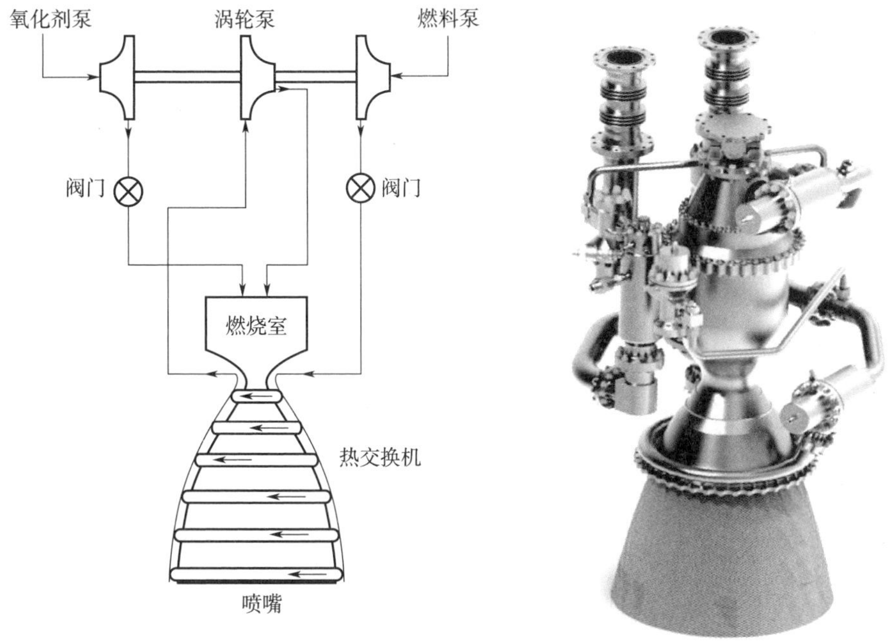

图 2-10　典型的双组元液体火箭发动机结构图

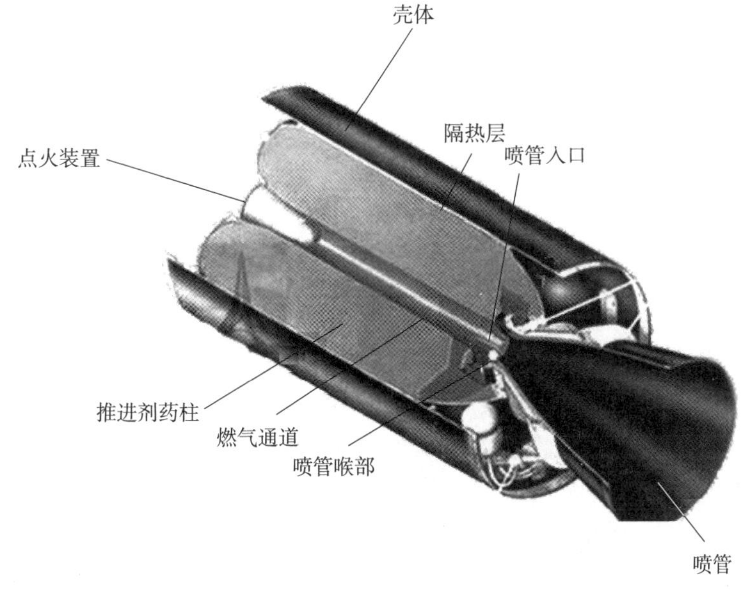

图 2-11　固体火箭发动机剖面图

1）燃烧室是放置和燃烧固体推进剂药柱的地方，外层有壳体和隔热层。药柱的燃烧，有的从端面开始，有的从侧面开始，双推力药柱则从两种不同的燃烧面处开始。

2）固体火箭发动机的喷管结构，要比液体火箭发动机的喷管复杂一些，它可以是一个，也可以是多个，药柱燃烧产生的燃气，通过喷管喷出产生推力。

3）点火装置实际上也是一个小型火箭发动机，它通常由电爆管、点火药和壳体组成。

按照不同的点火要求，点火装置安装在燃烧室的头部，或药柱的中间或尾端。发动机工作时，先通电使电爆管爆炸，引燃点火药，点火药燃烧后点燃药柱。

固体火箭推进剂是由燃料、氧化剂和各种添加剂等组成的混合物。其种类很多，常用的有双基推进剂、复合推进剂和复合改进双基推进剂等。双基推进剂就是硝化甘油和硝化纤维的均匀混合物，这两种物质本身既具有燃料特性，又具有氧化剂特性。复合推进剂一般用高氯酸作为氧化剂，用塑料黏合剂作为燃料，为了提高性能，还添加少量铝粉。复合改进双基推进剂是在双基推进剂的基础上加入一定量过氯酸铵和铝粉组成的混合物。

2.2.2.3 控制系统

火箭控制系统的作用是通过控制火箭飞行姿态和时序等，使其按照预定的弹道飞行，确保航天器等有效载荷进入预定轨道。运载火箭的控制系统由制导系统、姿态控制系统、电源配电系统和测试发控系统等组成。

（1）制导系统

制导系统可以测量和计算火箭的位置、速度、加速度、射程和弹道参数等，与箭载计算机中装定的参数相比较，按预定规律形成制导指令，通过导引信号控制火箭的飞行方向，控制各级火箭发动机准时开关机和火箭各级之间的分离，使火箭沿预定的发射弹道飞行。运载火箭通常采用惯性制导系统，根据其测量基准的不同，可以分为平台式惯性导航系统和捷联惯性导航系统。

（2）姿态控制系统

姿态控制系统的功能是纠正火箭在飞行过程中的俯仰角、偏航角和滚动姿态角偏差，使火箭保持正确的飞行姿态。姿态控制系统由敏感装置、计算机和执行机构 3 部分组成。敏感装置常采用 3 自由度陀螺，测量箭体姿态的变化并输出信号。计算机按照一定的控制规律对各种姿态信号和导引指令进行运算、校正和放大，并输出控制信号。执行机构根据控制信号驱动舵面、姿控喷管的电磁阀门或控制摇摆发动机运动的伺服机构，产生控制力矩，控制火箭的姿态。

（3）电源配电系统

电源配电系统的作用，一是给控制系统的仪器设备供电和配电；二是按照火箭飞行的工作程序发出时间指令；三是控制火箭工作状态的变化。此外，在火箭的发射准备过程中，还要完成从地面电源供电到箭上电源供电的转变。电源配电系统主要由电池（又叫作一次电源）、二次电源、配电器、程序配电器和电缆等仪器设备组成。常用的一次电源有银锌电池和镉镍电池等。控制系统的仪器设备，有的需要直流稳压电源，有的需要交流电源，有的需要脉冲电源，而不能直接使用电池，这就需要由二次电源来提供。配电器是给箭上仪器设备供电的控制设备，它按照飞行的工作程序，将电源和用电设备接通，也是实现地面供电和箭上供电转换的设备。程序配电器又叫作时序装置，它按火箭飞行的工作程序，给相应的设备和电路通电和断电，如发动机的开关机、多级火箭的级间分离、星箭分离等。

(4) 测试发控系统

测试发控系统的作用，一是发射前通过箭地通信，对火箭控制系统的各种性能参数、箭体和发动机系统的电气部分进行检查和测试；二是将飞行参数往箭上设备装定，在发射时对火箭实施发射控制。

2.2.2.4　遥测系统

遥测系统的作用是把火箭飞行中各系统的工作参数及环境参数测量出来，通过箭载无线电发射机将这些参数送回地面，由地面接收机接收；也可将测量所得的参数记录在火箭搭载的磁记录器上，在地面回收磁记录器。这些测量参数既可为地面监视火箭的工作状态提供遥测数据，又可作为鉴定和改进运载火箭性能的依据。一旦运载火箭在飞行中出现故障，这些参数也是进行故障分析的依据。

遥测系统的箭上设备主要由传感器、变换器、采编单元、信号调制器和无线电发射机等组成。它们的作用是进行参数测量，将测得的物理量转变为电信号，由采编单元采集这些电信号并进行量化编码，组成一定的帧格式，实现时分多路信号传输，再进行信号调制，由遥测发射机传回地面。地面测控站接收遥测信号后，进行解调、变换和处理，可获得运载火箭的工程参数和时间指令。根据参数变化的快慢程度，火箭遥测参数可分为缓变参数和速变参数两类。速变参数一般包括温度、压力、流量、液位等，须进行实时处理，缓变参数包括振动和冲击等参数，可用于事后分析处理。

2.2.2.5　外弹道测量系统

外弹道测量系统，简称为外测系统，主要包括应答机、信标机、光学合作目标等，其作用是利用火箭的光、电波等特性，通过地面雷达、光学等设备，对火箭进行跟踪，测量运载火箭的飞行运动参数，为航天器初始轨道确定、制导精度分析和鉴定及故障分析服务。

2.2.2.6　初始瞄准系统

初始瞄准系统的作用是确定位于发射台上火箭的初始发射方位，并控制火箭对准目标，一般由箭上设备和地面设备共同完成。按工作原理不同，可将初始瞄准系统分为光学瞄准系统、光电瞄准系统和自主瞄准系统。自主瞄准系统利用火箭上的敏感装置自行确定火箭的初始发射方位并完成瞄准。对于运载火箭而言，初始发射方位（也称为发射方位角）是根据理论发射弹道预先确定的。

2.2.2.7　安全自毁系统

安全自毁系统也称安全系统，其用途是当运载火箭在飞行中出现故障不能继续飞行时，将其在空中炸毁，避免运载火箭在坠落过程中给地面造成灾难性的危害。安全自毁系统包括运载火箭上的自毁系统和地面的无线电安全系统两部分。箭上的自毁系统由测量装置、计算机和爆炸装置（炸药筒）组成。当运载火箭的飞行姿态、飞行速度超出允许的范围时，箭上计算机会发出引爆爆炸装置的指令，使运载火箭在空中自毁。无线电安全系统则是由地面雷达测量运载火箭的飞行轨道，当运载火箭飞行超出预先设定的安全范围时，从地面发出引爆箭上爆炸装置的指令，由箭上的接收机接收后将火箭在空中炸毁。

2.2.2.8　逃逸系统

逃逸系统也称为逃逸塔，是为载人航天发射专门设计的。从火箭发生过的事故以及美苏载人航天经历可以看出，火箭飞行阶段最大的危险来源于火箭，最严重的后果是火箭爆炸，因此最有效的方式是“逃离”危险区域，因此，为用于载人航天发射的火箭设计了逃逸系统。它的任务是，在火箭起飞前数分钟至起飞后的一段时间内，一般飞行高度在 0～110 km 时，若发生火箭故障，逃逸发动机启动，可以带着载人航天器与火箭分离，并降落在安全地带，帮助航天员脱离险境。

2.2.3　运载火箭的主要技术参数

火箭是依靠火箭发动机产生的推力向前运动的，在运动过程中，发动机不断地向外喷出高速燃气流，随着推进剂的消耗，火箭的质量不断减小，因此，火箭的运动是一个变质量物体的运动。

火箭的前进速度为 v，发动机燃气流以相对火箭的速度 u_e 向后喷出，单位时间喷出的燃气质量为 $\mathrm{d}m_f$。由于火箭的质量是逐渐减小的，所以火箭的质量变化率为负值，即 $\mathrm{d}m_f=-\mathrm{d}m/\mathrm{d}t$。

根据动量守恒定律，火箭系统在 $\mathrm{d}t$ 时间段内的动量变化等于外力的冲量，可以得到

$$m\frac{\mathrm{d}v}{\mathrm{d}t}=-\frac{\mathrm{d}m}{\mathrm{d}t}u_e+F_i \tag{2-2}$$

式中，$(\mathrm{d}m/\mathrm{d}t)u_e$ 表示发动机燃气流速度的动量变化率，即火箭推力；F_i 表示作用在火箭上的其他外力的合力。

若忽略火箭所受到的地球引力和气动力，不考虑大气的影响，只在发动机推力作用下，火箭的飞行速度称为理想速度。在这种情况下，作用在火箭上的外力 F_i 为零，火箭的运动方程可以简化为

$$m\frac{\mathrm{d}v}{\mathrm{d}t}=-\frac{\mathrm{d}m}{\mathrm{d}t}u_e \tag{2-3}$$

进而可以得出

$$v=-u_e\ln(m/m_0) \tag{2-4}$$

式（2-4）为火箭的理想速度公式，也称为齐奥尔科夫斯基公式。将火箭关机点的条件代入式（2-4），即可得到火箭关机时刻能达到的理想速度为

$$v_k=-u_e\ln(m_k/m_0)=-u_e\ln u_k \tag{2-5}$$

式中，m_0 表示起飞时刻火箭质量；m_k 表示关机时刻火箭质量；u_k 表示关机时刻质量比，$u_k=m_k/m_0$。

从理想速度公式可以看出，火箭结构的质量越小，推进剂的质量越大，也就是火箭的质量比越小，火箭在关机时刻达到的理想速度就越大。因此，提高火箭的飞行速度有两个办法：一个办法是提高火箭发动机产生的燃气流排出速度，选用高能推进剂，并提高火箭

发动机的性能；另一个办法是减小火箭的结构系数，即尽可能减轻火箭关机点的死重，尽量增加推进剂的加注量，通过这种思路设计的火箭即多级火箭。

运载火箭的主要技术参数包括推力、运载能力、整流罩直径和可靠性等，我国主要运载火箭的技术参数详见附录 A。

2.2.3.1　推力

火箭发动机的推力由两部分组成：一部分是由火箭发动机喷出的燃气流的动量变化产生的，称为火箭推力的动分量；另一部分是由于发动机出口压力 p_e 与当地大气压 p_a 不相等产生的，称为火箭推力的静分量。火箭推力的表达式为

$$F = \mathrm{d}m_f u_e + (p_e - p_a)A_e \tag{2-6}$$

式中，A_e，p_e 分别为火箭发动机喷管出口的截面面积和静压力，可以看出，火箭的推力大小与火箭的飞行速度无关，与火箭发动机喷出的燃气流速度成正比，而且随火箭飞行高度的升高而增大。

（1）海平面推力

火箭起飞时，地面是有大气压力的，一般默认在海平面 0 m、20 ℃ 的大气压力值为一个大气压，海平面推力就是火箭在一个大气压时的推力，而火箭本质上是靠燃气对外喷射做功的一种吹气装置，地面火箭的燃烧室内部压力首先要大于一个大气压，才可能克服大气压力对外喷气产生推力，此时火箭起飞推重比应大于 1，这样火箭才能快速上升，达到脱离地球引力的目的。多级火箭的推重比按经验可在 1.2～1.6 范围内选择，也可以和起飞质量及质量比结合进行选择。

（2）真空推力

随着火箭越飞越高，到了 150 km 以上的高空，大气压力会无限趋近于 0，也就是逐步进入真空状态，失去大气压力限制的火箭喷气做功效率会有所提升，此时可以凭借惯性，让持续工作的火箭发动机的推力暂时小于二级火箭和有效载荷加起来的自重，即推重比可以小于 1，靠长比冲把有效载荷送入轨道。

2.2.3.2　运载能力

火箭的运载能力主要是由其能够送入预定轨道的有效载荷（航天器）的质量决定的。一般，在运载能力的设计中要进行火箭构型选择及轨道分析，以期得到最节省能量的最优轨道，将最大的有效载荷质量送到所需要的轨道上。根据目前运载火箭的运载能力，可将运载火箭分为小型、中型、大型及重型等几类，见表 2-1。

表 2-1　运载火箭的运载能力和性能参数

运载火箭类型 / 项目	小型	中型	大型	重型
轨道类型	近地轨道			
运载能力/kg	<1 000	1 000～10 000	10 000～50 000	>50 000

2.2.3.3　整流罩直径

整流罩用于保护航天器及其他有效载荷，其直径限制了航天器等运载火箭有效载荷的

最大直径，因此也间接决定了整流罩内可供安装有效载荷的空间。我国长征一号运载火箭整流罩设计直径为 1.5 m，随着运载火箭的技术及有效载荷的不断发展，整流罩直径逐渐增大，有 2.2 m、3.8 m、4.2 m 等多种，新一代长征五号运载火箭整流罩直径可达 5.2 m。

2.2.3.4　可靠性

可靠性是指火箭在规定的条件下和规定的时间内，完成规定任务的概率，可靠性包括飞行可靠性和发射可靠性。

火箭飞行可靠性定义为：发射点火后，在规定的环境条件下，按规定的飞行程序及要求，将有效载荷送入预定轨道的能力。火箭发射可靠性定义为：在规定的储存期内，在规定的地面环境条件下，按规定要求完成发射准备及点火任务的能力。

目前国际上成熟的运载火箭的飞行可靠性指标在 0.95 以上，载人运载器的飞行可靠性已达到 0.98～0.99 以上。其中，中国载人运载火箭长征二号 F 的飞行可靠性指标为 0.97 ，而长征七号的飞行可靠性指标更是高达 0.98，达到国际领先水平。全箭的可靠性指标是进一步分配到各个分系统去实现和验证的，如分配给控制系统的可靠性、分配给分离系统的可靠性等，这些分系统的可靠性相乘，就得到了火箭总体的可靠性。全箭的可靠性要想达到 0.98，箭上设备、组件的可靠性就要达到 0.999 9，甚至更高。

2.3　世界主要运载火箭

自人类开始探索太空以来，经过半个多世纪的发展，世界上已经有众多国家和地区能够自主研制运载火箭，具备将各类载荷送入太空的能力，主要包括美国、苏联/俄罗斯、中国、欧盟、印度，以及韩国、日本等，如图 2－12 所示。本节主要对世界各国和地区典型运载火箭进行简要介绍。

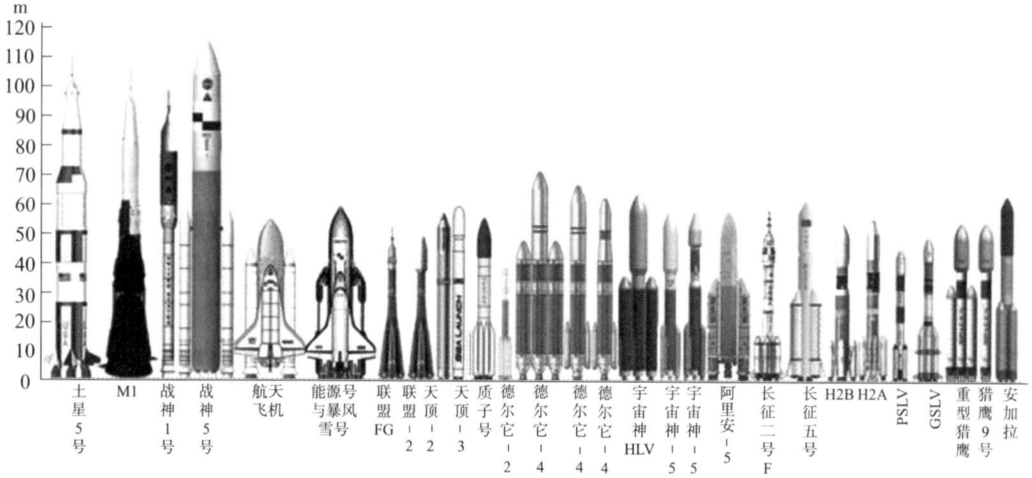

图 2－12　世界各国典型运载火箭略图

2.3.1　美国

美国作为世界上主要航天强国之一，自 20 世纪 50 年代起发展了包括宇宙神、土星、德尔它、猎鹰等一系列运载火箭，近年来研发了 SLS、星舰等新型运载火箭。先进的运载火箭技术为其引领世界航天技术发展奠定了坚实基础。

（1）土星 5 号

土星 5 号运载火箭（Saturn-5）作为土星系列火箭之一，是 20 世纪 60～70 年代美国国家航空航天局（NASA）为实现阿波罗飞船登月而研制的运载火箭，主要目标是在“登月竞赛”中赢过苏联。

截至目前，土星 5 号火箭仍是人类历史上使用过的自重最大的运载火箭，高达 110.6 m，起飞质量 3 038.5 t，月球轨道运载能力 45 t，近地轨道运载能力 118 t。火箭为三级结构，第一级长 42 m，直径 10 m，到尾段底部直径增大到 13 m，采用 5 台 F-1 发动机，推进剂为液氧和煤油，总推力约 3 400 t；第二级长 25 m，直径 10 m，采用液氧/液氢推进剂，共用 5 台 J-2 发动机，总推力约 450 t；第三级长 18.8 m，直径 6.6 m，1 台 J-2 发动机，推进剂为液氧/液氢，推力约 90 t。

土星 5 号运载火箭也是目前世界航天史上最成功的重型火箭，它从 1962 年开始被研制，1967 年 11 月 9 日首次飞行，仅用 6 年时间就完成了从论证到首飞的整个流程。在 1967—1973 年期间，共发射了 13 枚土星 5 号运载火箭，无一失败。共有 9 枚土星 5 号运载火箭将载人的阿波罗号宇宙飞船送上月球轨道，最后一次发射是在 1973 年，该次发射将天空实验室送入了近地轨道。

图 2-13　土星 5 号运载火箭

（2）德尔它系列

德尔它运载火箭是美国运载火箭家族的重要组成部分，于 20 世纪 60 年代开始进行美国的太空发射任务，至今累计发射超过 300 次，且成功率高达 95%以上。德尔它系列运载火箭如图 2-14 所示。

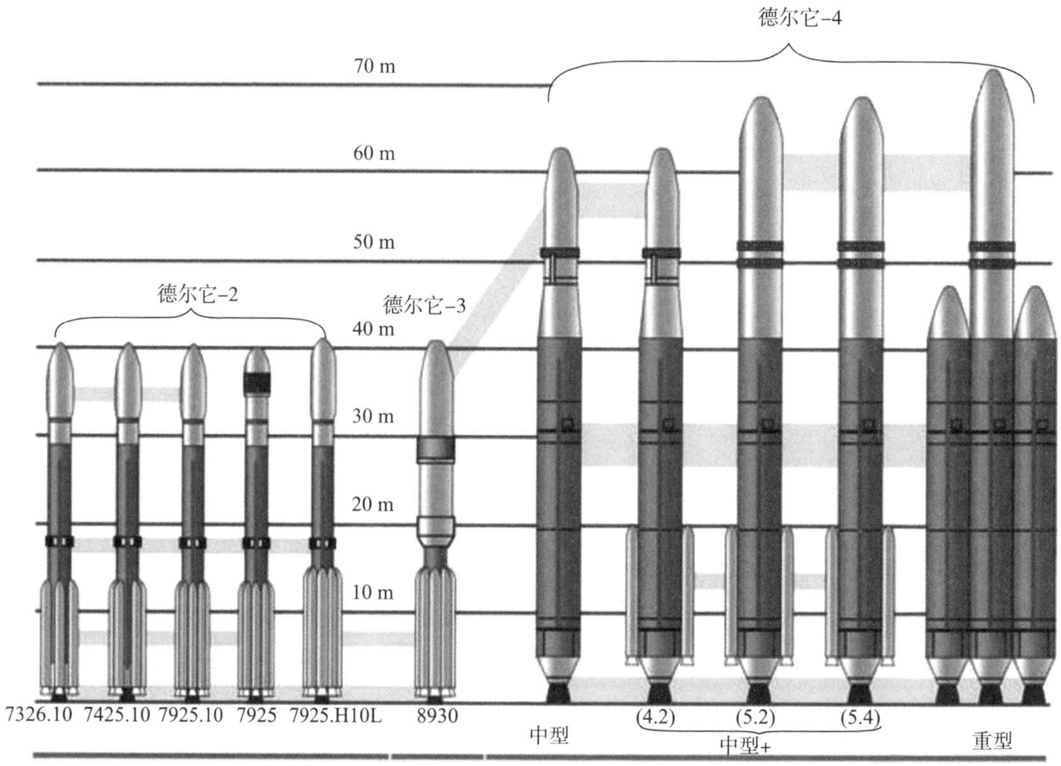

图 2-14　德尔它系列运载火箭示意图

截至目前，德尔它运载火箭共发展过四个系列：

第一代德尔它运载火箭的前身是美国雷神运载火箭，因此也称雷神-德尔它火箭。1960 年 5 月 13 日，德尔它-1 从卡纳维拉尔角空军基地首次发射，火箭一级成功，二级失去控制，最后坠毁。同年 8 月 12 日，德尔它-1 成功将回声 1A 卫星送入预定轨道。从 1969 年到 1978 年间，雷神-德尔它运载火箭是 NASA 的主力火箭，10 年间共发射 84 次。此外，德尔它-1 还发展了德尔它 A-N，超级 6 号，以及 1972 年改变命名规则后的德尔它 1000 至德尔它 5000 系列等型号。

德尔它-2 运载火箭全长约 39 m，芯级最大直径 2.44 m，近地轨道运载能力最大可达 6.1 t，地球静止转移轨道运载能力可达 2.17 t，火箭可选择不捆绑或捆绑 3、4、6、9 个助推器，同时也可选择搭配上面级进行发射。火箭于 1989 年 2 月 14 日首飞，此后发展的型号包括 6000 和 7000 两个系列，至 2018 年 9 月 15 日德尔它-2 运载火箭最后一次发射后退役，累计发射 158 次，仅失利 2 次。美国 GPS 导航星、铱星等大多通过德尔它-2 运载火箭发射进入太空。

德尔它-3 运载火箭设计为两级半火箭，第一级推进剂为液氧/煤油，第二级推进剂为液氧/液氢，助推器为固体发动机，由波音公司研制，高度约 35 m，芯级直径 4 m，起飞质量约 301 t，近地轨道运载能力约 8.3 t，地球同步转移轨道运载能力约 3.8 t。德尔它-3 运载火箭共发射 3 次，前两次均失利，第三次发射虽然基本成功，但由于各项综合因素，结束了德尔它-3 运载火箭的商业市场，德尔它-4 运载火箭的出现替代了德尔它-3。

德尔它-4 运载火箭的核心研发项目是其液氢/液氧发动机，相比于航天飞机，运载成本大大降低，单位质量成本约为航天飞机的四分之一。德尔它-4 基础版本的近地轨道运载能力只有约 11.5 t。为了增加运载能力，通过芯级并联，德尔它-4 重型运载火箭诞生了。重型版本的德尔它-4 在 2004 年 12 月 21 日实现了首次发射。德尔它-4 运载火箭在 2004 年问世的时候，一举成为当时人类现役最强运载火箭，近地轨道运载能力超出航天飞机 43%，达到了土星 5 号运载火箭五分之一的水平。德尔它-4 型火箭系列有 3 种主要结构或类型：中型、中型+（4.2、5.2 和 5.4 版）、重型。

（3）猎鹰系列

猎鹰系列运载火箭是美国太空探索技术公司（SpaceX）设计并制造的系列运载火箭，截至目前共有 3 个型号：猎鹰 1 号、猎鹰 9 号和重型猎鹰。

①猎鹰 1 号

猎鹰 1 号运载火箭采用两级构型，使用液氧/煤油作为推进剂。第一级使用一台梅林（Merlin）发动机，第二级使用一台 Keserel 发动机，火箭直径 1.7 m，高度为21.3 m，起飞质量 38.555 t，LEO 运载能力约 670 kg，SSO 运载能力约 430 kg。

猎鹰 1 号运载火箭自 2006 年 3 月 25 日起共发射 5 次，前三次均失利，直到 2008 年 9 月 28 日首次成功发射。这也是第一枚由私人航天公司研发的液态轨道火箭成功进入地球轨道。

②猎鹰 9 号

猎鹰 9 号运载火箭是 SpaceX 公司设计并制造的中型两级入轨系列运载火箭，采用芯级通用的设计理念，一级使用 9 台梅林 1D（Merlin1D）发动机，使用航天级过冷煤油和过冷液氧作为推进剂；二级则使用 1 台梅林 1D 真空改进版本（Merlin1D+）发动机。由于其第一级拥有 9 台发动机，因此称为猎鹰 9 号。截至目前，猎鹰 9 号共有 3 个版本：猎鹰 9 号 v1.0、v1.1 和 v1.2 版本，如图 2-15 所示。

1）猎鹰 9 号 v1.0 版本已全部退役，共发射 5 次，成功 4 次；

2）猎鹰 9 号 v1.1 版本已全部退役，共发射 15 次，成功 14 次；

3）猎鹰 9 号 v1.2 版本又称全推力型，细分为 Block 3、Block 4 及 Block 5 几个亚型，Block 3 和 Block 4 亚型已经退役，目前正在使用的是 Block 5 亚型。

早期的猎鹰 9 号 v1.0 版本运载火箭高 47.8 m，直径 3.66 m，v1.1 版本高度增加至 68.4 m，推力也从 4 940 kN 增加至 5 880 kN。为了保证整个猎鹰 9 号系列运载火箭生产工装的继承性，猎鹰 9 号运载火箭家族的芯级直径一直保持为 3.66 m。

猎鹰 9 号运载火箭的 v1.2 版本，总长为 70 m。其中，Block 5 亚型一级真空推力进一步增加至 8 130 kN，但箭体结构和外形并没有发生明显的改动。

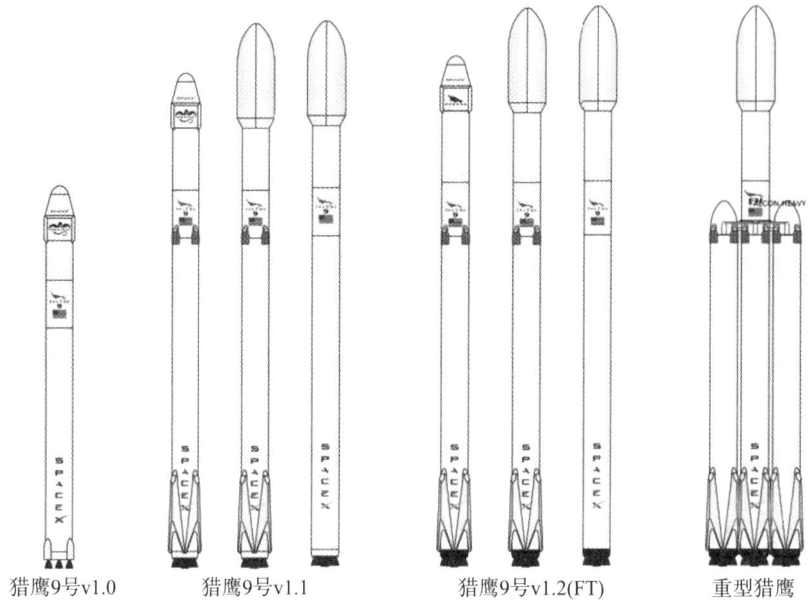

图 2-15　猎鹰 9 号、重型猎鹰运载火箭示意图

（a）猎鹰 9 号火箭发动机布局

如前所述，猎鹰 9 号运载火箭一级采用 9 台梅林发动机，9 台发动机采用了冗余设计，即 9 台发动机中的任意 1 台异常，都不影响任务的完成。在高空，即使 2 台发动机异常，同样能够将载荷送入预定轨道。早期的 v1.0 版本 9 台发动机构型如图 2-16（a）所示，采用 3 行 3 列的布局方式。这种情况下，火箭单台发动机失效冗余设计需考虑左、中、右三种模式，一定程度上增加了控制系统设计的复杂程度。自 v1.1 版本之后，优化了 9 台发动机的布局，如图 2-16（b）所示，即冗余设计只需考虑芯、边发动机失效的情况，极大地简化了控制系统的设计。

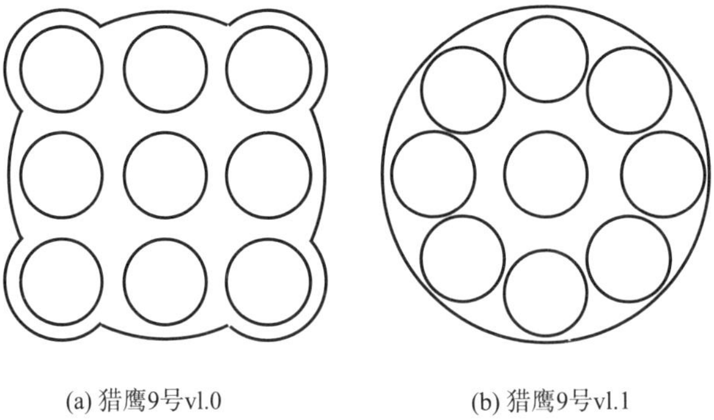

图 2-16　猎鹰 9 号发动机布局示意图

（b）一级可回收

此外，猎鹰 9 号运载火箭划时代的意义在于其一级可回收，将来可能实现二级甚至整

流罩的可回收。可回收运载火箭的设计初衷，就是为了大幅降低火箭的发射成本，最终让火箭发射业务进入新的商业化时代。

总体来说，采用液氧/煤油作为火箭推进剂成本约为采用常温有毒推进剂成本的 1/30，而如果拿煤油和液氢相比的话，甚至可能达到 1/100。实际工程应用中，运载火箭推进剂虽然在重量上占火箭的 90%以上，但其成本可能不到火箭发射总成本的 1%，这就是火箭可回收能够极大地降低发射成本的原因。邢强博士对猎鹰 9 号一级回收弹道进行了仿真计算，如图 2-17 所示。

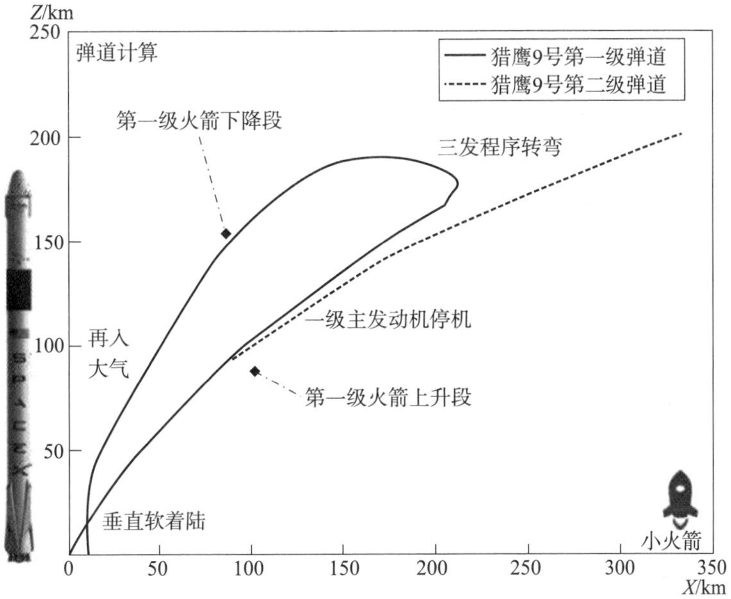

图 2-17　猎鹰 9 运载火箭一级回收过程仿真

③重型猎鹰

尽管猎鹰 9 号运载火箭可回收，大大降低了发射成本，但其运载能力一般，特别是无法满足质量较大的高轨道发射任务，为此，SpaceX 提出了猎鹰 9 号的通用芯级构型——重型猎鹰，以有效弥补猎鹰 9 号高轨运力不足的问题。

重型猎鹰运载火箭由基本相同的三个猎鹰 9 号的芯一级发动机组成，如图 2-15 所示，但为了捆绑助推器，芯一级的结构被加强，二级与猎鹰 9 号的二级完全相同，起飞推力达到 2 327 t。重型猎鹰的助推器和芯一级均可回收，通常助推器进行陆上回收，芯一级进行海上着陆船回收。重型猎鹰能够将近 64 t 的载荷送入近地轨道，达到德尔它-4 重型运载火箭的两倍多。

（4）SLS

2011 年 9 月，NASA 正式启动了新一代重型运载火箭即太空发射系统的研制，以满足未来载人深空探测的需要。该项目是美国 20 世纪 60 年代阿波罗载人登月计划研制发射土星 5 号重型火箭之后，NASA 启动的运载能力超过百吨的超重型运载火箭计划。

太空发射系统又叫空间发射系统（Space Launch System，SLS）。该火箭的研制采取了发展多种构型、分步提高运载能力的渐进式发展战略。NASA 为该火箭规划了三种构型，分别为近地轨道运载能力 70 t 构型（Block 1）、105 t 构型（Block 1B）和 130 t 构型（Block 2），其中，70 t 构型属于载人型火箭，105 t 和 130 t 构型分别包括载人和货运两种型号，如图 2－18 所示。

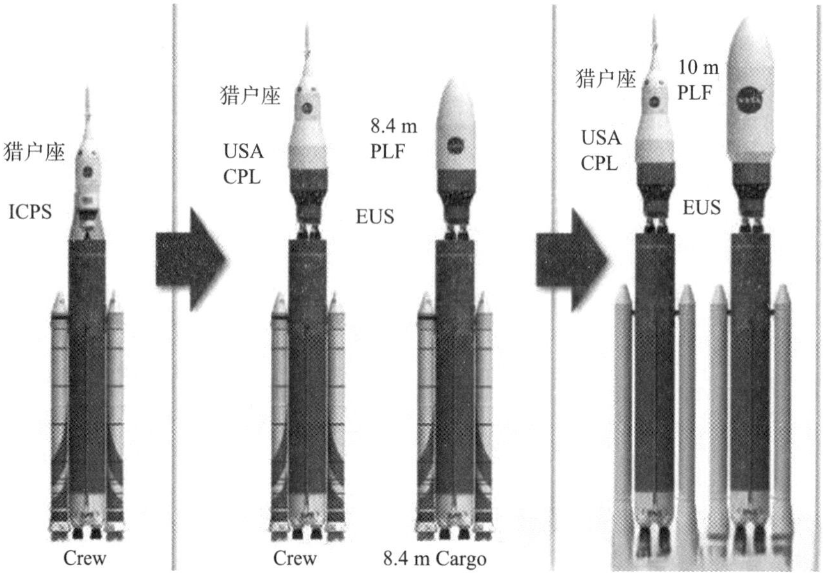

(a) Block 1　(b) Block 1B　(c) Block 2

图 2－18　SLS 系列运载火箭

SLS 整体构型为捆绑两台助推器的两级液氢/液氧运载火箭，采用了航天飞机衍生型方案。根据规划，70 t 构型总高约 98 m，芯一级安装的 4 台航天飞机的 RS－25D 发动机，捆绑的两台固体助推器也衍生自航天飞机系统，芯二级直接采用了即将退役的德尔它－4 系列火箭的芯二级，总推力约 28 000 kN，顶部安放猎户座飞船及发射终止系统；105 t 构型第一级与 70 t 构型相同，将采用 4 台 RS－25E 发动机（RS－25E 在 RS－25D 基础上研制），二级则采用 RL－10A 液氢/液氧发动机，同时具备载人和货运发射能力；130 t 构型总高将达到 117 m，芯一级与 105 t 构型相同，两侧捆绑 2 台大推力液体发动机，二级采用 3 台 J－2X 发动机。

2022 年 11 月 16 日，SLS 火箭首次发射，用于执行阿尔忒弥斯 1 号任务，主载荷为猎户座飞船，飞船历时 25.5 天，沿月球轨道飞行 140 多万 mile，两次飞越月球，最近离月球距离只有 80 mile，并超越了阿波罗 13 号创造的飞船最远距离纪录，超预期完成了测试任务。

（5）电子号

电子号（Electron）是由美国火箭实验室研制的一款小型可重复使用液体运载火箭。火箭一级使用 9 台海平面版卢瑟福（Rutherford）发动机，使用液氧/煤油作为推进剂，起飞推力 190 kN，最大推力 224 kN，二级使用 1 台真空版卢瑟福发动机，真空推力 25.8 kN。电子号的研发旨在快速且可靠地将小型载荷，如微纳卫星等，精准送入预定的轨道，相较于拼车发射方式，它更能满足对目标轨道和发射时间的精确定制要求。

电子号火箭采用了三项先进技术。首先，它是世界上首次采用电驱动涡轮泵代替传统燃气驱动的化学火箭（因此而得名），较传统的燃气驱动方式效率显著提升；其次，火箭大量采用碳纤维材质复合材料，尽可能降低自重以提高运载能力；此外，其发动机很多零部件制造均采用 3D 打印技术，制造效率显著提升。电子号还是一款可重复使用的小型火箭，发射频率更高，能进一步降低发射成本。

2017 年 5 月 25 日，电子号在新西兰北岛的马希亚私人航天发射中心进行首次试射，火箭完成了第一级点火工作、级间分离、第二级点火和整流罩分离程序，但未能成功入轨。2018 年 1 月 21 日，成功进行第二次试射，为行星公司和顶尖公司发射了 3 颗立方体卫星。

2.3.2　苏联/俄罗斯

苏联（俄罗斯）作为 20 世纪航天实力与美国相当的航天强国，自 20 世纪 50 年代以来，发展了月球号、东方号、联盟号、质子号、N1 等一系列运载火箭，为苏联（俄罗斯）的航天发展做出了重要贡献。

（1）质子号

质子号运载火箭（图 2－19）源于苏联 20 世纪 60 年代一个庞大的洲际导弹发展计划——UR500，但最终用于航天发射。1965 年 7 月 16 日，UR500 在拜科努尔发射场执行了第一次任务，将质子 1 号科学考察卫星送入太空，火箭也从此而得名“质子号”，但该型火箭仅发射过 3 颗质子号卫星，此后便停止使用。

在质子号运载火箭的基础上增加第三级，得到了运载能力更为强大的质子－K 火箭。1968 年，质子－K 运载火箭首次发射，20 世纪 70 年代初至 80 年代末，质子－K 运载火箭主要用于礼炮号、和平号等空间站的发射。

在质子－K 上再加入一个上面级，就形成了四级状态的质子号火箭。苏联时代的质子号所使用的上面级主要有两种：D 组级或 DM 组级所构成的火箭分别称为质子－K/D 组级和质子－K/DM 组级。1967 年 3 月 10 日，质子－K/D 组级运载火箭首次发射，将宇宙－146（一颗月球探测器）送入太空。这两种火箭是苏联发射大型地球静止卫星和深空探测器的主力。从 1967 年开始，四级型质子号向月球、金星和火星发射了多个探测器，并且在流产的苏联登月计划中被选为发射载人环月飞船的运载工具。

冷战结束后，俄罗斯新研制了一种四级型质子号火箭，即质子－M，它与质子－K/DM 组级的主要区别是使用了更为先进的和风－M 上面级，因此火箭也被叫作质子－M/和风－M。和风－M 上面级具有两次点火的能力，它可以将重型卫星直接送入地球同步轨道（以前的质子号通常是将卫星发射到地球同步转移轨道）。质子－M 在 2001 年首次发射，将一颗银幕－M 通信卫星送入轨道。

另外，俄罗斯还发展了所谓“质子-M增强型”，主要改进了和风-M上面级的性能。质子-M增强型只在2007年发射过一次。

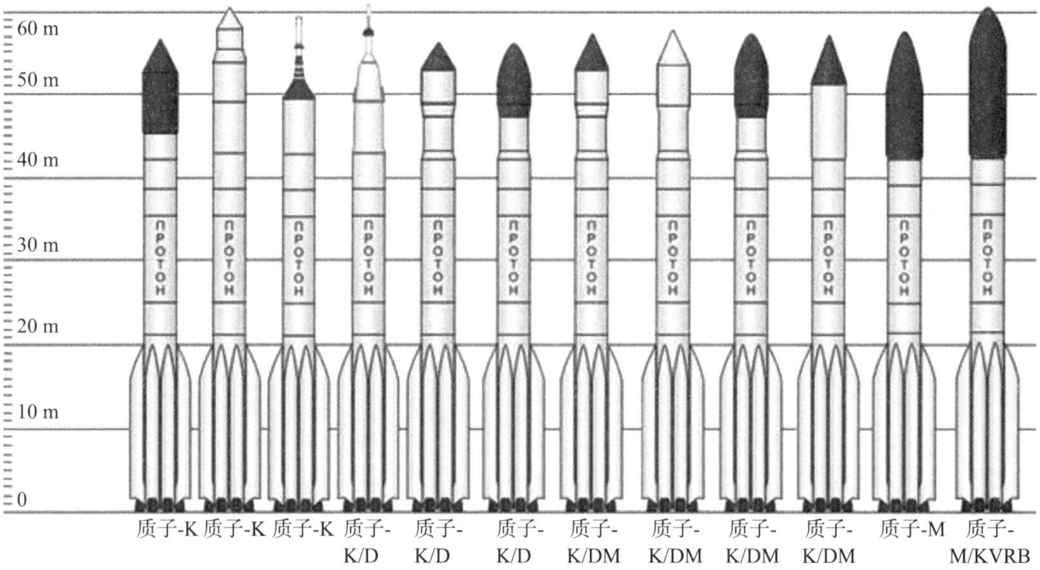

图2-19　质子号系列运载火箭

（2）联盟号

联盟号火箭系列是世界上历史最久、发射次数最多的多用途运载火箭。联盟号运载火箭起源于R-7洲际弹道导弹和东方号火箭，联盟号的第一种型号——上升号自1963年首次发射到1976年共成功发射了297次。最先以联盟号的名称发射的型号从1966年开始发射到1976年共发射了32次。截至目前，所有联盟号共发射了1 000多次。

联盟号火箭有上升号、闪电号、联盟号、联盟U、联盟U/伊卡尔、联盟U/弗雷盖特、联盟FG、联盟-2等10余个型号。联盟U和联盟FG火箭为两级结构，全部采用液氧/煤油作为推进剂，主要用于发射载人、货运飞船或军用成像卫星，在二级型火箭联盟U/FG的基础上还可增加伊卡尔（Ikar）和弗雷盖特（Fregat）上面级，用于商业高轨道发射。

联盟-2火箭采用了新的二子级和三子级。其基本型（二级型）可将近地轨道运载能力提高到8.2 t，带上面级的三级型火箭可将有效载荷送入大椭圆轨道和地球同步轨道，地球同步轨道运载能力为2.7～3 t，太阳同步轨道运载能力为4.5～4.9 t。联盟-2火箭最终取代现用的联盟U/FG和闪电-M，进行载人飞船、军事和商业卫星的发射。其中，联盟-2运载火箭又有联盟-2.1a、联盟-2.1b、联盟2-1V等多个版本，如图2-20所示。

（3）安加拉

安加拉运载火箭是完全由俄罗斯独立研发的火箭，由俄罗斯赫鲁尼切夫国家航天科研生产中心研制。该火箭通过使用不同类型的模块，衍生出轻型、中型和重型三个级别。

安加拉运载火箭的轨道覆盖范围涉及低、中、高轨道以及飞向太阳系各行星的转移轨

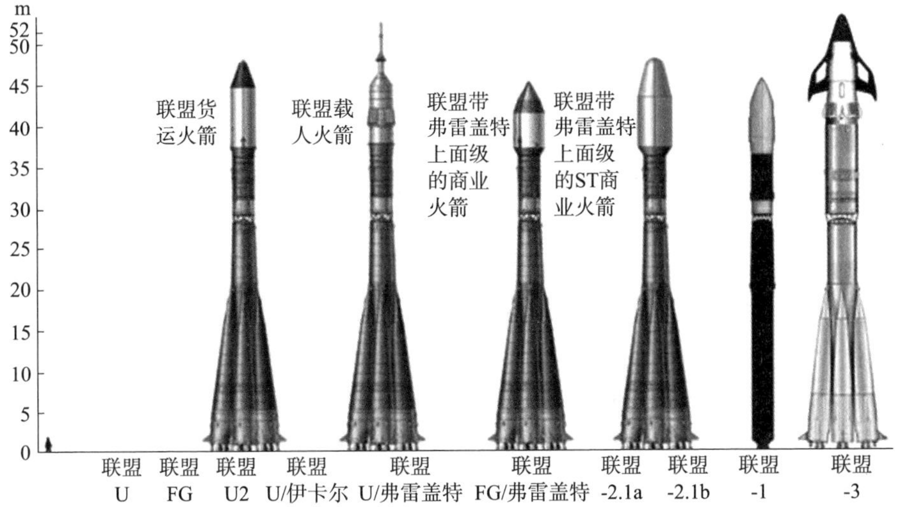

图 2-20　联盟系列运载火箭

道，为了将不同的有效载荷送入不同高度的轨道，安加拉运载火箭确定了三种配置方案：一是不带上面级的二级火箭，二是带上面级的三级火箭，三是用两枚两级安加拉组合成超大型的一种火箭。

安加拉-1.X 属于轻型火箭，起飞质量约 150～170 t，高度约 35～41 m，近地轨道运载能力约 2～3 t。而安加拉-3 属于中型火箭，近地轨道有效载荷运载能力可达 15 t，起飞质量约 470 t。安加拉-A5 属于重型火箭，其发射质量达 773 t，近地轨道有效载荷运载能力达到 24 t。未来还可能研发近地轨道有效载荷运载能力达到 35 t 的安加拉-7。安加拉系列火箭投入使用后，俄罗斯将能够在其境内发射所有的航天器，从而保证国家对太空领域的独立探索任务。俄罗斯航天部门计划用安加拉逐步替代目前俄罗斯商业发射的主力——质子号运载火箭。

2014 年 12 月 23 日安加拉-A5 构型火箭将有效载荷送入赤道上空 36 000 km 的地球静止轨道，证明了该构型火箭的运载能力。

2.3.3　欧洲

欧洲主要的运载火箭包括阿里安系列运载火箭和织女星运载火箭。

（1）阿里安

阿里安系列火箭（Ariane），也称阿丽亚娜火箭。1973 年 7 月，欧洲空间局着手实施火箭研制计划，至今已研制成功 5 种型号，分别是“Ariane-1”“Ariane-2”“Ariane-3”“Ariane-4”和“Ariane-5”。第六种型号还在研制中，即“Ariane-6”。阿里安系列火箭的成功，是欧洲联合自强的一个象征，它在国际航天市场的角逐中占有重要地位，在世界商业卫星的发射业务中也占有很大比重。

阿里安-1 运载火箭是欧洲空间局在欧洲号火箭和法国钻石号火箭基础上研制的三级液体火箭，自首次发射至 1986 年 2 月 22 日止，共飞行 11 次，能将 1.85 t 的有效载荷送入地球同步转移轨道，或将 2.5 t 的有效载荷送入轨道高度为 790 km 的太阳同步圆轨道。火箭长 47.7 m，直径 3.8 m，起飞质量约 200 t。

阿里安-2、阿里安-3 运载火箭的研制目的均是在国际卫星发射市场上争取更多的用户，区别在于阿里安-3 是在阿里安-2 的基础上捆绑了两台固体推进器，主要是向地球同步转移轨道发射各种卫星，两箭均长 49.5 m，直径 3.8 m，地球同步转移轨道运载能力分别是 2.17 t 和 2.85 t。

阿里安-4 运载火箭在阿里安-3 的基础上研制，提高了运载能力，保持双星和多星发射能力，进一步降低了发射成本，先后发展了六种型号，分别为：

AR40 型，同步转移轨道运载能力为 1.9 t；

AR42P 型，带有 2 个固体捆绑式助推火箭，同步转移轨道运载能力为 2.6 t；

AR44P 型，带有 4 个固体捆绑式助推火箭，同步转移轨道运载能力为 3 t；

AR42L 型，采用 2 个液体助推火箭，同步转移轨道运载能力为 3.2 t；

AR44L 型，采用 4 个液体助推火箭，同步转移轨道运载能力达 4.2 t；

AR44LP 型，采用 2 个液体助推火箭和 2 个固体捆绑式助推火箭，同步转移轨道运载能力为 3.7 t。火箭长 57～59.8 m，直径约 9 m。

阿里安-5 运载火箭主要用于向地球同步轨道和太阳同步轨道发射卫星，火箭长约 52～54 m，最大直径 12.2 m。

阿里安-6 运载火箭是一种低成本运载火箭，地球同步轨道有效载荷运载能力为 3～6.5 t。由于采用小尺寸和全新技术，发射成本将比阿里安-5 火箭降低 30%，以更高的效率和更具竞争力的成本适应新的市场变化。截至 2023 年 6 月，阿里安-6 运载火箭尚未进行首飞。

（2）织女星

织女星运载火箭（Vega）为欧洲新一代运载火箭，是一种四级固体运载火箭，由意大利航天局、欧洲空间局联合研发。它原为意大利航天局的小型航天器计划，于 1998 年由欧洲空间局接手继续开发，2012 年 2 月 13 日首次发射。火箭近地轨道载荷运载能力约为 1.96 t。

织女星火箭一级长 11.20 m，全重 96.2 t，推进剂质量 87.7 t，真空推力 3 015 kN；二级长 8.39 m，全重 26.3 t，推进剂质量 23.8 t，真空推力 1 120 kN；三级长 4.12 m，全重 12 t，推进剂质量 10.6 t，真空推力 317 kN；四级长 2.04 m，高 2.18 m，干重 688 kg。

2.3.4 印度

印度作为世界上较早发展航天的国家之一，目前已逐渐在世界航天领域占有一席之地。截至目前，印度研制的运载火箭称为卫星运载器系列（Satellite Launch Vehicle，SLV），主要包括 SLV、ASLV、PSLV、GSLV 及 SSLV 等几个型号，如图 2-21 所示，基本上代表了印度航天发射历程。

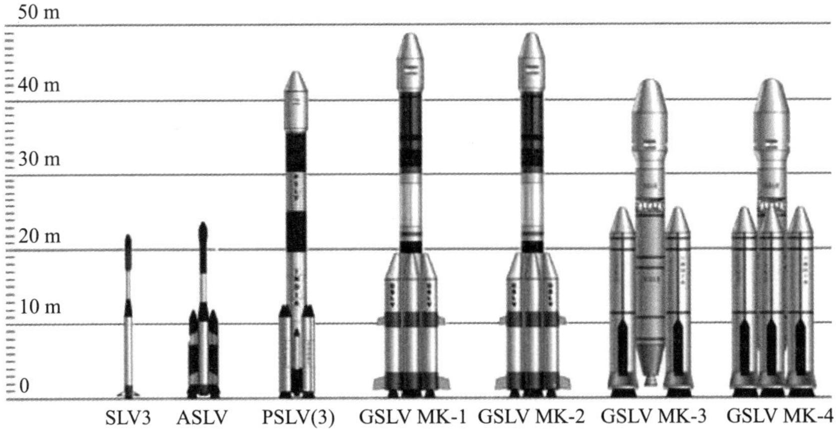

图 2－21　印度系列运载火箭

（1）SLV

SLV（Satellite Launch Vehicle）是印度第一代运载火箭，于 1973 年开始研制，利用了印度亚轨道探空火箭的研制成果。该火箭是为了发射重 40 kg 左右的罗希尼系列卫星而研制的，分四级，高 22.7 m，直径 1 m，采用固体推进剂，有效载荷整流罩直径为 0.8 m。它于 1979 年 8 月 10 日进行了首次发射，共发射了 4 次，其中首次和第三次发射都以失败而告终。

（2）ASLV

ASLV（Augmented Satellite Launch Vehicle）是印度第二代运载火箭，用于向近地轨道发射重约 150 kg 的卫星。该火箭使用 SLV 的芯级，并有所改进，另外捆绑了 2 台助推器，捆绑助推器所用的发动机与芯级第一级的相同。芯级第一级在捆绑助推器燃烧结束后再点火工作，所以这种火箭实际上是一种五级固体运载火箭。

ASLV 运载火箭全长 23.6 m，芯级直径仍为 1 m，整流罩直径增加到 1 m，高 3 m。火箭总重为 41 t。

（3）PSLV

极轨卫星运载火箭（Polar Satellite Launch Vehicle，PSLV）属于印度第三代运载火箭，是印度为了将其遥感卫星发射到太阳同步轨道而设计开发的。同前面两种型号相比，尺寸和运载能力都有了大幅度的提高，近地轨道运载能力达 3 000 kg，太阳同步轨道运载能力为 1 000 kg，地球同步转移轨道运载能力为 450 kg，它的研制成功使印度向应用卫星的自主发射迈出了重要的一步，为研制 GSLV 运载火箭奠定了基础。

PSLV 运载火箭高约 44 m，直径 2.8 m，起飞质量约 294 t，近地轨道运载能力达 3.25 t，太阳同步轨道运载能力约 1.2 t。火箭采用四级、固液混合设计，第一级使用固体推进剂，直径为 2.8 m；第二级采用液态四氧化二氮及联氨，第三级使用固体推进剂，第四级仍使用液态四氧化二氮及联氨。

PSLV 于 1993 年 9 月 20 日首飞，但发射失败，直至 1994 年 10 月 15 日，成功将印度遥感卫星 P2 送入预定轨道。

（4）GSLV

GSLV 是印度第四代运载火箭，项目于 1990 年启动，旨在使印度具备静地轨道卫星发射能力。目前发展至地球同步轨道卫星运载火箭 3 型（Geosynchronous Satellite Launch Vehicle Mark Ⅲ），简称 GSLV MK－3，也称 LVM3，是印度最大的火箭。

GSLV MK－3 运载火箭是印度研制的新型大推力重型运载火箭，是 GSLV－1 和 GSLV－2 型运载火箭的后续型号，采用了全新设计，全长 43.43 m，起飞质量 640 t，采用两级捆绑结构。火箭第一级的芯级为 L－110 液体发动机推进级，直径 4 m，装有110 t 可存储推进剂。芯一级外侧捆绑两枚 S－200 固体助推器。上面级采用印度自行研制的 C－25 氢氧低温上面级。

（5）SSLV

随着微纳卫星技术的发展，卫星逐渐趋于小型化。印度小型卫星运载火箭（Small Satellite Launch Vehicle，SSLV）是印度空间研究组织（Indian Space Research Organisation，ISRO）为发射 50～500 kg 的微小卫星而设计的一款四级固液混合运载火箭。一二三级采用固体推进剂，四级则采用液体推进剂，是印度极轨卫星发射器的衍生型号。SSLV 火箭高约 34 m，其研发目标为使 SSLV 成为一款发射成本低、周期短、所需保障条件少、任务适应性强、多星任务的灵活性好的运载火箭。

北京时间 2022 年 8 月 7 日（UTC 时），印度小型卫星运载火箭由萨迪什·达万航天中心发射升空，四级开机工作后，遥测信号丢失，首次发射任务失败。2023 年 2 月 10 日，印度再次发射了其新型火箭 SSLV，按计划将 3 颗卫星部署到相应轨道。

2.3.5　中国

中国的运载火箭起步于 20 世纪 60 年代，经过半个多世纪的发展，目前已研制了以长征运载火箭为代表的一系列运载火箭和上面级，具备发射低、中、高等不同轨道和不同有效载荷的能力，经历了从常温推进到低温推进、从串联到捆绑、从一箭一星到一箭多星、从发射卫星到发射载人飞船及深空探测器、从陆上发射到海上发射的历程，完成了载人航天、探月、北斗导航等重大工程及对外交流合作，为支撑国民经济和国防建设发挥了重要作用。现阶段，中国运载火箭主要型谱架构如图 2－22 所示。

中国运载火箭的发展，大致经历了以下阶段：

1）起步阶段。在战略导弹基础上起步，主要解决运载火箭的有无问题，典型代表是长征一号和长征二号火箭。长征一号火箭于 1965 年 5 月启动研制，1970 年 4 月 24 日，长征一号火箭成功发射东方红一号卫星，长征二号火箭于 1975 年 11 月 26 日首飞成功。

2）稳步提升阶段。为了满足通信等卫星应用需求，运载火箭追求运载能力提升、可靠、廉价的目标，攻克了氢氧发动机高空二次启动难题，并在长征三号第三级上使用，使中国运载火箭在当时跨入世界先进行列。

3）国际商业发射阶段。随着技术的不断提升，国际商业发射趋势逐渐凸显，特别是

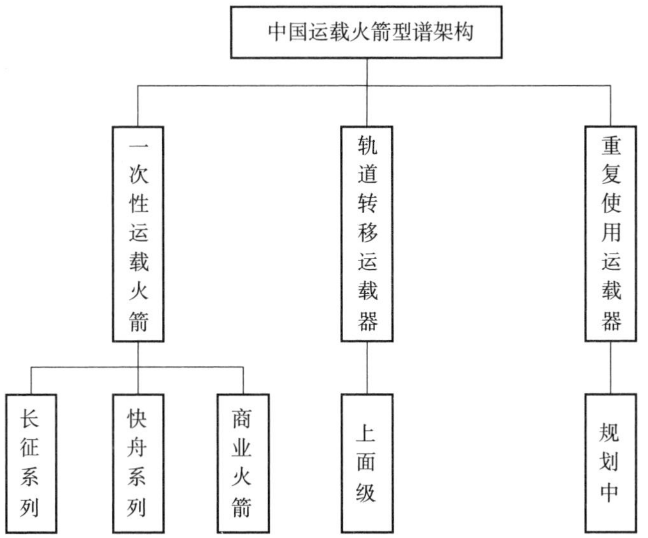

图 2-22　中国运载火箭型谱

通信卫星，为了满足大容量、多功能、长寿命的市场需求，重型化已成为大势所趋。为了满足该需求，研制了长二捆（CZ-2E）火箭，研制过程中攻克了助推器捆绑和分离、高空风修正、大型整流罩等多项关键技术，显著提升了长征系列运载火箭的运载能力，也为我国后续载人火箭研制奠定了坚实的技术基础，火箭于 1990 年 7 月 16 日首飞成功。自 1990 年 4 月成功发射亚洲 1 号卫星起，我国长征系列火箭完成了多次国际商业发射，使我国在国际发射市场占有一席之地。

4）载人航天发展阶段。在长二捆火箭的基础上，为了进一步提高火箭可靠性和安全性，在火箭待发段及上升段设置了专门的航天员逃逸救生系统，成功研制了长征二号 F 火箭。该型火箭于 1992 年 9 月 21 日正式立项研制，于 1999 年 11 月 20 日首飞成功。长征二号 F 火箭研制过程中突破了载人火箭总体设计、逃逸系统、故障检测处理系统、冯·卡门外形整流罩等重大关键技术。

5）环保和战略发展阶段。为了适应未来环保趋势和国家重大战略规划，我国启动了新一代运载火箭和重型运载火箭的研制，旨在达成高可靠性、低成本、无毒、无污染、适应性强、安全性好的发展目标。2006 年新一代大型运载火箭长征五号系列型号研制正式启动，并于 2016 年 11 月 3 日成功完成首飞，拉开了我国新一代火箭的序幕。在此基础上依托 2.25 m 及3.35 m 直径的模块化设计，研制了长征六号、长征七号火箭，两型火箭分别于 2015 年 9 月 20 日、2016 年 6 月 25 日成功首飞，同时发展了长征八号火箭。为了满足后续以载人登月等为代表的深空探测、空间基础设施建设等任务需求，重型运载火箭长征九号正在开展关键技术深化论证工作。

6）轨道转移运载器发展阶段。为了进一步提高运载火箭适应能力，中国也逐步发展了轨道转移运载器（上面级火箭），亦称太空摆渡车，可用于航天器轨道转移、组网和修复等，先后成功研制了自旋稳定上面级 SM、三轴稳定上面级 SMA 等多种型号的上面级。2008 年起，又成功研制了远征一号（YZ－1）、远征一号甲（YZ－1A）、远征二号（YZ－2）、远征三号（YZ－3）4 种液体推进上面级。后续，我国还将继续研制低温、高性能的上面级。

7）快速响应发展阶段。为了进一步提高快速进入空间能力，快速响应运载火箭的研制应运而生，其具有可整体储存、操作简单、发射成本低、发射周期短等特性，典型代表是长征十一号（CZ－11）及快舟系列运载火箭。长征十一号运载火箭为四级固体火箭，2012 年开始研制，2015 年 9 月 25 日成功首飞。

8）商业火箭发展阶段。随着航天技术的不断发展，运载火箭也呈现多元化发展趋势，商业运载火箭也成为发展方向之一。特别是近年来，涌现出蓝箭航天、星际荣耀、零壹空间等众多商业运载火箭公司，投入市场的包括双曲线、朱雀、谷神星、捷龙等多型运载火箭。

2.3.5.1 长征系列运载火箭

自 1970 年长征一号首飞以来，截至目前，我国长征系列运载火箭共研制出 9 个系列，20 余个型号，其型谱如图 2－23 所示。

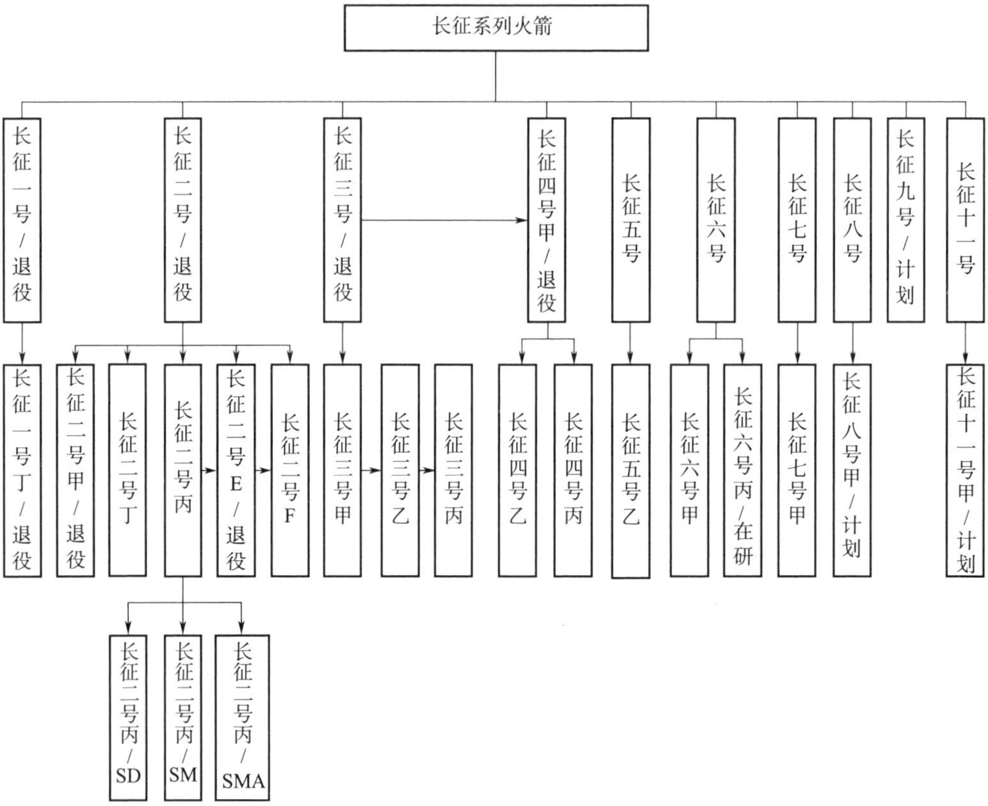

图 2－23 长征系列火箭型谱

2.3.5.1.1 长征一号系列

（1）长征一号

长征一号运载火箭是我国首枚运载火箭，由中国运载火箭技术研究院研制，是为发射我国第一颗人造卫星而研制的三级运载火箭，1970 年 4 月 24 日，长征一号成功将东方红一号卫星送入预定轨道，奠定了长征系列运载火箭发展的基础，拉开了我国进军太空的序幕。在长征一号的基础上，曾提出了长征一号乙火箭、长征一号丙火箭的改进方案，长征一号丙火箭一、二级与长征一号相同，而第三级使用更先进的四氧化二氮/偏二甲肼固体推进剂，使火箭的近地轨道运载能力提高到 500 kg。但因种种原因，这两型火箭均没能投产。

（2）长征一号丁

长征一号丁运载火箭是长征一号运载火箭的改进型，提高了一子级发动机的推力及二、三子级的性能，采用“平台计算机”全惯性制导，主要用于运载亚轨道返回式探测器的发射，近地轨道运载能力可达 1 000 kg（轨道高度 200 km 的情况下）。

2.3.5.1.2　长征二号系列

（1）长征二号

长征二号运载火箭是我国第一型大型运载火箭，主要用于发射近地轨道重型卫星。它的成功研制使我国成为世界上第三个掌握航天返回技术和航天遥感技术的国家，对加强我国国防力量、发展国民经济具有重要意义。它同时也是我国运载火箭的基础型号，以长征二号火箭为原型，先后研制出长征二号甲、长征二号丙、长征二号丁、长征二号 E、长征二号 F 等运载火箭，形成长征二号系列运载火箭。目前，长征二号运载火箭已退役，长征二号甲与长征二号丙近乎一致，一些记载会将长征二号甲标记为长征二号丙。

事实上，长征二号火箭还有一型——风暴一号火箭，代号为 FB－1。20 世纪 70 年代初，我国开始研制长征二号运载火箭时，上海地区根据当时国内的需要，用长征二号运载火箭的设计技术资料开展了风暴一号运载火箭的试制工作。在试制过程中，对长征二号设计做了一些适应性修改，其中，第二级游动发动机改动较大，由于改动后设计余量小，地面试验不够充分，质量控制不够严格，导致初次发射卫星失败。后来确认故障是由第二级游动发动机推力下降所致，决定仍改用长征二号火箭的二级发动机，因此，风暴一号与长征二号的技术状态基本一致。

（2）长征二号甲

长征二号甲运载火箭是长征二号系列运载火箭的一种型号，其大体就是长征二号运载火箭，但准确的指代是在 1974 年长征二号首发失败后，对长征二号使用的风暴一号火箭第二级的陀螺控制系统做了微小改进后的火箭型号。

（3）长征二号丙

长征二号丙运载火箭是在长征二号火箭的基础上改进设计的一种两级常规液体运载火箭，于 1982 年 9 月首次成功发射。以长征二号丙为基础，我国又发展了长征二号丙/SD、长征二号丙/SM、长征二号丙/SMA 等几型搭载上面级的火箭。长征二号丙/SD 是 1997 年长征二号丙火箭为了完成发射美国摩托罗拉公司铱星的任务，根据卫星的要求，在原二级火箭的基础上增加了一个全新的上面级，也称为长征二号丙改。长征二号丙/SM 火箭的特点是研制了一个全新的固体上面级，该上面级采用自旋稳定的姿态控制方式，并针对自旋稳定的特点，完成了大角速率长寿命惯组、四重分集 GPS 接收机、大推力小偏差固体发动机等重要技术的研制。

（4）长征二号丁

在长征四号甲运载火箭一、二子级的基础上，上海航天技术研究院于 1992 年 2 月开始研制长征二号丁运载火箭。长征二号丁运载火箭为常规液体推进剂两级运载火箭，具有可靠性高和经济性好的特点，主要用于发射近地轨道返回式卫星和太阳同步轨道卫星。长征二号丁火箭在 700 km 高度太阳同步轨道（SSO）的运载能力约为 1 300 kg，在国内单二级运载火箭中运载能力最大，并能与远征系列上面级结合，提供多星异轨组网部署发射，大幅提高 1 000 km 轨道高度以上的运载能力，可适配直径 2.9 m、3.35 m 和 3.8 m 等多型整流罩以及多种布局。

（5）长征二号 E

20 世纪 80 年代，随着长征系列火箭进入国际发射市场，大推力捆绑式火箭的研制提上日程。1988 年，我国和美国休斯公司草签了用长征火箭发射美国制造的澳大利亚通信卫星的合同，开始研制长征二号 E（CZ－2E，又称为长二捆）运载火箭。长征二号 E 运载火箭是我国第一型捆绑式运载火箭，它是在长征二号丙火箭周围捆绑 4 枚 2.25 m 直径助推器的火箭，它的研制成功使我国首次突破助推火箭的捆绑、推进剂利用系统和大型发射台等多项关键技术，若配以合适的上面级，可进行中高低轨道、地球同步转移轨道等卫星的发射。该型运载火箭为我国运载火箭进入国际市场起到了重要的推动作用。

（6）长征二号 F

长征二号 F 运载火箭是在长征二号 E 火箭的基础上，按照发射载人飞船的要求，以提高可靠性、确保安全性为目标研制的运载火箭，主要用于发射神舟飞船和大型目标飞行器到近地轨道。作为用于发射载人飞船的运载火箭，它与其他常规运载火箭最大的不同是顶部有逃逸塔。当火箭发生故障时，可以实现箭船分离，使航天员脱离危险。2003 年 10 月 15 日，长征二号 F 火箭成功将中国第一位航天员杨利伟送入太空，圆了中华民族的千年“飞天梦”。

2.3.5.1.3　长征三号系列

（1）长征三号

长征三号运载火箭充分继承了已有长征火箭的成熟技术，它的一、二级发动机采用长征二号丙的一、二级发动机，三子级采用了具有高空二次启动能力的液氢液氧发动机，可以把 1 600 kg 的有效载荷直接送入地球同步转移轨道，长征三号运载火箭的研制成功也使我国成为世界上第 4 个具有地球同步卫星发射能力的国家。该火箭于 1984 年 4 月首飞成功，将东方红二号试验通信卫星送入预定轨道。

（2）长征三号甲

长征三号甲运载火箭继承了长征三号运载火箭的成熟技术，采用了改进的第三级液氢液氧发动机，但火箭直径、整流罩大小均超过长征三号，主要用于发射地球同步轨道有效载荷，同时兼顾近地轨道（LEO）、太阳同步轨道等其他轨道有效载荷的发射，也可进行一箭双星或多星的发射，其同步转移轨道的运载能力可达 2.6 t。由于拥有更灵活先进的控制系统，长征三号甲运载火箭可以在星箭分离前对有效载荷进行大姿态调姿定向，并提供可调整的卫星起旋速率，因而具有很强的适应性。长征三号甲运载火箭为我国下一步研制的长征三号乙运载火箭（CZ-3B）及长征三号丙运载火箭（CZ-3C）创造了条件，成为我国 GTO 运载火箭的基本型。该火箭于 1994 年 2 月 8 日首飞成功。

（3）长征三号乙

长征三号乙运载火箭是在长征三号甲和长征二号捆绑运载火箭的基础上研制的大型三级液体捆绑火箭，芯级基本上与长征三号甲火箭相同，助推器及其捆绑结构则基本与长征二号捆绑火箭相同，并增大了芯一级和芯二级长度。自 1997 年 8 月长征三号乙首次发射成功以来，在基本型的基础上经过了多次改进，主要发展了长征三号乙改一型（CZ-3B/G1）、长征三号乙增强型（CZ-3B/E）。其中，增强型共有 4 种：长征三号乙改二型（CZ-3B/G2）、长征三号乙改三型（CZ-3B/G3）、长征三号乙改三 Z 型/远征一号（CZ-3B/YZ-1）和长征三号乙改五型（CZ-3B/G5），其主要区别如图 2-24 所示。

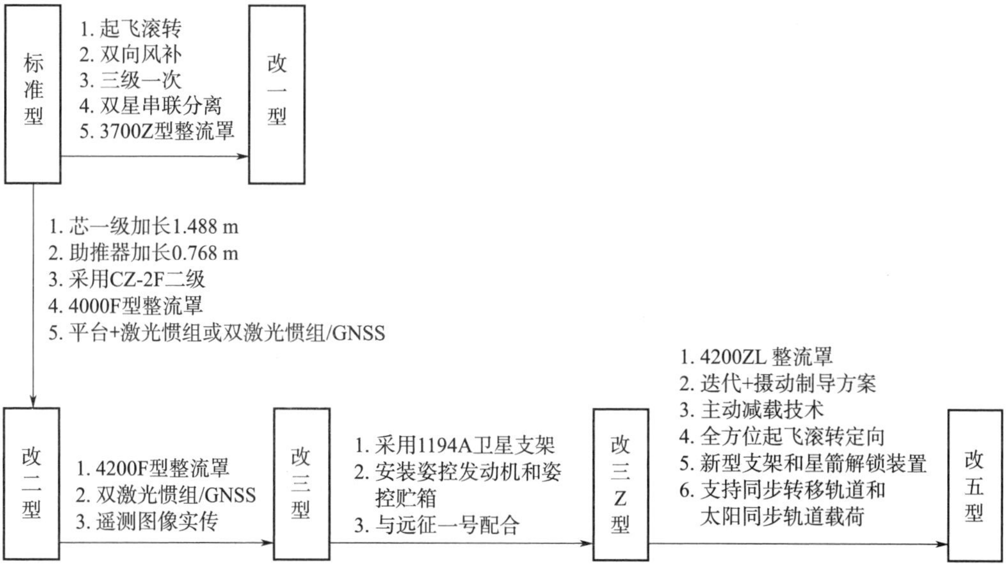

图 2-24　长征三号乙火箭改进型号

（4）长征三号丙

长征三号丙运载火箭是继长征三号与长征三号乙之后长征三号系列的又一成员。其结构是在长征三号乙运载火箭的基础上，减少两个助推器并取消助推器上的尾翼。其主要任务是发射地球同步转移轨道的有效载荷，可以进行一箭多星发射或发射其他轨道的卫星，其中，地球同步转移轨道的运载能力为 3.8 t。它的推出为用户根据有效载荷的质量和任务要求而灵活选用长征火箭拓宽了范围。

2.3.5.1.4　长征四号系列

长征四号运载火箭是目前我国长征系列运载火箭中用于发射太阳同步轨道和极地轨道各种应用卫星的主要运载工具。该系列共有 3 个型号，分别为长征四号甲（CZ-4A）、长征四号乙（CZ-4B）和长征四号丙（CZ-4C）。该系列火箭在我国各个发射中心均可发射，具有用途广泛、可靠性高、经济性好等特点。在现有状态下，它的近地轨道（近地点高度为200 km、远地点高度为400 km）运载能力达4 520 kg，900 km太阳同步轨道运载能力达1 650 kg，地球同步转移轨道运载能力达1 250 kg。

（1）长征四号甲

长征四号甲运载火箭是在改进长征三号运载火箭一、二级的基础上，新研制第三级而发展起来的，它的一级火箭推进剂贮箱比长征三号加长了4 m，相应地增加了推进剂，二级火箭与长征三号火箭的二级完全相同，火箭各级全部使用四氧化二氮和偏二甲肼常温推进剂，技术上成熟，且在新研制的第三级上采用了不少先进的技术措施，增加了火箭的可靠性。

（2）长征四号乙

长征四号乙运载火箭是在长征四号甲基础上研制的一种运载能力更大的三级液体运载火箭，太阳同步轨道运载能力可达1 900 kg，其主要用途是发射太阳同步轨道的对地观测应用卫星。1999年5月10日，长征四号乙火箭在太原卫星发射中心首飞成功，将风云一号03星送入预定轨道。

（3）长征四号丙

长征四号丙运载火箭是在长征四号乙的基础上，增加了三子级二次启动能力。长征四号丙相比长征四号乙运载能力大幅提升，700 km太阳同步轨道运载能力可达2 800 kg；同时提高了火箭一箭多星的发射能力，可满足更多种类卫星的发射需求。2006年4月27日，该火箭在太原卫星发射中心首飞成功。

2.3.5.1.5 长征五号系列

（1）长征五号

长征五号运载火箭是我国新一代大型运载火箭，由中国运载火箭技术研究院研制，完全采用无毒、无污染推进剂，具备近地轨道25 t、地球同步转移轨道14 t的运载能力，与国际上主流火箭的运载能力相当，大幅提升了我国进入空间的能力，是我国由航天大国迈向航天强国的重要支撑和显著标志之一。2016年11月3日，长征五号火箭首飞取得圆满成功。

（2）长征五号B

长征五号B运载火箭是我国首个一级半火箭，它是以长征五号运载火箭为基础进行改进研制的一型火箭，火箭全长为53.7 m，直径为5 m，捆绑4个直径为3.35 m的助推器，采用无毒无污染的液氧、液氢和煤油作为推进剂，起飞质量约为849 t，近地轨道运载能力可达22 t。

2.3.5.1.6 长征六号系列

（1）长征六号

长征六号运载火箭是我国新一代运载火箭的首飞箭，为一型低温液体三级运载火箭。火箭采用全新的总体方案、结构形式、动力系统和电气系统，达到国际先进水平。火箭首次采用氧箱自增压、燃气滚控技术的高压补燃循环无毒无污染液氧/煤油发动机，成功突破高精度控制、箭地一体化快速测发等一系列关键技术，并按照“通用化、组合化、系列化”的设计思路，进一步提高了运载能力，有效提高了国际商业发射市场竞争力。2015 年 9 月 20 日，长征六号运载火箭在太原卫星发射中心成功发射，同时成功将 20 颗卫星送入太空。

（2）长征六号甲

长征六号甲运载火箭是在新一代运载火箭的基础上发展起来的，采用两级半构型，一、二级为液氧/煤油发动机，捆绑 4 台固体助推器。火箭采用水平转运、垂直组装、垂直测试的“一平两垂”测发模式，测发周期进一步缩短至 14 天，是中国首枚新一代固液捆绑中型运载火箭，能够充分发挥固体发动机大推力、液体发动机长时间工作的技术优点，性价比高，符合目前国际主流运载火箭的发展趋势。全箭总长约 50 m，起飞推力约 7 230 kN，起飞质量约 530 t，700 km 太阳同步轨道运载能力约 4.5 t。

2.3.5.1.7　长征七号系列

（1）长征七号

长征七号运载火箭是我国为满足载人航天工程发射货运飞船的迫切需求而优先发展的新一代中型运载火箭，火箭采用无毒、无污染的液氧/煤油推进剂。长征七号火箭的最早原型是长征二号 F/H 型，即利用长征二号 F 型的成熟技术，在大体不变的情况下换成新研制的液氧/煤油发动机，即换发型（H 型）。2016 年 6 月 25 日，长征七号火箭首飞成功，使我国中型运载火箭近地轨道的运载能力由 8.6 t 提高至13.5 t，达到世界同类火箭的先进水平。

（2）长征七号甲

长征七号甲运载火箭是基于长征七号运载火箭研制的新一代中型高轨三级液体捆绑式运载火箭，其助推器、一级、二级沿用长征七号，三级继承长征三号运载火箭三级，从而使地球同步转移轨道运载能力达到 7 t，填补了我国地球同步转移轨道 5.5～7 t 之间运载能力的空白。2020 年 3 月 16 日，长征七号甲遥一运载火箭首飞失利，2021 年 3 月 12 日，遥二运载火箭复飞取得圆满成功。

2.3.5.1.8　长征八号

长征八号运载火箭是我国新一代中型两级液体捆绑式运载火箭，对标国际标准，并大幅降低了中低轨卫星的发射成本，在商用卫星发射市场前景可观，用来替代长征二号系列和长征四号系列等。一子级以液氧/煤油为推进剂，采用两台 8 t 级推力的 YF－100 发动机；二子级以液氢/液氧为推进剂，采用两台 8 t 级推力的 YF－75 发动机，具备二次启动能力；捆绑两个 2.25 m 直径液体助推器，以液氧/煤油作为推进剂，各采用一台 120 t 级推力的 YF－100 发动机。长征八号运载火箭主要用于发射近地轨道或太阳同步轨道有效载荷，可以将 5 t 的有效载荷送入 700 km 太阳同步轨道。

2.3.5.1.9　长征十一号

长征十一号运载火箭是新一代固体运载火箭，主要用于快速机动应急发射卫星。该火箭在 700 km 高度太阳同步轨道的运载能力为 350 kg，近地轨道的运载能力可达 700 kg，主要用于满足自然灾害、突发事件等应急情况下微卫星发射需求。该火箭接到任务命令后，24 h 内完成星箭技术准备和发射任务，其中在发射点的发射准备时间不多于 1 h，具备“日发射”能力。2015 年 9 月 25 日，首发长征十一号火箭在酒泉卫星发射中心点火升空，成功将 4 颗微小卫星送入太空。

2.3.5.2 快舟系列火箭

快舟系列运载火箭由中国航天科工集团有限公司研制，包括快舟一号、快舟二号、快舟一甲及快舟十一号等几个型号。快舟运载火箭采用了国际首创的星箭一体化技术，在国内首次采用栅格舵控制技术。其中，快舟一号也是中国首个具有快速集成、快速入轨能力的小型固体运载火箭，创造了中国航天发射的最快纪录，使中国航天发射运载工具由液体运载火箭拓展到固体运载火箭，初步形成了中国亟需的空间快速响应能力。2013 年 9 月 25 日，中国首次采用快舟固体小型运载火箭，以一车一箭车载机动发射方式，成功将快舟一号卫星发射升空。快舟一号的发射成功，也使我国成为首个完整发射星箭（卫星和火箭）一体化快速应急空间飞行器试验的国家，具有重要的战略意义。2014 年 11 月 21 日，我国在酒泉卫星发射中心用快舟小型运载火箭成功将快舟二号卫星发射升空，卫星顺利进入预定轨道. 快舟一号甲（KZ－1A）是快舟系列火箭的成熟型号，火箭采用移动发射平台和三平模式（水平组装、水平测试、水平运输）发射，700 km 高度太阳同步轨道运载能力可达 200 kg，整流罩直径有 1.2 m 和 1.4 m 两种，主要为国内外客户提供 300 kg 级及以下的低轨小卫星、微纳卫星的发射及多星部署服务。快舟十一号（KZ－11）火箭在 700 km 高度太阳同步轨道的运载能力可达 1 000 kg，整流罩直径有 2.2 m 和 2.6 m 两种，主要为国内外 1 000 kg 质量卫星提供低成本发射、低轨卫星系统大规模组网发射服务。

2.3.5.3 商业运载火箭

近年来，我国商业航天迅速发展，涌现出了一大批商业火箭公司。具有代表性的有捷龙、双曲线、朱雀、OS－M、天龙、力箭、谷神星、引力等系列火箭。

(1) 捷龙一号火箭

捷龙一号运载火箭（SD－1，图 2－25 ）是中国运载火箭技术研究院研制的一款小型四级固体运载火箭。火箭总长为 19.5 m，箭体直径为 1.2 m，起飞质量约为 23.1 t，500 km 高度太阳同步轨道运载能力不低于 200 kg，可满足用户一箭一星或一箭多星的发射需求。其单位载荷入轨成本低于国际同类产品，同时还具备发射准备周期短、发射模式更加灵活的特点，可填补我国低倾角航天发射能力的空白。2019 年 8 月 17 日 12 时 11 分，捷龙一号运载火箭成功首飞，在酒泉卫星发射中心以“一箭三星”的方式成功将千乘一号 01 星、星时代－5 卫星和天启二号卫星送入预定轨道。

(2) 双曲线火箭

双曲线火箭是北京星际荣耀空间科技股份有限公司研制的商业运载火箭。目前，该公司共发布了两型火箭，分别为双曲线一号火箭和双曲线二号火箭，如图 2－26 所示。

双曲线一号（Hyperbola－1）火箭是一种采用垂直热发射方式的四级小型固体商业运载火箭，主要用于近地轨道和太阳同步轨道卫星的发射，箭体最大直径为 1.4 m，全长约为 24 m，起飞质量约为 42 t，500 km 高度太阳同步轨道运载能力约为 300 kg。火箭具有

图 2 - 25　捷龙一号运载火箭

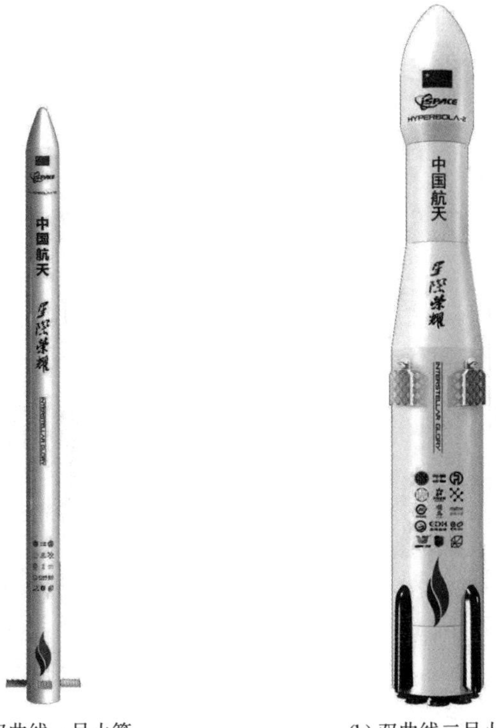

(a) 双曲线一号火箭　　(b) 双曲线二号火箭

图 2 - 26　双曲线运载火箭

低成本、快响应的特点，可提供整箭产品、卫星发射（单星或多星）、搭载服务、增值服务等多种服务形式。2019 年 7 月 25 日，双曲线一号遥一长安欧尚号运载火箭在我国酒泉卫星发射中心成功发射，将搭载卫星精确送入预定 300 km 圆轨道，发射任务取得圆满成功，实现了我国民营运载火箭成功入轨零的突破。

双曲线二号（Hyperbola - 2）运载火箭为一款小型液体运载火箭，采用两级串联构型，提供小卫星发射服务。火箭长度为 28 m，一级箭体直径为 3.35 m，二级箭体直径为 2.25 m，起飞推力为 106 t，近地轨道运载能力为 1.9 t。火箭采用液氧/甲烷作为推进剂，无毒无污染；一子级设计具有垂直着陆回收功能，可以重复使用，进一步降低了卫星发射服务成本。

（3）朱雀火箭

朱雀运载火箭由蓝箭航天空间科技股份有限公司自主研发，目前该公司共发布两型火箭，分别为朱雀一号（ZQ - 1）火箭和朱雀二号（ZQ - 2）火箭，如图 2 - 27 所示。

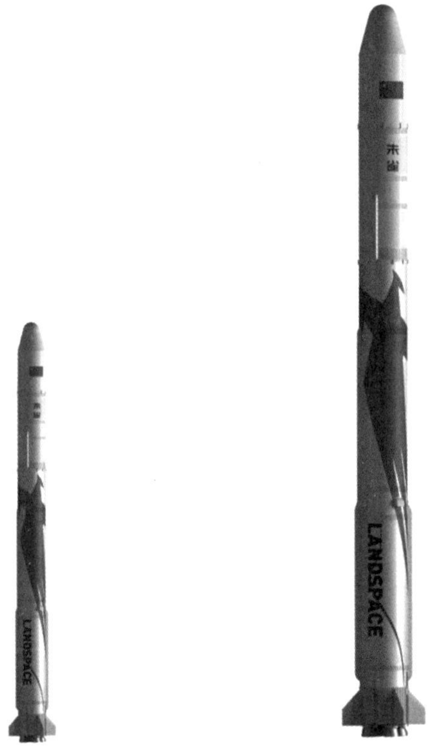

(a) 朱雀一号火箭　　(b) 朱雀二号火箭

图 2 - 27　朱雀运载火箭

朱雀一号三级固体运载火箭总长为 9 m，箭体直径为 1.35 m，起飞质量为 27 t，设计起飞推力为 45 t，500 km 高度太阳同步轨道运载能力约为 200 kg。2018 年 10 月 27 日，朱雀一号火箭在酒泉卫星发射中心搭载微小卫星未来号发射升空，一二级分离成功，整流罩分离成功，但由于三级在飞行过程中出现异常，卫星未能入轨。

朱雀二号运载火箭是一款中型液体运载火箭。火箭为两级构型，箭体直径 3.35 m，全箭高度 49.5 m，起飞质量 219 t，起飞推力 268 t。火箭一级采用 4 台天鹊 80 t 级（TQ－12）液氧/甲烷发动机并联，二级由 1 台天鹊 80 t 级液氧/甲烷发动机和 1 台天鹊 10 t 级游动液氧/甲烷发动机组合而成。火箭 500 km 高度太阳同步轨道运载能力为 4 t，200 km 近地轨道运载能力可达 6 t。朱雀二号运载火箭也是世界上首次成功将载荷送入预定轨道的液氧/甲烷火箭。

2022 年 12 月 14 日，朱雀二号遥一运载火箭从酒泉卫星发射中心发射升空，二级飞行异常，未能达到入轨速度，发射任务未能取得成功，原因是二级管路出现了破裂。2023 年 7 月 12 日，朱雀二号遥二运载火箭在酒泉卫星发射中心发射，火箭进入预定轨道飞行，任务取得成功。

（4）OS－M 系列火箭

OS－M 系列商业运载火箭是零壹空间科技集团有限公司打造的为全球微小卫星客户提供专享专用、快速响应、高效经济的入轨发射服务的火箭。该系列火箭发射周期短，发射模式高效灵活，针对不同轨道类型和轨道高度的需求，可为商业卫星提供定制化、一体式解决方案，实现卫星发射全流程。该公司的试验产品 OS－X 型火箭于 2018 年 9 月 7 日亚轨道试飞成功，第一型 OS－M 运载火箭系列“重庆两江之星号”于 2019 年 3 月 27 日在酒泉卫星发射中心进行首次发射，但火箭在点火后不久由于故障未能顺利升空。目前，该公司共发布了四型火箭，如图 2－28 所示，其部分指标见表 2－2。

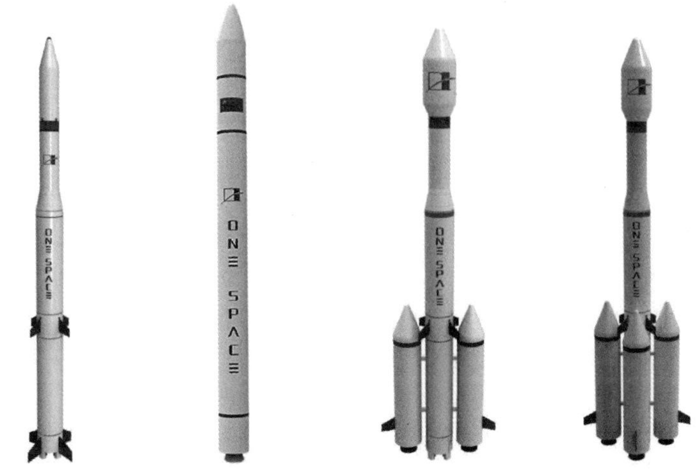

(a) OS-M　(b) OS-M2　(c) OS-M3　(d) OS-M4

图 2－28　OS－M 系列运载火箭

表 2－2　OS－M 系列火箭指标

项目	OS－M	OS－M2	OS－M3	OS－M4
入轨类型	LEO 或 SSO	LEO 或 SSO	LEO 或 SSO	LEO 或 SSO
发射方式	垂直热发射	垂直热发射	垂直热发射	垂直热发射

续表

项目	OS－M	OS－M2	OS－M3	OS－M4
长度/m	19	20	—	—
起飞质量/t	20	31	—	—
直径/m	—	1.4	—	—
运载能力[SSO(500 km)]	约为 112 kg	约为 300 kg	约为 246 kg/334 kg	370 kg/522 kg

（5）天龙二号

天龙二号（Tianlong－2，TL－2）是北京天兵科技有限公司研制的液体运载火箭。火箭采用的是“三平一垂”（水平对接、水平测试、水平运输、整体起竖后垂直发射）测发模式，能够进一步满足低成本、高可靠、快响应、规模化的小卫星及星座发射需求。

北京时间 2023 年 4 月 2 日，天龙二号遥一运载火箭在酒泉卫星发射中心成功首飞，将搭载的爱太空科学号卫星顺利送入预定轨道，发射任务获得圆满成功。

根据北京天兵科技有限公司的发展战略，在天龙二号运载火箭之后，还规划了 TL－3、TL－3H 及 TL－3M 运载火箭，如图 2－29 所示，其规划设计指标见表 2－3。不难看出，北京天兵科技有限公司将致力于为中国自主可回收运载火箭寻求技术突破，通用芯级的设计思路将进一步降低进入太空的成本。

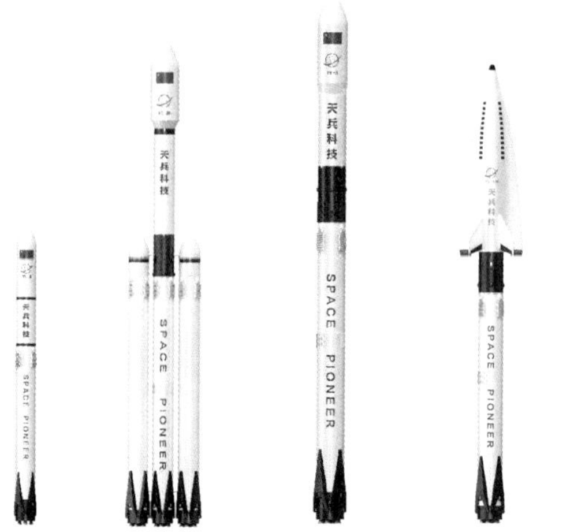

图 2－29 天龙系列运载火箭

表 2－3 天龙系列运载火箭部分技术设计指标

指标	TL－2	TL－3	TL－3H	TL－3M
级数	3	2	2.5	2
运载能力/t(500 km SSO)	1.5	14	42	5.0(LEO)
起飞质量/t	150	590	1 742	580
起飞推力/t	190	770	2 310	770

续表

指标	TL-2	TL-3	TL-3H	TL-3M
火箭总长/m	35	71	85.2	67
直径/m	3.35	3.8	3.8	3.8
推进剂	液氧/煤油	未知	未知	未知
整流罩直径/m	3.35	4.2	5.2	3.8(载人舱)
其他	—	一子级具备可重复使用功能,可自主返回	通用芯级;一子级和助推器均可重复使用,可自主返回	一子级可重复使用,可自主返回;二级为载人飞船

(6) 力箭一号

力箭一号运载火箭是中国科学院抓总、广州中科宇航探索技术有限公司参与研制的首型固体运载火箭，也是目前中国最大的固体运载火箭，其性能指标对标欧洲 3.4 m 直径的织女星 C 火箭。该型运载火箭具有发射方式灵活、运载能力大、响应速度快、发射效率高、发射成本低等特点，适用于中/小卫星载荷的中/低轨低成本快速组网发射。

2022 年 7 月 27 日，力箭一号遥一运载火箭在中国酒泉卫星发射中心成功首飞，并顺利将空间新技术试验卫星等 6 颗卫星送入预定轨道，发射任务获得圆满成功。根据火箭研制单位规划，力箭一号的后续型号还包括力箭一号、力箭二号、力箭二号重型、力箭三号等型号，其外形及设计指标如图 2-30 和表 2-4 所示。

图 2-30　力箭系列运载火箭

表 2-4　力箭系列运载火箭部分技术设计指标

指标	PR-1	PR-2	PR-2H	PR-3
火箭总长/m	30	52	56	91
起飞质量/t	135	625	913	1 800
运载能力/t(500 km SSO)	1.5	8	15	40(LEO)
直径/m	2.65	3.35	3.35	6.0
整流罩直径/m	2.65/3.35	4.2	4.2/5.0	6.0
起飞推力/t	200	766	—	—

(7) 谷神星一号火箭

谷神星一号（CERES-1，代号：GX-1）运载火箭是北京星河动力装备科技有限公司研制的一款小型固体商业运载火箭。火箭采用四级构型，其中一、二、三级采用固体动力，四级采用先进轨控和姿控一体化液体动力。火箭直径 1.4 m，全长约 20 m，起飞质量约 33 t，500 km 太阳同步轨道最大运载能力为 300 kg，能够满足微小卫星灵活的专属、共享、搭载等定制化发射服务需求。

谷神星一号运载火箭于 2018 年完成一级发动机试车，2020 年 11 月 7 日首次发射成功。

根据计划，北京星河动力装备科技有限公司还规划了智神星运载火箭，智神星运载火箭将采用液氧/煤油作为发动机推进剂，具备垂直回收能力，700 km 太阳同步轨道运载能力可达 3 t。

(8) 引力一号

东方空间科技有限公司成立于 2020 年，是一家运载火箭和新型空天运输工具设计制造服务公司。

引力一号运载火箭是东方空间科技有限公司研制的首型火箭，500 km 太阳同步轨道运载能力 4.2 t，火箭定位于低轨中小卫星大规模组网需求，以大空间、简洁发射、快速响应为特点，是全球首创全固体捆绑式中型运载火箭，采用芯级＋助推的三级半构型，配备 4 台助推器，柔性摆动喷管，芯三级还可改用液氧/煤油发动机，进一步提升运载能力。

该公司还规划了后续引力二号、引力三号运载火箭，外形及部分指标如图 2-31 和表 2-5 所示。

引力二号定位于中大型卫星大规模组网及商业高轨发射需求，采用液体芯级＋固体助推的两级半构型，芯一级采用 9 台东方空间自研液氧/煤油发动机，芯二级采用 1 台液氧/煤油真空版发动机，助推器继承引力一号助推技术。

引力三号定位于大规模空间建设及深空探索等需求，以超大载荷/深空运输/整箭回收为特点的大型运载火箭，采用液体芯级＋液体助推的 CBC 构型，火箭芯一级和助推器继承引力二号技术，采用 9 台液氧/煤油发动机，芯二级采用 1 台液氧/煤油发动机，整箭及整流罩等均可回收复用。

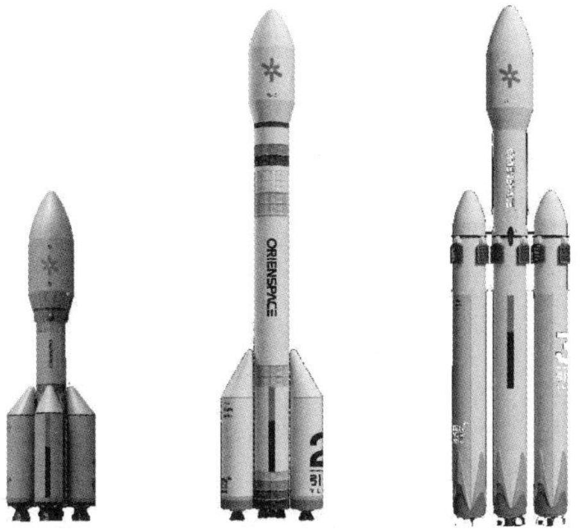

(a) 引力一号　(b) 引力二号　(c) 引力三号

图 2－31　引力系列运载火箭

表 2－5　引力系列火箭设计指标

指标	引力一号	引力二号	引力三号
火箭总长/m	29.4	70	70
整流罩直径/m	3.8/4.2	5.2	5.2
起飞质量/t	405	715	1 632
起飞推力/t	600	990	2 147
运载能力/t(500 km SSO)	4.2	15	38

2.3.6　其他国家

(1) 日本

日本作为亚洲航天强国，主要研发了 H 系列运载火箭，其型谱如图 2－32 所示。

H－1 火箭是三级常规推进剂火箭，全长 40.3 m，箭体直径 2.4 m，总质量 140 t，可把 1 t 的卫星送入地球同步转移轨道。自 1988 年 2 月 19 日首次发射 1 颗樱花 3 号通信卫星至 1992 年 2 月退役，H－1 火箭共发射 9 次，全部成功。

H－2 火箭是两级液氢/液氧火箭，全长 50 m，最大直径 4 m，总质量 260 t，近地轨道运载能力可达 9 t，地球同步转移轨道运载能力达 4 t。

H－2A 是日本的主力大型运载火箭。其设计充分利用了 H－2 运载火箭技术，以较低的成本和高度的可靠性满足多样化的运载需求。通过简化设计、制造和提高发射过程效率，H－2A 相较 H－2，发射成本降低了一半以上。H－2A 系列由标准型和增强型组成，包含 H－2A－202、H－2A－2022、H－2A－2024（这 3 种通称标准型）和 H－2A－204（增强型）等多个型号。

H－3 火箭是日本研制的一次性液体推进剂火箭，计划替代 H－2A 成为新型主力火箭。作为 H－2 系列火箭的继承者，箭体长 63 m，起飞质量为 574 t，地球同步转移轨道的运载能力约为 7.9 t。但到目前为止，H－3 运载火箭尚未发射成功。

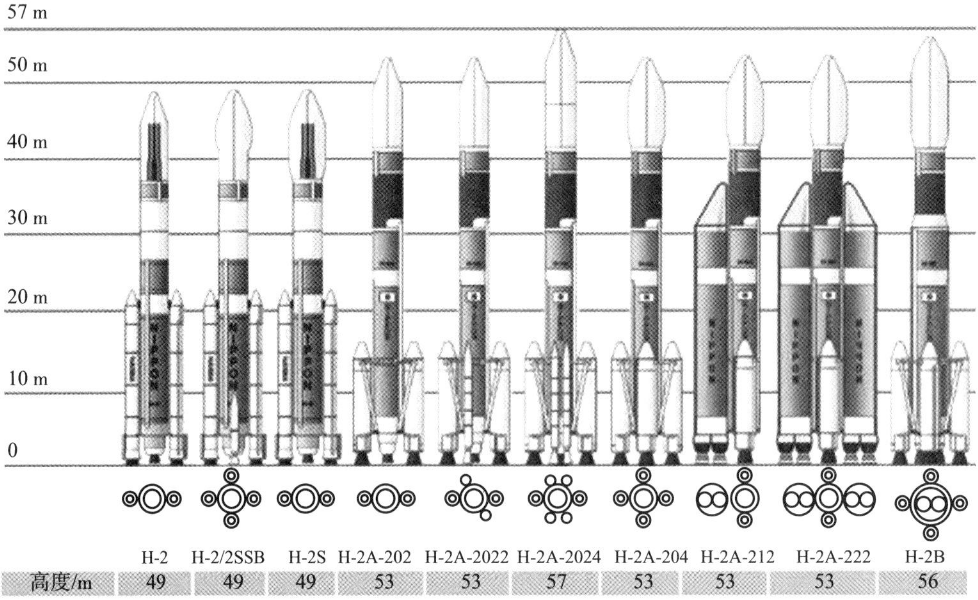

图 2-32　日本 H 系列部分火箭型谱

（2）韩国

罗老号运载火箭因在韩国南部全罗南道高兴郡外罗老岛罗老宇航中心发射而得名。罗老号为两级火箭，一级火箭由俄罗斯制造，使用的是俄罗斯安加拉运载火箭的技术，推力为 170 t；二级火箭为固态推进剂火箭，由韩国制造，推力为 8 t。火箭总重 140 t，直径 2.9 m。罗老号运载火箭的研制始于 2002 年 8 月，最初定于 2005 年年底完成火箭制造，2007 年 10 月发射。由于与俄方签署协议出现滞后等原因，直至北京时间 2013 年 1 月 30 日，罗老号发射成功，并把卫星送入预定轨道。

参 考 文 献

[1] 吴璋，杨开. 国外主要航天发射场运营及能力特点浅析 [J]. 国际太空，2022（10）：51－55.

[2] http：//www. baidu. com.

[3] http：//m. calt. com（火箭研究院）.

[4] https：//www. landspace. com/（蓝箭航天）.

[5] http：//www. spacepioneer. cc/（天兵科技）.

[6] http：//www. cas－space. com/（力箭一号——中科宇航）.

[7] https：//www. galactic－energy. cn/（星河动力——谷神星）.

[8] https：//www. orienspace. com/（东方空间）.

[9] http：//www. i－space. com. cn/（双曲线——星际荣耀）.

[10] https：//www. yoojia. com/ask/17－12108786060592110547. html（SLS）.

[11] ixiaohuojian（微信公众号）.

[12] 万全，王东锋，刘占卿，等. 航天发射场总体设计 [M]. 北京：北京理工大学出版社，2015.

[13] 谷良贤，龚春林，等. 航天飞行器设计 [M]. 西安：西北工业大学出版社，2013.

[14] 赵瑞兴，等. 航天发射总体技术 [M]. 北京：北京理工大学出版社，2015.

[15] 彭成荣，等. 航天器总体设计 [M]. 北京：中国科学技术出版社，2011.

[16] 秦旭东，龙乐豪，容易. 我国航天运输系统成就与展望 [J]. 深空探测学报，2016，3（4）：315－322.

[17] 龙乐豪，李平岐，秦旭东，等. 我国航天运输系统 60 年发展回顾 [J]. 宇航总体技术，2018，2（2）：1－6.

[18] 龙乐豪，王国庆，吴胜宝，等. 我国重复使用航天运输系统发展现状及展望 [J]. 国际太空，2019，489（9）：4－10.

[19] 马昆，郭武，关嵩，等. 上面级发展现状及趋势分析 [J]. 导弹与航天运载技术，2013（6）：24－28.

[20] 唐军刚，陈塞崎，陈益. 国内外运载火箭上面级发展现状分析 [J]. 中国航天，2012（9）：5－10.

[21] 刘佳玺，刘党辉. 可重复使用航天运载器及其关键技术 [J]. 国际航空航天科学，2019，7（2）：33－44.

[22] 林木. 运载火箭上面级功能与技术发展分析 [J]. 上海航天，2013，30（3）：33－37.

[23] 谷合稔. 火箭的科学 [M]. 海口：南海出版公司，2017.

第 3 章　航天器

航天工程的主要目的是通过运载火箭等运输工具将航天器等有效载荷送入太空，利用航天器进行空间探测或为人类提供相关服务，因此，航天器是航天系统工程的核心组成部分。航天器的出现使人类的活动范围从地球大气层扩展到广阔无垠的宇宙空间，实现了人类认识自然和改造自然能力的飞跃。

3.1　航天器的分类

对航天器进行分类有很多方法和原则。就目前人类对宇宙的认知和人类可能完成的对宇宙的探索活动来看，并参照对航天工程的分类，可将航天器按图 3－1 所示进行分类。

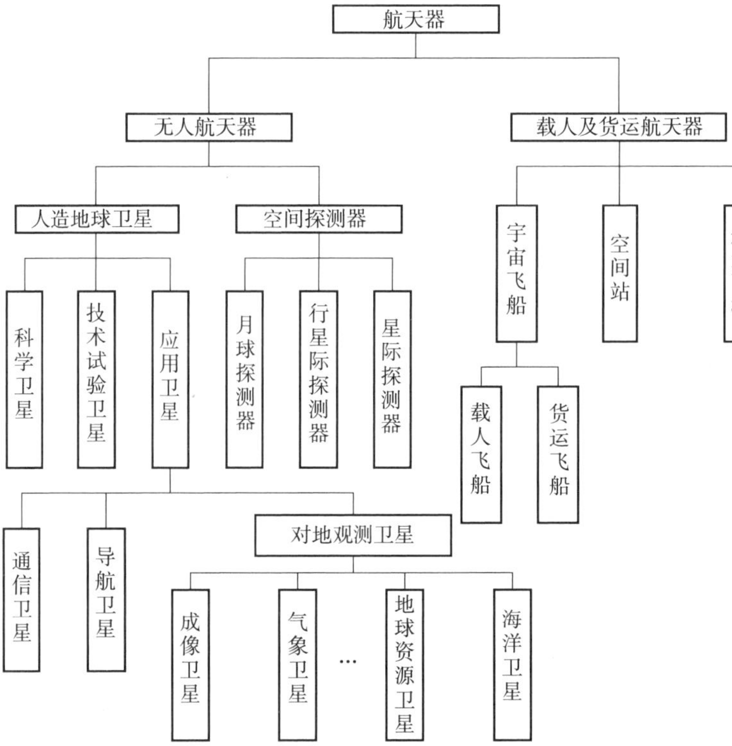

图 3－1　航天器的分类

按照是否载人，可将航天器分为无人航天器和载人及货运航天器。其中，无人航天器又可分为两大类：人造地球卫星和空间探测器。人造地球卫星按照用途进行分类，可分为科学卫星、技术试验卫星和应用卫星；空间探测器按照其探测目标不同，可进一步细分为月球探测器、行星际探测器和星际探测器。随着人类航天技术的发展，未来还可能进行更远空间或天体的探测活动，届时，可能出现新的航天器类型。载人及货运航天器分为宇宙飞船、空间站和航天飞机等。

3.1.1　人造地球卫星

人造地球卫星是指环绕地球、在空间轨道上运行的无人航天器。自 1957 年苏联发射人类首颗人造地球卫星以来，人类已向太空发射了 8 000 多个航天器，其中，90%以上为人造地球卫星。人造地球卫星是目前发射数量最多、用途最广、发展最快的一类航天器。按照用途不同，可将人造地球卫星分为科学卫星、技术试验卫星和应用卫星。

（1）科学卫星

科学卫星（Scientific Satellite）是用于科学探测和研究的人造地球卫星，通过安装望远镜、光谱仪、电离计等各类科学仪器，进行高层大气、地球辐射带、地球磁层、宇宙线、太阳辐射和极光等空间科学探测和研究，以及太阳和其他天体观测，空间生物和微重力试验。科学卫星又可细分为空间物理探测卫星、天文卫星、空间微重力试验卫星和生物卫星等。

空间物理探测卫星是对空间物理现象和过程进行探测和研究的人造卫星。空间物理探测卫星的出现极大地推动了空间物理探测的发展，并且促使形成了一门新的分支学科——空间物理学。天文卫星是对宇宙天体和其他空间物质进行观测研究的人造卫星，可以接收到宇宙天体辐射出来的各种波段的电磁波。天文卫星的出现极大地推动了天文学的发展，并且形成了一门新的分支学科——空间天文学。空间微重力试验卫星是对各种物质在空间微重力条件下的行为和特征等进行试验研究的卫星，包括空间材料、空间生命和空间基本物理化学等科学实验。生物卫星则指专门用于空间生命科学实验的卫星。

（2）技术试验卫星

航天技术中的新原理、新技术、新方案、新仪器和新材料往往需要进行空间飞行试验，或经多次试验并成功后才能投入实际应用，如：从 1966 年 12 月到 1974 年 5 月，美国曾发射了 6 颗多用途技术试验卫星，进行了空—地话音通信、卫星导航、卫星天线展开、卫星姿态稳定及无线电传输等多项试验，为美国以后的通信卫星、气象卫星、导航卫星、资源卫星的研制和应用做了大量的准备工作。此外，许多单项技术在正式应用之前，也需要在轨道上进行试验，如太阳电池、空间结构、姿态控制、三轴稳定、微重力试验、航天员生命保障和航天器交会等技术。

技术试验卫星是指用于此类新技术试验或为应用卫星进行先期试验的卫星。

（3）应用卫星

应用卫星有别于科学卫星和技术试验卫星，应用卫星是指供地面实际业务应用的一类卫星。就目前航天技术的发展而言，应用卫星一般可分为通信卫星、导航卫星和对地观测卫星等几大类。

①通信卫星

卫星通信系统的基本组成如图 3－2 所示。其基本工作原理是：无线电信号从一个通信终端发出，被通信卫星天线接收后，在转发器中放大、变频和功率放大，再由天线把放大后的无线电波发向另一个终端，从而实现两个或多个终端之间的远距离通信。通信卫星则是卫星通信系统的空间组成部分。

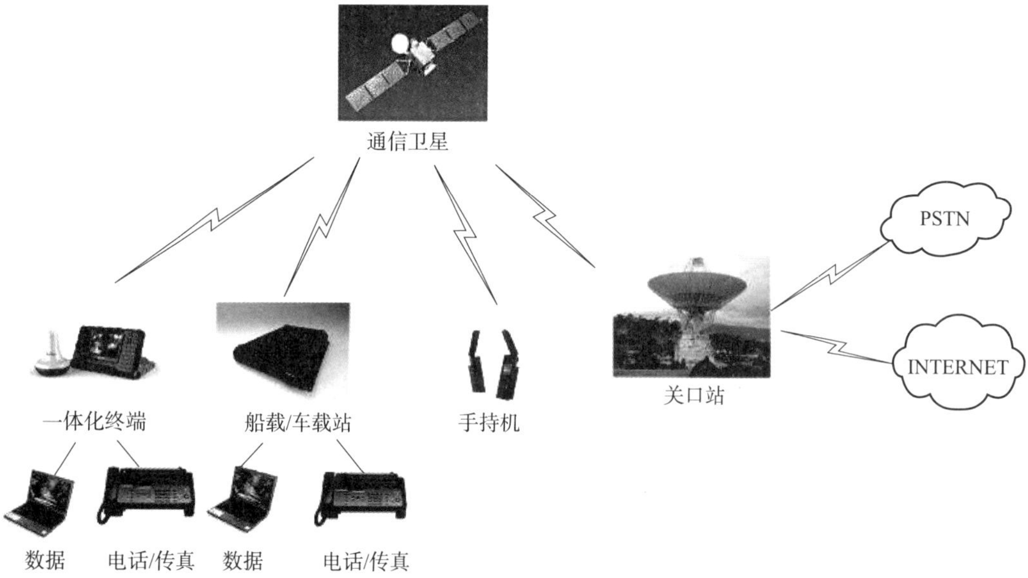

图 3－2　卫星通信系统的基本组成

通信卫星种类繁多，根据不同的标准，可分为不同的类别。按照是否包含通信转发器，分为无源通信卫星和有源通信卫星；按运行轨道的不同，可分为近地轨道通信卫星、中轨道通信卫星和地球静止轨道通信卫星；按使用的业务频段不同，可分为单频段（UHF、L、S、C、X、Ku、Ka 等固定频段）通信卫星、多频段综合（用两种或两种以上频段）通信卫星；按照通信卫星的服务区域不同，可分为国际通信卫星、区域通信卫星、国内通信卫星；按卫星专业用途不同，可分为直播通信卫星（直接向公众转播电视、广播节目）、海事通信卫星（用于海上、空中和陆地间通信，兼顾救援和导航任务）、跟踪和数据中继卫星（用于航天器与地球站之间的测控和中继传输数据信息）等。

一颗地球静止轨道通信卫星大约能够覆盖 40％的地球表面，使覆盖区内的任何地面、海上、空中的通信站能同时相互通信。理论上，在赤道上空等间隔分布的 3 颗地球静止轨道通信卫星可以实现除两极部分地区外的全球通信。通信卫星是世界上应用最早的卫星之一。

②导航卫星

导航卫星是卫星导航系统的空间组成部分。导航卫星搭载专用的无线电导航设备，组成导航卫星星座。导航卫星连续发射无线电信号，地面、空中和空间的用户接收导航卫星发来的无线电导航信号，通过时间测距或多普勒测速分别获得用户相对卫星的距离或距离变化率等导航参数，并根据卫星发送的时间、轨道参数，求出在定位瞬间卫星的实时位置坐标，从而定出用户的地理位置坐标（二维或三维坐标）和速度矢量分量。由数颗导航卫星构成的导航星座具有全球和近地空间的立体覆盖能力，可实现全球无线电导航，如图 3－3 所示。

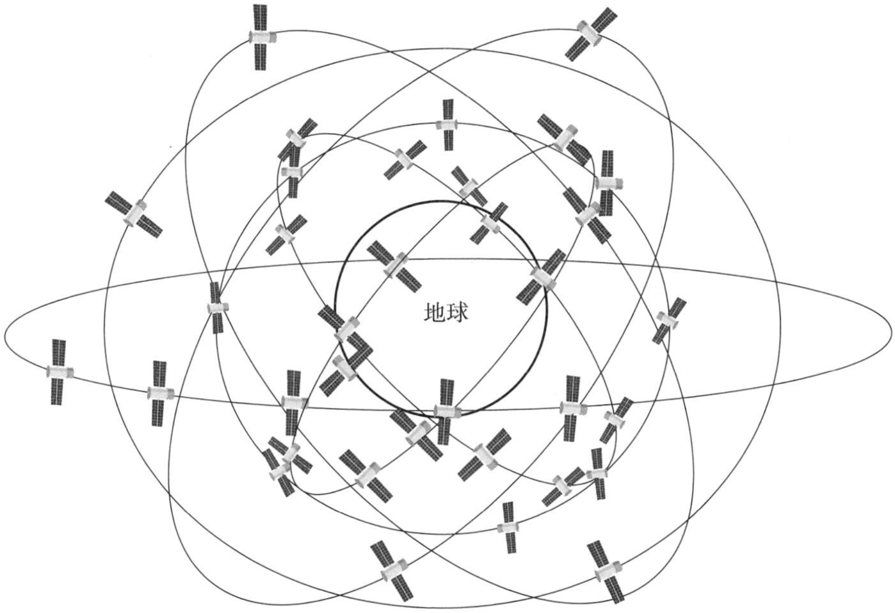

图 3－3　导航卫星系统

③对地观测卫星

对地观测卫星根据其观测对象和应用目的不同，分为成像卫星、气象卫星、地球资源卫星等几类。

1）成像卫星。成像卫星是对地观测卫星中很重要的一类，同时也广泛应用于侦察领域，它通过搭载可见光相机、红外相机、多光谱相机、合成孔径雷达（Synthetic Aperture Radar，SAR）等载荷，收集地物辐射或反射的光电信号，以获取并判认陆地、海洋等环境信息。成像卫星起初多用于军事侦察，目前也被广泛应用于防震减灾、环境监测等领域。图 3－4（a）所示为美国世界观测卫星拍摄的 0.5 m 分辨率的爆炸后的伊朗导弹基地卫星图像，图 3－4（b）所示为新墨西哥州大火前后的卫星图像，卫星图像能够帮助我们确定遭受破坏最严重的区域。

2）气象卫星。气象卫星是卫星气象观测系统的空间组成部分，是指从太空对地球及其大气层进行气象观测的人造地球卫星。气象卫星观测的主要内容包括：卫星云图，云顶温度、状况、云量和云内凝结物，陆地冰雪和风沙状况，海洋表面温度、海冰和洋流，大气中水汽总量、湿度分布，降水区和降水量的分布，大气中臭氧的含量及其分布等。监测数据广泛应用于日常气象业务、环境监测、防灾减灾、大气科学、海洋学和水文学的研究。

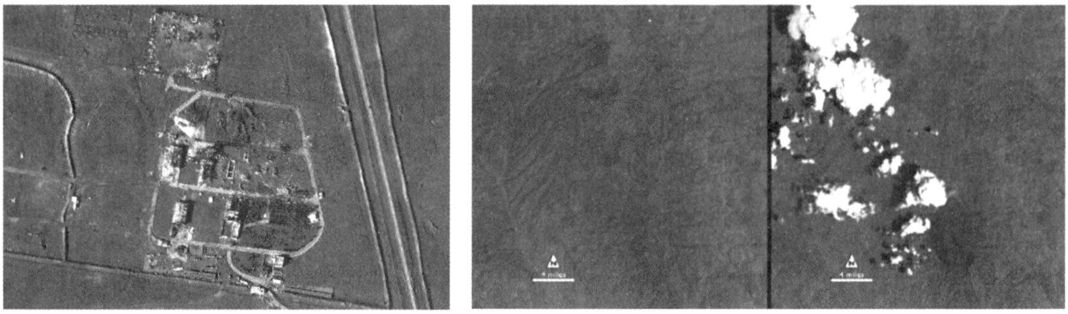

(a) 爆炸后的伊朗导弹基地　　(b) 新墨西哥州大火前后的卫星图像

图 3-4　成像卫星图像

根据轨道类型不同，气象卫星可分为两大类：极地轨道气象卫星和地球同步气象卫星。极地轨道气象卫星一般运行在 600～1 500 km 高度的太阳同步轨道，飞经地球各地区时获取的图像具有相同的光照条件，且每隔一定的周期即可获得一份全球的气象资料；地球同步气象卫星一般采用地球静止轨道，观测范围约为 100 个经度跨距，从南纬 50°到北纬 50°的 100 个纬度跨距，几颗这样的卫星就可形成覆盖全球中、低纬度地区的气象观测网。图 3-5 所示为我国风云卫星拍摄的云图。

图 3-5　我国风云卫星拍摄的云图

3）地球资源卫星。地球资源卫星是专门用于探测和研究地球资源的卫星，它能“看透”地层，发现人们肉眼看不到的地下宝藏、历史古迹、地层结构，能普查农作物、森林、海洋、空气等资源，预报各种严重的自然灾害。地球资源卫星利用星上装载的多光谱遥感设备，获取地面物体辐射或反射的多种波段电磁波信息，然后把这些信息发送给地面站。由于每种物体在不同光谱频段下的反射不一样，地面收到卫星的光谱信号后，便根据所掌握的各类物质的波谱特性，对这些信息进行处理、判读，从而得到各类资源的特征、分布和状态等详细资料。地球资源卫星可分为陆地资源卫星和海洋资源卫星，陆地资源卫星以陆地勘测为主，而海洋资源卫星主要是寻找海洋资源。

图 3－6 所示为地球资源卫星拍摄的美国加利福尼亚州沙顿海的热能辐射图像，照片中海颜色更深，因为它比周围加州沙漠更凉爽。

图 3－6　地球资源卫星图像

3.1.2　空间探测器

空间探测器又称为深空探测器或宇宙探测器，是对地球以外的天体和空间进行探测的航天器。空间探测的主要目的有：了解太阳的起源、演变和现状，通过对太阳系内各行星进行探测，进一步了解地球环境的形成和演变，了解太阳系的变迁历程及探索生命起源和演化的奥秘，同时，对太阳系外的星际空间进行探测。与人造地球卫星不同，空间探测器必须获得足够大的速度才能克服或摆脱地球引力，实现深空飞行。与此同时，空间探测器在空间进行长期飞行，须具备一定的自主导航能力。若是向太阳系外行星飞行的探测器，还无法使用太阳电池阵，须采用核能源系统等。按照探测的目标不同，空间探测器一般分为月球探测器、行星际探测器和星际空间探测器。

我国的月球探测器——嫦娥四号（图 3－7），是我国月球探测工程——嫦娥工程第一阶段二期的组成部分，主要是为了更深层次、更加全面地开展科学探测月球的任务。它是世界上首颗在月球背面软着陆和巡视探测的航天器。

2020 年 7 月 23 日，我国成功发射了首个火星探测器——天问一号，如图 3－8 所示。

图 3-7　嫦娥四号月球探测器

探测器升空后，飞行约 7 个月抵达火星，并通过 2～3 个月的环绕飞行后着陆火星表面，对火星的表面形貌、土壤特性、物质成分、水冰、大气、电离层、磁场等进行科学探测，实现我国在深空探测领域的技术跨越。

图 3-8　天问一号火星探测器

人类历史上第一个，也是迄今为止唯一一个穿越太阳系，进入外太阳系星际空间的探测器是美国于 1977 年 9 月 5 日发射的旅行者一号空间探测器。

3.1.3　载人及货运航天器

载人及货运航天器又分为宇宙飞船、空间站和航天飞机等。

(1) 宇宙飞船

宇宙飞船是一种运送航天员和货物到达太空并能够安全返回的航天器，可分为载人飞船和货运飞船。

载人飞船是一种能保障航天员在太空生活和工作，以执行航天任务并安全返回地面的航天器。载人飞船可以独立进行航天活动，也可作为往返于地面和空间站之间的“渡船”，还能与空间站或其他航天器对接后进行联合飞行。与一般航天器相比，载人飞船通常采用舱段结构设计，内部安装生命维持系统，可容纳航天员并保障航天员在太空中生活。载人飞船是最早出现也是目前使用最多的载人航天器。图 3－9 所示为我国神舟载人飞船。

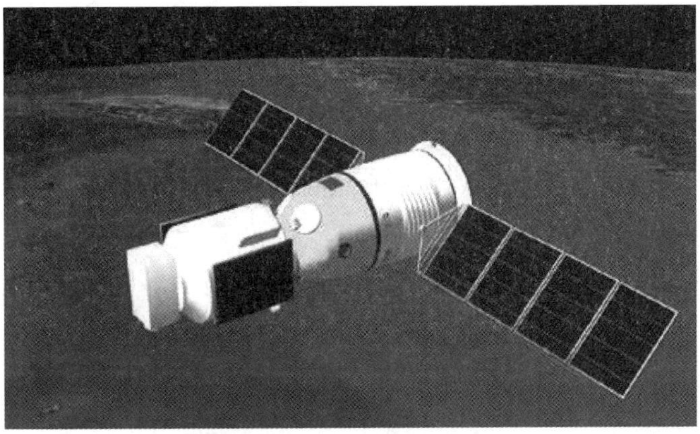

图 3－9　神舟载人飞船

货运飞船则拥有较大的货舱体积，可往返于天地之间，用于空间站定期补给食品、货物、推进剂和仪器设备等，是空间站物资补给的重要运输工具。

如图 3－10 所示，2017 年 4 月 20 日发射的天舟一号货运飞船是我国自主研制的一款货运飞船，也是我国首个货运飞船。飞船采用货物舱和推进舱两舱构型设计，全长 10.6 m，起飞质量约为 12 t，物资运输能力约为 6 t，推进剂补加能力约为 2 t，具备独立飞行 3 个月的能力。天舟一号完成了与天宫二号空间实验室交会对接、推进剂在轨补加、空间科学实验和技术试验等任务。

图 3－10　天舟一号货运飞船

（2）空间站

空间站（Space Station）又称为太空站、航天站，是一种在近地轨道长时间运行，可供多名航天员巡访、长期工作和生活的载人航天器。空间站分为单模块空间站和多模块空间站两种。单模块空间站可由航天运载器一次发射入轨，多模块空间站则由航天运载器分批将各模块送入轨道，在太空中将各模块组装而成。苏联在 1986 年发射了和平号空间站的核心舱，并在接下来的 10 年间不断运送新的模块在空间组装，1996 年建成了由 6 个模块组成的和平号空间站，该空间站服役至 2001 年。

我国在 2011 年 9 月 29 日发射了天宫一号目标飞行器。天宫一号与随后发射的神舟八号、神舟九号、神舟十号飞船进行了交会对接，为开展我国的空间站建设奠定了基础。天宫二号空间实验室是继天宫一号后我国自主研发的第二个空间实验室，主要用于进一步验证空间交会对接技术及空间地球系统科学、空间应用新技术、空间技术和航天医学等一系列空间实验，如图 3－11 所示。

图 3－11　天宫二号

（3）航天飞机

航天飞机是一种可载人往返于近地轨道和地面间的有人驾驶、可重复使用的运载工具。它既能像运载火箭那样垂直起飞，又能像飞机那样返回大气层后在机场着陆。航天飞机的出现是人类航天史上的一个重要里程碑，可用于部署卫星、检修卫星、回收卫星、空间运输、空间试验和生产、空间探测等。迄今只有美国与苏联能制造进入近地轨道的航天飞机，并曾实际成功发射和回收，而美国是唯一曾以航天飞机成功进行载人任务的国家。

航天飞机与常规运载火箭相比，具有可重复利用、利于空间活动经常化和快速反应等优点。此外，航天飞机在上升段和再入段过载较小，对航天员的要求较低。

1977 年 2 月美国研制出世界上首架企业号航天飞机轨道器，之后的 30 年时间里，又研制了哥伦比亚号、挑战者号、发现号、亚特兰蒂斯号和奋进号等航天飞机，先后共执行了 135 次任务，帮助建造国际空间站，实施了发射、回收和维修卫星的任务，并开展了大量科学研究。图 3－12 所示为美国挑战者号航天飞机。

图 3 - 12　美国挑战者号航天飞机

3.2　航天器系统的组成

如图 3 - 13 所示，航天器系统一般由平台和有效载荷两大部分组成。平台部分通常包括结构与机构分系统、测控分系统、数据管理分系统、控制分系统、推进分系统、电源分系统、热控分系统等，有效载荷部分因各航天器用途不同而各不相同，本书着重对航天器平台各分系统的组成及相关原理进行阐述。

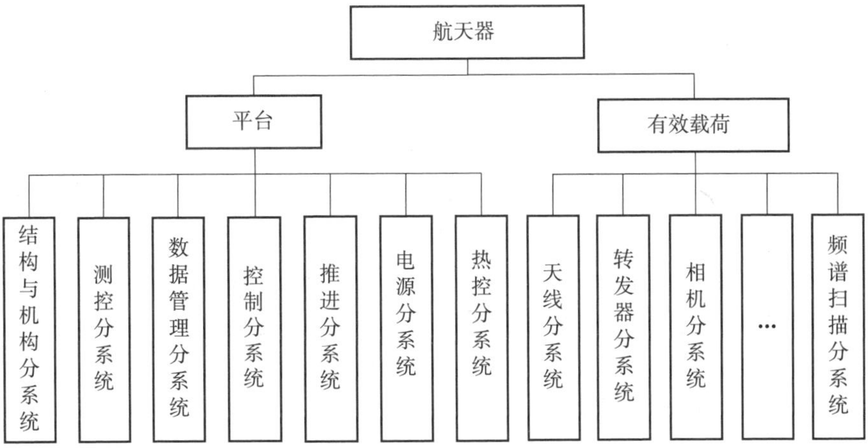

图 3 - 13　航天器系统的一般组成

3.2.1 结构与机构分系统

结构与机构分系统属于航天器的服务保障性分系统。其中，航天器结构主要指为航天器及其各分系统提供支撑、承受和传递载荷并保持一定刚度和尺寸稳定性的部件和附件的总称。航天器机构则是指航天器及其部件或附件完成规定动作或运动的机械组件。

3.2.1.1 结构分系统

（1）功能

航天器的结构主要有以下功能：

1）承受和传递载荷，包括地面、发射、空间轨道、再入大气层和着陆冲击的各种载荷，不仅要保证结构本身在载荷作用下不发生不允许的损坏现象，而且要尽量减轻有效载荷和其他各分系统所承受的载荷。

2）为有效载荷和其他分系统提供所需的安装空间、安装位置和安装方式，把所有的有效载荷和各分系统连成一个整体；所提供的安装可满足相应有效载荷和各分系统的工作要求，并且便于航天器整体和相关零部件在地面的拆卸、操作和维护。

3）为航天器有效载荷和其他各分系统提供有效的环境保护，包括地面、发射、空间在轨和再入过程等环境下的环境保护。

4）为航天器某些特殊部件或分系统提供所需的刚性支撑条件，如保证天线组件、光学部件和传感器所需的位置精度和尺寸精度。

5）为航天器某些特殊部件或分系统提供所需的物理性能，如导热或绝热性能、导电或绝缘性能等。

（2）组成

航天器的结构决定了它的整体刚度和强度以及能够搭载的其他设备，是航天器的基本结构。根据航天器结构本身承受载荷的功能，可分为主结构和次结构。

①主结构（或称为主承力结构）

主结构是航天器结构的“脊梁”，是所有其他航天器部件的支撑。主结构与运载火箭对接，把载荷从运载火箭传递到航天器，构成载荷传递路径，主要承受发射时火箭推力传来的载荷。主结构一般也包括航天器与运载火箭的对接段和航天器上的发动机支架，常见的主结构有中心承力筒式、舱段式和板式等几种形式。

某通信卫星主结构采用中心承力筒式，如图 3 - 14 所示。整个结构具有一个由中心承力筒和多块壁板组成的长方体箱体，中心承力筒为卫星的主结构，位于卫星结构中央，其上、中、下部分别与水平方向的东板、中板和西板连接。整个结构自对地面至背地面又包括通信舱、推进舱和服务舱。通信舱由东板、南北板及中间隔板组成，呈 Π 形。推进舱由中心承力筒、中板、西板、中间隔板等组成。服务舱由南板和北板组成，与中板和西板连接。

返回式航天器主结构通常采用舱段式设计。如我国神舟载人飞船采用三舱式设计，分别由轨道舱、返回舱和推进舱组成，如图 3 - 15 所示。轨道舱前端安装对接机构，用于和空间站进行对接；返回舱提供航天员在发射、交会对接和返回等重要飞行阶段的乘坐空

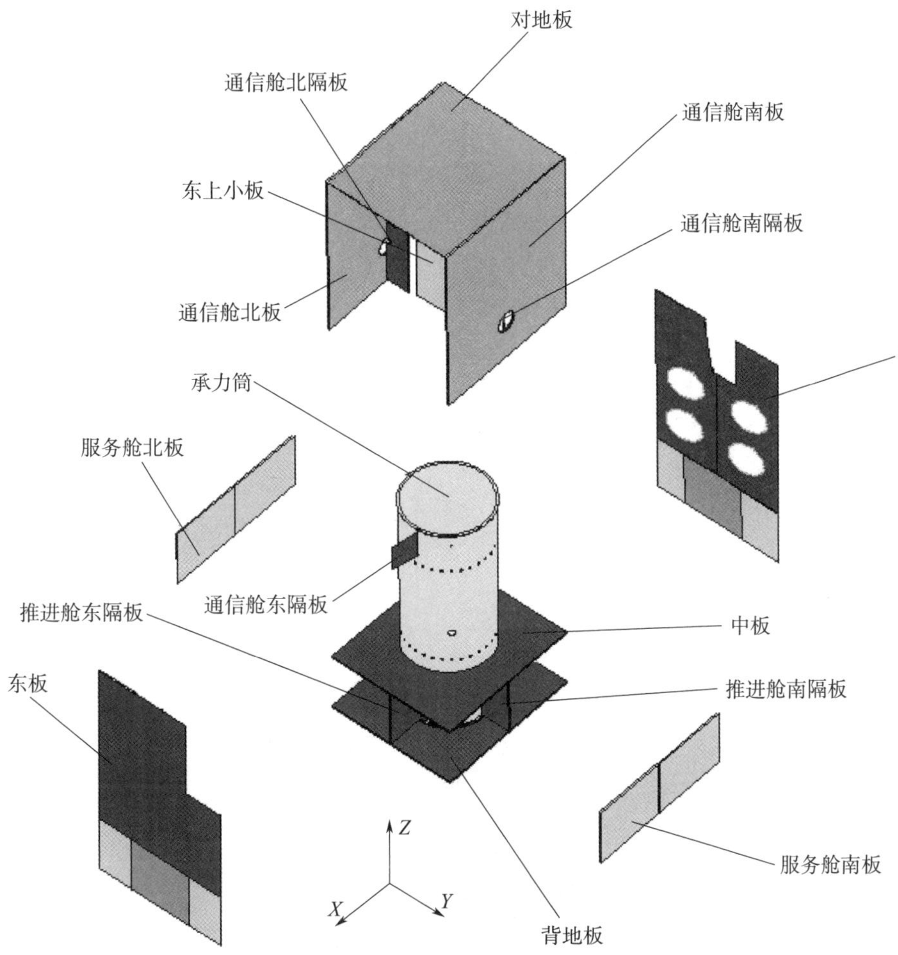

图 3-14　中心承力筒式结构

间，并搭载空间应用系统试验设备；返回舱与轨道舱共同构成密封舱供航天员在轨工作和生活；推进舱提供电能和环控供气，配置姿轨控发动机、平移和反推发动机用于交会对接运动控制。舱段式设计的优点在于：飞船完成在轨任务后，首先轨道舱与返回舱分离，轨道舱可继续驻留空间，返回舱与推进舱组合体完成制动控制，实现返回着陆。

目前，大多数小卫星的主结构采用板式结构。某试验卫星主结构呈阶梯状，如图 3-16 所示，底板、星内沿 Y 向的两块隔板、中板构成卫星的主承力结构，传递整星纵向载荷。中板将星体内部空间分割为上、下两个舱。下舱的两块隔板又将下舱分为 $+X$ 下舱、中下舱和 $-X$ 下舱 3 个部分；上舱由多块板分割成 3 个舱。$+X$ 下舱和 $-X$ 下舱沿 X 向设计两个框架，框架和底板、中层板、X 侧板相连，增强 X 方向的刚度和强度。卫星内部仪器设备主要安装在底板、隔板以及中板上。为了尽可能地降低有效载荷的力学环境，对力学环境敏感的部件安装在卫星的中板上。

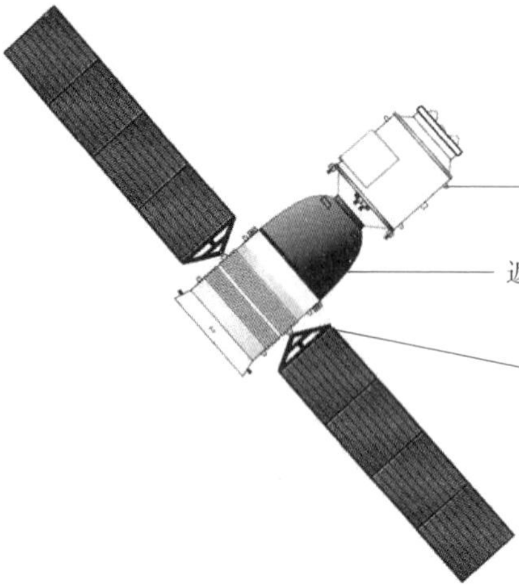

图 3－15　舱段式结构

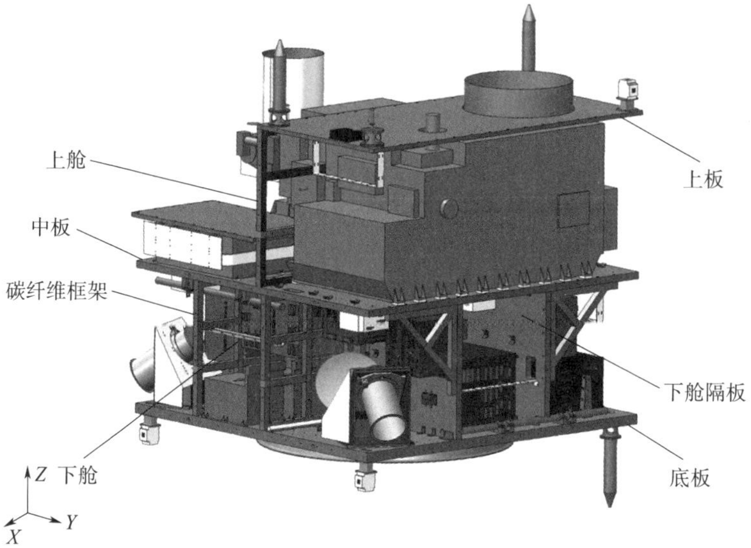

图 3－16　板式结构

②次结构

次结构指由上述主结构上分支出来的其余各种结构，如各种仪器设备的安装结构和航天器外壳结构等，常见的如展开式太阳电池阵结构和天线结构等。

3.2.1.2　机构分系统

（1）功能

对航天器机构最基本的要求是保证在无人帮助下具有自主性和高可靠性，仅空间站、航天飞机等航天器需要由航天员协助完成，因此，一个失败的机构对航天器飞行任务是非常危险的。随着航天器复杂程度逐渐增加，航天器机构的功能也在不断变化，但其功能主要包括以下几点：

1）形成或解除航天器各部件之间、本体和附件之间、舱段之间或航天器与运载火箭之间的紧固或连接状态；

2）使航天器各部件之间、舱段之间或航天器与运载火箭之间相互分离；

3）使航天器部件或附件展开至所需位置或形状；

4）使航天器部件或附件指向规定的目标或方位。

（2）组成

航天器机构至少由一个运动部件和一个动力源组成。运动部件用于实现特定的动作，是机构的关键部分，其形式可由机构的功能来确定；动力源用于驱动上述运动部件，可采用电机、火工装置和弹簧等形式。此外，一般机构还包括用于向机构的控制系统提供位置、速度、力或力矩等信息的反馈装置，如电位计、行程开关、角速度传感器等。

几种常见的航天器机构如下：

①压紧与释放机构

压紧与释放机构是在发射时航天器本体与附件之间或部件与部件之间进行牢固连接（一般采用压紧方式），入轨后又可按规定进行“释放”的装置。常见的如航天器太阳帆板、展开式天线采用的压紧和释放机构。“压紧”机构一般依靠机械连接（如螺杆、卡销、弹性张力带、张紧绳等）实现，而释放的动力源包括切割器（一种火工装置）、热刀（用于烧断）、记忆合金制动元件等。

②展开机构

展开机构是能使航天器部件由收拢状态展开到规定位置或规定形状的装置，此类机构在航天器上用途较广泛。按动力源不同，展开机构又可分为弹簧式、电机式、弹性储能式和充气式展开机构等。若按展开前后形状变化分，又可分为线性展开机构（如各种伸展杆）、面展开机构（如太阳帆板展开、网状架构式天线展开机构等）、体展开机构（如充气式展开机构）。

③驱动机构

驱动机构是根据指令按规定的速率和时间驱动（转动或移动）相关部件的装置，典型的如太阳帆板驱动机构、天线定向机构等。驱动机构一般由电机和传动副组成。常用的电机包括有刷直流电机、无刷直流电机、步进电动机等；常用的传动副包括齿轮传动、蜗杆传动、丝杠-螺母传动和谐波传动等。目前，步进电动机和谐波传动配合，具有精度高、易于数字化控制等优点，已成为目前发展前景最广的航天器驱动机构。

④连接与分离机构

连接与分离机构用于实现航天器本体和部件之间、航天器各舱段之间以及航天器与运载火箭之间的牢固连接。航天器在空间运行时又可以按照需要实现连接部分的解锁和分离，如卫星与运载火箭之间的包带式连接与分离机构、飞船舱段之间的火工锁等。一般情况下，往往由同一装置实现连接和解锁功能（如爆炸螺栓），甚至同一装置实现连接、解锁和分离功能（如火工锁）。

某通信卫星包括压紧和释放、展开和驱动等几种类型机构，如图 3－17 所示。星箭分离前，太阳帆板、天线均通过压紧机构压紧在卫星东西、南北板上，星箭分离后选择合适时机，通过程控或遥控指令使压紧点解锁，释放太阳帆板和天线；天线释放后，需要通过天线展开机构驱动天线展开到位；帆板驱动机构可以控制帆板进行转动，满足卫星不同姿态下太阳帆板光照需求；天线驱动机构通过控制天线的方位和俯仰，满足卫星天线不同状态下的对地指向。

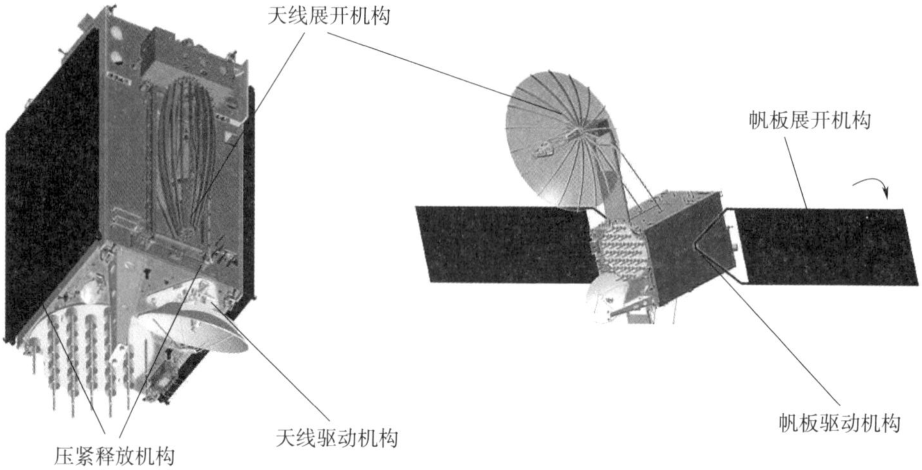

图 3－17　某通信卫星机构示意图

3.2.2　测控分系统

航天器自发射入轨开始至整个寿命结束的各个阶段，地面都需要及时了解航天器运行的轨道及其各分系统的工作情况，同时还要能够对航天器的轨道、姿态进行控制，对工作状态进行设置。上述功能的实现即通过地面站与航天器测控分系统建立无线电信道来完成信息传递。

3.2.2.1　功能

航天器测控分系统的主要功能包括：

1）跟踪测轨。提供地面对航天器的测角、测速及测距通道，以便地面可以对航天器进行轨道测定。

2）遥控。地面将各种遥控信息（控制或状态设置）以电信号的形式调制成无线电载波，通过地面或中继站点向航天器发射。航天器测控分系统接收上行遥控信息，经解调、译码后进行指令类型判别，送相应的执行单元或数管分系统进行处理。

3）遥测。接收数据管理分系统送来的遥测信号，经载波调相、功率放大后发往地面测控站或中继卫星，地面接收、解调处理后还原成各种信息，用以监视航天器飞行过程中各种状态信息和数据。

4）导航。利用 GNSS 接收机或惯性测量部件进行位置、速度解算，并通过遥测下传，向地面实时提供航天器的位置、速度及时间信息。

3.2.2.2　组成

就目前航天器测控技术的发展，典型的航天器测控分系统一般由统一测控、GNSS、中继测控等子系统组成，如图 3－18 所示。统一测控子系统一般包括测控天线和应答机，GNSS 子系统包括 GNSS 天线和 GNSS 接收机，中继测控系统包括中继天线和中继测控单元。其中，测控应答机又由双工器、接收机、发射机等几部分组成。

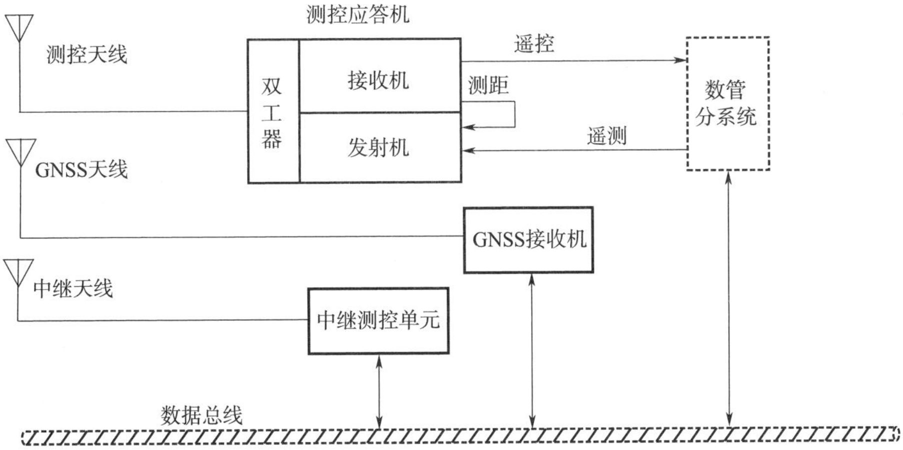

图 3－18　测控分系统典型组成

统一测控子系统工作时，测控天线用于接收或向地面发送射频信号，双工器为收发信号提供合适带宽的通道，并使收、发信号良好隔离，保证接收、发射同时正常工作，接收机负责接收来自测控天线接收到的地面射频信号，经过放大、变频、鉴相等处理后，对上行载波进行捕获和跟踪，对调相信号进行相位解调，将上行信号传送到遥控终端，将解调出的测距音信号传送到发射机，进行测距音下行转发；发射机向地面发送由遥测副载波及测距信号经相位调制后的下行载波调制信号。

标准体制测控应答机的典型工作过程如下：

1）应答机发射调制有遥测数据的下行载波信号作为测控站、船等测控设备的引导信标。

2）测控站、船等测控设备捕获到引导信标后，向卫星发射单一上行载波扫频信号。

3）应答机接收到上行载波扫频信号后，改为相干工作方式，并以特定转发比向地面转发下行随扫信号。

4）USB 应答机捕获并跟踪上行载波信号时，就给出一个载波锁定指示遥测信号，并将此遥测信号传送给测控设备。

5）测控设备收到载波锁定指示遥测信号后，停止发送扫频信号，转而发送固定点频的上行载波信号。

6）应答机的发射机转而发送调制有遥测数据的单频下行载波信号，测控系统完成星地双向捕获。

7）星地双向捕获完成后，测控设备根据测控安排向卫星发送遥控指令和测距信号。

GNSS子系统工作时，GNSS天线接收导航星发送的导航信号，对信号进行滤波、低噪声放大后送GNSS接收机，GNSS接收机对接收到的导航信号进行捕获和跟踪，获取原始观测数据并进行定位解算，并将原始观测数据和解算结果通过总线送数管分系统。

中继测控子系统主要通过数据总线向数管分系统提供或接收数据，它接收数管分系统输出的航天器遥测信号，并通过中继测控天线向中继卫星发送，并接收中继卫星发送遥控指令，输出遥控信号给数管分系统。

3.2.2.3 典型航天器测控分系统设计

航天器测控分系统的设计由测控需求、运行轨道、研发成本及冗余备份等多种因素决定，同一子系统或模块可能包括其中的一个或多个，也可能涵盖不同的测控体制和频段。地球静止轨道卫星通常仅包括统一测控子系统，而近地卫星则一般包括统一测控子系统和GNSS子系统，对于测控应急响应要求高的近地航天器，则包括统一测控、GNSS子系统，还配备中继测控子系统，不同的航天器对各个子系统的设计和配置也不同，如统一测控子系统应答机类型是否采用标准测控体制，取决于航天器的具体应用需求。

此外，随着星间通信技术的发展，利用星间通信链路进行星间测控逐渐成为航天器特别大型星座，或者需要多颗星协同工作完成空间任务的星座测控分系统的重要组成部分。

星间测控的基本原理如图3-19所示。若地面通过航天器1向航天器2发送遥控指令，则由航天器1先接收航天器2的遥控指令，再由航天器1通过星间链路转发至航天器

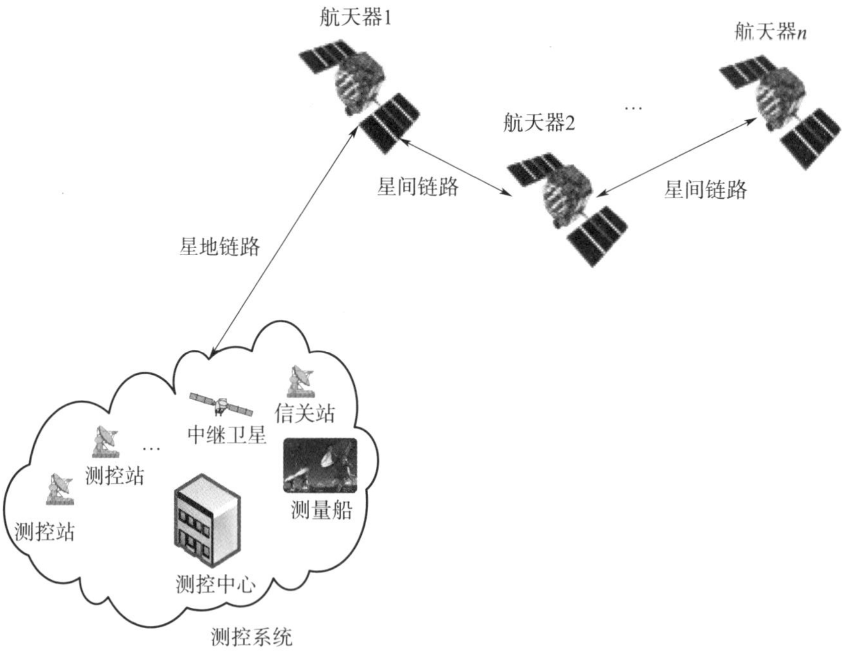

图3-19 星间测控链路示意图

2，从而实现对航天器 2 的遥控。同样地，航天器 2 的遥测信息通过星间链路发送至航天器 1，再由航天器 1 转发至地面。组成星间链路的卫星数量根据星座组网规模差异而各有不同。对于双星组网运行的卫星任务，只需双星（A 星、B 星）之间建立链路即可实现星间通信，从而实现通过 A 星向 B 星发送遥控指令，同时通过 A 星接收 B 星遥测。对于全球组网的大型星座，若要实现通过任意一颗星与其他星的信息互通，则需要在星间建立合理的路由规则，通过复杂的路由规划实现星间测控。

通过星间链路进行星间测控的优势在于其能够一定程度上摆脱地面测控站与航天器空间可见约束的限制，对于全球星座，使任意时刻对任意航天器进行测控成为可能。

（1）某近地卫星测控分系统设计

某近地卫星测控分系统设计如图 3-20 所示。该卫星测控分系统采用标准测控体制＋GNSS 测控方案设计，由统一测控子系统、GNSS 子系统及星间通信子系统组成。

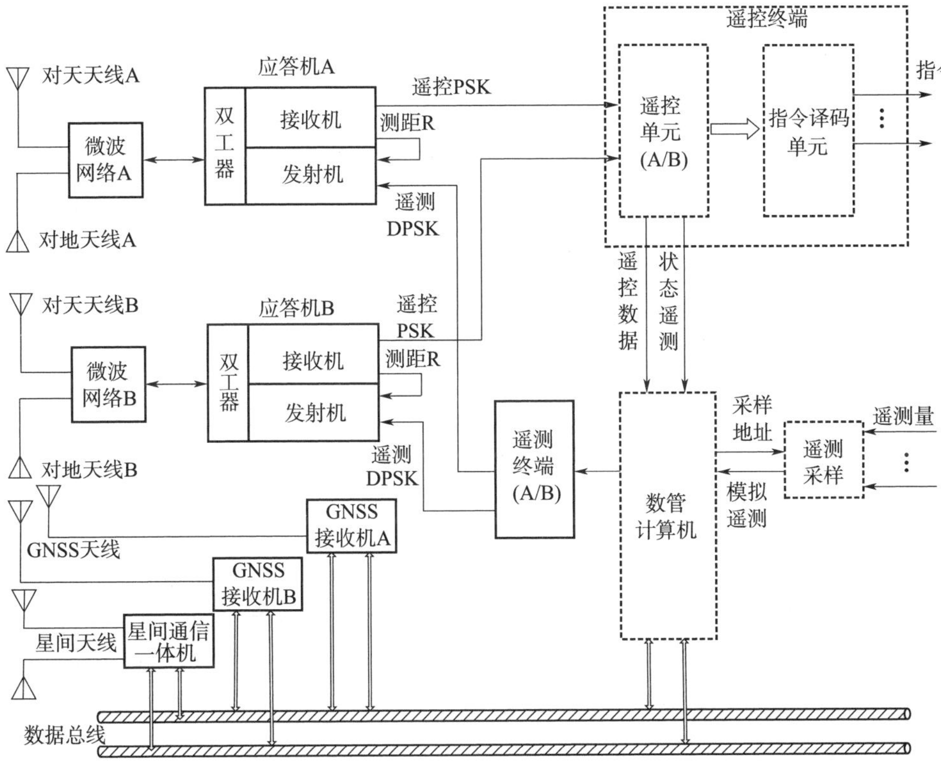

图 3-20 某近地卫星测控分系统设计

其中，统一测控子系统采用两台标准 S 频段应答机，异频且互为备份，应答机接收机双机热备份，发射机可热备或冷备工作，在卫星的对地和对天面各装有一套收发共用天线构成准全向覆盖，以保证航天器在任意姿态下均与地面保持上下行链路，为卫星提供准全向测控服务；GNSS 子系统天线安装于卫星对天面，配备两台接收机，双机冷备工作，通过接收卫星视场内 GNSS 导航信息，实时获取卫星在空间的位置、速度和时间信息，送卫星数管计算机处理；此外，该卫星属于某卫星星座的组成部分，星座设计有星间链路，因此，该卫星测控分系统还包括星间通信子系统，星间通信子系统包括星间通信一体机和星间天线，星间通信一体机用于与星座其他星进行测控信息收发及处理，星间天线置于卫星 $\pm X$ 面，主要用于与同轨道面内其他星进行通信。

（2）某地球同步卫星测控分系统设计

某商用地球同步卫星测控分系统设计如图 3－21 所示。由于地球同步卫星寿命较长，且对地长时间可见，为尽量将测控分系统故障对整星的影响降至最低，测控系统一般采用三应答机设计方案，包括应答机 A、应答机 B 和应答机 C。其中，应答机 A 和应答机 B 工作采用异频设计，接收机热备份，发射机冷备份，相应的测控固放 1、2 互为冷备份。应答机 C 则与应答机 A 同频，当应答机 A 无法使用时，则启用应答机 C。三个应答机公用遥测遥控天线，其中，遥控天线 1 和遥测天线 1 安装在对天面，遥控天线 2 和遥测天线 2 安装在对地面，实现卫星在任一姿态下全向测控。

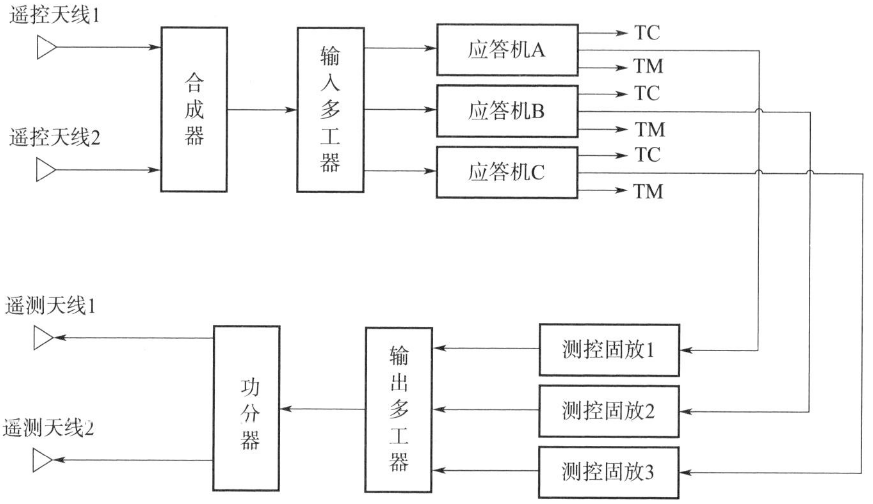

图 3－21　某商用地球同步卫星测控分系统设计

与前述某近地卫星测控分系统设计不同的是，为了确保卫星上下行链路，通过增加应答机的方式增强了冗余备份设计，且该地球同步卫星不涉及星间通信，故无星间链路设计。需要说明的是，随着 GNSS 技术的不断发展，一些地球静止轨道卫星也具备 GNSS 测量和中继测控通信能力，根据需要可增加 GNSS 子系统和中继测控单元设计。

3.2.3　数据管理分系统

数据管理是航天器的核心部分，航天器数据管理分系统即负责将航天器的遥测、遥控、程控、自主控制和管理等功能综合在一个以微处理机为主的系统中去实现，实现对航天器上信息的综合性管理和利用，实现各分系统间有效、合理的信息共享。数据管理分系统在航天器用户信息流中所处的位置如图 3－22 所示。

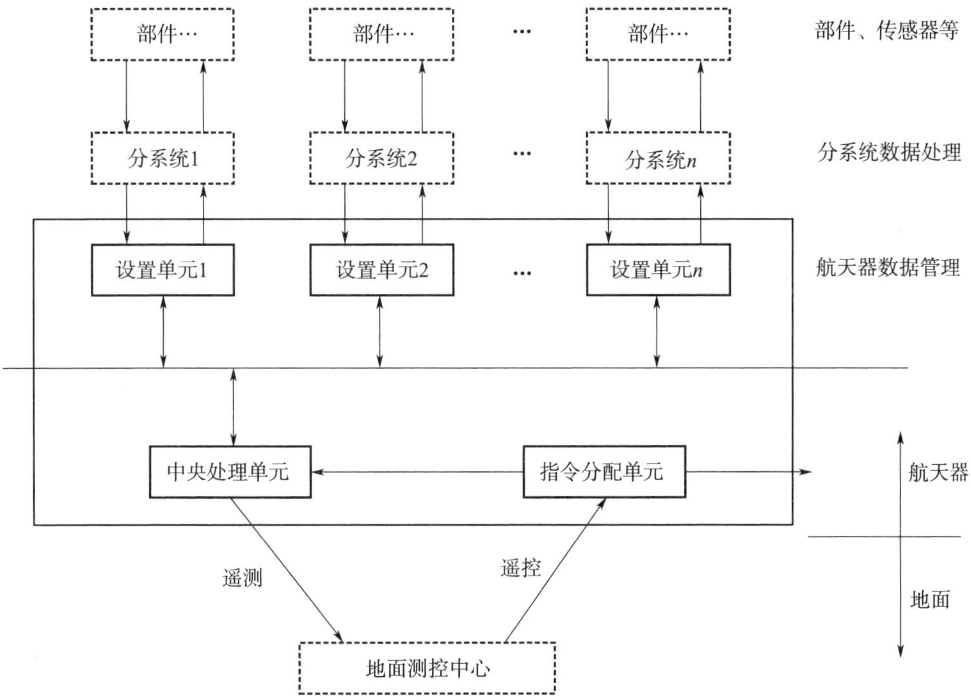

图 3－22　数据管理分系统在航天器用户信息流中所处的位置

3.2.3.1　功能

一般，数据管理分系统主要有以下功能：

1）遥控信息处理。接收测控分系统发送的上行遥控指令和数据，完成正确性验证后，将指令和数据分配到航天器各分系统。

2）遥测信息处理。采集航天器工程遥测和有效载荷遥测数据，进行处理、储存，并汇集所有须经遥测下行信道传送的信息，实施格式化或包装处理，送测控分系统。

3）程序控制功能。按设计要求发送延时或程控指令，产生自主控制命令，以实现航天器自主控制和管理。

4）内务管理。对自身进行监控，进行冗余和容错管理，并具备一定的故障诊断与处理功能。

5）航天器时间管理。提供航天器事件基准，并向各分系统分配时间信息和定时信号。

6）有效载荷管理。为其他分系统提供专用的数据处理和数据格式，支持各分系统间信息交换和共享。

3.2.3.2　体系结构

航天器数据管理技术发展至今，体系结构可分为集中型结构和总线型结构。

（1）集中型结构

集中型结构又称为星型结构，即采用一台中心处理机完成数据管理功能。集中型结构实现软硬件的高度集中，中心处理机与每个被管理单元（节点）都有点对点的通信链路，如图 3-23（a）所示。集中型结构的数据管理系统成本相对较低，体积、质量及功耗等相对较小，但软件结构复杂，系统可靠性相对较低，多应用于小卫星。

（2）总线型结构

相比集中型结构，总线型结构更为经济，即使用一条公共的数据总线（或网络）连接所有的设备或数据单元，如图 3-23（b）所示。总线型结构需要的通信线路较少，但若一个设备出现故障，可能限制整个系统的信息交换，因此，总线需要冗余备份。此外，通过总线连接的所有设备或节点必须有相同的通信协议。目前，航天器上常用的总线有：最初应用于汽车计算机控制系统的 CAN（Controller Area Network）现场总线和一种集中式时分指令/响应型多路串行总线——1553B 总线等。

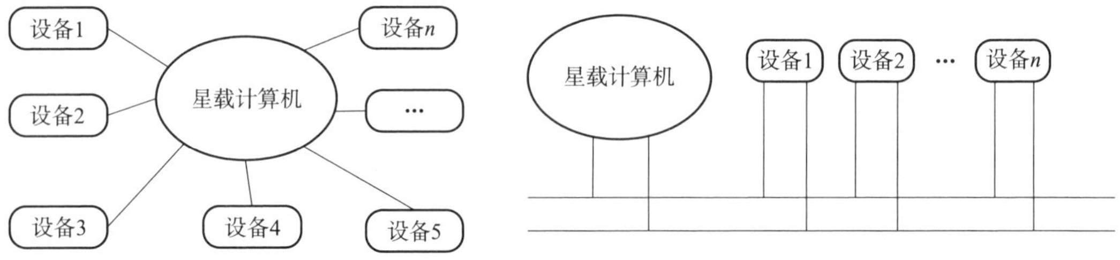

(a) 集中型　　(b) 总线型

图 3-23　典型数据管理系统的结构

3.2.3.3　某航天器数据管理分系统设计

某航天器数据管理分系统结构图如图 3-24 所示，系统采用基于 CAN 总线的分布式架构设计，形成功能密集、配置灵活的系统拓扑结构，配电、姿轨控、数传、电源等分系统，遥控单元及测控分系统的应答机，GPS 及星间通信等下位机具有统一的标准通信协议和数据通信格式接口，与数据管理分系统中心计算机通过双冗余的 CAN 总线连接，接受中心计算机的调度和控制。

1）中心计算机采用双机冷热备份设计，配备一路全双工 RS-422 星地通信接口，时钟信号和分离信号的输入接口，遥测遥控、标准双冗余 CAN 总线接口，负责完成航天器综合信息处理，对各模块进行管理控制，监视航天器状态并协调各分系统工作，并配合有效载荷实现相关控制和设置。

2）遥控单元接收到应答机送来的 PCM 信号，解密和纠检错后进行类型判断，直接指令由硬件指令译码器进行输出，间接指令送中心计算机后进行指令分配。

3）航天器遥测由各个下位机进行采集，再通过总线汇集到中心计算机遥测数据缓冲区，进行遥测数据处理和格式编排。

4）航天器采用程控设计，由中心计算机在星箭分离后自动启动程控指令执行功能，执行时间为中心计算机的绝对时间。

5）航天器时间基准由时间单元产生，中心计算机以广播的方式向各分系统通过 CAN 总线发送该时间基准，供各分系统进行时间校正。

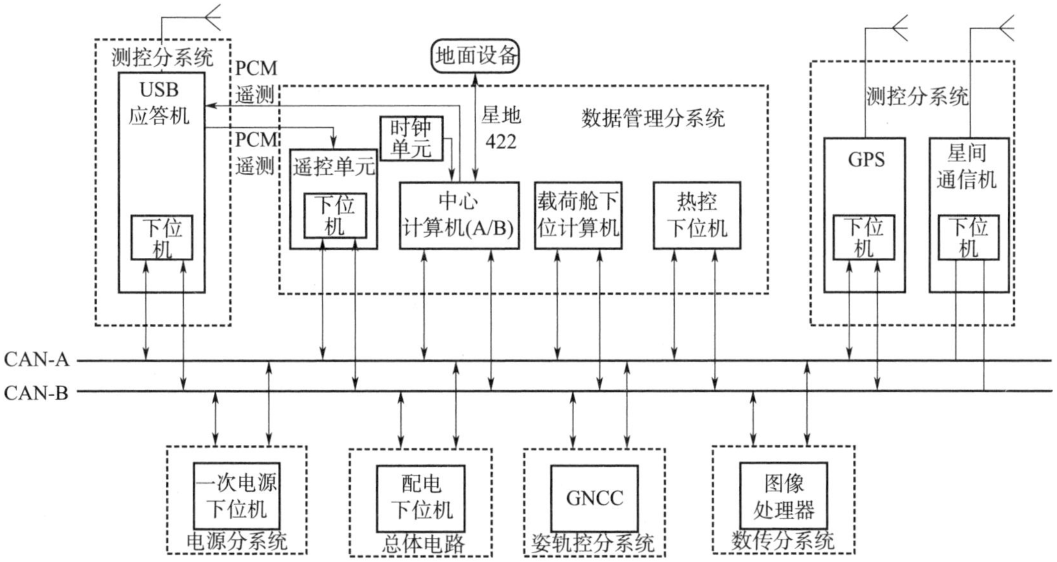

图 3－24　某航天器数据管理分系统结构图

6）分系统设计正常、故障及自主安全控制 3 种管理模式。正常模式下，各设备常加电，采用双机冷备份工作模式，主备份可切换；当遥控、遥测、通信总线等主（备）通道出现故障时，进入故障模式，自主或人工干预切备（主）份通道予以替代；自主安全控制模式下，系统实时监视卫星能源、姿态、程控指令的运行状态，异常时，可对有效载荷各设备，按规定模式实施星上自主断电，最大限度地为卫星平台提供能源。

3.2.4　控制分系统

航天器控制分系统指负责航天器整个飞行控制的组成部分。广义上的控制分系统可能包括热控制、电源控制、姿态控制、轨道控制等。然而，在实际工程应用中，控制分系统往往指姿态与轨道控制，因此，一些航天器也称为姿轨控分系统。

姿轨控分系统一般由姿态测量部件、姿轨控计算机（也称为控制器）和执行机构等几部分组成，如图 3－25 所示。

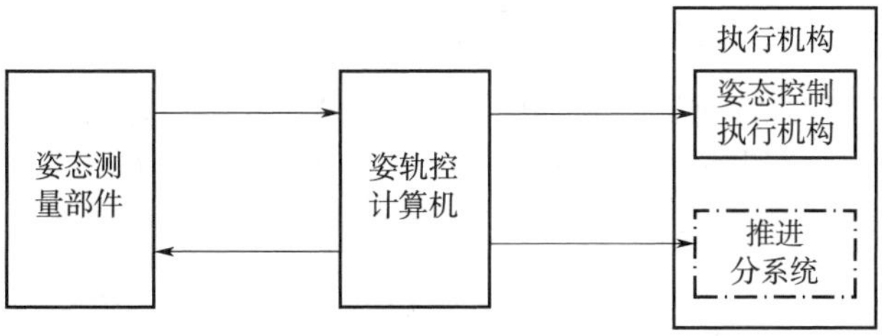

图 3－25　姿轨控分系统的基本组成

姿态测量部件用于向姿轨控计算机提供航天器姿态测量数据，如地球磁场矢量、太阳方向矢量、恒星矢量、地球方向矢量等，由姿轨控计算机根据姿态确定算法对航天器进行姿态确定。常见的姿态测量部件有地球敏感器、陀螺、星敏感器、磁强计和太阳敏感器等。

姿轨控计算机由控制计算机硬件和姿轨控软件两部分组成，姿轨控软件实现控制模式选择、姿态测量部件信号处理、姿态确定及控制算法、轨道控制等目的。

执行机构包括两类：一类仅用于姿态控制，如动量轮、控制力矩陀螺、磁力矩器等；另一类为推力器，属于推进系统的组成部分，既可用于航天器姿态控制，也可进行轨道控制。

航天器根据其轨道、用途及自身特性的不同，配备不同的姿态测量部件、执行机构，使用不同的控制模式和算法。详细姿态确定及控制原理见本书第 8 章。

3.2.5 推进分系统

航天器推进分系统是基于反作用原理为航天器轨道运动提供所需要的动力，为航天器姿态运动提供所需力矩的装置，也称为空间推进系统（或空间发动机），其主要功能包括：

（1）变轨控制

变轨控制也称为轨道转移，使航天器从一个轨道机动至另一个轨道，变轨前后的轨道可以是同一轨道面，也可以是不同轨道面。如地球静止轨道卫星从刚入轨时的地球同步转移轨道经过数次变轨控制至地球静止轨道。

（2）轨道保持

轨道保持指调整航天器轨道速度，修正轨道参数，使航天器运行轨道与标准轨道的偏差控制在允许的范围内。如地球静止轨道卫星受太阳光压及其他天体等摄动，需要进行东西、南北位置保持；近地轨道卫星受大气阻力影响，轨道会逐渐衰减，为满足运行轨道高度要求，需要进行轨道维持。

（3）离轨和再入

航天器寿命末期，为规避碰撞风险，一般对其进行离轨控制使其进入坟墓轨道，或返回式航天器完成离轨制动，使其再入返回地球表面。

（4）姿态控制

作为姿态控制系统的执行机构，为航天器姿态保持和机动提供所需的力矩，使航天器保持已有的姿态，或从一种姿态转变为另一种姿态。

从推进系统的原理分，航天器发动机可分为两种类型：一类是推进使用的能源和工质是一体的；另一类为推进使用的能源和工质是分开的，如图 3-26 所示。能源和工质一体即工质释放的能量直接传递给自身反应的产物，形成反作用射流；能源和工质独立，即能源反应的产物不适合用来作为工质，需采用专门的工质形成反作用射流，实现航天器推进。

按照不同的推进机制和推进工质，航天器推进系统又可分为冷气推进、化学推进和电推进等几种类型，也是目前航天器主要采用的几种推进方式。

3.2.5.1 冷气推进系统

在航天技术发展初期，由于推进技术还不成熟，多采用高压冷气推进技术，其优点是

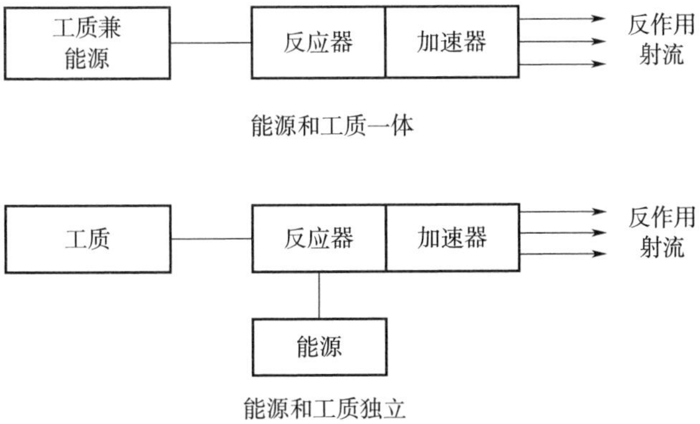

图 3－26　航天器推进原理简图

安全可靠，无污染，多应用于总冲要求低、工作时间短、安全性要求高的空间飞行器姿态控制，但其推进比冲较低，一般约 50 s。冷气推进系统的推进剂一般选择氮气、氩气等惰性气体或氟利昂、丙烷等碳氢气体。

冷气推进系统结构较为简单，一般由推力器、电磁阀、稳压器、高压气瓶、过滤器和加注阀等几部分组成，如图 3－27 所示。地面通过加注阀向高压气瓶加注推进剂（冷气），工作时，推进系统接到相应的控制信号后，打开电磁阀及相应的推进控制阀，冷气经稳压器和过滤器，由推力器喷管高速排出，产生航天器所需的推力。

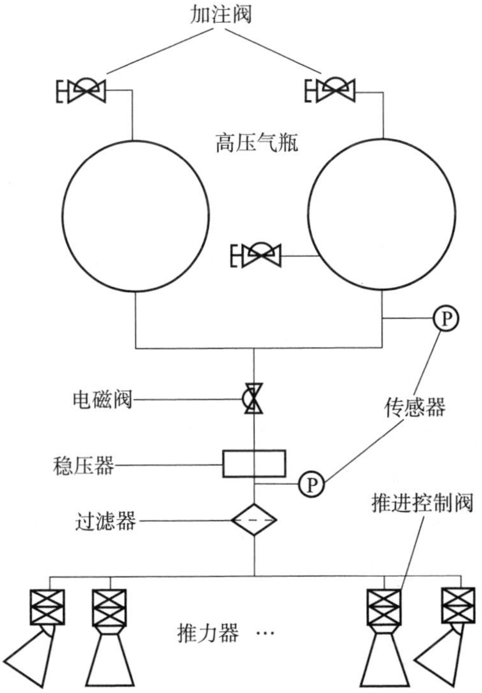

图 3－27　冷气推进系统

3.2.5.2　化学推进系统

将化学推进系统进一步细分，可分为固体推进系统、液体单组元推进系统和液体双组元推进系统等。

(1) 固体推进系统

固体推进发动机是指利用飞行器自带的固体推进剂（燃料和氧化剂），经过燃烧反应产生喷气射流，进而产生反作用推力的热动力装置。固体推进发动机一般由燃烧室、壳体、推进剂主装药（药柱）、点火器和喷管等几部分组成，如图 3－28 所示。

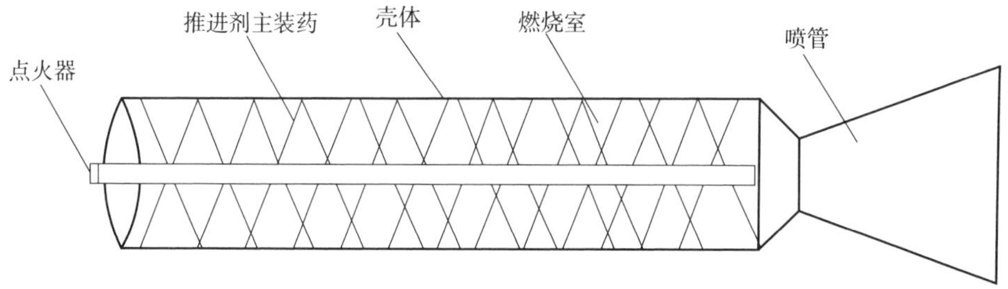

图 3－28　固体推进发动机剖面图

燃烧室是储存推进剂的容器，又是推进剂主装药燃烧的场所，不仅要有一定的容积，还要有承受高温高压的能力。为了防止燃烧室壳体材料因过热而破坏，在燃烧室与高温燃气接触的内表面粘涂各种隔热材料形成热防护层。

推进剂主装药是根据预期的发动机推力方案，制成一定形状和尺寸，放置于燃烧室中的固体推进剂药柱，包括燃料、氧化剂和其他辅助组元。为了保证主装药燃烧表面的变化规律，实现预期的推力方案，需要对装药表面的某些部分用阻燃层进行包覆，防止其参与燃烧。

点火器用于点燃主装药，使发动机顺利启动工作。

喷管既是燃烧室内高温高压燃气的出口，又是一个能量转换的装置。

常见的固体推进剂有端羟基聚醚顶聚物（HTPE）、硝酸酯增塑聚醚（NEPE）和缩水甘油叠氮聚醚（GAP）等。

(2) 液体单组元推进系统

单组元推进系统是指使用单组元推进剂作为工质的推进系统。单组元推进剂可以是单一化学物质或几种化学物质的混合物，一般呈液体状态，能够在一定的条件（高温、高压或催化剂）和作用下分解成可燃气体，作为推进系统工质。单组元推进系统具有结构简单、发动机技术成熟、可靠性高等优点。液体单组元推进系统分落压式和恒压式两类，落压式系统组成如图 3－29（a）所示，结构组成一般包括：气加排阀、贮箱、液加排阀、压力传感器、过滤器、自锁阀及推力器等。系统工作时，随着推进剂的逐渐减少，贮箱内的压力逐渐降低。相对于落压式单组元推进系统，恒压式推进系统还包括高压气瓶和减压阀，如图 3－29（b）所示。气加排阀、液加排阀分别用于加注和泄出增压气体、推进剂，贮箱用于储存推进剂，高压气瓶用于储存增压气体。系统工作时，减压阀打开，随着贮箱内推进剂的减少，减压阀能够确保贮箱内压力基本稳定。

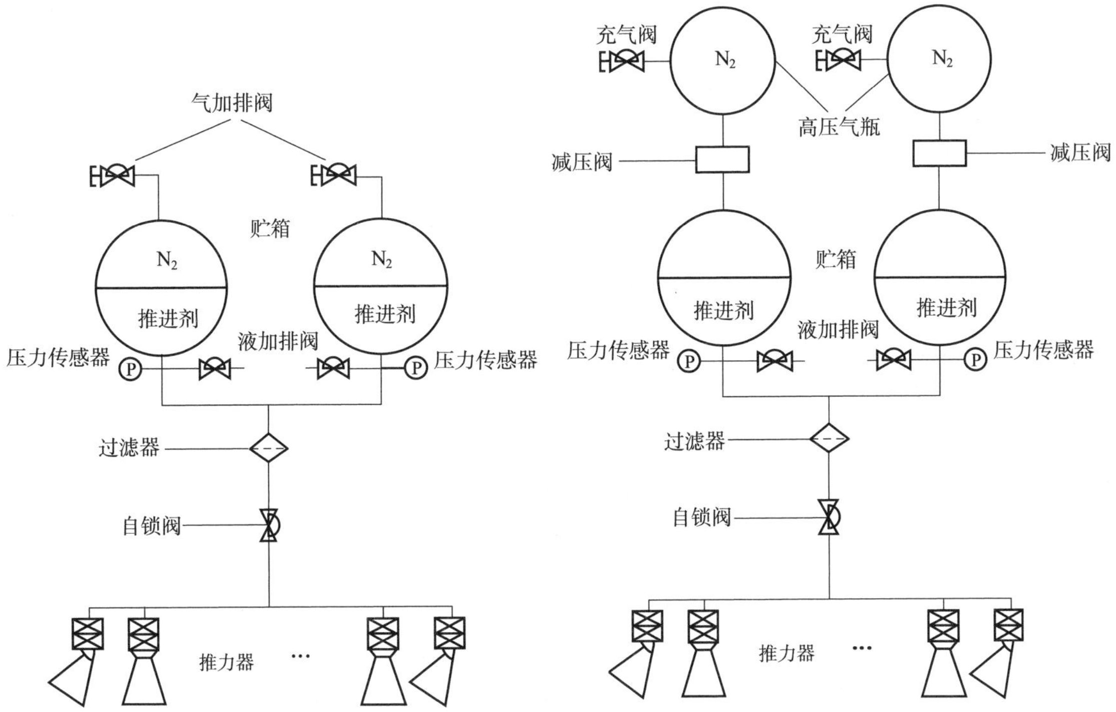

(a)落压式系统组成　(b)恒压式系统组成

图 3－29　液体单组元推进系统

无论落压式还是恒压式单组元推进系统，系统工作时，储存在贮箱内的推进剂在高压气体挤压下排出贮箱出口，在阀门的开关作用下进入推力器推力室，推进剂在高温条件下经催化分解为高温燃气，由喷管喷出产生反作用力。

常用的单组元推进剂有肼、硝酸羟胺、过氧化氢、混氨、混肼和硝酸丙酯等，其中，单组元肼推进剂系统已成为航天推进系统中的主流单组元推进系统。

(3) 液体双组元推进系统

与单组元推进系统不同，双组元推进系统为采用两种推进剂的推进系统。其一般组成如图 3－30 所示。

整个推进系统分为气路和液路两部分。

推进系统气路部分包括氦气增压系统和管路输送系统，主要在发动机进行变轨时为贮箱提供恒定的压力，确保发动机在变轨时获得稳定的推力，保持在高比冲状态。氦气增压系统主要由高压氦气瓶、压力传感器、电爆阀、自锁阀、气滤、减压器、氦气加排阀及相应的管路连接件组成。

推进系统的液路部分主要由贮箱（包括氧箱和燃箱）、液路加排阀、液路电爆阀、液滤、自锁阀、压力传感器、推力器和管路连接件组成。

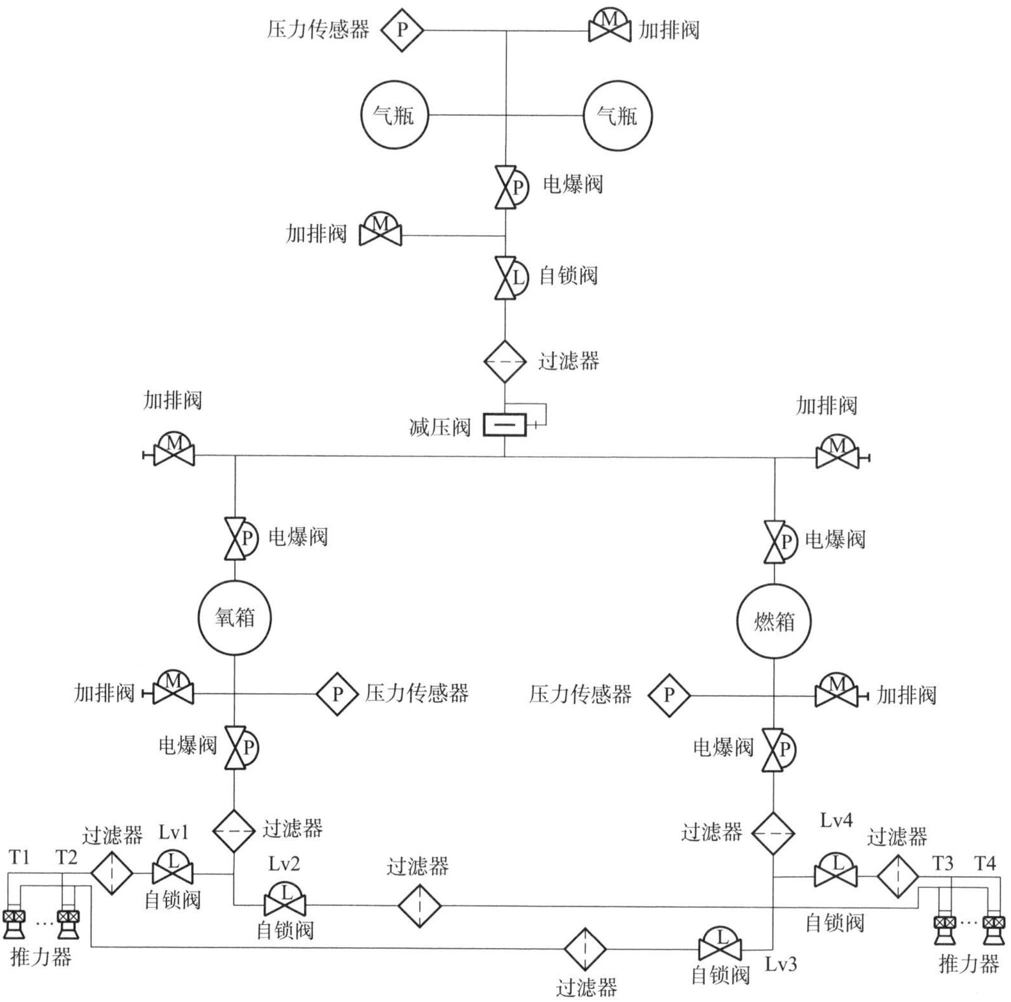

图 3－30　双组元推进系统

系统工作时，液路、气路相应阀门打开，高压气瓶通过减压阀向氧箱和燃箱提供稳定的压力，氧化剂和燃料分别通过相应的管路经自锁阀、过滤器流向推力器，氧化剂和燃料在推力器燃烧室完成撞击、雾化、混合和燃烧，由喷管将高温燃气的热能转化为动能。

双组元推进剂大多是可储存自燃推进剂，即硝基氧化物和肼类燃料的组合，其中，四氧化二氮（N_2O_4）/一甲基肼（MMH）、四氧化二氮（N_2O_4）/偏二甲肼（$C_2H_8N_2$）以及四氧化二氮（N_2O_4）/肼（N_2H_4）等推进剂组合具有较高的比冲、良好的高空点火性能、稳定的储存与燃烧性能等优点，是常用的航天器双组元推进剂。

工程应用中，对于采用双组元推进系统的航天器，地面加注时，其推进系统管路中（包括阀门之间的管路）通常填充有氦气等惰性气体。为防止航天器在轨推力器开始工作时推进剂与填充气体形成气液混合态，影响发动机正常工作，通常需要在发射入轨段完成推力器管路排气。管路排气的基本原理为：航天器飞出大气层后，先后打开管路阀门、推力器，利用管路内和外界真空之间的压力差，使阀门至推力器出口之间管路内的气体自行排出。

3.2.5.3　电推进系统

随着人类利用和探索宇宙空间的范围和深度大大拓展，传统的化学推进系统已经无法满足未来空间探索，特别是深空探测的需要，其最主要的不足是能量密度低，单纯依靠化学推进来提高喷气速度加速航天器的方法，已经接近了极限，因此，电推进的研究和应用逐渐得以发展。电推进系统属于能源和工质独立的推进系统。

电推进系统主要由电源处理系统（Power Processing Unit，PPU）、推进剂储存与供给系统和电推力器3部分组成，其典型配置如图3-31所示。

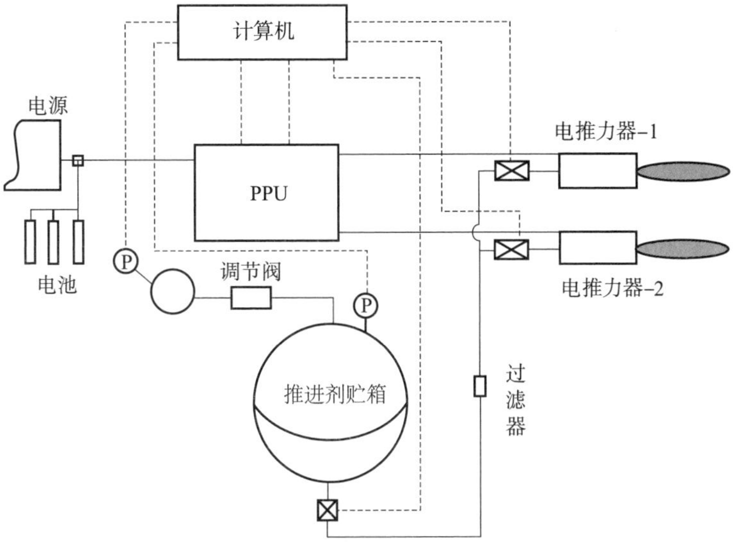

图3-31　典型电推进系统原理示意图

电源处理系统调节来自太阳电池板或者其他电源的电流，并按照要求输送到推力器。推进剂储存与供给系统与传统的冷气推进系统及单组元推进系统相近，包括推进剂贮箱、电磁阀、过滤器和管路系统等。电推进系统的推进剂流量通常较小，而连续供给的时间长。电推力器负责将电源处理系统输送过来的电能通过一定的方式转化为推进剂的动能。

根据电推进系统中将电能转化为推进剂动能方式的不同，大致可将电推力器分为3类：电热型、静电型和电磁型，如图3-32所示。

电热型推进系统利用电能加热推进剂，被加热的推进剂经喷管加速喷出发动机，产生推力。典型的电热型推进系统有电阻加热喷气推力器和电弧加热喷气推力器。

静电型推进系统将推进剂气体原子电离为等离子体状态，再利用静电场将等离子体中的离子引出并加速，高速喷出的离子束流对推力器的作用力即为推进系统的推力。典型的静电型推进系统有霍尔效应推力器和离子推力器。

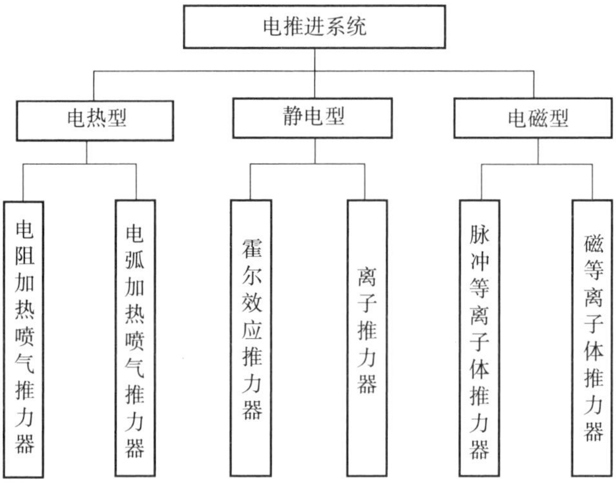

图 3-32　电推进系统的分类

电磁型推进系统利用电场和磁场交互作用来电离和加速推进剂，产生推力。典型的电磁型推进系统有脉冲等离子体推力器和磁等离子体推力器。

3.2.5.4　各类推进系统比较

对于微小卫星（10～100 kg/级）航天器，需要小推力的推进系统，通常采用冷气推进方案；单组元推进系统通常用于较大航天器的轨道维持和姿态控制；对于地球同步轨道转移轨道机动，通常使用固体发动机或液体双组元发动机；电推进系统比冲高，但费用高、电源及其硬件重，通常用于地球静止轨道航天器轨道维持，见表 3-1。

表 3-1　航天器推进系统的基本方案

推进系统		轨道转移		离轨机动	轨道维持	姿态控制
		近地点	远地点			
冷气推进					√	√
固体推进		√	√	√		
液体推进	单组元				√	√
	双组元	√	√	√	√	√
电推进			√		√	

3.2.5.5　典型航天器推进分系统设计

航天器推进分系统设计主要取决于卫星质量、在轨飞行阶段轨道机动、姿态机动等需求，辅以考虑研制成本、冗余备份设计等因素，推进剂加注质量主要由设计寿命、在轨期间轨道维持需求及离轨设计等多个因素决定。

微纳卫星一般质量小，通常会选择冷气推进，用于轨道维持和姿态控制，小卫星一般选择小推力的单组元推进系统。而对于高轨道卫星，特别是地球静止轨道卫星，多选择双组元推进系统，且分别设计大推力器和小推力器混合使用模式，大推力器用于转移轨道控制，而小推力器则用于姿控和定点以后轨道维持。随着电推进技术的不断发展，为了进一步减小航天器质量，一些航天器选择电推进系统，用于进行轨道维持。此外，推进系统设计并不仅限于一种或一类，同一个航天器可选择多种类型的推进系统，以适应不同的工作环境和需求。

（1）某近地卫星推进分系统设计

该近地卫星质量约为 2 t，在轨初期有通过相位调整进行轨道捕获需求，在轨飞行期间须进行轨道维持，且寿命末期有离轨需求。

综合上述因素，该近地卫星推进分系统设计如图 3－33 所示。推进分系统采用化学单组元设计，推进剂为肼，落压式工作。整个系统可看成两个半系统，相互冗余备份，每个半系统又包括 2 个贮箱、10 台额定推力为 6 N 的推力器（包括 6 台姿控推力器、4 台轨控推力器）、1 个过滤器、2 个自锁阀、2 个压力传感器（分别测试贮箱出口压力和自锁阀下游压力）。半系统之间可通过自锁阀 Lv3 和 Lv4 实现主备贮箱推进剂的交叉供应，每个贮箱分别连接一个气加排阀用于充排增压气体。

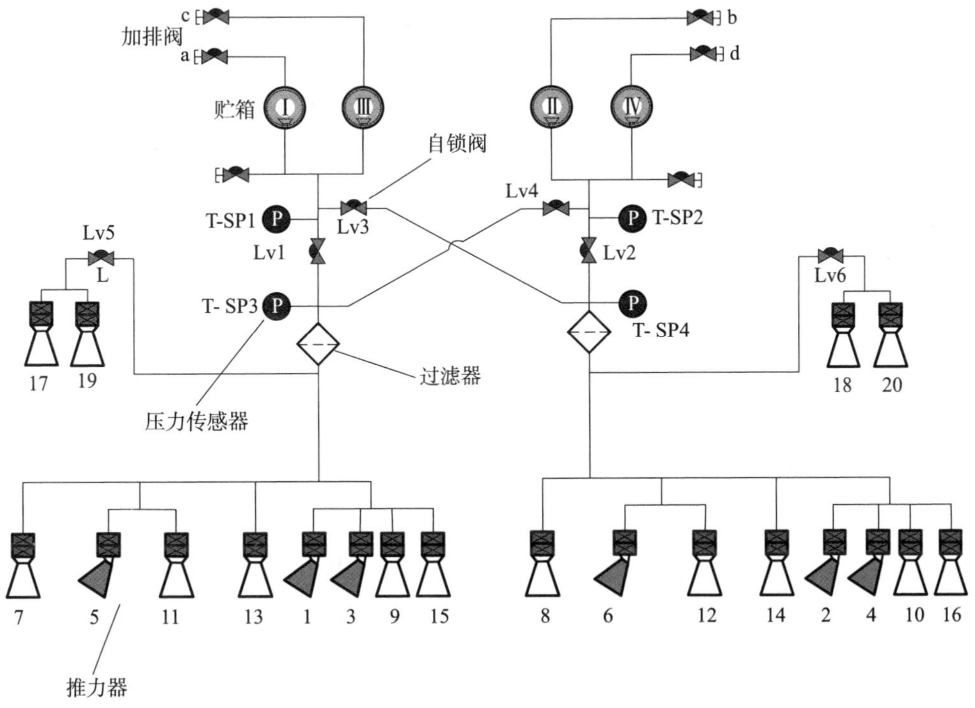

图 3－33　某近地卫星推进分系统设计

（2）某地球静止轨道卫星推进分系统设计

某地球静止轨道卫星推进分系统设计如图 3－34 所示。

有别于常规近地轨道卫星及一般高轨道卫星，该地球静止轨道卫星推进分系统采用化学推进和电推进混合设计。

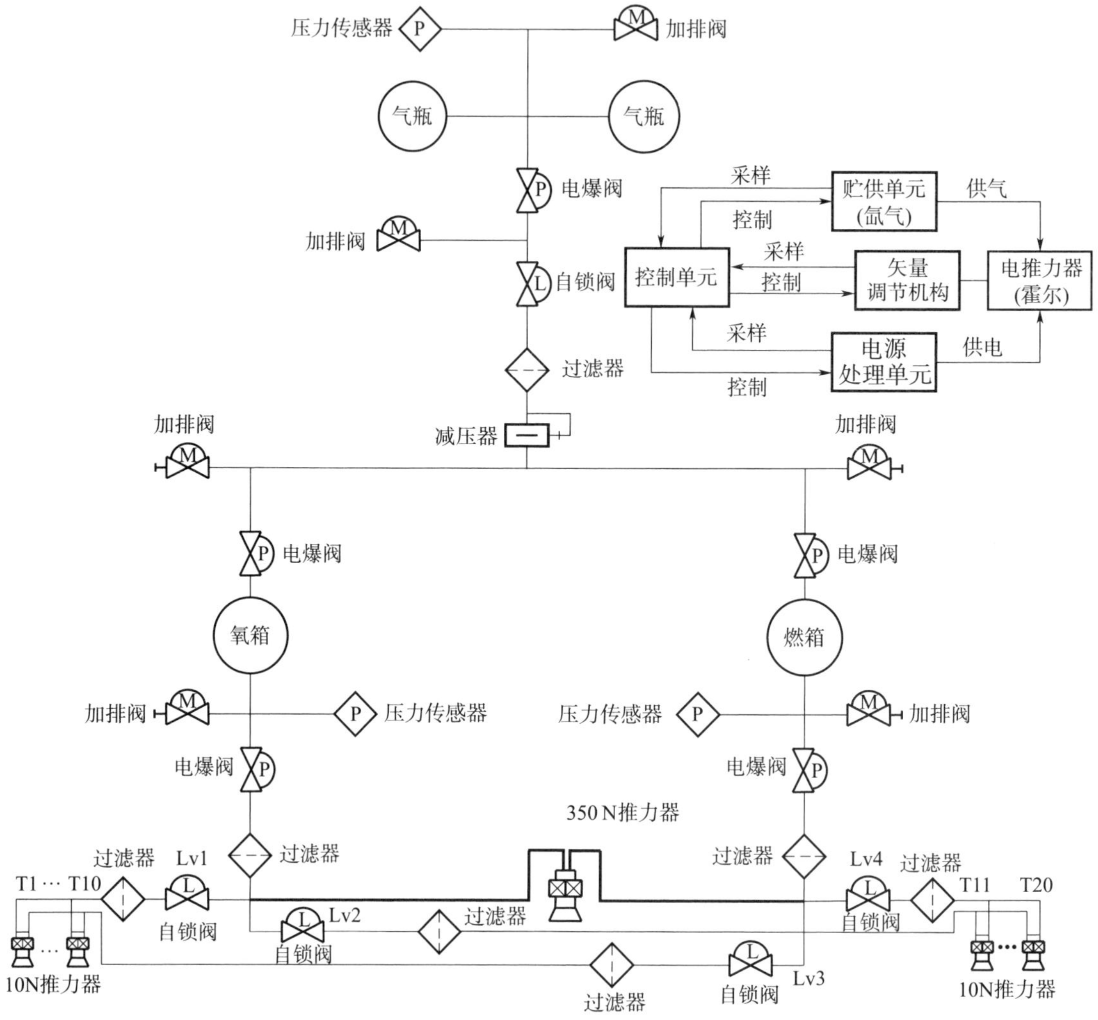

图 3-34 某地球静止轨道卫星推进分系统设计

其中，化学推进采用双组元推进系统设计，主要由增压气瓶、自锁阀、过滤器、推力器等部件组成。氧化剂为绿色四氧化二氮（MON-1），燃料为甲基肼，增压气瓶填充氦气（He），推力器包括 1 个 350 N 推力器和若干个 10 N 推力器，10 N 推力器及管路采用主备设计，主、备推力器各 10 个，电推进则采用霍尔推进器，工质为氙气，额定功率约 4.5 kW，额定推力约 260 mN。

根据该卫星轨道控制及姿控需求，在地球同步转移轨道阶段，主要采用 350 N 推力器进行转移轨道控制，10 N 推力器用于推进剂沉底和卫星姿态控制，最后轨道捕获阶段则采用 10 N 推力器实现卫星定点。卫星长期在轨阶段，设计使用霍尔电推完成卫星东西位保和南北位保。若电推进系统异常，也可采用 10 N 推力器实现卫星位置保持。

3.2.6　电源分系统

航天器上几乎所有的设备都需要有持续、可靠的电能供给才能够正常工作。航天器电源分系统负责产生、储存、变换、调节和分配电能，为航天器其他分系统提供稳定电压的直流、交流电能，直至航天器完成使命，是航天器重要的服务分系统之一。

3.2.6.1　功能及组成

航天器电源分系统的基本组成如图 3－35 所示，包括发电装置、电源控制和变换装置（也称为电源控制器）、电能储存装置等几部分。

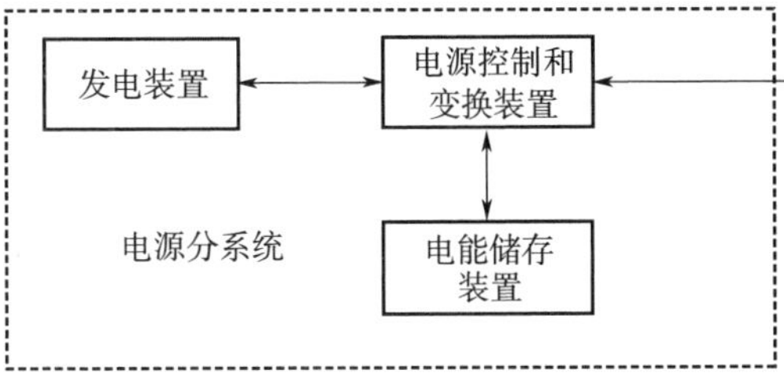

图 3－35　航天器电源分系统的基本组成

（1）电源发电装置

发电装置有多种，根据能源的来源不同，一般分为化学电池、核电源和太阳电池等，其基本原理是通过物理或化学变化将化学能、核能或光能转化为供航天器使用的电能。

化学电池分为一次电池和二次电池。一次电池的转化过程是不可逆的，二次电池则根据其放电深度、充电方法和工作温度，允许有多达数千次的充电和放电循环次数。通常，能够作为发电装置的化学电池指一次电池，常用的一次化学电池有银锌电池、锂一亚硫酰氯电池、锌电池、锂二氧化硫电池、氢氧燃料电池等。

核电源是指利用放射性同位素蜕变或放射性元素裂变反应释放的热能，并通过热电转换器件将热能转化成电能的装置。

太阳电池则是通过光伏效应把太阳能转化为电能的半导体器件，也称为光伏电池。常见的太阳电池有硅太阳电池、砷化镓太阳电池和薄膜太阳电池。其中，薄膜太阳电池包括硅系的薄膜太阳电池和砷化镓薄膜太阳电池。与常规的太阳电池相比，区别在于薄膜太阳电池随厚度减小，强度已无法支撑自身，需要有其他补底作为支撑。但薄膜太阳电池较硅太阳电池和砷化镓太阳电池的质量功率比大大提高。

不同寿命的航天器对电源种类的要求不同。一般而言，对于寿命为几天到几十天的航天器，选择一次银锌电池或锂电池；对于执行短期飞行任务的大功率航天器（几千瓦至几十千瓦），尤其是载人飞船，氢氧燃料电池是较好的选择。空间探测器在远离太阳的行星际飞行过程中所接收的太阳辐射通量随其与太阳距离的平方成反比，火星表面的光强度已大约降至地球表面的 43%，而木星表面的光强度约仅为地球表面的 4%，更远的行星表面所能接收的太阳辐射几乎可以忽略。在这种环境下，太阳电池无法满足探测器的电能需求，因此，核电源是此类航天器主能源的唯一选择。太阳能被认为是用之不竭的，因此，对于绝大多数航天器，特别是长寿命的地球卫星，其电源分系统广泛采用太阳电池阵与能够多次充放电的二次电池的组合。

（2）电能储存装置

电能储存装置一般与太阳电池阵配合使用，当航天器太阳电池阵因无太阳光照射而不能发电时，必须有电能储存装置为航天器用电负载提供电源。电能储存装置的作用是在光照条件下将能量储存起来，在地影期或太阳电池阵无太阳光照射时将能量释放给航天器供电。目前，可重复充放电的蓄电池（也叫作二次电池）是航天器电能储能装置的首选，其具有转换效率高、使用寿命长、技术成熟等优点。蓄电池充电时将电能转化为化学能，放电时将化学能转化为电能。常见的二次电池有镉镍蓄电池、氢镍蓄电池和锂离子蓄电池。

一般地，在轨飞行仅数天的航天器（如返回式卫星）使用银锌（Ag - Zn）蓄电池或锂离子蓄电池，寿命 5～10 年的航天器一般使用镉镍（Cd - Ni）、锂离子或氢镍（H - Ni）蓄电池组，寿命 15 年以上的航天器则一般使用氢镍（H - Ni）蓄电池组。

（3）电源控制和变换装置

电源控制装置用于对电源分系统中各种装置进行控制、调节以及提供其他分系统接口，主要功能如下：

1）蓄电池组充电及放电调节控制。

2）母线电压调节。母线电压通常在太阳电池阵光照条件变化、蓄电池组放电电压的开始与结束、电源性能逐渐降低时出现变化，因此，需要通过电源控制器对母线电压进行调节，使母线电压稳定在一定的范围内。

3）热控制。电源装置在能量转化时，一部分能量以热能的形式散出，尤其是核电源释放出较多的热能，需要采取热控制措施进行控制，保持电源装置在合适的温度下工作。

4）提供接口。利用接口实现电源分系统与其他分系统用电设备及地面测试系统之间进行连接。

航天器发电装置一般只提供一种电压的直流电，且电压范围较宽。但航天器上其他分系统各电子设备一般需要稳定值不同的直流电或交流电电压，因此航天器电源分系统需要配置 DC - DC（直流-直流变换器）、DC - AC（直流-交流变换器）、升压器、稳流器等电源变换装置，用于电压变换、直流/交流变换和稳定电压，以便为航天器其他电子设备提供其所需的电源。此外，电源变换装置还具有电源隔离和保护功能，即当用电设备过载或短路时，电源变换装置可以实现过电流保护，同时，当输出电压超出规定范围时，电源变换装置还可以实现过电压或欠电压保护。

目前，航天器上使用最多的太阳电池阵/蓄电池组联合电源的结构如图 3 - 36 所示。

太阳电池阵/蓄电池组联合电源的基本配置主要包括太阳电池阵、蓄电池组和电源控制及变换装置。太阳电池阵为电源系统发电装置，蓄电池组为储能装置，配电器作为变换装置，负责各类电压、电流变换及提供用电负载接口，电源控制装置将太阳电池阵和蓄电池组连接成系统，形成一次电源母线，为航天器提供功率。一次电源母线负责将功率输送

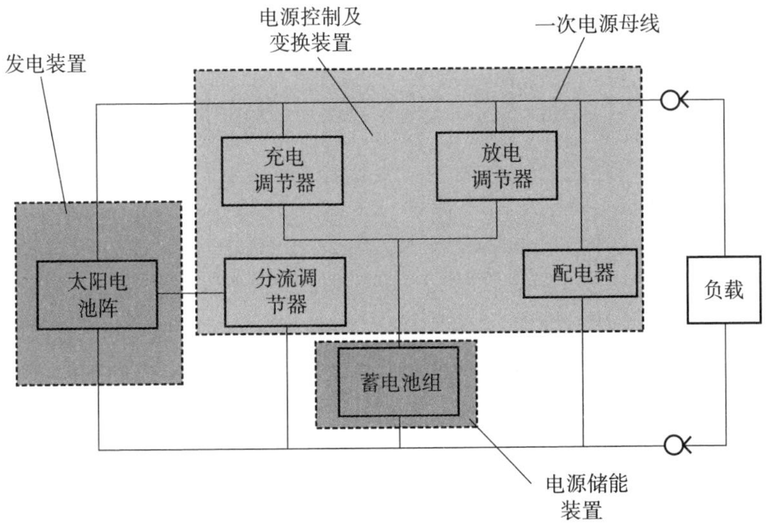

图 3-36 航天器上使用最多的太阳电池阵/蓄电池组联合电源的结构

给配电器，再由配电器输送给航天器各用电负载。常见的一次电源母线有 28 V、42 V、50 V、70 V 和 100 V 等。一次电源母线又分为不调节、部分调节和全调节 3 种类型。不调节母线指太阳电池阵输出功率和蓄电池输出电压均为不受控状态，这种类型母线易出故障，仅在早期的航天器使用过。部分调节母线仅在光照期用分流调节器对太阳电池阵的输出功率进行调节，稳定输出电压，而在地影期对母线电压不加控制，蓄电池组放电时母线随蓄电池组放电电压而变化。而全调节母线在光照期间由分流调节器完成对太阳电池阵输出功率的分流调节，并通过充电调节器（Battery Charge Regulator，BCR）调节充电电压，以满足蓄电池充电电压需求，地影期间则由放电调节器（Battery Discharge Regulator，BDR）完成对蓄电池组输出电压的调节，从而使母线电压无论在光照期还是地影期，都稳定在额定范围内。

3.2.6.2 某航天器电源分系统设计

某航天器电源分系统设计及原理图如图 3-37 所示，系统由太阳电池阵、两组蓄电池组及一台电源控制器组成。

太阳电池阵采用三结砷化镓（$GaInP_2$/InGaAs/Ge）太阳电池及双翼设计，光电转换效率不小于 28%，寿命末期工作电压约为 35 V，末期输出功率约为 1 100 W。

蓄电池组采用两组锂离子蓄电池组，每组由 12 只 20 A·h 的电池单体 2 并 6 串组成，质量约为 10 kg，设计寿命为 2 年。

电源控制器采用全调节母线方式，设计母线电压为 28 V，控制器由主误差放大器、分流调节模块（8 路）、充电调节模块（冷备方式）、放电调节模块（6 路）、单体采样均衡控制模块、过放电保护模块、滤波供电模块和配电控制模块等组成。

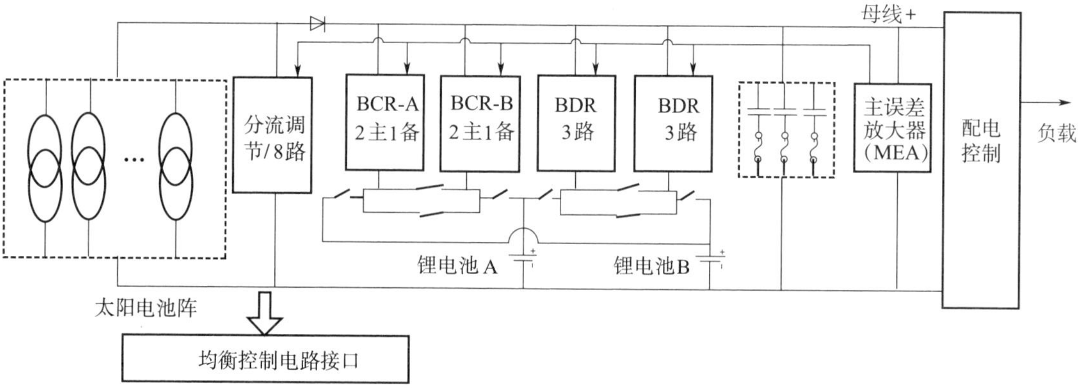

图 3-37　某航天器电源分系统设计及原理图

3.2.7　热控分系统

航天器在轨运行时，各类电子元器件工作时会产生一定的热量，这些热量只能通过辐射的方式被释放到太空中。另外，航天器在无太阳光照射时还可能发生过冷的现象，导致航天器不能正常运行甚至失效。航天器热控系统即利用热物理学，通过控制航天器内部和外部环境的热交换过程，使航天器外表面及内部各个部件的热平衡温度在整个在轨工作期间均处于正常范围内，并担负控制航天器上温度变化与分布、维持航天器上的热量吸收、转化及平衡排散的重要任务。热控分系统的性能优劣、可靠性高低直接影响其他分系统工作状态和航天器寿命。

3.2.7.1　热控技术

航天器热控技术发展至今，主要分为被动热控技术和主动热控技术两大类。

（1）被动热控技术

被动热控是指通过设计合理的航天器总体布局，选取不同热物理性能的材料，有效地组织航天器内外热交换的过程，以达到航天器各部件在不同的热环境下均能够保持在合理温度范围内的技术，是航天器最基本的热控技术。被动热控主要分为以下几类：

①热控涂层

航天器表面的太阳吸收率和发射率是两个重要可控的热辐射性能参数，热控涂层则是专门用来调整表面热辐射性质，从而达到热控制目的的表面材料。常见的热控涂层包括：未经涂覆的金属表面、涂料性涂层（如黑漆、白漆、金属漆等）、电化学涂层（包括阳极氧化涂层和电镀涂层）、二次表面镜型热控涂层（如玻璃、塑料薄膜、复合薄膜等），以及一些新型的涂层（如玻璃搪瓷、等离子体喷涂等）。

②隔热材料

在航天器热设计中，一些仪器设备须采取保温措施，尽可能减少热量散失，以控制工作温度，而有时则需要防止高温热源或波动的热环境对仪器设备造成影响，尽可能地减少热量流入这些特定的仪器或区域。这种情况下，通常使用隔热材料，通过阻滞热流传递有效地实现仪器部件的热控制。隔热材料又分为多孔材料、热反射材料和真空材料等几类，常见的如泡沫材料，金、银、铝箔或镀金属材料等。

③热管

热管是一种利用管内工质的相变和循环流动而工作的器件，由于热管内液体的回流依靠毛细结构的毛细抽吸力完成，没有运动部件，也不需要消耗外部能量，因此能够做到结构紧凑，运行可靠。热管在航天器上的应用，主要是通过热量的传递来对航天器仪器设备的温度进行控制，或使航天器整体或局部等温化。目前，航天器上主要使用的是铝氨轴向槽热管。

④相变热控材料

相变材料热控的基本形式是将相变材料置于被控设备和外界环境之间。当相变材料与发热元件的界面温度升高至相变材料的熔点时，相变材料熔化吸热；当界面温度低于相变材料熔点或由于外部原因下降时，相变材料放出潜热而凝固。这样，界面温度能够始终保持在熔点附近，以达到航天器仪器部件热控的目的。一般选择有适当的熔化温度、固-液转化可逆、比热容大、热导率和热扩散率高、长期使用可靠的材料作为相变材料。

(2) 主动热控技术

航天器在轨运行时，一些精密仪器要求将温度控制在较小的范围内，甚至近于恒温，这种情况下，被动热控将无法满足要求。主动热控即是在变化的内、外热环境下，利用自动控制系统，根据被控对象的温度反馈，调节相关传热参数，以实现航天器仪器设备温度控制的技术。一般地，航天器内部的热交换有辐射、传导和对流 3 种形式，因此，相应地就有辐射式、传导式和对流式 3 种主动热控方法，再加上电热方法，共同构成了航天器的主动热控方法。

①辐射式热控方法

当航天器内部仪器布局确定后，仪器设备与航天器蒙皮之间的辐射换热热阻是仪器表面的发射率、面积、温度等的函数。当被控热源（仪器设备）发热量变化时，热控系统通过改变发射率来改变辐射热阻，以将仪器设备的温度变化控制在合理的范围内。工程应用中通常通过某机构来改变仪器表面的发射率，如百叶窗、旋转盘等。

②传导式热控方法

传导式热控通过控制热传导途径上的热阻来实现温控。当被控热源发热量增大时，传导通路热阻减小，使更多的热量通过蒙皮或专门的热辐射器排散出去；当热源发热量减小时，传导通路热阻增大，减少传出热量，避免仪器过冷。典型的如接触式热开关、可控热管等。

③对流式热控方法

对流式热控则利用流体对流换热的方法对航天器内部整体或局部实现热控，常见的对流热控有气体循环、液体循环、两相流体等几类系统。

④电热方法

电热方法通过电加热装置来实现。电加热装置通常由温度传感器、控制器和电加热器三部分组成。温度传感器用来获取被控部件或设备的温度变化信号，通过控制器把获得的温度信号与设定值进行比较并判断后，控制电加热器的工作状态，以实现仪器设备温控。常见的温度传感器有热电偶、热敏电阻和热电阻（铂）。控制器分为机械式控制器和电子式控制器两种。

3.2.7.2 某航天器热控设计

航天器的热设计须根据其飞行任务环境以及仪器设备工作指标等，考虑热控分系统与其他分系统的合理性，热控系统的适应性，尽可能减小质量和耗电，兼顾可靠性和经济性等多种因素，选择合理的热控方案。某近地航天器工作于太阳同步轨道，其整星热控分系统采用以被动热控为主，辅以主动热控的设计方式。星体内部通过等温化热控设计，使温度分布均匀。内部热量通过特定的散热面散出星外，卫星其他壳体内部或外部包覆多层隔热组件，进行内外隔热。同时，利用主动加热器，控制卫星各分系统单机温度在设计指标范围内，如图 3-38 所示。

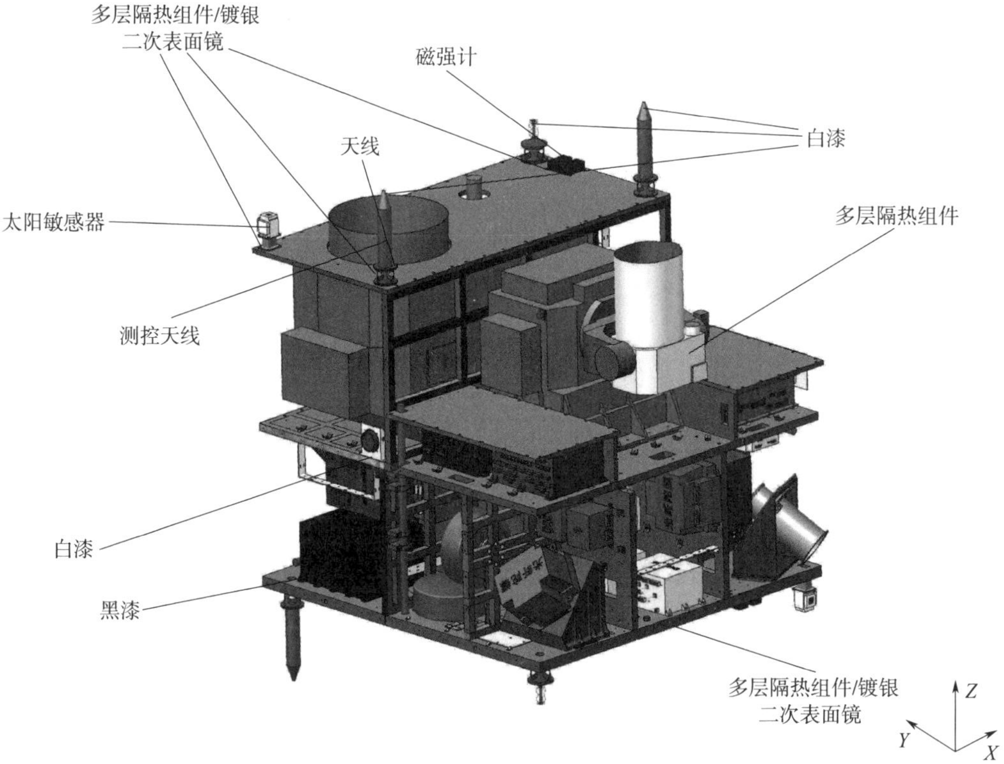

图 3-38 某近地航天器热控设计

1）结合航天器结构布局，选择 ± X 面和 ± Y 面作为散热面；

2）底板 $-Z$ 面外包覆多层隔热组件，最外侧包裹镀银二次表面镜；

3）星外单机磁强计、太阳敏感器支架、天线支架包覆多层隔热组件，最外侧包裹镀银二次表面镜；

4) $\pm X$ 面和 $\pm Y$ 面散热面、测控天线头部、电池组表面等部位喷涂低吸辐比白漆，星体内其他所有仪器设备的表面（除锂电池组以及仪器设备的安装面外）均喷涂高辐射率的黑漆；

5）为防止航天器内部局部热量积聚而使仪器设备温度过高，采用等温化设计，加强星内仪器的热交换，控制整星的温度水平；

6）电池组、星敏感器、中板等位置布置 20 路主动电加热器。

参考文献

［1］ 闻新，等．航天器系统工程［M］．北京：科学出版社，2016.

［2］ Peter Fortescue，Graham Swinerd，John Stark. 航天器系统工程［M］．李靖，范文杰，刘佳，等译．北京：科学出版社，2014.

［3］ 陈求发，等．世界航天器大全［M］．北京：中国宇航出版社，2012.

［4］ 姜东升，程丽丽．空间航天器电源技术现状及未来发展趋势［J］．电源技术，2020（5）：785－790.

第 4 章　航天测控网

4.1　概述

航天测控网是“航天测量控制与数据采集网”的简称。航天测控系统通过航天测控网实现对航天器的跟踪测量，因此，航天测控网是航天测控系统的核心组成，同时也是航天工程的重要组成部分。

4.1.1　测控网的组成

航天测控网由航天测控中心和分布在全国或全球的若干测控站（中继卫星、导航卫星）组成，航天测控中心和测控站、测控站与测控站之间通过有线或无线链路互相连接，通常呈“网”状结构，如图 4-1 所示。

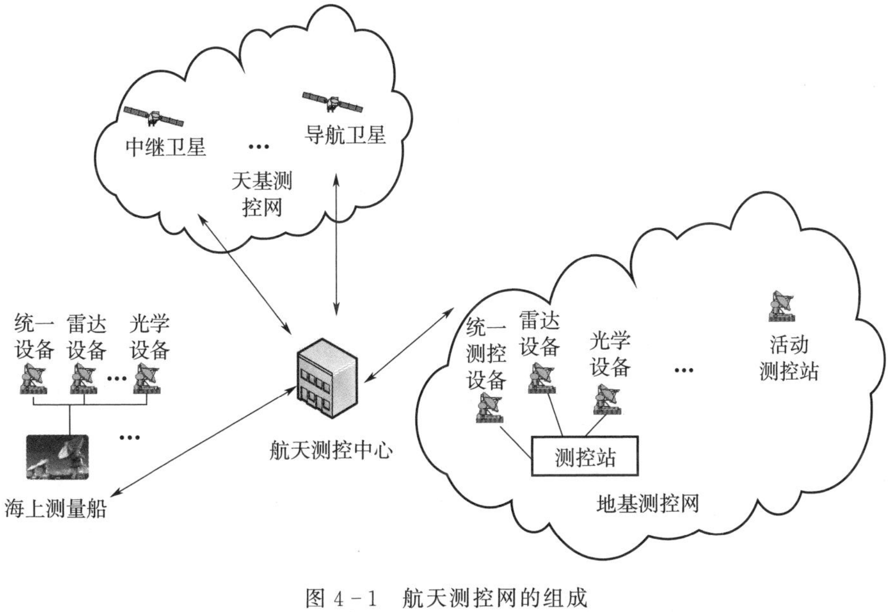

图 4-1　航天测控网的组成

航天测控网有多种分类方法，按服务对象轨道高度可以分为中低轨道航天测控网、同步轨道航天测控网、深空探测网等；按工作频段可以分为 S 频段、C 频段、Ka 频段、U/V 频段等测控网；按测控站空间位置可以分为地基测控网和天基测控网，其中，地基测控网又包括地面固定站、活动测控站和海上测量船等，测控站（船）可根据需要配备统一测控设备、雷达设备和光学设备等，天基测控网主要指中继卫星系统，一般也将导航卫星系统作为天基测控网的一部分。

4.1.2 测控网的功能

航天测控网主要有两大功能：航天器跟踪测量和航天器控制。其中，航天器测量包括轨道测量、遥测接收和数据传输等，航天器控制则包括航天器轨道控制、姿态控制、平台及有效载荷工作状态设置等。

（1）航天器跟踪测量

航天器跟踪测量可以实现地面对航天器的轨道测量、遥测接收及数据传输。

轨道测量即对航天器进行跟踪观测，利用天基或地基测控设备获得航天器入轨段、轨道转移段、在轨运行段及返回段等相对观测站的运动信息，包括距离、角度和速度等，或者接收航天器自身测量下传的位置和速度等信息，完成测量信息处理，以用于确定航天器飞行轨道。

遥测接收即指航天器进入测控网观测范围内时，对航天器内部和外部被测对象的有关参数进行远距离测量，获取航天器本身的状态参数。对于载人航天器，还包括航天员生理参数等，以了解航天器各系统或部件的工作状态及航天员健康状态，用于制订飞行计划或控制决策。

数据传输即接收航天器观测得到的科学信息或相关业务应用信息。

（2）航天器控制

航天器控制包括对航天器运动控制和其部件的控制。运动控制包括轨道运动控制和姿态运动控制，轨道运动控制指航天器作为一个质点在空间中的运动，姿态运动控制则指航天器本体作为刚体绕其质心的运动。对航天器各部件的控制则指对航天器仪器或部件状态的设置等，包括以下几个方面：

1）向航天器发送遥控指令或注入数据，改变航天器的控制模式，以改变其姿态及姿态运动状态；

2）向航天器发送推力器控制指令，以进行轨道控制或特殊条件下的姿态控制；

3）根据航天器运行状态，向航天器发送指令，完成航天器状态设置或控制有效载荷数据下传，确保航天器飞行任务实施；

4）向航天器发送异常处置指令，进行航天器故障处理、系统重构或运行状态恢复。

4.1.3 测控网的布局

航天测控网属于一个国家的航天基础设施，其建造通常需要以国家航天计划、中长期航天发展战略为依据。首先，须在满足当前航天测控任务需求的前提下，兼顾中长期发展目标，在测控体制、信息传输方面尽量与国际接轨，具备与国际测控网相互提供测控支持的能力；其次，须充分考虑国内地域条件合理布设测控站，同时在国外建设或租用他国地面测控站；此外，还需考虑部署中继卫星和导航卫星系统，在获得较高测控覆盖率的同时实现经济最优化。

航天测控网的布局设计主要取决于航天器的测控任务需求，既要满足测控覆盖率的要求，又要尽可能减少测控站的数量。一般遵循以下几个原则：

1）关键飞行事件的覆盖要求。对航天器入轨、姿态调整、轨道控制和返回再入等关键事件一定要有有效的测控覆盖。为了确保安全可靠，还要考虑备份需求。

2）定轨精度要求。为了满足对航天器轨道测量精度的需求，尽可能扩大布局范围，满足航天器多圈次跟踪测量需求。

3）兼顾多种型号航天器的测控。综合考虑不同轨道高度、不同倾角航天器的测控需求，实现较高的测控覆盖率。

我国地基测控网经过近半个世纪的建设，形成了以西安为中心的网状结构。一方面，测控站布局结合发射中心地理位置和航天器发射入轨段主要射向，布设渭南、三亚、南宁航天测控站，以满足酒泉、太原卫星发射中心太阳同步轨道任务发射入轨段测控需求。布设青岛测控站，以满足酒泉卫星发射中心东南射向发射入轨段测控需求。布设厦门测控站，以满足西昌卫星发射中心东南射向发射入轨段测控需求。另一方面，为了满足国境内最大测控区域覆盖需求，分别在国境最东和最西分别布设佳木斯、喀什等测控站。此外，还通过自主、租用等方式建设了若干国外航天测控站，以满足特定航天任务的全球测控需求。海上测量船可以根据运载火箭飞行弹道或具体航天器飞行控制任务，布设至相应的海域位置，以满足各类测控任务需求。

此外，随着中继卫星、北斗导航卫星系统的逐步发展和完善，我国也形成了较为完善的天基测控网，可以满足各类航天器的测控需求。

4.1.4　测控网的运行模式

随着航天技术的发展，在空间中运行的航天器数量将越来越多，航天器跟踪测量日益复杂。为了充分利用地面测控网的资源，满足越来越复杂的测控需求，航天测控网一般采取测控资源统一调度管理和航天测控站透明遥操作的运行模式。

1）航天测控资源统一调度管理。随着航天器数量逐渐增多，各航天器测控管理需求呈多样化，必然存在测控资源冲突。为了避免测控资源使用冲突，一般由航天测控中心所属的站网管理系统对测控资源进行统一管理。当有测控资源使用需求时，由任务用户提出使用申请，站网管理系统综合用户需求和任务优先级，合理规划分配测控资源，以满足不同航天器、不同测控任务对测控资源的使用需求。

2）航天测控站透明遥操作模式。测控站透明遥操作模式指测控站接收到航天器遥测或进行跟踪测量后，一般不进行信息处理，而直接将遥测信息及测量信息转发至航天器测控中心，由航天测控中心负责遥测及测量信息的集中处理。同时，如果需要对航天器进行遥控发令，则由测控中心对指令进行处理，发送至航天测控站，由测控站通过天地链路向航天器透明转发，实现对航天器遥控。

4.2 航天测控中心

4.2.1 测控中心的作用

测控中心是航天测控网的核心。在航天器飞行控制任务中，各测控设备将跟踪测量信息及采集的各类数据发往测控中心，由测控中心对数据集中进行分析、处理和计算，必要时对航天器进行控制。同时，测控中心兼顾各类测控资源的管理和调度。测控中心在航天测控系统中还起着指挥和控制的作用，是航天测控系统的“指挥者”和“决策者”。归纳起来，测控中心具有以下功能：

1）实时接收测控设备发送的测量信息，并进行原始数据记录；

2）实时处理、显示和监视火箭的有关工程参数和时间指令；

3）实时进行航天器外测、遥测信息处理，并对航天器飞行弹道、返回落点等飞行参数进行计算；

4）为测控设备提供运载火箭或航天器跟踪测量引导数据；

5）监视运载火箭、航天器飞行弹道及飞行状态，为指挥控制人员提供决策判断支持；

6）根据航天器飞行状态，产生相应的遥控指令和上行注入数据，通过遥控系统发往航天器；

7）进行运载火箭或航天器遥测、外测事后处理，并提供数据处理结果及分析报告；

8）通过测控网管系统对测控设备进行远程监控、测控计划安排及测控资源统一调度管理。

4.2.2 测控中心的组成

在航天器飞行控制任务中，测控中心承担着与测控站之间的信息交换、测控计划的生成、各类实时测量数据的收集和处理、航天器运行轨道和姿态的监视与确定、各类控制量的精确计算、航天器遥控指令及注入数据的生成与发送、测控数据的事后分析、测控网及测控设备的远程管理等一系列任务，是信息交换的枢纽和数据处理的中心。测控中心主要包括数据处理、监控显示、测控网管等几个分系统。

4.2.2.1 数据处理系统

数据处理系统是实施测控任务和指挥决策的中枢，又包括综合处理分系统、数字仿真分系统、数据存储分系统、操作监视分系统、前端通信分系统和事后处理分系统等。

（1）综合处理分系统

综合处理分系统是测控中心最重要的分系统，其主要功能是汇集测控中心内各类数据信息，利用数学模型对各种测量信息进行处理、确定航天器当前飞行轨道，同时处理各类遥测参数，发送遥控指令，并对各类计算结果进行输出、存储等。

（2）数字仿真分系统

数字仿真分系统的任务是在软件测试和系统测试阶段，采用仿真技术对实战测控软件功能和性能进行验证。数字仿真分系统主要包括测控站软件功能仿真、测控站设备仿真和航天器仿真 3 大部分。

（3）数据存储分系统

数据存储分系统主要用于为各类用户和软件提供信息存储、浏览、读取和备份等服务。它通常由若干台存储服务器和磁盘阵列等组成，再配置相应的数据库系统，以构成信息的存储服务和 WEB 服务等。

（4）操作监视分系统

操作监视分系统主要由操作网交换机、若干台微机和打印机等外部设备组成，其为系统中服务器的软件开发、程序启动、操作和系统监视等提供终端服务。

（5）前端通信分系统

前端通信分系统用于保证测控中心和各测控站完成信息交互。测控中心、各测控站计算机及测控设备间都要经过通信服务器相互通信，因此，通信服务器是前端通信分系统的核心，是测控中心与测控设备联系的桥梁。在实时测控任务中，航天测控中心对各测控设备采集的信息进行快速处理、计算航天器的运动参数，同时发出相应的控制信息经测控站发往航天器。这些信息的传送按约定的协议或规程进行，通信服务器负责执行通信协议，从测量设备接收具体某种协议的数据，经其转换后送至测控中心综合处理分系统。

（6）事后处理分系统

事后处理包括火箭遥测数据事后处理和飞行器的外弹道测量数据事后处理。火箭遥测数据的事后处理给出数据处理结果报告、工作情况报告和数据记录结果质量检查技术报告等。当运载火箭发射出现异常后，完成火箭遥测快速处理，以对运载火箭进行飞行状态评估。飞行器的外弹道测量数据事后处理对象包括光学经纬仪、单脉冲雷达、连续波雷达和干涉仪设备的跟踪测量数据等，处理完成后向航天部门及有关参试单位提供火箭外弹道测量数据处理结果报告、漂移量数据处理报告、质量检查报告和数据处理情况报告。

4.2.2.2　监控显示系统

监控显示系统是对指挥、控制、操作人员关注的信息进行收集、加工、处理和显示，为其决策、指挥、控制提供依据和手段的技术设施。航天器发射和测控是一项十分庞大而复杂的实时操作任务，参加的设备和人员多、涉及面广、指挥与协调复杂，要在整个任务实施过程中做到组织指挥严密有序、安全可靠、万无一失，势必要对任务的组织、指挥和管理人员提出很高的要求，并必须借助先进的监控显示系统。监控显示系统能使指挥员及时了解航天器飞行状况、设备状态、工作进展情况，保证指挥决策及时可靠。随着测控设备采用透明工作方式以及远程监控能力的不断提升，测控中心还需配备相应的测控设备监视设施。

监控显示服务器和数据处理服务器之间以高速骨干网相连，数据处理系统收集所需数据并加工处理后送到监控显示服务器。监控显示服务器在双工设备的控制下，以广播方式发送信息，经过实时局域网送达各个相关显示工作站，进行各类信息显示。监控显示系统主要由以下几部分组成：

1）监控显示服务器及其双工系统。完成主干网与监控显示网络之间的信息收集和故障隔离等任务。

2）网络分系统。用于连接各个显示工作站之间的通信链路，以保证实时数据的正确、快速传送。

3）显示工作站。完成一般性数据的加工、专业信息和数据的加工与显示，实现分布式显示和控制。三维图像工作站将实时数据加工成高级的三维动画，逼真地展现空间立体形象。

4）公用显示设备。包括投影大屏幕设施、LED 显示屏、监视器、电视等设备，显示各种画面和电视信息。

4.2.2.3 测控网管系统

测控网管系统运行在航天测控中心，对航天测控网中各类 S 频段、C 频段、超短波、光学以及雷达等测量设备进行远程监视、控制，同时对测控网资源统筹计划、统一调度，对各阶段、各类型的航天器提供高效测控服务。

一般地，测控网管系统由计划调度、远程监控及国际联网等分系统组成。

1）计划调度分系统。计划调度分系统根据测控任务的需求，结合测控网运行状况，合理进行任务调度，自动分配测控资源，自动生成测控设备使用计划，并发送至相关测控站。硬件设备主要有计算机服务器、操作终端和网络交换机等。

2）远程监控分系统。远程监控分系统根据测控计划和测控设备使用计划对测控设备进行任务转换，对工作模式、工作状态和参数进行远程设置和确认。硬件设备主要由计算机和网络交换机实现测控设备状态的监视和远程控制。

3）国际联网分系统。国际联网分系统担负着与国外测控网或测控站的通信连接、协议转换与信息交换的职能。

4.3 地基测控网

所谓的地基测控网，一般意义上包括测控站及其与测控中心之间的通信链路。其中，测控站按是否建设在陆地上可分为地面测控站和海上测量船；按其是否可以机动，又分为固定测控站和活动测控站。

4.3.1 地面测控站

航天测控站的任务是直接对航天器进行跟踪测量、遥测、遥控和通信等，它将接收到的测量、遥测信息传送给航天测控中心，根据航天测控中心的指示与航天器通信，并配合测控中心完成对航天器的控制。地面测控站是航天测控网的基本组成部分，是航天测控网同航天器进行无线电联系的节点，是直接对航天器实施跟踪测量、控制和通信、数据传输的测控单元。其任务是直接对航天器进行跟踪测量、遥测、遥控和通信等。

地面测控站一般选择遮蔽角小、电磁环境良好、通信和交通方便的地理位置。世界主要航天大国均尽可能在全球范围内建设地面测控站，美国在全球各地有数十个固定和机动的测控站，俄罗斯的测控站主要分布在其境内，其中，拜科努尔发射场就有 4 个测控站。地面测控站的具体组成取决于该站的功能和作用，根据航天任务对地面站的测控需求配备不同频段、不同体制、不同型号单个或若干无线电测控设备或光学测量设备。其中，无线电测控设备包括统一测控设备、雷达设备、连续波干涉仪、遥测设备及深空测控设备等，光学测量设备包括光电经纬仪、实况记录设备等，其典型组成如图 4－2 所示。

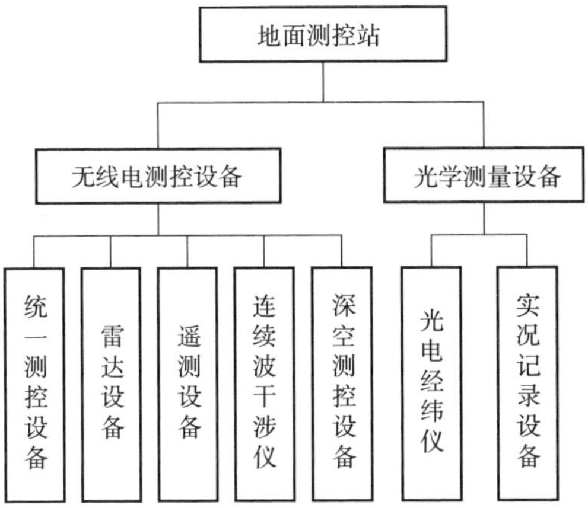

图 4－2　地面测控站的设备组成

4.3.1.1　无线电测控设备

无线电测控设备是地面测控站的主干设备，包括统一测控设备、雷达设备、连续波干涉仪、遥测设备和深空测控设备等。

(1) 统一测控设备

统一测控设备通常用于对航天器进行捕获跟踪、轨道测量、遥测信号接收、遥控指令发送和数据传输等，对于载人航天器还能够进行话音和电视等传输。在测控技术的发展中，统一载波体制的应用使得测控技术产生了一次飞跃。统一测控设备，即测控系统，采用同一个载波、一个天线、一个公用收发信道实现对航天器的测控。在一个载波上，用多个副载波调相，实现频分复用的多路信号传输，从而实现航天器测控中的多功能综合，即将跟踪测量、遥测、遥控及通信等多种功能统一在一个载波上完成，故称为统一测控系统。就目前而言，统一测控设备仍是航天测控网的主干设备，统一测控设备通常工作在微波频段，又称为微波统一系统。当采用 S 频段载波时，称为 S 频段统一测控系统（USB），当采用 C 频段载波时，称为 C 频段统一测控系统（UCB）。

(2) 雷达设备

雷达，即 Radar，源于 Radio Detection and Ranging 的缩写，意为无线电探测和测距，即采用无线电的方法发现目标并测定目标的位置，它通过对目标发射电磁波并接收其回波，由此获得目标至电磁波发射点的距离、距离变化率（速度）和方位等信息。

脉冲雷达是航天器跟踪测量中常用的一种雷达设备，有反射式和应答式两种工作方式。

在航天测控任务中一般采用应答式工作方式，在跟踪目标（运载火箭或航天器）上安装配套的应答设备与地面脉冲雷达一起完成航天器的测量任务，它能够实现对目标的连续跟踪，精确测量目标的距离、方位、俯仰，以及径向速度等。雷达在航天器飞行控制任务中，通常用于发射入轨段对运载火箭进行跟踪测量，测量数据可用于运载火箭飞行弹道监视和航天器初始轨道确定，也可对返回式航天器返回过程进行跟踪测量，用于返回器飞行弹道监视。此外，脉冲雷达还能够从回波脉冲的特征中获取目标的特性参数，通常用于空间目标监视。

（3）连续波干涉仪

连续波干涉仪属于多站式相干测量体制，它利用相隔一定距离的两天线接收信号的相干特性获取目标信号到达主、副天线相位差或多普勒频差，结合其他测量元素，确定目标的位置和速度。连续波干涉仪一般由 2 条或 3 条基线组成，根据基线的长短，连续波干涉仪可分为短基线干涉仪、中长基线干涉仪和甚长基线干涉仪等。其中，短基线干涉仪基线长度从几米到几千米不等，中长基线干涉仪的基线长度为几千米到几十千米，而甚长基线干涉仪的基线可达数千千米。

连续波干涉仪具有测量精度高、目标设备相对简单等优点。其中，在航天器发射场首区，短基线干涉仪提供的高精度目标速度，对提高发射场安全所需弹道精度意义重大。中长基线干涉仪也用于导弹、运载火箭的弹道测量，而甚长基线干涉仪一般用于深空探测器的轨道测控。

（4）遥测设备

遥测设备指地面遥测接收设备，通常用于接收运载火箭或航天器飞行过程中下传的各类遥测信息，不同于统一测控设备。遥测设备仅能够用于接收目标的遥测信息，不能实现对目标的遥控和跟踪测量功能。遥测设备有两个典型的应用场景，一是用于航天器发射入轨段，接收运载火箭的遥测，监视运载火箭飞行状态；二是利用地球静止轨道卫星相对于地球静止的特点，为其配备遥测接收设备，可实现 24 小时遥测接收，实现对卫星工作状态的监视。

（5）深空测控设备

深空测控设备是对深空飞行探测器实施跟踪测量、遥测遥控和数据传输的地面基础设施，也是地面与深空探测器联系的唯一通道和手段。由于深空任务周期较长、通信时延大、链路带宽有限、信号微弱、数据更加关键可贵等一系列原因，使得深空探测与地球轨道航天器的测控有着明显差异，实现起来更加困难。具体表现为：

1）信号空间衰减大。深空测控需要对几亿千米，甚至上百亿千米的遥远探测器进行测控，信号衰减程度非常大。

2）信号空间传输时延长。近地卫星测控中，电波的传输时延一般为毫秒级，在深空探测中，时延将达到数分钟。

3）高精度导航困难。与近地航天器相比，深空探测器距离地球遥远，无法使用全球导航系统。同时由于地面站接收到的探测器信号微弱，容易引起测距、测速精度恶化。此外，深空探测器相对单个地面站的测量几何关系变化微小，也不利于高精度轨道测量。

4）信号传播环境复杂。深空测控无线电信号要穿越变化复杂的太阳等离子区，经受随时出现的太阳风暴的冲击，同时信号还要穿越地外天体大气层，这些都会给测控通信性能带来影响。

因此，深空测控设备一般具有以下特点：

1）配备有大口径抛物面天线以及极低噪声的波束波导射频网络；

2）发射机输出功率高；

3）接收机具有极高的接收灵敏度，能够对淹没在噪声以下的信号进行跟踪处理；

4）配备有高精度、高稳定度的时间与频率系统；

5）系统电磁兼容性设计复杂。

4.3.1.2　光学测量设备

航天测控系统中光学测量系统主要指以光学成像原理采集飞行目标信息，经处理得到所需弹道参数与目标特性参数，并获取飞行实况图像资料的专用测量系统，是航天测控系统的重要组成部分。

光学测量系统有以下优点：测量精度高；可测量飞行目标的光辐射特性参数；可获得飞行目标影像，直观性强，并可事后复现；不受“黑障”和地面杂波干扰影响等。但与无线电测量系统比较，也具有较明显的缺点，如作用距离近，容易受气象条件限制等。航天器发射和返回式航天器返回过程中，常用光学测量设备对运载火箭（返回航天器）进行弹道测量和实况记录，以供故障分析和弹道监视。空间目标监视系统也用大型光电设备进行空间目标的跟踪测量、目标外形测量、光度及光谱测量等，以完成非合作空间目标的轨道测量和目标识别。

根据光学测量系统设备在航天测控任务中的功能和作用，可分为以下几类：

1）弹道和轨道测量。可用于弹道和轨道测量的光学设备主要包括光电经纬仪和激光测距仪。光电经纬仪主要靠电视、红外、激光自动跟踪实时测出目标偏离光轴的脱靶量，其测角系统可测出方位角 A 、俯仰角 E ，实现单站精确弹道测量，也可利用多台设备的角度信息交汇处理出更高精度的弹道参数。除了完成外弹道测量外，光电经纬仪还可兼顾姿态参数测量以及实况景象记录等用途。

激光测距仪即根据激光往返传播的时间和光的传播速度得到被测目标到测站的距离。激光测距技术包括相位测距技术和脉冲测距技术。相位测距技术精度极高（0.1～1 cm），但其作用距离有限，主要用于高精度大地测量中。脉冲测距技术测距精度较高（1～10 cm），且其作用距离远，主要用于运载火箭、空间目标等飞行器的轨迹测量。在飞行器的轨迹测量中，激光测距仪和光电经纬仪相互配合，可获得飞行器的距离 R 、方位角 A 、俯仰角 E ，实现单站定位。

2）飞行实况记录。飞行实况记录以摄录图像的方式记录火箭点火、起飞、程序转弯、级间分离、航天器返回等实况，称为“飞行实况记录”。记录的火箭运动状况及异常现象，可供实时监视和事后分析，为飞行器性能评定和故障分析提供逼真的实况资料。此外，借助弹体上的标记还可测量火箭起飞时的离架漂移量和姿态滚动量。

飞行实况记录设备主要有光电望远镜和高速摄像机。光电望远镜除用于飞行实况记录外，还可测量姿态参数。这种设备一般具有摄像频率高、焦距长等特点，适合中远距离使用。高速摄像机具有机动性强、布站灵活等优点，适用于近距离拍摄。

3）物理特性参数测量。物理特性参数测量设备可测得在轨航天器的光度和红外辐射特性等物理特性参数。光度特性测量主要测量空间目标反射的太阳光，以及大气层反射的太阳光与地球反射的太阳光综合作用于空间目标的反射光；红外辐射特性测量设备主要测量空间目标自身发出的红外辐射、反射的大气红外辐射与反射的地球红外辐射。通过对空间目标物理特性参数的测量，对空间目标进行有效识别。

4.3.2 海上测量船

4.3.2.1 特点

航天器飞行控制要求有足够的测控通信覆盖率，特别是一些特殊的飞行阶段，必须要提供测控支持，即便是考虑在全球陆地上布站，也不一定能够选到合理的站点位置。而测量船作为海上活动测量站，可以在海上灵活、合理地布局，甚至可以在一次航天测控任务中，在前后多个站点完成任务。因此，美国和苏联两个航天大国都曾大量使用测量船。美国在著名的阿波罗登月计划中，曾使用 5 艘测量船；苏联每次载人航天任务，都有多艘测量船参加。所以测量船在航天测控网发展过程中起到了不可替代的作用。

因此，航天测量船的最大优点是其布设的地理范围大，可根据航天器飞行轨迹和测控具体要求比较自由地布设在最有利于测控的海域上，以弥补陆地特别是国土范围的局限性，较高效率地增大测控与通信覆盖率。测量船与陆上测控站的最大区别是其在进行测控作业时，必须实时确定自身位置坐标和船体姿态数据，以便能将测量设备获得的测量信息归算到统一的轨道计算坐标系统，并为测控设备的目标捕获与稳定跟踪提供参考基准。因此，测量船上除根据测控功能要求装备相应于陆上测控站应有的测控设备外，还需针对其在海上游弋时位置和姿态随时间变化、船体在外力作用下发生变形的特殊性，装备瞬时船位（经度、纬度、航向、航速、升沉）、船姿（纵摇角、横摇角）和船体变形的测量设备以及船上跟踪天线波束指向稳定设备等。

4.3.2.2 组成

海上测量船是对航天器及运载火箭进行跟踪测量和控制的专用船，其基本组成如图 4－3 所示。

海上测量船由船舶系统、测控系统、通信系统及气象系统等几大部分组成。

1）船舶系统就是船舶平台，是海上活动的载体，也用于承载船上各类试验装备及其他系统。船舶系统又由船体、动力系统和航海系统组成。

2）测控系统与地面测控站类似，主要包括用于航天器跟踪测量的统一测控设备、雷达及其附属设备等。

3）通信系统的任务是保证试验任务期间测量船与测控中心的信息交换、指挥、调度、勤务通信和数据传输等，主要包括船载卫星通信、超短波通信及时间统一等。

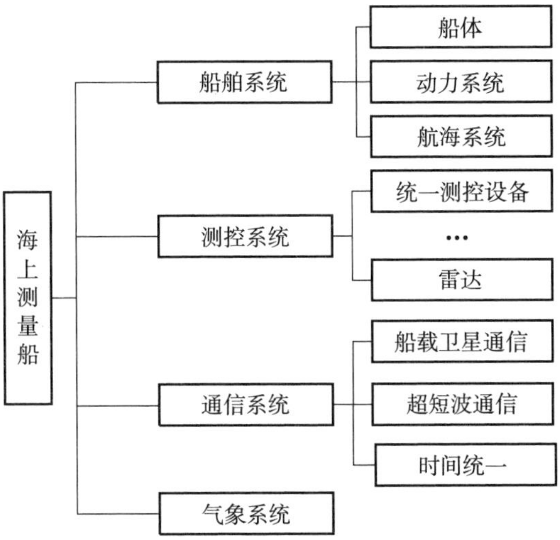

图 4-3　海上测量船的组成

4）气象系统一般由海面气象观测、高空气象探测、卫星云图接收和无线电气象情报接收等设备组成，为测量船提供精确的气象信息。

4.4　天基测控网

就目前航天技术的发展而言，天基测控网主要指中继卫星系统和导航卫星系统。

4.4.1　中继卫星系统

由于受地球曲率，以及各国地理、经济和政治等条件的限制，一个国家不可能通过在全球各地建立测控站的方式来满足所有的航天测控需求，即使目前最大的陆地测控网，也只能覆盖大约 15％的测控范围。为此，各航天大国逐步发展了天基测控方式，以弥补陆地测控站无力触及的测控盲区。

卫星在太空中“站得高、看得远”，跟踪与数据中继卫星（Tracking and Data Relay Satellite，TDRS）是一种可跟踪地球轨道飞行器并将数据传回地面站的空间中继站。天基测控是指利用跟踪与数据中继卫星对航天器进行跟踪测量的一种测控方式。由若干颗中继卫星组成，用于完成对中、低轨道航天器测控的系统，称为跟踪与数据中继卫星系统（Tracking and Data Relay Satellite System，TDRSS），简称为中继卫星系统。

中继卫星通常工作在地球静止轨道，如图 4-4 所示。理论上，采用 3 颗地球静止轨道中继卫星等相位分布，可以实现除南、北极点附近盲区对中、低轨目标 100％的无缝覆盖。如果与极地轨道的卫星相配合，甚至可实现全球覆盖。

美国在 20 世纪 80 年代末建成了世界上第一个跟踪与数据中继卫星系统。跟踪与数据中继卫星系统建成后，美国逐渐把对近地轨道用户星的地面测控任务放在跟踪与数据中继卫星系统上进行，进一步简化了地面测控网。第一代中继卫星包含星间 S/Ku 频段单址业

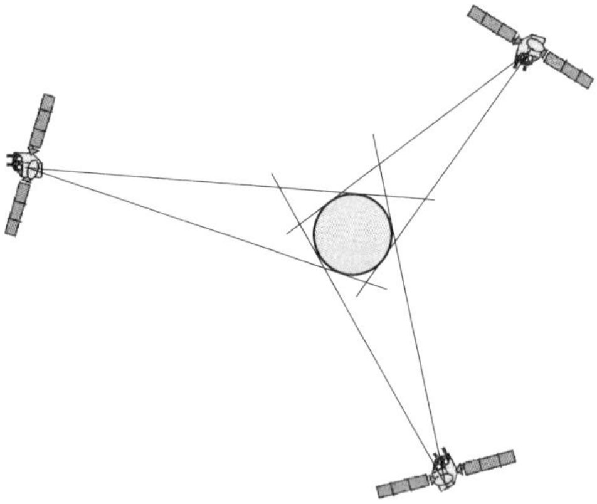

图 4-4　中继卫星覆盖示意图

务。随着中、低轨道航天器的增多以及卫星数据率的不断提高，美国开发了高数据率的第二代跟踪与数据中继卫星，其主要特点是向下兼容第一代系统用户，增强了多址相控阵天线的能力，增加了阵元数量和通信能力，并增加了高数据率的 Ka 频段单址业务，通信能力大大提高。新一代中继卫星的控制系统指向精度更高，有效载荷跟瞄系统的自主性更强。

目前，美国、欧盟、日本和中国都在发展新一代跟踪与数据中继卫星系统，数据传输码速率越来越高，通信频段正向着 Ka 频段和光学频段发展。随着新一代测控卫星陆续投入使用和性能的提高，天基测控将成为未来航天测控的重要发展方向。

典型的中继卫星系统包括中继卫星、地面站终端和用户航天器，如图 4-5 所示。用户航天器将遥测、话音及业务数据等经过中继天线发往中继卫星。中继卫星接收后，转发至地面站终端，由地面站对信息进行射频解调、解码处理，经过地面链路或卫星通信链路发往航天测控中心或其他地面终端用户。航天测控中心或其他地面终端用户若需向用户航天器发送遥控指令等上行数据，首先发送给地面站终端，由地面站终端进行收集，再由地面站终端发往中继卫星，中继卫星转发至用户航天器。

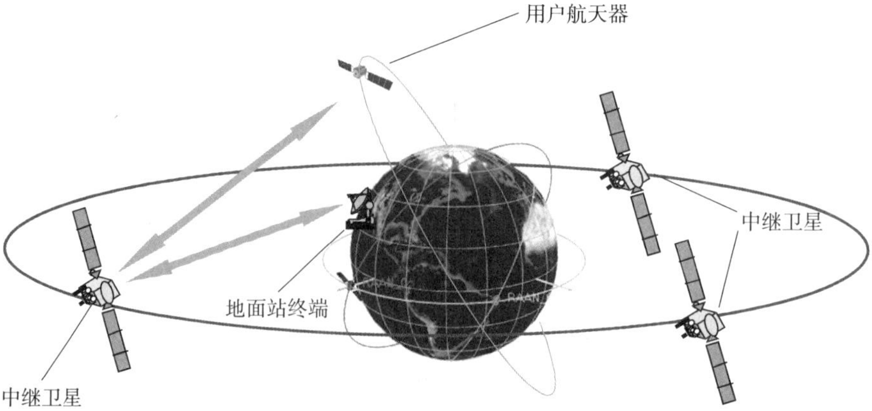

图 4-5　中继卫星系统

世界各国中继卫星的发展主要有以下趋势和特点：通信速率越来越高，通信频段向更高频段发展；激光通信技术用于跟踪与数据中继卫星系统通信；服务对象由单目标向多目标发展，并开始采用按需接入方式；用户终端向小型化发展。目前，我国已经建成了自己的中继卫星系统，测控覆盖区域如图 4 - 6 所示，极大地提高了对近地航天器、运载火箭的测控支持。

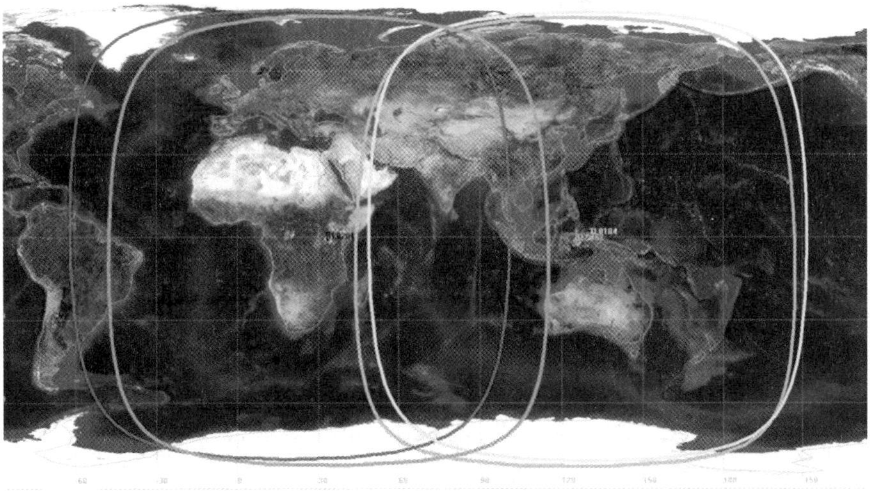

图 4 - 6　我国中继卫星系统测控覆盖区域

4.4.2　导航卫星系统

卫星导航技术是 20 世纪以来影响人类社会发展的重大技术之一，它结合了传统的无线电导航技术和现代通信技术，并利用人造卫星向全球用户提供连续、实时的定位、导航和授时服务。卫星导航具有全天候、全天时服务，应用简便等优点。相比天文导航，卫星导航提供的是 L 频段微波信号，故可以全天候、全天时工作，使人类的导航、定位、授时再也不受天气及恶劣环境的影响。近年来，卫星导航技术发展迅速，已经被广泛应用在海洋、陆地、航天和航空等各类军事和民用领域。

导航卫星系统在航天器测控领域有着广泛的应用。但从严格意义上讲，导航卫星系统并不属于真正的测控系统，它不能完成前返向数据授时传输，但在航天器上配备导航终端后，可以获得航天器的位置、速度等信息，以及为航天器提供授时服务。其高精度导航能力可为运载火箭和航天器发射、运行提供高效的服务，航天器还可利用导航卫星系统实现自主定轨及控制，大大提高了航天器的在轨自主能力，因此可以看成除中继卫星系统外的另一天基测控系统。

导航卫星系统在航天测控领域中的应用主要有以下几个方面 ：

1）精确测定地面测控站的站址；

2）获取高精度的站间测量基线，基线精度可达厘米级甚至更高；

3）为航天领域用户及航天器提供授时服务；

4）测定航天器飞行过程中的位置和速度等信息，用于航天器自主轨道确定或地面对航天器的轨道确定。

目前可供全球使用的导航卫星系统有美国的 GPS 系统、中国的北斗系统、俄罗斯的格洛纳斯系统和欧洲的伽利略系统，GNSS（全球导航卫星系统）是这 4 个全球导航系统及其增强系统的泛称，并不特指其中的某一个系统。

4.4.2.1 GPS 导航卫星系统

GPS 导航卫星系统空间部分由 24 颗轨道高度为 20 000 km 的卫星组成，这些卫星位于 6 个倾角为 55°的轨道面内，各轨道面之间间隔 60°。这种布局使得世界绝大部分地区，任意时刻总能看到至少 4～6 颗卫星。每颗卫星都带有高稳定度的铯钟，以此产生高精度的载波频率和伪码频率。每颗卫星皆以 L1 和 L2 频率发射两种载波信号，L1 上调制的是一组码元速率为 10.23 Mbit/s 的精码（P 码）和一组码元速率为 1.023 Mbit/s 的粗码（C/A 码）。L2 上调制的只有 P 码，用来与 L1 上的 P 码相互配合，实现电波传输误差修正。C/A码码元速率低，测距精度差，但它是公开的民用码，可以提供低精度的导航信息，供普通用户使用，定位精度达几十米。高精度用户需采用 P 码进行高精度定位，定位精度可达 10 m 以内。

典型的高精度 GPS 接收机是一种 4 通道接收机，可同时接收来自 4 颗 GPS 卫星发送来的 L1 信号和 L2 信号。相对接收机的本机时间，利用伪码相关技术可测量出伪码信号的传播时延，这一时延包括接收机本机时间与 GPS 卫星的时钟偏差，所以由此单向测得的距离称为伪距离值。利用测出的与 4 颗卫星的伪距离值，加上从导航信息中解码得到的卫星发射该伪码时的位置及其他必要的修正值，就能精确地求解出用户的空间位置和时间偏差。电波经电离层的传播误差可利用 C/A 码中的电离层修正模型或利用 L1 和 L2 上的两组 P 码来实时修正。同样，卫星的轨道和下行信号载波频率已知，地面设备可以根据本机频率测出相对 4 个卫星的多普勒频偏，然后根据多普勒频偏结果就可以计算出用户设备的位置、速度以及接收机的频率偏差。GPS 定位方程为

$$
\begin{aligned}
\widetilde{R}_i &= R_i + R_{ei} + R_{uc} + R_{sci} \\
&= \sqrt{(X_{si} - X)^2 + (Y_{si} - Y)^2 + (Z_{si} - Z)^2} + R_{sci} + c\Delta t_u + R_{ei}\ (i = 1,2,3,4)
\end{aligned}
\tag{4-1}
$$

式中，$\widetilde{R}_i$ 为用户接收机由伪码测得的到第 i 颗卫星的伪距；R_i 为用户到第 i 颗卫星的实际距离；X_{si}，Y_{si}，Z_{si} 为第 i 颗卫星发射伪码时的轨道位置（WGS - 84 坐标系）；X，Y，Z 为当前时刻用户位置（待求解量）；R_{sci} 为卫星时钟误差和星历误差造成的伪距误差，由卫星所发导航信息进行修正，残差计入测距误差；R_{uc} 为用户接收机时钟与卫星时钟不同步引起的伪距误差；c 为光速；R_{ei} 为电波传输时延造成的伪距误差和其他误差；Δt_u 为用户接收机时钟与卫星时钟的偏差（待求解量）。

4.4.2.2 北斗导航卫星系统

北斗导航卫星系统（BeiDou Navigation Satellite System，BDS）是我国自行研制的全球导航卫星系统，具备全球导航的能力，是继美国 GPS 导航卫星系统、俄罗斯格洛纳斯

导航卫星系统之后第 3 个成熟的卫星导航系统。北斗导航卫星系统主要有导航、定位、授时和通信 4 大功能。

北斗一号系统是有源定位系统，采用有源伪距测量体制，利用地球同步轨道卫星为用户提供快速定位、简短数字报文通信和授时服务。北斗一号共有 3 颗星，分别于 2000 年 10 月、2000 年 12 月、2003 年 5 月发射入轨，提供服务。覆盖范围是北纬5°～55°，东经70°～140°地区。系统设计定位精度为：水平精度 100 m，设立标校站之后为 20 m，系统每小时能容纳 54 万用户，用户终端机工作时需要向卫星发送无线电信号。

北斗二号系统采用无源定位体制。2004 年 9 月启动建设，2016 年完成卫星星座组网，正式向亚太地区用户提供定位、测速、授时、广域差分和短报文通信功能。信号覆盖我国及周边地区、海域，实现连续实时三维定位测速、高精度授时和用户位置报告及双向短报文通信服务，标称定位精度达到 20 m，授时精度 50 ns，测速精度 0.2 m/s。北斗二号系统包括 4 颗中地球轨道卫星（MEO）、5 颗地球静止轨道卫星（GEO）和 5 颗倾斜同步轨道卫星（IGSO）。

北斗三号系统也采用无源定位体制，主要是提高北斗二号系统服务的全球覆盖性能。2017 年年底启动北斗三号系统建设，由区域覆盖向全球覆盖拓展。北斗三号系统空间段由 30 颗卫星组成，其中包括 24 颗 MEO、3 颗 GEO、3 颗 IGSO。MEO 分为 3 组，运行在 3 个相隔 120°的轨道面上。IGSO 运行于倾角为 55°的轨道面上。2020 年 7 月 31 日，我国向世界宣布北斗三号全球导航卫星系统正式开通，北斗系统迈进了全球服务新时代。

4.4.2.3　格洛纳斯导航卫星系统

格洛纳斯系统是由苏联国防部独立研制和控制的军用导航卫星系统。格洛纳斯系统可以为全球海陆空以及近地空间各种军、民用户提供全天候、高连续、高精度的导航、定位和授时服务，并向国际民航和海事组织承诺向全球用户免费开放民用导航信号。

格洛纳斯系统由 21 颗工作星和 3 颗备份星组成。24 颗星均匀分布在升交点赤经相隔120°的 3 个近圆轨道上，每个轨道面有 8 颗卫星，同一平面内卫星相隔 45°，轨道高度为1.91 万 km，运行周期为 11 小时 15 分，轨道倾角为 64.8°。2013 年 5 月以后，格洛纳斯系统工作卫星数量基本稳定在 24 颗。目前，在轨工作的卫星均是 GLONASS－M 卫星。截至 2017 年 6 月，格洛纳斯系统在轨 27 颗卫星，其中 24 颗（1 颗 GLONASS－K 卫星、23 颗 GLONASS－M 卫星）卫星处于正常工作状态，为用户提供各类服务。

4.4.2.4　伽利略（Galileo）导航卫星系统

伽利略导航卫星系统由欧盟（EU）和欧洲空间局（ESA）共同创建、开发，是欧洲以民用为目的而独立自主设计的卫星导航系统，它的最终目标是建成一个能与 GPS 系统和格洛纳斯系统相兼容，还能提供局部辅助信息和搜救信息服务，综合性能优于现行 GPS 的民用卫星导航系统。

伽利略卫星导航系统采用 Walker 星座，由 30 颗 MEO 卫星组成，其中，27 颗为工作卫星，3 颗为备份卫星。这些卫星分布在 3 个倾角为 56°的圆轨道面上，各轨道面之间相隔 120°，每个轨道面上运行 10 颗卫星。其中，1 颗为备份星，其余 9 颗卫星均匀分布在该轨道面上，即统一轨道面上相邻工作卫星之间相位间隔 40°，卫星运行轨道高度为 23 616 km。截至 2020 年 6 月，伽利略系统在轨 26 颗卫星均处于正常工作状态，为用户提供各类服务。

4.5 测控网信息交换

如本书 1.1.2 节所述，航天工程一般由运输系统、发射场系统、航天器系统、测控系统、回收及着陆场系统、运控与应用系统、航天员系统等几大系统组成，自一次航天发射任务实施开始，至航天器寿命末期的整个航天器飞行控制各个阶段，都需要航天工程组成系统间、航天测控网内部进行各类测控信息交换，以便实时掌握航天器、地面各系统状态，协同完成航天器各阶段的飞行控制任务，其主要作用包括：

1）为航天器飞行控制各级指挥系统提供监视和显示信息，完成指挥决策；

2）对运载火箭进行跟踪测量、实施安全控制，确保发射场及航区的安全；

3）控制航天器运动轨迹，确保航天器按预定轨道和正确姿态运行；

4）进行航天器上仪器、设备的工作状态设置，确保航天器在轨运行正常；

5）完成测量数据的处理，为评价航天器性能提供依据；

6）天地基测控资源协同工作；

7）传输各类图像，进行话音通信；

8）测控系统与运控系统协同，完成各类载荷运用任务。

测控信息交换方式有数据包、文件及传真等多种方式，其中，数据包方式为在线交换，用于数据的实时交换，是航天器飞行控制任务的主要信息交换方式。测控系统各测控设备、发射中心、测控中心、运控系统及着陆场系统等通过航天 IP 通信网互联，航天系统通信互联结构如图 4－7 所示。系统间或系统内部信息交换按照统一实时数据交换协议完成传输、解析和处理。常见的实时数据交换协议包括简化 HDLC（高级数据链路控制）协议、PDXP（包数据交换协议）、TCP/UDP 协议等。

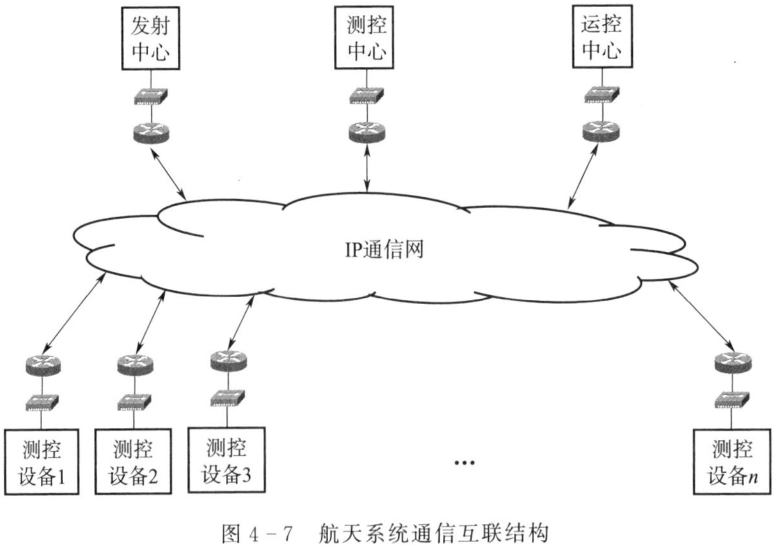

图 4－7　航天系统通信互联结构

在航天器不同的飞行阶段，系统间及航天测控网内部信息交换的内容又有不同，因此，本节从航天器发射入轨段，在轨运行段，返回段以及主、备测控中心间，分别对系统间及测控系统内部进行的信息交换的内容及目的进行阐述。

4.5.1　发射入轨段测控信息交换

发射入轨段一般指从运载火箭起飞至航天器与运载火箭分离、航天器进入初始轨道的阶段。如 1.2.1 节所述，此阶段的主要飞行控制任务包括：运载火箭、航天器跟踪测量，航天器初轨确定等，需要发射场系统、测控系统协同完成航天器发射入轨段飞行控制任务。此外，运控系统也需了解航天器状态信息，因此，航天器发射入轨段测控信息交换主要包括发射中心与测控中心之间、测控设备与测控中心之间以及测控中心与运控中心的信息交换。其信息交换内容如图 4－8 所示。

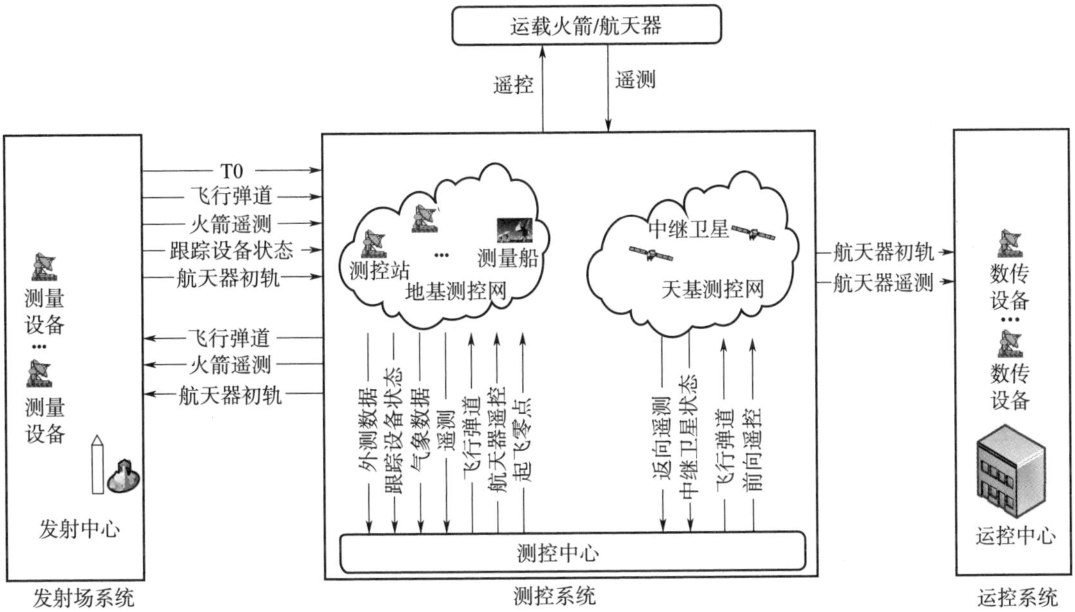

图 4－8　发射入轨段测控信息交换

（1）发射中心与测控中心信息交换

航天器发射入轨段，发射中心与测控中心信息交换的内容主要包括：运载火箭起飞零点、运载火箭飞行弹道、火箭遥测、跟踪设备状态、航天器初始轨道根数及分离点参数等信息。

①运载火箭起飞零点

起飞零点，也称为 T0，即航天发射时运载火箭的点火时刻。运载火箭起飞后，航天发射中心将起飞零点向航天测控中心发送，用于测控中心对运载火箭状态监视和任务触发。

②运载火箭飞行弹道

一般，在航天器发射入轨段，由航天发射中心和测控中心所属测控设备接力，实现对运载火箭和航天器的全程跟踪测量。发射初始阶段，发射中心会根据获得的火箭内、外测数据，实时计算运载火箭或航天器弹道，随后，这些数据被发送至测控中心，以支持测控中心对运载火箭的飞行弹道监视和所属测控设备的跟踪引导。当测控中心所属设备跟踪后，再根据其所属设备的跟踪测量数据进行运载火箭和航天器飞行弹道计算，并实时向发射场系统发送，用于发射场系统进行飞行器飞行弹道监视。根据计算弹道的数据源不同，飞行弹道可分为内测弹道、外测弹道、GNSS 弹道，以及对以上 3 种类型弹道进行选优后的综合弹道。

③火箭遥测

运载火箭在飞行过程中，其遥测分系统实时下传火箭遥测数据，包括火箭飞行位置、姿态、发动机工作状态等工程参数，火箭飞行过程中关键事件发生的时间指令，也包括图像数据等。为实现发射入轨段对运载火箭飞行状态的实时监视，须在整个航区内安排火箭遥测设备（或中继卫星），用于接收火箭遥测数据。一般，火箭遥测设备将接收到的原始数据发送至发射中心，由发射中心对火箭遥测数据进行处理后，向测控中心发送，用于测控中心监视运载火箭飞行状态。火箭遥测设备也可同时将重要遥测数据挑路后向测控中心发送，测控中心处理后向发射场系统发送，实现发射中心与测控中心对火箭遥测数据处理的状态比对。

④跟踪设备状态

如前所述，在航天器发射入轨段，由发射中心和测控中心所属测控设备接力，实现对运载火箭和航天器的全程跟踪测量。这些设备包括光学设备、雷达设备、火箭遥测设备、统一测控设备等，可分别配属于发射中心和测控中心。为了实现发射中心和测控中心同时对跟踪测量设备状态的实时监视，一般，由发射中心和测控中心分别收集其所属设备状态信息，并相互发送。

⑤航天器初始轨道根数及分离点参数

航天器与运载火箭分离后，测控中心须根据分离前后的火箭内测、外测及航天器外测等数据，对航天器进行初始轨道确定，并进行分离点参数计算，向发射中心发送计算结果，作为发射任务是否成功的判断依据。发射中心也可根据接收到的数据进行航天器初始轨道确定，将结果发送至测控中心，实现航天器初始轨道比对。

（2）测控设备与测控中心信息交换

航天器发射入轨段，测控设备与测控中心信息交换的内容主要包括：起飞零点、航天器飞行弹道、航天器遥测遥控信息、外测数据、气象数据及中继卫星相关信息。

①起飞零点

运载火箭起飞后，测控中心接收到发射中心发送的起飞零点后，向其所属的航区测控设备进行转发，将此零点作为设备对运载火箭和航天器跟踪引导的起点。

②航天器飞行弹道

测控中心所属测控设备要完成其跟踪弧段内对运载火箭和航天器的跟踪测量，须接收其实时发送的引导数据用于设备引导，即飞行弹道。

③航天器遥测遥控信息

测控设备在其测控弧段内，接收运载火箭和航天器遥测数据，并实时转发至测控中心，用于测控中心对运载火箭和航天器的状态监视。必要时，由测控中心通过测控设备对航天器发送上行遥控指令。

④外测数据

外测数据指测控设备跟踪运载火箭和航天器测量得到的测速、测距和测角数据，又分为雷达外测和统一测控设备外测数据。一般，雷达设备用于跟踪运载火箭，统一测控设备用于跟踪航天器。雷达设备和统一测控设备在其测控弧段内，将跟踪测量的外测数据实时向测控中心发送，用于测控中心进行运载火箭飞行弹道监视和航天器初始轨道确定。

⑤气象数据

气象数据指雷达设备或统一测控设备当地气象数据，包括风速、风向、气压、温度、海拔和湿度等信息。航天器发射入轨段，测控设备须向测控中心进行发送，用于测控中心进行外测数据修正。

⑥中继卫星相关信息

中继卫星作为测控系统的组成部分，在航天器发射入轨段，测控中心根据中继卫星轨道、中继卫星状态（姿态及天线指向）及飞行器理论弹道，计算跟踪弧段。中继卫星在跟踪弧段内将跟踪目标返向遥测发送至测控中心，用于测控中心对中继卫星及跟踪目标的状态监视。同时，测控中心将跟踪目标实际飞行弹道发送至中继卫星，用于中继卫星对跟踪目标的引导，必要时通过中继卫星完成对航天器的遥控上行。

（3）测控中心与运控中心信息交换

运控系统作为航天工程的重要组成部分，在航天器发射入轨段，须了解航天器飞行及入轨状态，因此，测控中心须根据需要，将接收到的航天器遥测信息实时转发至运控系统，用于运控系统对航天器的状态监视。航天器与运载火箭分离后，须将航天器初始轨道根数发送至运控系统。

4.5.2　在轨运行段测控信息交换

如 1.2.3 节所述，对地面而言，航天器在轨运行段也称为航天器长期管理段。对于返回式航天器，指在轨运行状态建立后至完成空间飞行任务，进行离轨制动前的阶段。此阶段属于航天器应用或在轨试验阶段，其飞行控制任务主要包括：航天器在轨状态监视、载荷运用及在轨运行状态维持等，一般由测控系统和运控系统协同完成。因此在轨运行段测控信息交换主要包括测控设备与测控中心信息交换、运控中心与测控中心信息交换，如图 4－9 所示。

（1）测控设备与测控中心信息交换

航天器在轨运行段，测控设备与测控中心信息交换的内容主要包括：航天器遥测遥控信息、外测数据、气象数据、航天器瞬时轨道根数及测控计划等。

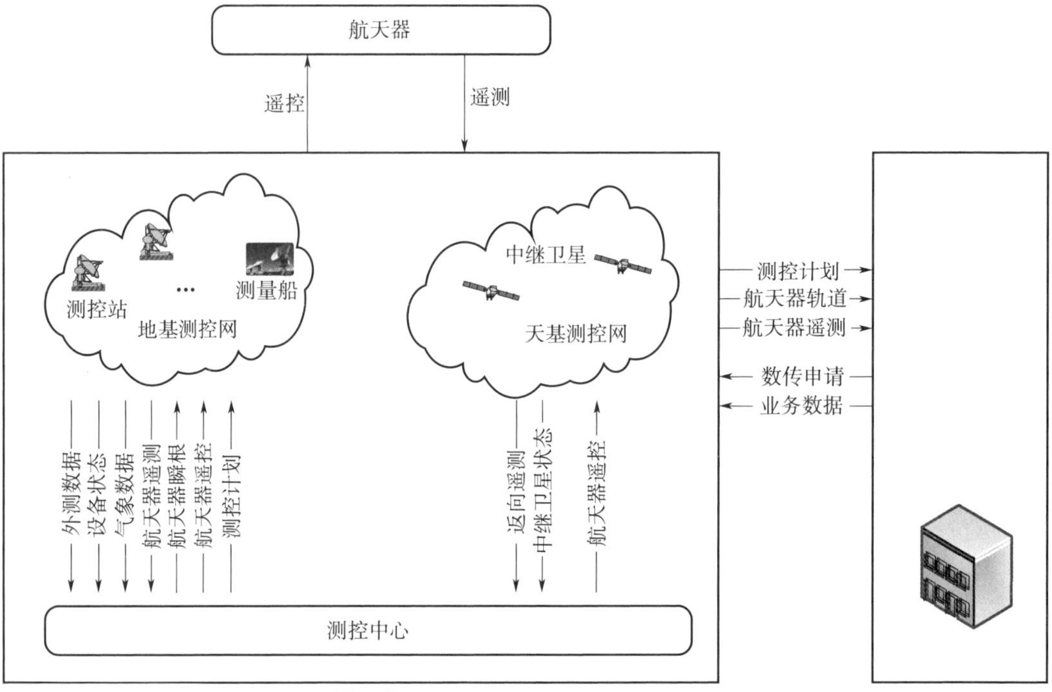

图 4-9　在轨运行段测控信息交换

①航天器遥测遥控信息

航天器在轨运行段，一般由统一测控设备在其跟踪弧段内完成对航天器的跟踪，接收航天器遥测，并实时向测控中心发送，测控中心通过航天器遥测完成对航天器状态监视。同时，测控中心向测控设备发送遥控信息，完成对航天器上行遥控。

②外测数据

航天器在轨运行段，一般由测控设备或中继卫星对航天器进行跟踪测量，获得航天器测速、测距和测角等外测数据，并将外测数据实时向测控中心发送，用于测控中心进行航天器轨道确定。若为深空探测器，基于 VLBI 对航天器进行轨道测量，则需将 VLBI 原始数据发送至测控中心。

③气象数据

气象数据同发射入轨段气象数据。

④航天器瞬时轨道根数

航天器在轨运行段，航天器跟踪测量设备通过接收测控中心发送的瞬时轨道根数，用于设备对航天器的跟踪引导，其形式一般为进站点瞬时精轨根数。

⑤测站跟踪计划

航天器在轨运行段，一般由测控中心对测控设备进行统一管理，根据用户需求和可见测控弧段计算，制定测控设备对航天器的跟踪计划，并发送至测控设备。测控设备按计划在其跟踪弧段内对航天器进行跟踪测量。

⑥中继卫星相关信息

在轨运行段，对于可支持中继测控的航天器，测控中心根据中继卫星轨道姿态和航天器轨道，计算中继卫星对航天器的可测控弧段，实现对航天器测控。测控中心与中继卫星的信息交互包括中继卫星向测控中心发送的航天器返向遥测、中继卫星状态（包括姿态、天线角等）信息及测控中心向中继卫星发送的前向遥控信息。

（2）运控中心与测控中心信息交换

在轨运行段，航天器载荷运用主要依托运控中心进行。运控中心需要及时了解航天器状态、运行轨道及跟踪计划，以便对航天器进行状态监视。同时，运控中心也需根据用户需求，通过上注业务数据完成载荷运用。随着测运控一体化的逐步发展，必要时运控中心还需向测控中心申请数传设备。因此，在轨运行期间，测控中心与运控中心的信息交换内容包括：测控中心向运控中心发送的测控计划、航天器轨道及航天器遥测等信息，运控中心向测控中心发送的业务数据和数传设备使用申请等。

4.5.3　返回段测控信息交换

如 1.2.4 节所述，返回段是返回式航天器特有的飞行阶段。此阶段的主要飞行控制任务包括：航天器返回制动后，通过光学、无线电设备对航天器进行跟踪测量，航天器飞行弹道及状态监视，以及落点计算预报及返回舱搜救等。一般由测控系统和着陆场系统协同完成，因此返回段测控信息交换主要包括测控设备与测控中心之间、着陆场与测控中心之间的信息交换，如图 4－10 所示。

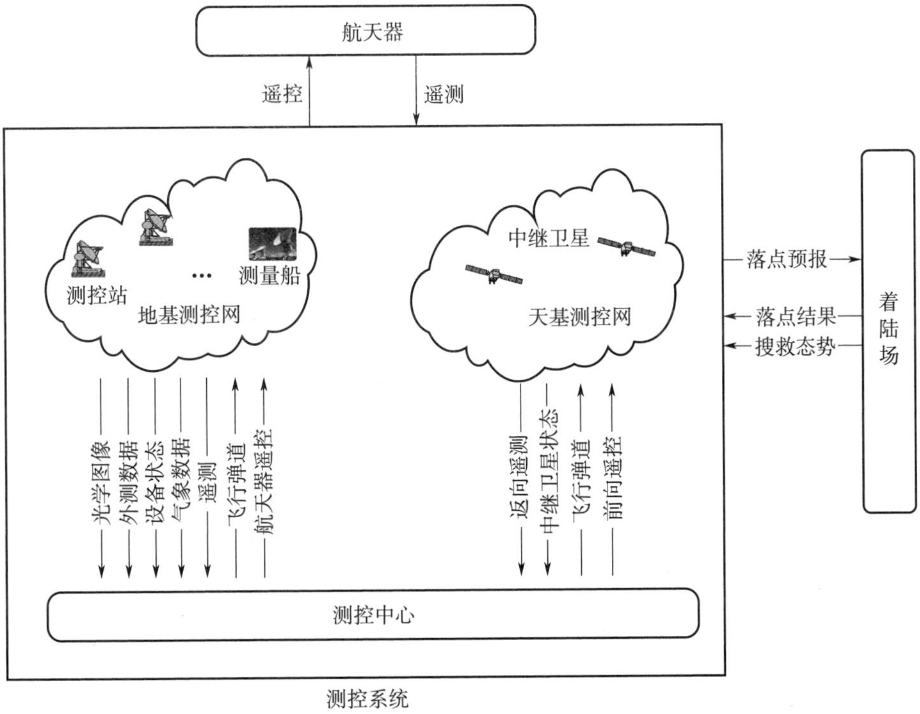

图 4－10　返回段测控信息交换

（1）测控设备与测控中心信息交换

航天器返回段，测控设备与测控中心信息交换的内容主要包括：航天器遥测遥控信息、外测数据、航天器飞行弹道、气象数据、光学图像、设备状态及中继卫星相关信息等。

①航天器遥测遥控信息

测控设备或中继卫星在其测控弧段内，接收航天器遥测数据，并实时转发至测控中心，用于测控中心对航天器的状态监视，必要时，由测控中心通过测控设备对航天器发送上行遥控。

②外测数据

外测数据指测速、测距和测角数据，又分为雷达外测和统一测控设备外测数据。航天器返回过程中，雷达设备和统一测控设备在其跟踪弧段内同时跟踪航天器，将跟踪测量的外测数据实时向测控中心发送，用于测控中心进行航天器飞行弹道监视和返回落点预报。

③航天器飞行弹道

返回段测控设备要完成其跟踪弧段内对返回航天器的跟踪测量，须实时接收测控中心发送的飞行弹道用于设备引导。

④气象数据

如前文所述，气象数据包括风速、风向、气压、温度、海拔和湿度等信息，航天器返回段，由测控设备将上述信息发送至测控中心。气象数据不仅用于对外测数据进行修正，同时用于进行航天器落点预报时的气象风修正。

⑤光学图像

航天器返回段，在航天器出黑障后，一般通过光学设备对航天器进行跟踪，光学设备将图像发送至测控中心，用于航天器状态监视。

⑥设备状态

航天器返回段，对航天器进行跟踪的光学、雷达、统一测控等设备，将其状态信息发送至测控中心，用于测控中心对跟踪测量设备状态的监视。

⑦中继卫星相关信息

若使用中继卫星对航天器进行返回段跟踪，则须由测控中心实时将航天器弹道、遥控信息发送至中继卫星，用于引导中继卫星跟踪航天器和实现航天器遥控，同时中继卫星将返向用户数据及相关状态信息发送至测控中心。

（2）着陆场与测控中心信息交换

航天器返回段，着陆场与测控中心信息交换的内容主要包括航天器落点预报、落点结果及搜救态势等信息。整个返回段测控过程中，测控中心根据接收到的各类测量数据进行飞行弹道计算和返回落点预报，并将预报结果发送至着陆场，以便着陆场开展航天器回收工作。同时，着陆场也将搜救态势发送至测控中心，并在航天器着陆后将实际落点结果信息发送至测控中心。

4.5.4　主、备测控中心间信息交换

对于深空探测、载人航天、北斗导航等重大航天工程，为了确保飞行控制任务万无一失，往往由主、备测控中心共同完成航天器飞行控制任务。在这种情况下，主、备测控中心之间须进行重要测控信息交换，在进行冗余备份的同时，对重要计算结果进行比对，如图 4－11 所示。

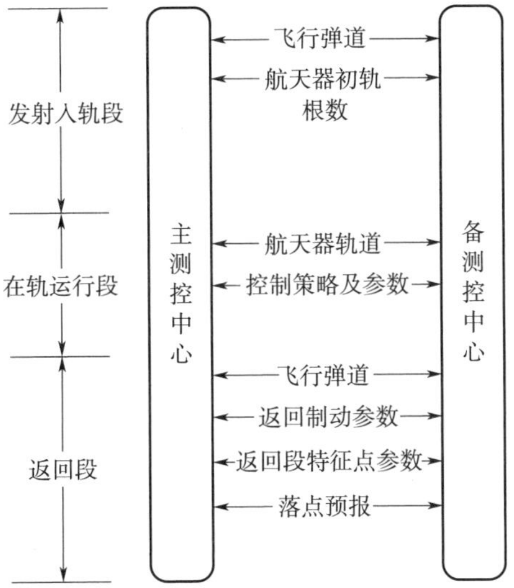

图 4－11　主、备测控中心间信息交换

在发射入轨段，主、备测控中心之间测控信息交换的内容主要包括运载火箭飞行弹道、航天器初始轨道根数等，在轨运行段主要包括航天器轨道、航天器控制策略及参数等，返回段主要包括航天器飞行弹道、返回制动参数、返回段特征点参数及落点预报计算结果等。

参考文献

［1］ 郝岩．航天测控网［M］．北京：国防工业出版社，2004．
［2］ 于志坚．航天测控系统工程［M］．北京：国防工业出版社，2008．

第 5 章　运载火箭跟踪测量

5.1　运载火箭弹道

弹道，原指弹头出枪膛或炮口后飞行的轨迹，后泛指弹丸或其他发射体质心运动的轨迹，随着航天技术的发展，也用于弹道导弹、运载火箭及航天器等飞行器飞行轨迹的描述。通常，根据飞行器飞行过程中的受力情况，将其飞行轨迹分为主动段和被动段，而被动段又可根据飞行器受空气动力作用的大小分为自由飞行段和再入段，如图 5-1 所示。

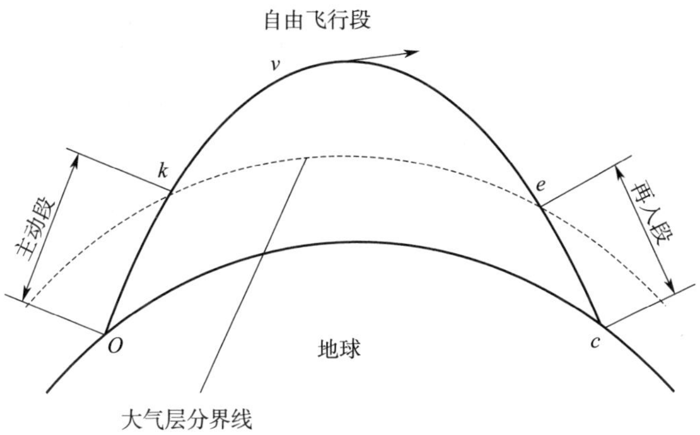

图 5-1　飞行器弹道分段示意图

主动段，指飞行器离开发射台到发动机停止工作为止的一段飞行轨迹，也称为上升段或动力飞行段，如图 5-1 中 $O-k$ 段所示。在主动段飞行过程中，飞行器受到的作用力最多，也最复杂，包括重力、发动机推力、气动力、控制力以及这些力对飞行器质心产生的力矩。其中，发动机推力主要用来克服地球引力和空气阻力并使飞行器做加速运动；控制力主要产生控制力矩，以便飞行器在控制系统作用下按预定的飞行程序和轨迹飞行。根据运载推力及飞行轨迹设计的不同，飞行器主动段飞行时间一般在几百秒至数千秒不等。

被动段，指飞行器发动机关机至最终落地的一段飞行轨迹，也称为无动力飞行段。其中，自由飞行段指图 5-1 中 $k-e$ 段。再入段指飞行器重新进入大气层到飞行器落地的一段飞行轨迹，如图 5-1 中 $e-c$ 段所示。再入过程中，飞行器主要受到气动力和重力的作用。若在再入过程中对飞行器进行姿态控制，飞行器还将受到控制力矩的作用。

5.1.1　运载火箭飞行弹道

对于运载火箭而言，其弹道指运载火箭从地面起飞到达某一飞行高度把航天器送入运行轨道的飞行轨迹。在工程应用中，常通过运载火箭理论飞行弹道与运载火箭实际飞行弹道进行比较，用以监视运载火箭飞行状态。理论弹道的数据形式通常为某一坐标系下的位置、速度，坐标系一般选择地球固连坐标系。某运载火箭飞行弹道如图 5-2 所示。

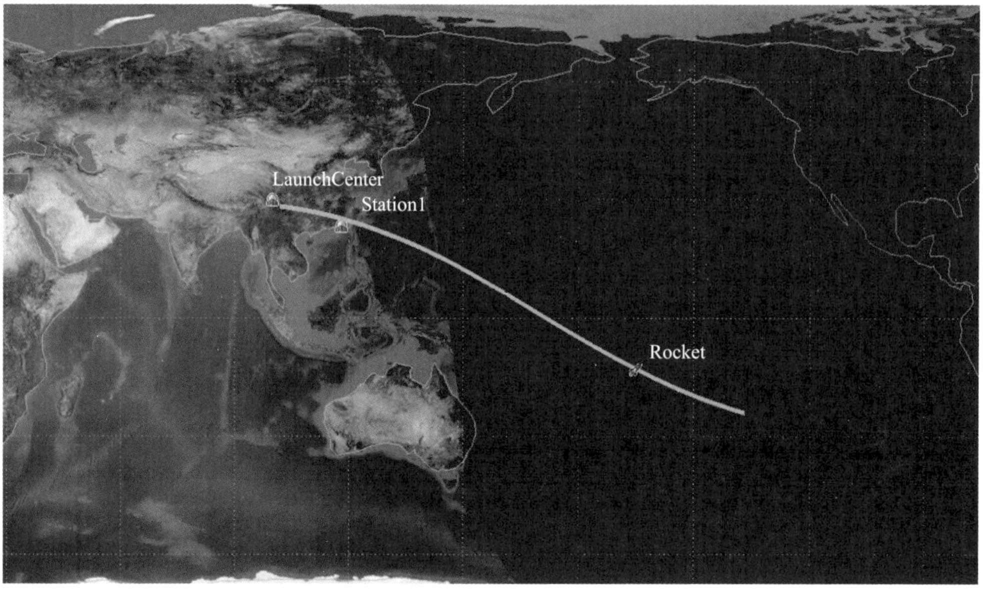

图 5-2　某运载火箭飞行弹道

运载火箭飞行弹道的数据形式一般为其在发射坐标系下的位置、速度，如下所示。在航天器飞行弹道监视过程中，也可根据需要将其转换至地球固连坐标系。

T/s	v_X/(m/s)	v_Y/(m/s)	v_Z/(m/s)	X/m	Y/m	Z/m
0	0.000	0.000	0.000	0.000	0.000	0.000
1	0.002	4.842	0.001	0.002	2.157	0.000
2	0.002	10.527	0.003	0.004	9.794	0.002
3	0.002	16.874	0.007	0.006	23.447	0.007
4	0.002	23.932	0.012	0.008	43.784	0.016
5	0.371	31.656	0.027	0.121	71.512	0.035
6	1.639	40.159	0.050	1.052	107.360	0.073
7	3.774	49.300	0.084	3.686	152.025	0.139
8	6.739	59.109	0.130	8.877	206.184	0.245
9	10.459	69.457	0.188	17.416	270.420	0.403
10	14.851	80.297	0.259	30.019	345.261	0.625
11	…	…	…	…	…	…

5.1.2　运载火箭飞行程序

运载火箭飞行程序，指运载火箭为将航天器送入预定轨道，结合其结构、设计级数及飞行弹道设计，在航天器入轨前的一系列飞行动作。如某运载火箭为两级结构设计，其飞行时序如图 5-3 所示。火箭点火起飞后，根据飞行弹道设计进行程序转弯，随后，一级发动机关机，常用的关机方式包括耗尽关机和速度关机；运载火箭飞出大气层后，按预定程序抛整流罩，经过二级主机关机、二级游机关机后，按照预定弹道设计判断航天器进入预定轨道后何时进行星（器）箭分离。如果是有助推器的火箭，则包含助推器飞行程序；如果是弹道设计需要多次启动的运载火箭，则包含一次启动、一次关机、滑行段、二次启动等飞行程序；如果星（器）箭分离需要进行调姿，则包含运载火箭调姿飞行程序；如果一次发射多个航天器入轨，且需要多次分离，则包含一次分离、二次分离等飞行程序；如果是有末级离轨需求的运载火箭，则包含末级离轨等飞行程序。

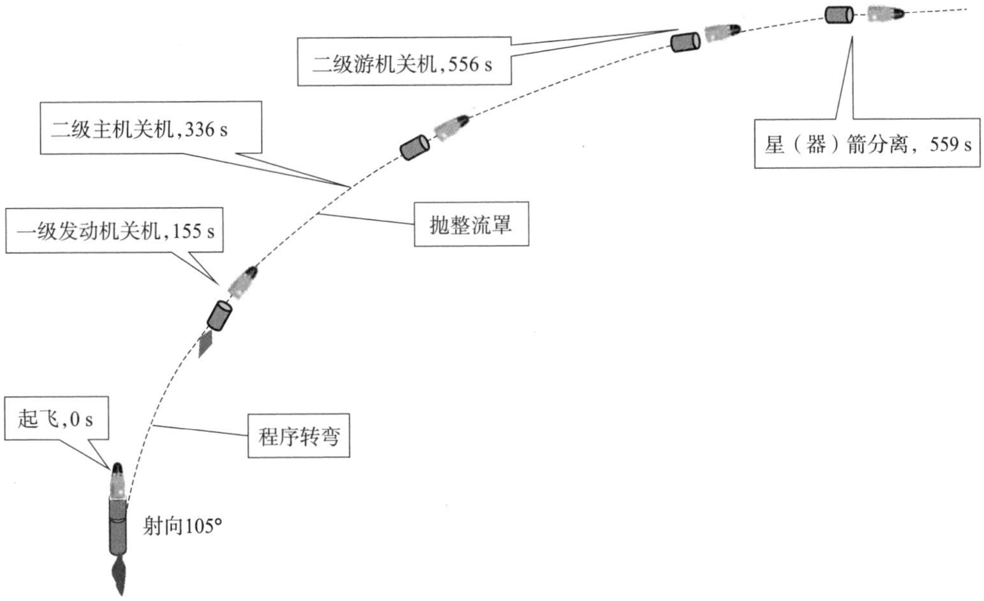

图 5-3　某运载火箭飞行时序图

5.1.3　运载火箭的质心动力学方程

在主动段飞行过程中，运载火箭发动机一直在工作，不断消耗推进剂，因此，运载火箭可以看成为一个变质量的质点。其质心动力学方程为

$$m\frac{\mathrm{d}^2\boldsymbol{r}}{\mathrm{d}t^2}=\boldsymbol{F}_s+\boldsymbol{F}'_k+\boldsymbol{F}'_{\mathrm{rel}} \tag{5-1}$$

式中，$\boldsymbol{r}$ 为运载火箭在惯性坐标系中的位置矢量；$\boldsymbol{F}_s$ 为作用在飞行器上的合外力；$\boldsymbol{F}'_k$ 为附加哥氏力；$\boldsymbol{F}'_{\mathrm{rel}}$ 为附加相对力，且有

$$\boldsymbol{F}_s=m\boldsymbol{g}+\boldsymbol{R}+\boldsymbol{P}_{st}+\boldsymbol{F}_c \tag{5-2}$$

$$\boldsymbol{F}'_k = -2\dot{m}\,\boldsymbol{\omega}_T \cdot \boldsymbol{\rho}_e \tag{5-3}$$

$$\boldsymbol{F}'_{\mathrm{rel}} = -\dot{m}\,\boldsymbol{u}_e \tag{5-4}$$

式中，$m\boldsymbol{g}$ 为作用在运载火箭上的引力矢量；$\boldsymbol{R}$ 为气动力矢量；$\boldsymbol{P}_{st}$ 为发动机推力矢量；$\boldsymbol{F}_c$ 为控制力矢量；$\dot{m}$ 为运载火箭质量秒耗量；$\boldsymbol{\omega}_T$ 为运载火箭相对惯性坐标系的转动角速度；$\boldsymbol{\rho}_e$ 为运载火箭质心到发动机喷口截面中心的位置矢量；$\boldsymbol{u}_e$ 为燃气排出速度。

若令 $\boldsymbol{P} = \boldsymbol{P}_{st} + \boldsymbol{F}'_{\mathrm{rel}}$，为发动机推力矢量，则运载火箭在惯性坐标系中矢量形式的质心运动学方程为

$$m\frac{\mathrm{d}^2\boldsymbol{r}}{\mathrm{d}t^2} = \boldsymbol{P} + \boldsymbol{R} + \boldsymbol{F}_c + m\boldsymbol{g} + \boldsymbol{F}'_k \tag{5-5}$$

5.2 火箭跟踪测量

航天器发射入轨段，地面需要通过雷达、箭遥、统一测控等无线电设备对运载火箭进行跟踪测量，其主要目的是对运载火箭运行状态、飞行姿态及飞行弹道进行监视，确保运载火箭将航天器顺利送入预定轨道。

5.2.1 飞行姿态监视

5.2.1.1 箭体坐标系

如图 5－4 所示，箭体坐标系（$OXYZ$）的定义如下：

坐标原点 O：运载火箭质心；

X 轴：指向火箭头部并与火箭纵轴重合；

Y 轴：在导弹的纵对称面内，垂直于 X 轴，指向火箭Ⅲ舵面（第Ⅲ象限线）；

Z 轴：与 X 轴、Y 轴构成右手系，即指向Ⅳ舵面（第Ⅳ象限线）。

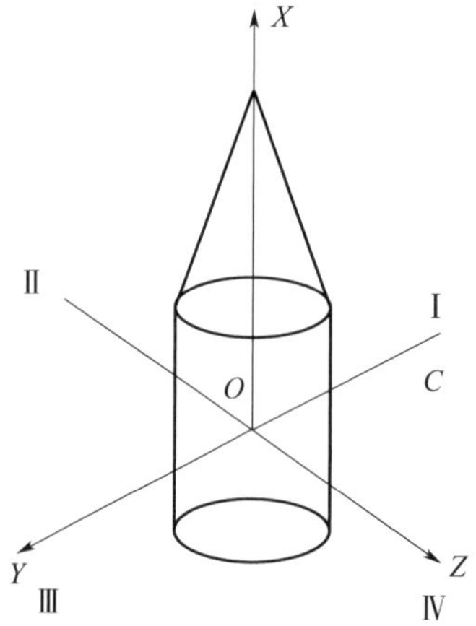

图 5－4　箭体坐标系

5.2.1.2　发射坐标系

如图 5-5 所示，发射坐标系（$O_lX_lY_lZ_l$）的定义如下：

原点 O_l：位于发射工位水平面投影点；

X_l 轴：在原点水平面内，指向发射瞄准方向；

Y_l 轴：过原点的铅垂线方向，指向地球外；

Z_l 轴：与 X_l 轴、Y_l 轴构成右手系。

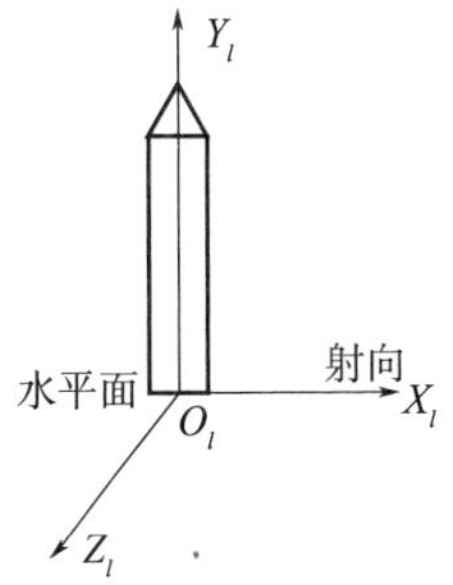

图 5-5　发射坐标系

5.2.1.3　发射惯性坐标系

发射惯性坐标系的原点与坐标平面在发射时刻与发射坐标系相同，发射后则保持原点与坐标轴在惯性空间内不变，不随地球转动，发射惯性坐标系与发射坐标系的关系如图 5-6 所示。

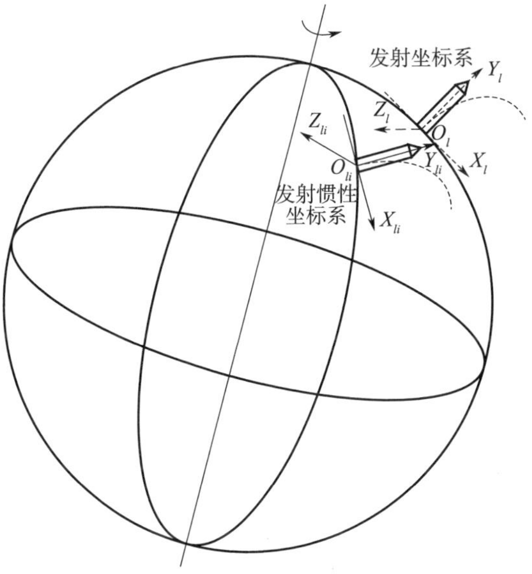

图 5-6　发射惯性坐标系与发射坐标系的关系

5.2.1.4　运载火箭姿态

运载火箭姿态，一般指箭体坐标系相对发射惯性坐标系的方位，工程中常用 3 个姿态欧拉角来描述，分别为俯仰角 φ、偏航角 ψ、滚动角（也称为倾斜角）γ。定义绕运载火箭本体 Z 轴旋转的欧拉角为俯仰角，绕 Y 轴旋转的欧拉角为偏航角，绕 X 轴旋转的欧拉角为滚动角，角度的正负号遵循右手法则。也可如下近似定义，如图 5-7 所示。

俯仰角 φ：火箭纵轴 OX 与发射惯性坐标系水平面 $X_{li}O_{li}Z_{li}$ 之间的夹角。若火箭纵轴在水平面之上，则俯仰角为正（转动角速度方向与 $O_{li}Z_{li}$ 轴的正向一致），反之为负。

偏航角 ψ：火箭纵轴 OX 在水平面 $X_{li}O_{li}Z_{li}$ 上的投影与发射惯性坐标系坐标轴 $O_{li}X_{li}$ 之间的夹角，由 $O_{li}X_{li}$ 逆时针转至火箭纵轴的投影线时，偏航角为正（转动角速度方向与 OY_{li} 轴的正向一致），反之为负。

滚动角 γ ：火箭 OY 轴与过箭体纵轴 OX 的铅垂平面之间的夹角，从箭体尾部顺 OX 轴向前看，若 OY 轴位于铅垂平面的右侧，则滚动角为正（角速度方向与 OX 轴的正向一致），反之为负。

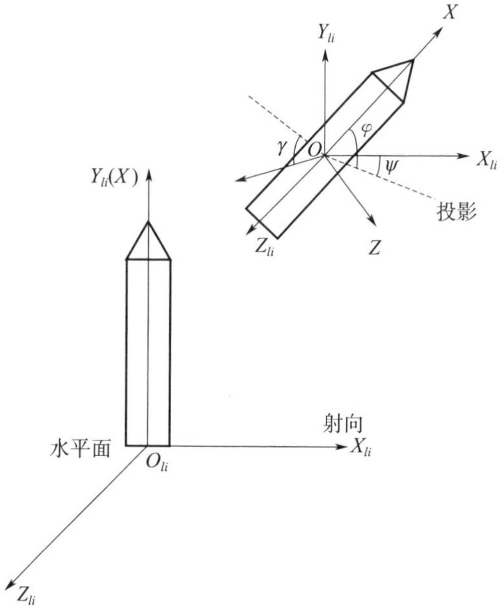

图 5 - 7　运载火箭姿态示意图

运载火箭在飞行过程中，一般通过火箭遥测直接下传其惯性导航部件测量的飞行姿态。不同型号的火箭下传姿态角的形式又有所不同，一般包括实际姿态角、实际程序角、理论程序角偏差等几种形式。实际姿态角指运载火箭惯性组件在飞行过程中实际测量得到的姿态角，实际程序角指运载火箭惯导系统用于制导的实际姿态角，理论程序角偏差则指运载火箭飞行过程中实际姿态角与理论姿态角的偏差。地面可通过实际姿态角、实际程序角＋偏差、理论程序角＋偏差的形式进行运载火箭飞行姿态监视。

5.2.2　飞行弹道监视

一般，运载火箭安装有脉冲相参应答机、GNSS 接收机、遥测发射机等合作设备，在运载火箭飞行过程中，地面雷达设备对火箭进行跟踪，可获得雷达测量数据。GNSS 接收机及运载火箭惯导系统通过箭载遥测发射机向地面遥测设备（或中继卫星）发送测量数据，地面遥测设备（或中继卫星）可实时接收获得测量数据。此外，统一测控设备对与运载火箭一起飞行的航天器进行跟踪，也可获得测速、测角、测距等外测数据，地面可根据这些数据进行计算得到轨道高度、飞行速度、近地点高度、飞行速度与地面夹角、箭下点经纬度等，用于运载火箭飞行弹道监视。

5.2.2.1　GNSS 弹道监视

GNSS 测量数据一般为建立在地球固连坐标系上的航天器位置、速度及定位时间等信息，根据利用的导航卫星系统不同，通常包括 GPS、北斗及格洛纳斯等几类数据。其中，GPS 测量数据基于 WGS－84（World Geodetic System 1984，1984 世界大地测量系统）坐标系。WGS－84 坐标系属于地心大地坐标系的一种，如图 5－8 所示，一般以 $O_eX_wY_wZ_w$ 表示，定义为：

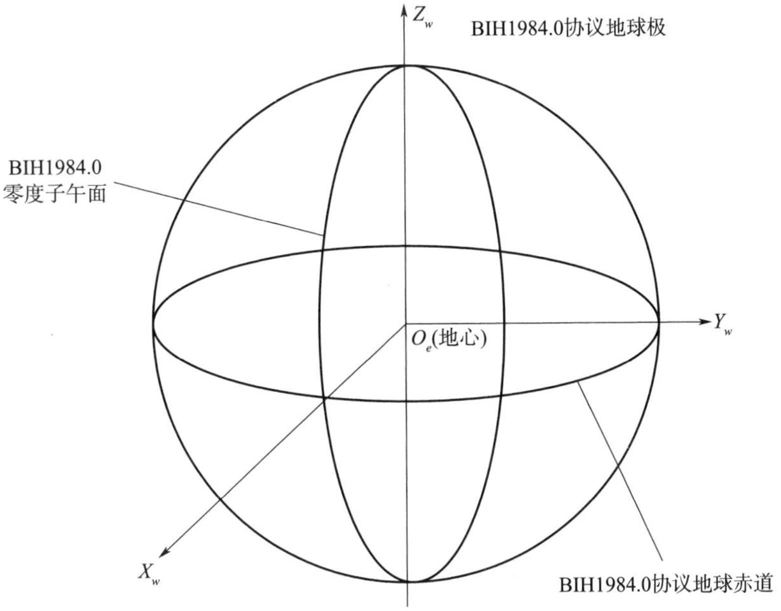

图 5－8　WGS－84 坐标系

原点 O_e ：地球质心；

X_w 轴：由地心指向 BIH1984.0 的零度子午面和 BIH1984.0 地球赤道的交点；

Z_w 轴：由地球质心指向 BIH1984.0 定义的协议地球极方向；

Y_w 轴：与 Z_w 轴、X_w 轴构成右手坐标系。

北斗测量数据则是基于北斗坐标系（BeiDou Coordinate System，BDCS），如图 5－9 所示。北斗坐标系定义与国际地球自转服务（International Earth Rotation Service，IERS）保持一致，原点 O 为地球质心，Z 轴指向 IERS 参考极方向，X 轴指向 IERS 参考子午面与通过原点且同 Z 轴正交的赤道面的交线，Y 轴与 Z 轴、X 轴构成右手坐标系。

俄罗斯的格洛纳斯系统采用 PZ－90 参考坐标系，该参考系也与国际地球自转服务基本一致，椭球定义等参数与 WGS－84、北斗坐标系略有不同，但 WGS－84 坐标系、北斗坐标系、PZ－90 坐标系均属于地球固连坐标系，几个坐标系的差别很小，通常在飞行弹道监视计算时被忽略。

假设运载火箭在地球固连坐标系下的位置、速度分量分别为 r 和 v ，其中，$r=\sqrt{X^2+Y^2+Z^2}$，$v=\sqrt{\dot{X}^2+\dot{Y}^2+\dot{Z}^2}$ ，则可计算得到运载火箭飞行高度、近地点高度、箭下点经纬度、飞行器速度方向与当地水平面夹角等。

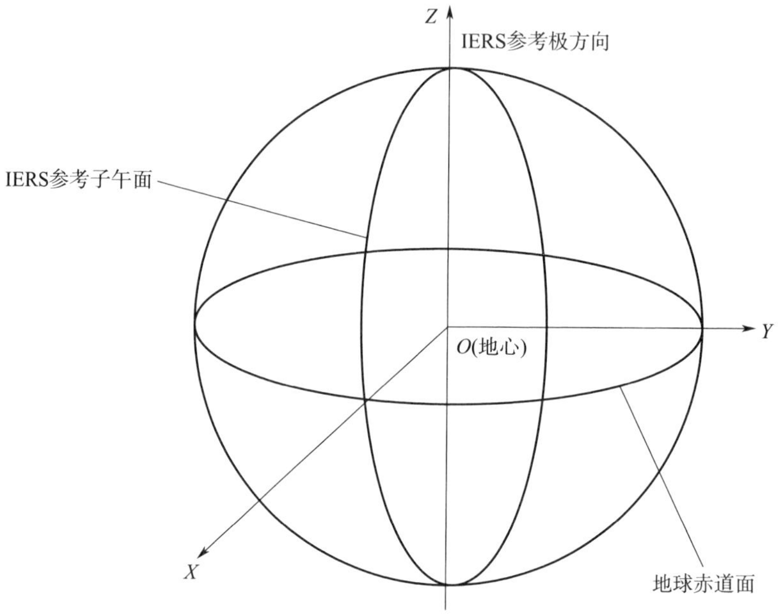

图 5－9　北斗坐标系

（1）运载火箭飞行高度

运载火箭飞行高度计算式为

$$H = r - a_e \sqrt{\frac{1 - e_E^2}{1 - e_E^2 \cos^2 \delta}} \tag{5-6}$$

式中，a_e 为地球平均赤道半径；e_E 为地球子午圈偏心率；δ 为飞行器所处的地心纬度，计算方法为

$$\delta = \arcsin \frac{Z}{r} \tag{5-7}$$

（2）近地点高度

运载火箭轨道半长轴 a 、轨道偏心率 e 通过式（5－8）和式（5－9）进行计算。

$$a = \left(\frac{2}{r} - v^2\right)^{-1} \tag{5-8}$$

$$e = \left[\left(1 - \frac{r}{a}\right)^2 + \left(rv/\sqrt{a}\right)^2\right]^{1/2} \tag{5-9}$$

则可得到飞行轨道的近地点地心距为

$$r_p = a(1 - e) \tag{5-10}$$

则近地点高度 H_p 计算方法为

$$H_p = r_p - a_e \sqrt{\frac{1 - e_E^2}{1 - e_E^2 \cos^2 \delta_p}} \tag{5-11}$$

式中，δ_p 为近地点地心纬度，计算方法为

$$\delta_p = \arcsin \frac{Z_p}{r_p} \tag{5-12}$$

（3）箭下点经度、纬度

由运载火箭地心纬度 δ 可求得对应的大地纬度 φ 为

$$\varphi = \arctan[(1-e_E^2)^{-1}\tan\delta] \tag{5-13}$$

大地经度 λ 可由地心经度 α 和对应的格林尼治平恒星时 S 求得，分别为

$$\alpha = \arctan \frac{Y}{X} \tag{5-14}$$

$$\lambda = \alpha - S \tag{5-15}$$

（4）飞行器速度方向和当地水平面夹角

飞行器速度方向与当地水平面的夹角 Θ 计算方法为

$$\Theta = \arcsin[(\boldsymbol{r}\cdot\boldsymbol{v})/(|\boldsymbol{r}|\cdot|\boldsymbol{v}|)] + \delta - \varphi \tag{5-16}$$

5.2.2.2　外测弹道监视

运载火箭在飞行过程中，雷达设备对运载火箭进行跟踪，统一测控设备对与运载火箭一起飞行的航天器进行跟踪，可获得测距、测角（方位角、俯仰角）、测速等外测数据，如图 5-10 所示，E 为俯仰角，A 为方位角，ρ 为测距，$\dot{\rho}$ 为测速。地面可根据此类测量数据实现对运载火箭飞行弹道的监视，也称为外测弹道监视。

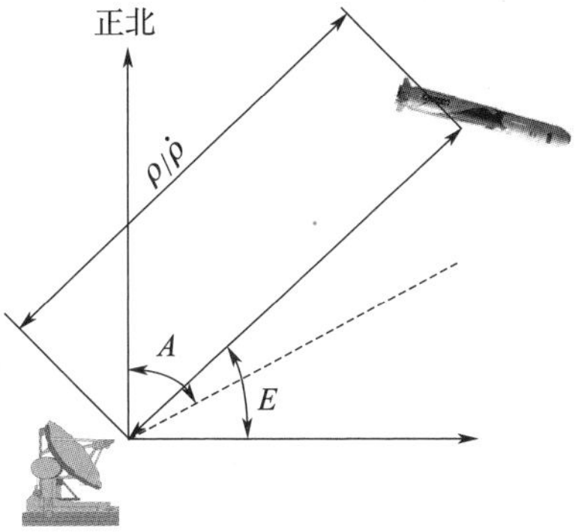

图 5-10　无线电设备跟踪示意图

外测数据观测量建立在测站坐标系下，通常为测站法线测量坐标系，其定义如图 5-11 所示，原点为测量设备中心，Z 轴与 O 点的椭球面法线重合，指向地球外，X 轴为 O 点的子午面与含 O 点且垂直于法线的平面的交线，指向大地北方向，Y 轴与 X、Z 轴构成右手系。

由于测距、测角、测速等标量值无法直接给出运载火箭飞行弹道的位置与速度分量，在计算弹道参数时需要进行重建计算。常用的计算方法有差分方法和卡尔曼滤波方法，其中，卡尔曼滤波方法中较常用的又有扩展卡尔曼滤波（EKF）、无迹卡尔曼滤波（UKF）等。

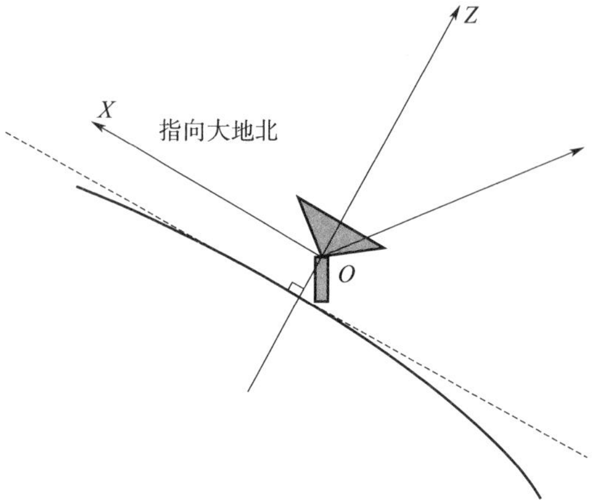

图 5－11　测站法线测量坐标系

（1）差分方法

差分方法是一种最简单的弹道计算方法。它仅适应于测距、方位角、俯仰角均存在的“完备”型外弹道测量数据。假设测距为 R ，方位角为 A ，俯仰角为 E ，则在测站法线测量坐标系下可得到航天器位置矢量 $\boldsymbol{R}_E$ 为

$$\boldsymbol{R}_E = [R\cos E\sin A \quad R\cos E\cos A \quad R\sin E] \tag{5-17}$$

由测站大地经度 (λ) 、大地纬度 (ϕ) 可计算出测站地平坐标系到地球固连坐标系的转换矩阵 $\boldsymbol{M}_S$ 为

$$\boldsymbol{M}_S = \begin{bmatrix} -\sin\lambda & -\cos\lambda\sin\phi & \cos\lambda\cos\phi \\ \cos\lambda & -\sin\alpha\sin\phi & \sin\alpha\cos\phi \\ 0 & \cos\phi & \sin\phi \end{bmatrix} \tag{5-18}$$

在图 5－12 中，设测站在地球固连坐标系上的直角坐标矢量为 $\boldsymbol{R}_{\text{Sta}}$ ，则航天器在地球固连坐标系中的位置矢量 $\boldsymbol{r}_{\text{ecf}}$ 为

$$\boldsymbol{r}_{\text{ecf}} = \boldsymbol{M}_S \boldsymbol{R}_E + \boldsymbol{R}_{\text{Sta}} \tag{5-19}$$

则由前后两点位置矢量（分别用下标 1、2 表示两点）可差分计算出航天器在地球固连坐标系下的速度值 v_{ecf} 为

$$v_{\text{ecf}} = (r_{\text{ecf2}} - r_{\text{ecf1}})/(t_2 - t_1) \tag{5-20}$$

此处给出的是两点近似差分方法，另外也可采用三点或更多的点进行差分计算。由航天器在地球固连坐标系下的位置 r_{ecf} 和速度 v_{ecf} 分量，可计算得到运载火箭飞行高度、近地点高度、箭下点经纬度、飞行器速度方向与当地水平面夹角等飞行弹道参数，具体方法参见本书 5.2.2.1 节。

（2）卡尔曼滤波方法

卡尔曼滤波方法是一类较常用的外测观测下弹道重建方法，工程上常采用的弹道计算方法有扩展卡尔曼滤波、无迹卡尔曼滤波等。

扩展卡尔曼滤波是一类广泛使用的非线性滤波器，它是一种基于均方差最小原理的、

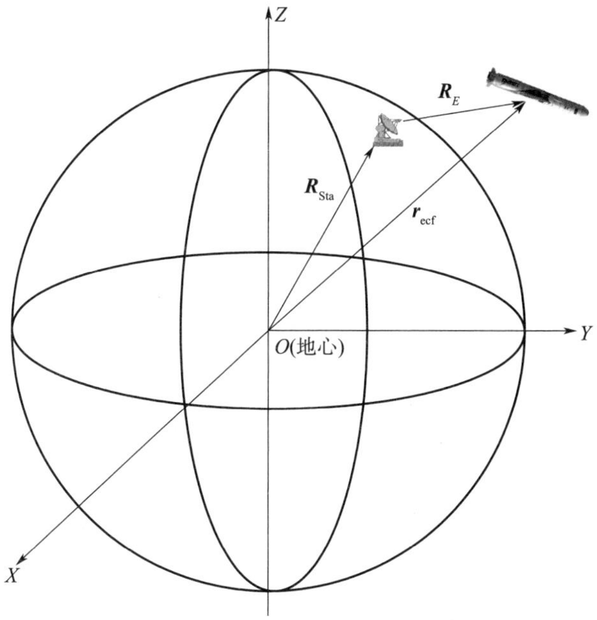

图 5－12　运载火箭测站跟踪示意图

通过对非线性函数的线性化近似处理来应用线性卡尔曼公式的滤波算法，具有算法简单和计算量较小的特点。

无迹卡尔曼滤波是一种使用采样策略近似函数非线性分布的递归贝叶斯估计算法，它的计算基础是采样变换（Unscented Transformation，UT 变换），最大特点是不需要直接对函数进行线性化处理，因而具有实现过程简单、无须求导烦琐的雅可比矩阵等优点，成为实时弹道计算中使用较多的一种方法。

采用滤波算法进行外测弹道计算的关键在于观测模型和状态外推模型的构建。观测模型可直接建立在外测数据使用的测站地平坐标系下，也可直接将测距与测角数据转化为位置分量后，建立在地球固连坐标系或 J2000.0 惯性系下，后者相对简单，但无法使用测速数据。

状态外推模型建立方法较多，但各类模型的复杂度有较大差异，按是否进行动力学建模可将其分为两大类：一类是动力学建模算法，另一类是非动力学建模算法。动力学建模算法需要按照返回过程的受力情况建立加速度计算模型，然后通过加速度模型积分进行状态外推；非动力学建模算法相对简单，常用的有两种：一是多项式模型，二是机动目标跟踪中常使用的当前统计模型。滤波状态向量的建立需包括位置分量、速度分量，以及其他一些信息，具体取决于所采用的状态外推模型。

通过滤波计算后即可获得跟踪目标每一时刻的位置及速度信息，进而可计算出轨道高度、飞行速度、近地点高度、飞行速度与地面夹角、箭下点经纬度等弹道参数，计算方法同前节。

5.2.2.3　内测弹道监视

运载火箭在飞行过程中，还可以利用其惯导平台来测算自身运动参数。惯导平台一般分为平台式惯导系统和捷联式惯导系统。平台式惯导系统在安装惯性测量装置时，使其在火箭内部空间里保持一定的姿态，即使火箭的飞行姿态发生变化，它也保持固定的姿态；而捷联式惯导系统将惯性测量装置直接固定在火箭上。惯导平台测量装置直接测得运载火箭敏感轴的视加速度，视加速度表示作用在运载火箭上除引力以外的外力所引起的加速度，通过一次积分、二次积分，即可获得运载火箭的飞行速度和位置。运载火箭在飞行过程中，通过遥测每秒下传一组自身测得的运动参数，一般称为秒节点计算机字，在一些特征点（如关机点、分离点），同时下传该时刻的运动参数，称为特征点计算机字或关机点计算机字。

无论秒节点计算机字还是特征点计算机字，一般均为运载火箭飞行过程中在发射惯性坐标系下的位置和速度矢量，如图 5－13 所示。地面可通过接收到的发射惯性坐标系下的位置、速度参数计算运载火箭飞行弹道的轨道高度、飞行速度、近地点高度、速度与地面夹角，以及箭下点等参数。

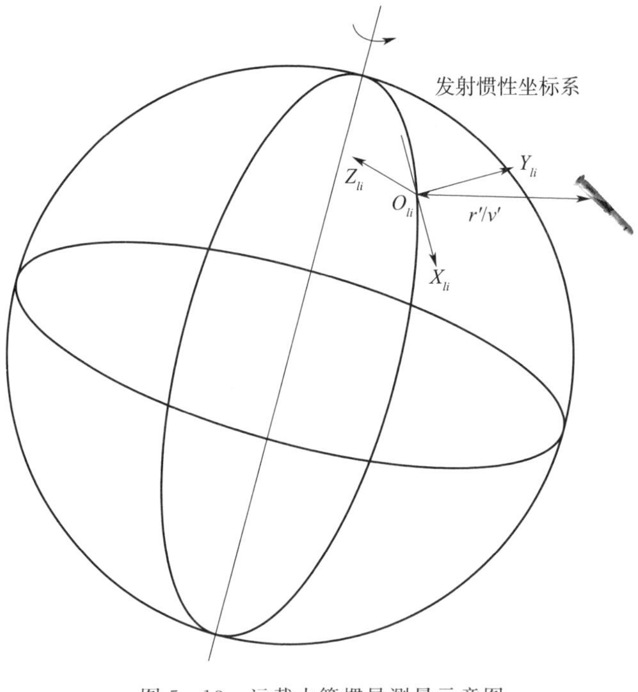

图 5－13　运载火箭惯导测量示意图

首先，将发射惯性坐标系下的位置、速度矢量进行转换，得到运载火箭在 J2000.0 地心惯性坐标系下的位置、速度矢量。其中，J2000.0 地心惯性坐标系如图 5－14 所示。

J2000.0 惯性坐标系原点为地球质心，基本平面为 J2000.0 地球平赤道面，X 轴指向基本平面内 J2000.0 平春分点。

设火箭发射方位角为 A ，发射时刻的格林尼治恒星时角为 S_{T0} ，发射点天文经度为 λ ，天文纬度为 δ ，则发射时刻发射点的赤经为 $\alpha=\lambda+S_{T0}$ ，发射惯性坐标系到地心惯性坐标系的转换矩阵 $\boldsymbol{M}$ 为

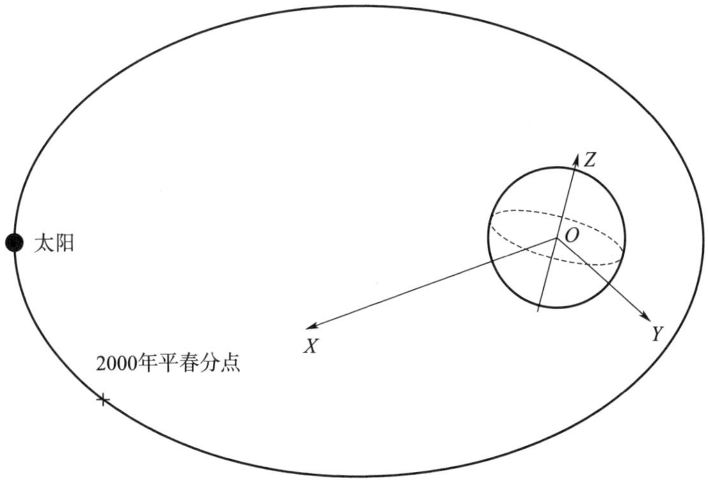

图 5－14　J2000.0 地心惯性坐标系

$$\boldsymbol{M}=\begin{bmatrix} -\sin\alpha\sin A-\cos\alpha\sin\delta\cos A & \cos\alpha\cos\delta & -\sin\alpha\cos A+\cos\alpha\sin\delta\sin A \\ \cos\alpha\sin A-\sin\alpha\sin\delta\cos A & \sin\alpha\cos\delta & \cos\alpha\cos A+\sin\alpha\sin\delta\sin A \\ \cos\delta\cos A & \sin\delta & -\cos\delta\sin A \end{bmatrix} \tag{5-21}$$

设火箭发射惯性坐标系下的位置矢量为 $\boldsymbol{r}'$，速度矢量为 $\boldsymbol{v}'$，则运载火箭在地心惯性坐标系下的位置矢量为 $\boldsymbol{r}=\boldsymbol{M}\boldsymbol{r}'$，速度矢量为 $\boldsymbol{v}=\boldsymbol{M}\boldsymbol{v}'$，其中，$\boldsymbol{r}=(x,y,z)$，$\boldsymbol{v}=(v_x,v_y,v_z)$，$x$，$y$，$z$ 和 v_x，v_y，v_z 分别为位置矢量和速度矢量在 3 个方向的分量，则有地心距为 $r=|\boldsymbol{r}|=(x^2+y^2+z^2)^{1/2}$，J2000.0 惯性坐标系下速度为 $v=|\boldsymbol{v}|=(v_x^2+v_y^2+v_z^2)^{1/2}$。

J2000.0 惯性坐标系下地心赤经、地心赤纬计算式为

$$\begin{aligned} \alpha &= \arctan(y/x) \\ \delta &= \arcsin(z/r) \end{aligned} \tag{5-22}$$

将运载火箭在 J2000.0 惯性坐标系下的位置、速度按照式（5－23）进行转换，则可得到其在地球固连坐标系下（基于国际地球参考系 ITRS）的位置 $\boldsymbol{r}_{\text{ecf}}=[x_{\text{ecf}}\quad y_{\text{ecf}}\quad z_{\text{ecf}}]$ 和速度分量 $\boldsymbol{v}_{\text{ecf}}=[v_{x\text{ecf}}\quad v_{y\text{ecf}}\quad v_{z\text{ecf}}]$。

$$\begin{aligned} \boldsymbol{r}_{\text{ecf}} &= (\boldsymbol{HG})\boldsymbol{r} \\ \boldsymbol{v}_{\text{ecf}} &\approx (\boldsymbol{HG})\dot{\boldsymbol{r}}+(\boldsymbol{HDG})\boldsymbol{r} \\ \boldsymbol{HG} &= (\boldsymbol{EP})(\boldsymbol{ER})(\boldsymbol{NR})(\boldsymbol{PR}) \\ \boldsymbol{HDG} &= (\boldsymbol{EP})(\boldsymbol{EDR})(\boldsymbol{NR})(\boldsymbol{PR}) \end{aligned} \tag{5-23}$$

式中，$\boldsymbol{PR}$ 为岁差矩阵；$\boldsymbol{NR}$ 为章动矩阵；$\boldsymbol{ER}$ 为地球自转矩阵；$\boldsymbol{EP}$ 为极移矩阵；$\boldsymbol{EDR}$ 为地球自转矩阵的导数矩阵。

由航天器在地球固连坐标系下的位置 $\boldsymbol{r}_{\text{ecf}}$ 和速度 $\boldsymbol{v}_{\text{ecf}}$ 分量，则可计算得到运载火箭飞行高度、近地点高度、箭下点经纬度、飞行器速度方向与当地水平面夹角等飞行弹道参数，

具体方法参见 5.2.2.1 节。

5.2.3 跟踪条件分析

在进行运载火箭及航天器发射方案设计时，通常需要对其天线测控角进行分析计算，以确保航区内跟踪测量设备对运载火箭及航天器的稳定跟踪。

5.2.3.1 天线安装位置

天线安装位置指天线在运载火箭箭体的安装位置，一般通过天线安装角 α 和 β 描述，如图 5-15 所示。

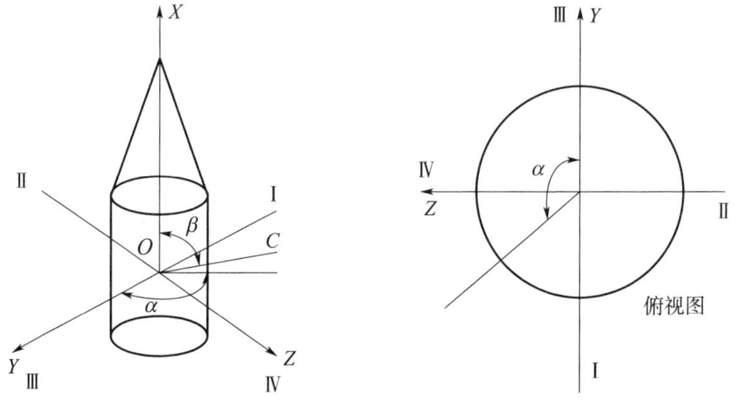

图 5-15　运载火箭天线安装角示意图

天线安装角 α：指天线在火箭横切面上的方位角，Ⅲ舵面为 0°，即与箭体坐标系 OY 轴重合，向Ⅳ舵面展开为正，即俯瞰逆时针为正，范围为 0°～360°。

天线安装角 β：指天线在火箭纵剖面上的张角，头部为 0°，即与箭体坐标系 OX 轴重合，向尾部展开为正，范围为 0°～180°。

5.2.3.2 测控天线角

测控天线角也称为天线方向角，一般也通过 α 和 β 表示。α 是指运载火箭到空间某点的连线在箭体坐标系 YOZ 面上的投影与 OY 轴的夹角，从正 X 方向向原点 O 看去，自 OY 轴起逆时针为正，其范围为 $0° \leqslant \alpha \leqslant 360°$；$\beta$ 是指天线指向与运载火箭到空间某点连线的夹角，其范围为 $0° \leqslant \beta < 180°$，如图 5-16 所示。

5.2.3.3 测控天线角计算

发射及入轨阶段在对运载火箭进行跟踪测量时，通常需要对跟踪测量设备的测控天线角进行计算，以便结合测控天线方向图，对其跟踪条件进行分析。下面介绍测控天线角计算的基本原理。

通常，计算测控天线角需要运载火箭理论飞行弹道及姿态、跟踪测站坐标、发射场坐标、发射方位角及发射时刻等参数。其中，运载火箭飞行弹道一般为地球固连坐标系下相对 t_0（发射时刻）的位置分量，分别表示为 t_{xyz}（对于 t_0 的时间）、x、y、z，运载火箭姿

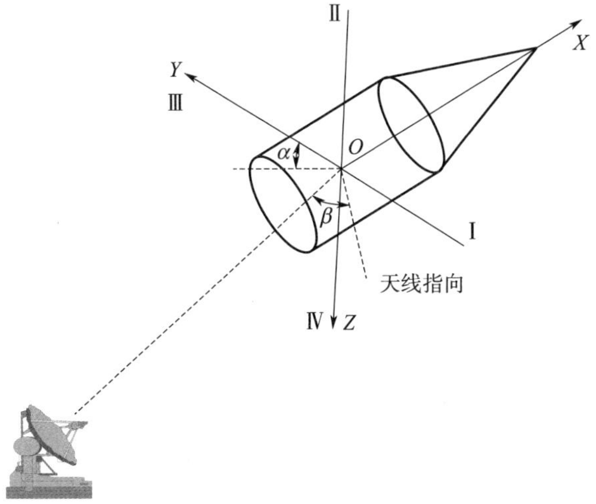

图 5-16　测控天线角示意图

态为相对 t_0 的时间，发射惯性坐标系下的俯仰角、偏航角、滚动角，分别表示为 $t_{\varphi\gamma\psi}$ 、φ、ψ、γ ，跟踪测站坐标为 λ_s、ϕ_s、H_s ，表示经度、纬度和高程，发射场的坐标为 λ_l 、ϕ_l、H_l ，分别为经度、纬度和高程，发射方位角为 α_{fw} ，发射时刻为 JD_0、TS_0。

记地球固连坐标系到地球赤道惯性坐标系的转换矩阵为 $\boldsymbol{E}_I$ ，地心赤道惯性坐标系到发射惯性坐标系的转换矩阵为 $\boldsymbol{MT}$ ，发射惯性坐标系到箭体坐标系的转换矩阵为 $\boldsymbol{BT}$ ，则有地球固连坐标系到箭体坐标系的转换矩阵 $\boldsymbol{H}$ 为

$$\boldsymbol{H}=\boldsymbol{BT}\cdot\boldsymbol{MT}\cdot\boldsymbol{E}_I \tag{5-24}$$

其中

$$\boldsymbol{BT}=\begin{bmatrix}\cos\varphi\cos\psi & \sin\varphi\cos\psi & -\sin\psi\\ \cos\varphi\sin\psi\sin\gamma-\sin\varphi\cos\gamma & \sin\varphi\sin\psi\sin\gamma+\cos\varphi\cos\gamma & \cos\psi\sin\gamma\\ \cos\varphi\sin\psi\cos\gamma+\sin\varphi\sin\gamma & \sin\varphi\sin\psi\cos\gamma-\cos\varphi\sin\gamma & \cos\psi\cos\gamma\end{bmatrix}$$

$$\boldsymbol{E}_I=\begin{bmatrix}\cos St & -\sin St & 0\\ \sin St & \cos St & 0\\ 0 & 0 & 1\end{bmatrix}$$

$$\boldsymbol{MT}=\begin{bmatrix}-\sin\alpha_{fw}\sin\alpha_1-\cos\alpha_{fw}\sin\phi_l\cos\alpha_1 & \sin\alpha_{fw}\cos\alpha_1-\cos\alpha_{fw}\sin\phi_l\sin\alpha_1 & \cos\alpha_{fw}\cos\phi_l\\ \cos\phi_l\cos\alpha_1 & \cos\phi_l\sin\alpha_1 & \sin\phi_l\\ -\cos\alpha_{fw}\sin\alpha_1+\sin\alpha_{fw}\sin\phi_l\cos\alpha_1 & \cos\alpha_{fw}\cos\alpha_1+\sin\alpha_{fw}\sin\phi_l\sin\alpha_1 & -\sin\alpha_{fw}\cos\phi_l\end{bmatrix}$$

式中，St 为对应历元的恒星时；$\alpha_1=\lambda_l+S$；S 为发射时刻 JD_0、TS_0 对应的恒星时。

如图 5-17 所示，测站站址在地球固连坐标系中的分量 $\boldsymbol{r}'_s$ 如式（5-25）所示，其中 $N=\dfrac{a_e}{\sqrt{\cos^2\phi_s+(1-f)^2\sin^2\phi_s}}$，$f$ 为地球扁率。

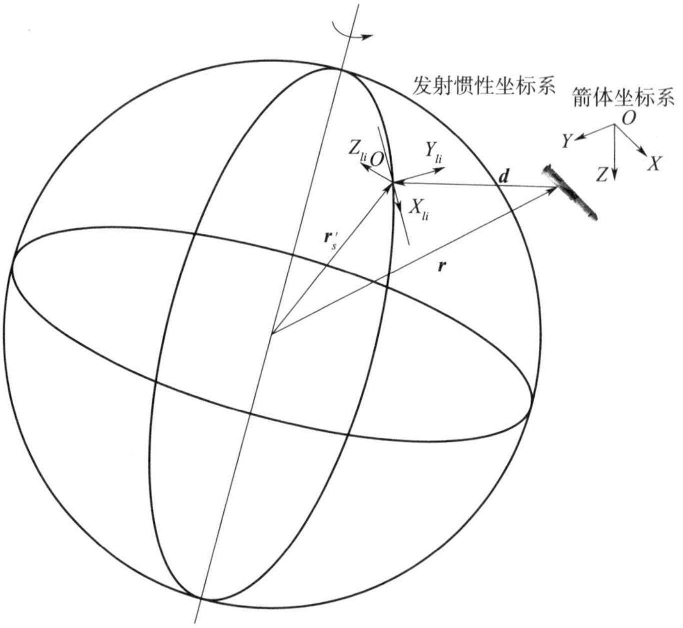

图 5-17　运载火箭跟踪示意图

$$\boldsymbol{r}'_s=\begin{bmatrix} x'_s \\ y'_s \\ z'_s \end{bmatrix}=\begin{bmatrix} (N+H_s)\cos\phi_s\cos\lambda_s \\ (N+H_s)\cos\phi_s\sin\lambda_s \\ [N(1-f)^2+H_s]\sin\phi_s \end{bmatrix} \tag{5-25}$$

运载火箭到测站的指向在地球固连坐标系中的分量 $\boldsymbol{d}$ 为

$$\boldsymbol{d}=\begin{bmatrix} \mathrm{d}x_s \\ \mathrm{d}y_s \\ \mathrm{d}z_s \end{bmatrix}=\boldsymbol{r}'_s-\boldsymbol{r}=\begin{bmatrix} x'_s-x \\ y'_s-y \\ z'_s-z \end{bmatrix} \tag{5-26}$$

则根据坐标转换，运载火箭到测站指向在箭体坐标系的分量 $\boldsymbol{d}_s$ 为

$$\boldsymbol{d}_s=\begin{bmatrix} \mathrm{d}s_x \\ \mathrm{d}s_y \\ \mathrm{d}s_z \end{bmatrix}=\boldsymbol{H}\cdot\boldsymbol{d}=\boldsymbol{H}\begin{bmatrix} \mathrm{d}x_s \\ \mathrm{d}y_s \\ \mathrm{d}z_s \end{bmatrix} \tag{5-27}$$

则测控天线角 α 计算式为

$$\begin{aligned} &\text{当 } \mathrm{d}s_y>0, \mathrm{d}s_z>0 \text{ 时}, \alpha=\arctan\frac{\mathrm{d}s_z}{\mathrm{d}s_y} \\ &\text{当 } \mathrm{d}s_y>0, \mathrm{d}s_z<0 \text{ 时}, \alpha=360^\circ+\arctan\frac{\mathrm{d}s_z}{\mathrm{d}s_y} \\ &\text{当 } \mathrm{d}s_y<0 \text{ 时}, \alpha=180^\circ+\arctan\frac{\mathrm{d}s_z}{\mathrm{d}s_y} \end{aligned} \tag{5-28}$$

根据运载火箭天线安装角和飞行姿态，可以得到天线指向在发射惯性坐标系中的矢量 $\boldsymbol{r}'_a$，表示为 $\boldsymbol{r}'_a=[x'_a,\ y'_a,\ z'_a]^{\mathrm{T}}$，则天线指向在地心惯性坐标系中的矢量 $\boldsymbol{r}_a$ 计算方

法为

$$\boldsymbol{r}_a = \begin{bmatrix} x_a \\ y_a \\ z_a \end{bmatrix} = \boldsymbol{M}\,\boldsymbol{r}'_a = \boldsymbol{M}\begin{bmatrix} x'_a \\ y'_a \\ z'_a \end{bmatrix} \tag{5-29}$$

式中，$\boldsymbol{M}$ 为发射惯性坐标系到地心惯性坐标系的转换矩阵，有 $\boldsymbol{M}=\boldsymbol{M}\boldsymbol{T}^{\mathrm{T}}$ ，则天线指向在地心惯性坐标系中的赤经 α_a 、赤纬 δ_a 分别为 $\alpha_a=\arctan\dfrac{y_a}{x_a}$，$\delta_a=\arcsin z_a$ ，天线指向在地球固连坐标系中的经度 λ_a 、纬度 ϕ_a 分别为 $\lambda_a=\alpha_a-St$，$\phi_a=\delta_a$，St 为对应历元的恒星时。

运载火箭到测站指向在地球固连坐标系中的经度 λ_s 、纬度 ϕ_s 计算式为

$$\begin{aligned} \lambda_s &= \arctan\frac{\mathrm{d}y_s}{\mathrm{d}x_s} \\ \phi_s &= \arctan\frac{\mathrm{d}z_s}{\sqrt{\mathrm{d}x_s^2+\mathrm{d}y_s^2}} \end{aligned} \tag{5-30}$$

天线方向角 β 计算式为

$$\beta=\arccos\left[\sin\phi_a\sin\phi_s+\cos\phi_a\cos\phi_s\cos(\lambda_a-\lambda_s)\right] \tag{5-31}$$

5.2.4　分离点火箭姿态

分离时刻运载火箭姿态计算的主要目的是对航天器初始轨道进行分离力修正（详见本书 9.2 节）。航天器与运载火箭分离后，根据分离方式不同，通常需要根据分离力在惯性空间指向对航天器初始轨道进行分离力修正。分离时刻运载火箭姿态通常用运载火箭纵轴（$+X$）在天球坐标系中的指向（赤经、赤纬）进行描述，可通过火箭在飞行过程中下传的三轴姿态角（滚动角、俯仰角、偏航角）计算得到。

5.2.4.1　天球坐标系

天球坐标系通常用来在天文学中描述天体在天球上的位置，是以天极和春分点作为定向基准的一类坐标系统。常用的天球坐标系有地心真赤道坐标系、地心平赤道坐标系、地心黄道坐标系及日心黄道坐标系等。无论哪种天球坐标系，一般均有两种表现形式：直角坐标和极坐标。

以地心平赤道天球坐标系为例，原点为某一历元时刻的平赤道面，基本方向为 X 轴在平赤道面内指向该历元时刻的平春分点，Z 轴指向该历元时刻的平天极的地心天球坐标系，也称为地心惯性坐标系。标准历元 J2000.0 地心惯性坐标系参数的直角坐标形式一般用 $OX_{gi}Y_{gi}Z_{gi}$ 表示，如图 5-18 所示，定义如下：

原点 O ：地球质心；

X_{gi} 轴：在平赤道面上，指向标准历元 J2000.0 平春分点；

Z_{gi} 轴：指向标准历元 J2000.0 的平天极；

Y_{gi} 轴：与 Z_{gi} 轴、X_{gi} 轴构成右手坐标系。

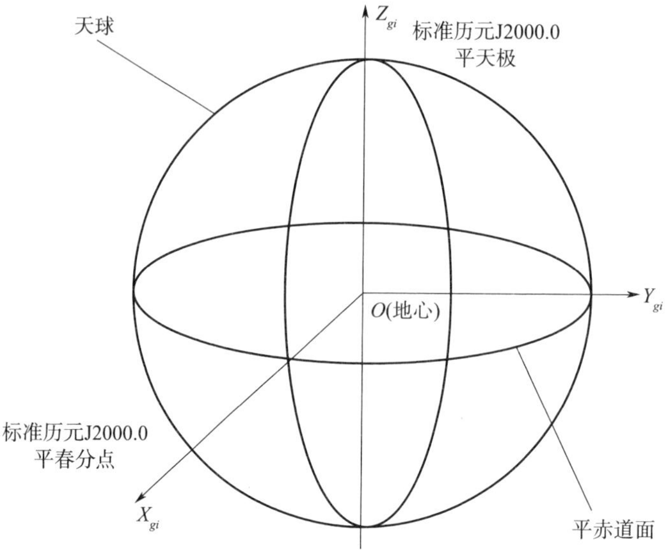

图 5-18　地心惯性坐标系直角坐标

5.2.4.2　分离点火箭姿态计算

运载火箭分离点姿态计算一般选择 J2000.0 地心惯性坐标系为参考坐标系坐标。假设分离时刻运载火箭姿态角分别为：俯仰角 φ 、偏航角 ψ 、滚动角 γ ，要利用其相对发射惯性坐标系的姿态角计算其纵轴相对地心惯性坐标系的赤经和赤纬，首先要进行发射惯性坐标系与地心惯性坐标系的坐标转换。

设发射方位角为 A ，发射时刻的格林尼治恒星时角为 S_{T0} ，发射点的地理经度为 λ ，地理纬度为 δ，$\alpha=\lambda+S_{T0}$ 为发射时刻发射点的赤经，则从发射惯性坐标系到地心惯性坐标系的转换矩阵 $\boldsymbol{R}$ 为

$$\boldsymbol{R}=\begin{bmatrix} -\sin\alpha\sin A-\cos\alpha\sin\delta\cos A & \cos\alpha\cos\delta & -\sin\alpha\cos A+\cos\alpha\sin\delta\sin A \\ \cos\alpha\sin A-\sin\alpha\sin\delta\cos A & \sin\alpha\cos\delta & \cos\alpha\cos A+\sin\alpha\sin\delta\sin A \\ \cos\delta\cos A & \sin\delta & -\cos\delta\sin A \end{bmatrix} \tag{5-32}$$

火箭体轴在发射惯性坐标系的单位矢量定义为

$$\boldsymbol{P}_F=\begin{bmatrix} \cos\varphi\cos\psi \\ \sin\varphi\cos\psi \\ -\sin\psi \end{bmatrix} \tag{5-33}$$

可得到 $\boldsymbol{P}_F$ 在地心惯性坐标系的单位矢量 $\boldsymbol{P}=(P_x, P_y, P_z)$ 为

$$\boldsymbol{P}=\boldsymbol{R}\boldsymbol{P}_F \tag{5-34}$$

则火箭纵轴的赤经 α_s 及赤纬 δ_s 为

$$\begin{cases} \alpha_s=\arctan\dfrac{P_y}{P_x} \\ \delta_s=\arcsin P_z \end{cases} \tag{5-35}$$

5.3 发射窗口

发射场位置、发射方位角和发射时刻是航天发射的三要素，在给定发射点位将航天器送入预定轨道的时间集合称为发射窗口。运载火箭通过弹道设计，将航天器送入预定轨道。其中，轨道半长轴、偏心率、倾角与发射时刻无关，但轨道平面在空间中的位置（升交点赤经）与发射方位角和发射时刻有关。一般，运载火箭将航天器送入预定轨道时不进行横向机动，因此，航天器轨道平面在空间的方位由发射场的地心纬度 ϕ 、发射方位角 A 和发射时刻 t_L 共同决定。

以发射场位于北半球为例，如图 5－19 所示，发射方位角 A 定义为运载火箭飞行方向与正北方向的夹角，顺时针为正。由球面三角关系，可得轨道倾角与发射方位角的关系为

$$\cos i = \begin{cases} \sin A \cos\phi, & i \leqslant 90^\circ \\ -\sin A \cos\phi, & i \geqslant 90^\circ \end{cases} \tag{5-36}$$

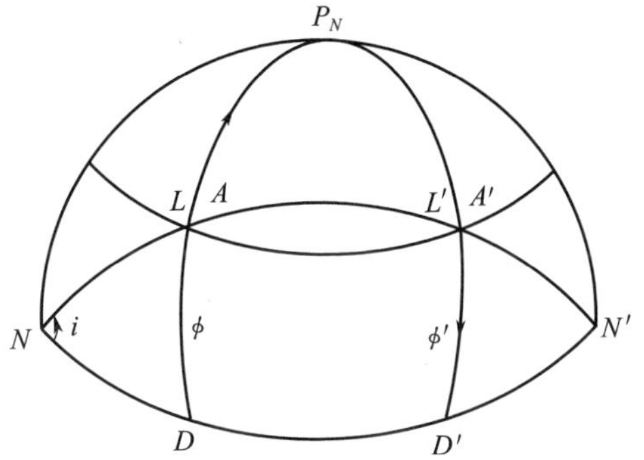

图 5－19　发射方位示意图

可见，为了实现给定的轨道倾角，发射方位角有双解，发射所得的轨道倾角必大于发射点的地心纬度 ϕ 。事实上，轨道平面是固定在惯性空间内的，发射点位于旋转的地球上，地球自转时，会带动发射地点每天在轨道下经过两次。当 $0^\circ < A < 90^\circ$ 时，在图 5－19 中球面上的位置 L 发射，即升轨发射；当 $90^\circ < A' < 180^\circ$ 时，在图 5－19 中球面上的位置 L' 发射，即降轨发射。两种发射方式都能获得期望的轨道，且有 $A + A' = 180^\circ$ 。

如果要求轨道倾角大于 90° ，则当 $0^\circ < A < 90^\circ$ 时，升轨发射，方向西北；当 $90^\circ < A' < 180^\circ$ 时，降轨发射，方向西南。

为了实现给定的升交点赤经 Ω ，由球面几何可得，发射时刻发射场的恒星时角应为

$$\begin{cases} t_{\gamma L} = \Omega + \Omega_D (\text{升轨发射}) \\ t_{\gamma L} = \Omega - \Omega_D + 180^\circ (\text{降轨发射}) \end{cases} \tag{5-37}$$

式中，Ω_D 为赤道上发射时刻发射场子午线的节点 D 与升交点 N 或降交点 N' 的夹角（向东为正，向西为负）。根据球面三角关系，有

$$\Omega_D = \pm \arcsin\left(\frac{\tan\phi}{\tan i}\right) \tag{5-38}$$

对升轨发射，取正号；对降轨发射，取负号。例如，$i < 90^\circ$ 时，则 $\Omega_D > 0$，发射场子午圈节点 D 位于升交点 N 的东侧；$i > 90^\circ$ 时，则 $\Omega_D < 0$，D 位于 N 的西侧。

发射时刻发射场的恒星时角等于发射日格林尼治午夜的恒星时角 $t_{\gamma G}$ 、发射场经度 λ 及发射时刻的世界时角 $\omega_e t_L$ 之和。从发射至卫星入轨还需经历时间 t_A ，因此实际发射时间应比设定时间提前 t_A 。以升轨发射为例，为了实现升交点赤经为 Ω 的轨道，发射时刻的世界时 t_L 应按式（5－39）确定（按小时计算）。

$$t_L = \frac{1}{15}\left[\Omega + \arcsin\left(\frac{\tan\phi}{\tan i}\right) - t_{\gamma G} - \lambda\right] - t_A \tag{5-39}$$

5.3.1　发射窗口约束

一般，限制发射窗口的条件主要有：

1）航天器运行期间，太阳对地面观测目标的照明要求；

2）入轨初期或关键事件期间，航天器热控或能源需求，要求阳光照射太阳帆板或保持一定的方向；

3）航天器姿态测量部件对地球、卫星、太阳的几何关系的要求；

4）航天器对地影时间长短及进出地影时所处轨道位置的要求；

5）交会对接、星座组网等对航天器轨道平面的要求；

6）深空探测，对目标探测行星的空间位置要求。

总的来说，航天器发射窗口的约束可分为阳光照射约束、轨道平面及相位约束、空间位置约束等几类。

5.3.1.1　阳光照射约束

阳光照射是航天器在空间正常运行的重要条件，因此也成为发射窗口的重要约束之一。阳光照射对发射窗口的约束又可以分为两类：一类是航天器对地面目标进行可见光观测时，除满足覆盖要求外，还必须满足阳光照明条件；另一类是航天器在特定的飞行阶段，因电源、温控及控制分系统等需求，要求阳光在一定角度和范围内照射航天器。

（1）阳光照明条件

阳光照明条件主要针对可见光观测卫星而言，当卫星的覆盖角不大时，可将地面目标近似看作点目标，地面目标为阳光照明的要求等价于星下点为阳光照明的要求。为了描述星下点照明条件，定义星下点的天顶方向与太阳方向的地心张角为太阳天顶距，即太阳与星下点的地心矢径之间的夹角，记为 δ ，如图 5－20 所示。若将太阳方向与星下点处当地水平面的夹角定义为太阳高度角，记为 h_s ，显然满足式（5－40）

$$\delta + h_s = 90^\circ \tag{5-40}$$

一般说来，当卫星沿轨道运行一圈时，总有一段星下点轨迹为阳光照明，而其余部分处于阴影之中。星下点轨迹为阳光照明的弧段称为可见弧段，反之称为不可见弧段。在可见弧段上，太阳对任一点的天顶距应满足 $\delta \leqslant 90°$。对地面目标摄影时，为了获得清晰的照片，对天顶距的要求还要苛刻一些，通常要求 $\delta_{max} \leqslant 75°$，即太阳高度角不小于 15°时，卫星可对地面目标进行观测。

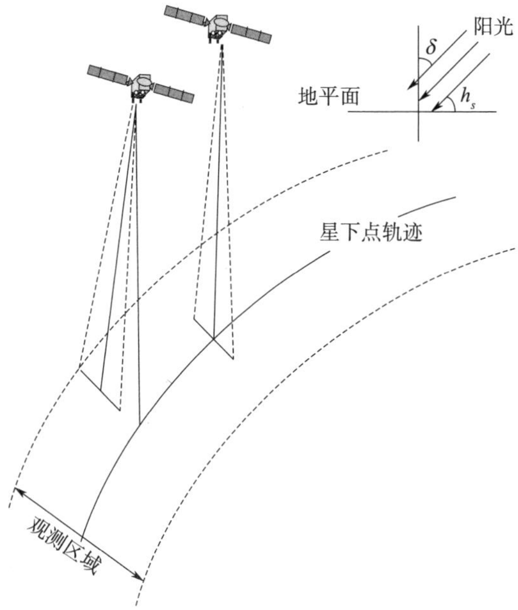

图 5 - 20　阳光照明示意图

(2) 轨道受晒条件

太阳照射地球时，在地球背向太阳的一面将产生地影。

如图 5 - 21 所示，由于太阳的大小以及太阳与地球间的距离不够远，使得射向地球的阳光并不是严格的平行光，地球在阳光照射下产生的地影由本影区和半影区组成。本影区是阳光全部为地球遮蔽的区域，半影区是阳光部分为地球遮蔽的区域，图中 r_{ES} 为日地距离，R_S 为太阳半径，δ_u 和 δ_p 分别称为本影角和半影角，本影角的大小约为 15.8′，半影角的大小约为 16.2′。地球本影区为一圆锥体，高度近似为 $127R_E$（R_E 为平均地球半径）。由于 δ_u 和 δ_p 为小角，一般，当航天器运行的高度小于 $10R_E$ 时，可将地影近似看作半径等于 R_E 的圆柱体的本影，阳光近似看作平行光。当航天器飞进地影时，将无法接收阳光照射，此时称为星蚀；反之，航天器将受阳光照射，称为受晒。

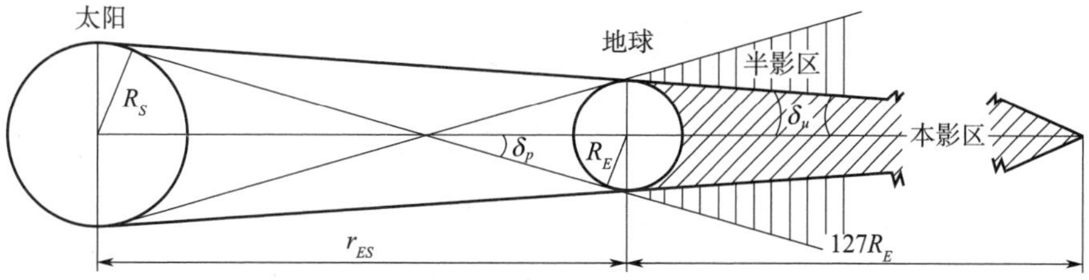

图 5 - 21　地影示意图

阳光对航天器的照射情况将直接影响航天器太阳电池阵的供电情况、热控系统设计，甚至特定飞行阶段姿轨控分系统的工作情况。航天器发射窗口（日期和时间）会影响航天器在特定飞行阶段的轨道受晒条件，因此，轨道受晒要求也成为航天器发射窗口的约束因素之一。

5.3.1.2　轨道平面及相位约束

除阳光窗口约束外，还有一类比较特殊的约束条件：轨道平面约束和相位约束，通常出现在交会对接、星座组网等航天发射任务中。

航天器轨道平面修正需要消耗大量推进剂，因此，交会对接或星座组网航天器发射时，应尽量将追踪航天器发射到与目标航天器共面的轨道上，或将组网航天器发射到与在轨运行航天器同一或指定的轨道平面要求范围内，也对航天器轨道倾角和升交点赤经进行了约束。轨道平面约束的一类特殊情况为共面约束，航天器交会对接通常要求进行交会对接的两个航天器在同一个轨道面内，如图 5－22 所示。航天器 A 为已在轨运行目标航天器，要求发射的追踪航天器 B 入轨后与 A 位于同一个轨道面内。根据发射场纬度，通过选择合适发射方位角，可实现追踪航天器与目标航天器轨道倾角相同，式（5－31）给出了明确的关系式。而相同的升交点赤经需要在满足其他约束条件的发射窗口集合内，选择特定的时刻发射获得。轨道平面在惯性空间固定，所以发射窗口即是发射场自转经过轨道下方的时刻。可见，若希望有发射窗口，发射场必须过轨道平面，追踪航天器只有在该时刻发射入轨，其初始轨道的 Ω 才有可能与目标航天器轨道的 Ω 相同。考虑到发射方位角的因素，追踪航天器每天都有一次降轨和一次升轨的发射机会与目标航天器轨道共面。根据两航天器发射时间间隔，选择目标航天器和追踪航天器满足交会对接要求的日期实施共面发射。由式（5－34）可知，轨道共面是在可发射日精确确定发射时刻的必要条件。

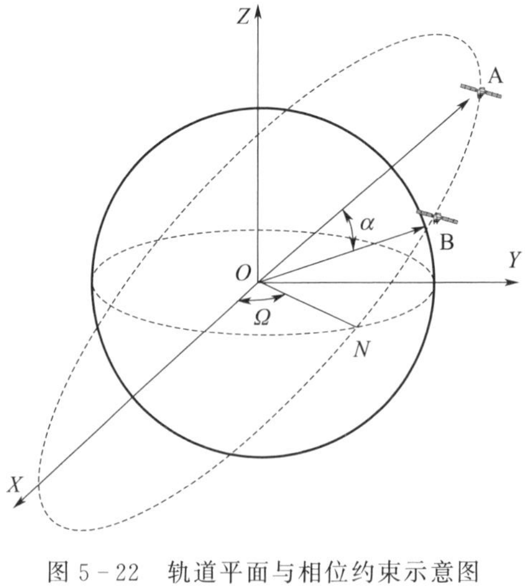

图 5－22　轨道平面与相位约束示意图

相位约束多用于星座组网过程中，如图 5－22 所示，即要求发射航天器 B 与基准航天器 A 之间的相位满足一定的关系 α 。发射窗口的共面约束决定了每天的发射时刻，而不同的发射日期，又决定了航天器入轨后与目标航天器之间的相位差。交会对接或星座组网航天器入轨后，通常与目标航天器存在着一定的初始相位差，然后通过调相过程来对相位差进行弥补。若要求在指定时间内完成交会对接或星座组网，则需要对航天器与目标航天器的初始相位差进行约束，进而约束发射日期。对于星座组网航天器，可以是同一轨道面内的相位约束，也可以是不同轨道面间的相位约束。

5.3.1.3　其他约束

（1）测控条件约束

航天器根据其飞行程序设计，对于一些关键的飞行事件，在特定的飞行阶段，也会出现对地球、航天器、太阳的几何关系要求，以满足地面对航天器的测控跟踪条件约束。

（2）空间位置约束

空间位置约束对航天器发射窗口的约束，主要适用于深空探测器。太阳系内其他行星与地球一样绕太阳运行。由于运行周期不同，地球与行星间的距离变化很大，近则几千万千米，远则可达数亿至数十亿千米。若需进行行星际探测，通常在地球与行星的会合期附近，结合转移轨道设计，选择合适的发射窗口，使探测器转移时间最短，提高探测的成功率。

5.3.2　典型轨道航天器发射窗口

在实际工程应用中，对于不同类型的航天器发射窗口计算，其主要区别在于考虑的约束条件不同。

5.3.2.1　太阳同步轨道

太阳同步轨道多用于对地观测航天器，其发射窗口属于典型的阳光窗口。

太阳同步轨道航天器轨道高度和轨道倾角一一对应（详见本书第 10 章），因此，其发射时刻取决于轨道倾角、降交点地方时及发射弹道决定的航天器分离点地理经度和纬度。

假设某太阳同步轨道航天器分离点地理经度 α 、纬度 δ 坐标分别为 105.622°E、15.497°N，发射至航天器分离总飞行时间 T_{total} 为 698 s，降交点地方时 T_{LTDN} 为 10：30 am。航天器从入轨点到降交点的角距 θ_D 为

$$\theta_D = \arcsin\left[\frac{\sin\delta}{\sin(180^\circ - i)}\right] = 15.652^\circ \tag{5-41}$$

式中，δ 为入轨点纬度；i 为初始轨道倾角（平均值）。

则初始轨道对应的降交点经度 α_D 为

$$\alpha_D = \alpha - \arccos\left(\frac{\cos\theta_D}{\cos\delta}\right) = 103.395^\circ \tag{5-42}$$

航天器入轨的北京时间 $T_{\text{injection}}$ 计算式如式（5-43），即 11：36：25 am。

$$T_{\text{injection}} = T_{\text{LTDV}} - \alpha_D/15 + 8 = 11.607 \text{ am} \tag{5-43}$$

再根据航天器从发射到星箭分离点的飞行时间，可以求得航天器的标称发射北京时间计算式如式（5-44），即 11：24：47 am。

$$T_{\text{lauch}} = T_{\text{injection}} - T_{\text{total}} = 11.413 \text{ am} \tag{5-44}$$

5.3.2.2　地球静止轨道

地球静止轨道航天器通常采取过渡入轨方式，航天器与运载火箭分离后，先进入地球同步转移轨道，一般经过数次远地点变轨后最终到达定点位置。在航天器入轨、远地点变轨及定点捕获整个过程中，航天器能源、控制等分系统对光照等有着较为严格的约束，因此，地球静止轨道航天器发射窗口可以看成一个阳光约束窗口。此外，轨道转移过程中，测控条件对发射窗口也有一定的约束。

如图 5-23 所示，一般将航天器到地心矢量和航天器到太阳矢量之间的夹角定义为日星地夹角 θ_{se} ，航天器 $+Z$ 轴方向和航天器到地面站矢量之间的夹角定义为天线覆盖角 θ_{st} 。太阳方向与帆板法向的夹角定义为太阳与帆板法向夹角 θ_s 。以某地球静止轨道卫星为例，其发射窗口约束一般包含以下几个方面：

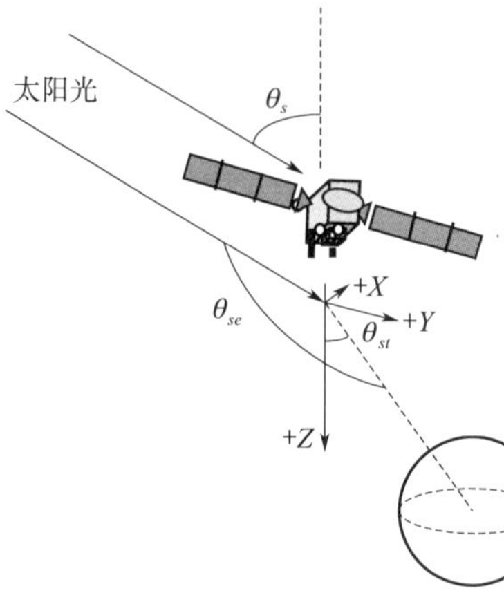

图 5-23　太阳-航天器-地球位置示意图

1）电源分系统约束。卫星蓄电池组在起飞前 10 min 开始负载供电，一直到太阳翼展开后转向太阳为止，此时蓄电池供电时间已达 85 min，时间过长将影响蓄电池安全，因此，要求转移轨道的地影时间长度小于 40 min，并且在 1～500 min 内无地影。此外，远地点点火时，要求太阳与帆板法向夹角 θ_s 小于60°。

2）控制分系统约束。控制分系统约束主要有两个方面：一方面，航天器与运载火箭分离后，需要完成太阳捕获，尽快进入对日巡航模式，因此要求分离后数分钟内卫星出地影；另一方面，在数次远地点点火过程中，航天器姿态由对日巡航转向地球捕获并基于星敏感器测量数据完成陀螺标定。若使用太阳敏感器进行姿态测量，则要求日星地夹角 θ_{se} 大于125°；若使用星敏感器进行姿态测量，则要求太阳光不能进入星敏感器视场（太阳矢量与星敏感器光轴夹角大于 30°）。

3）测控条件约束。卫星与运载火箭分离后 25 min 卫星开始进行太阳帆板展开工作，全部测控工作在 150 min 结束，要求测控站从星箭分离后 22～180 min 对卫星进行跟踪测控。此外，远地点变轨期间，要求发动机点火前 200 min 开始，到卫星转入对日巡航姿态结束，地面站可对卫星进行跟踪测控，要求 θ_{st} 不大于 70°，且测站仰角大于 5°。

根据上述该地球静止轨道卫星对发射窗口的约束，进行分析计算，全年的发射窗口计算如图 5-24 所示。

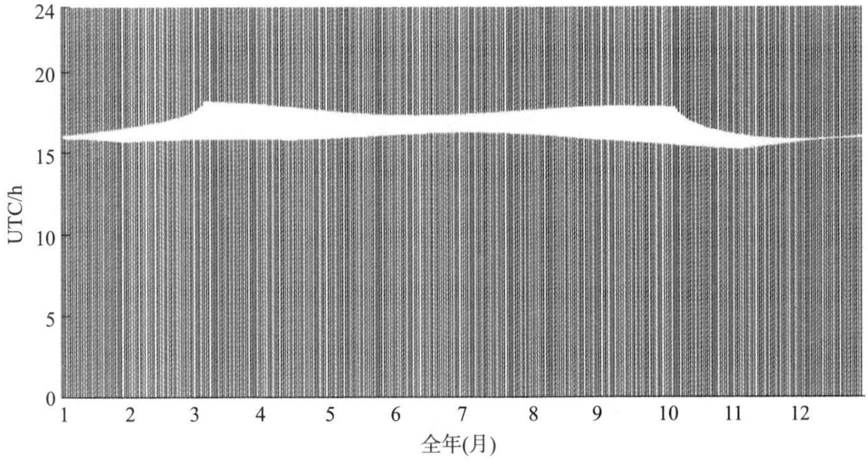

图 5-24　某地球静止轨道卫星发射窗口计算

由图 5-24 可以看出，对于此类地球静止轨道卫星，全年不同的月份其发射窗口前沿和宽度均不同，但基本在零点（北京时间）附近，这也是我国地球静止轨道卫星大多选择午夜进行发射的原因。

事实上，对于地球静止轨道卫星，一般在定点时对升交点赤经 Ω 有较为严格的约束。在转移轨道控制过程中，减小 Ω 的控制量则可以节省卫星转移轨道控制过程中的推进剂消耗。降低转移轨道控制过程中 Ω 的控制量可以有两种方式：一是在全年范围内调整发射日期；二是在确定的发射日期内尽可能选择合适的发射时间。这两种方式均可以让星箭分离轨道的升交点赤经接近目标升交点赤经。

随着一些地球静止轨道卫星控制分系统的改进，使得卫星在远地点点火可以使用星敏感器进行陀螺标定或姿态确定，期间对日星地夹角 θ_{se} 不再有强约束，进而对同一天内的发射时间约束降低，使得通过调整发射时间降低升交点赤经调整量的方法可行，有利于延长卫星的使用寿命。

5.3.2.3　星座组网

星座组网发射属于典型的轨道平面及相位约束窗口。如前所述，由于有轨道平面约束，组网星每天的发射时刻具有较为严格的限制，可以根据具体星座组网要求计算得到，但通常不同的发射日期窗口又与基准星具有不同的初始相位，因此，发射日期可根据具体情况进行考虑。

以某太阳同步卫星星座组网为例，基准星半长轴为 6 886.9 km，组网星标称轨道半长轴为 6 887.1 km，要求双星同一平面相位相差180°。初始轨道设计较标称轨道低 9 km，根据计算，该情况下组网星相位每天超前基准星约 10.464°，某段时间内第 1 日～第 6 日等待初始轨道捕获时机分析见表 5－1。

表 5－1　双星等待初始轨道捕获时机分析

时间	基准星	组网星	初始相位差	等待时间/d	位置
第 1 日	189.2	169.8	−19.430	18.1	*A*
第 2 日	250.6	169.8	−80.823	23.9	*B*
第 3 日	312.0	169.8	−142.215	29.8	*C*
第 4 日	13.4	169.8	156.393	1.3	*D*
第 5 日	74.8	169.8	95.001	7.1	*E*
第 6 日	136.2	169.8	33.609	13.0	*F*

表 5－1 中的位置 $A \sim F$ 分别表示在第 1 日～第 6 日进行发射时基准星与组网星的相对相位关系，如图 5－25 所示。可以看出，当发射日期选择第 4 日时，入轨后基准星处于位置 D，等待 1～2 天即可进行初始轨道捕获，初轨时间最短，因此，该条件下，发射日期应尽可能选择第 4 日。如选择其他日期发射，想尽快完成捕获，则需耗用推进剂调整卫星轨道高度。

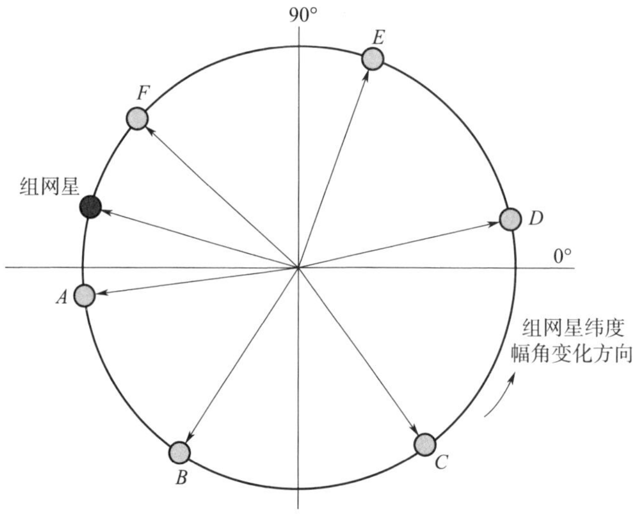

图 5－25　双星位置关系示意图

5.3.2.4　深空探测器

深空探测器是针对地球外天体开展探测任务的一类航天器。由于探测器脱离地球引力球范围，其轨道设计和常规近地航天器有较大区别，发射窗口的计算分析也有所不同。影响深空探测器发射窗口的首要因素是地球与被探测天体的相对位置。一般要求探测器脱离地球后，经历尽可能短的转移轨道与天体交会，并最终完成入轨环绕。此外，发射窗口还受关键飞行事件时地面跟踪与测控、光照等条件的限制。

以探月工程软着月任务为例，月球探测器从地月转移轨道到达近月点，经制动后进入环月轨道并在其上飞行一定时间，而后经霍曼转移降低轨道高度，最后经动力下降段实现月面软着陆的任务。该月球探测任务中，首先须确定着月位置。为了使探测器着月后开展工作且与地面通信，对光照、测控条件将有一定要求。此外，着月之前的绕月飞行过程中，在近月点须进行数次轨道机动，机动过程中须保证有地面测控支持，上述条件对探测器的发射窗口提出了一定的约束。

基于以上约束条件，确定月球着陆探测器发射窗口的流程如图 5－26 所示。

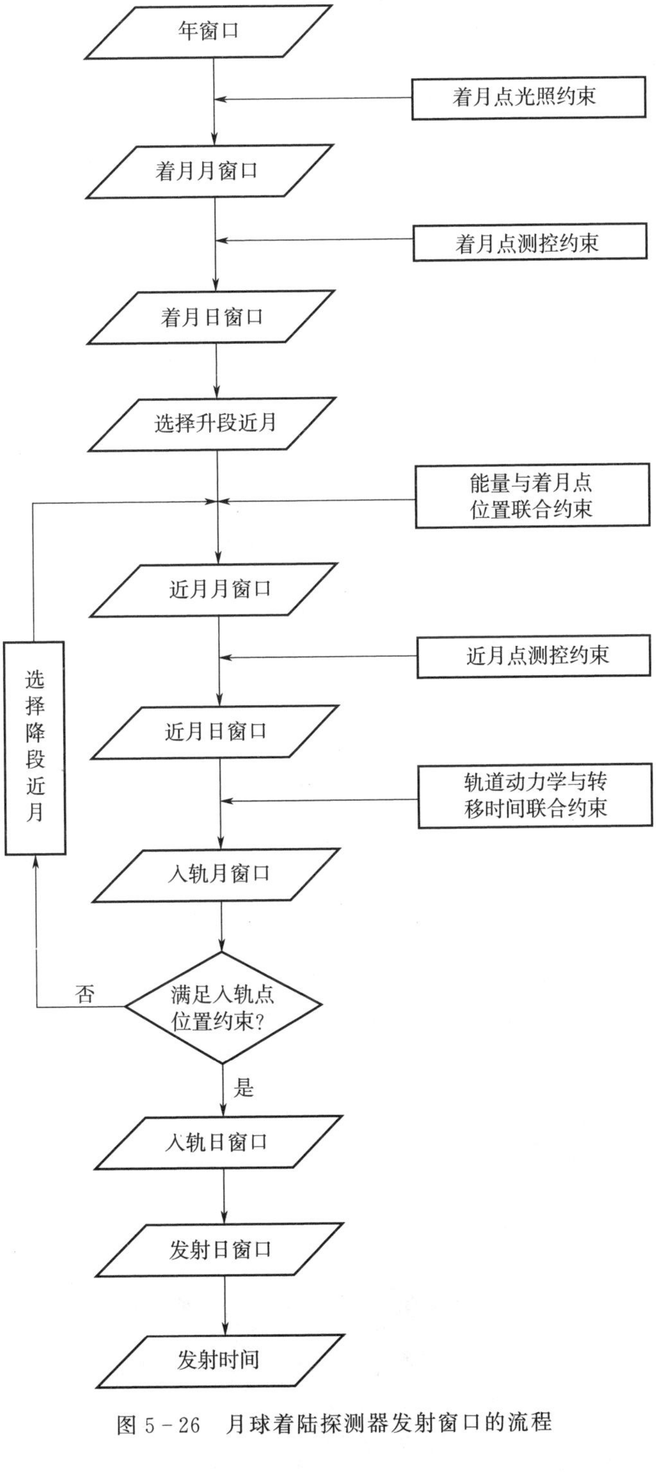

图 5－26　月球着陆探测器发射窗口的流程

火星探测器发射的日期窗口为典型的空间位置约束，其发射窗口约束一定程度上也代表了进行行星际探测发射窗口的约束。如图 5－27 所示，地球、火星分别沿各自轨道绕太阳运行，地球绕太阳运行一周约 365 天，火星绕太阳运行一周约 687 天，这意味着地球和火星之间的距离变化复杂，最远在太阳两侧面面相对时可达 4 亿 km，最近时约 5 000 万 km。从地球视角看，每隔约 780 天才能和火星最接近一次，这个时间又叫作会合周期，此时，地球大约运行 2 周 49°，火星大约运行 1 周 49°。

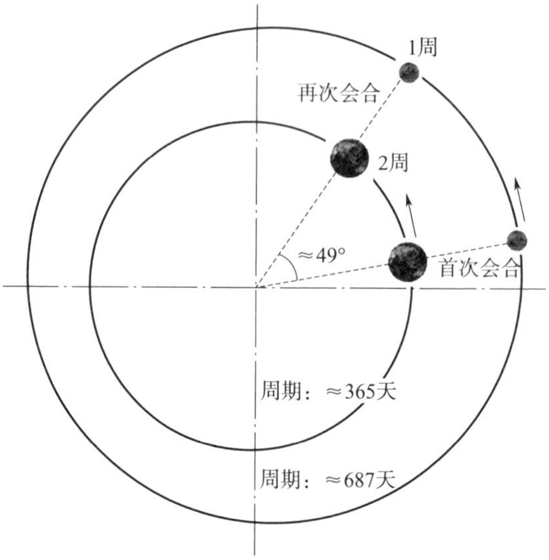

图 5－27　地球/火星会合示意图

由于地火距离非常远，探测难度很大，如果选择合适的发射时机，通过合理的地火转移轨道设计，如图 5－28 所示，利用会合时间点附近的窗口发射探测器，转移途中经过若干次轨道修正，将会大大缩短探测器地火飞行距离，确保探测器捕获火星、提高探测的成功率。在选择合适的发射日期后，须根据地球自转确定每天的发射时间窗口。

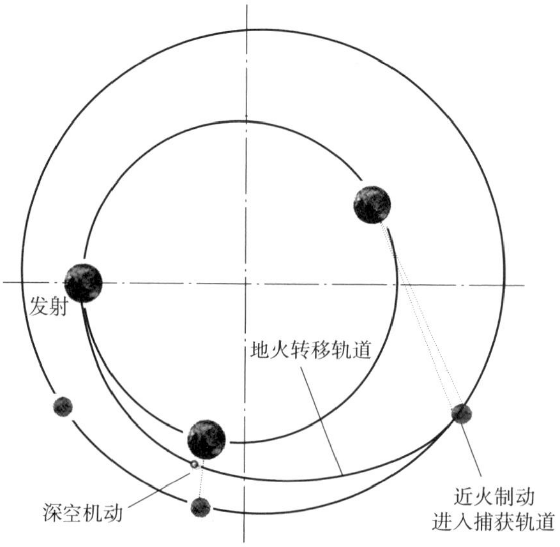

图 5－28　火星探测器转移轨道示意图

此外，在具体实施过程中，还应根据探测器具体飞行程序设计，考虑探测器关键飞行事件时的测控、光照等因素的制约，共同确定发射的时间窗口。

5.4　箭体陨落预报

在火箭飞行过程中，常常需要计算整流罩、助推器、火箭各子级等的陨落落点，或者箭体本身飞行过程陨落落点等。陨落落点计算时可将其看成弹道式返回落点计算，计算方法参见本书第 11 章航天器返回相关内容。火箭陨落落点计算时，需要注意的是各个陨落体的质量、迎风面积、大气阻力系数等参数，需要按照各自的动力学参数进行计算。

参 考 文 献

［1］ 李济生．航天器轨道确定［M］．北京：国防工业出版社，2003.

［2］ 总装备部测量通信总体研究所．航天测控系统坐标系：GJB 2250A—2011［S］．北京：原总装备部军标出版发行部，2011.

［3］ 李学锋，王青，等．运载火箭飞行控制系统设计与验证［M］．北京：国防工业出版社，2013.

［4］ 张雅声．弹道与轨道基础［M］．北京：国防工业出版社，2019.

第 6 章　航天器跟踪测量

航天器跟踪测量，即指利用各类无线电、光学及中继卫星等跟踪测量设备对航天器进行跟踪，获得航天器的位置和速度等飞行轨道参数，用于航天器轨道测量；利用遥测系统获得航天器内部分系统级部件的工作状态，用于航天器状态监视；利用遥控系统，实现对航天器的上行控制，如姿态、轨道机动、状态设置等。

6.1　无线电测控

无线电测控，是指利用发射和接收的无线电信号完成对跟踪目标（航天器）的跟踪、测量和控制。按测控体制发展的里程碑，可分为以下 3 个发展阶段：

一是分离体制发展阶段。自 20 世纪 50 年代中期以来，在世界航天器测控中先后出现了连续波短基线干涉仪测速，单脉冲雷达测角、测距等系统，以及各种遥控设备、遥测设备和引导设备。该阶段设备的主要特点是作用和功能单一，设备庞大，各分机独立设计，数字化、集成化水平相对较低，设备造价高，系统可靠性低。

二是统一载波测控发展阶段。1966 年，美国用于阿波罗登月的统一 S 频段测控系统建立，它集成了跟踪测轨、遥控、遥测为一体，开创了测控技术发展史上的里程碑。自 S 频段统一测控系统问世以来，在运载火箭、卫星、飞船、空间站的测控、深空跟踪、导弹试验中迅速得到了广泛应用。1979 年，世界无线电管理委员会决定将 S 频段作为空间业务频段。20 世纪 80 年代，S 频段统一测控又被纳入国际空间业务数据系统咨询委员会（CCSDS）标准，促进了 S 频段统一测控的进一步发展。目前，世界上各航天大国都相继建立了自己的 S、C 及 X 等频段的统一测控系统。

三是中继卫星系统（Tracking and Data Relay Satellite System，TDRSS）发展阶段。该阶段主要解决了传统的“地基”测控设备受地球曲率限制而产生的测控时间短、测控覆盖率低的问题，同时也解决了高速数传和多目标测控通信等难题。

6.1.1　统一测控系统

6.1.1.1　系统组成

一般，统一测控系统由天伺馈分系统、高频发射分系统、高频接收分系统、多功能数字基带分系统、监控分系统、数据传输分系统、记录分系统、时频分系统及测试标校分系统等组成，组成示意图如图 6－1 所示。

（1）天伺馈分系统

天伺馈分系统又包括天馈、机械结构、天线控制等子系统及天线标校设备，主要完成

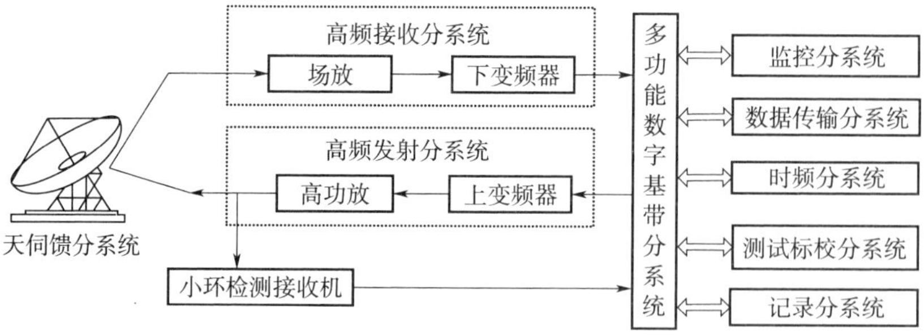

图 6-1　统一测控系统组成框图

上行信号发射、下行信号接收、跟踪测角和角度标校等任务。

（2）高频发射分系统

高频发射分系统主要由上变频器、高功放、高功放监控单元和馈线等设备组成，其主要作用是把综合基带产生的中频信号经上变频器变换为射频信号，再通过高功放把射频信号放大到所需功率后送到天伺馈系统；同时从高功放输出端耦合一部分功率送到遥控小环检测接收机，为综合基带设备完成遥控指令的小环对比信号。

（3）高频接收分系统

高频接收分系统主要由微波放大单元和变频单元等组成，主要完成下行信号低噪声放大、频率变换、增益调整、带外干扰滤波等任务，为多功能数字基带完成载波频率的捕获和跟踪提供信号。

（4）多功能数字基带分系统

多功能数字基带分系统主要包括上行调制模块、中频接收模块、测距模块、测速模块、遥测模块、遥控模块和跟踪模块等，主要完成各种测控体制下的测距、测速、遥控信号发送与指令比对、遥测解调及模拟信号产生、天线跟踪误差电压解调等任务。

（5）监控分系统

监控分系统由系统监控单元和各分系统监控单元组成，通常具有分机监控、本地监控和远程监控等几种工作方式，主要完成设备状态监视与记录、设备控制、参数设置、系统联试、远控信息交换等任务。

（6）数据传输分系统

数据传输分系统完成监控、基带、天伺馈等分系统与测控中心之间的信息交换。

（7）记录分系统

记录分系统采用全数字化采集硬盘记录方式对下变频器输出的中频信号进行采样，将采样数据存储在大容量硬盘中。

（8）时频分系统

时频分系统由频标单元、时码单元、GNSS 接收机及监控单元等组成，能够为测控设备提供标准时间信号和频率信号，以保证各分系统在统一的时间和频率下同步工作。

（9）测试标校分系统

测试标校分系统包括联试应答机、校零变频器、高频小环检测接收机、信标机和标校塔远控等设备，在测试标校计算机和监控分系统的统一调配下完成系统所有标定与检测功能。

为了实现信号在上下行链路与基带之间信号的高效可靠传输，新型统一测控系统采用全数字架构设计。在系统中取消了上、下变频器设计，以数字化前端分系统代替，其他系统组成不变，如图 6－2 所示。数字化前端主要完成上行信号和下行信号在射频上的数字化以及 IP 交换传输。

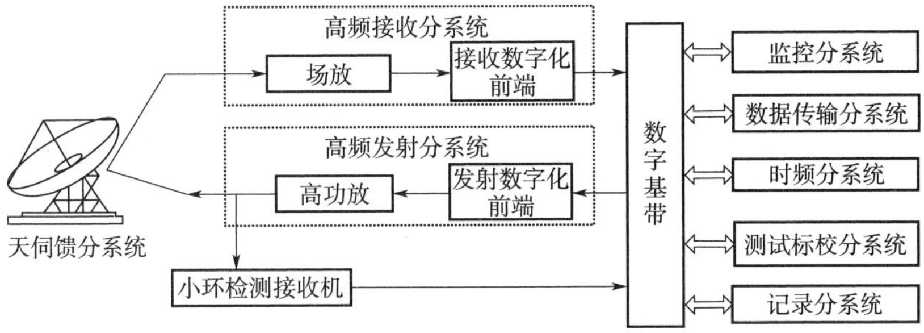

图 6－2　新型统一测控系统组成框图

6.1.1.2　系统工作原理

目前，统一测控系统的测控体制主要包括标准 TT&C、相干扩频 TT&C、非相干扩频 TT&C、扩跳频 TT&C 及测控数传一体化 TT&C 等。本书主要介绍常见的标准 TT&C、非相干扩频 TT&C 及测控数传一体化 TT&C。

（1）标准 TT&C

①信号设计

标准 TT&C 采用频分复用技术，在一个载波上用多个副载波调制实现多路信号传输，载波采用 PM 或者 FM 调制体制。副载波是一组中心频率比载波低 1～3 个数量级的频率组。测量、遥测、遥控、话音分别调制在不同副载波上，一般采用 PCM－PSK 调制，测距用一组正弦波测距音，其中，次侧音用于解距离模糊，主侧音用来保证测距精度，其上下行调相波频谱如图 6－3 和图 6－4 所示。

②系统捕获流程

当航天器进入天线覆盖区域时，系统对航天器进行捕获，捕获程序包括信标频率捕获、角捕获、上下行载波频率捕获及距离捕获，如图 6－5 所示。

1）下行信标频率捕获。测控设备根据航天器轨道预报，控制天线指向（俯仰、方位）在目标出现空域等待，并进行扫描搜索空间目标，此时，地面接收机处于频率搜索状态，一旦搜索到航天器下行信标信号，接收机载波环立即锁定，完成信标频率捕获。

2）角捕获。下行信标频率在捕获过程中，测控天线指向目标，但并非对准天线轴线。偏离轴线的目标信号在多模馈源中激励出高次模误差信号，该信号由跟踪接收机检测、放

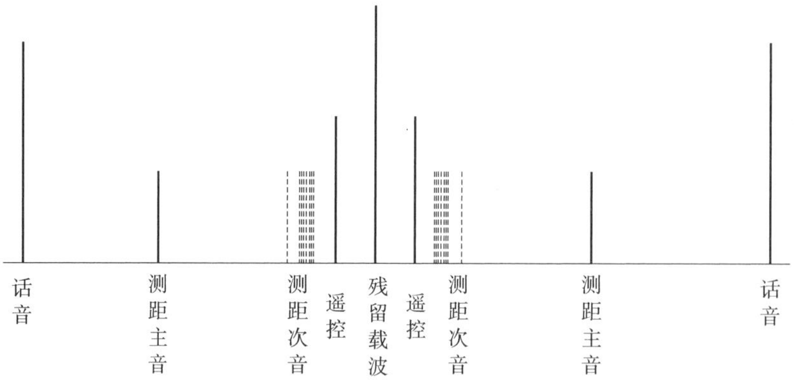

图 6-3　标准 TT & C 上行调相波频谱

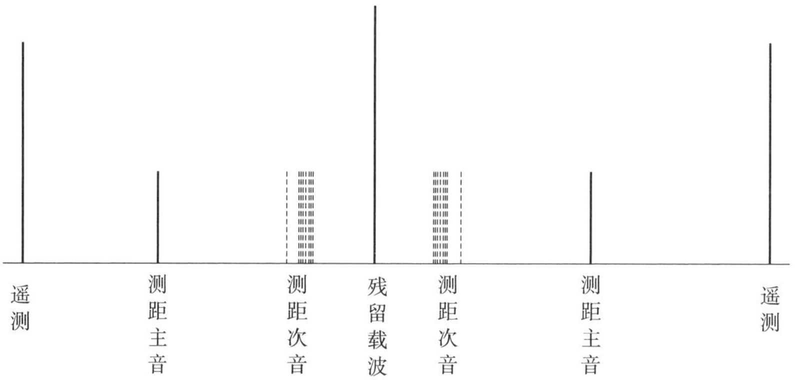

图 6-4　标准 TT&C 下行调相波频谱

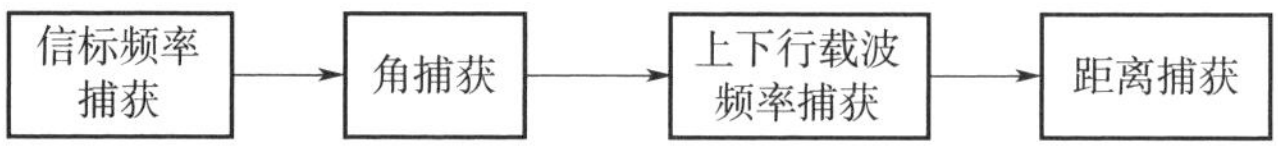

图 6-5　统一测控系统捕获程序

大后，通过伺服机构驱动天线，使天线轴对准目标。目标运动时，天线始终指向目标，从而完成角捕获，并进入自跟踪状态。

3）上下行载波频率捕获。上下行载波频率捕获分以下 4 个步骤完成：

a）地面发射机根据扫频参数（包括起扫点、扫描方向、扫描速率、扫描范围等）发上行扫频信号。

b）上行信号频率一旦扫进应答机快捕带内，应答机载波环立即完成对上行信号的捕获，并跟随上行扫频信号变化，按照相应的转发比转发下行扫频信号，完成应答机锁定（在国际 S 频段测控系统中，转发比已经标准化，$\rho=240/221$）。

c）由于应答机收到上行扫频信号后，锁定并随扫，从而引起地面接收机失锁。失锁后，角跟踪转为记忆跟踪，目标并未丢失。应答机下行的随扫信号扫过接收机通带时，地面载波环重新锁定，并跟踪下行扫频信号，此时天线也转入自跟踪状态。

d）判定上、下行载波捕获成功后，上行发射机停扫并平滑过渡到预置工作点频，双捕过程完成。

4）距离捕获。双捕完成后，启动距离捕获程序，距离捕获采用侧音轮发，每个侧音发出，由应答机返回被侧音环锁定并获取测量数据后，再发下一个侧音，最后只发精侧音。通过精侧音数据匹配解模糊运算，给出距离数据，距离捕获完成。

③工作流程

当系统完成航天器捕获后，系统进入正常工作模式，流程如图 6-6 所示。

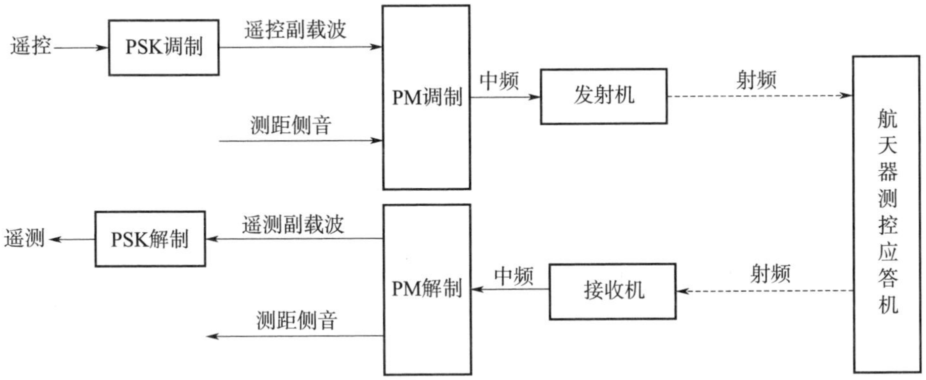

图 6-6　统一测控系统工作流程

地面站天线将接收到的下行信号送至低噪声放大器进行放大，再经下变频器（或射频数字化前端设备）送至测控基带，由测控基带解调出遥测信息，测控基带测速单元从载波中提取目标速度数据并按要求输出，测控基带测距单元完成测距侧音解调，并按要求输出测距数据。

当需要向航天器发送上行遥控时，测控数字基带在遥控副载波上加调遥控信号，遥控副载波调制至载波信号后，载波信号经上变频器（或射频数字化前端设备）送高功放进行功率放大，最后由天线发往航天器。

④测量原理

统一测控系统对航天器进行跟踪测量，输出跟踪目标相对测控设备的距离 R 、速度和角度（俯仰角、方位角）等测量信息，测量信息定义详见本书 9.1.2 节。

1）测距。测距由测距信号收发时延计算得到，计算方法为

$$R=\frac{C}{2}\tau_S \tag{6-1}$$

式中，R 为目标到测站的距离；C 为电磁波传播速度；τ_S 为收发时延。

标准 TT&C 采用侧音测距，其基本原理是系统采用一组测距侧音信号（包括主侧音和若干次侧音），从各侧音信号中求出各自回波信号零相位点与发射的侧音信号零相位点之间的相位差，然后通过硬件或软件算出侧音的收、发时延，从而得到侧音信号往返的距离值。其中，次侧音用于解距离模糊，主侧音用来保证测距精度。

当最低侧音的周期小于从测控设备到航天器之间往返的时延时，测距就会出现模糊，

这时要根据轨道预报的距离值来解距离模糊，即求航天器至测控设备距离的无模糊距离的周期数 n ，计算方法为

$$n = INT\left[\left(R_{预} - R_{测} + \frac{1}{2}R_{无模糊}\right)/R_{无模糊}\right] \tag{6-2}$$

式中，$R_{预}$ 为根据航天器轨道计算的距离预报值；$R_{测}$ 为最低侧音实际测得的距离值；$R_{无模糊}$ 为最低侧音对应的最大无模糊距离，由求得的模糊数 n 可以得到真实距离 $R_{真}$ 为

$$R_{真} = nR_{无模糊} + R_{测} \tag{6-3}$$

2）测速。速度的测量原理基于多普勒效应，当测控设备发射的电磁波发射到被测量的航天器时，航天器运动产生的多普勒频率，正比于飞行器相对测控设备运动的速度，而反比于波长 λ 。当航天器飞向地面站时，多普勒频率为正值，接收信号频率高于发射频率；当目标背离测控设备飞行时，多普勒频率为负值，接收信号频率低于发射频率。

假设目标初始距离为 R_0，目标径向速度为 v ，电波来回双程传播时延为 τ ，定义目标离开地面站运动时 v 为正值，朝向地面站运动时 v 为负值。测控设备在 t 时刻收到的回波是测控设备在 $t-\tau$ 时刻发射的，电波发射到飞行器上的时刻是 $t-\tau/2$，则电磁波发射时的目标距离为

$$R_{(t-\tau/2)} = R_0 + v(t - \tau/2) \tag{6-4}$$

往返这个距离所需的时间正是目标的延迟时间 τ ，即有

$$2R(t - \tau/2)/C = \tau \tag{6-5}$$

可解得 τ 为

$$\tau = 2(R_0 - vt)/(C + v) \tag{6-6}$$

测控设备接收信号的相位为

$$\phi_r = 2\pi f_b(t - \tau) = 2\pi f_b[t - (2R_0 - 2vt)/(C + v)] \tag{6-7}$$

f_b 为测控设备发射频率，测控设备接收频率 f_r 为接收信号相位的微分，如

$$f_r = \frac{1}{2\pi}\frac{\mathrm{d}\phi_r}{\mathrm{d}t} = \left(1 - \frac{2v}{C + v}\right)f_b = \frac{C - v}{C + v}f_b \tag{6-8}$$

多普勒频率 f_d 为接收频率与发射频率之差，即有

$$f_d = f_r - f_b \tag{6-9}$$

当 $C \gg v$ 时，电波来回传播的双程多普勒频率为

$$f_d = -\frac{2v}{C + v}f_b \approx -\frac{2v}{C}f_b \tag{6-10}$$

（2）非相干扩频 TT&C

扩频测控体制是指待传输信息的频谱用某个特定的扩频函数扩展后成为宽频带信号，送入信道中传输，再利用相应手段将其压缩，从而获取传输信息的测控系统。这种方式下，信息已不再是决定调制信号带宽的一个重要因素，其调制信号的带宽主要由扩频函数决定。常用的扩频方式主要包括直接序列扩频系统（DSSS）、频率跳变扩频系统（FHSS）和时间跳变扩频系统（THSS），根据上下行信号是否相关，又可将扩频测控体制分为相干和非相干扩频测控体制。目前广泛应用的是直接序列扩频系统，直接序列扩频系统指采用

伪随机码序列直接对载波进行调制的系统。载波调制方式可以是调幅、调频、调相，工程上一般选用 BPSK 或 UQPSK。本书对主流的非相干扩频进行介绍。

①信号设计

非相干扩频测控体制上下行各两路信号。上行一路测量信号，另一路遥控信号，测量和遥控信号均采用 1023 短码（Gold 码）扩频，采用 PCM－CDMA－BPSK 调制体制，两路信号相互独立，使用码分多址，共用同一载波频点。下行一路测量信号，另一路遥测信号，测量和遥测信号均采用 1023 短码（Gold 码）扩频，采用 PCM－CDMA－BPSK 调制体制，两路信号相互独立，使用码分多址，共用同一载波频点。

②测量原理

1）测距。如图 6－7 所示，非相干直接序列扩频测距过程如下：

a）地面上行测距标志（上行帧脉冲）传送至航天器，航天器收到上行测量信号后，进行解扩、解调、帧同步，但并不相干转发该标志，而是独立形成下行测距标志（下行帧脉冲），同时采集帧计数、位计数、扩频伪码计数、码相位（器上采样值，上行伪距信息）和器上时间等信息，填入下行测量帧。

b）地面接收到下行测量信号后，进行解扩、解调、帧同步，从下行测量帧中获取器上的帧计数、位计数、扩频伪码计数、码相位（器上采样值，上行伪距信息 up1）。

c）地面利用解出的下行帧同步信号对自身形成的上行信号采样，获取帧计数、位计数、扩频伪码计数、码相位（地面采样值，下行伪距信息 up2）。

d）将器地伪距测量信息进行比较，计算得到信号在地面与卫星间传输的双程时间，计算出卫星与地面站的距离。

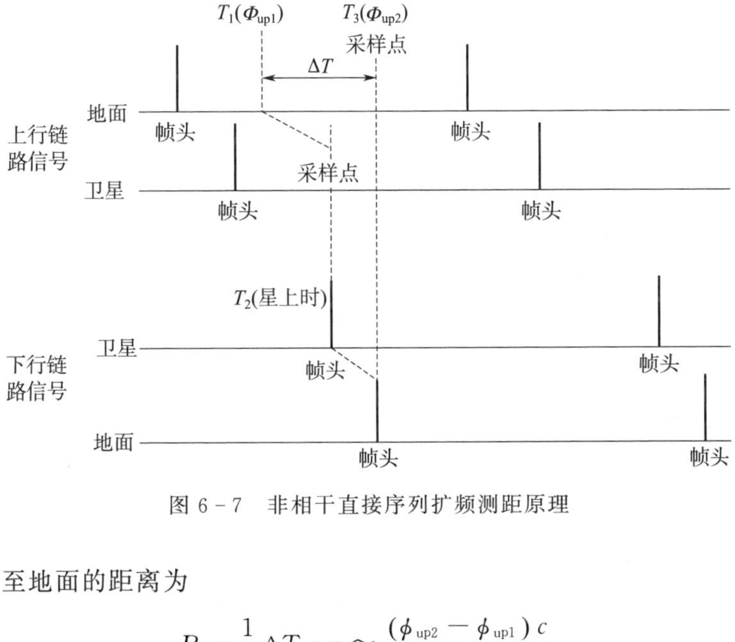

图 6－7　非相干直接序列扩频测距原理

则航天器至地面的距离为

$$R=\frac{1}{2}\Delta T\cdot c\approx\frac{(\phi_{up2}-\phi_{up1})c}{2R_{PN}} \tag{6-11}$$

式中，ϕ_{up1}、ϕ_{up2} 分别是换算为以伪码个数为单位的器、地码相位（帧计数、位计数、扩频伪码计数、码相位等伪距信息)；c 为光速；R_{PN} 为伪码速率。

2）测速。采用上行和下行两个单向载波伪多普勒测量实现，如图 6－8 所示。

a）器地分别采用固定时间测周期的方法对上、下行信号测定其单向载波多普勒频率 f'_{d1} 和 f'_{d2}，称为单向伪多普勒测量值，航天器将测得的上行伪多普勒填入下行测量帧；

b）要求航天器伪多普勒测量积分时间和地面伪多普勒测量积分时间一致，航天器采样开始时刻为下行测量帧同步时刻，地面采样时刻为接收到下行测量帧同步时刻；

c）地面将从下行测量帧中获取的上行单向伪多普勒测量值与地面采样获取的下行单向伪多普勒测量值进行比较计算，得到双向多普勒测量值；

d）速度数据时标打在地面积分区间中点时刻。

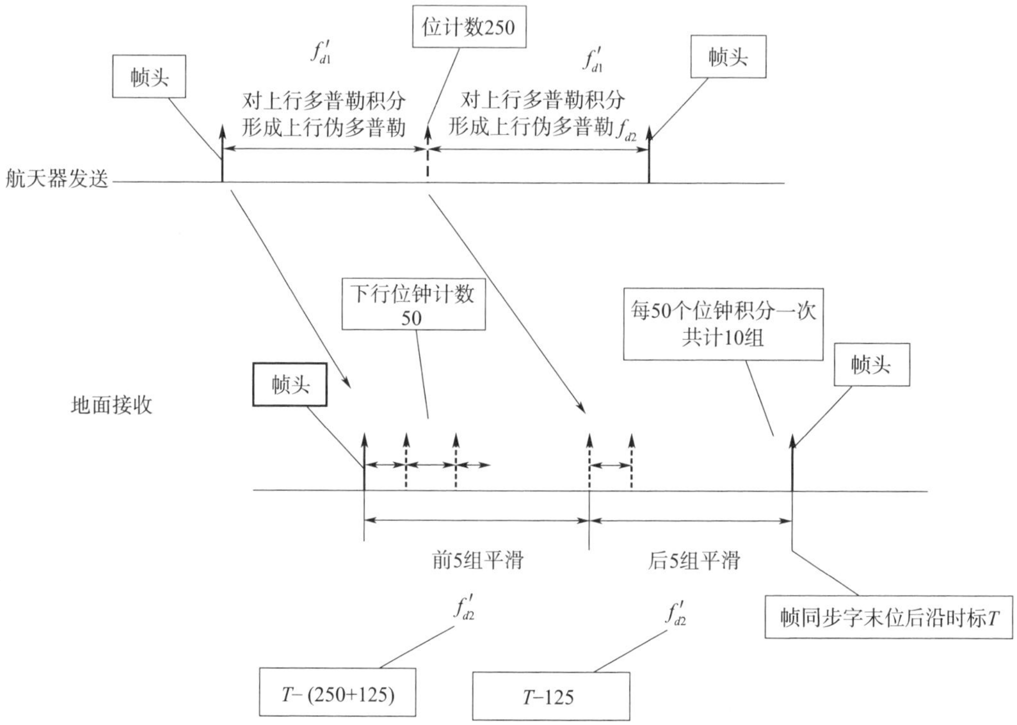

图 6－8　非相干扩频测速原理

速度计算为

$$v=\left[\frac{f_{RF1}\cdot f_{RF2}-(f_{RF1}+f'_{d1})\cdot(f_{RF2}+f'_{d2})}{f_{RF1}\cdot f_{RF2}+(f_{RF1}+f'_{d1})\cdot(f_{RF2}+f'_{d2})}\right]\cdot c \tag{6-12}$$

式中，f_{RF1} 为上行载波的射频点频；f_{RF2} 为下行载波的射频点频；f'_{d1} 为应答机测得的上行多普勒频偏；f'_{d2} 为地面接收的多普勒频偏；c 为光速。

（3）测控数传一体化 TT&C

测控数传一体化 TT&C 与非相干扩频 TT&C 的原理基本相同。上下行信号采用帧结构，完成非相干测量和数传。上行采用非相干扩频测量信号，在上行测量帧内也可填写遥控信息，用于扩展遥控功能。下行数传与测量共用一路信号，在下行数传帧内填写数传和上行测量信息，并利用帧结构实现测量功能；通过采用 Turbo、LDPC 信道编码，获得编码增益，支撑远距离、高码率数传，同时增加符号速率，保证非相干测量的精度。

测控数传一体化体制的测量过程如下：

地面测控站通过上行链路将上行数传帧发往航天器，航天器接收到上行信号后进行解扩、解调、帧同步，再利用自身形成的下行数传帧同步后沿对上行信号采样，提取测距信息、遥控信息、航天器时间，并采样上行伪多普勒值等测量信息，将上行测量数据实时放入下行数传侦后发送至地面。

地面测控站接收到下行数传信号后进行解调、帧同步，利用恢复的下行帧同步后沿对自身形成的上行信号采样，提取测距信息、遥测信息、地面时间，并采样下行伪多普勒等测量信息。

地面测控站对航天器下传的上行伪距、伪多普勒测量量、时间采样值和地面测得的下行伪距、伪多普勒测量量、时间采样值进行综合计算得到距离、速度。

6.1.2　雷达系统

雷达是利用目标对电磁波的反射现象来发现目标并测定其位置和速度的无线收发系统。雷达的种类很多，根据用途可分为预警雷达、气象雷达、测高雷达以及导航雷达等。在航天器跟踪测量中，根据雷达信号形式可将雷达系统分为单脉冲雷达、连续波雷达等；按照天线扫描方式，可分为机械扫描雷达和相控阵雷达。本书对常用的单脉冲雷达和相控阵雷达进行介绍。

6.1.2.1　单脉冲雷达

单脉冲雷达对航天器进行跟踪测量，具有测量精度高、可全天候自主测量等优点，既可以以应答方式对合作目标进行跟踪，也可以以反射方式对非合作目标进行跟踪，精确测量目标的距离、方位角、俯仰角和速度，同时在应答状态下，雷达系统具有多站工作能力。

（1）系统组成

单脉冲雷达通常由频综分系统、发射分系统、天馈分系统、接收分系统、信号处理分系统、伺服分系统、显控与数据处理分系统以及数据交互分系统等组成，如图 6－9 所示。

①频综分系统

频率合成器简称为频综，是雷达各种信号的源头，在一台高稳晶振产生的中频频标信号基础上，采用多种频率合成技术向雷达各分系统提供频率不同但相参（信号相位关系固定）的连续波或脉冲信号、脉冲激励信号。

②发射分系统

发射分系统常称为发射机，为雷达载波提供大功率射频信号，并经馈线和收/发转换开关由天线辐射出去。基本工作原理是：把需要发射的脉冲高频小功率信号，经过单级或多级的放大结构进行功率放大，再通过波导等微波器件传输至天馈分系统，最后由雷达天线向空间发射出去。

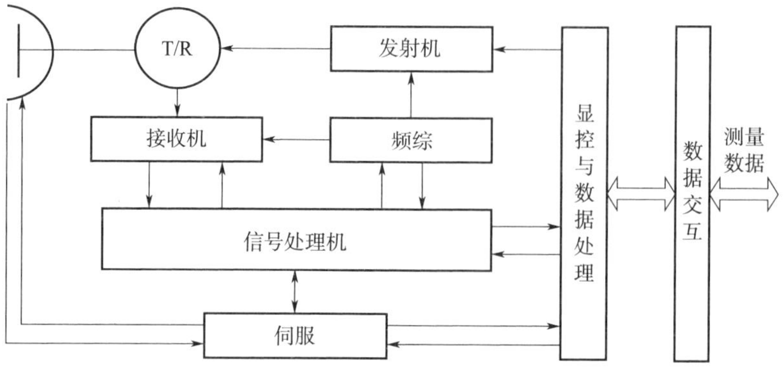

图 6-9　单脉冲雷达的典型组成框图

③天馈分系统

天馈分系统包括天线和馈线两部分。天线一方面将发射机能量集聚成一个窄波束辐射到空中，另一方面也能够将特定方向上空间辐射来的能量集中起来，经馈线送到雷达接收机。脉冲雷达天线所特有的定向窄波束不仅能将能量集中辐射到目标上和将目标返回的能量集中起来送到接收机，而且能够通过计算不同馈源接收到的信号的差异，进而得到测量目标的方向。

④接收分系统

天线将收集的回波信号送往接收机，接收机的任务是把微弱的回波信号放大到足以进行处理的电平。接收机内部噪声应尽量小，以保证接收机的高灵敏度。

⑤信号处理分系统

信号处理机消除不需要的信号（如杂波），保留或增强由目标产生的回波信号，解调目标回波信号所包含的位置信息。信号处理包括匹配滤波、MTI（动目标显示）以及脉冲多普勒雷达的多普勒滤波，完成 AGC、AFC、角误差电压以及距离和速度的捕获测量等功能。

⑥伺服分系统

伺服分系统接收角误差电压，经过校正和功率放大，送入伺服电动机，驱动天线按要求运转，以对准跟踪目标，同时通过角度编码单元采集天线波束的指向信息。

⑦显控与数据处理分系统

显控台用于将目标信息、回波信号波形等信息清晰、准确、稳定地展现在操控人员面前，并将操控人员的操作命令反馈给雷达各分系统。数据处理包括对各种目标测量参数，以及雷达工作参数和状态信息的编排、记录，对目标测量数据的滤波、修正、交换、航迹计算和质量评估等，对雷达各跟踪回路的闭环控制，以及故障检测、显示控制、目标截获、引导计算、对外数据通信等。

⑧数据交互分系统

数据交互分系统是雷达对外信息交换的中介。一方面，雷达的测量信息需要通过数据交互终端编排成特定格式，然后对外发送用于指挥和控制；另一方面，雷达通过数据交互终端获得引导信息引导天线指向目标空域，便于快速搜索捕获目标。

（2）测量原理

雷达以辐射电磁能量并检测目标反射回波的方式工作。当雷达探测到目标后，从目标回波中提取有关信息，实现对目标的距离测量和空间角度定位。通过多普勒频率提取目标径向速度，并由此建立对目标的实时连续跟踪。

①雷达方程

雷达方程又叫作雷达距离方程、雷达探测距离方程，或雷达作用距离方程，是用来预测或估算雷达的最大作用距离的数学方程。在自由空间条件下，反射式雷达方程为

$$R=\left[\frac{P_tG_tG_r\lambda^2\sigma}{(4\pi)^3kT_sB\ (S/N)_{\text{in}}L}\right]^{1/4} \tag{6-13}$$

式中，R 为雷达到目标的距离；P_t 为发射信号峰值功率；G_t 为发射天线功率增益；G_r 为接收天线功率增益；λ 为雷达工作波长；σ 为雷达目标有效反射面积；k 为玻耳兹曼常量（1.38×10^{-23} J/K）；T_s 为接收系统噪声温度；B 为接收系统等效噪声带宽；$(S/N)_{\text{in}}$ 为输入信噪比，B 和输入信噪比 $(S/N)_{\text{in}}$ 是相关的；L 为系统损失。当天线的收发增益相同时，式（6－13）可表示为

$$R=\left[\frac{P_tG^2\lambda^2\sigma}{(4\pi)^3kT_sB\ (S/N)_{\text{in}}L}\right]^{1/4} \tag{6-14}$$

对于脉冲宽度为 τ 的简单信号（窄带）脉冲雷达，一般雷达系统带宽取 $B=1/\tau$，则式（6－14）可表示为

$$R=\left[\frac{P_t\tau G^2\lambda^2\sigma}{(4\pi)^3kT_s\ (S/N)_{\text{in}}L}\right]^{1/4} \tag{6-15}$$

应答式跟踪是指雷达通过发射信号触发合作目标上的应答机，然后再由雷达通过接收应答机的应答信号实现对目标的跟踪。应答机接收雷达发射信号的功率为

$$S=\frac{P_tG_tG_{br}\lambda^2}{(4\pi)^2R^2L_s} \tag{6-16}$$

式中，G_{br} 为应答机天线的接收增益；L_s 为系统损失。当 S 大于或等于应答机功率灵敏度 S_P 时，式中 $R=R_{\max}$ 为最大上行作用距离。雷达系统的下行距离方程为

$$R^2=\frac{P_bG_{bt}G_r\lambda^2}{(4\pi)^2kT_sB(S/N)L_s} \tag{6-17}$$

式中，P_b 为应答机的峰值功率；G_{bt} 为应答机天线的发射增益；S/N 为雷达保精度跟踪所需的信噪比；R 为保精度跟踪的距离。雷达最大保精度作用距离取上行距离和下行距离计算值中的较小者。

②单脉冲测角

目标角位置指跟踪目标在雷达测量坐标系中的方位角和俯仰角。通过测量回波的波前到达雷达的角度，单脉冲雷达可测出目标的方向。

由于天馈系统结构的作用，天线在辐射能量时，并不是向四周等量辐射，而是在不同的方向上辐射的强度不同，按照角度变化顺序将各方向辐射的强度在坐标纸上用点连接起

来形成了天线的功率方向图，如图 6－10 所示，有时也称为波束。

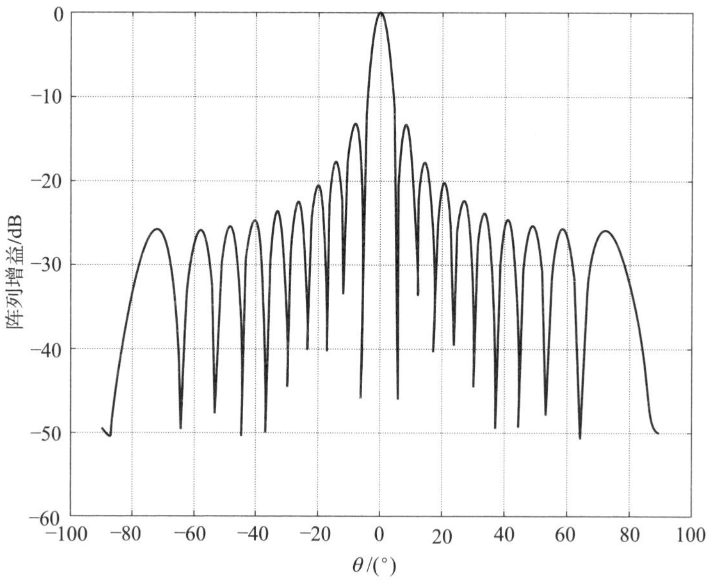

图 6－10　天线功率方向图

因为能量守恒，相对各方向等量辐射，雷达天线在有的方向辐射比等量辐射强，有的方向必然比等量辐射弱。最弱时，甚至可以视为在某些方向不辐射能量，形成“哑点”。通常雷达会将电磁能量的大部分向一个方向辐射出去，其在方向图上表现为一个强烈的峰值，通常称为主波束，在其他方向上偶尔也会形成一个极大值，称为副瓣或旁瓣。对于机械扫描的天线，主波束通常只有一个；对于一些电扫描天线，主波束可以有多个。

根据天线的互易性原理，在主波束方向，天线辐射的能量最强，接收的能量也最强。当天线波束轴对准目标时，回波信号最强。当目标偏离天线波束轴时，回波信号减弱，这就是角位置测量的基本原理。显而易见，当波束越尖锐时，接收到的能量变化越剧烈，角度测量的精度也越高。一般，天线孔径（天线口面的直径）越大，波束就越尖锐，测角精度也越高。

如果波束能够绕某一轴旋转，在旋转一周的过程中，雷达接收到的能量会有起伏。通过对该起伏曲线进行解调（找最大值），就可以得到目标的精确位置，称为圆锥扫描法测角。因为圆锥扫描法测角只有一个波束，需要扫描一周才能得到一次目标的位置数据，时间较长，精度较低。在圆锥扫描法测角基础上，产生了单脉冲测角。单脉冲测角通过同时产生两个或多个波束，只需要一个脉冲就可以得到目标位置数据。测量时间短，测量精度高。

6.1.2.2　相控阵雷达

相控阵雷达是一种新型的有源电子扫描多功能雷达，其测量原理与机械扫描雷达无本质区别，不同之处在于其使用的是有源相控阵天线，如图 6－11 所示。相控阵雷达主要由辐射阵列、射频收发组件、波束形成网络和波束控制器等组成，其通过波束控制器对辐射阵列中各单元之间的幅度和相位关系进行调整，再经过波束形成网络进行波束合成后，能够实现对波束指向以及波束形状的快速灵活控制。

图6-11　相控阵雷达

相位控制可采用相位法、实时法、频率法和电子馈电开关法。在一维上排列若干辐射单元称为线阵，在二维上排列若干辐射单元称为平面阵。辐射单元也可以排列在曲线上或曲面上，这种天线称为共形阵天线。共形阵天线可以克服线阵和平面阵扫描角小的缺点，能以一部天线实现全空域电扫。通常的共形阵天线有环形阵、圆面阵、圆锥面阵、圆柱面阵、半球面阵等。

相控阵雷达有相当密集的天线阵列，在传统雷达天线面的面积上可安装数以千计的相控阵天线，任何一个天线都可收发雷达波，而相邻的数个天线即具有一个雷达的功能。扫描时，选定其中一个区块（数个天线单元）或数个区块对单一目标或区域进行扫描，因此整个雷达可同时对许多目标或区域进行扫描或追踪，具有多个雷达的功能。由于一个雷达可同时针对不同方向进行扫描，再加之扫描方式为电子控制而不必由机械转动，因此信息更新速率大大提高，可达到毫秒或微秒级，因而它更适于跟踪测量高机动目标。

相控阵雷达较一般机械扫描雷达具有以下特点：

（1）能实现多目标跟踪

相控阵雷达利用电子扫描的灵活性、快速性和按时分割原理或多波束，可实现边搜索边跟踪的工作方式，与电子计算机相配合，能同时搜索、探测和跟踪不同方向和不同高度的多批目标。因此，适用于多目标、多方向、多层次目标跟踪测量。

（2）功能多，机动性强

相控阵雷达能够同时形成多个独立控制的波束，分别用以执行搜索、探测、识别、跟踪和照射目标等多种功能。因此，可大大减小系统设备规模，从而提高系统的机动能力。

（3）反应时间短、数据率高

相控阵雷达可不需要天线驱动系统，波束指向灵活，能实现无惯性快速扫描，从而缩短了对目标信号检测、录取、信息传递等所需的时间。相控阵天线通常采用数字化工作方式，使雷达与数字计算机结合起来，能大大提高自动化程度，简化雷达操作，缩短目标搜索、跟踪和发控准备时间，因而可提高跟踪高速机动目标的能力。

（4）抗干扰能力强

相控阵雷达可以利用分布在天线孔径上的多个辐射单元综合成非常高的功率，并能合理地管理能量和控制主瓣增益，可以根据不同方向上的需要分配不同的发射能量，易于实现自适应旁瓣抑制和抗干扰，有利于发现远距离目标和小雷达反射面目标（如隐形飞机）。

（5）可靠性高

相控阵雷达的阵列组较多，且并联使用，即使有少量组件失效，仍能正常工作，突然完全失效的可能性最小。

6.1.3　深空测控

6.1.3.1　深空测控的特点

深空探测是对月球以及更远的天体或空间环境进行的探测活动。深空测控通信能力是开展月球探测、火星等行星探测的前提条件。相比近地航天器测控，深空测控具有以下特点：

（1）信号空间衰减大

深空测控需要对几亿千米以上的探测器进行测控，无线电信号功率按传播距离的平方衰减，信号衰减非常大，使得同样强度的信号可传输的有效信息急剧下降，而保证一定信息量的传输将花费更大代价。

（2）信号空间传输时延长

不同于近地航天器测控的毫秒级时延，深空任务信号传播时延会很长（可达分钟级）。常规测控模式已经不适应深空长时延的特点，例如常规标准测距模式下，对深空目标距离捕获时间将很长，对远距离目标测距时，上行测距音经探测器转发返回地面时，地面站可能由于地球自转而无法看到目标。

（3）高精度导航困难

深空探测器无法使用卫星导航系统定位，同时由于地面收到的信号非常微弱，将导致无线电测距、测速精度降低。航天器相对单个地面站的测量几何关系变化非常微小，也不利于实现高精度的轨道测量。

（4）信号传播环境复杂

深空测控通信无线电信号要穿越变化复杂的太阳等离子区，经受随时出现的太阳风暴冲击；同时，对具有大气层的地外天体的探测，信号还要穿越该星体的大气层，这些都会给通信性能带来影响。

根据深空测控的特点，深空测控系统一般采用“残留载波测控/抑制载波数传＋干涉测量”的测控体制，地面测控设备与探测器上测控数传设备相互配合，共同完成探测器各飞行段的测轨、遥测和遥控及数据接收等任务。

6.1.3.2　测距体制

深空测控测距有侧音测距、音码混合测距、再生复合码测距和三向测距等体制。

（1）侧音测距和音码混合测距

侧音测距和音码混合测距是目前标准测控体制下常用的测距方式。这两种方式测距信号形式不同，距离捕获流程相同。深空测控中需要考虑两方面的影响，一是极低信噪比，二是超长信号传输时延。极低信噪比会对主音（码）同步和次音（码）匹配产生影响，要达到一定的输出信噪比，需要较长的匹配时间，而巨大的传输时延会给上行发测距和下行匹配工作的配合带来困难。为了解决上述问题，深空侧音测距采用与近地测距不同的发侧音方式，流程如下：

1）地面先发载波，器上应答机捕获载波后相干转发回地面；

2）地面设备完成载波捕获、跟踪后，测距主音对载波进行 PM 调制后发向航天器；

3）发测距主音一定时间后发送第一个侧音，之后以同样时间间隔依次发第二个、…、第 n 个侧音；

4）器上应答机依次解调出各侧音，并对下行载波进行 PM 调制发回地面；

5）地面捕获载波依次完成第一个侧音、第二个侧音、…、第 n 个侧音的相关，侧音相关完成后只发主音。

深空音码测距与深空侧音测距有两点差异：一是音码测距仅有一个侧音频率，二是在侧音上调制解模糊码。音码混合测距分捕获、解模糊和测量 3 个阶段，流程如下：

1）地面先发载波，器上应答机捕获载波后相干转发回地面；

2）地面设备完成载波捕获、跟踪后，测距信号（由正弦信号音和一系列码组成）对载波进行 PM 调制后发向航天器；

3）发测距信号一定时间后发第一个测距码，之后以同样时间间隔依次发第二个、…、第 n 个测距码；

4）器上应答机依次解调出各测距码，并对下行载波进行 PM 调制发回地面；

5）地面依次进行第一个测距码、第二个测距码、…、第 n 个测距码的相关，完成距离解模糊；

6）测距码相关完成后只发测距音进行距离测量。

（2）再生复合码测距

对于深空侧音测距或音码测距，应答机对测距信号进行透明转发，其处理主要包括对残留载波进行相位解调、对测距信号进行宽带滤波和电平控制后，对下行载波进行再调相，处理相对简单。透明转发的下行信号除了测距信号之外，还存在上行噪声积累和遥控回波，遥控交调信号可能引起测距性能恶化。

再生测距可以有效地消除上行噪声积累和遥控回波，从而提高下行信号增益。增益的提高可以用于提升测距精度，或者用于提高遥测信息的可靠性，或者两者兼顾，是一种适合于深空测距的新技术。

再生复合测距码是由几个互质的子码经逻辑组合构成的复合码。这种测距信号的关键在于各子码的选择以及组合逻辑式的选择。优点主要在于：侧音测距和音码测距都必须预知或估计信号的往返时间（传输时延），接收端才能选择相应的侧音或序列码进行相关；再生复合伪码测距不需要预知信号的往返时间；测距信号功率集中，有利于提高测距精度；测距伪码具有扩频特性，从而不干扰其他信号。

（3）三向测距

三向测距基本原理图如图 6－12 所示，指主站发射加调测距音的上行载波信号，进行双向测量，经航天器应答机相干转发后，由两个副站接收转发的下行信号的测量体制，三向测距的测量元素为主站经航天器到副站的距离和。

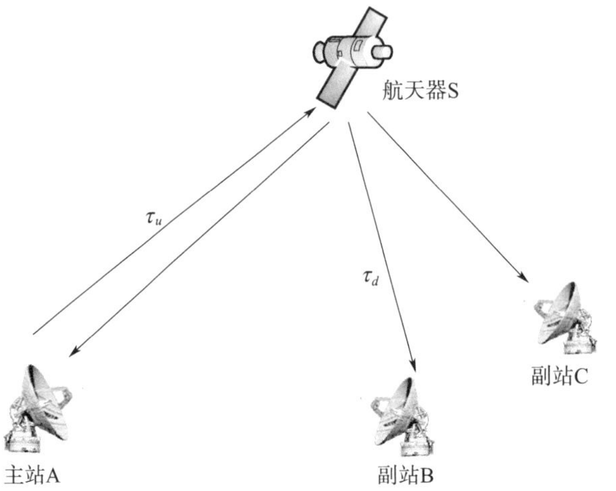

图 6－12　三向测距基本原理图

利用主站三向测距系统进行三向测距时，主站作为信号发射站，副站作为接收站。为了完成距离测量，根据事先确定的发射站发射测距信号的时间，接收站也同时发上行测距信号，但并不由上行链路发射出去，只送基带接收机。参与三向测距的收、发站发各测距音，接收站接收解调出的各测距侧音与本地各测距侧音进行相关匹配完成测距信号时延测量，计算出三向距离值。测出的距离值包括发射站发射通道的设备距离零值、接收站接收链路含基带的距离零值、航天器的设备零值等。

假设航天器在惯性坐标系下的位置为 $\boldsymbol{r}_S$ ，主站 A、副站 B 在惯性坐标系下的位置分别为 $\boldsymbol{r}_A$ 和 $\boldsymbol{r}_B$ ，三向测量组合 A、B 站之间的三向测距 R 的测量模型为

$$R = |\boldsymbol{r}_S - \boldsymbol{r}_A| + |\boldsymbol{r}_S - \boldsymbol{r}_B| \tag{6-18}$$

实际计算三向测量观测值过程中，由于航天器和测站的状态在参考时刻上是通过同一信号波前相互关联的，两个参考时刻之差即光行时。由于光行时的存在，在观测量的理论值计算过程中，需要通过迭代，将观测量的理论值归算到测量值时刻。以图 6－12 中三向

测量组合 A、B 站为例，带光行时解的三向测量距离和理论值可表示为

$$R_{AB}(t)=|\boldsymbol{r}_S(t-\tau_d)-\boldsymbol{r}_B(t)|+|\boldsymbol{r}_S(t-\tau_d)-\boldsymbol{r}_A(t-\tau_d-\tau_u)| \tag{6-19}$$

其中，副站 B 接收时刻为 t ，下行光行时为 τ_d ，主站 A 上行光行时为 τ_u 。实际计算过程中，需要通过迭代求解上下行光行时，进而求出主站 A 和航天器 S 的位置。

6.1.3.3　测速体制

深空测速一般分为单向测速、双向测速和三向测速几种模式。

（1）单向测速

航天器信标机发射标称频率的信标信号，地面测控站完成信标信号的接收和频率测量，利用测量出的单程多普勒频率计算径向速度。单向测速对地面设备和航天器上设备设计要求简单，但精度主要取决于信标机发射频率的准确度和稳定度。

（2）双向测速

深空双向测速模式与近地航天器测控原理一致。地面设备发射上行信号，航天器应答机接收上行信号并根据相干转发比完成下行载波的相干转发，地面设备通过测量返回信号的多普勒频率计算径向飞行速度。航天器完成信号的相干转发，因此，上、下行载波频率都取决于地面设备的频率准确度，测速精度相对单向测速模式较高。

（3）三向测速

三向测量体制不仅包括三向测距，还包括三向测速。三向测速的物理含义是某一时刻航天器相对发射站的径向速度与接收站的径向速度的代数和。三向测速中两个地面站频率和时间标准的差异会产生一定误差，因此，三向测速系统的测速精度一般优于单向测速，但较双向测速差。

在式（6－19）的基础上，设测速的积分间隔为 T_c ，则三向测速 $\dot{R}$ 的测量模型为

$$\dot{R}=\frac{R(t+T_c)-R(t)}{T_c} \tag{6-20}$$

6.1.3.4　甚长基线干涉测量

相比于近地卫星，深空探测器信号的传播距离相差不止一个数量级。传统的多普勒测速和伪码测距无法满足深空探测器的测量精度要求。为了提高深空探测器的定位与跟踪所需的测量精度，美国在 20 世纪 60 年代提出甚长基线干涉测量技术（VLBI），并广泛应用到深空探测中。

VLBI 测量的几何原理如图 6－13 所示。在太阳系质心（Solar System Barycenter，SSB）参考框架中，设测站 1 为时间参考站，测站 2 为远方站，沿 $\hat{\boldsymbol{k}}$ 方向传播的平面波分别于 t_1、t_2 时刻到达测站1、测站2，$\boldsymbol{r}_1(t_1)$、$\boldsymbol{r}_2(t_1)$ 是 t_1 时刻测站 1、测站 2 的位置向量，t_1 至 t_2 期间测站 2 的运动速度为 $\boldsymbol{\beta}_2$，其时间差为几何时延，$\tau=t_2-t_1$。令光速 $c=1$，可以得到几何时延 τ 的计算式为

$$\tau=\hat{\boldsymbol{k}}\cdot[\boldsymbol{r}_2(t_1)-\boldsymbol{r}_1(t_1)]+\hat{\boldsymbol{k}}\cdot\boldsymbol{\beta}_2(t_2-t_1) \tag{6-21}$$

式中，第二项表示信号在 t_1 时刻到达测站 1 后再运行至测站 2 这段时间内测站 2 的运动距

离，则可得到几何时延 τ 为

$$\tau = \frac{\hat{\boldsymbol{k}} \cdot [\boldsymbol{r}_2(t_1) - \boldsymbol{r}_1(t_1)]}{1 - \hat{\boldsymbol{k}} \cdot \boldsymbol{\beta}_2} \tag{6-22}$$

式中，$\boldsymbol{r}_2(t_1) - \boldsymbol{r}_1(t_1)$ 是基线矢量，信号传播方向可由源在 SSB 框架中的赤经、赤纬表示，即

$$\hat{\boldsymbol{k}} = \begin{bmatrix} -\cos\alpha\cos\delta \\ -\sin\alpha\cos\delta \\ \sin\delta \end{bmatrix} \tag{6-23}$$

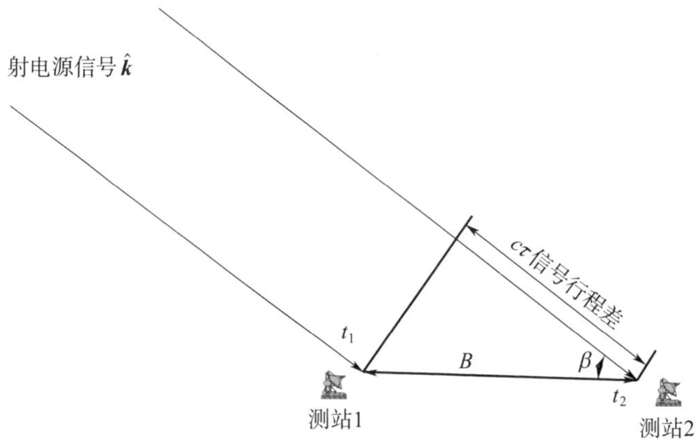

图 6－13　VLBI 测量的几何原理

显然，$\hat{\boldsymbol{k}}$ 为源方向的逆向。射电星相对基线的角位置 β 和时延差之间的关系有

$$\tau = \frac{1}{c} B\cos\beta \tag{6-24}$$

式中，c 为光速；B 为基线长度；β 为基线与源方向的夹角，即可以通过测量射电源信号的同一波前到达两测量站的时延差得到射电源的角位置。

对于太阳系内的射电源（或深空探测器），需要考虑信号波面的弯曲效应。如图 6－14 所示，假定光速 $c=1$，t_e 时刻发射的信号分别在 t_1、t_2 时刻到达测站 1、测站 2，位置为 $\boldsymbol{r}_1(t_1)$、$\boldsymbol{r}_2(t_2)$，传播路径为 $\boldsymbol{\rho}_1(t_1)$、$\boldsymbol{\rho}_2(t_2)$，同样可得到几何时延为

$$\tau = \boldsymbol{\rho}_2(t_2) - \boldsymbol{\rho}_1(t_1) \tag{6-25}$$

测站 2 的运动速度近似表示为

$$\boldsymbol{\beta}_2 = \frac{\boldsymbol{\rho}_2(t_2) - \boldsymbol{\rho}_1(t_1)}{t_2 - t_1} \tag{6-26}$$

令 $i=1$，2，$\boldsymbol{\rho}_i(t_1) = \boldsymbol{\rho}_e(t_1) + \boldsymbol{r}_i(t_1)$，$\boldsymbol{\rho}_e(t_1)$ 为射电源至地心传播路径，则有

$$\tau = |\boldsymbol{\rho}_2(t_2) - \boldsymbol{\rho}_1(t_1)| = |\boldsymbol{\rho}_e(t_1) + \boldsymbol{r}_2(t_1) + \boldsymbol{\beta}_2\tau| - |\boldsymbol{\rho}_e(t_1) + \boldsymbol{r}_1(t_1)| \tag{6-27}$$

根据计算得到的几何时延 τ，结合基线信息 $\boldsymbol{r}_2(t_1) - \boldsymbol{r}_1(t_1)$，即可以计算出目标方向与该基线的夹角，即目标（航天器）的高精度测角信息。

VLBI 观测几何原理中，VLBI 时延即为两射电源的几何光程差，这仅和射电源或航

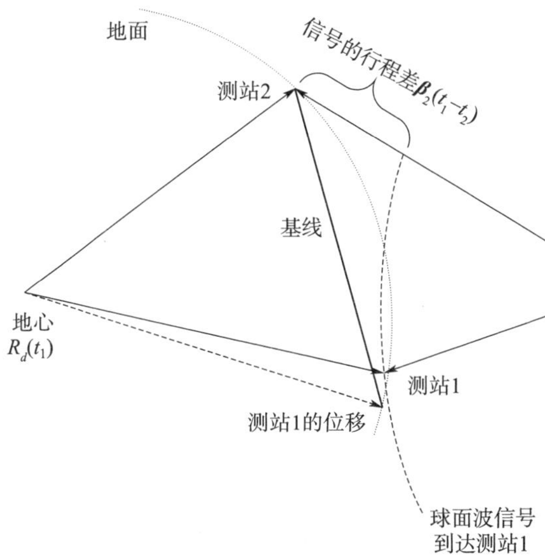

图 6-14　VLBI 球面波几何时延模型

天器的位置有关。而在实际测量中，观测时延中包含由于对流层、电离层等相位中心偏差、钟差及系统误差产生的各类观测误差。在忽略误差变化率的前提下，真实时延值 τ_r 可以由式（6-28）进行计算

$$\tau_r = \tau + \tau_{clk} + \tau_{inst} + \tau_{trop} + \tau_{ion} \tag{6-28}$$

式中，τ_{clk} 是由两观测站的钟差产生的时延；τ_{inst} 是接收机通道不同而产生的硬件时延；τ_{trop} 和 τ_{ion} 分别是对流层和电离层对观测产生的传输时延。

6.2　光学测量

光学设备是空间目标探测跟踪与识别的主要技术手段之一，其波段短且利用目标的反射或辐射信息进行探测，因此，具有成像分辨率高、灵敏度高、探测距离远的特点。根据承担任务的类型和特点，航天测控领域的光学设备分为自适应成像望远镜、中高轨望远镜和实况景象测量系统 3 类。

自适应成像望远镜对目标进行测量，能够得到目标的光度特性（即目标的亮度信息）、成像特性（即目标的几何外形信息）、辐射特性（即目标在不同红外波段的温度特性信息）、反射光谱特性（即目标的材质特性）、成像光谱特性（即目标的反射材质特性和几何特性）、偏振特性（即反映目标不同偏振态下的材质特性以及类别特性信息）等光学特性数据，可以对空间目标进行高分辨率成像，能够为分析航天器的状态（如太阳帆板是否展开、姿态等）提供形体特征信息，在低轨目标的高分辨率成像与中高轨空间目标识别中发挥重要作用。

自适应光电望远镜的衍射极限角分辨率与望远镜口径成反比，与光波长成正比，口径越大，角分辨率越小，可分辨的细节越清晰。典型的自适应成像工作流程如图 6-15 所

示。基本流程为：望远镜根据空间目标轨道预报数据开始跟踪，目标进入捕获望远镜视场，经闭环跟踪校正后进入粗跟踪视场，粗跟踪闭环后进入主望远镜的精跟踪视场，然后经过精跟踪校正，进入自适应成像视场，高精跟踪校正后，进行自适应高分辨率成像，图像记录和处理可传输至测控中心。

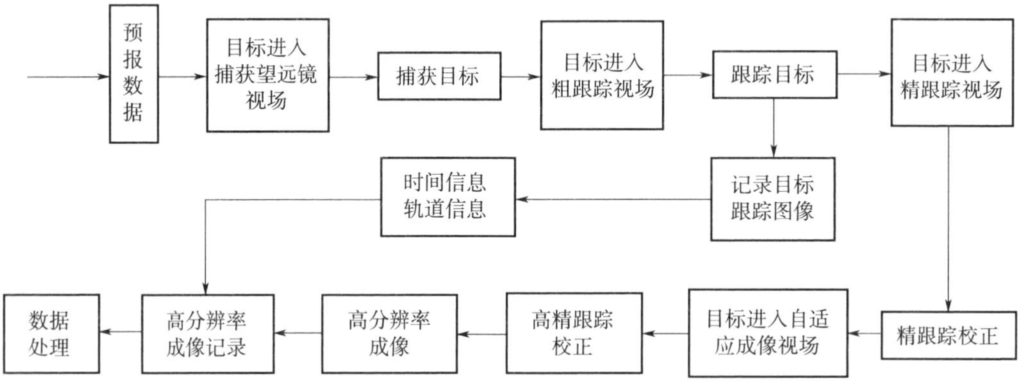

图 6-15　典型的自适应成像工作流程

中高轨望远镜的主要功能是对目标进行搜索发现，获取高精度轨道测量数据和光度测量数据，其主要观测对象为中高轨道、大椭圆轨道等远距离、暗弱目标，能够发挥光学设备探测距离远、精度高的优势。

中高轨望远镜工作流程如图 6-16 所示。由于目标较弱，只能靠预报数据引导进入中高轨望远镜电视视场，再由中高轨电视进行跟踪。

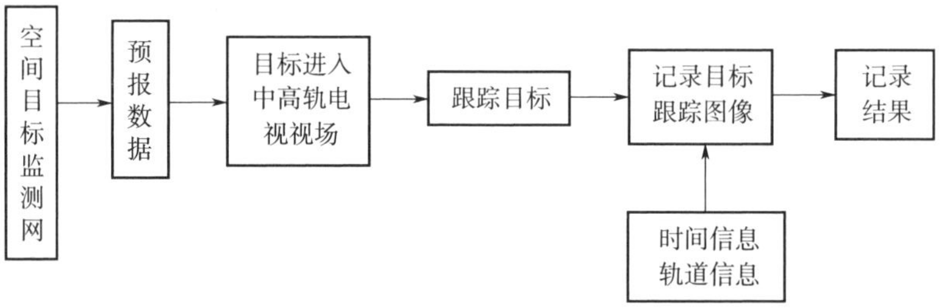

图 6-16　中高轨望远镜工作流程

实况景象测量系统即高速摄影系统，其典型应用是拍摄载人航天返回舱开伞前后及乘伞下降过程的实况景象，以及靶场火箭、导弹发射的实时景象等。

6.3　跟踪测量计算

航天器在轨运行期间，地面测控设备需要对航天器进行跟踪，测量航天器的轨道、接收航天器的遥测参数和向航天器发送遥控指令以及注入数据等。

在对航天器进行跟踪测量时，首先需要了解地面测控设备什么时间能够对航天器进行跟踪，以便制订跟踪计划，并及时掌握地面对航天器的跟踪状态。常见的跟踪测量计算包括测站跟踪预报、天线角计算、巡航可见预报计算、测站干扰预报、跟踪遮蔽角计算、跟踪动态性能分析、链路估算等。

6.3.1　测站跟踪预报

利用地面测控设备对航天器进行跟踪测量。首先，地面测控设备测控天线必须能够“见到”航天器，其基本条件之一是航天器需要在设备最低跟踪平面之上，即仰角 $E>0°$，这种观测几何条件约束也称为“天线仰角可见”，如图 6－17 所示。

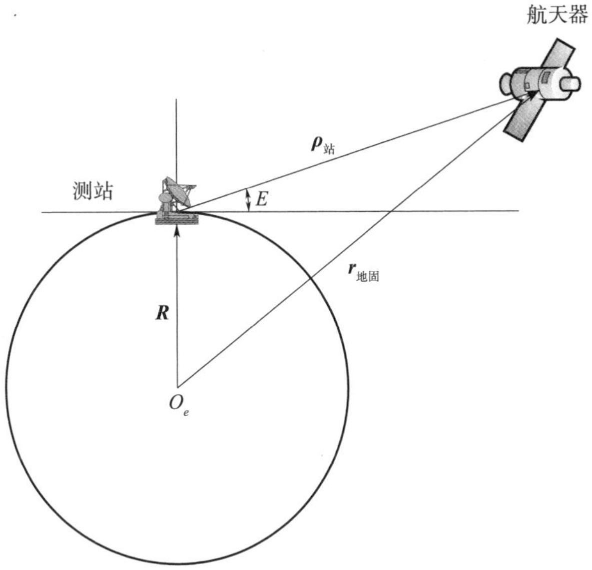

图 6－17　测站可见条件

测站跟踪预报一般指在仅考虑地面-航天器天线仰角可见约束条件下，计算地面站能够跟踪航天器的弧段。

假设测站测量设备中心点的大地坐标为 (L,B,H)，地球固连坐标系中直角坐标为 $\boldsymbol{R}=(R_X,R_Y,R_Z)$，设备的测量元素为 (ρ,A,E)，分别表示航天器至测站测量设备中心的距离、方位角和俯仰角，则航天器在测站地平坐标系中的位置矢量 $\boldsymbol{\rho}_{站}$ 计算式为

$$\boldsymbol{\rho}_{站}=\begin{bmatrix}\rho\cos E\cos A\\ \rho\cos E\sin A\\ \rho\sin E\end{bmatrix} \tag{6-29}$$

又设航天器在测站地平坐标系中的位置为 $\boldsymbol{\rho}_{站}$，航天器在地球固连坐标系中的位置为 $\boldsymbol{r}_{地固}$，则测站地平坐标系下航天器位置矢量计算方法为

$$\boldsymbol{\rho}_{站}=\begin{bmatrix}1&0&0\\0&-1&0\\0&0&1\end{bmatrix}R_Y(B-90°)R_Z(L-180°)(\boldsymbol{r}_{地固}-\boldsymbol{R}) \tag{6-30}$$

测站跟踪预报即计算航天器运行过程中某个测站的跟踪量（测距、方位角、仰角等）的值。由航天器轨道根数可计算出某时刻航天器在地球固连坐标系中的位置为 $\boldsymbol{r}_{地固}$，则由式（6-30）可计算出测站地平坐标系下的航天器位置矢量 $\boldsymbol{\rho}_{站}=(\rho_X \quad \rho_Y \quad \rho_Z)^{\mathrm{T}}$（$\rho_X$，$\rho_Y$，$\rho_Z$ 分别为航天器在测站地平坐标系下 X，Y，Z 3 个方向的分量），进而可得到测站跟踪航天器的测量元素测距、方位角和仰角，分别如式（6-31）～式（6-33）所示。

$$\rho=\sqrt{\rho_X^2+\rho_Y^2+\rho_Z^2} \tag{6-31}$$

$$A=\arctan(\rho_X/\rho_Y) \tag{6-32}$$

$$E=\arctan(\rho_Z/\sqrt{\rho_X^2+\rho_Y^2}) \tag{6-33}$$

一般地，取测控设备天线仰角 E 约束大于某个角度（通常为 3°或 5°），即可得到测控设备能够跟踪到航天器的跟踪预报结果。

当仅计算进、出站点及仰角最大点（“过顶”点）的时间、测距、测角信息，及其他一些所需参数时，就形成了该地面站的“跟踪 3 点报”。类似地，也可将进、出站时间段等分为 12 段计算各点参数，与进、出站点共同形成该测站的“13 点报”等。

6.3.2 天线角计算

在实际应用过程中，地面测控设备要对航天器进行跟踪测量，不仅需要满足前节所述的仰角可见，即地面站对航天器的仰角不低于其最小仰角限制，还需要满足航天器的天线波束能够覆盖地面测控设备，即地面测控设备至航天器连线必须在航天器测控天线的波束宽度范围内。

如图 6-18 所示，天线角 β 指航天器和地面站方向矢量与航天器某个天线的中心指向矢量之间的夹角。当该夹角在航天器天线波束范围内时，上下行链路满足测控需求（满足地面站跟踪航天器仰角可见条件）。由天线角 β 的定义可知，计算天线角的关键在于计算航天器至地面站矢量方向及天线中心指向矢量方向。计算方法如下：

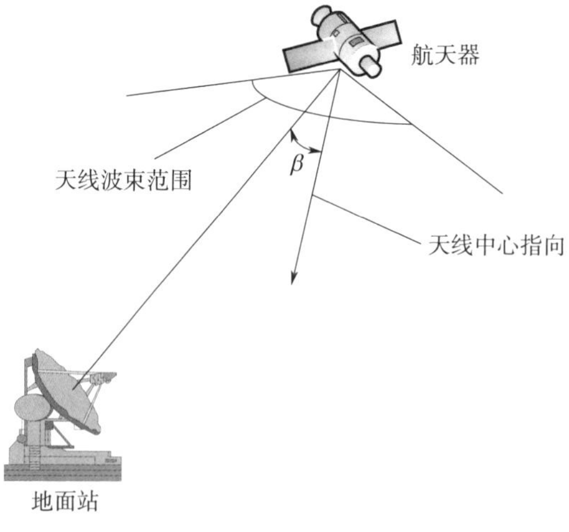

图 6-18　天线角示意图

设 t 时刻航天器在地心惯性坐标系下的位置矢量为 $\boldsymbol{R}_S$ ，地面站的位置矢量为 $\boldsymbol{R}_Z$ ，则航天器到地面站连线矢量的单位向量为

$$\boldsymbol{R}=\frac{\boldsymbol{R}_Z-\boldsymbol{R}_S}{|\boldsymbol{R}_Z-\boldsymbol{R}_S|} \tag{6-34}$$

设天线中心指向在航天器本体坐标系下的单位向量为 $\boldsymbol{V}_A$（取决于测控天线在航天器的安装位置及指向），再由航天器的姿态信息可计算出该指向矢量在地心惯性坐标系下单位矢量方向为 $\boldsymbol{V}'_A$ ，则天线角 β 为

$$\beta=\arccos(\boldsymbol{R}\boldsymbol{V}'_A) \tag{6-35}$$

天线角计算可用于地面站对航天器跟踪条件分析，有助于了解地面测控设备跟踪航天器时地面站是否在测控天线稳定跟踪范围内。

6.3.3　巡航可见预报计算

巡航可见预报计算一般用于计算巡航姿态模式下的地面站可见情况。

一般地，地球静止轨道卫星的 $+Z$ 面和 $-Z$ 面各安装有测控天线。在转移轨道控制过程中的非远地点点火期间，为了确保卫星能源安全，卫星控制其姿态进入对日巡航模式，即卫星 $-Z$ 面对准太阳。如图 6-19 所示，巡航可见预报即根据卫星轨道，在卫星对日巡航姿态下，计算卫星天线角的实际可见范围，进而确定地面测控设备的可跟踪弧段。

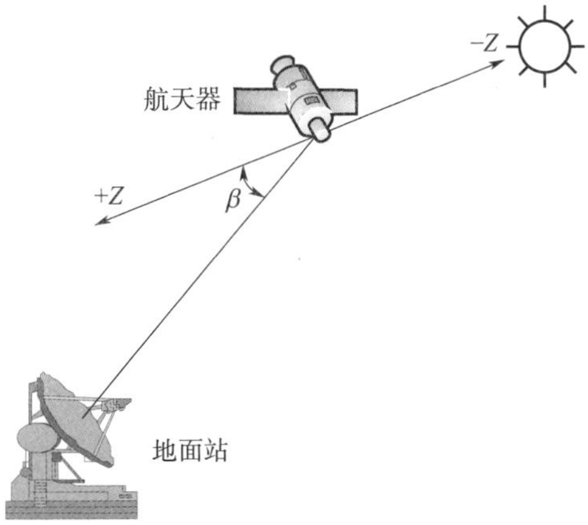

图 6-19　巡航可见预报计算

6.3.4　测站干扰预报

测站干扰预报一般用于地球静止轨道卫星转移轨道过程。如图 6-20 所示，地球静止轨道卫星一般通过远地点（地球静止轨道高度）点火进行转移轨道控制过程，与此同时，该位置附近可能已有定点的地球静止轨道卫星。如果该卫星与已定点的卫星使用的频率接近，则在地面测控设备跟踪过程中，测控设备波束可能造成对已定点卫星的干扰。同时，定点卫星的下行信号也会影响地面测控设备对目标信号的接收。通常需在转移轨道控制前，根据转移轨道控制策略，进行测站干扰预报计算，尽可能规避与其他卫星的相互干扰。

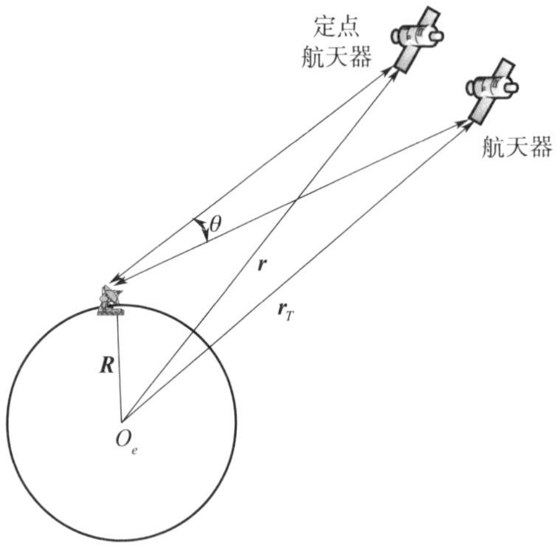

图 6-20　测站干扰预报示意图

假设某一时刻，某转移轨道控制卫星和已定点卫星在地球固连坐标系中的位置矢量分别为 $\boldsymbol{r}$ 和 $\boldsymbol{r}_T$ ，测站位置矢量为 $\boldsymbol{R}$ ，则两个卫星相对测站的夹角 θ 为

$$\theta=\arccos\left[\frac{(\boldsymbol{r}-\boldsymbol{R})(\boldsymbol{r}_T-\boldsymbol{R})}{|\boldsymbol{r}-\boldsymbol{R}|\,|\boldsymbol{r}_T-\boldsymbol{R}|}\right] \tag{6-36}$$

如果某一时刻该角度小于某一给定值，则认为该时刻两个卫星相对该测站有干扰，计算给出所有 θ 小于给定值的时间段，即为该卫星对于该测站的干扰预报。

6.3.5　跟踪遮蔽角

由于地理条件或城市规划限制，测控设备部署位置周边可能存在一些山体、高大建筑物，测控设备在跟踪目标的过程中，特别是被跟踪目标即将进入或即将飞出测控设备无线电波束时，设备天线仰角较低，山体或高大建筑物可能对无线电波束造成遮挡或干扰，影响测控设备对目标的跟踪。

如图 6-21 所示，当测控设备周围山体、高大建筑物对目标跟踪造成影响时，航天器-测控设备连线与大地水平面的夹角，称为跟踪遮蔽角。

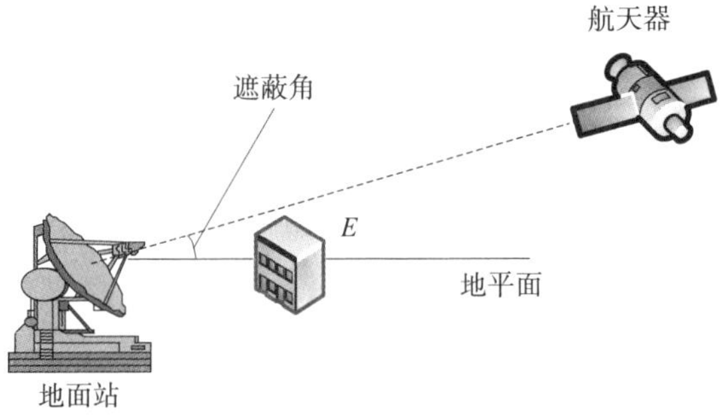

图 6-21　设备跟踪遮蔽角示意图

测控设备跟踪遮蔽角的影响主要与测控设备周边的地理、建筑环境有关。若测控设备部署在山区或城市建筑物较多的区域，则跟踪遮蔽角对目标跟踪测量的影响较为明显；若测控设备部署于空旷地带或海上，则跟踪遮蔽角甚至可接近零度，几乎对目标跟踪测量无影响。

工程中，为确保测控设备对目标的可靠跟踪，须根据目标飞行弹道或轨道，在测控设备方位角、仰角计算的基础上，进行跟踪遮蔽角计算，提前掌握测控设备跟踪目标时的遮蔽情况，尽可能避免目标跟踪受到影响。

6.3.6　跟踪动态性能

测控设备在对目标进行跟踪的过程中，设备天线的方位角、仰角须随目标飞行随动，如图 6－22 所示。对于不同的设备而言，其天线转动能力（最大角速度、角加速度）有一定的限制。若设备跟踪目标过程中，方位角或仰角的角速度、角加速度超过设备限制，可能导致设备无法对目标进行保精度跟踪，甚至丢失目标。

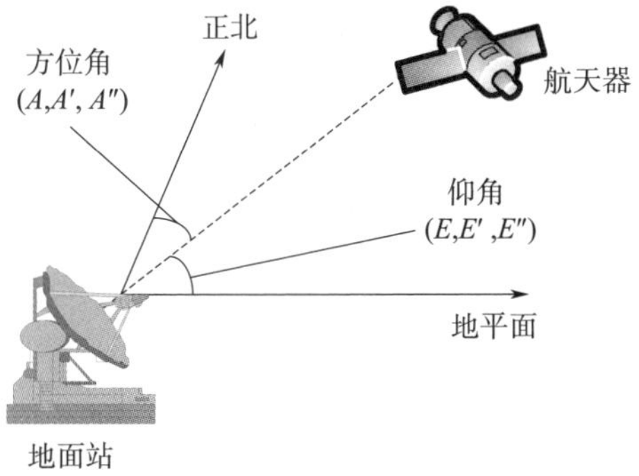

图 6－22　设备跟踪动态性能示意图

因此，工程中，须根据目标飞行弹道或轨道，对测控设备跟踪目标时方位角、仰角的角速度、角加速度等动态性能进行分析，确保设备能够满足目标跟踪的正常需求。若设备跟踪动态性能无法满足目标跟踪需求，需做好设备更换、调整目标飞行弹道等方案预案。

6.3.7　测控链路估算

测控设备跟踪运载火箭或航天器的过程中，不仅需要考虑设备跟踪遮蔽角、动态性能及航天器测控天线角等约束条件，测控链路估算也是十分重要的一部分，其目的主要是通过计算测控设备与跟踪目标间的天地链路的相关指标判断其能否满足跟踪测量需求。

测控链路估算的基本依据是雷达方程。

(1) 雷达方程

雷达方程分为信标雷达方程和反射雷达方程。

①信标雷达方程

信标雷达方程适用于合作式跟踪。设信标机发射功率为 P_t ，发射传输馈线损耗为

L_t ，发射天线增益为 G_t ，则信标机的有效辐射功率 EIRP（Effective Isotropic Radiated Power）为

$$\mathrm{EIRP}=P_tG_t/L_t \tag{6-37}$$

假设信标机全向辐射，则距离信标天线 R 处的功率密度为

$$S'=\frac{\mathrm{EIRP}}{4\pi R^2}=\frac{P_tG_t}{4\pi R^2L_t} \tag{6-38}$$

再假设接收端天线有效接收面积为 A_e ，接收馈线损耗为 L_R ，则信号接收机的输入功率为

$$S=S'A_e/L_R=\frac{P_tG_tA_e}{4\pi R^2L_tL_R} \tag{6-39}$$

天线有效面积 A_e 和天线增益 G_r 之间的关系为

$$A_e=\frac{G_r\lambda^2}{4\pi} \tag{6-40}$$

则有

$$S=\frac{P_tG_tG_r\lambda^2}{(4\pi R)^2L_tL_RL_aL_pL_o}=\frac{P_tG_tG_r\lambda^2}{(4\pi R)^2L_\Sigma} \tag{6-41}$$

其中，$L_\Sigma=L_tL_RL_aL_pL_o$ ，表示信标发射馈线、地面接收馈线在内的总损耗；L_a 为电波传输大气损耗；L_p 为极化损耗；L_o 为波束对不准损耗。

令 $L_1=\left(\frac{4\pi R}{\lambda}\right)^2$ 为自由空间传播损耗，则有

$$S=\frac{P_tG_tG_r\lambda^2}{L_1L_\Sigma} \tag{6-42}$$

将式（6-42）写成信噪比的形式，两边同除以噪声功率 $N_i=kT_sB_i$ ，则有接收机输入端雷达方程为

$$\frac{S}{N}\mid i=\frac{P_tG_tG_r}{L_1L_\Sigma kT_sB_i} \tag{6-43}$$

式中，T_s 为接收机输入点系统等效温度；B_i 为接收机最末级中放带宽；$k=1.38\times10^{-23}$ J/K，为玻耳兹曼常数；λ 为信号工作波长。

②反射雷达方程

反射雷达方程适用于反射式跟踪。设雷达发射功率为 P_t ，采用全向天线辐射，在距离 R 的目标处的功率密度为

$$S'_1=\frac{P_t}{4\pi R^2} \tag{6-44}$$

一般雷达为定向天线，它把发射功率的大部分能量集中到波束指定的方向辐射，设发射天线增益为 G_t（表示在相同激励功率下，定向天线在目标方向上的功率与理想天线辐射功率的比），则增益为 G_t 的发射天线在目标方向上的功率密度为

$$S_1=\frac{P_tG_t}{4\pi R^2} \tag{6-45}$$

考虑发射馈线损耗及上行路径的大气损耗（L_t，L_{a1}），则目标处的功率密度为

$$S_1 = \frac{P_t G_t}{4\pi R^2 L_t L_{a1}} \tag{6-46}$$

假设目标的横截面积（从雷达方向看去的目标散射面积）为 σ，则目标收到的功率为 σS_1，根据横截面积定义，可以将收到的功率无损耗全部反射回来，即二次辐射功率为

$$S_1' = \frac{P_t G_t \sigma}{4\pi R^2 L_t L_{a1}} \tag{6-47}$$

则在雷达天线处的功率密度为

$$S_2 = \frac{P_t G_t \sigma}{(4\pi R^2)^2 L_t L_{a1}} \tag{6-48}$$

考虑下行（回程）路径上的大气损耗 L_{a2}，接收馈线损耗 L_r，雷达等效接收面积为 A_e，则雷达接收机端回波信号为

$$P_r = \frac{S_2 A_e}{L_{a2} L_r} = \frac{P_t G_t \sigma G_r \lambda^2}{(4\pi)^3 R^4 L_t L_{a1} L_{a2} L_r k T_s B_i} \tag{6-49}$$

两边同除以接收机输入端等效噪声功率 $N_i = kT_s B_i$，则有

$$\frac{S}{N} \mid i = \frac{P_t G_t \sigma G_r \lambda^2}{(4\pi)^3 R^4 L_t L_{a1} L_{a2} L_r k T_s B_i} = \frac{P_t G_t \sigma G_r \lambda^2}{(4\pi)^3 R^4 L_\Sigma k T_s B_i} \tag{6-50}$$

其中，$L_\Sigma = L_t L_{a1} L_{a2} L_r$，为上下行链路总损耗；$T_s$ 为接收机输入点系统等效温度；B_i 为接收机最末级中放带宽；$k = 1.38 \times 10^{-23}$ J/K，为玻耳兹曼常数；λ 为雷达工作波长。

（2）基本原理

将雷达方程应用于测控设备链路估算，通常是依据地面设备发射/接收、箭（器）载信标机的发射功率、增益等指标，考虑信号在空间的传输特性，计算并扣除信号传输或处理等各类损耗，若能够满足测控设备或箭（器）载信标机的最低性能指标要求，则认为测控设备跟踪相应的目标满足任务需求。

工程应用中，为计算方便，通常将式（6-43）写成分贝形式，则有

$$\frac{S}{N} \mid i(\text{dB}) = 10\lg P_t + 10\lg G_t + 10\lg(G_r/T_s) - 10\lg L_1 - 10\lg L_\Sigma - 10\lg B_i + 228.6(\text{dB}) \tag{6-51}$$

换成另外一种表示方式有

$$\begin{aligned}\frac{S}{N} \mid i(\text{dB}) = & 10\lg P_t + 10\lg G_t - 10\lg L_t + 10\lg[G_r/(T_s L_R)] - \\ & 10\lg L_1 - 10\lg(L_a L_p L_o) - 10\lg B_i + 228.6(\text{dB})\end{aligned}$$

省略“10lg”，则有

$$\begin{aligned}\frac{S}{N} \mid i(\text{dB}) &= P_t + G_t - L_t + G_r/(T_s L_R) - L_1 - L_a - L_p - L_o - B_i + 228.6(\text{dB}) \\ &= \text{EIRP}_t + G_r/(T_s L_R) - L_1 - L_a - L_p - L_o - B_i + 228.6(\text{dB})\end{aligned} \tag{6-52}$$

其中，$\text{EIRP}_t = P_t + G_t - L_t$ (dB)，为信标的有效辐射功率。

需要说明的是，工程应用中，区分雷达、箭遥及航天器测控设备，进行测控链路估算时考虑的因素又略有不同。雷达设备进行合作式跟踪时，通常根据跟踪任务实际过程运用信标雷达方程进行应答机下行信号估算；反射式跟踪时，则需根据反射式雷达方程进行接收信号估算；对于箭遥接收设备，则须根据遥测接收机特性、遥测设备指标等进行遥测接收最大作用距离估算；对于航天器测控设备，则须根据航天器接收机、发射机指标，以及地面测控设备指标同时进行链路估算，确保上下行链路均满足要求。

参 考 文 献

[1] 刘庆会，吴亚军．高精度 VLBI 技术在深空探测中的应用 [J]. 深空探测学报，2015 (3)：208－212.

[2] 黄勇，胡小工，黄珹，等．利用 VLBI 数据确定“探测一号”卫星的轨道 [J]. 天文学报，2006，7 (1)：82－92.

[3] 黄勇，单荃，李培佳，等．基于同波束 VLBI 测量的月球交会对接轨道确定 [J]. 中国科学：物理学力学天文学，2016，46 (8)：089511.

[4] 乔书波，李金岭，孙付平. VLBI 在探月卫星定位中的应用分析 [J]. 测绘学报，2007 (3)：262－268.

[5] 董光亮，郝万宏，李海涛，等．同波束干涉测量对月面目标相对定位 [J]. 清华大学学报（自然科学版），2010，50 (7)：1118－1124.

[6] 刘九龙，王广利．嫦娥三号实时任务期间 VLBI 观测数据统计分析 [J]. 中国科学院上海天文台年刊，2015 (00)：112－123.

[7] 易慧，魏二虎，严韦，等，VLBI，SVLBI 技术用于月球探测器定位的理论模型 [J]. 测绘通报，2009 (2)：4－6.

[8] 钱志瀚，李金岭，甚长基线干涉测量技术在深空探测中的应用 [M]. 北京：中国科学技术出版社，2012.

第 7 章　航天器遥测遥控

遥测，是指将对象参量的近距离测量值传输至远距离的测量设备来实现远距离测量的技术，是一门利用传感、通信和数据处理等技术的综合性技术。遥控，则指通过通信媒体对远距离被控对象进行控制的技术。

航天器在空间中飞行，为了确保其在轨运行正常并顺利完成空间任务，一方面，地面需要及时了解和掌握其内部各分系统及部件的环境数据和工作状态，如航天器位置、速度等飞行参量，器载部件的电压、电流、温度和压力等状态参数，这些数据同时也是评估航天器性能和航天器异常时进行故障定位与分析的依据；另一方面，地面需要能够对航天器进行状态设置，必要时进行飞行状态调整，如航天器在轨运行阶段对姿态进行调整、控制天线指向、通过控制推力器点火实现轨道转移及温控状态设置等，以满足航天器在不同状态下完成空间飞行任务的需求。

遥测遥控技术在航天领域内的广泛应用，使地面实时掌握和了解航天器状态，以及对航天器进行控制成为可能。若把航天器比作风筝，遥测遥控就好比控制风筝的线，一旦这条线“断了”，“风筝”也就飞走了。事实上，航天器遥测、遥控的概念包含广义和狭义两种。广义的遥测概念包括器上遥测采集、组织、调制，地面遥测解调、处理等全流程，不仅包括航天器与地面的通信，也包括航天器与航天器之间的通信；狭义的遥测则指对航天器遥测信息数据的组织格式编排和应用，也就是通常所说的 PCM 遥测、分包遥测、AOS 遥测等概念。广义的遥控概念包括地面对遥控数据的编码、调制，航天器对遥控数据解调、译码、执行等全流程；狭义的遥控则仅指遥控信息数据的格式编排及应用。

本章首先从广义遥测遥控的概念介绍航天器遥测遥控的基本过程和原理，再从狭义层面阐述遥测遥控信息的格式及处理过程。

7.1　基本原理

航天器遥测遥控的基本原理如图 7－1 所示，在器上进行遥测信息采集后，通过与无线电测控设备建立的通信链路下传，并发送至测控中心，用于地面掌握和了解航天器状态。同时，测控中心根据需要，将遥控信息通过无线电测控设备发送至航天器，由航天器进行响应，完成相应的状态设置及动作。

典型的航天器遥测系统如图 7－2 所示，包括器上遥测信息的采集、组织和调制，无线信道传输，以及遥测信息的解调、处理及存储、显示和分析的全过程。遥测采集是指航天器通过各类传感器（如热敏电阻、压力传感器等）获取各种待测参数（如温度、压力、电压、电流等）的过程。航天器上的遥测参数通常多达数千个甚至上万个，且种类繁多复

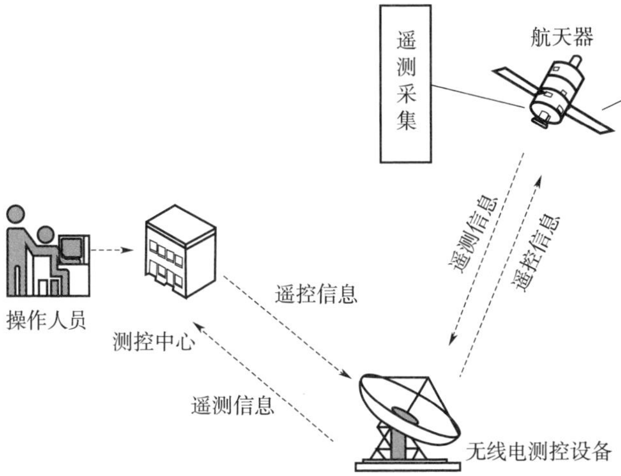

图 7－1　航天器遥测遥控的基本原理

杂，要求差异大。从变化速率看，有基本保持不变的，如电源电压遥测，有变化缓慢的，如设备温度遥测；从传输要求看，有实时性要求较高的，如遥控指令响应状态，也有非实时的，如延时存储遥测；从数据量看，有大量单个独立的参数，也有如内存下卸、载荷数据等大数据块遥测；从表现形式上，有模拟信号，有数字信号，有些参数可直接转换成电信号，有的则需要经过信号调节器变换成规范化的电压信号，以便于采集。无论哪种类型的遥测，在航天器上完成信息采集后，经过副载波调制，而后由天地无线信道发送至地面，地面测控设备进行解调、同步和信息处理，最后送测控中心，完成遥测信息数据存储、显示和分析。

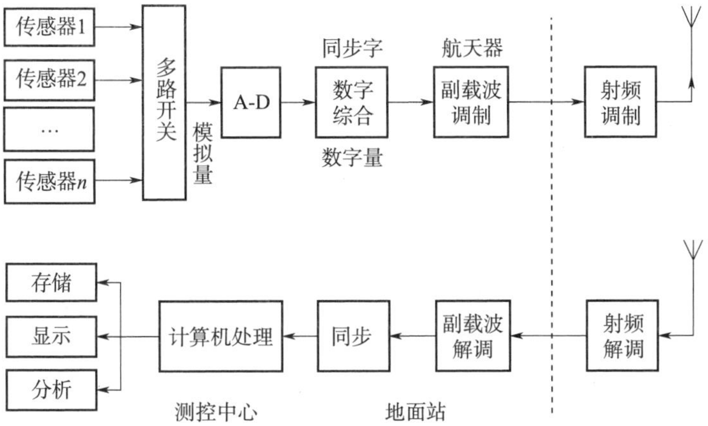

图 7－2　典型的航天器遥测系统

航天器遥控系统的基本原理如图 7－3 所示，其信息流向大致为遥测信息的逆过程。首先，地面测控中心将遥控信息进行编码，然后经副载波调制和射频调制后通过测控设备与航天器建立的天地无线信道发送至航天器。航天器接收遥控射频信号，进行射频解调和副载波解调，而后经过译码和格式识别后根据遥控信息内容分发给器上不同用户并执行。

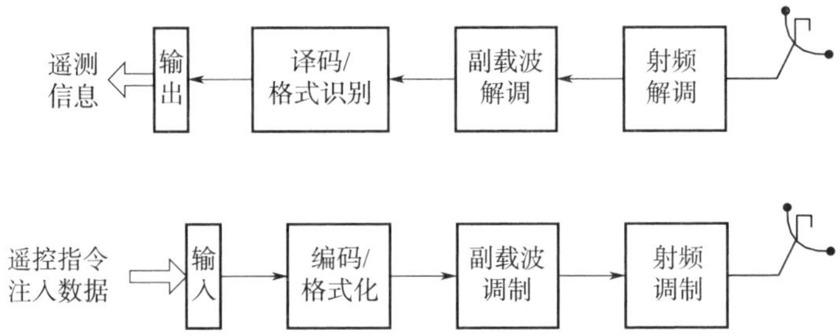

图 7－3　航天器遥控系统的基本原理

回顾航天器遥测遥控技术的发展历程，基本上经历了以下几个阶段：

第一阶段是脉冲编码（PCM）体制。PCM 体制在我国的航天器工程中已应用了几十年，目前，PCM 遥测体制已逐步退出航天器工程应用，但 PCM 遥控仍是大多数航天器的选择。

第二阶段是分包体制。随着航天技术的不断发展，分包遥测、遥控已逐渐成为目前我国航天器工程应用的主要方式。

第三阶段是高级在轨数据系统（Advanced Orbiting System，AOS）体制，也称为 AOS 遥测体制。AOS 遥测体制融合了分包遥测的设计理念，其本质为分包体制。它旨在提升载人航天器、导航系统、无人空间平台、自由飞行器、深空探测器以及高级空间运输系统等重大工程的空间链路通信能力，通过增强灵活性、多样性和可靠性来满足复杂的数据处理需求。AOS 遥测体制是对传统分包遥测的适应性改进。我国于 2006 年颁布了针对航天器高级在轨数据系统网络和数据链路的国军标，该标准现已在我国航天器上得到广泛应用。

7.2　航天器遥测

航天技术发展初期，航天器设计相对简单，遥测数量较少，且主要以模拟量参数为主，传输的是反映航天器工作状态的各类数据。随着航天器设备的多样化、功能的复杂化，需要下传至地面的数据种类也越来越多，航天器遥测的内容也逐渐扩展至涵盖航天器工程数据、载荷数据、视频图像、话音等各类航天器数据的范畴。

航天技术发展初期，遥测信息格式设计时采用的是一种相对固定的遥测编排方式，也就是我们常说的 PCM 遥测格式。由于这种遥测格式是在系统设计时预定的，因此存在遥测采样率固定、编排格式固定的局限。随着航天技术的日趋成熟，世界各国的航天器有了国际合作的需求。在这种背景下，1982 年成立了国际空间数据系统咨询委员会（Consultative Committee for Space Data System，CCSDS），这一国际组织的最初目的是在数据基带帧格式、通信频段、调制解调体制等方面制定大家公认的标准，将各国分散的地球站设备统一起来，以求达到相互支持的目的。分包遥测就是 CCSDS 最先制定的有利于国际合作的第一份建议书，它支持多种业务，更加灵活，可以很好地解决 PCM 遥测格式带来的弊端。1987 年 CCSDS 颁布了分包遥测概念的绿皮书，2000 年又颁布了关于分包遥测的蓝皮书。随着航天业务的不断拓展，分包遥测也暴露出一些不足，主要体现在其适用于数据量不太大、数据传输速率不太高的应用场合。从 20 世纪 90 年代起，特别是国际空间站的建立对空间数据系统提出了更高要求，因此 CCSDS 在分包遥测的基础上进行了延伸，提供了灵活性更强、更多样化的数据处理业务，AOS 由此产生，满足载人空间站、无人空间平台、自由飞行器、深空探测器以及其他高级空间运输系统等工程的需要。

7.2.1 遥测信息格式

7.2.1.1 PCM 遥测

PCM 概念是 1937 年由法国工程师 Alec Reeres 最早提出来的，它是一种将模拟语音信号变换成数字信号的编码方式，主要包括抽样、量化与编码 3 个过程。抽样是把连续时间模拟信号转换成离散时间连续幅度的抽样信号；量化是把离散时间连续幅度的抽样信号转换成离散时间离散幅度的数字信号；编码是将量化后的信号编码形成一个二进制码组输出。在 PCM 遥测系统中设计工作的重点内容之一是编排信息采样及其数据格式，采样的两个基本问题是采样率和误差。

根据采样定理，每个信号的采样率应大于被测信号最高频率 f_m 的 2 倍，只有这样才能由采样信号经过通带等于 f_m 的低通滤波器恢复出原始信号。在实际系统中，一方面在采样前先滤除被测信号中用处不大的高频成分，另一方面合理使用系统多路开关的总采样率，对采样率不足的情况，采取倍采样的方法，对采样率过大的情况，采取分采样的方法。采样误差包括多路开关的路差、量化误差和 A－D 变换的实际误差。如果采用 8 bit 量化，每个分层值为 Δ ，则最大量化误差为 $\pm\Delta/2$，按均匀分布处理均方根误差为 $\Delta/3.464$，量化误差和编码器实际误差对数据的相对影响与数据值有关，但总是影响数据的低位。而在信道传输中的误码概念完全不同，量化后字长每一比特发生误码的概率是相同的，但显然错误发生在哪一位影响却大不相同。这些概念在不同遥测系统体制中是相同的。

根据 PCM 遥测体制设计，遥测帧数据流分 4 个层次，依次为：格式（也称为主帧）、帧（也称为副帧）、遥测字、比特，如图 7－4 所示。每个遥测格式包括若干副帧（F0，F1，…，Fn），各帧（副帧）依次排序；每个遥测帧（副帧）包括若干字节（W0，W1，…，Wn），各字节由高到低依次排序；每个遥测字（即字节）长 8 bit，各比特从高到低依次为 b0～b7。主副帧格式如图 7－5 所示。

由于 PCM 遥测主副帧格式是在系统设计中预定的，不能适应信号变化的情况。例如，有的信号仅在航天器飞行的一段时间内变化，可是在它不变时仍以很高的采样率去采样，显然是很不合理的。为了解决这个问题，把主副帧格式演变为浮动组合格式。

如图 7－6 所示，浮动组合格式就是在常规格式的基础上，开辟了若干浮动格式区，

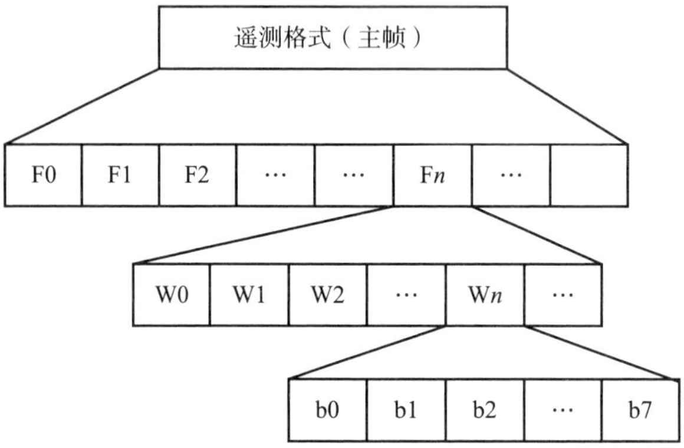

图 7-4　PCM 遥测格式

主帧							
副帧1	EB	90	W1	W2	…	Wn	…
副帧2	帧同步						
…	…						
…							
…	EB	90					
副帧n	EB	90	W1	W2	…	Wn	…

图 7-5　PCM 遥测主副帧格式

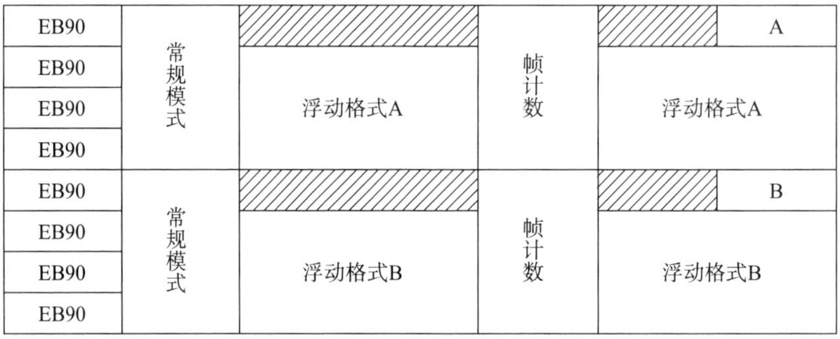

图 7-6　遥测浮动组合格式

可以灵活改变其中的采样顺序，格式是可以切换的，每个格式有特定标识，如图中 A、B 等，以便识别后做不同处理。这种改进引入了初步的自适应格式调整，但由于预定安排不可能有太多的格式种类，其优点受到限制。这就是后来产生分包遥测的萌芽思想。

以某航天器 PCM 遥测为例，见表 7-1，遥测帧数据流结构分 4 个层次，从高到低依次为：格式、帧、遥测字、比特位。每个实时遥测格式包括 32 帧，各帧依次按 F0～F31 排序；每个实时遥测帧包括 256 B，各字节由高到低依次按 W0～W255 排序；每个实时遥测字（即字节）长 8 bit，各比特位从高到低依次为 b0～b7。遥测数据流高字节

(W0) 在前，高位 (b0) 在前。遥测下行传输码速率为 4 096 bit/s。实时遥测模式下一个完整的遥测帧格式为 32 帧，每帧 0.5 s，完整地传输一遍航天器上遥测的时间周期为 16 s。

表 7-1 遥测传送帧格式

序号	W0～W3	W4	W5	W6～W11	W12～W13		W14～W253		W254～W255
	帧同步码	卫星代号	帧计数	时间码	信道识别	帧识别	240 路卫星遥测参数		和校验
							W14～W93	W94～W253	
F0	1ACFFC1E	34	0～255		—	E00H	固定内容	快帧 1	SCK
F1	1ACFFC1E	34			—	FFCH	固定内容	姿轨控	SCK
F2	1ACFFC1E	34			—	E06H	固定内容	快帧 2	SCK
F3	1ACFFC1E	34			—	FFDH	固定内容	总线遥测	SCK
F4	1ACFFC1E	34			—	E00H	固定内容	快帧 1	SCK
F5	1ACFFC1E	34			—	FFBH	固定内容	姿轨控	SCK
F6	1ACFFC1E	34			—	E06H	固定内容	快帧 2	SCK
F7	1ACFFC1E	34			—	FFCH	固定内容	总线遥测	SCK
F8	1ACFFC1E	34			—	E00H	固定内容	快帧 1	SCK
…	…						…	…	
F31	1ACFFC1E	34			—	FFAH	固定内容	CTU 注数过程	SCK

在该遥测格式中，W14～W93 为每一帧下传的固定内容，W94～W253 为浮动内容，该部分的下传数据，根据帧识别对应到每帧的具体内容，不同的帧识别对应不同的下传参数。如在帧识别为“FFC”这一帧中下传的始终为姿轨控的相关参数，而在帧识别为“E00”中始终下传快帧 1 的参数，帧识别为“E06”中下传的始终为快帧 2 的参数。

对于 FFCH 这一帧识别，不同种类的下传遥测由复用帧识别字 W94 进行区别，每块数据均包含 5 帧，由复用帧识别字 W95 进行区别，16 s 传送完毕，见表 7-2。星上通过发送内部指令决定下传某块复用遥测。其中，过程遥测为主模式，默认下传。切换至单地址注数遥测和连续地址注数遥测需通过内部指令实现。

过程遥测模式：星上默认下传，一个遥测周期 16 s 内传完 5 帧数据 (1D01H～1D05H)。

FFCH 帧快传模式：星上有需要将遥测快速下传，通过地面注数控制。

单地址注数模式：姿控收到地面注数后自动下传，FFCH 帧自动切换为单地址注数模式，传完后恢复为原来的模式。或者由地面发送内部指令切换。

连续地址注数遥测：需要地面发送内部指令切换。FFCH 帧除每帧固定的内容外，通过 W94～W95 复用识别字来区分下传的复用帧，定义见表 7-2 和表 7-3。

表 7－2 FFCH 帧复用格式

复用遥测内容	W94	W95	W96～W253
	复用方式字	块内帧计数	数据域
过程遥测	1DH	01～05H(5 帧内传送不同的遥测波道)	158 B
单地址注数遥测	28H	01～05H(5 帧内传送不同的遥测波道)	
连续地址注数遥测	46H	01～05H(5 帧内传送不同的遥测波道)	

表 7－3 FFCH 帧复用波道

序号	复用帧名	识别字波道	复用内容
1	姿控 FFCH 帧过程复用帧 1	1D01H	TME003～TME160
2	姿控 FFCH 帧过程复用帧 2	1D02H	TME163～TME320
3	姿控 FFCH 帧过程复用帧 3	1D03H	TME323～TME480
4	姿控 FFCH 帧过程复用帧 4	1D04H	TME483～TME640
5	姿控 FFCH 帧过程复用帧 5	1D05H	TME643～TME800
6	姿控 FFCH 帧注数复用帧 1	2801H	TMF003～TMF160
7	姿控 FFCH 帧注数复用帧 2	2802H	TMF163～TMF320
8	姿控 FFCH 帧注数复用帧 3	2803H	TMF323～TMF480
9	姿控 FFCH 帧注数复用帧 4	2804H	TMF483～TMF640
10	姿控 FFCH 帧注数复用帧 5	2805H	TMF643～TMF800

7.2.1.2 分包遥测

随着航天技术的发展，航天器设计日益复杂，模式相对固定的 PCM 遥测体制已逐渐无法满足航天器上复杂多变的数据源传输要求。在新型航天器中，遥测信源（分系统或设备）的自主能力逐步加强，它们具有动态、自主地生成数据包的能力，且不同的应用过程产生的数据源包能够有不同的数据发生率和包长度，这些源包是自主产生的，具有随机性，源包之间是异步的。这些由不同应用过程产生的不同发生概率的源包将由同一天地链路传回地面，然后在地面根据不同的应用过程对各个源包进行处理。这种情况下，传统 PCM 遥测固定采样率、固定编排格式的局限性逐渐凸显，因此出现了分包遥测的概念。

图 7－7 描述了分包遥测体制下不同应用过程从产生源包到经过分包遥测系统传回地面，最后由地面进行处理分发的全过程。

对于器上遥测系统而言，数据源是航天器上产生遥测数据的物理实体，可以是一个设备，如陀螺仪；也可以是一个分系统，如姿控分系统。一个数据源可以包含多个应用过程，例如姿态控制过程、轨道控制过程、故障处理过程等。每个应用过程对应产生一种或多种不同格式、不同大小和不同发生率的源包，它们可以来自不同的数据源，但是每一种源包只能唯一对应一个应用过程。

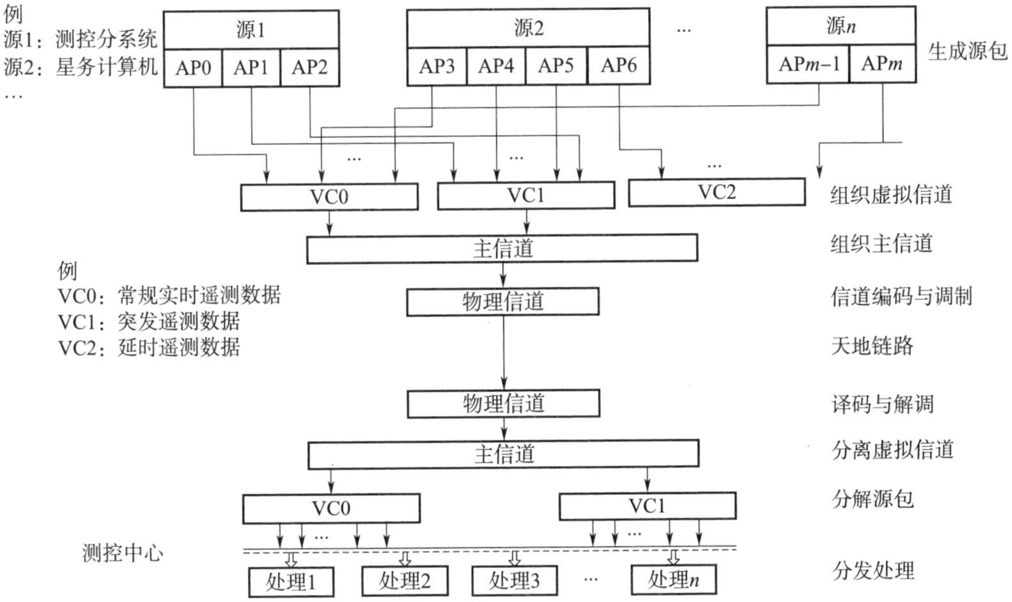

图 7-7　分包遥测系统

分包遥测中一个最重要的概念是虚拟信道（Virtual Channel），它是一种对多数据流的信道动态管理机制，实际上是多信源以动态时分的方式虚拟独占物理信道，从而使多数据流用同一物理信道进行数据传输。CCSDS 在分包遥测中规定最多可以采用 8 个虚拟信道，不同应用过程的源包可能共用同一虚拟信道，源包对虚拟信道的分配通常按照数据的特性组织。所以虚拟信道并不限定数据的源地和宿地。

采用虚拟信道的好处是各虚拟信道可独立管理，不同虚拟信道可具有不同的优先级，以便为不同类型的数据提供不同等级的服务。源包进入虚拟信道在时序上是异步的，但进入同一虚拟信道的源包是按时间先后顺序传送的，即各源包在虚拟信道中链接排队。虚拟信道的物理概念酷似一条大街上行驶着多路公共汽车，每一路公共汽车有独立调度，但在大街上是混队串行的。不同虚拟信道对物理信道的占用是动态调度的，由系统设计人员根据任务需求设计合理的调度算法和系统参数配置，满足不同用户的要求，保证数据传输的实时性和完整性。

分包遥测与传统 PCM 遥测体制相比，有显著的优越性：

1）在单一物理信道上实现了动态复用，使信道利用率得到了提高；

2）分包遥测中各应用过程能独立自主地按照自身需求生成不同长度的源包，而不受固定采样率的限制，使分包遥测信源自主性得到保证，能充分支持各应用过程的不同数据需求；

3）提供了虚拟信道机制，可以对不同传输需求的数据提供不同等级的服务，能够兼容各信源宽范围的不同特性和不同实时性的要求；

4）由于没有固定遥测格式的限制，数据系统能够与总体和用户系统同步并行设计，不需等待用户提出采样率的要求和总体对帧格式编排完成后才进行；

5）在系统联试中，异步数据流的复接十分便利，不需改变原先的系统配置就可直接对信源进行增减和调整，大大简化了系统联试；

6）采用分包遥测的系统能够提供面向用户、面向应用过程的透明业务，系统标准化程度高，自适应能力强。

（1）源包

源包是由航天器器上信源（分系统或设备）的一个应用过程产生的数据包，它包含一组观测数据及相应的辅助数据，通过分包遥测系统传送到地面一个或几个信宿。数据产生的速率和长度既可以是固定的，也可以是变化的，这样可以使数据源数据生成的结构和数据量大小最优，把星地传输系统给数据生成带来的影响降到最低。

每一源包由两个主要的域组成，即主导头和包数据域。这两者都是必需的，且无缝排列。包主导头的长度是 48 bit，包数据域长度可变，但整个源包长度范围在 7～64 KB 之间。在实际应用中源包长度要选取恰当。源包太短，传送效率低；源包太长，要被截为多段装入传送帧，不仅操作复杂，而且容易因为错误而丢失整包，一般建议包长不大于 3 个传送帧数据域。包数据域可包含由航天器数据系统产生的空闲数据，称为空闲包。一个应用过程可连续产生一系列源包，称为源包组。包主导头的格式如图 7-8 所示，包数据域格式如图 7-9 所示。

主导头(48 bit)							
包识别				包顺序控制		包长	数据域
版本号	类型	副导头标志	应用过程识别	分段标志	源包序列计数		
3 bit	1 bit	1 bit	11 bit	2 bit	14 bit	16 bit	
16 bit				16 bit		16 bit	可变,与包长对应

图 7-8　包主导头的格式

M-PDU 导头		M-PDU 包区
备用	首导头指针	遥测源包 E-PDU 序列
5 bit	11 bit	N B

图 7-9　包数据域格式

（2）分包遥测帧格式

遥测传送帧（简称传送帧）是在下行主信道中传送源包、空闲数据或虚拟信道访问业务数据单元（VCA-SDU）的数据结构。对某特定任务的主信道，传送帧的长度、版本号和航天器标识符都必须是固定的，一个主信道可以划分为 1～8 个虚拟信道。每个传送帧对应其中一个虚拟信道，传送帧的序号既有按主信道计数的，也有按同一虚拟信道计数的，便于遥测处理。

在图 7-10 中，遥测源包、虚拟信道及遥测传送帧的关系如下：

1）对遥测源数据加上包头形成遥测源包。

2）一个主信道可以划分成 1～8 个虚拟信道，每个传送帧对应其中一个虚拟信道。例如，某一型号卫星定义了两个虚拟信道：遥测数据帧虚拟信道（含遥测信息的遥测包和空闲包）；无效帧虚拟信道（帧数据域填充无效包，不包含遥测信息）。虚拟信道优先级由高到低依次是：遥测数据帧虚拟信道、无效帧虚拟信道。

3）同一虚拟信道的短遥测包可以装入同一遥测帧的数据域；同一虚拟信道的遥测包如果是长包，可以按字节分界依次装入几个传送帧数据域。不同虚拟信道的遥测包不能共享同一主信道，即不同虚拟信道的遥测包不能放在同一帧的帧数据域。

4）遥测源包数据域允许跨帧传输，包可以在一帧的任何位置开始或终止。

5）当没有足够的遥测包填充传送帧时，用空闲帧虚拟信道和遥测帧虚拟信道的空闲包以维持链路同步。

6）遥测数据帧结构一般为固定长度。

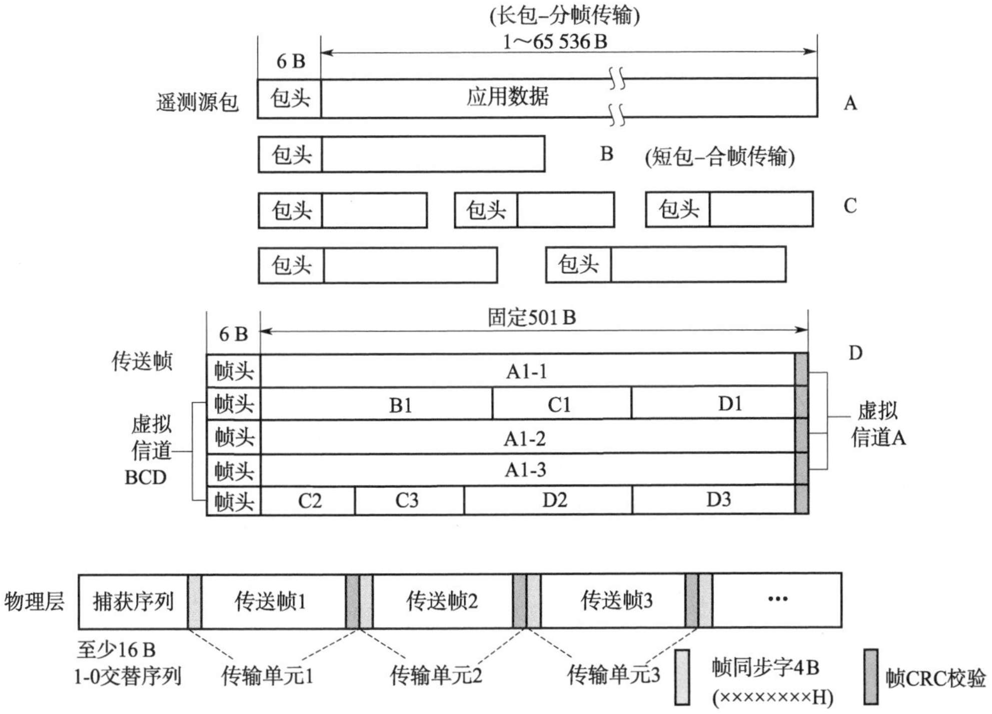

图 7-10　分包遥测的数据结构

某航天器遥测采用分包遥测体制，其传送帧数据结构见表 7-4，传送帧主要分为帧主导头、帧数据域和帧差错控制域 3 部分，共 1 024 B，包括帧同步字、帧主导头、帧副导头、帧数据域和帧差错控制域。

表 7－4　某航天器分包遥测传送帧结构

帧同步字	帧主导头								
	帧标识				主信道帧计数	虚拟信道帧计数	帧数据域状态		
1ACFFC1EH	版本号	航天器标识符	虚拟信道标识符	操作控制域标志			帧副导头标志	同步/包序/段长标识	首导头指针
	2 bit	10 bit	3 bit	1 bit	8 bit	8 bit	1 bit	4 bit	11 bit
4 B	2 B				1 B	1 B	2 B		
B0～B3	B4～B5				B6	B7	B8～B9		
—	CRC 校验区(B4～B1021)								
非加密区(B0～B44)									
—	加扰区(B4～B1023)								

帧副导头				帧数据域	帧差错控制域
帧副导头标识符		帧副导头信息		航天器应用数据	CRC 校验码
帧副导头版本号 00 B	帧副导头长度 100 101 B	固定遥测	密码信息		
2 bit	6 bit	9 B	27 B	975 B	2 B
1 B					
B10		B11～B19	B20～B46	B47～B1021	B1022～B1023
CRC 校验区(B4～B1021)					CRC 校验码
非加密区(B0～B46)				加密区(B47～B1023)	
加扰区(B4～B1023)					

①帧同步字

每个传送帧前带 32 bit 的帧同步字（1ACFFC1EH），用以同步识别。

②传送帧主导头

传送帧主导头为 6 B，分为传送帧标识、主信道帧计数、虚拟信道帧计数和帧数据域状态字段内容。各字段说明见表 7－5。

表 7－5　传送帧主导头相关字段说明

序号	字段		位置	说明
1	传送帧标识	版本号	B4b7b6	2 bit，固定填 00B
2		航天器标识符	B4b5～b0 B5b7～b4	10 bit
3		虚拟信道标识符	B5b3b2b1	3 bit，提供明密虚拟信道的标识
4		操作控制域标志	B5b0	1 bit，固定填 0B，不存在操作控制域
5	主信道帧计数		B6	8 bit，主信道有效帧顺序计数，0～255 循环计数

续表

序号	字段		位置	说明
6	虚拟信道帧计数		B7	8 bit，虚拟信道有效帧顺序计数，0～255 循环计数
7	帧数据域状态	传输帧副导头标志	B8b7	1 bit，“0”不存在传送帧副导头，“1”存在传送帧副导头
8		同步/包序/段长标识	B8b6～b3	4 bit，固定填 0011B，表明传送帧数据域的数据类型
9				
10				
11		首导头指针	B8b2b1b0 B9b7～b0	11 bit，表明帧数据域中第一个源包的位置，帧数据域中各字节的位置从 0 开始按递增编号

③传送帧副导头

帧副导头长度为 37 B，包含副导头标识符和副导头数据。其中，副导头数据内容为下传周期为 1 s 的重要遥测数据，共 36 B，以每秒 1 帧的速率填充到副导头数据区，相关字段说明见表 7－6。

表 7－6　传送帧副导头相关字段说明

序号	字段		位置	说明
1	副导头标识符	版本号	B10b7b6	2 bit，固定填 00B
2		副导头长度	B10b5～b0	6 bit，固定长度 100 101 B
3	传送帧副导头信息		B11～B46	重要遥测包的 B0～B35 共 36 B

④传送帧数据域

帧数据域长度为 975 B，紧跟在帧副导头的后面，内容包括源包、空闲数据或虚拟信道访问业务数据单元，但在同一虚拟信道中，源包不能与虚拟信道访问业务数据单元混合，帧数据域的长度是可变的整数字节，但在特定任务中是固定的，以便地面获取帧同步。

传送帧数据域中的第一个和最后一个源包不一定是完整的，由于第一个源包可能接着前一个传送帧的最后一个源包，而最后一个源包也可能需要同一个虚拟信道中下一个传送帧继续传输。当没有足够的源包（包括空闲包）或虚拟信道访问业务数据单元填充传送帧时，可以发送空闲帧，以维持天地同步和提供勤务信息。空闲帧最好独占一个虚拟信道，同一传送帧可以运载同一虚拟信道的多个源包，但这些源包可能来自不同的应用过程。同一虚拟信道的源包如果是长包，可以接连顺序按字节分界，装入几个传送帧的数据域。

⑤帧差错控制域

差错控制域为 2 B，采用 CRC 校验方法，校验区域包括帧主导头、帧副导头、帧数据域在内的 1 018 B。

⑥遥测源包的格式

航天器上信源产生的每个遥测源包包含一组观测数据，遥测源包的速率和长度可以是变化的。遥测源包的标准数据格式见表 7－7。遥测源包又包括包主导头和包数据域两部分。其中，包主导头长度为 6 B，包数据域长度为 1～65 536 B 可变。

表 7-7 遥测源包的标准数据格式

<table>
<tr><td colspan="7">包主导头(6 B)</td><td colspan="2">包数据域</td></tr>
<tr><td colspan="4">包标识</td><td colspan="2">包序控制</td><td rowspan="2">包数据域长度
包数据域字节
长度减 1</td><td rowspan="2">包副导头
(*)</td><td rowspan="2">源数据</td></tr>
<tr><td>版本号
000B</td><td>类型指示符
0B</td><td>包副导头
标志 1B</td><td>应用过程
标识符</td><td>分组标志
11B</td><td>源序列
计数</td></tr>
<tr><td>3 bit</td><td>1 bit</td><td>1 bit</td><td>11 bit</td><td>2 bit</td><td>14 bit</td><td>16 bit</td><td>可变</td><td>可变</td></tr>
<tr><td colspan="4">2 B</td><td colspan="2">2 B</td><td>2 B</td><td colspan="2">1～65 536 B</td></tr>
</table>

包主导头长度为 6 B，分包标识、包序控制和包长共 3 种信息字段；包数据域填充包副导头（可选）和源数据。遥测包各字段的详细说明见表 7-8。

表 7-8 遥测包各字段的详细说明

序号	字段		位置	说明
1	版本号		B0b7～b5	3 bit,固定填 000B
2	传送帧标识	类型指示符	B0b4	1 bit,固定填 0B
3		包副导头标志	B0b3	1 bit,1B 为有副导头;0B 为无副导头
4		应用过程标识符	B0b2b1b0 B1b7～b0	11 bit,用于指示不同的应用过程,对于填充包,应用过程置为“全1”(同时用于识别源包的种类,最高位为 0 表示实时遥测包,最高位为 1 表示延时遥测包,全“1”表示空闲包)
5	包序控制	分组标志	B2b7b6	2 bit,固定填充 11B
6		源序列计数	B2b5～b0 B3b7～b0	14 bit,对每种包从 0 开始连续进行计数,空闲包对计数不做要求
7	包数据域长度		B4B5	16 bit,包数据域的长度,数值为包数据域的字节数减 1
8	包数据域定义	包副导头	B6～B9	对于副导头标志为 1 的包,该字段填时间信息,对于副导头标志为 0 的包,无该字段
9		源数据		填源包数据

遥测数据源包又分为常规包、辅助包、异步包、特殊包、填充包 5 种。常规采样包的采样周期固定；特殊包和辅助包无固定采样周期，只有相应遥测状态量变化或收到相应的遥控指令时才组包下发。源包类型定义见表 7-9。

表 7-9 源包类型定义

序号	类型	说明
1	常规包	航天器在轨段正常运行时下发的数据包,根据数据采样时间所处的时段可分为实时包和延时包
2	辅助包	根据遥控指令控制,要求产生/停止的源包,根据数据采样时间所处的时段可分为实时包和延时包
3	异步包	当收到地面请求发送指令才按固定的周期进行组包、下发的数据包
4	特殊包	各分系统有特殊需求的源包
5	填充包	仅包含空闲码(AA 码)的源包,长度可变

7.2.2　遥测信息处理

无论采用 PCM 遥测，还是分包遥测体制的遥测信息，地面接收到遥测信息后，其处理基本流程如图 7－11 所示。

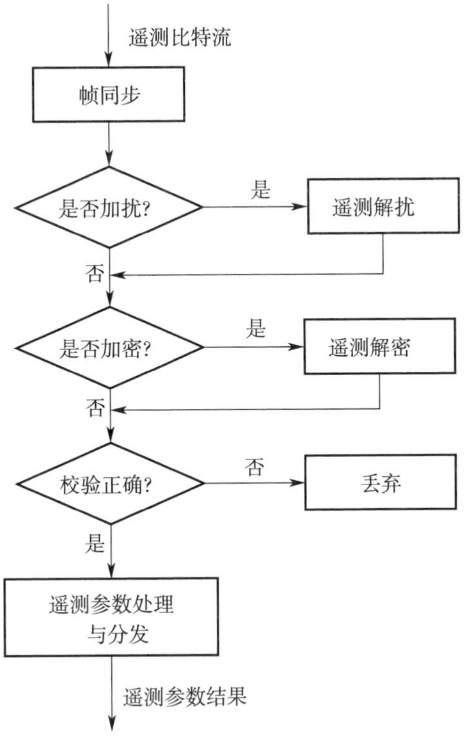

图 7－11　遥测信息处理基本流程

1）遥测信息经测控设备解调后，以二进制比特流的形式在通信链路上进行传输，地面首先需进行遥测帧同步处理（一般由测控设备完成）。

2）根据具体的航天器遥测设计，若器上对遥测信息进行了加扰处理，则地面按照加扰的逆过程，对相应遥测帧进行解扰处理（一般由测控设备完成）。

3）若器上对遥测信息进行了加密处理，则地面解密模块对相应遥测帧区域进行解密（一般由测控中心完成）。

4）经过解密的遥测数据，在遥测参数处理前，再进行校验码比对。若正确，则进行遥测参数处理；若不正确，则丢弃该遥测帧。

5）根据遥测格式和参数处理方法进行处理并分发。

需要说明的是，遥测解密和解扰的顺序应根据器上设计确定。

7.2.2.1　遥测帧同步

遥测数据流是一种二进制编码的串行码流，在遥测接收端首先必须从这种码流中获取比特同步和帧同步信息。比特同步的目的是将发送端发送的每一比特都正确地接收下来，按事先约定好的规则对某一时刻收到的电平进行判决。但这还不够，因为数据是以帧的形式发送，所以，接收端在收到比特流后，必须正确地找出帧定界符，即帧同步码，才能完成帧同步。

在航天器遥测系统中，为了节约带宽，基带码型大多采用非归零码，但对非归零码的频谱分析表明，它并不包括比特钟频成分，直接运用滤波器（包括锁相回路）是不能提取出比特钟频的。成熟的做法是先做波形转换，例如对接收机解调器恢复的非归零码做微分处理，在非归零码的一系列电平跃变处产生窄脉冲序列，然后通过图 7－12 所示数字量化锁相或其他记忆锁相回路取得比特同步时钟。

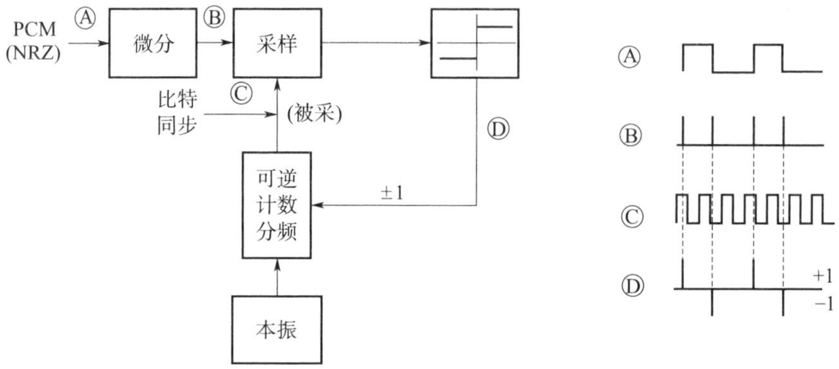

图 7－12　比特同步器

帧同步器是从串行码流中识别周期插入的特定帧同步字。如果没有误码，只要采用一个码字相关器再加上周期检验即可完成。然而，在实际遥测系统中误码是必然存在的，由数据位组合出假帧同步字的可能性也是存在的。鉴于此，如何设计帧同步器的工作模式和方法，就是一个较复杂的问题了。首先要选择非循环自相关性能好的帧同步字，各种标准已经推荐了一系列通过计算机优选的最佳帧同步字。在检出方法上，常用的是搜索、验证和锁定三态逻辑。图 7－13 给出了帧同步过程的工作流程。3 种状态的门限值是不同的，也就是说容错位数不同。设计恰当，可以使在一定误码条件下，搜索速度较快，误锁定可能性较小且锁定同步能力较强。

比特同步和帧同步技术在 PCM 遥测系统中是比较成熟的，它们对于分包遥测系统也是必须采用的。

7.2.2.2　遥测加扰与解扰

遥测信息在传输过程中，减少连“0”码（或连“1”码），以保证定时恢复质量是数字基带信号传输中的一个重要问题。将二进制数字信息先做“随机化”处理，变成伪随机序列，能限制连“0”码（或连“1”码）的长度，通常将这种“随机化”处理称为“加扰”。对遥测进行加扰虽然“扰乱”了数字信息的原有形式，但这种“扰乱”是有规律的，因而是可以解除的。在接收端解除这种“扰乱”的过程称为“解扰”。

遥测信息加解扰基本原理如图 7－14 所示，在遥测发送端（航天器），将遥测原始帧

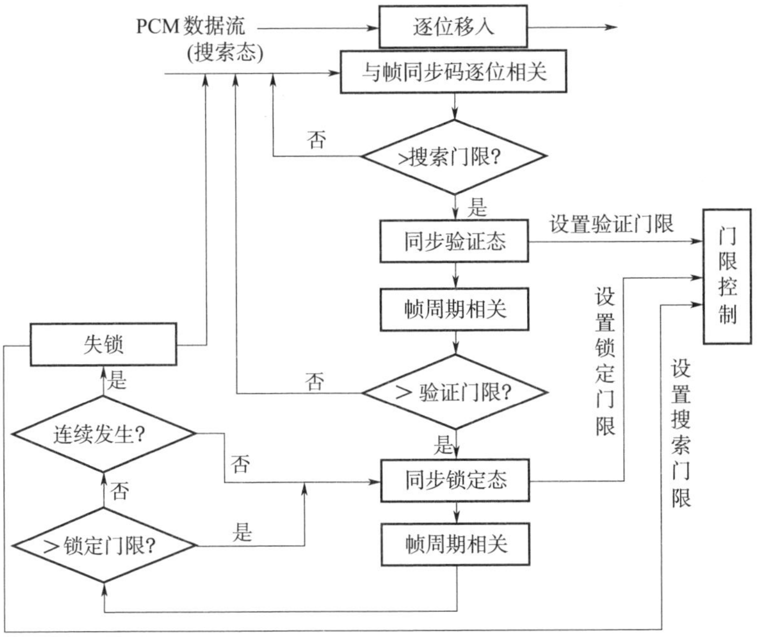

图 7-13　帧同步流程

进行加扰，加扰后的遥测帧在天地链路上进行传输，遥测接收端（地面）接收加扰后的遥测帧后，依据相应的解扰方法，对其进行解扰，得到遥测原始帧。常用的加扰方法有异或加扰、伪随机序列加扰等。为了保证遥测帧同步，一般不对遥测帧同步字进行加扰。

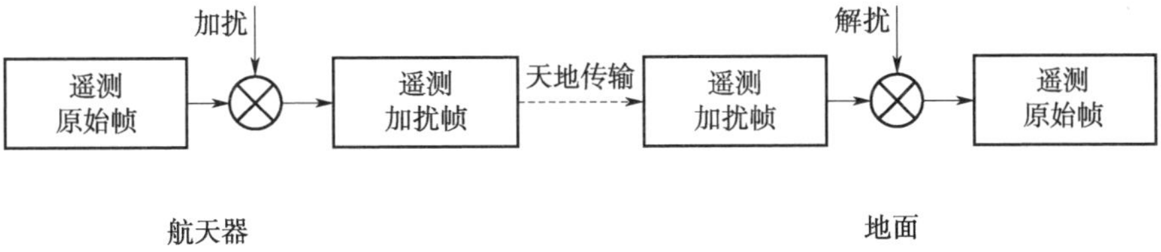

图 7-14　遥测信息加解扰基本原理

（1）异或码加扰

遥测传送帧中，对除了帧同步字外的其他数据进行异或码加扰，异或码加扰的基本原理是对遥测帧的加扰部分进行逐位异或，常用的异或码有 146FH、8000H 等。

例如，某航天器遥测帧帧长 256 B，帧同步字为 EB90H，依据加扰方法，主要对其遥测帧中除帧同步字外的数据进行异或码加扰，异或码为 146FH。在表 7-10 中，加扰前，某帧遥测数据为“EB90 CFFC 1D34 DE1D…”，在发送端进行异或码加扰后，加扰后的遥测帧为“EB90 DB93 095B CA72…”，地面接收到加扰后的遥测帧后，对其进行解扰，解扰后的遥测帧数据仍为“EB90 CFFC 1D34 DE1D…”。

表 7-10 某航天器异或码加扰

	帧同步字(2 B)	遥测帧数据(254 B)
异或(加扰)前	EB90	CFFC 1D34 DE1D…
异或(加扰)后	EB90	DB93 095B CA72…
异或(解扰)后	EB90	CFFC 1D34 DE1D…

（2）伪随机序列加扰

伪随机序列加扰则是通过给定多项式生成伪随机序列与遥控信息数据自首位进行逐位模 2 加法运算，并以 255 为周期进行循环计算至末位，完成原始数据“加扰”。一般使用的随机序列生成多项式为

$$h(X) = X^8 + X^6 + X^4 + X^3 + X^2 + X + 1 \tag{7-1}$$

“加扰”逻辑框图如图 7-15 所示。

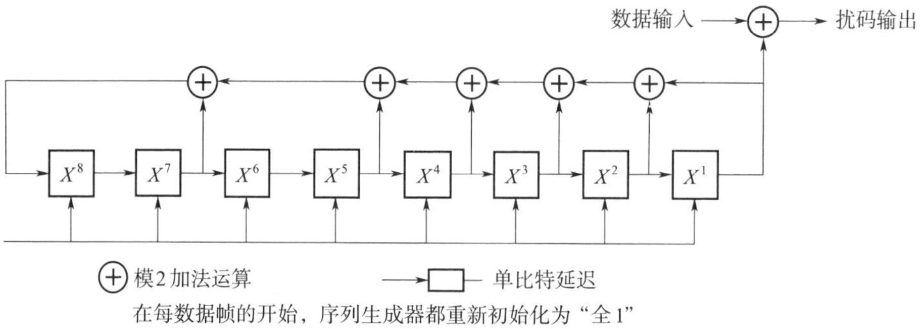

图 7-15 “加扰”逻辑框图

“解扰”逻辑框图如图 7-16 所示。

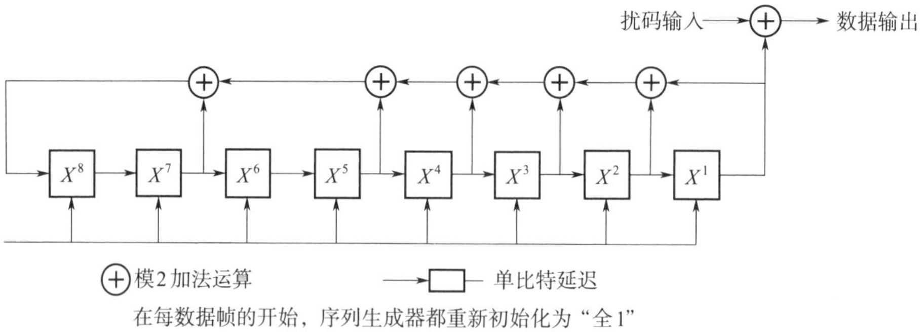

图 7-16 “解扰”逻辑框图

7.2.2.3 遥测加密与解密

如图 7-17 所示，遥测加解密与遥测加解扰的基本原理类似，均在遥测发送端（航天器）将遥测信息进行加密，天地链路上传输加密后的遥测帧，遥测接收端（地面）接收加密后的遥测帧后，依据对应的解密方法，对其进行解密，得到遥测原始帧。不同之处在

于，遥测解密的目的是防止非授权方对遥测进行解析，获得航天器状态，加密区域一般为重要遥测数据区域，具体的加密方法根据航天器设计的不同，采用的方法和算法也不尽相同，具体不再赘述。需要说明的是，对于特定的航天器，需同时对遥测信息进行加解扰和加解密处理。如果在遥测发送端（航天器）先进行加扰再进行加密，则地面须先进行解密后再进行解扰，反之亦然。

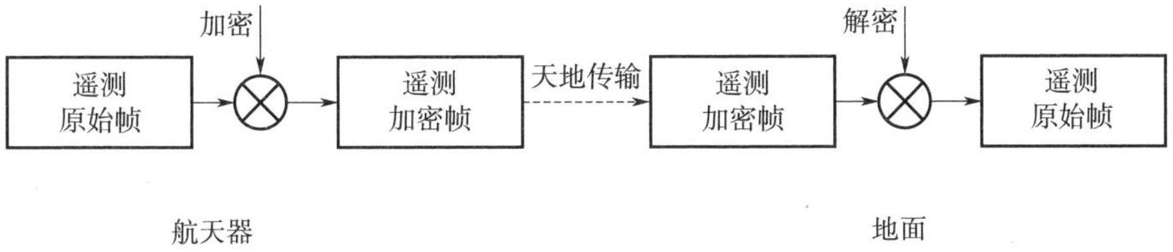

图 7-17　遥测信息加解密基本原理

如图 7-18 所示，某航天器遥测帧长为 256 B，其中，对帧同步字、明密标识、帧计数及固定区（W0～W50）等不进行加密，仅对重要数据区域（W51～W255）进行加密。

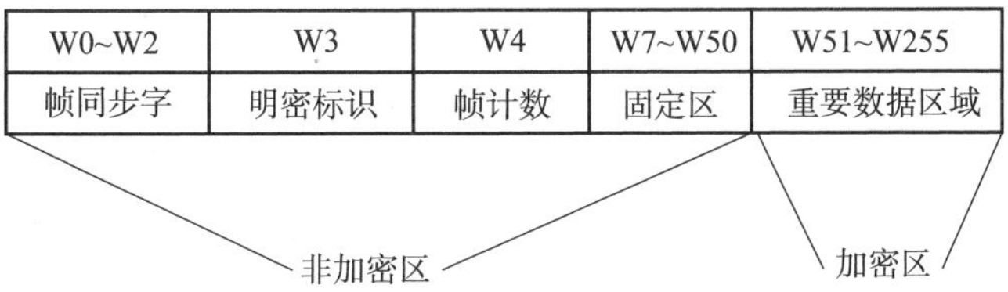

图 7-18　某航天器遥测加密区域示意图

7.2.2.4　遥测帧差错控制

一般情况下，如果遥测信息在物理信道中采用了 RS 编码，则遥测帧差错控制域是可选的，否则是必须的。遥测帧差错控制是为了给遥测帧在有噪声的信道中传输时，提供一个检错的手段，其基本原理为航天器根据差错控制方法计算后将校验结果填充至遥测帧差错控制域，地面接收到遥测帧后根据差错控制方法重新计算校验结果。若比对一致，则认为遥测帧传输正确；否则，认为遥测帧在传输过程中出现误码。常用的遥测帧差错控制方法为 CRC（Cyclic Redundancy Check）校验，如图 7-19 所示，CRC 校验需对整个传送帧部分（除差错控制域外）进行校验。

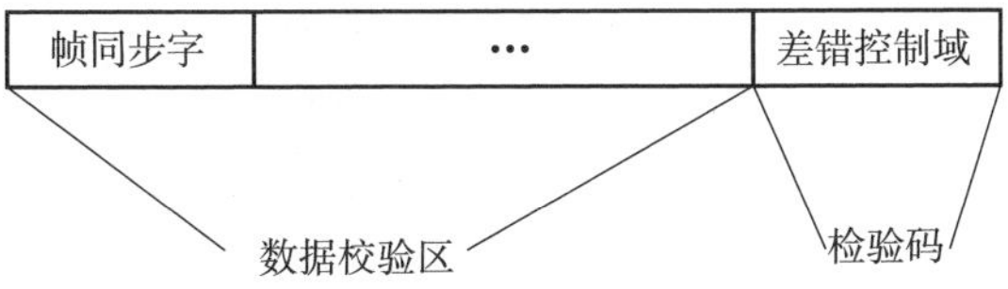

图 7-19　遥测帧差错控制示意图

CRC 校验称为循环冗余校验。它的基本过程分为两部分：一是在数据发送端按照一定的规则产生一个校验用的 CRC 码，直接附在原始数据的后面，构成一个包含原始数据和 CRC 码的新数据并完成发送；二是在数据接收端根据之前约定好的校验规则对接收数据进行校验，以确定数据传输过程中是否出现差错。其中，利用的校验规则一般被称为“生成多项式”。原始信息数据的长度和生成 CRC 码的长度都是根据实际需要而确定的，并不是固定的。需要注意的是，CRC 校验仅用于检测差错而不能用于纠正差错。

一般情况下，使用的生成多项式为

$$\mathrm{CRCW}=\left\{\left[X^{16}M(X)\right]\oplus\left(X^{(n-16)}\sum_{i=0}^{15}X^{i}\right)\right\}\bmod G(X) \tag{7-2}$$

式中，$M(X)$ 为以二进制表示的数据域多项式；$G(X)=X^{16}+X^{12}+X^{5}+1$，为 CRC 的生成多项式；$n$ 为数据域总长度。CRC 校验码的初态为全 1。

接收端接收到的数据中包括原始遥控信息数据和 CRC 校验码两部分。设 $S(X)$ 为差错检测校正因子，其计算过程为

$$S(X)=\left\{\left[X^{16}M^{*}(X)\right]\oplus\left(X^{n}\sum_{i=0}^{15}X^{i}\right)\right\}\bmod G(X) \tag{7-3}$$

式中，$M^{*}(X)$ 为接收端接收到的数据（包括原始遥控信息数据和 CRC 校验码）。

若 $S(X)=0$，则报告校验正确，否则报告校验错误。

7.2.2.5　遥测参数处理

如前所述，航天器按照约定的遥测格式将航天器上各类信息进行编排后下传至地面，经由测控站（或中继卫星）发送至测控中心。同样地，地面须按照约定的遥测格式对其中具体的遥测参数进行处理，以获得真实的航天器状态信息，用以航天器状态监视。无论帧，还是分包遥测格式的遥测信息，信息流的传输形式均为遥测帧，其基本处理流程如图 7-20 所示。

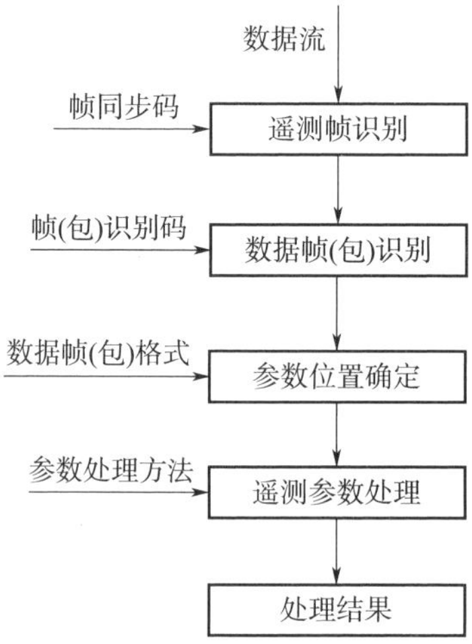

图 7-20　遥测数据处理流程示意图

（1）遥测帧识别

不同的航天器设计不同的遥测帧同步码，如 EB90、1ACFFC1E 等。在遥测处理时，

根据遥测帧同步码区分收到的遥测帧数据流中的遥测帧。

（2）数据帧（包）识别

帧格式遥测中，对于主帧格式遥测，以帧识别码区分不同的遥测参数，遥测参数处理时，首先需根据帧识别码来确定该帧数据域对应的遥测参数结构。对于副帧格式遥测，除需要判定帧识别码外，还需结合其他遥测格式的判定条件，如帧号、模式字等，确定对应的数据区遥测参数结构。对包格式遥测进行处理时，首先根据首导头指针确定包在遥测帧中的位置，不同的包数据会有不同的包识别或应用过程识别（APID），须根据包识别或应用过程识别确定对应包中的数据格式，如包中数据位置有复用，还需结合包计数、模式字等其他判定条件，确定包中复用区域的遥测参数结构。

（3）参数位置确定

在判定出具体的帧结构或包结构的数据区后，结合航天器遥测大纲的详细描述，确定具体遥测参数在帧或包结构中的位置。

（4）遥测参数处理

确定数据帧（包）结构和具体遥测参数位置后，即可根据航天器具体遥测参数处理方法和要求，得到遥测参数结果。

7.3　航天器遥控

7.3.1　遥控信息格式

对航天器而言，遥控信息通常可分为两类：一类是遥控指令，主要包括直接指令和间接指令，其中，直接指令是指由遥控单元硬件译码直接驱动执行的遥控指令，间接指令是指先由遥控单元译码后经由数据管理分系统发往各个下位机驱动执行的遥控指令；另一类是注入数据，数据长度和内容均可变，主要实现航天器状态参数修改、轨道控制、在轨软件维护等功能。无论哪类遥控信息，从信息格式层面区分，主要包括 PCM 遥控和分包遥控两种。

PCM 遥控体制在我国航天工程中应用广泛，技术相对成熟，是一种只能完成单任务、单用户的点对点式封闭遥控体制。分包遥控体制源于国际上应用比较广泛的 CCSDS 标准，是一种能够完成多任务、多用户的开放式遥控体制，其基础是各层级之间标准化的数据包装，并且通过虚拟信道和多路接收指针等方法实现信息流资源的动态管理。

7.3.1.1　PCM 遥控

PCM 遥控规定了航天器遥控系统的功能、性能、编码格式、译码逻辑、指令执行方式、码型和比特速率等。

PCM 遥控信息数据格式如图 7－21 所示，其传输主要以遥控工作周期来划分。上行信道每开启一次称为一个遥控工作周期，一般在遥控工作周期开始前会填充引导序列，主要作用是供航天器上载波、副载波解调稳定和同步捕获。引导序列通常取 1、0 交替序列或 0、1 交替序列，长度一般不短于 128 bit。一个遥控工作周期中可包含若干个独立的遥控帧序列，每个遥控帧序列中可包含若干个独立的、相邻的遥控帧，相邻遥控帧序列之间可根据情况选择填充长度不限、内容为 1、0 交替或 0、1 交替的空闲序列。根据遥控工作周期内帧序列空闲时是否填充 1、0 交替或 0、1 交替的空闲序列，可将遥控工作模式分为常发、突发和半突发 3 种。常发模式下，若地面发送上行，则开启遥控工作周期，在整个上行期间的遥控帧序列之间填充 1、0 交替或 0、1 交替的空闲序列。突发模式下，发送遥控帧序列时开启遥控工作周期，遥控帧序列发送完成后，遥控工作周期关闭，直至发送下一个遥控帧序列，即遥控帧序列之间不发送 1、0 或 0、1 交替的空闲序列。半突发模式下，在发送第一个遥控帧序列之前不发送 1、0 或 0、1 交替的空闲序列，由第一个遥控帧序列触发后，在后续的遥控帧序列之间填充空闲序列，直到地面发送结束标志（根据航天器设计，结束标志也可能为指令执行脉冲）时结束空闲序列填充。

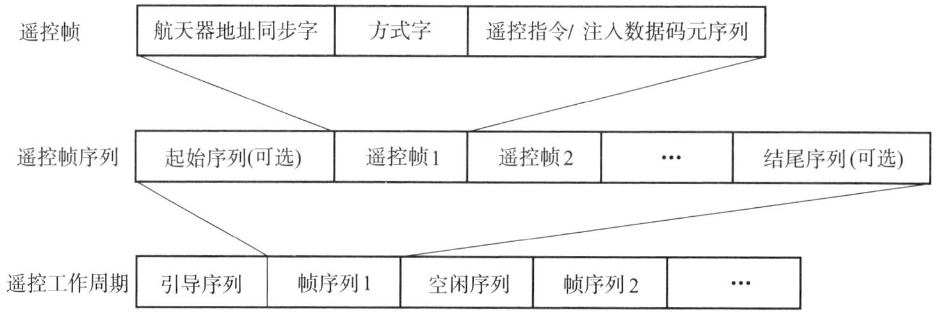

图 7－21　PCM 遥控信息数据格式

遥控帧序列主要包括起始序列（可选）、若干遥控帧、结尾序列（可选）3 部分。

（1）起始序列

在一个遥控帧序列的开始可以选用一个起始序列，也称为启动字。起始序列的作用是使航天器译码器进入初态，启动字长度一般为 16 bit，可由用户自选，一般采用十六进制码“EB90”。

（2）遥控帧

每个独立的遥控帧主要包括 3 部分：航天器地址同步字、方式字和遥控指令或注入数据码元序列。

航天器地址同步字一般长度为 16 bit，主要用于识别航天器和同步遥控译码器，相当于每个航天器的“名字”。方式字一般长度为 8 bit，可由用户自行定义，用于区分航天器上不同的指令类型，标识指令的种类、作用等，相当于遥控信息的“姓”。

遥控指令或注入数据码元序列，用于标识指令内容，相当于遥控信息的“名”。

对于直接指令（开关指令）类遥控帧，其码元序列帧长度一般为 72 bit，由连续 6 个 12 bit 字段（A～F）构成，数据格式如图 7－22 所示。对于不同类型的航天器，可选用其中若干字段连锁译码，以降低误收和虚收概率，也可以重复发送几次同样的字段降低漏收概率。

航天器地址同步字	方式字	指令 A	指令 B	指令 C	指令 D	指令 E	指令 F
16 bit	8 bit	12 bit	12 bit	12 bit	12 bit	12 bit	12 bit

图 7-22　直接指令类遥控帧数据格式

对于注入数据类遥控帧，在不包含航天器地址同步字情况下，帧总长度不超过 4 096 bit，且应是 8 bit 的整数倍，数据格式如图 7-23 所示。同时，推荐数据域序列的最后两个字节具备 CRC 校验功能，校验的内容为数据域内的码元序列，一般不包括航天器地址同步字和方式字。

航天器地址同步字	方式字	注入数据	CRC(可选)
16 bit	8 bit	$8n$ bit	16 bit

图 7-23　注入数据类遥控帧数据格式

（3）结尾序列

在一个帧序列的末尾可以选用一个结尾序列，也称为结束字。结尾序列的作用是使航天器上译码器关闭，典型的结束字如十六进制码“09D7”“C5C5C5C5C5C5C579”等。

7.3.1.2　分包遥控

分包遥控通过虚拟信道和多路接收指针两种方法实现信息流资源的动态管理。虚拟信道实现多信源、多用户的多种数据对同一物理信道的时分共享，相当于将同一个物理信道分成了逻辑上相互独立的多个数据信道。每个信源均可虚拟地独占一个物理信道，随时传送数据单元而不必考虑其他信源的存在。虚拟信道可以杜绝长数据长时间地独占物理信道，同时也能够帮助快速响应信源和长数据信源之间的动态平衡。多路接收地址指针是一种使多信源、多用户分享同一虚拟信道的传输管理机制。通过遥控段段头的“多路接收地址指针”，按用户需要的不同优先级实施传输管理，使不同用户应用数据分时交替占用虚拟信道，相当于把单一虚拟信道再划分为多个传输路径。

与 PCM 遥控相比，分包遥控更加灵活、开放，其信息处理过程共分为 5 个层次，依次为包装层、分段层、传送层、信道编码层、物理层，层与层之间具有标准的数据协议接口。各层的标准数据结构及其变换关系如图 7-24 所示。

来自地面遥控用户的遥控应用数据在包装层加上包头后，形成可传输的基本数据单元，即遥控包。遥控包是遥控用户数据单元的一种主要形式。遥控包在分段层加上段头形成遥控段，并且根据遥控包的长短可视情况采取拆分或集装操作。当遥控包过长而不利于传输时，分段层可将其拆分成方便传输的若干遥控段；若遥控包过短而影响传输效率时，分段层可将若干个遥控包集装成一个遥控段。遥控用户数据单元和遥控帧数据单元还可以是其他用户自定义的数据单元，以便多路不同用户的数据单元可以在一起传输。传送层是分包遥控的核心层，遥控帧是其独立的数据结构，主要用于装定来自上层的遥控包、遥控段或其他用户自定义的数据单元，并具备多虚拟信道、重传机制等特性。在传送层，遥控帧数据单元放入遥控传送帧的数据域，在它的前面有帧头，后面可选差错控制码作为帧

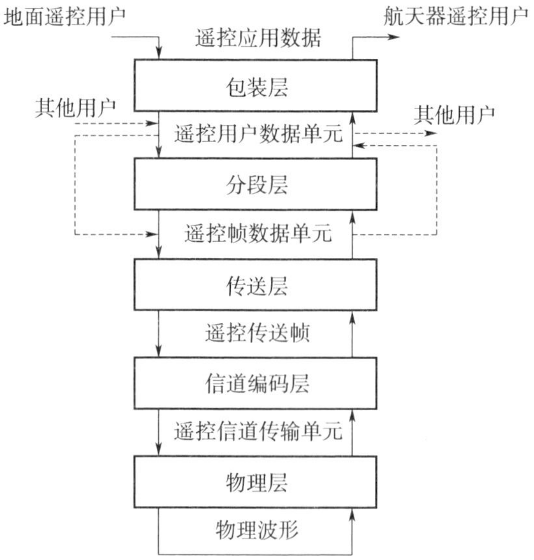

图 7－24　各层的标准数据结构及其变换关系

尾。一个传送帧被分组编码为一系列固定长度的、具有纠检错能力的短码组后，包装成一个遥控信道传输单元，每个单元可以包含一个或多个传送帧。最后把这些遥控信道传输单元通过物理信道发往航天器。分包遥控信息的数据结构如图 7－25 所示。

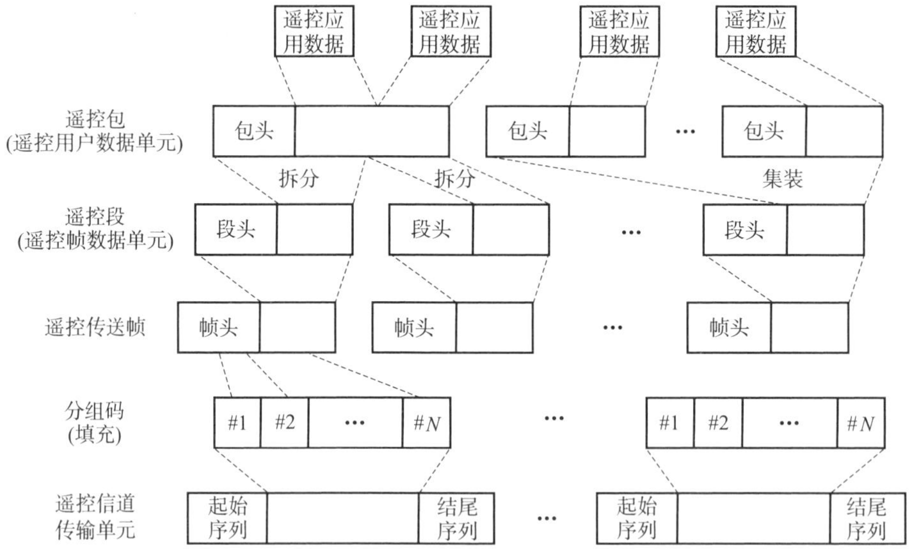

图 7－25　分包遥控信息的数据结构

遥控包是包装层的标准格式数据单元，包括包主导头和包数据域两部分。包的最大长度为 65 542 B，标准数据格式如图 7－26 所示。“版本号”占 3 bit，主要作用是区分 CCSDS 网络数据包、因特网数据包或用户自定义数据包。填充“000”时表示它是遥控包，填充“001”时表示它是 CCSDS 网络数据包，填充“010”时表示它是因特网数据包，其他版本号预留给用户自定义数据包。“类型”占 1 bit，主要作用是与分包遥测相区分。填充“1”时表示分包遥控，填充“0”时表示分包遥测。因此，一般情况下固定填充“1”。“副导头标志”占 1 bit，主要作用是表示包数据域部分是否包含“包副导头”，填充“1”时表示有“包副导头”，填充“0”时表示没有“包副导头”。“应用过程识别”占 11 bit，用户可根据情况进行自定义使用。“序列标志”占 2 bit，主要作用是表示当前遥控包在相关包序列中的位置，填充“00”时表示该遥控包为相关包序列的中间包，填充“01”时表示该遥控包为相关包序列的第 1 包，填充“10”时表示该遥控包为相关包序列的最后 1 包，填充“11”时表示该遥控包为独立包（相关包序列仅包含此包）。“计数名称或序列”占 14 bit，主要作用是表示遥控包在相关包序列中的序号。如果是独立包，也可以定义为包的名称。如果 14 bit 不够用，可以借用后面的“包副导头”字段。“包长”占 16 bit，主要作用是表示本遥控包的长度，它等于包数据域字节数减 1。由于“包长”占 2 B，因此包数据域的长度最多为 65 536 B。“包副导头”为可选部分，但其首位必须为“0”，且长度应为 $8n$ bit。“遥控应用数据域”的格式用户可根据情况进行自定义使用，长度为 $8n$ bit，且不能超过最大长度限制。在“遥控应用数据域”部分，用户还可以根据需要选择使用 CRC 校验等功能。

包主导头(48 bit)							包数据域	
包识别(16 bit)				包顺序控制(16 bit)		包长	包副导头（可选）	遥控应用数据域
版本号	类型	副导头标志	应用过程识别	序列标志	计数名称或序列			
3 bit	1 bit	1 bit	11 bit	2 bit	14 bit	16 bit	8n bit	$8n$ bit

图 7－26　遥控包标准数据格式

在应用过程中，一个遥控包既可以单独上行发送，也可以将相关联的多个遥控包汇集成包装文件后形成一个包序列一起上行发送。在发送过程中，不一定按要求顺序发送包序列，但只有当整个序列中各个关联遥控包都无差错地完整接收后才能执行目标功能。包装文件可以由一个长包构成，在这个长包的数据域内包含所有相关的子包；包装文件也可以由一串遥控包构成，为首的是前导遥控包，它打开文件并限定文件内部结构（例如后跟多少包），最后是结尾遥控包。因此，包装文件必须具备以下 3 个特性：一是有特定文件名，它直接体现在“应用过程识别”中；二是相关遥控包有明确的位置关系和数量统计，它直接体现在“计数名称或序列”中；三是只有当整个序列中的各个关联遥控包都无差错地完整接收后才能执行目标功能。

分段层把遥控用户数据单元分装成长度适合传输的数据段，并允许不同数据段在同一链路上进行多路传输，其接收的数据单元有两个来源：一是来自包装层，其格式符合基本的遥控包格式；二是来自其他用户自定义数据单元。一方面，若一个较长的遥控数据块在传输中出现误码，则需要将整个数据块进行重传。但如果能够将整个较长的遥控数据块拆分成若干个短数据块进行传送，则可以将出现误码的某个短数据块进行重传，这样就会极大地提高遥控数据传输效率。另一方面，若存在多个较短的遥控数据块，如每个短数据块分开独立传输，则会降低遥控数据传输效率。如将若干个短的数据块集合在一起传输，同样也会极大地提高遥控数据传输效率。因此，分段层主要完成两个功能：一是将输入的遥控用户数据单元组成遥控段，包括把一个长的遥控用户数据单元分成几个短的遥控段，或把几个短的遥控用户数据单元集合为一个较长的遥控段或遥控帧数据单元；二是把不同来源的遥控数据单元组合起来，使它们能分享同一个虚拟信道。如果不需要上述两种处理功能，则分段层可以不采用。

分段层输出的数据单元是遥控段，与其他用户数据单元合称为遥控帧数据单元。遥控段的标准数据格式如图 7－27 所示，包括段头和段数据域两部分。“序列标志”占 2 bit，主要作用是表示遥控段在遥控用户数据单元中的位置，填充“01”表示为同一接收地址用户数据单元的第一段，填充“00”表示为同一接收地址用户数据单元的中间段，填充“10”表示为同一个接收地址用户数据单元的最后一段，填充“11”表示为不分段，即一个段中只包含一个或多个完整的用户数据单元。“多路接收地址指针”占 6 bit，主要作用是表示每个虚拟信道上可寻址的 64 个接收点。当用户数据单元输入分段层时，应指定接收地址，分段和集装过程是按相同接收地址进行的。不同接收地址的用户数据单元可以享受不同的传输优先级。如果某虚拟信道不需要区分接收地址，则该位置内可以设置一个常值。“段数据域”最长 1 018 B，可以包含一个或几个完整的遥控用户数据单元（例如遥控包），也可以是一个遥控用户数据单元的一部分。段数据域的长度应能适应下一层传送帧的数据域规定，如果在传送帧中选用差错控制码，则段数据域最长是 1 016 B；如果在传送帧中不选用差错控制码，则段数据域最长是 1 018 B。

段头		段数据域
序列标志	多路接收地址指针	一个短遥控包或长遥控包的一部分
2 bit	6 bit	最大 1 018 B

图 7－27　遥控段的标准数据格式

传递层是分包遥控的核心层，其标准数据结构是传送帧。它接收的遥控帧数据单元可能是遥控段，也可能是一个或多个完整的遥控用户数据单元（例如遥控包），但是装在同一遥控传送帧内的各单元只能在同一虚拟信道中传送。

传送帧的标准数据格式如图 7－28 所示，主要分为帧主导头和帧数据域两部分。“版本号”占 2 bit，固定填充“00”。“通过标志”占 1 bit，主要作用是区分帧的接收原则，填充“0”表示传送帧不但要经过帧合法性检验，还要经过序列正确性检验才能接受，这类帧被称为“A 类帧”。填充“1”表示为传送帧不需经过序列正确性检验，只要经过帧合法性检验即可接受，这类帧被称为“B 类帧”。“内务命令标志”占 1 bit，主要作用是区分帧数据域内容类型，填充“0”表示本帧数据域是遥控应用数据，填充“1”表示本帧数据域是对传送层接收端的内务命令。对于遥控应用数据，可以是 A 类帧或 B 类帧，分别简称为 AD 帧或 BD 帧。但对于内务命令，只能是 B 类帧，简称为 BC 帧。“内务命令标志”一般与“通过标志”联合使用，具体含义如图 7－29 所示。“空闲位”占 2 bit，主要作用是留待今后扩展，固定填充“00”。“航天器识别字”占 10 bit，主要作用是填充分配的航天器标识字。“虚拟信道识别字”占 6 bit，主要作用是区分同一物理信道上以帧为基础的 64 个虚拟信道，每一个虚拟信道可以支持最多 64 个多路接收目标。“帧长”占 10 bit，数值等于传送帧全部字节数减 1。“帧序列序号”占 8 bit，主要作用是给出本传送帧在帧序列中的位置，它是按虚拟信道独立排序的，序号范围为 0～255，做循环计数。当不需要帧序列序号时可设为全 0。“传送帧数据域”在无帧差错控制域情况下最大长度是 1 019 B，在有帧差错控制域情况下最大长度是 1 017 B。当数据域内容是内务命令或信道性能不能保证所需求的差错率时，应选用帧差错控制域，一般推荐使用 CRC 校验。

帧主导头(5 B)								帧数据域(最长 1 019 B)	
版本号	通过标志	内务命令标志	空闲位	航天器识别字	虚拟信道识别字	帧长	帧序列序号	传送帧数据域	帧差错控制域(可选)
2 bit	1 bit	1 bit	2 bit	10 bit	6 bit	10 bit	8 bit	8*n* bit	16 bit

图 7－28　传送帧的标准数据格式

通过标志	内务命令标志	含义
0	0	AD 帧，需接受帧合法性检验和序列正确性检验
0	1	保留
1	0	BD 帧，只需接受帧合法性检验
1	1	BC 帧，表示为内务命令

图 7－29　通过标志及内务命令标志含义

分包遥控的数据安全保护方法是对遥控用户数据单元或传送帧的数据域做加密处理，这种处理可以按虚拟信道独立进行。加密处理只适用于传送帧数据域内容是遥控应用数据的情况；如果数据域内容是内务命令，不宜做加密处理。此外，是否采用了加密处理，以及是采用了加密认证，还是采用了数据加密，可以利用帧主导头中的“空闲位”加以定义标识。

在信道编码层，把遥控传送帧按要求进行分组和编码后，形成一系列码块。每 *n* 个码块串接起来，再加上起始序列和结尾序列的包装，构成遥控信息传输单元，如图 7－30 所示。起始序列固定填充十六进制码“EB90”，结尾序列固定填充十六进制码“C5C5C5C5C5C5C579”。其中，结尾序列字节不符合 BCH 编码规律，用于停止接收译码器的工作，并且不易造成假结尾情况的出现。此外，遥控码块可根据任务情况进行随机化处理。

起始序列	*n* 个分组码块序列	结尾序列
16 bit	64*n* bit	64 bit
固定填充“EB90”	传送帧分组和编码后得到	固定填充“C5C5C5C5C5C5C579”

图 7－30　遥控信道传输单元数据结构

与 PCM 遥控类似，分包遥控在物理层的信息数据传输过程中会加入引导序列、空闲序列等，如图 7－31 所示。引导序列的主要作用是供星上载波、副载波解调稳定和同步捕获。一般情况下，引导序列取 1、0 交替序列或 0、1 交替序列，其长度一般不短于 128 bit。空闲序列长度不限，填充在相邻遥控信道传输单元之间，内容为 1、0 交替或 0、1 交替序列。根据空闲序列的填充情况，遥控工作模式分为常发、突发和半突发 3 种。

引导序列	遥控信道传输单元	空闲序列	遥控信道传输单元	…

图 7－31　分包遥控数据传输格式

7.3.2　遥控信息处理

遥控信息处理的一般过程如图 7－32 所示，地面对编排好的遥控指令或注入数据原码进行加扰、加密、BCH 编码处理等，调制后发送至航天器，航天器对收到的遥控指令或注入数据进行解调，完成 BCH 译码、解密、解扰处理等几个过程，再由航天器执行遥控指令或注入数据指定的目标功能。其中，根据不同的航天任务需求，加解扰、加解密、BCH 编码与译码等处理过程是可选的，处理先后顺序也可能不同。

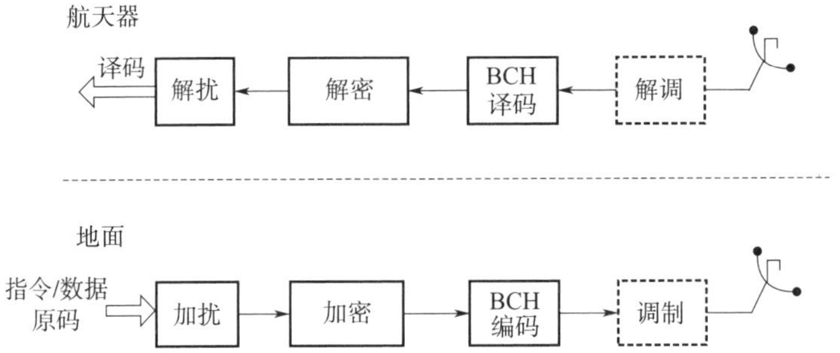

图 7－32　遥控信息处理的一般过程

7.3.2.1　遥控信息加扰与解扰

遥控信息以二进制码元的形式在天地无线信道上传输，为了使上行遥控信息数据具有足够的码元转换率，避免出现长时间 0 或 1 的情况，除选择合适的码型来解决外，还可以通过对遥控信息数据进行随机化处理来解决。即与遥测信息传输类似，需要对遥控信息进行“加扰”处理。“加扰”方法一般有两种：异或码加扰和伪随机序列加扰。

遥控信息加解扰的基本原理如图 7－33 所示。与 CRC 校验类似，在 PCM 遥控中，随机化处理对象一般不包括航天器地址同步字和方式字在内的数据域部分；在分包遥控中，随机化处理对象一般包括主导头和数据域在内的整个传送帧。遥控信息加解扰方法与遥测信息加解扰方法相同，详见前节。

7.3.2.2　遥控信息加密与解密

遥控指令或注入数据在航天器上执行，最终会成为航天器一个具体的动作或状态设置，其正确性和安全性直接关系到航天器的安全运行，甚至决定整个航天任务的成败。例如，某航天器上注的遥控信息中包含载荷开关指令，若非授权方截获后不需要修改或读取

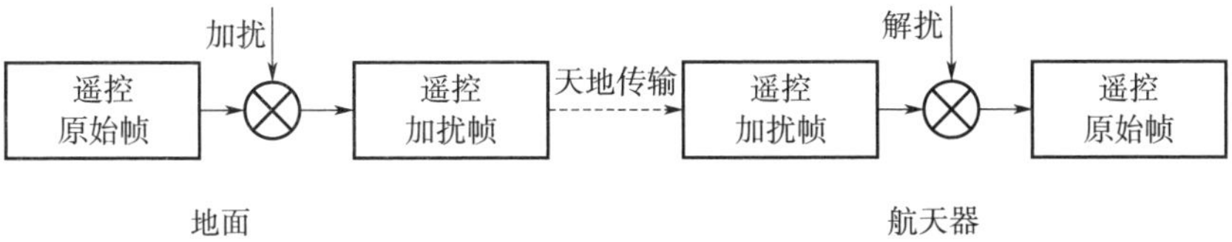

图 7-33　遥控信息加解扰的基本原理

直接就可重复发送，则能够获得卫星载荷的直接控制能力。此外，若非授权方能够修改或读取授权方上注的遥控指令或注入数据，不仅可以获得航天器的直接控制能力，还可以获知航天器将要执行的目标任务，从而获得有价值的情报信息。例如，某航天器上注的遥控信息中包含电磁信号侦搜指令内容，则非授权方就可根据指令内容推算出该航天器侦搜的时间和区域，从而进行有效规避。因此，遥控信息的数据安全问题是地面设计人员必须要考虑的，一方面要确保任何非授权方不能修改、伪造和抄袭遥控信息数据（加密认证）；另一方面要确保任何非授权方不能对遥控信息数据进行解释（数据加密）。根据航天任务的性质，通常可以选择在上注的遥控信息数据中对部分或全部的遥控帧进行数据加密处理及数据认证处理。

遥控信息加解密的基本原理如图 7-34 所示。PCM 遥控中，数据加密对象一般不包括航天器同步字和方式字在内的数据域部分；分包遥控中，数据加密对象一般不包括帧主导头在内的数据域部分。常用的数据加密算法有序列密码算法和分组密码算法等，均属于对称密码算法。序列密码算法的关键在于密钥序列的随机性。若密钥序列完全随机，可保证加密体制是一令一密，则加密后的数据是不可破译的。但实际中使用的密钥序列是伪随机序列，它的周期需要足够长，使其在截获一段的情况下无法推算出其后的序列规律。分组密码算法是对明文数据进行分组加密，分为电子码本模式（ECB）、密码分组链接模式（CBC）、密码反馈模式（CFB）、输出反馈模式（OFB）和计数器模式等。针对相同的一段明文数据，若利用序列密码算法，每次加密将得到不同的密文；若利用分组密码算法，每次若使用相同密钥加密，将得到相同的密文。

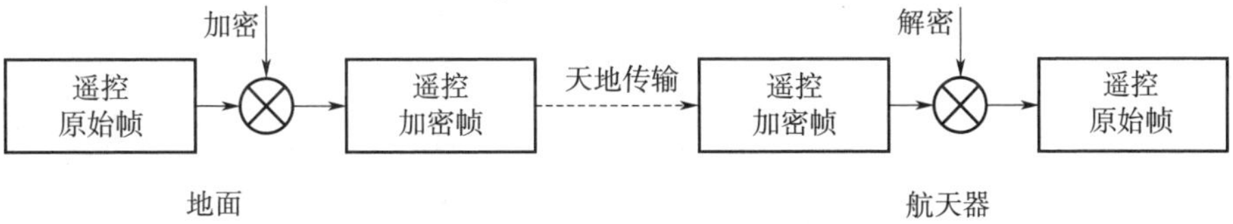

图 7-34　遥控信息加解密的基本原理

7.3.2.3　遥控信息 BCH 编码与译码

在分包遥控中，信道编码层为了降低物理信道上噪声对所传输遥控信息数据的影响，将遥控帧进行分组差错编码，其码块结构如图 7-35 所示。与 CRC 校验不同，BCH 编码方式具有可控的纠错能力，其码块总长度为 64 bit，其中信息域 56 bit，校验码 7 bit，最后 1 bit 填充“0”。可见，每 56 bit 信息就会产生 7 bit 的校验位。

信息域	差错控制域	
遥控信息(可选随机化)	校验码	固定填充“0”
56 bit	7 bit	1 bit

图 7-35 分组码码块结构

校验码按式（7-4）的多项式生成，它是由一种（63，56）BCH 码取反码得到的。如果约定每组信息位不足 56 bit，则按缩短 BCH 码的方式虚拟填 0～56 bit，再进行编码，填充的比特位并不实际输出。在编码前，还可以根据航天任务需求对输入的遥控信息数据进行 CRC 校验、数据保护处理、随机化处理等。

$$G(H)=X^7+X^6+X^2+1 \tag{7-4}$$

（63，56）BCH 分组编码器的原理如图 7-36 所示。

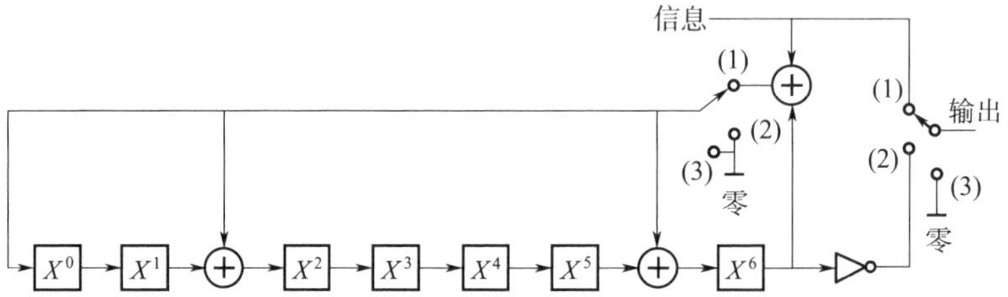

图 7-36 BCH 分组编码器的原理图

它的操作过程如下：首先将移位寄存器清零，开关先置于（1）位，信息码被读入移位寄存器，同时输出。当信息码不满 56 bit 时，在前面虚拟填充零，但它们并不输出。在信息码移完后，在移位寄存器中已经产生所需要的校验码。这时将开关置于（2）位，输出校验码的反码。最后将开关置于（3），输出填充一位“0”。

在遥控数据分组过程中，若出现不能正好分成若干个完整分组码块的情况，应在最后一个分组码块信息域中填充必要数量的码元，它们一般是以“0”开始的“1”和“0”交替的码元序列。若遥控数据需进行随机化处理，这些填充数据可以在随机化处理前进行填充，也可以在随机化处理后进行填充。在译码过程中并不需要去掉它们，留待重建传送帧时根据帧长将它们去掉。把遥控数据按要求进行分组和编码后，形成一系列码块。每 n 个码块串接起来，再加上起始序列和结尾序列的包装，构成遥控信息传输单元进行传输。

航天器在接收过程中以分组码为单位进行译码，有检错和纠错两种工作模式。检错模式下，具备 1～3 bit 错误的检错能力，遥控信息传输单元的起始序列不允许有任何错误；纠错模式下，具备 1 bit 错误的纠错能力和 2 bit 错误的检错能力，遥控信息传输单元的起始序列至多允许有 1 bit 的错误。如果没有检测到错误或检测到 1 bit 错误并纠正就可以成功译码。

以长度为 15 B 和 11 B 的两个遥控帧为例，对遥控帧的填充、随机化、编码以及与遥控信息传输单元（CLTU）的关系进行说明，处理过程如图 7-37 所示。

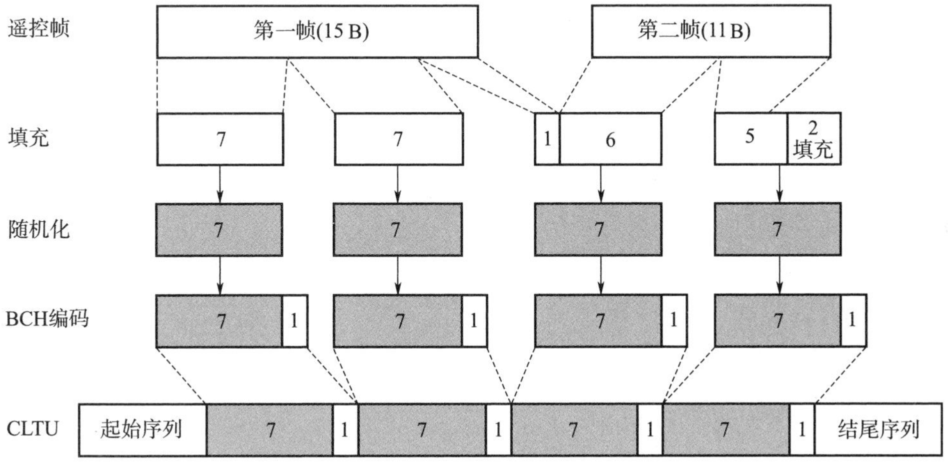

图 7－37　遥控帧的填充、随机化、编码以及与 CLTU 关系图

7.3.3 遥控信息校验和比对

遥控信息数据在地面与航天器之间通过无线信道进行传输的过程中，由于干扰和噪声的存在，或者可能受到非授权方的篡改，任何一个环节都有可能出现差错，错误的指令可能使航天器受到“致命”的威胁。与其他通信系统相比，航天器遥控系统对于信息差错的容忍度更低，一般要求航天器遥控系统的虚、漏指令概率要小于 10^{-6}，误指令概率要小于 10^{-8}，安控类遥控指令则要求更高。为了尽可能降低出现传输差错的概率，通常从遥控信息数据校验和天地数据校验与比对两个层面进行遥控信息的差错控制。

7.3.3.1　遥控信息数据校验机制

遥控信息数据校验是指将遥控信息数据校验码作为遥控信息的一部分发往航天器，并完成对遥控信息校验的一种方式。常用的校验方法有 CRC 校验、和校验等。

（1）CRC 校验

遥控信息 CRC 校验方法与遥测信息 CRC 校验方法相同，此处不再赘述。在 PCM 遥控中，CRC 校验对象一般不包括航天器地址同步字和方式字，而是针对数据域进行校验，基本格式如图 7－38 所示。在分包遥控中，CRC 校验对象一般包括帧主导头和帧数据域两部分。

航天器地址同步字	方式字	原始遥控信息数据	CRC 校验码

图 7－38　带 CRC 校验的遥控信息数据格式

（2）和校验

和校验多用于分包遥控中遥控包数据的校验，在处理、传输或存储操作的过程中检测一个遥控包的错误。需要依次处理不包括包差错控制字段的整个包的全部字节，并把计算出的和校验结果放置在包差错控制字段中。与 CRC 校验一样，和校验仅用于检测差错而不能用于纠正差错。常用的和校验方法有两种：一种是按照字节直接进行异或求和，计算过程较为简单；另一种是 ISO 和校验。

ISO 和校验计算方法如下：

首先，设计计算过程中用到的过程参数。A_i 表示遥控数据中的第 i 个字节，N 表示遥控数据字节数，K_0 和 K_1 分别表示和校验的第一字节和第二字节，C_1 和 C_2 表示计算过程变量。整个计算过程采用模 255 加法。

发送端和校验计算过程如下：

1）设定 $C_1=0$、$C_2=0$；

2）针对遥控数据中的 N 个字节，依次进行如式（7－5）的计算：

$$\begin{cases}C_0=C_0+A_i\\C_1=C_1+C_0\end{cases}\tag{7-5}$$

3）计算和校验结果为

$$\begin{cases}K_0=-(C_1+C_0)\\K_1=C_1\end{cases}\tag{7-6}$$

4）将和校验结果 K_0、K_1 放置在包差错控制字段。

接收端和校验计算过程如下（共收到 $N+2$ 个字节数据）：

1）若包差错控制字段的和校验结果两个字节中只有一个值为 0，则报告校验出错。其余情况按以下步骤计算；

2）设定 $C_1=0$、$C_2=0$；

3）针对接收的 $N+2$ 个字节遥控数据，依次进行如式（7－5）的计算；

4）计算完毕后，如果 C_1 和 C_2 都为 0，报告校验正确，否则报告校验错误。

（3）BCH 编码

如 7.3.2.3 节所述，与 CRC 校验、和校验不同，BCH 编码除了具备检错能力外，还具备一定的纠错能力。因此，分包遥控具备更强的纠检错能力。

7.3.3.2　遥控信息测站比对机制

遥控信息由测控中心发送至航天器的过程中，在信息传输的重要节点之间采用合适的比对纠错体制，不仅可以有效降低出现传输差错的概率，还可以为事后数据分析处理提供可靠依据。现行航天器遥控体制中，一般包括测站比对和天地大回路比对两种遥控信息比对机制。

（1）测站比对

遥控信息由测控中心传输至地面站测控设备的信息交互过程中，一般采用测站比对机制。如图 7－39 所示，具体过程为：测控中心将遥控信息数据发送到地面站测控设备，测控设备在射频发射的同时耦合出一路信号，经过相应接收机处理后成为中频信号，回送给基带设备进行比对处理，从而得到遥控信息数据的比对结果。然后，地面站测控设备再将该比对结果回传给测控中心，供操作人员分析使用。比对结果可以明确显示出遥控信息数据在天线完成发送之前的传输状态，完成地面部分遥控信息数据的正确性核对。测站比对的本质是通过对通信过程的信息确认来发现数据传输过程中的差错，它可以帮助操作人员完成对遥控信息数据地面部分传输过程的实时监督和处理。同时，测站比对结果也可为遥控上行出现异常时进行事后分析提供可靠依据。

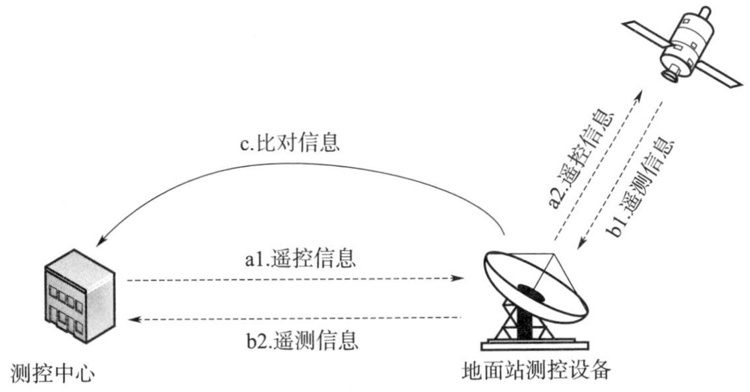

图 7-39　遥控信息测站比对原理

（2）天地大回路比对

航天器收到地面站测控设备发送的遥控信息数据后，按照地面对遥控信息处理的逆过程对遥控信息进行处理（如 BCH 译码、解密及解扰等），并按照约定的格式完成比对和识别。比对和识别通过后，得到“原始”的遥控信息数据。通常情况下，航天器完成遥控信息数据的比对和识别后会将比对和识别的结果通过遥测回传到地面，供地面操作人员分析处理使用。此外，航天器还可能根据情况将重要的遥控信息数据（如直接指令）的部分原始码元信息或全部原始码元信息通过遥测回传到地面，正确性核对通过后再发送执行脉冲信号。这种比对机制称为天地大回路比对，其基本原理如图 7-40 所示。

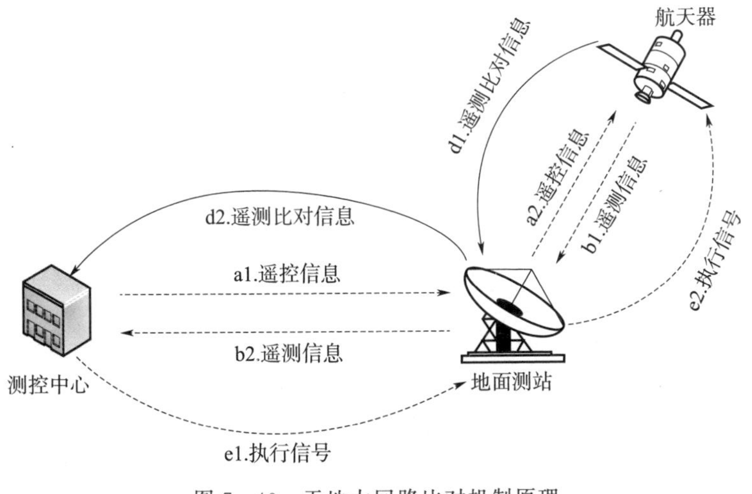

图 7-40　天地大回路比对机制原理

天地大回路比对遥控信息处理过程如图 7-41 所示，具体过程为：操作人员根据任务需要发送遥控指令或注入数据，测控中心将遥控信息数据处理完毕后通过地面站测控设备发送至航天器。正常情况下，航天器收到遥控信息数据后会进行比对和识别，若比对和识别正确，则执行该遥控指令或注入数据，并将遥控信息接收或执行的结果通过遥测反馈至地面，若比对和识别不正确，丢弃该遥控指令或注入数据，并通过遥测向地面反馈比对结果信息或对应的遥测信息不变。事实上，具体工程应用中，遥控信息的比对还有另外一种方式（图 7－41 中虚线部分），即航天器在收到地面发送的遥控指令后，先进行存储，此时遥控信息并未被执行。随后，航天器通过遥测将全部或部分遥控信息原码下传到测控中心，测控中心完成与上行原始遥控信息的比对确认。若比对确认正确，测控中心向航天器发送指令执行脉冲信号，航天器收到执行脉冲信号后，执行该遥控指令；若比对确认不正确，地面测控中心需要再次将遥控指令通过测控设备发送至航天器，重复以上比对过程。将上述两种比对方式进行比较，第一种比对方式中遥控指令或注入数据不需要通过地面二次确认就可以直接执行，整个执行过程所需的时间较短，第二种比对方式中指令的比对、执行所需时间较长，但指令准确性和执行时间精度更高。无论是一般的“遥控信息数据上行—比对正确执行”策略，还是“遥控信息数据上行—遥控原码下传比对确认—执行脉冲

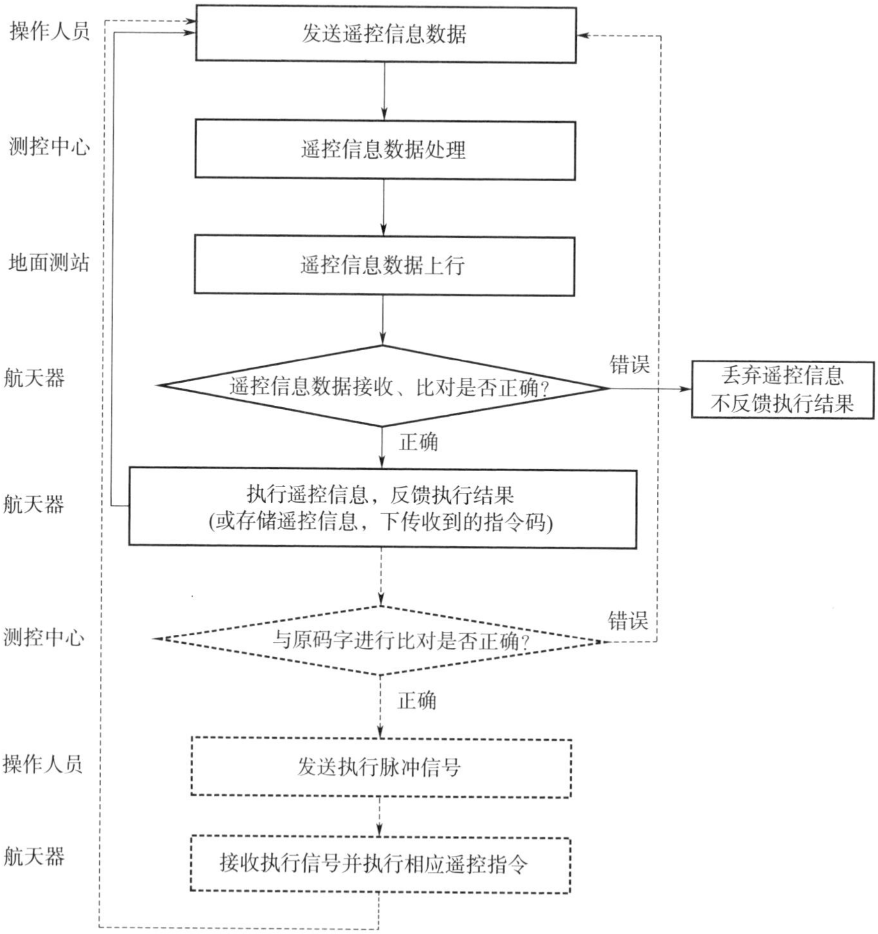

图 7－41　天地大回路比对遥控信息处理过程

信号上行”策略，测控中心都需要了解航天器对遥控信息的接收情况，因此必须设计合理的比对确认时限，即从地面操作人员发送遥控信息数据到航天器遥测信息返回相对应比对结果的时限。在设定的比对时限内，若遥测比对结果及时返回，则地面操作人员可根据遥测比对结果进行下一步处理；若遥测比对结果未及时返回，则认为航天器没有收到遥控信息数据，需要做重发或其他处理。

需要说明的是，天地大回路比对并不适用于所有情况，如航天器在轨发生异常需要及时进行处置时，地面必须根据故障情况进行紧急处理。考虑到航天器故障情况的复杂性和处理时间的急迫性，地面操作人员可根据情况选择以“不比判”形式发送遥控指令，即无须等待或判断航天器的指令接收情况，这种遥控指令发送方式也称为“盲发”。

参 考 文 献

[1] 闻新．航天器系统工程［M］．北京：科学出版社，2016．

[2] CCSDS 102.0－B－5. Packet Telemetry. Blue Book，November 2000（ISO 13419：1997）．

[3] ESA 标准．PCM 遥测标准［S］．ESA PSS－46（TTC. A. 02）—1978.

[4] 中国航天科技集团公司五院总体设计部．航天器测控和数据管理　第 3 部分：遥测信道编码：GJB 1198.3A—2004［S］．北京：国防科工委军标出版发行部，2004.

[5] 刘蕴才．无线电遥测遥控（上）［M］．北京：国防工业出版社，2001．

[6] 顾莹琦，谭维炽．CCSDS 下行链路虚拟信道调度方法及其性能分析［J］．中国空间科学技术，2001，6（3）：29－35.

[7] 谭维炽，顾莹琦．空间数据系统［M］．北京：中国科学技术出版社，2004．

[8] 中国人民解放军总装备部军事训练教材编辑部工作委员会．无线电遥测遥控［M］．北京：国防工业出版社，2001．

[9] 中国航天科技集团公司五院总体专业技术部．航天器测控和数据管理　第 7 部分：分包遥控：GJB 1198.7A—2004［S］．北京：国防科工委军标出版发行部，2004.

[10] 于志坚．航天测控系统工程［M］．北京：国防工业出版社，2008．

[11] 赵和平，何熊文，刘崇华，等．空间数据系统［M］．北京：北京理工大学出版社，2018.

第 8 章　航天器姿态测量与控制

航天器姿态运动是航天器绕自身质心的转动运动，也称为航天器的角运动。航天器在轨运行时，为了完成其承担的任务，必须具备一定的姿态或在特定的条件下保持特定的姿态，因此，对航天器姿态控制提出了各种要求。可将这些要求分为两类：一类是姿态保持，要求航天器对空间的特定目标定向，如对地观测卫星工作时相机或其他遥感仪器需对准地面，通信卫星一般要求其转发天线指向地面，航天器太阳帆板在特定条件下需保持对准太阳，以确保能源需求；另一类是姿态机动，要求航天器从一种姿态变到另一种姿态，也称为姿态再定向，如对地观测卫星为了完成观测任务，必要时需进行侧摆，航天器进行轨道控制时需保证发动机对准推力方向等。

不同类型和用途的航天器对其自身姿态控制方式、精度等有不同的要求，某些科学卫星在轨期间只要求获得空间环境数据及其对应的时间信息，对姿态要求低甚至不需要进行姿态控制。通信卫星一般要求姿态指向精度为天线波束的 1/10，而对地观测卫星要求具备较高的姿态指向准确度和姿态保持精度，以完成对地观测任务。因此，航天器在飞行过程中，通常需要实时获得自身姿态，必要时进行姿态控制，以确保飞行任务正常。

本章首先介绍航天器姿态控制系统的组成及基本原理，然后对其中涉及的航天器姿态描述、姿态确定和姿态控制等概念及原理分别进行阐述，最后，结合工程实践，介绍常见的航天器姿态控制方案及过程。

8.1　姿态控制系统的组成

航天器姿态控制原理与其他工程控制系统原理基本相同，包括 3 个基本过程，即测量、信号处理和控制执行过程。

航天器的姿态控制系统一般由姿态敏感器、控制器和执行机构 3 大部分组成，其结构如图 8－1 所示。航天器姿态控制的一般过程为：姿态敏感器用以测量绝对或相对的物理

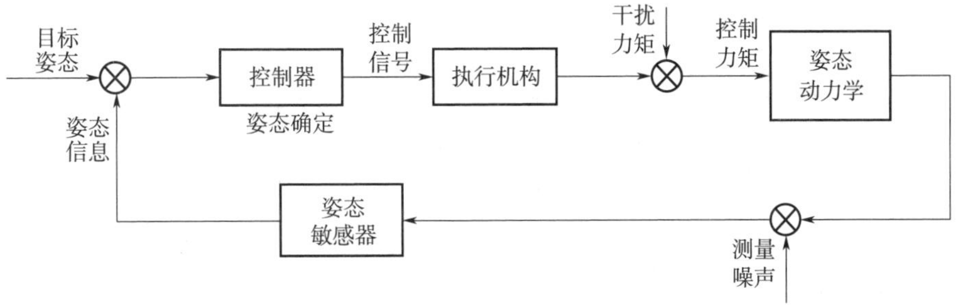

图 8－1　航天器姿态控制系统

量，并实时向控制器输出，控制器担负信号处理任务，通过姿态确定算法实时得到航天器的姿态信息后，根据姿态控制目标，按照特定的控制律生成控制信号，用以驱动执行机构。执行机构根据控制信号产生控制力矩，按控制目标实现对航天器的姿态控制。

8.2 坐标系及姿态描述

航天器姿态的描述，其实质是对固连于航天器的本体坐标系与空间参考坐标系之间角度关系的描述。如图 8－2 所示，$O_bX_bY_bZ_b$ 为航天器本体坐标系，$OX_rY_rZ_r$ 为空间参考坐标系。因此，介绍航天器姿态描述之前，需先了解航天器本体坐标系及常见参考坐标系的定义。

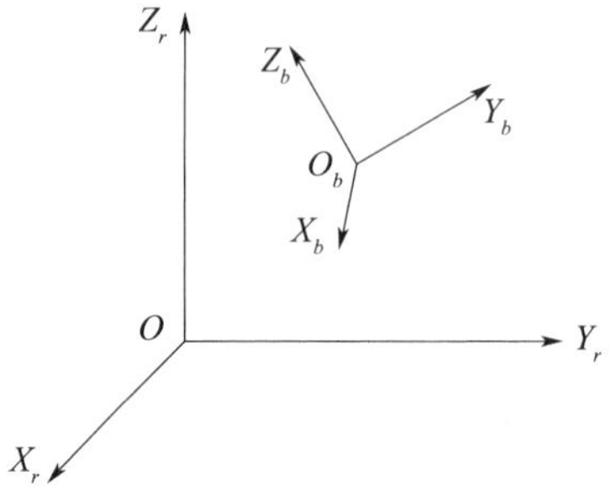

图 8－2　航天器本体坐标系与空间参考坐标系示意图

8.2.1 航天器本体坐标系

航天器的本体坐标系一般以 $O_bX_bY_bZ_b$ 表示，其定义如下：

原点 O_b ：航天器的质心或某特征点；

Z_b 轴：沿航天器纵轴或某一特征方向；

X_b 轴：航天器的某特征轴方向；

Y_b 轴：与 Z_b、X_b 轴构成右手坐标系。

例如，某遥感卫星本体坐标系 ($O_bX_bY_bZ_b$) 如图 8－3 所示，具体如下：

坐标原点 O_b ：卫星与运载火箭对接四点构成矩形的理论中心；

Z_b 轴：过坐标原点，垂直于星箭分离面，由分离面指向高分辨率相机方向；

X_b 轴：过坐标原点，位于星箭分离面，双星敏感器侧为 $+X_b$ 方向；

Y_b 轴：位于星箭分离面内，与 X_b 轴、Z_b 轴构成右手坐标系。

8.2.2 常用参考坐标系

航天器在不同的飞行场景下，可能使用不同的参考坐标系对其姿态进行描述，常见的参考坐标系有航天器轨道坐标系、当地指向水平坐标系（东南坐标系）、J2000.0 地心惯性坐标系等。

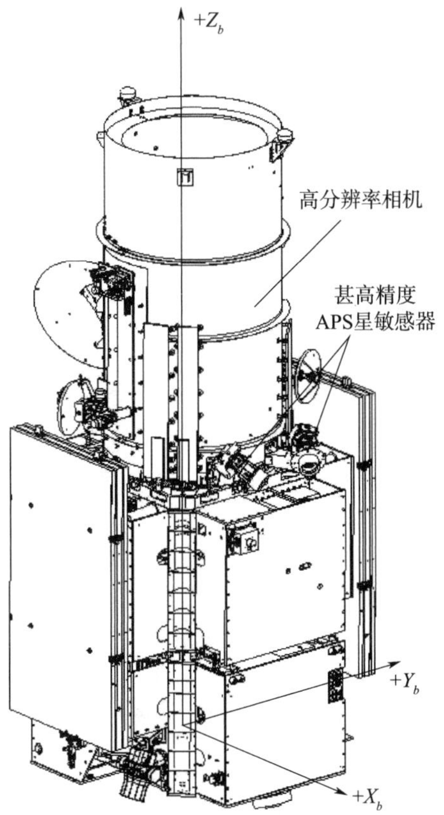

图 8-3　某遥感卫星本体坐标系

8.2.2.1　航天器轨道坐标系

如图 8-4 所示，航天器轨道坐标系定义为：

原点 O ：航天器质心；

Z 轴：由航天器指向地心；

Y 轴：轨道面的负法向；

X 轴：在轨道面内与 Z 轴垂直指向航天器运动方向。

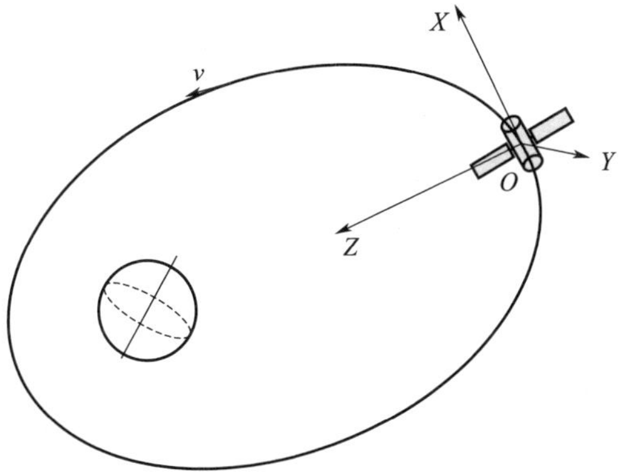

图 8-4　航天器轨道坐标系

8.2.2.2　当地指向水平坐标系

当地指向水平坐标系也称为当地东南坐标系，一般以 $O_EX_EY_EZ_E$ 进行表示，如图 8-5 所示。定义为：

原点 O_E ：航天器质心；

Z_E 轴：指向地球质量中心；

X_E 轴：Z_E 轴方向和赤道北极方向的叉乘方向，指向地东；

Y_E 轴：与 Z_E 轴、X_E 轴构成右手直角坐标系，指向地南。

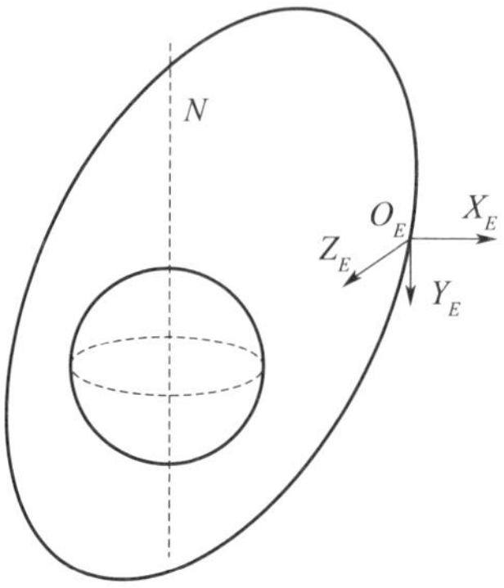

图 8-5　当地指向水平坐标系

8.2.2.3　J2000.0 地心惯性坐标系

所有的运动都要参照的基本坐标系是惯性坐标系。按一般意义讲，惯性坐标系在空间中为相对于恒星固定的坐标系。但实际中，惯性坐标系只需在所研究的时间间隔内能够保持足够精度的基准坐标系。例如，航天器绕地球的轨道运动就可以使用地心赤道坐标系，也称为地心惯性坐标系；若研究星际航行，往往把坐标原点放在太阳中心。

常用的惯性坐标系为 J2000.0 地心惯性坐标系，一般描述为 $O_iX_iY_iZ_i$ ，如图 8-6 所示，其定义为：

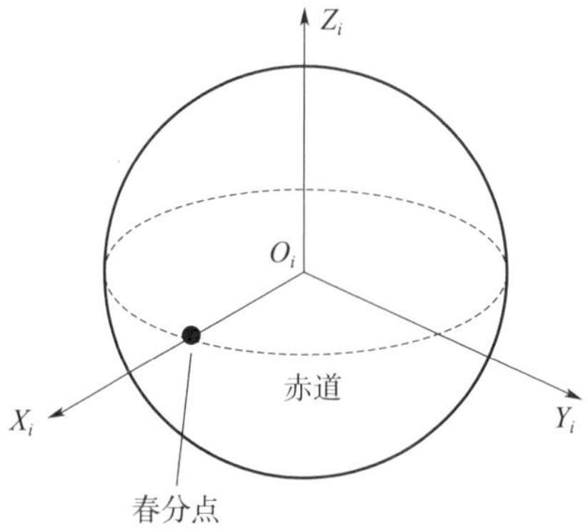

图 8-6　J2000.0 地心惯性坐标系示意图

原点 O_i：坐标原点为地心，基本平面为 J2000.0 地球平赤道面；

X_i 轴：在基本平面内指向 J2000.0 平春分点；

Z_i 轴：垂直于基本平面，由地心指向地球平赤道自转北极方向。

X_i 轴，Y_i 轴，Z_i 轴按顺序构成右手坐标系。

8.2.3　姿态描述

航天器姿态的数学描述即姿态参数，是进行航天器姿态控制建模的基础。姿态参数可以有多种形式，常用的有姿态矩阵、欧拉轴/角、四元数和欧拉角等。

8.2.3.1　姿态矩阵

设空间有一右手正交参考坐标系 $OX_rY_rZ_r$，其各个坐标轴上的单位矢量记为 $\boldsymbol{X}_r$，$\boldsymbol{Y}_r$，$\boldsymbol{Z}_r$。设空间有一刚体，刚体固连一个右手正交坐标系 $O_bX_bY_bZ_b$，此坐标系各坐标轴上的单位矢量为 $\boldsymbol{X}_b$，$\boldsymbol{Y}_b$，$\boldsymbol{Z}_b$。由于 $O_bX_bY_bZ_b$ 相对 $OX_rY_rZ_r$ 的定向与坐标原点 O 和 O_b 的相对位置无关，可以假设两个坐标系原点重合，并记为 O。记 $\boldsymbol{X}_b$，$\boldsymbol{Y}_b$，$\boldsymbol{Z}_b$ 在 $OX_rY_rZ_r$ 中的坐标为

$$\begin{cases}\boldsymbol{X}_b=[X_{b1} \quad X_{b2} \quad X_{b3}]^{\mathrm{T}}, X_{b1}=\boldsymbol{X}_b \cdot X, X_{b2}=\boldsymbol{X}_b \cdot Y, X_{b3}=\boldsymbol{X}_b \cdot Z \\ \boldsymbol{Y}_b=[Y_{b1} \quad Y_{b2} \quad Y_{b3}]^{\mathrm{T}}, Y_{b1}=\boldsymbol{Y}_b \cdot X, Y_{b2}=\boldsymbol{Y}_b \cdot Y, Y_{b3}=\boldsymbol{Y}_b \cdot Z \\ \boldsymbol{Z}_b=[Z_{b1} \quad Z_{b2} \quad Z_{b3}]^{\mathrm{T}}, Z_{b1}=\boldsymbol{Z}_b \cdot X, Z_{b2}=\boldsymbol{Z}_b \cdot Y, Z_{b3}=\boldsymbol{Z}_b \cdot Z\end{cases} \tag{8-1}$$

记

$$\boldsymbol{A}=\begin{bmatrix}X_{b1} & X_{b2} & X_{b3} \\ Y_{b1} & Y_{b2} & Y_{b3} \\ Z_{b1} & Z_{b2} & Z_{b3}\end{bmatrix}$$

称 $\boldsymbol{A}$ 为 $OX_bY_bZ_b$ 在 $OX_rY_rZ_r$ 中的姿态矩阵或方向余弦阵，它完全确定了刚体在参考坐标系 $OX_rY_rZ_r$ 中的定向，即 $OX_bY_bZ_b$ 在 $OX_rY_rZ_r$ 的定向。

$\boldsymbol{A}$ 是一个行列式值为 1 的正交矩阵，它的 9 个元素是不独立的，仅有 3 个独立量。从几何上来看应有约束条件

$$\|\boldsymbol{X}_b\|=\|\boldsymbol{Y}_b\|=1, \boldsymbol{Z}_b=\boldsymbol{X}_b \times \boldsymbol{Y}_b, \boldsymbol{X}_b \cdot \boldsymbol{Y}_b=\boldsymbol{0} \tag{8-2}$$

8.2.3.2　欧拉轴/角

如上一节所述，姿态矩阵 $\boldsymbol{A}$ 可以作为从参考坐标系到本体坐标系的变换矩阵，而 $\boldsymbol{A}$ 是实正交的，行列式为 1，因而 $\boldsymbol{A}$ 是一个绕 O 点的旋转变换，即存在单位特征矢量 $\boldsymbol{e}$，使得 $\boldsymbol{Ae}=\boldsymbol{e}$，表示 $\boldsymbol{e}$ 在这一旋转变化中是不变的，因而这一旋转变换是绕 $\boldsymbol{e}$ 轴的一个旋转。同时也论证了欧拉定理：刚体绕固定点的任一位移（由参考坐标系到本体坐标系的一个旋转变换）可绕通过此点的某一轴转动一个角度而得到。于是可以由定轴 $\boldsymbol{e}$ 及旋转的角度 Φ 来描述本体坐标系相对参考坐标系的姿态，共有 4 个参数：$\boldsymbol{e}=[e_x, e_y, e_z]^{\mathrm{T}}$，$\Phi$，其中，$e_x^2+e_y^2+e_z^2=1$，$e_x$，$e_y$，$e_z$，$\Phi$ 称为欧拉轴/角姿态参数。可以证明姿态矩阵 $\boldsymbol{A}$ 和欧拉轴/角姿态参数有

$$\boldsymbol{A}=\cos\Phi \cdot \boldsymbol{I}+(1-\cos\Phi)\boldsymbol{e}\boldsymbol{e}^{\mathrm{T}}-\sin\Phi \cdot \boldsymbol{E} \tag{8-3}$$

这里的 $\boldsymbol{I}$ 为 3×3 矩阵，$\boldsymbol{e}\boldsymbol{e}^{\mathrm{T}}$ 为外积，$\boldsymbol{E}$ 为

$$\boldsymbol{E}=\begin{bmatrix} 0 & -e_z & e_y \\ e_z & 0 & -e_x \\ -e_y & e_x & 0 \end{bmatrix}$$

同时，也可以用 $\boldsymbol{A}$ 的元素 a_{ij} 来表示 e_x，e_y，e_z，Φ

$$\begin{cases} \cos\Phi=\dfrac{1}{2}[\operatorname{tr}(\boldsymbol{A})-1] \\ e_x=(a_{23}-a_{32})/(2\sin\Phi) \\ e_y=(a_{31}-a_{13})/(2\sin\Phi) \\ e_z=(a_{12}-a_{21})/(2\sin\Phi) \end{cases} \tag{8-4}$$

式中，$\operatorname{tr}(\boldsymbol{A})$ 为矩阵 $\boldsymbol{A}$ 的主对角线元素之和，后三式中应假定 $\sin\Phi\neq 0$，当 $\sin\Phi=0$ 且 $\cos\Phi\neq 1$ 时，仍可由式（8-3）求得 $\boldsymbol{e}$。确定 e_x，e_y，e_z，Φ 时有两个解：e_x，e_y，e_z，Φ 和 $-e_x$，$-e_y$，$-e_z$，$-\Phi$。这在几何上是显然的，即绕 $\boldsymbol{e}$ 旋转 Φ 角和绕 $-\boldsymbol{e}$ 旋转 $-\Phi$ 角是等价的。

8.2.3.3　四元数

在欧拉轴/角姿态描述的基础上，定义如式（8-5）所示的 4 个元素

$$\boldsymbol{q}_a=\begin{bmatrix} q_1 \\ q_2 \\ q_3 \\ q_4 \end{bmatrix}=\begin{bmatrix} e_x\sin(\Phi/2) \\ e_y\sin(\Phi/2) \\ e_z\sin(\Phi/2) \\ \cos(\Phi/2) \end{bmatrix} \tag{8-5}$$

式中，$\boldsymbol{e}=[e_x\quad e_y\quad e_z]^{\mathrm{T}}$ 为欧拉旋转轴单位矢量，满足关系 $e_x^2+e_y^2+e_z^2=1$，Φ 为欧拉旋转角。由式（8-5）可知，四元数的 4 个参数不是独立的，满足式（8-6）的正交约束方程

$$\boldsymbol{q}_a^{\mathrm{T}}\boldsymbol{q}_a=q_1^2+q_2^2+q_3^2+q_4^2=1 \tag{8-6}$$

这 4 个参数称为四元数，或欧拉参数。可以把这 4 个参数看成是四参数矢量 $\boldsymbol{q}_a$ 的分量，即有

$$\boldsymbol{q}_a=q_1\boldsymbol{X}+q_2\boldsymbol{Y}+q_3\boldsymbol{Z}+q_4=[\boldsymbol{q}\quad q_4]^{\mathrm{T}} \tag{8-7}$$

式中，$\boldsymbol{q}=[q_1\quad q_2\quad q_3]^{\mathrm{T}}$ 为矢量部分，代表欧拉轴的方向；q_4 为标量部分，代表欧拉转角。

利用三角公式：$\cos\Phi=2\cos^2\dfrac{\Phi}{2}-1$，$\sin\Phi=2\sin\dfrac{\Phi}{2}\cos\dfrac{\Phi}{2}$，可将欧拉轴/角姿态矩阵 $\boldsymbol{A}(e,\ \Phi)$ 转化成四元数姿态矩阵 $\boldsymbol{A}(q)$

$$
\begin{aligned}
\boldsymbol{A}(e,\Phi)&=\boldsymbol{A}(q)\\
&=\begin{bmatrix} q_1^2-q_2^2-q_3^2+q_4^2 & 2(q_1q_2+q_3q_4) & 2(q_1q_3-q_2q_4)\\ 2(q_1q_2-q_3q_4) & -q_1^2+q_2^2-q_3^2+q_4^2 & 2(q_2q_3+q_1q_4)\\ 2(q_1q_3+q_2q_4) & 2(q_2q_3-q_1q_4) & -q_1^2-q_2^2+q_3^2+q_4^2 \end{bmatrix}\\
&=(q_4^2-\hat{\boldsymbol{q}}^{\mathrm{T}}\hat{\boldsymbol{q}})\boldsymbol{I}+\hat{\boldsymbol{q}}\,\hat{\boldsymbol{q}}^{\mathrm{T}}-2q_4\widetilde{\boldsymbol{Q}}
\end{aligned}
\tag{8-8}
$$

其中，$\widetilde{\boldsymbol{Q}}$ 为 $\hat{\boldsymbol{q}}$ 的斜对称矩阵

$$
\widetilde{\boldsymbol{Q}}=\begin{bmatrix} 0 & -q_3 & q_2\\ q_3 & 0 & -q_1\\ -q_2 & q_1 & 0 \end{bmatrix}
$$

四元数与姿态矩阵的关系为

$$
\hat{\boldsymbol{q}}=\frac{1}{4q_4}\begin{bmatrix} y_{b1}-z_{b2}\\ z_{b1}-x_{b3}\\ x_{b2}-y_{b3} \end{bmatrix}
\tag{8-9}
$$

$$
q_4=\pm\frac{1}{2}(\mathrm{tr}\boldsymbol{A}+1)^{\frac{1}{2}}
$$

8.2.3.4　欧拉角

将参考坐标系 $OX_rY_rZ_r$ 绕不同坐标轴连续旋转 3 次可得到航天器本体坐标系 $O_bX_bY_bZ_b$，每次的旋转轴取为被转动坐标系的某一坐标轴，每次的转动角称为欧拉角，通常定义绕 X 轴、Y 轴、Z 轴旋转的欧拉角为 φ，θ，ψ，分别称为滚动角、俯仰角和偏航角，因此，也就有了另一种姿态描述方法：欧拉角。姿态矩阵不仅与这三次转动角度的大小有关，且与转动顺序有关，即每次绕哪一个坐标轴转动有关。这些转动可分为两类：

第一类：第一次和第三次转动绕同类坐标轴进行，而第二次转动绕另外两个坐标轴的某一个轴进行（把新旧坐标轴的 OX 和 OX' 称为同类轴，而 OX 与 OY'、OZ' 称为不同类轴），常用的为 ZXZ（3-1-3）转序，如图 8-7 所示。

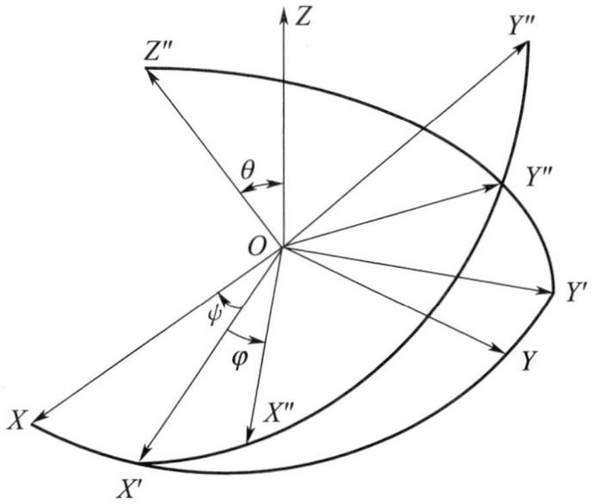

图 8-7　转序为 ZXZ（3-1-3）的欧拉角示意图

第二类：每次转动均是绕不同类别的坐标轴进行的，常用的为 ZXY（3－1－2），如图 8－8 所示。

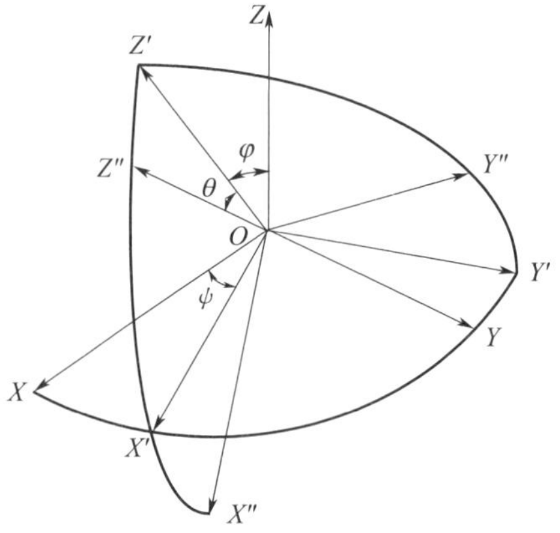

图 8－8　转序为 ZXY（3－1－2）的欧拉角示意图

通过常用的 3－1－2 旋转顺序，可得由轨道坐标系到本体坐标系用欧拉角表示的姿态变换矩阵为

$$\begin{aligned}\boldsymbol{R}(\psi,\varphi,\theta)&=\boldsymbol{A}_y(\theta)\boldsymbol{A}_x(\varphi)\boldsymbol{A}_z(\psi)\\&=\begin{bmatrix}\cos\psi\cos\theta-\sin\psi\sin\varphi\sin\theta & \sin\psi\cos\theta+\cos\psi\sin\varphi\sin\theta & -\cos\varphi\sin\theta\\ -\sin\psi\cos\varphi & \cos\psi\cos\varphi & \sin\varphi\\ \cos\psi\sin\theta+\sin\psi\sin\varphi\cos\theta & \sin\psi\sin\theta-\cos\psi\sin\varphi\cos\theta & \cos\varphi\cos\theta\end{bmatrix}\end{aligned}\tag{8-10}$$

若矩阵 $\boldsymbol{R}$ 已知，则可解得三轴姿态角为

$$\psi=\arctan\left(-\frac{R_{21}}{R_{22}}\right),\varphi=\arcsin R_{23},\theta=\arctan\left(-\frac{R_{13}}{R_{33}}\right)\tag{8-11}$$

式中，R_{ij}（$i=1$，2，3；$j=1$，2，3）为矩阵 $\boldsymbol{R}$ 的第 i 行、第 j 列元素。

可以看到，当滚动角 $\varphi=90°$ 时，θ 和 ψ 不能唯一确定，这就是欧拉角奇异问题。而且对于任意一种旋转顺序，都存在着不同的奇异问题。

将上述几种姿态的描述方法进行比较，姿态矩阵具有坐标变化时代数计算比较容易、不含三角函数等优点，但其 9 个元素之间不独立，即使给出了其中独立的 3 个参数，也不一定能唯一决定姿态矩阵，有多重解。另外，它的几何直观性较差，不能直接看出坐标系之间的转动关系。欧拉轴/角表示的姿态参数具有明显的几何意义，无奇异点。但实际使用中，欧拉旋转轴和角都不易测量和确定，因此，欧拉轴/角姿态参数一般作为定义其他姿态参数的中间变量，或用于某些理论分析等，这也是引入四元数用于表示姿态参数的原因之一。欧拉角的姿态描述方法只有 3 个姿态角参数，具有简单、明显的几何意义，能很方便地求解用欧拉角描述的姿态动力学方程，但存在奇异问题。综合起来，四元数多用于航天器器上姿态输出，而地面监视航天器姿态多用欧拉角的形式。

8.3　姿态确定及计算

姿态确定是航天器姿态控制的必要组成和前提，其本质是确定固连于航天器本体的坐标系在参考坐标系中的姿态参数，或者是确定固连于本体的某一单位矢量在参考坐标系的（球面）坐标，前者称为三轴姿态确定，后者称为单轴姿态确定。

为了确定航天器姿态，首先要有姿态测量，即通过航天器自身的姿态测量敏感器获得含有姿态信息的物理量，然后对其进行数据处理获得姿态数据。

8.3.1　姿态敏感器

姿态敏感器用来测量航天器本体坐标系相对某个参考基准坐标系的相对角位置和角速度，以便航天器进行姿态确定。

姿态敏感器按不同的基准方位，可分为以下几类：

1）以地球为基准方位：红外地球敏感器、紫外敏感器；

2）以天体为基准方位：太阳敏感器、星敏感器、紫外敏感器；

3）以惯性空间为基准方位：陀螺；

4）以地面站为基准方位：射频敏感器；

5）其他：磁强计（以地球磁场为基准）等。

若按照敏感器在姿态确定中功能的不同，又可分为以下两大类：

1）方向敏感器：能够敏感空间基准场矢量在姿态敏感器坐标系中的分量值，经过处理后，可获得外部参考矢量在航天器本体坐标系的分量，通过参考矢量法确定航天器姿态，如太阳敏感器、星敏感器、地球敏感器、磁强计和射频敏感器等。

2）惯性姿态敏感器：航天器惯性姿态敏感器主要指陀螺仪。根据牛顿力学原理，利用陀螺仪惯性传感器组成的惯性测量单元，通过敏感载体的转动角速度，进行积分运算得到载体姿态角。从 20 世纪 50 年代的液浮陀螺，到动力调谐陀螺，再到激光陀螺仪、光纤陀螺、振动陀螺，以及当前热点研究的微机电陀螺等，其具有自主性强、隐蔽性好的优点，使其成为特殊环境下航天器不可或缺的姿态敏感部件。

下面主要介绍工程中常用的几种敏感器：太阳敏感器、红外地球敏感器、星敏感器、陀螺、磁强计等。

8.3.1.1　太阳敏感器

太阳敏感器是在航天领域应用最广泛的一类敏感器，几乎所有的航天器上都配备有太阳敏感器。它是通过敏感太阳矢量的方位来确定太阳矢量在航天器本体坐标系中的方位，从而获取航天器相对太阳方位信息的光学姿态敏感器。对于航天器而言，可以把太阳近似看作点光源，太阳光源很强使得敏感器结构简单，功率要求较小，且敏感器的视场较大，分辨率可以从几度到几角秒。

通常，太阳敏感器可分为 3 类：“0－1”式太阳敏感器、模拟式太阳敏感器、数字式太阳敏感器。“0－1”式太阳敏感器以数字信号1或0表示太阳是否位于敏感器的视场内；模拟式太阳敏感器产生的输出信号是航天器本体相对太阳矢量方位（太阳角）的连续函数；数字式太阳敏感器提供离散的编码输出信号，其输出值是被测太阳角的函数。

（1）“0－1”式太阳敏感器

“0－1”式太阳敏感器也称为太阳指示器，此类太阳敏感器结构简单，一旦太阳进入该探测器视场且信号超过门限值，就能产生阶跃响应输出信号，表示见到了太阳，输出为“1”；当信号低于门限值时，输出为“0”，表示没有见到太阳。“0－1”式太阳敏感器一般用于保护仪器，如保护红外地球敏感器免受太阳光影响等。此外，航天器的粗定姿一般也可由“0－1”式太阳敏感器完成，用于航天器实现太阳捕获。

（2）模拟式太阳敏感器

顾名思义，模拟式太阳敏感器输出信号为模拟量，输出信号的大小为太阳光入射角的连续函数，敏感元件输出电流与太阳光入射角成正弦规律变化，因此模拟式太阳敏感器也称为余弦检测器。

如图8－9所示，模拟式太阳敏感器一般由两个相距很近的光电敏感元件（也称为光电池或光敏元件）、光学透镜和处理线路组成。当太阳光垂直照射两个光学敏感元件时，两者所产生的电流之差为敏感器输出。两个敏感元件特性几乎相同，所以输出为零，也就是敏感器的零点；当太阳光与垂直轴不重合时，两个敏感元件输出的电压差值正比于入射角，电压符号代表入射角的方向，即太阳光从垂直轴的左边或右边入射。图8－9所示的太阳敏感器只能测量航天器相对太阳光线的一个姿态角，因此也称为单轴模拟式太阳敏感器。

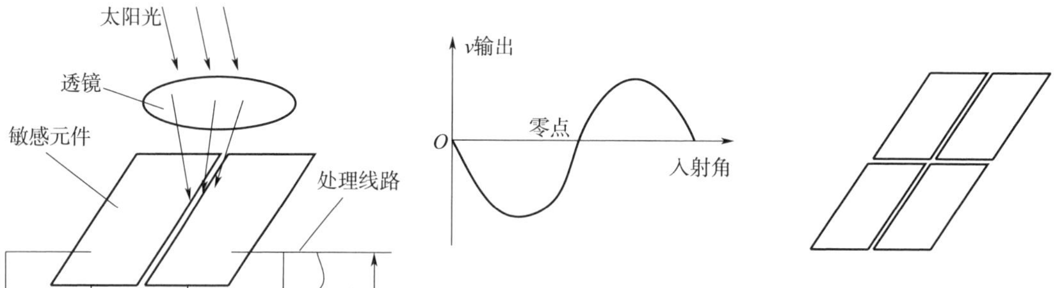

图8－9　模拟式太阳敏感器的工作原理

若将单轴模拟式太阳敏感器中的两块光电敏感元件换为4块完全相同的光电敏感元件，可以获得航天器相对太阳光线的两个姿态角，此类太阳敏感器也称为两轴模拟式太阳敏感器。

（3）数字式太阳敏感器

模拟式太阳敏感器的实现原理简单，但是其精度却难以满足卫星姿态控制系统日益提高的要求，且容易受到地球反射光等其他光源的干扰导致产生误差。因此，精度更高的数字式太阳敏感器得以发展。与模拟式太阳敏感器不同，数字式太阳敏感器是通过计算太阳光线在探测器上相对中心位置的偏差来计算太阳光角度的敏感器，其输出信号是与太阳光入射角相关的以编码形式出现的离散函数。结构上主要由狭缝、码盘和光敏元件阵列等组成，如图 8-10 所示。

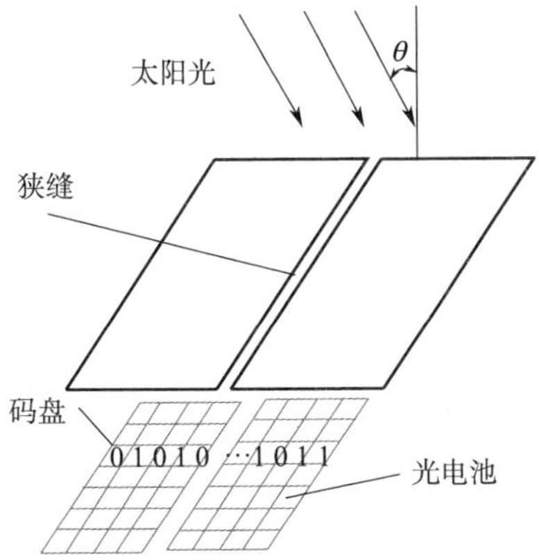

图 8-10　数字式太阳敏感器工作原理

当太阳光通过码盘照射到敏感器的光电池上时，光电池会产生电流并超过给定的门限值，光电池输出为 1，反之输出为 0。电信号经过放大，就可以得到整个光电池阵列输出的二进制码，从而确定太阳光方向垂直于敏感器基准面的夹角。同样地，如果在一个基准面安装互相垂直的两个敏感器，则可获得两个轴的测量量。

8.3.1.2　地球敏感器

地球是近地航天器所能观察到的除太阳以外最亮的天体，因此地球也就成为航天器最重要的参考基准物之一。地球敏感器的基本工作原理是通过测量地球边缘（地平线）来确定航天器姿态，其先确定地球圆盘边缘上若干点，进而确定地球圆盘中心，因此，地球敏感器又称为地平仪。常用的地球敏感器有自旋扫描地球敏感器、圆锥扫描地球敏感器及摆动扫描地球敏感器等。

地球敏感器只能测量得到航天器滚动、俯仰。地平扫描地球敏感器姿态测量的几何原理如图 8-11 所示。其中，XOY 为与航天器固连的敏感器坐标系，圆心为 O 的实线圆是航天器无姿态偏差下敏感器观测到的地球圆盘，圆心为 O' 的虚线圆是航天器有姿态偏差下敏感器观测到的地球圆盘。A，B，C，D 为航天器无姿态偏差下敏感器的 4 个视场，代表了 4 个地平穿越点。当航天器有俯仰和滚动姿态偏差时，地球圆盘的位置发生变化，圆心为 O'，地平穿越点分别为 A'，B'，C'，D'，由此，可以计算得到航天器的滚动、俯仰姿态偏差。

地球敏感器在工作过程中，如果太阳或月球进入敏感器的视场，则会对其敏感测量造成影响，因此，使用地球敏感器的航天器在轨工作期间需考虑太阳、月球的干扰。工程中，一般通过地面控制或器上自主控制实现地球敏感器保护。

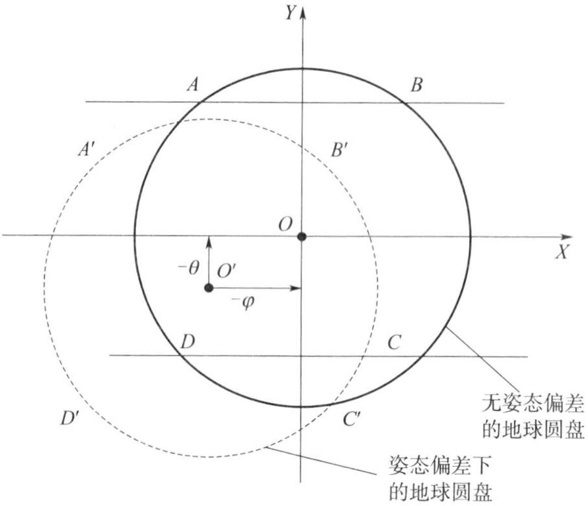

图 8-11　地平扫描地球敏感器姿态测量的几何原理

8.3.1.3　陀螺

陀螺是利用一个高速旋转的质量来敏感其自旋轴在惯性空间定向的变化。其作为姿态敏感部件，可以为航天器提供高精度姿态敏感信息，如图 8-12 所示。

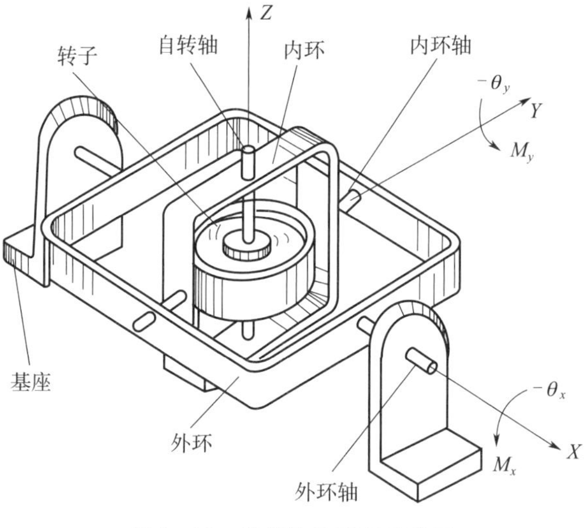

图 8-12　陀螺结构原理示意图

陀螺在惯性空间有定轴性和进动性的特点。所谓定轴性，是当陀螺不受外力的作用时，陀螺旋转轴相对惯性空间保持方向不变；所谓进动性，是当陀螺受到外力的作用时，陀螺旋转轴将沿最短的途径趋向于外力矩矢量，进动角速度正比于外力矩大小。

陀螺在使用过程中一般有速率陀螺和速率积分陀螺两种形式。速率陀螺测量航天器的角速度，通常是进行自旋速率控制或作为姿态稳定系统的一个速率反馈敏感器。速率积分陀螺把速率陀螺的输出量再进行一次积分，速率积分陀螺可用来直接测量航天器的角位置。

另外，由于陀螺的轴承与传感器存在摩擦，以及陀螺本身制造上的不对称和不平衡等原因，经常有干扰力矩作用在陀螺上，由此引起转子轴的缓慢进动，使之逐渐偏离其原始方向，这种现象称为陀螺漂移。因此，对于陀螺而言，漂移率也是衡量陀螺稳定性和工作精度中的重要指标。

一般情况下，陀螺常漂值比较小，对角速度反馈影响很小，但对使用陀螺积分进行高精度姿态测量时，陀螺常漂的影响必须考虑，此时需要在使用前由地面进行陀螺标定，计算陀螺漂移值。一般，结合陀螺积分定姿的使用模式不同，航天器可以太阳敏感器、地球敏感器或星敏感器为姿态确定基准进行陀螺标定。

8.3.1.4　磁强计

磁强计是以地球磁场为基准，测量航天器姿态的敏感器。它通过测量空间环境的磁场强度，结合已知的地球磁场模型（该模型能预先确定地球周围各点的磁场强度），将航天器上磁强计测量信息与地球磁场模型进行比对，即可确定出航天器的相对于地球磁场的姿态，进而获得航天器的姿态。磁强计具有质量小、性能可靠、消耗功率低、工作温度范围宽等优点，但仅适用于近地轨道航天器。磁强计的结构示意图如图 8－13 所示。

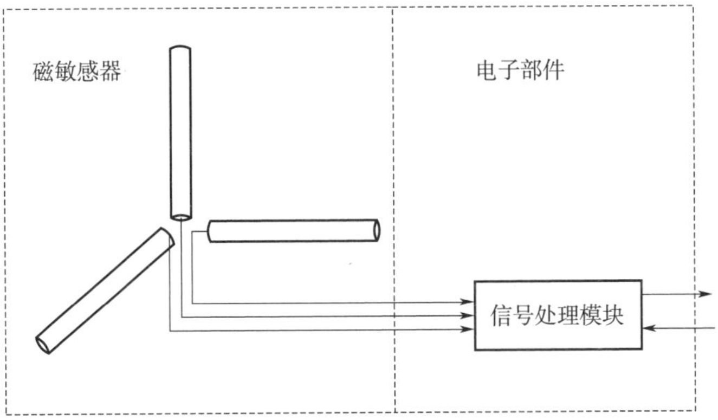

图 8－13　磁强计的结构示意图

具体地，沿航天器三轴正交安装 3 个磁强计，即可测得外部磁场矢量的 3 个分量 B_x，B_y，B_z，得出航天器坐标的磁场观测矢量 $\boldsymbol{B}_b$，引用地磁场模型 $\boldsymbol{B}_e$ 和轨道参数，即可得到轨道坐标的磁场参考矢量 $\boldsymbol{B}_o=\boldsymbol{R}_{oe}\boldsymbol{B}_e$，其中，$\boldsymbol{R}_{oe}$ 为地球固连坐标系与轨道坐标系的转换矩阵。姿态确定用的磁场矢量观测方程表示为

$$\boldsymbol{B}_b=\boldsymbol{A}\boldsymbol{R}_{oe}\boldsymbol{B}_e \tag{8-12}$$

式中，$\boldsymbol{A}$ 为航天器本体相对轨道坐标的姿态矩阵，解得 $\boldsymbol{A}$ 即可得到航天器轨道坐标系下的姿态。

8.3.1.5　星敏感器

恒星敏感器（简称星敏感器）是当前广泛应用的天体敏感器。它以恒星作为姿态测量的参考源，可输出恒星在星敏感器坐标下的矢量方向，为航天器的姿态控制和天文导航提供高精度测量数据。

各种类型星敏感器的出现与卫星姿控系统的发展、探测器的发展以及星敏感器本身的发展密切相关。最早期出现的是机械跟踪式星敏感器，后来出现的是适用于自旋稳定卫星的穿越式星敏感器。随着三轴稳定卫星的发展与成熟，目前广泛应用的是固定探头式星敏感器。下面主要介绍固定探头式星敏感器的工作原理。

星敏感器通过测量恒星相对航天器的角位置，并同星历表中恒星的角位置参数进行比较，来确定航天器的姿态。要确定航天器的三轴姿态，至少需要两颗恒星的数据，其姿态确定的基本原理为双矢量定姿。

恒星在星敏感器 CCD 面阵上成像的几何关系如图 8－14 所示。来自星光的平行光经过光学系统，在 CCD 面阵上聚焦成像图，按能量中心法确定星像的中心位置，定义敏感器坐标系为 $OX_pY_pZ_p$，Z 轴沿中心光轴，X_p 轴、Y_p 轴沿 CCD 面阵的正交基准。星像的中心位置坐标 P_x，P_y 为

$$P_x=\frac{\sum X_{ij}R_{ij}}{\sum R_{ij}},P_y=\frac{\sum Y_{ij}R_{ij}}{\sum R_{ij}} \tag{8-13}$$

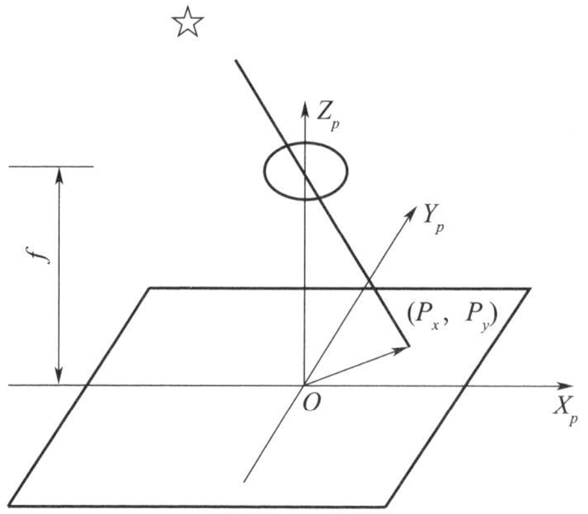

图 8－14　恒星在星敏感器 CCD 面阵上成像的几何关系

R_{ij} 为 CCD 元素 $(i,\ j)$ 敏感的辐射强度；X_{ij}、Y_{ij} 为 CCD 像素 $(i,\ j)$ 沿 X_p 轴和 Y_p 轴的坐标；f 为光学系统的焦距。根据聚焦几何关系，由星光像元在敏感器平面坐标的测量值 P_x，P_y，可得星光矢量 $\boldsymbol{S}$ 在敏感器坐标的方向矢量为

$$\boldsymbol{S}_p=\frac{1}{\sqrt{P_x^2+P_y^2+f^2}}\begin{bmatrix}-P_x\\-P_y\\f\end{bmatrix} \tag{8-14}$$

假设恒星单位矢量在惯性坐标系中用 $\boldsymbol{S}_i$ 表示，可由星历表的赤经、赤纬给出，则 $\boldsymbol{S}_p$ 和 $\boldsymbol{S}_i$ 的关系为

$$\boldsymbol{S}_p=\boldsymbol{A}_p\boldsymbol{A}_b\boldsymbol{A}_o\boldsymbol{S}_i \tag{8-15}$$

式中，$\boldsymbol{A}_o$ 为惯性坐标系到轨道坐标系的转换矩阵，可根据轨道参数得到；$\boldsymbol{A}_b$ 为轨道坐标系到本体坐标系的转换矩阵，与卫星姿态有关；$\boldsymbol{A}_p$ 为航天器本体坐标系到敏感器坐标系的转

换矩阵，即星敏感器的安装矩阵。当星敏感器光学系统中能同时得到两颗以上的恒星，就能确定 $\boldsymbol{A}_b$，即航天器的姿态。

8.3.1.6　各类敏感器的比较

各类常用姿态敏感器性能比较见表 8-1。

表 8-1　各类常用姿态敏感器性能比较

敏感器类型	优点	缺点
地球敏感器	信号强,分析方便	需要扫描机构、需要防止太阳干扰、精度较低、受轨道影响大
太阳敏感器	信号强、功耗低、质量小	有阴影区、精度较低
星敏感器	精度高、视场不受限制、不受轨道影响	信号弱、结构复杂、成本高、需防止太阳干扰
惯性敏感器	自主性强、不受轨道影响、有限时间内精度高	易于漂移、有高速旋转部件,易磨损、功率大、质量大
磁强计	成本低、功耗低、对近地轨道卫星灵敏度高	测量精度低、受轨道影响大、需要进行磁清洁

8.3.2　姿态确定方法

常用的姿态确定方法有参考矢量法，而参考矢量法分为双矢量姿态确定方法和多矢量姿态确定方法。

8.3.2.1　双矢量姿态确定

已知参考坐标系中两个互相不平行的单位参考矢量 $\boldsymbol{V}_1$，$\boldsymbol{V}_2$，它们在航天器本体坐标系中的观测矢量记为 $\boldsymbol{W}_1$，$\boldsymbol{W}_2$，观测矢量由敏感器的测量信息得到。观测矢量与参考矢量满足式（8-16）的关系

$$\begin{cases} \boldsymbol{W}_1 = \boldsymbol{A}\boldsymbol{V}_1 \\ \boldsymbol{W}_2 = \boldsymbol{A}\boldsymbol{V}_2 \end{cases} \tag{8-16}$$

可采用三元组法求解姿态矩阵。将两组参考矢量和测量矢量重新构造得到式（8-17）和式（8-18）

$$\begin{cases} \boldsymbol{R}_1 = \boldsymbol{V}_1 \\ \boldsymbol{R}_2 = \dfrac{\boldsymbol{V}_1 \times \boldsymbol{V}_2}{\| \boldsymbol{V}_1 \times \boldsymbol{V}_2 \|} \\ \boldsymbol{R}_3 = \boldsymbol{R}_1 \times \boldsymbol{R}_2 \end{cases} \tag{8-17}$$

$$\begin{cases} \boldsymbol{S}_1 = \boldsymbol{W}_1 \\ \boldsymbol{S}_2 = \dfrac{\boldsymbol{W}_1 \times \boldsymbol{W}_2}{\| \boldsymbol{W}_1 \times \boldsymbol{W}_2 \|} \\ \boldsymbol{S}_3 = \boldsymbol{S}_1 \times \boldsymbol{S}_2 \end{cases} \tag{8-18}$$

组合得到两个矩阵为

$$\begin{cases} \boldsymbol{M}_R = [\boldsymbol{R}_1 \quad \boldsymbol{R}_2 \quad \boldsymbol{R}_3] \\ \boldsymbol{M}_S = [\boldsymbol{S}_1 \quad \boldsymbol{S}_2 \quad \boldsymbol{S}_3] \end{cases} \tag{8-19}$$

矩阵 $\boldsymbol{M}_S$ 和 $\boldsymbol{M}_R$ 显然满足式（8－20）

$$\boldsymbol{M}_S = \boldsymbol{A}\boldsymbol{M}_R \tag{8-20}$$

只要两个参考矢量不平行，就可以保证 $\boldsymbol{M}_R$ 非奇异，即可得到姿态矩阵的解为

$$\boldsymbol{A} = \boldsymbol{M}_S \boldsymbol{M}_R^{-1} \tag{8-21}$$

该方法对于两个观测矢量信息使用是不同的，第二个矢量与第一个矢量平行的分量信息没有使用，因此，($\boldsymbol{W}_1$，$\boldsymbol{V}_1$) 应该选用测量精度较高的一对矢量。

双矢量姿态确定中的双矢量可以是由星历计算的恒星矢量和太阳矢量等。以工程中常用的通过太阳敏感器、地球敏感器测量数据计算确定航天器在东南坐标系下的姿态为例：根据航天器轨道，可以计算出太阳矢量在东南坐标系下的单位矢量 $\boldsymbol{S}$ 和地球矢量在东南坐标系下的单位矢量 $\boldsymbol{E}$，此时相当于得到了双矢量定姿中的 $\boldsymbol{V}_1$，$\boldsymbol{V}_2$，如图 8－15 所示。由太阳敏感器的安装位置及测量值可以计算得到太阳矢量在航天器本体坐标系的观测矢量 $\boldsymbol{W}_1$，由地球敏感器的安装位置及其观测量可以计算得到地球矢量在航天器本体坐标系的观测矢量 $\boldsymbol{W}_2$。一般情况下，地球矢量和太阳矢量不平行，即可计算得到本体坐标系到东南坐标系的姿态矩阵，进而获得航天器在东南坐标系下的姿态角。

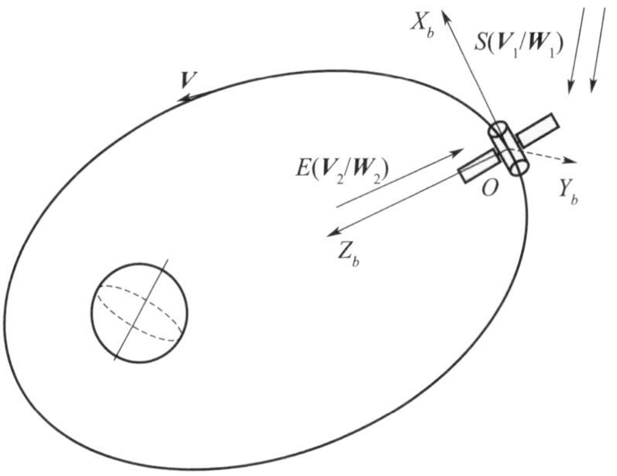

图 8－15　太阳敏感器和地球敏感器双矢量姿态确定示意图

8.3.2.2　多矢量姿态确定

当测量矢量的数量 $n \geqslant 3$ 时，可将参考矢量和测量矢量分为两组，即

$$\begin{cases} \boldsymbol{V} = [\boldsymbol{V}_1 \quad \boldsymbol{V}_2 \quad \cdots \quad \boldsymbol{V}_n]_{3\times n} \\ \boldsymbol{W} = [\boldsymbol{W}_1 \quad \boldsymbol{W}_2 \quad \cdots \quad \boldsymbol{W}_n]_{3\times n} \end{cases} \tag{8-22}$$

多矢量观测方程可以写成

$$\boldsymbol{W} = \boldsymbol{A}\boldsymbol{V} \tag{8-23}$$

则有

$$\boldsymbol{A} = \boldsymbol{W}\boldsymbol{W}^{\mathrm{T}} (\boldsymbol{V}\boldsymbol{W}^{\mathrm{T}})^{-1} \tag{8-24}$$

同样地，测量矢量的非平行性保证了 $\boldsymbol{V}\boldsymbol{W}^{\mathrm{T}}$ 的非奇异，因此姿态矩阵 $\boldsymbol{A}$ 有解。

8.3.3 星敏感器姿态角计算

星敏感器是卫星姿态测量常用的一种测量器件，其遥测输出值通常为测量坐标系相对地心惯性坐标系的四元数。为了直观地监视航天器飞行姿态，常常需要将其转换为轨道坐标系（或其他参考坐标系）下的欧拉角。以轨道坐标系为例，欧拉角转换计算方法为

1）取四元数数据 $[q_1, q_2, q_3, q_4]$，其中，q_4 为标部，q_1，q_2，q_3 为矢部；

2）由四元数值计算惯性坐标系到测量坐标系的转换矩阵 $\boldsymbol{M}_{ic}$；

$$\boldsymbol{M}_{ic}=2\begin{bmatrix} 0.5-q_2^2-q_3^2 & q_1q_2+q_3q_4 & q_1q_3-q_2q_4 \\ q_1q_2-q_3q_4 & 0.5-q_1^2-q_3^2 & q_2q_3+q_1q_4 \\ q_1q_3+q_2q_4 & q_2q_3-q_1q_4 & 0.5-q_1^2-q_2^2 \end{bmatrix} \tag{8-25}$$

3）假设星敏感器的安装矩阵为 $\boldsymbol{M}_S$（参考坐标系到本体坐标系的转换矩阵），则可计算出惯性坐标系到本体坐标系的转换矩阵 $\boldsymbol{M}_{ib}=\boldsymbol{M}_S\boldsymbol{M}_{ic}$；

4）由当前轨道可以计算出惯性坐标系到轨道坐标系的转换矩阵 $\boldsymbol{M}_{io}$；

5）计算轨道坐标系到本体坐标系的转换矩阵为

$$\boldsymbol{M}_{ob}=\boldsymbol{M}_{ib}\boldsymbol{M}_{io}^{\mathrm{T}}=\begin{bmatrix} m_{11} & m_{12} & m_{13} \\ m_{21} & m_{22} & m_{23} \\ m_{31} & m_{32} & m_{33} \end{bmatrix} \tag{8-26}$$

6）由 $\boldsymbol{M}_{ob}$ 按 3－1－2 转序解算出轨道坐标系下的 3 个欧拉角

$$\begin{cases} \phi=\arcsin(m_{23}) \\ \theta=\arcsin(-m_{13},m_{33}) \\ \psi=\arcsin(-m_{21},m_{22}) \end{cases} \tag{8-27}$$

8.4 姿态控制执行机构

航天器姿态保持和姿态机动都需要进行姿态控制，姿态控制的目的是通过控制克服干扰，以消除由姿态测量给出的实际姿态与期望姿态的偏差。航天器自从与运载火箭分离后，其姿态控制系统开始加电工作，完成航天器的姿态粗捕获、姿态保持和姿态机动等，以配合完成航天器各阶段使命任务。

航天器可根据其具体飞行任务中对姿态控制的需要，选择不同类型的执行机构，并采用合适的姿态控制方案，以满足其对精度和稳定度等的不同要求。常见的执行机构包括推力器、磁力矩器及飞轮等。

8.4.1 推力器

喷气推力系统是通过高速喷射推进剂工质，把多余的动量矩排出航天器外部，使航天器的动量矩保持预定的大小和方向，从而达到控制航天器姿态的目的。由于允许在较大范围内选择喷气推力系统的推力大小、喷管的安装位置，因此给航天器姿态控制系统的设计

带来诸多方便，但推力系统需要消耗工质，不允许长期工作，因此在长期在轨应用中又受到一定的限制。结合推力器姿态控制特点，主要应用于以下几种场景：大角度机动、为飞轮进行力矩卸载、自旋角速率控制等。例如，某静止轨道卫星共配置 22 台姿控推力器，其推力器布局如图 8－16 所示。

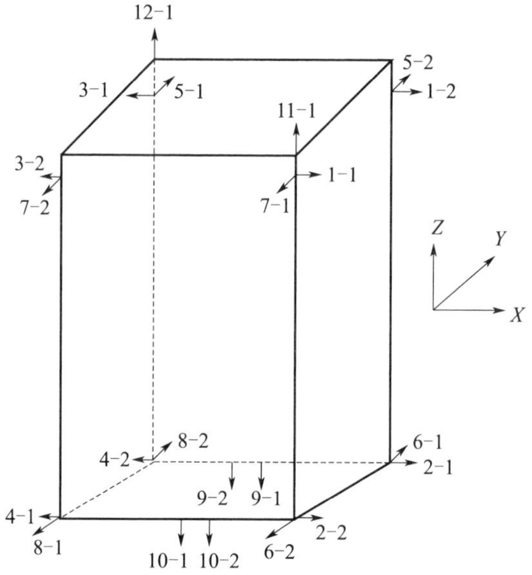

图 8－16　某静止轨道卫星姿控推力器布局

8.4.2　磁力矩器

有别于航天器喷气推力产生力矩，磁力矩器利用地球磁场与航天器相互作用产生力矩，实现对航天器姿态的控制。航天器磁矩与地球磁场相互作用产生的力矩大小为 $M = P \times B$，其中，P 为航天器磁矩，B 为空间环境磁场强度。当磁矩与地球磁场两者相互垂直时，磁力矩最大，相互平行时磁力矩为零。如图 8－17 所示，若沿航天器本体 X，Y，Z 分别安装有线圈和磁强计，由磁强计测量得到的当地磁场的磁场强度为 $\boldsymbol{B} = (B_x, B_y, B_z)$，通过控制线圈上的电流 I_x，I_y，I_z，即可改变航天器的磁矩 P，从而获得各轴需要的控制力矩 M，达到姿态控制的目的。

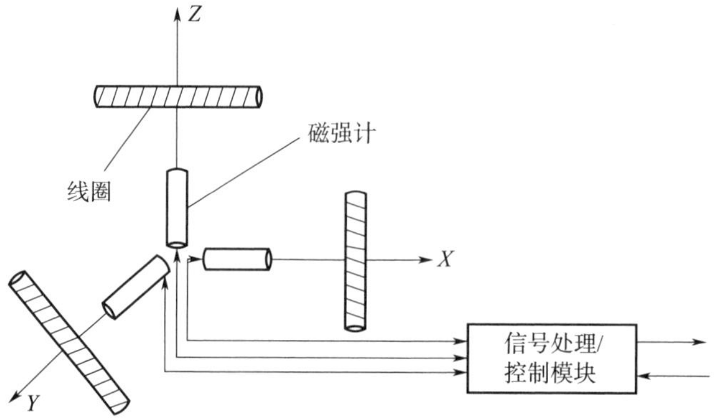

图 8－17　磁力矩器的工作原理图

磁力矩器具有简单可靠的优点，它也是一种不用排出推进工质就可以产生外部力矩的主动控制方式，使其能够应用于反作用飞轮和控制力矩陀螺的卸载。但其受地球磁场影响和性能较低限制了它在很多方面的应用。

8.4.3　飞轮

根据动量矩守恒定律，改变安装在航天器上高速旋转刚体的动量矩，从而产生与刚体动量矩变化率成正比的控制力矩，作用于航天器上使其动量矩相应改变，这种变化过程称为动量交换。实现这种动量交换的装置称为飞轮。

飞轮控制原理如图 8-18 所示。假定存在外部干扰力矩 M_d 使航天器产生姿态偏差 θ ，控制系统可通过改变飞轮的角速度 Ω 产生控制力矩 M_c 消除该姿态偏差。

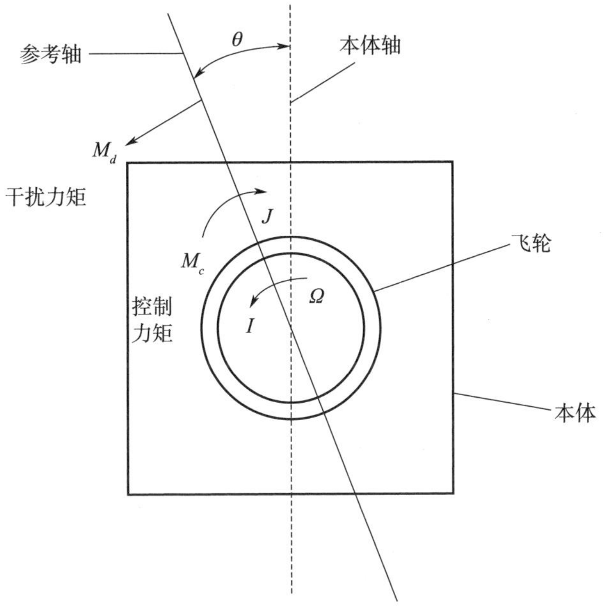

图 8-18　飞轮控制原理

假设飞轮的转动惯量为 I ，航天器含飞轮的总惯量为 J ，则有飞轮的动量矩 H_m 为

$$H_m = I(\Omega + \dot{\theta}) \tag{8-28}$$

式中，Ω 为飞轮相对本体的角速度；$\dot{\theta}$ 为航天器本体的角速度。航天器（不含飞轮）的动量矩 H_b 为

$$H_b = (J - I)\dot{\theta} \tag{8-29}$$

根据动量矩定理有

$$\frac{\mathrm{d}}{\mathrm{d}t}(H_b + H_m) = M_d \tag{8-30}$$

其动力学方程为

$$J\ddot{\theta} + I\Omega = M_d \tag{8-31}$$

对式（8-31）进行积分有

$$J\dot{\theta}+I(\Omega-\Omega_0)=\int_0^t M_d \mathrm{d}t \tag{8-32}$$

式中，Ω_0 为 $t=0$ 时刻飞轮的转速。对于航天器姿态稳定而言，要求 $\dot{\theta}=0$，要想消除干扰力矩 M_d 对航天器姿态的影响，则飞轮的转速须按以下规律变化

$$\Omega=\Omega_0+\frac{1}{I}\int_0^t M_d \mathrm{d}t \tag{8-33}$$

即

$$I\Omega-I\Omega_0=H_m-(H_m)_0=\int_0^t M_d \mathrm{d}t \tag{8-34}$$

式（8-34）表明，作用于航天器的干扰力矩被完全存储到了飞轮中，从而保持 $\dot{\theta}=0$，即航天器姿态稳定，这就是飞轮克服干扰力矩的基本原理，而飞轮又被称为动量存储器。同样地，如果想改变航天器的姿态，也可通过控制飞轮的转速，使航天器产生相应的角速度，从而达到控制航天器姿态的目的。

根据飞轮结构特点及其产生控制作用的形式可将飞轮分为惯性轮、控制力矩陀螺和框架动量轮 3 种，如图 8-19 所示。

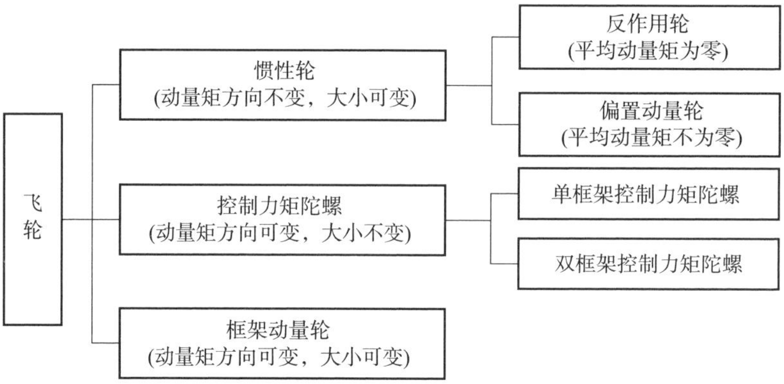

图 8-19 飞轮的分类

当飞轮的支撑与航天器本体固连时，飞轮动量矩方向相对航天器本体坐标系不变，但飞轮的转速可发生变化，即动量矩的大小可变，采用这种工作方式的飞轮称为惯性轮。如果惯性轮的转速可正可负，且平均动量矩为零，则称为反作用轮；如果惯性轮的动量矩不为零且为一个常值，也就是说飞轮存储了一个较大的动量矩，飞轮的转速可以相对偏置转速有一定的变化，从而产生控制力矩，具有这种特点的惯性轮称为偏置动量轮。

如果把匀速旋转的飞轮安装在一个框架上，而框架又可以相对航天器本体转动，即框架角变化，那么就得到了一个动量矩大小恒定不变而方向可变的飞轮，这种飞轮称为控制力矩陀螺。根据支撑轮子的框架的个数，可分为单框架控制力矩陀螺和双框架控制力矩陀螺，前者的动量矩方向变化在一个平面上，而后者可以在三维空间内任意改变。

如果在控制力矩陀螺的基础上，轮子的转速也可以发生变化，即动量矩的大小和方向

均可以改变，那么这种飞轮称为框架动量轮，以区分单框架动量轮和双框架动量轮。

从国内外长寿命、高精度、高稳定度的航天器姿态控制系统来看，一般采用飞轮作为稳定运行的主执行机构，主要基于以下几点：

1）飞轮工作只需要电能，不需要消耗工质，而电能可由太阳电池阵不断补充，因此适合长期工作。

2）飞轮能够产生连续、精确的控制力矩，控制精度可以很高。而推力器只能以脉冲的方式工作，磁力矩器则控制力矩较小，且仅适用于近地航天器。

3）飞轮适合消除空间干扰力矩周期性的影响。

航天器姿态控制执行机构性能比较见表 8－2。

表 8－2　航天器姿态控制执行机构性能比较

类型	输出力矩范围/(N·m)	控制精度	能源消耗	缺点
推力器	$10^{-6}\sim10$	较高	工质	工质不可再生
磁力矩器	$10^{-5}\sim10^{-1}$	较低	电能	剩磁影响
飞轮	$10^{-3}\sim10^{2}$	高	主要为电能	有旋转部件，需要卸载

8.5　典型航天器姿态控制方案

本章前几节分别从姿态控制系统组成、姿态描述、姿态确定及控制执行机构等几个方面较为系统地介绍了航天器姿态及控制的基本原理。然而，在工程应用中，单一地使用某一姿态敏感器或执行机构往往无法满足航天器姿态控制精度、稳定度及敏捷度方面的需求。

对于姿态敏感部件，一般需要多种、多个姿态敏感器组合使用，形成姿态测量系统，原因主要有以下几方面：首先，相对同一基准最多只能获得两个姿态角，如太阳敏感器、地球敏感器等，单独使用不能完全获得完整的姿态信息；其次，各类敏感器均存在一定的条件限制，如太阳敏感器在地影时无法工作，陀螺等惯性敏感器存在漂移，星敏感器视场小，以致初始难以捕获目标恒星等。此外，航天器长寿命的工作特点要求敏感器长时间提供高精度姿态信息，所以其冗余备份是其必须要考虑的重要问题。因此，航天器上往往装有多个、多种敏感器，以便相互校正和补充测量信息，相互备份，充分发挥各自的优点。

同样地，对于执行机构而言，高可靠、长寿命、高精度是其基本要求，航天器执行机构选择的类型与航天器的姿态控制任务，以及航天器运行轨道有关，如：惯性轮输出力矩较小，一般适合于中小型航天器；控制力矩陀螺控制力矩范围较宽，主要用于姿态快速机动的航天器；推力器输出力矩范围较大，适合多种类型的航天器，还可用于飞轮卸载等。在工程应用中，与姿态敏感器使用方案相同，实际中往往配置若干种执行机构组合运用，其目的也是相互补充和备份，以提高航天器姿态控制精度和可靠性。

考虑到成本、冗余备份等因素，不同类型的航天器，根据其飞行任务和要求会选择不同的姿态控制方案。本节从工程应用的角度出发，分别对两类典型航天器姿态控制方案及过程进行阐述。

8.5.1 某遥感卫星姿态控制方案

近地轨道航天器的姿态控制过程与要求一般较为简单。以某遥感卫星为例，通常需要姿态控制系统能够提供进行大角度、快速机动且快速稳定的姿态敏捷控制，以及高精度、高稳定性姿态控制能力，其典型的姿态控制系统配置如图 8-20 所示。

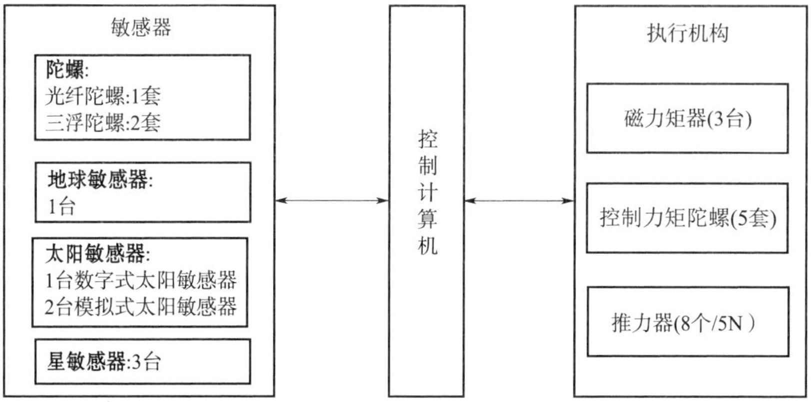

图 8-20 某遥感卫星姿态控制系统配置

姿态控制系统由姿态测量部件、执行机构和控制器 3 部分组成，敏感器包括 1 台地球敏感器、1 台数字式太阳敏感器、2 台模拟式太阳敏感器（安装于太阳帆板）、2 套三浮陀螺、1 套光纤陀螺、3 台星敏感器；执行机构包括 5 套 CMG（控制力矩陀螺）、3 台磁力矩器及 8 个 5 N 推力器。

一般，航天器通过设计不同的姿态控制模式实现飞行各阶段的姿态控制。根据航天器飞行阶段不同，各姿态模式下可能使用不同的敏感部件、执行机构，用于姿态确定和姿态控制。该遥感卫星设计速率阻尼、地球捕获、正常模式、全姿态捕获模式、在轨成像及轨道控制等几种控制模式，自入轨至在轨运行阶段典型的姿态控制过程如图 8-21 所示。

星箭分离后，卫星处于分离姿态，且受分离力的影响，有一定的分离角速度。为了消除分离力对卫星姿态的影响，需先进行速率阻尼姿态控制，使航天器姿态稳定。此时姿态测量部件通常为陀螺，用于测量三轴角速度，执行机构为推力器，姿态控制目标为航天器姿态角速度趋于零。

速率阻尼模式下待卫星姿态稳定后，卫星转入地球捕获模式，实现卫星 $+Z$ 轴对地姿态。此时，星敏感器暂未引入，地球敏感器作为主要姿态敏感部件，陀螺用于测量三轴角速度，推力器为执行机构。

完成地球捕获，建立对地稳定姿态后，卫星进入正常模式，将择机引入星敏感器，启用 CMG，主用“星敏感器＋陀螺”的高精度定姿方案，模拟式太阳敏感器用于敏感太阳光照射帆板的角度，此时，执行机构主用 CMG，动量卸载主用磁力矩器，推力器不再参与姿态稳定控制，必要时配合磁力矩器完成动量卸载。

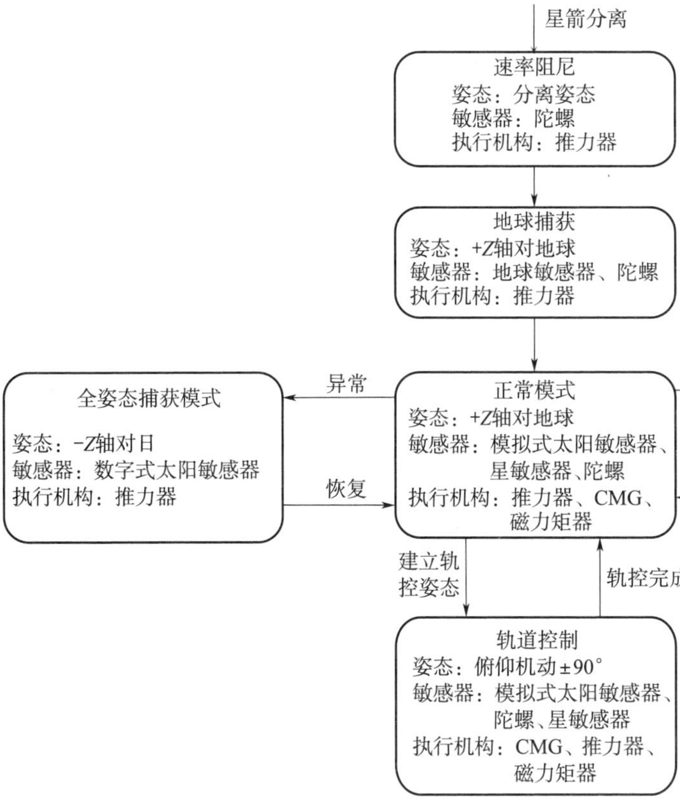

图 8－21　某遥感卫星在轨姿态控制过程

若卫星工作异常，控制系统进入全姿态捕获模式，则通过数字式太阳敏感器保持整星对日，全姿态捕获模式下采用推力器进行姿态控制。

由于用于轨道维持的推力器安装于卫星 $-Z$ 面，当进行轨道控制时，卫星进行俯仰 $+90°$或$-90°$姿态机动，使发动机对准推力方向。在此过程中，使用敏感器＋陀螺定姿，CMG 作为执行机构，磁力矩器和推力器用于动量卸载。

在轨工作时，为了实现立体或侧摆成像，卫星俯仰或滚动姿态机动，如图 8－22 所示。使用敏感器＋陀螺定姿，CMG 作为执行机构，磁力矩器和推力器用于动量卸载。

8.5.2　某静止轨道卫星姿态控制方案

相比于近地航天器，地球静止轨道卫星入轨后一般进入地球同步转移轨道，后经过若干次远地点变轨，最终进入地球静止运行轨道，期间须进行一系列复杂的姿态控制过程。卫星控制分系统的任务是完成从星箭分离开始的卫星整个寿命期间内三轴姿态控制，实现星箭分离后的速率阻尼、太阳捕获、地球搜索、建立远地点点火姿态等卫星姿态机动，在卫星各工作模式下（远地点点火、正常模式等）维持卫星姿态稳定性，保证姿态精度。

如图 8－23 所示，该地球静止轨道卫星姿态控制系统同样由姿态测量部件、执行机构和控制器 3 部分组成，其中，敏感器包括一套 3＋1S 陀螺组件、2 个红外地球敏感器、

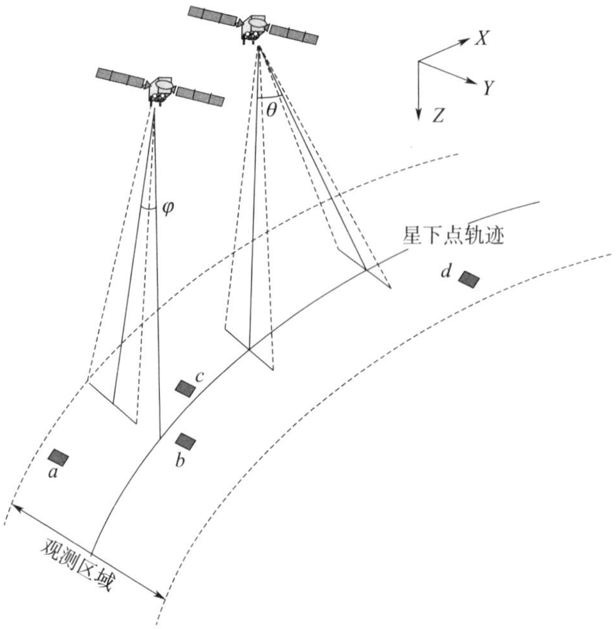

图 8-22　在轨俯仰或滚动姿态机动成像

4 个数字式太阳敏感器（$-Z$ 面垂直安装 2 个，$+X$ 面和 $-X$ 面与 Z 轴平行各安装 1 个）和 3 个星敏感器。执行机构包括 2 个偏置动量轮、1 个反作用轮、14 个 10 N 推力器，不难发现，由于地球静止轨道卫星轨道较高，磁力矩器不再作为执行机构参与姿态控制。

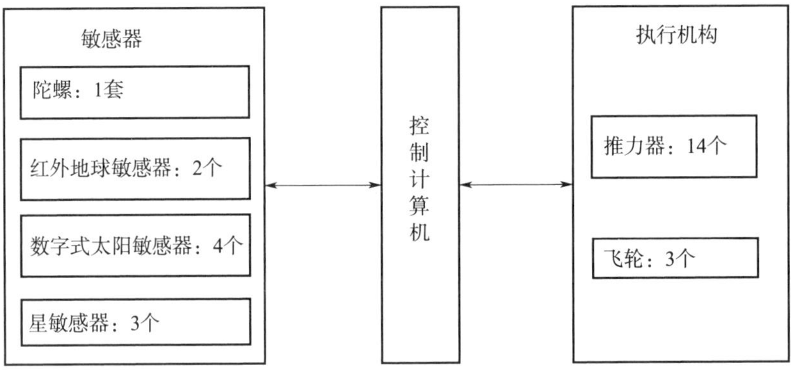

图 8-23　某地球静止轨道卫星姿态控制系统配置

同样地，该地球静止轨道卫星控制分系统设计有太阳捕获模式、地球捕获模式、地球指向模式、远地点点火模式、正常模式、位置保持模式等姿态控制模式，以实现其整个在轨状态建立和飞行阶段的姿态控制。模式之间的转换关系如图 8-24 所示。

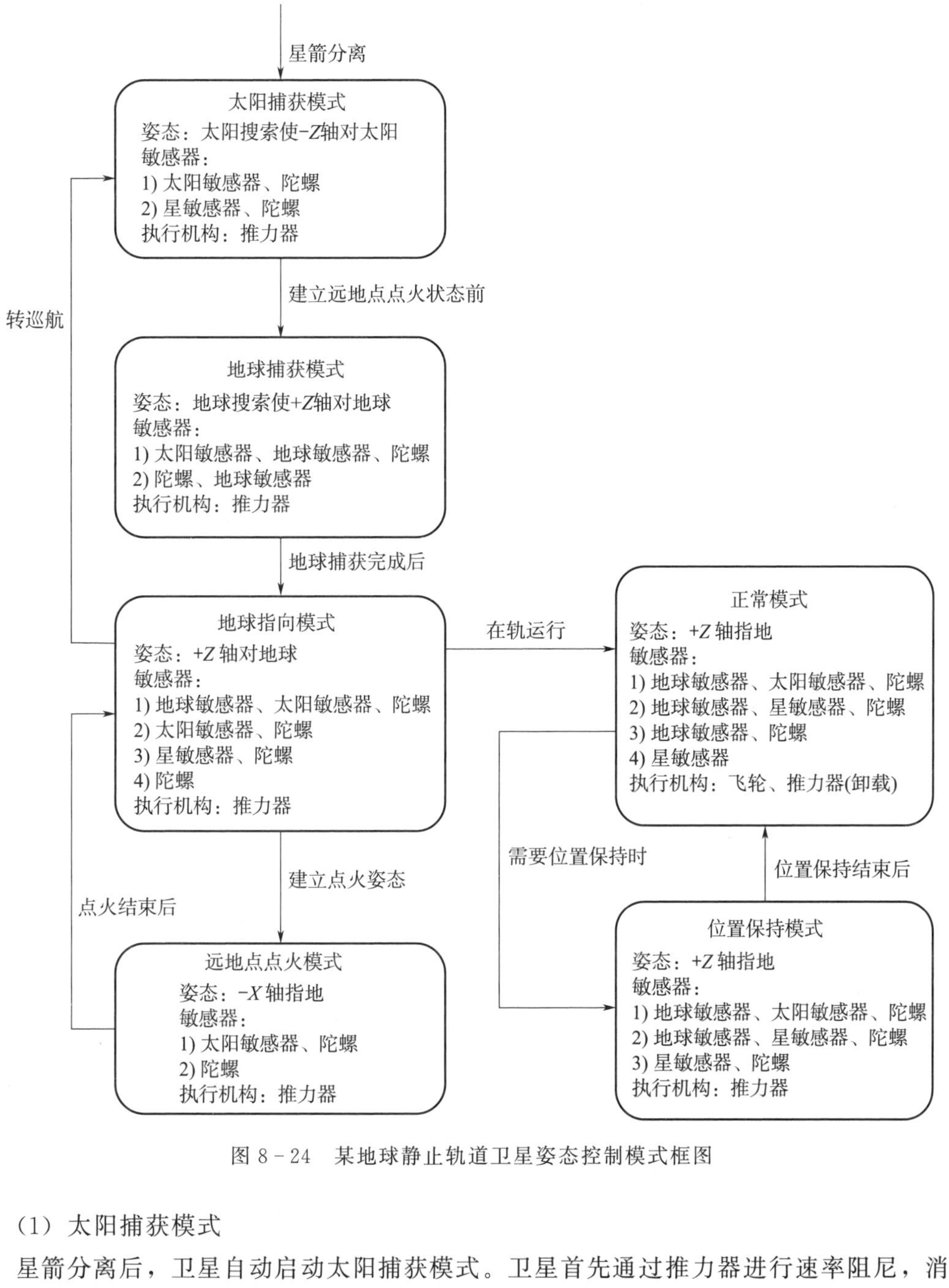

图 8-24　某地球静止轨道卫星姿态控制模式框图

（1）太阳捕获模式

星箭分离后，卫星自动启动太阳捕获模式。卫星首先通过推力器进行速率阻尼，消除分离力带来的角速度，待三轴角速率稳定后启动太阳搜索。此时，卫星通过安装在 $-Z$ 面的太阳敏感器判断太阳是否在其视场内，如果不在，则采取绕 Y 轴转动一周进行俯仰搜索的策略寻找太阳，若太阳仍未出现在 $-Z$ 面的太阳敏感器视场内，则卫星再绕 X 轴进行滚动搜索。在整个搜索过程中，一旦 $-Z$ 面的太阳敏感器有太阳出现信号输出，则控制卫星姿态使卫星 $-Z$ 轴指向太阳，如图 8-25 所示。

太阳捕获的姿态控制模式主要用于实现卫星与火箭分离后速率阻尼、太阳捕获（包括俯仰搜索和滚动搜索）、巡航等功能，同时也可作为控制分系统异常时的安全模式。

太阳捕获模式下，测量敏感器为太阳敏感器、陀螺，执行机构为推力器。以 $-Z$ 面两个太阳敏感器的输出信号分别作为滚动轴及俯仰轴的角位置反馈信号，以陀螺信号作为三轴角速度信号。

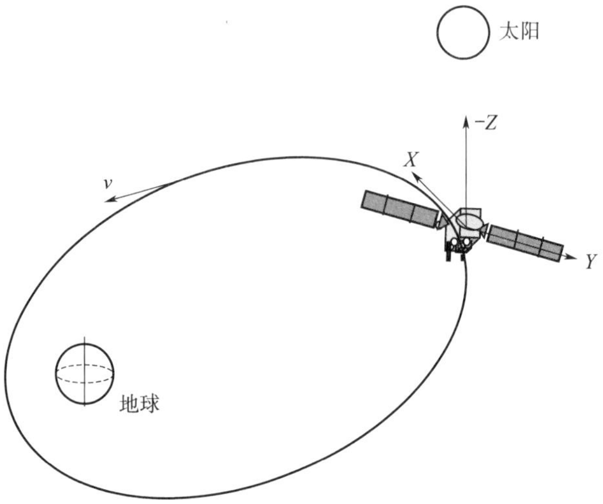

图 8－25　太阳捕获姿态示意图

（2）地球捕获模式

转移轨道阶段，卫星一般处于对日巡航姿态。进行远地点点火前，卫星须首先进行地球捕获，再建立远地点点火姿态，地球捕获模式为卫星由对日巡航转为对地指向过程中使用的姿态控制模式。

卫星进行地球捕获的一般过程如下：

地球捕获前，卫星保持对日巡航，即通过卫星 $-Z$ 面的两个太阳敏感器获得滚动、俯仰姿态，确保 $-Z$ 面法向（帆板零位法向）对准太阳，不对偏航角进行控制。

地面根据当前卫星轨道，计算得出某一时刻的日星地夹角，地面注入姿态角和姿态角速度偏置数据，使卫星滚动或俯仰偏置 $180°-\theta_{se}(t)$ 后，绕某轴以一定的角速度 ω 进行旋转。在旋转过程中，仍以 $-Z$ 面两个太阳敏感器 X、Y 通道的位置反馈测量，陀螺信号作为三轴角速率反馈测量。理论上，此时地球处于绕斜轴旋转形成的圆锥锥面上，如图 8－26 所示。在旋转过程中，位于卫星 $+Z$ 面的地球敏感器必然能够敏感到地球，一旦地球出现在地球敏感器视场范围内，则由地面或星上根据条件转入地球指向姿态控制模式。

若地球搜索过程中，无法通过 $-Z$ 面的太阳敏感器进行姿态反馈，则须进行全陀螺基准进行地球捕获，即用陀螺测量三轴姿态角和角速度，此时需要根据太阳角度预置陀螺积分值，并注入相应的补偿系数（考虑轨道加速度补偿）、预置角度和角速度偏置，进行地球捕获。

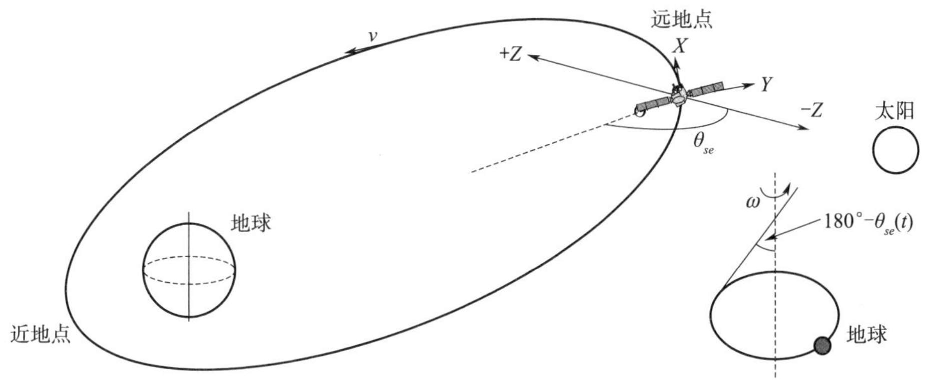

图 8－26　地球捕获原理示意图

（3）地球指向模式

卫星由地球捕获模式切换到地球指向模式（图 8－27），可以有多种姿态确定方案：此时，＋Z 面的地球敏感器在其视场范围内，可通过地球敏感器测量滚动角、俯仰角，太阳敏感器或陀螺积分测量偏航角；若太阳仍在卫星－Z 面太阳敏感器视场范围内，仍可使用太阳敏感器测量滚动角、俯仰角，陀螺积分测量偏航角；也可通过陀螺积分或星敏感器测量三轴姿态角。无论通过哪种敏感器组合方式确定卫星姿态，其三轴角速度均由陀螺进行测量，执行机构均使用推力器。

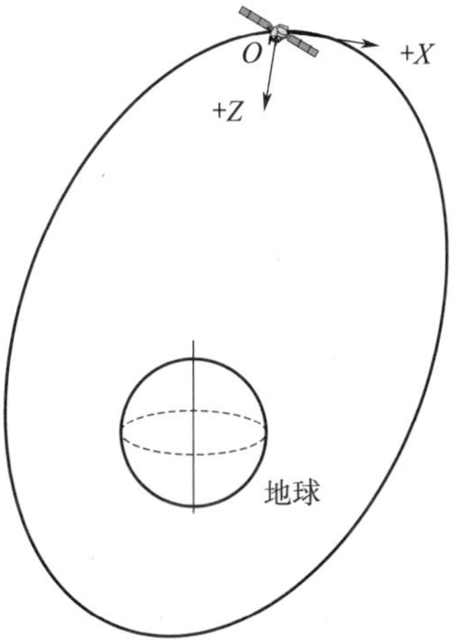

图 8－27　地球指向姿态示意图

需要说明的是，为了使用陀螺的积分作为姿态基准，一般在此模式下对陀螺的漂移进行标定，确定陀螺漂移补偿值。卫星在地球指向模式下，可转入远地点点火模式或正常模式。

（4）远地点点火模式

卫星远地点发动机安装在－Z 面，卫星从地球指向模式转入远地点模式时，首先要建立远地点点火姿态（图 8－28），在地球指向模式下，先使卫星绕 Z 轴旋转建立远地点点火偏航姿态，然后用陀螺积分测量三轴姿态，使卫星绕＋Y 轴旋转 90°，且－X 轴指地，

此时 $+Z$ 轴与前进方向（朝东）的夹角就是所需要的远地点点火偏航姿态。

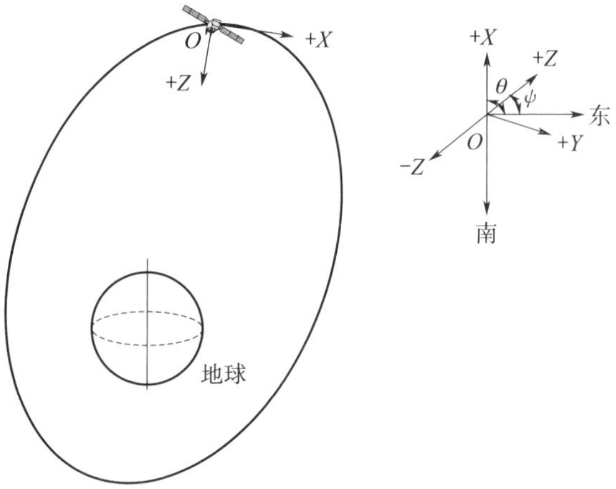

图 8-28　远地点点火姿态示意图

在远地点点火姿态建立过程中，卫星绕 $+Y$ 轴旋转 90°，此时，无法使用地球敏感器测量卫星滚动和俯仰姿态，卫星可利用安装在 $-Z$ 面的两个太阳敏感器测量滚动、俯仰姿态，使用陀螺积分测量偏航角。若远地点点火姿态下，太阳不在 $-Z$ 面的两个太阳敏感器视场范围内，则三轴姿态角均使用陀螺的速率积分作为基准，陀螺速率积分常值漂移及轨道角速度的影响通过事先进行的陀螺常值漂移标定及补偿解决。

远地点点火结束后，卫星一般重新转入地球指向模式或太阳捕获模式，完成对地指向或对日巡航姿态保持。

（5）正常模式

正常模式是卫星的日常工作模式，此时卫星可保证有效载荷要求的工作在对地姿态。正常模式与地球指向模式相似，卫星俯仰和滚动姿态由地球敏感器测量，偏航角由太阳敏感器、星敏感器或陀螺测量，也可以仅通过星敏感器测量三轴姿态，必要时通过陀螺测量三轴角速度。

与对地指向模式不同的是，此时，控制系统引入飞轮作为执行机构进行姿态控制，通过推力器进行动量卸载。正常模式下，为了提高姿态控制精度，引入多类敏感器、执行机构测量数据进行姿态确定和误差修正。

（6）位置保持模式

位置保持模式是用于准同步轨道的定点捕获和倾角修正以及定点后的东西、南北位置保持的姿态控制模式，以确保卫星保持对地定向的三轴姿态。位置保持模式下，使用成对的推力器对称点火，在准同步轨道将进行若干次定点捕获（向东或向西加速）和倾角修正（向南或向北加速）。在同步轨道运行段，根据定点位置需求，大约每隔 7 天进行一次东西位置保持，每 2 个星期或更长的时间间隔进行一次南北位置保持。一般要求东西位置保持可在正常模式下进行，南北位置保持必须在位置保持模式下进行。在位置保持模式下，卫星的姿态测量方案与正常模式相似，不同之处在于进行南北位置保持时，三轴姿态用推力器进行控制。

参考文献

[1] 总装备部测量通信总体研究所．航天测控系统坐标系：GJB 2250A—2011［S］. 北京：原总装备部军标出版发行部，2011．

[2] 章仁为．卫星轨道姿态动力学与控制［M］. 北京：北京航空航天大学出版社，1998.

[3] 屠善澄，等．卫星姿态动力学与控制［M］. 北京：宇航出版社，1999.

[4] 周军，刘莹莹．航天器姿态与轨道控制原理［M］. 西安：西北工业大学出版社，2016.

第 9 章　航天器轨道测量与确定

航天器轨道确定，指利用测控设备跟踪航天器获得各类测量数据，通过数学方法确定航天器轨道根数的过程。

航天器轨道确定在航天器飞行控制过程中具有十分重要的作用，是航天器跟踪测量、载荷应用和轨道控制的基础。归纳起来，航天器轨道确定的主要目的有以下几个方面：

1）预报航天器可观测弧段的时间、角度和距离，以制订跟踪计划和引导测控设备对航天器进行跟踪。

2）在轨道机动中，根据当前轨道和期望的目标轨道计算轨道控制量和启控时刻；轨道机动后，根据机动前、后的轨道判断轨道机动的效果，对轨控发动机进行标定。

3）计算返回式航天器返回制动点的位置和时间。

4）分析测量跟踪设备的系统误差和随机误差以及星（器）载测控信标的稳定度等指标。

5）进行精密轨道确定，以建立某些空间环境物理模型（如大气密度模型、地球重力场模型等）并精确测定其参数。

6）利用轨道摄动的解析解分析航天器轨道变化的性质。

如图 9－1 所示，航天器轨道确定的一般过程如下：

1）跟踪测量设备在其跟踪弧段内对航天器进行跟踪获得测量数据，并将测量数据实时或事后发送至航天测控中心；

2）航天测控中心对接收到的测量数据进行预处理；

3）测控中心利用预处理后的测量数据进行轨道确定。

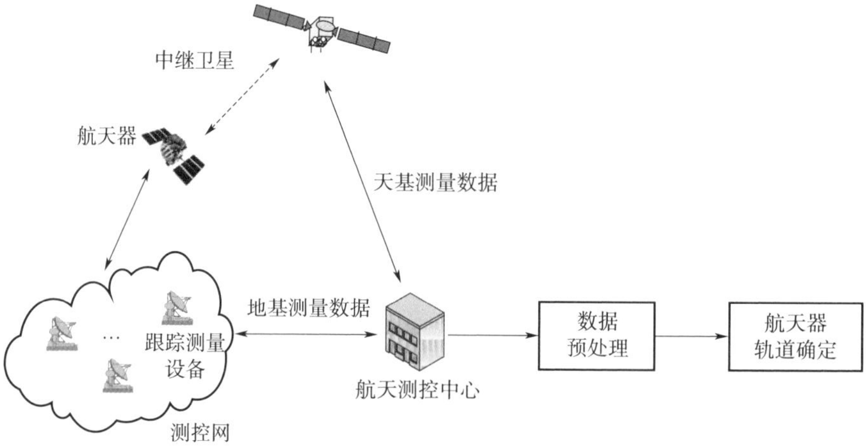

图 9－1　航天器轨道确定过程示意图

9.1　轨道测量数据

随着航天技术的不断发展，航天器跟踪测量手段也在不断丰富。在航天技术发展早期，测量手段只有地面设备对航天器进行的距离、速度和角度测量。随着卫星导航定位、中继卫星系统及 VLBI 等技术的逐步发展，器载 GNSS 接收机可以进行定位并直接下传航天器位置速度信息，天基中继卫星测量系统可以提供中继测量（四程距离和）数据，深空干涉测量设备则可以提供 VLBI 测量（时延、时延率）数据，这些数据均可以用于航天器轨道确定。

如图 9－2 所示，可用于航天器轨道确定的数据源有很多，但总的来说，可分为惯性导航数据、外测数据、GNSS 数据 3 类。

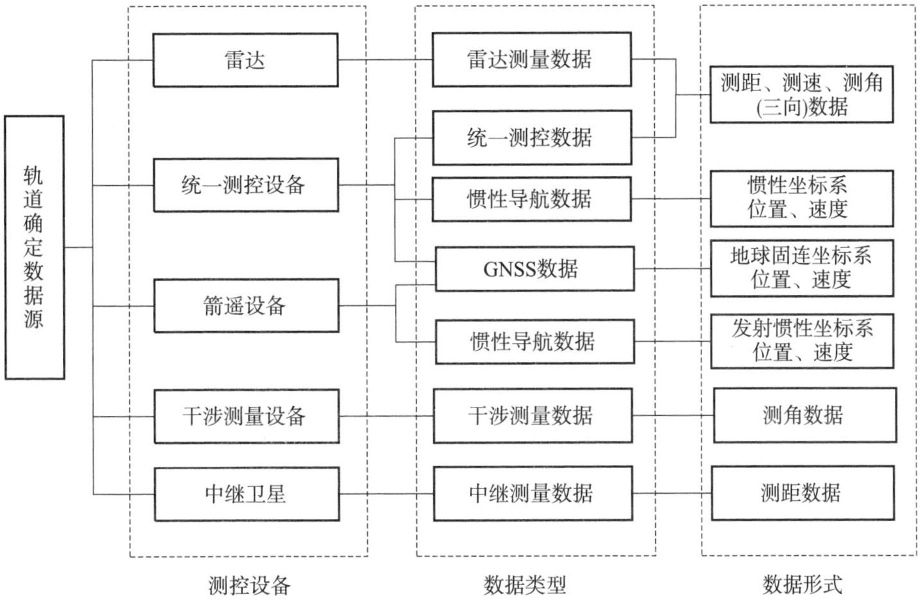

图 9－2　航天器轨道确定数据源

9.1.1　惯性导航数据

惯性导航数据，指运载火箭或航天器通过自身安装的惯性部件测量计算得到的一类测量数据，一般也称为内测数据。

运载火箭在飞行过程中，可以利用平台或捷联惯组等惯性组件来测算自身的运动参数，每秒或在一些关键节点（如级间分离、发动机关机点、航天器与火箭末级分离点）下传一组自身测得的运动参数。火箭通过其惯性组件测量自身运动参数，因此，其测量数据通常为运载火箭在发射惯性坐标系下的位置和速度信息。在工程应用中，每秒测量的运动参数一般称为秒节点计算机字，关键节点的运动参数一般称为特征点计算机字。

此外，随着航天器技术的发展，航天器器上自主能力也逐步提高，一些航天器能够借助地面上注的精密轨道，结合自身加速度计等惯性部件测量数据，在一些特殊的飞行阶段，进行自身位置、速度解算，并通过遥测数据下传，此类数据也可称为惯性导航数据。如某返回式航天器，在返回阶段，实时下传地心 J2000.0 惯性坐标系下的位置和速度信息；嫦娥探测器在其环月阶段下传月心 J2000.0 惯性坐标系下的位置和速度信息等。地面也可通过这类数据进行航天器状态监视。

9.1.2 外测数据

外测，即外弹道测量，是指通过雷达、统一测控设备、VLBI 设备及中继卫星等对运载火箭及航天器进行跟踪测量，获取可用于运载火箭或航天器轨道测量、弹道监视的数据。测量数据类型主要包括雷达测量数据、统一测控数据、三向测量数据、中继测量数据及 VLBI 测量数据等几类。

9.1.2.1 雷达测量数据

雷达设备跟踪运载火箭或航天器能够获得测站坐标系下的 ρ，A，E 和 $\dot{\rho}$ 等观测量，其基本测量原理详见本书 6.1 节。如图 9-3 所示，ρ 即测距数据，表示测量设备与跟踪目标的径向距离；$\dot{\rho}$ 即测量的跟踪目标的径向测速数据；测角数据包括方位角和仰角，方位角 A 相对测站坐标系而言，指航天器与测量设备连线在地面的投影按顺时针方向与正北方向的夹角，其范围为 0°～360°，仰角即航天器与测量设备连线和当地水平面的夹角，数值范围为 0°～90°。

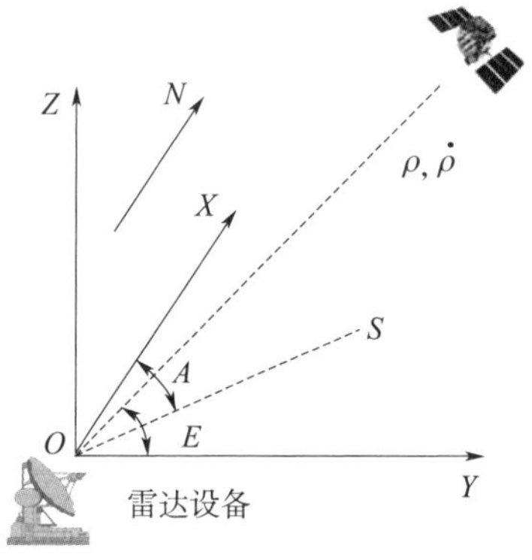

图 9-3 雷达设备跟踪测量数据

9.1.2.2 统一测控数据

统一测控系统是在一个载波上，调制多个测控副载波，用以完成多种功能的一门综合技术，即把跟踪、遥测和遥控等信号调制在统一的上（下）行载波上，这样地面跟踪设备可以大大简化，目前已经成为无线电测控的主要手段。与雷达测量数据类似，统一测控系统和航天器上的应答机相配合，可以提供航天器测站坐标系下的测距、测速和测角等数据，但其测量原理与雷达不同。

9.1.2.3　三向测量数据

前节所述统一测控设备对航天器进行跟踪测量，均指双向测量，即地面无线电设备发射上行信号，航天器应答机接收上行信号并根据相干转发比完成下行载波的相干转发，地面设备通过测量返回信号的多普勒频率实现对航天器的距离及速度测量。双向相干测距测速体制是最为常用的测量手段，但对于深空探测器的跟踪测量，由于空间时延很长，再加上地球自转的影响，有些情况下，接收站无法接收到相应的发射信号，这时就不能进行双向相干测量，而必须通过异站收发对航天器进行三向测量。

三向测量是在传统双向测距系统的基础上再加入一个或者多个副站，主站发送上行信号，应答机接收上行信号后进行相参转发，由副站接收转发信号。在测量过程中，副站不发送上行信号，三向测量要素为主站经航天器到副站的距离及速度，如图 9－4 所示。

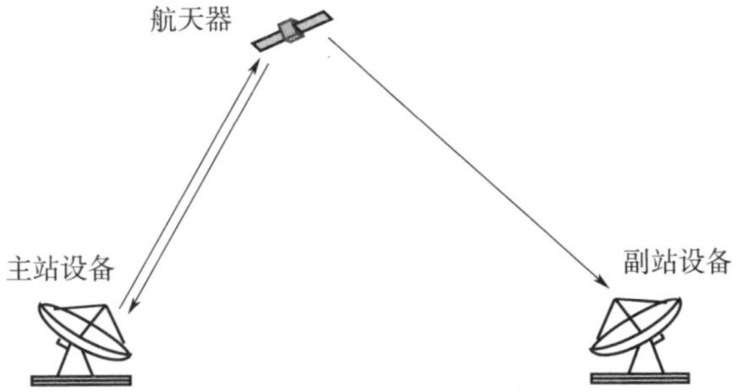

图 9－4　三向测量示意图

9.1.2.4　中继测量数据

目前，中继卫星已经广泛地应用于载人航天任务和各类航天器跟踪测量。其中，四程距离和测量可以用来计算航天器轨道。如图 9－5 所示，四程距离和测量是指地面测站发射前向信号至中继卫星 (R_1)，中继卫星将信号转发至航天器 (R_2)，航天器应答机再转发回中继卫星 (R_3)，中继卫星最后再将该返向信号转发至地面测站 (R_4)。

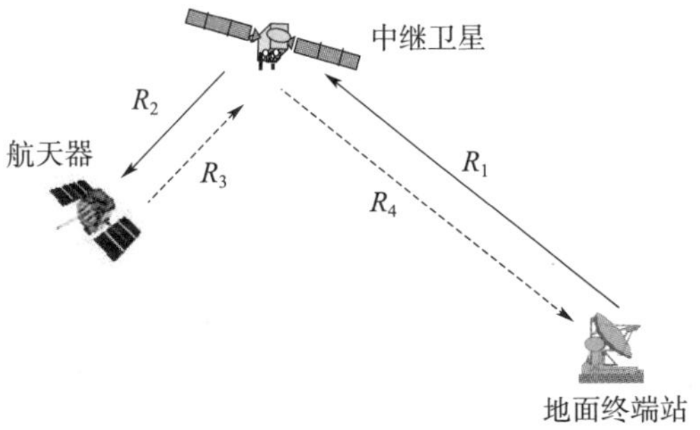

图 9－5　中继四程距离和测量示意图

与双程距离测量类似，四程距离和测量的计算值也需要通过迭代计算出四程距离。设四程距离和模型中地面测站发射信号时刻为 t_S，地面站接收到返回信号时刻为 t_R，中继卫星前向转发时刻为 t_1，航天器应答机转发时刻为 t_2，中继卫星返向转发时刻为 t_3 。准确的 t_1，t_2，t_3 时刻是未知的，可先假定过程中地面站、航天器、中继卫星不变，计算出 t_R 时刻的位置作为初值，计算出近似的 t_1，t_2，t_3 时刻。

地面测站在 t_R 时刻的位置为 $\boldsymbol{r}_R$ 。通过以下步骤迭代计算：

1）迭代计算中继卫星到地面站的返向距离 R_4。通过轨道预报计算近似 t_3 时刻的中继卫星位置矢量 $\boldsymbol{r}_3$

$$R_4 = |\boldsymbol{r}_R - \boldsymbol{r}_3|, \Delta t_4 = \frac{R_4}{c}, t_3 = t_R - \Delta t_4$$

当连续两次计算出的 Δt_4 变化小于给定门限（如10^{-10} s）时停止迭代。

2）迭代计算航天器到中继卫星的返向距离 R_3。通过轨道预报计算近似 t_2 时刻的中继卫星位置矢量 $\boldsymbol{r}_2$

$$R_3 = |\boldsymbol{r}_3 - \boldsymbol{r}_2|, \Delta t_3 = \frac{R_3}{c}, t_2 = t_3 - \Delta t_3$$

当连续两次计算出的 Δt_3 变化小于给定门限（如10^{-10} s）时停止迭代。

3）迭代计算航天器到中继卫星的返向距离 R_2。通过轨道预报计算近似 t_1 时刻的中继卫星位置矢量 $\boldsymbol{r}_1$

$$R_2 = |\boldsymbol{r}_2 - \boldsymbol{r}_1|, \Delta t_2 = \frac{R_2}{c}, t_1 = t_2 - \Delta t_2$$

当连续两次计算出的 Δt_2 变化小于给定门限（如10^{-10} s）时停止迭代。

4）迭代计算航天器到中继卫星的返向距离 R_1。计算 t_S 时刻的地面站位置 r_S

$$R_1 = |\boldsymbol{r}_1 - \boldsymbol{r}_S|, \Delta t_1 = \frac{R_1}{c}, t_S = t_1 - \Delta t_1$$

当连续两次计算出的 Δt_1 变化小于给定门限（如10^{-10} s）时停止迭代。

5）四程距离和测量模型为

$$R = R_1 + R_2 + R_3 + R_4$$

中继四程距离和测量由于距离远，需要进行距离模糊数解算。利用轨道预报计算星历，通过计算该时刻四程距离和的近似值，解算出模糊数，实际测距四程距离和为测量值加上模糊数乘以最大无模糊距离。

9.1.2.5 VLBI 测量数据

随着航天技术的不断发展，航天器从近地轨道向月球甚至行星际空间延伸，对航天器跟踪测量提出了更高的要求，传统的多普勒测速和伪码测距方法已无法满足深空探测器的测量精度要求，急需发展更高精度、更高效率的深空测量手段，甚长基线干涉测量作为一种高精度测量手段已广泛应用于深空探测器轨道测量，服务于深空探测器的导航和某些特殊需要。

VLBI 测量的基本原理示意图如图 9－6 所示，射电星离地球非常遥远，其发出的射电源信号类似高斯白噪声信号，可以认为射电源到达地球的信号为平面波，即到达长基线 B 两端测量站的信号传播路径平行。如果可以测量得到同一信号波束到达两个测量站

的时延 Δt，结合长基线坐标信息，则可以计算得到射电源与长基线 B 之间的夹角。如果在地球上建了多个测量站，则可以获得多条不相关基线，并分别测量得到射电源与这多条基线之间的夹角，即可实现对射电源的定位，可以看出，VLBI 干涉测量的实际测量要素为测角。

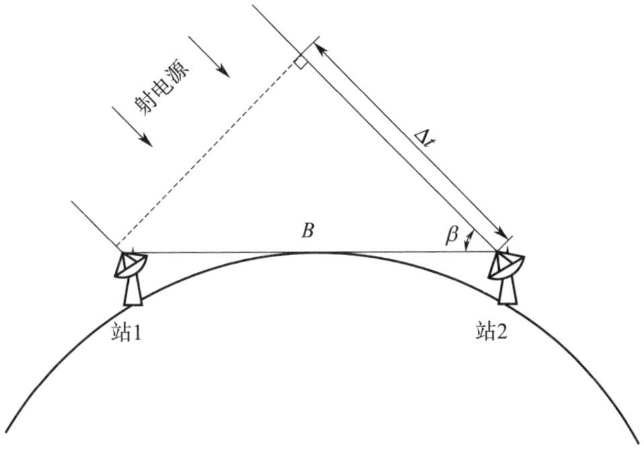

图 9-6　VLBI 测量的基本原理示意图

基于 VLBI 的基本测量原理，可以实现对航天器，特别是深空探测器的跟踪测量，不同的是对航天器跟踪测量，需要考虑波面弯曲效应。在工程应用中，通常 VLBI 高精度测角和其他外测数据共同使用，实现对航天器轨道测量。

9.1.3　GNSS 数据

GNSS 即全球导航卫星系统，包括我国的北斗导航系统（BDS）、美国的 GPS 系统、俄罗斯的格洛纳斯导航系统、欧洲的伽利略系统等。航天器上搭载相应的接收机，接收导航卫星的伪距、载波相位信号和导航卫星星历信息。航天器接收到 4 颗以上导航卫星信号，就可以利用伪距信息实时处理、解算出地球固连坐标系下的位置速度信息和钟差。目前，航天器搭载的 GNSS 接收机可自主实时完成位置解算。由于空间电离层等因素对信号传播的影响，一般位置精度在 10 m 左右。地面可通过航天器遥测获得 GNSS 定位数据，工程中，GNSS 定位数据一般为地球固连坐标系 WGS-84 下的时间、位置和速度信息。

9.2　初始轨道确定及分离点参数计算

航天器初始轨道确定即指航天器与运载火箭分离后，利用接收的各类跟踪测量数据进行航天器轨道根数计算并进行修正的过程，其数学模型可以看成是一个无摄运动的二体问题。通常星（器）箭分离获得的测量数据弧段较短，因此也称为短弧段轨道确定。一般，可用于航天器初始轨道确定的数据源包括：星（器）分离前无动力飞行段跟踪火箭获得的惯性导航数据、GNSS 数据、雷达外测数据及星（器）分离后跟踪航天器获得的外测数据等。

9.2.1 初始轨道计算

9.2.1.1 利用惯性导航数据进行初轨计算

如 9.1 节所述，运载火箭在飞行过程中通常下传秒节点计算机字或特征点计算机字等惯性导航数据，一般为发射惯性坐标系下的时间、位置和速度等信息。地面可通过运载火箭无动力飞行后的惯性导航数据进行航天器初轨确定，其中，特征点计算机字为单点数据，而秒节点计算机字为多点数据，因此，轨道计算方法略有不同。

（1）火箭特征点计算机字进行初轨计算

火箭特征点计算机字测量数据一般为单点数据，利用其进行航天器初轨计算的基本步骤如下：

1）对测量数据进行预处理，主要目的为数据合理性判断、野值剔除等。

2）将发射惯性坐标系下的位置和速度转换为 J2000.0 惯性坐标系下的位置和速度。

假设运载火箭在发射惯性坐标系的位置矢量为 $\boldsymbol{r}_{发惯}$，速度矢量为 $\dot{\boldsymbol{r}}_{发惯}$，则其在 J2000.0 轨道坐标系的位置和速度矢量 $\boldsymbol{r}_{J2000.0轨}$ 和 $\dot{\boldsymbol{r}}_{J2000.0轨}$ 分别为

$$\boldsymbol{r}_{J2000.0轨}=\boldsymbol{R}'+\boldsymbol{R}_Z(180^\circ-\overline{\theta}_G-\lambda)\boldsymbol{R}_Y(90^\circ-\phi)\boldsymbol{R}_X(-90^\circ)\boldsymbol{R}_Y(A_0)\boldsymbol{r}_{发惯} \tag{9-1}$$

$$\dot{\boldsymbol{r}}_{J2000.0轨}=\boldsymbol{R}_Z(180^\circ-\overline{\theta}_G-\lambda)\boldsymbol{R}_Y(90^\circ-\phi)\boldsymbol{R}_X(-90^\circ)\boldsymbol{R}_Y(A_0)\dot{\boldsymbol{r}}_{发惯} \tag{9-2}$$

$$\overline{\theta}_G=\overline{S}_G-u=280.460\,618\,4^\circ+360.985\,612\,286\,3^\circ d \tag{9-3}$$

$$\boldsymbol{R}'=\boldsymbol{R}_Z(-\overline{\theta}_G)\boldsymbol{R} \tag{9-4}$$

式中，$\boldsymbol{R}'$ 为发射台中心地面投影点在 J2000.0 轨道坐标系中的直角坐标矢量，计算方法如式（9-4）；$\overline{\theta}_G$ 为观测时刻世界时（UT1）相对 J2000.0 平春分点的格林尼治星时，计算方法如式（9-3）；λ 为发射台中心天文经度；ϕ 为发射台中心天文纬度；A_0 为发射方位角；d 为观测 UT1 对应的自历元 J2000.0 起算的儒略日；R 为发射台中心地面投影点在地球固连坐标系中的矢量。

由 J2000.0 轨道坐标系的位置和速度可以计算得到航天器在 J2000.0 惯性坐标系中的位置和速度，转换计算公式为

$$\begin{aligned}\boldsymbol{r}_{J2000.0轨}&=\boldsymbol{R}_Z(\mu)(\boldsymbol{PR})\boldsymbol{r}_{J2000.0惯}\\ \dot{\boldsymbol{r}}_{J2000.0轨}&=\boldsymbol{R}_Z(\mu)(\boldsymbol{PR})\dot{\boldsymbol{r}}_{J2000.0惯}\end{aligned} \tag{9-5}$$

其中，定义旋转矩阵 $\boldsymbol{R}_X(\theta)$，$\boldsymbol{R}_Y(\theta)$，$\boldsymbol{R}_Z(\theta)$ 分别为绕 X，Y，Z 轴旋转 θ 角（逆时针为正）的旋转矩阵

$$\boldsymbol{R}_X(\theta)=\begin{bmatrix}1 & 0 & 0\\ 0 & \cos\theta & \sin\theta\\ 0 & -\sin\theta & \cos\theta\end{bmatrix}$$

$$\boldsymbol{R}_Y(\theta)=\begin{bmatrix}\cos\theta & 0 & -\sin\theta\\ 0 & 1 & 0\\ \sin\theta & 0 & \cos\theta\end{bmatrix} \tag{9-6}$$

$$\boldsymbol{R}_Z(\theta)=\begin{bmatrix}\cos\theta & \sin\theta & 0\\ -\sin\theta & \cos\theta & 0\\ 0 & 0 & 1\end{bmatrix}$$

则 $\boldsymbol{PR}$ 计算方法为

$$\boldsymbol{PR}=\boldsymbol{R}_Z(-Z_A)\boldsymbol{R}_Y(\theta_A)\boldsymbol{R}_Z(-\zeta_A) \tag{9-7}$$

其中

$$\begin{cases}\zeta_A=2\ 306.218\ 1''t+0.301\ 88''t^2\\ Z_A=2\ 306.218\ 1''t+1.094\ 68''t^2\\ \theta_A=2\ 004.310\ 9''t-0.426\ 65''t^2\end{cases}$$

$$\mu=\zeta_A+Z_A$$

式中，$t=\dfrac{\mathrm{JD}+\mathrm{JS}/86\ 400-1/3}{36\ 525}$，为儒略世纪数。

3）通过航天器在 J2000.0 惯性坐标系下的位置和速度信息，计算航天器轨道根数。J2000.0 惯性坐标系下的位置、速度与开普勒轨道根数的转换公式为

$$\begin{aligned}\boldsymbol{r}_{\mathrm{J2000.0惯}}&=a(\cos E-e)\boldsymbol{P}+a\sqrt{1-e^2}\sin E\boldsymbol{Q}\\ \dot{\boldsymbol{r}}_{\mathrm{J2000.0惯}}&=\frac{-\sqrt{GMa}\sin E}{r}\boldsymbol{P}+\frac{\sqrt{GMa(1-e^2)}\cos E}{r}\boldsymbol{Q}\end{aligned} \tag{9-8}$$

其中，$E-e\sin E=M$，$\boldsymbol{P}=(P_x, P_y, P_z)$，$\boldsymbol{Q}=(Q_x, Q_y, Q_z)$，$\boldsymbol{P}$，$\boldsymbol{Q}$ 分量计算方法为

$$\begin{cases}P_x=\cos\omega\cos\Omega-\sin\omega\sin\Omega\cos i\\ P_y=\cos\omega\sin\Omega+\sin\omega\cos\Omega\cos i\\ P_z=\sin\omega\sin i\\ Q_x=-\sin\omega\cos\Omega-\cos\omega\sin\Omega\cos i\\ Q_y=-\sin\omega\sin\Omega+\cos\omega\cos\Omega\cos i\\ Q_z=\cos\omega\sin i\end{cases} \tag{9-9}$$

式中，a 为轨道半长轴；e 为轨道偏心率；i 为轨道倾角；Ω 为轨道升交点赤经；ω 为轨道近地点幅角。

（2）通过火箭秒节点计算机字进行初轨计算

火箭下传的秒节点计算机字与火箭特征点计算机字相同，均为运载火箭在发射惯性坐标系下的位置和速度信息，因此，通过火箭秒节点计算机字进行航天器初始轨道确定，基本原理和方法与利用火箭特征点计算机字进行初始轨道确定相同。不同之处在于，运载火

箭开始无动力飞行后，下传的秒节点计算机字有多点。通常，需要对秒节点计算机字逐一进行初始轨道计算，并外推至同一历元时刻（一般为星箭分离时刻）的轨道根数，再对所有轨道根数求平均值，取与均值差别最小的一组轨道根数作为最终初始轨道计算结果。

由上述计算方法可以看出，惯性导航数据初始轨道计算结果与发射场坐标、发射方位、发射时刻及分离时刻相关。

9.2.1.2 利用 GNSS 数据进行初轨计算

一般情况下，运载火箭除了安装有惯性测量组件外，还装有 GNSS 设备。运载火箭在飞行过程中，可将 GNSS 设备测量得到的 GNSS 数据通过火箭遥测实时下传。因此，地面也可根据运载火箭无动力飞行后的 GNSS 数据进行航天器初始轨道计算。与运载火箭类似，航天器通常也配备有 GNSS 设备。如果发射入轨段航天器器载 GNSS 接收机开机，也可通过航天器遥测中下传的无动力飞行后的 GNSS 数据进行初始轨道计算。GNSS 数据通常为地球固连坐标系下运载火箭的位置和速度等信息，一般包括 GPS、北斗及格洛纳斯等几类数据，通过 GNSS 数据进行航天器初始轨道计算的基本方法如下：

（1）GNSS 数据经过坐标转换得到 J2000.0 地心惯性坐标系下的位置和速度

地球固连坐标系位置、速度矢量转换至 J2000.0 轨道坐标系下的位置和速度矢量的计算方法为

$$
\begin{aligned}
\boldsymbol{r}_{\text{地固}} &= \boldsymbol{W}\boldsymbol{R}_z(\bar{\theta}_G)\boldsymbol{r}_{\text{J2000.0轨}} \\
\dot{\boldsymbol{r}}_{\text{地固}} &= \boldsymbol{W}\boldsymbol{R}_z(\bar{\theta}_G)\dot{\boldsymbol{r}}_{\text{J2000.0轨}} + \boldsymbol{W}\boldsymbol{R}_z(\bar{\theta}_G)\boldsymbol{r}_{\text{J2000.0轨}}
\end{aligned}
\tag{9-10}
$$

其中，$\boldsymbol{R}_z(\bar{\theta}_G)$ 的计算式为

$$
\boldsymbol{R}_z(\bar{\theta}_G) = \begin{bmatrix} -\sin\bar{\theta}_G & \cos\bar{\theta}_G & 0 \\ -\cos\bar{\theta}_G & -\sin\bar{\theta}_G & 0 \\ 0 & 0 & 1 \end{bmatrix} \dot{\bar{\theta}}_G \tag{9-11}
$$

$\bar{\theta}_G$ 为观测 UT1 时刻相对 J2000.0 平春分点的格林尼治恒星时角，可通过式（9-12）计算得到。在式（9-12）中，d 为该 UT1 时刻对应的自历元 J2000.0 起算的儒略日。$\dot{\bar{\theta}}_G$ 计算式为

$$
\bar{\theta}_G = 280.460\,618\,4^\circ + 360.985\,612\,286\,3^\circ d \tag{9-12}
$$

$$
\dot{\bar{\theta}}_G = \frac{360.985\,612\,286\,3^\circ}{86\,400} \times \frac{\pi}{180^\circ}\text{rad/s} = 7.292\,115\,14 \times 10^{-5}\ \text{rad/s} \tag{9-13}
$$

（2）通过 J2000.0 惯性坐标系下的位置、速度计算航天器轨道根数

得到运载火箭 J2000.0 轨道坐标系下的位置和速度矢量后，再转换得到运载火箭或航天器在 J2000.0 惯性坐标系中的位置和速度，计算方法见前节。

（3）轨道拟合

与运载火箭秒节点计算机字类似，GNSS 数据通常为多点，需要进行轨道拟合得到航天器初始轨道。常用的方法为加权最小二乘法或扩展卡尔曼滤波算法，具体可参见 GJB 6378—2008。

9.2.1.3　利用外测数据进行初轨计算

一般，运载火箭在飞行过程中，雷达设备可对其进行跟踪测量，同时，统一测控设备也可对与运载火箭一起飞行的航天器进行跟踪测量。无论雷达设备，还是统一测控设备，均能够获得跟踪运载火箭或航天器在测站坐标系下的测距、测速及测角等数据，即外测数据。地面可根据运载火箭无动力飞行后的外测数据对航天器初始轨道进行计算，常用最小二乘估计方法，具体如下：

1）对测量数据进行预处理，包括合理性判断、野值剔除等；

2）对航天器运动方程进行积分。

由于短弧定轨对力学模型精度的要求较低，一般取到地球引力场二阶带谐项摄动即可，在 J2000.0 地心惯性坐标系下，航天器的运动方程为

$$\boldsymbol{S} = \begin{bmatrix} X & Y & Z & \dot{X} & \dot{Y} & \dot{Z} \end{bmatrix}^{\mathrm{T}} \tag{9-14}$$

$$r = (X^2 + Y^2 + Z^2)^{1/2} \tag{9-15}$$

$$\frac{\mathrm{d}\boldsymbol{S}}{\mathrm{d}t} = \begin{pmatrix} \dot{X} \\ \dot{Y} \\ \dot{Z} \\ -\dfrac{GM}{r^3}X - \dfrac{3GMa_e^2 J_2}{2r^5}X + \dfrac{15GMa_e^2 J_2}{2r^7}XZ^2 \\ -\dfrac{GM}{r^3}Y - \dfrac{3GMa_e^2 J_2}{2r^5}Y + \dfrac{15GMa_e^2 J_2}{2r^7}YZ^2 \\ -\dfrac{GM}{r^3}Z - \dfrac{9GMa_e^2 J_2}{2r^5}Z + \dfrac{15GMa_e^2 J_2}{2r^7}Z^3 \end{pmatrix} \tag{9-16}$$

式中，GM 为万有引力常数与地球质量的乘积；a_e 为地球赤道平均半径；J_2 为地球引力场二阶带谐项系数。

对于已知初值的微分方程，有

$$\begin{cases} \dfrac{\mathrm{d}\boldsymbol{X}}{\mathrm{d}t} = f(\boldsymbol{X}, t) \\ \boldsymbol{X}(t_0) = \boldsymbol{X}_0 \end{cases} \tag{9-17}$$

式中，$\boldsymbol{X}$ 为状态矢量；$\boldsymbol{X}_0$ 为状态矢量初值；t_0 为初始时刻，可用经典四阶龙格-库塔积分方程进行求解。

3）计算观测向量对待估状态量的偏导数矩阵 $\widetilde{\boldsymbol{H}}$

$$\widetilde{\boldsymbol{H}} = \frac{\partial \boldsymbol{Y}}{\partial \boldsymbol{S}} \tag{9-18}$$

$$\boldsymbol{Y} = [\dot{\rho} \quad \rho \quad A \quad E]^{\mathrm{T}} \tag{9-19}$$

$$\boldsymbol{S} = \begin{bmatrix} \boldsymbol{r} \\ \dot{\boldsymbol{r}} \end{bmatrix} = [X \quad Y \quad Z \quad \dot{X} \quad \dot{Y} \quad \dot{Z}]^{\mathrm{T}} \tag{9-20}$$

式中，$\boldsymbol{Y}$ 为测量数据矢量；$\boldsymbol{\rho}$ 为测站地平坐标系下对航天器的测距；$\dot{\boldsymbol{\rho}}$ 为测站地平坐标系下对航天器的测速；A 为测站地平坐标系下对航天器测量的方位角；E 为测站地平坐标系下对卫星测量的俯仰角；$\boldsymbol{S}$ 为待估计航天器 J2000.0 惯性坐标系下的位置和速度矢量。

分别计算 $\boldsymbol{\rho}$、A、E 及 $\dot{\boldsymbol{\rho}}$ 对 $\boldsymbol{r}$、$\dot{\boldsymbol{r}}$ 的偏导数：

a）计算 $\boldsymbol{\rho}$ 对 $\boldsymbol{r}$、$\dot{\boldsymbol{r}}$ 的偏导数。

按式（9－21）～式（9－24）计算 ρ 和 $\dot{\rho}$ 。

$$\boldsymbol{R}=(\boldsymbol{HG})\boldsymbol{r} \tag{9-21}$$

$$\boldsymbol{\rho}=\begin{bmatrix}\rho_x\\ \rho_y\\ \rho_z\end{bmatrix}=(\boldsymbol{DM})(\boldsymbol{R}-\boldsymbol{R}_A) \tag{9-22}$$

$$\dot{\boldsymbol{\rho}}=\begin{bmatrix}\dot{\rho}_x\\ \dot{\rho}_y\\ \dot{\rho}_z\end{bmatrix}=(\boldsymbol{DM})\dot{\boldsymbol{R}} \tag{9-23}$$

$$\rho=\sqrt{\rho_x^2+\rho_y^2+\rho_z^2} \tag{9-24}$$

式中，$\boldsymbol{R}$ 为航天器在地球固连坐标系下的状态矢量；$\boldsymbol{\rho}$ 为航天器在测站地平坐标系下测距矢量；$\dot{\boldsymbol{\rho}}$ 为航天器在测站地平坐标系下的测速矢量；$\boldsymbol{R}_A$ 为测站在地球固连坐标系下的矢量；$\boldsymbol{HG}$ 为 J2000 惯性坐标系到地球固连坐标系的转换矩阵；$\boldsymbol{DM}$ 为地球固连坐标系到测站地平坐标系的转换矩阵，则有 $\boldsymbol{\rho}$ 对 $\boldsymbol{r}$、$\dot{\boldsymbol{r}}$ 的偏导数为

$$\frac{\partial\rho}{\partial\boldsymbol{\rho}}=\frac{1}{\rho}\begin{bmatrix}\rho_x\\ \rho_y\\ \rho_z\end{bmatrix} \tag{9-25}$$

$$\frac{\partial\rho}{\partial\dot{\boldsymbol{\rho}}}=0 \tag{9-26}$$

$$\frac{\partial\rho}{\partial\boldsymbol{r}}=[(\boldsymbol{DM})(\boldsymbol{HG})]^{\mathrm{T}}\frac{\partial\rho}{\partial\boldsymbol{\rho}} \tag{9-27}$$

$$\frac{\partial\rho}{\partial\dot{\boldsymbol{r}}}=0 \tag{9-28}$$

b）计算 A 对 $\boldsymbol{r}$、$\dot{\boldsymbol{r}}$ 的偏导数。

A 的计算式为

$$A=\arctan\left(\frac{\rho_x}{\rho_y}\right) \tag{9-29}$$

其中，需要根据 ρ_x 和 ρ_y 的符号判定方位角的象限，则有 A 对 $\boldsymbol{r}$、$\dot{\boldsymbol{r}}$ 的偏导数为

$$\frac{\partial A}{\partial\boldsymbol{\rho}}=\begin{bmatrix}\dfrac{\rho_y}{\rho_x^2+\rho_y^2} & \dfrac{-\rho_x}{\rho_x^2+\rho_y^2} & 0\end{bmatrix}^{\mathrm{T}} \tag{9-30}$$

$$\frac{\partial \boldsymbol{\rho}}{\partial \boldsymbol{r}}=(\boldsymbol{DM})(\boldsymbol{HG}) \tag{9-31}$$

$$\frac{\partial A}{\partial \boldsymbol{r}}=\left[\left(\frac{\partial A}{\partial \boldsymbol{\rho}}\right)^{\mathrm{T}}\left(\frac{\partial \boldsymbol{\rho}}{\partial \boldsymbol{r}}\right)\right]^{\mathrm{T}}=\left(\frac{\partial \boldsymbol{\rho}}{\partial \boldsymbol{r}}\right)^{\mathrm{T}}\left(\frac{\partial A}{\partial \boldsymbol{\rho}}\right) \tag{9-32}$$

$$\frac{\partial A}{\partial \dot{\boldsymbol{r}}}=0 \tag{9-33}$$

c）计算 E 对 $\boldsymbol{r}$、$\dot{\boldsymbol{r}}$ 的偏导数。

E 的计算式为

$$E=\arcsin\left(\frac{\rho_z}{\rho}\right) \tag{9-34}$$

则有 E 对 $\boldsymbol{r}$、$\dot{\boldsymbol{r}}$ 的偏导数计算式为

$$\frac{\partial E}{\partial \boldsymbol{r}}=\left[\left(\frac{\partial E}{\partial \boldsymbol{\rho}}+\frac{\partial E}{\partial \rho}\frac{\partial \rho}{\partial \boldsymbol{\rho}}\right)^{\mathrm{T}}\frac{\partial \boldsymbol{\rho}}{\partial \boldsymbol{r}}\right]^{\mathrm{T}}=\left(\frac{\partial \boldsymbol{\rho}}{\partial \boldsymbol{r}}\right)^{\mathrm{T}}\left(\frac{\partial E}{\partial \boldsymbol{\rho}}+\frac{\partial E}{\partial \rho}\frac{\partial \rho}{\partial \boldsymbol{\rho}}\right)=\left(\frac{\partial \boldsymbol{\rho}}{\partial \boldsymbol{r}}\right)^{\mathrm{T}}(\boldsymbol{HLT}) \tag{9-35}$$

$$(\boldsymbol{HLT})=\frac{1}{\rho^2\sqrt{\rho_x^2+\rho_y^2}}\begin{bmatrix}-\rho_x\rho_z\\-\rho_y\rho_z\\\rho_x^2+\rho_y^2\end{bmatrix} \tag{9-36}$$

$$\frac{\partial E}{\partial \dot{\boldsymbol{r}}}=0 \tag{9-37}$$

d）计算 $\dot{\rho}$ 对 $\boldsymbol{r}$、$\dot{\boldsymbol{r}}$ 的偏导数。

$\dot{\rho}$ 对 $\boldsymbol{r}$、$\dot{\boldsymbol{r}}$ 的偏导数计算式为

$$\frac{\partial \dot{\rho}}{\partial \boldsymbol{r}}=\frac{\partial}{\partial \boldsymbol{r}}\left(\frac{\boldsymbol{\rho}\cdot\dot{\boldsymbol{\rho}}}{\rho}\right)=\left(\frac{\partial \boldsymbol{\rho}}{\partial \boldsymbol{r}}\right)^{\mathrm{T}}\left(\frac{\dot{\boldsymbol{\rho}}}{\rho}-\frac{\dot{\rho}}{\rho^2}\boldsymbol{\rho}\right)+\left(\frac{\partial \dot{\boldsymbol{\rho}}}{\partial \boldsymbol{r}}\right)^{\mathrm{T}}\left(\frac{\boldsymbol{\rho}}{\rho}\right) \tag{9-38}$$

$$\frac{\partial \dot{\boldsymbol{\rho}}}{\partial \boldsymbol{r}}=(\boldsymbol{DM})(\boldsymbol{HDG}) \tag{9-39}$$

$$\frac{\partial \dot{\rho}}{\partial \dot{\boldsymbol{r}}}=\frac{\partial}{\partial \dot{\boldsymbol{r}}}\left(\frac{\boldsymbol{\rho}\cdot\dot{\boldsymbol{\rho}}}{\rho}\right)=\left(\frac{\partial \dot{\boldsymbol{\rho}}}{\partial \dot{\boldsymbol{r}}}\right)^{\mathrm{T}}\left(\frac{\boldsymbol{\rho}}{\rho}\right) \tag{9-40}$$

$$\frac{\partial \dot{\boldsymbol{\rho}}}{\partial \dot{\boldsymbol{r}}}=(\boldsymbol{DM})(\boldsymbol{HG}) \tag{9-41}$$

在式（9-38）～式（9-41）中，$\boldsymbol{HDG}=(\boldsymbol{ERD})(\boldsymbol{PR})$，$(\boldsymbol{ERD})$ 如式（9-42）所示，$\dot{\omega}$ 为 7.292 115 rad/s。

$$(\boldsymbol{ERD})=\begin{bmatrix}-\sin S_G & \cos S_G & 0\\-\cos S_G & -\sin S_G & 0\\0 & 0 & 0\end{bmatrix}\dot{\omega} \tag{9-42}$$

4）采用更新初值的加权最小二乘法计算航天器初始轨道为

$$\boldsymbol{Y}=\boldsymbol{HX}_0+\boldsymbol{\varepsilon} \tag{9-43}$$

$$\boldsymbol{H}=\widetilde{H}\boldsymbol{\Phi}(t,t_0) \tag{9-44}$$

式中，$\boldsymbol{Y}$ 为观测值与计算值的差；$\boldsymbol{X}_0$ 为待估状态向量的修正量；$\boldsymbol{\varepsilon}$ 为观测向量随机噪声；$\boldsymbol{\Phi}(t,\ t_0)$ 为状态转移矩阵。令 $\dfrac{GM}{r^3}=v$，则有

$$\begin{cases}\dot{\boldsymbol{\Phi}}(t,t_0)=\boldsymbol{A}(t)\boldsymbol{\Phi}(t,t_0)\\ \boldsymbol{\Phi}(t,t_0)=\boldsymbol{I}\end{cases} \tag{9-45}$$

其中，$\boldsymbol{A}(t)$ 为

$$\boldsymbol{A}(t)=\begin{pmatrix}0&0&0&1&0&0\\0&0&0&0&1&0\\0&0&0&0&0&1\\3\dfrac{vX^2}{r^2}-v&3\dfrac{vXY}{r^2}&3\dfrac{vXZ}{r^2}&0&0&0\\3\dfrac{vXY}{r^2}&3\dfrac{vY^2}{r^2}-v&3\dfrac{vYZ}{r^2}&0&0&0\\3\dfrac{vXZ}{r^2}&3\dfrac{vYZ}{r^2}&3\dfrac{vZ^2}{r^2}-v&0&0&0\end{pmatrix} \tag{9-46}$$

转移矩阵 $\boldsymbol{\Phi}(t,\ t_0)$ 是在运动方程积分过程中一起得出的。由于各种观测数据是不等精度的，需要对观测方程 $\boldsymbol{Y}=\boldsymbol{H}\boldsymbol{X}_0+\boldsymbol{\varepsilon}$ 进行加权，加权系数矩阵为

$$\boldsymbol{W}=\begin{bmatrix}W_1&&0\\&\ddots&\\0&&W_m\end{bmatrix} \tag{9-47}$$

令 $\boldsymbol{P}=(\boldsymbol{H}^{\mathrm{T}}\boldsymbol{W}\boldsymbol{H})^{-1}$ 为协方差矩阵，$\hat{\boldsymbol{X}}_0=\boldsymbol{P}\boldsymbol{H}^{\mathrm{T}}\boldsymbol{W}\boldsymbol{Y}$ 为最小二乘解。

9.2.2　初始轨道修正

如前所述，航天器初始轨道确定的数据源一般包括火箭惯性导航数据、火箭 GNSS 数据、外测数据（航天器或火箭外测）等。依据星（器）箭分离方式及轨道计算数据源的不同，可能需要将跟踪火箭进行的初始轨道计算结果进行调姿力修正或分离力修正，这一过程叫作初始轨道修正。

9.2.2.1　调姿力修正

运载火箭在与航天器分离前，为了确保航天器准确进入预定轨道，通常需在星（器）箭分离前对火箭调姿。运载火箭调姿产生的调姿力，除滚动调整力矩为一对力偶外，俯仰、偏航控制力矩都能够对火箭的质心运动产生影响，进而影响航天器初始轨道。

对于近地航天器初始轨道确定，由于火箭调姿对轨道影响的量级较小，通常不进行调姿力修正；而对于中高轨卫星、深空探测器，由于调姿对轨道半长轴影响的量级较大（一般从几千米到十几千米不等，嫦娥探测器影响可达 60 多千米），因此，需对其初始轨道进行调姿力修正。

在工程应用中，一般由运载火箭研制部门给出星（器）箭分离时刻发射坐标系下的等效调姿力，航天器初始轨道根据此等效调姿力做相应修正。假设运载火箭末速修正关机点计算机字定轨结果在 J2000.0 惯性坐标系下的根数为 $\sigma_k=(a,e,i,\Omega,\omega,M)$，星（器）箭分离时刻等效调姿力对火箭飞行速度产生的影响，在发射惯性坐标系下为 $\mathrm{d}v=(\mathrm{d}v_x,\mathrm{d}v_y,\mathrm{d}v_z)$，则对航天器初始轨道进行调姿力修正过程如下：

1）将 J2000.0 惯性坐标系下的末速修正关机点计算机字定轨结果 σ_g 转换为 J2000.0 惯性坐标系下的位置速度 $\boldsymbol{r}_0$，$\dot{\boldsymbol{r}}_0$；

2）将 $\boldsymbol{r}_0$，$\dot{\boldsymbol{r}}_0$ 转换为发射惯性坐标系下的位置、速度 $\boldsymbol{r}_f^*$，$\dot{\boldsymbol{r}}_f^*$（此过程需使用发射方位角、发射工位大地直角坐标及天文经纬度）；

3）将 $\boldsymbol{r}_f^*$，$\dot{\boldsymbol{r}}_f^*$ 加上调姿力的影响 $\mathrm{d}v$，得到修正后的发射惯性坐标系下状态向量 $\boldsymbol{r}_f$，$\dot{\boldsymbol{r}}_f$，计算方法为

$$\begin{cases}\boldsymbol{r}_f=\boldsymbol{r}_f^*\\ \dot{\boldsymbol{r}}_f=\dot{\boldsymbol{r}}_f^*+\mathrm{d}v\end{cases}\tag{9-48}$$

4）将 $\boldsymbol{r}_f$，$\dot{\boldsymbol{r}}_f$ 转换为 J2000.0 惯性坐标系下的状态向量 $\boldsymbol{r}$，$\dot{\boldsymbol{r}}$；

5）再将 $\boldsymbol{r}$，$\dot{\boldsymbol{r}}$ 转换为 J2000.0 惯性坐标系下的开普勒根数，记为 σ_g'，即为调姿力修正后的航天器初始轨道根数。

需要说明的是，调姿力进行初始轨道修正一般只用于通过运载火箭关机点计算机字进行初始轨道计算，由于关机时刻调姿力的影响还未体现到运载火箭下传的关机点计算机字中，故需进行调姿力修正。对于使用火箭外测、内测秒节点，GNSS 等数据源获得的初始轨道计算结果，火箭调姿对飞行速度的影响已体现到测量数据中，则不再进行调姿力修正。

9.2.2.2　分离力修正

星（器）箭分离一般采用两种方式：弹簧分离和反推火箭。在不同分离方式下，根据初始轨道计算所用数据弧段的不同，对初始轨道是否进行分离力修正也不相同，基本原则见表 9－1。

表 9－1　初始轨道分离力修正的基本原则

分离方式	轨道计算数据源	是否修正	分离力修正采用的分离速度
弹簧分离	分离前跟踪火箭	是	航天器绝对速度增量
	分离后跟踪火箭	是	相对分离速度
	分离前跟踪航天器	是	航天器绝对速度增量
	分离后跟踪航天器	否	—

续表

分离方式	轨道计算数据源	是否修正	分离力修正采用的分离速度
反推火箭	分离前跟踪火箭	否	—
	分离后跟踪火箭	是	相对分离速度
	分离前跟踪航天器	否	—
	分离后跟踪航天器	否	—

假设运载火箭末速修正关机点计算机字定轨结果在J2000.0惯性坐标系下的根数为 $\sigma_g=(a,e,i,\Omega,\omega,M)$，星（器）箭分离时刻分离速度 $\mathrm{d}\boldsymbol{v}=(\mathrm{d}v_x,\mathrm{d}v_y,\mathrm{d}v_z)$，分离时刻火箭姿态为 α，δ（火箭纵轴在惯性空间的指向），则分离力进行航天器初始轨道修正过程如下：

1）将J2000.0惯性坐标系下的轨道结果 σ_g 转换为J2000.0惯性坐标系下的位置速度 $\boldsymbol{r}_0$，$\dot{\boldsymbol{r}}_0$，其中，$\dot{\boldsymbol{r}}_0=(v_{x0},v_{y0},v_{z0})$；

2）使用分离速度 $\mathrm{d}\boldsymbol{v}$ 及火箭纵轴在惯性空间的指向赤经、赤纬 (α,δ) 对 $\boldsymbol{r}_0$，$\dot{\boldsymbol{r}}_0$ 进行修正，得到修正后J2000.0惯性坐标系下的状态矢量 $\boldsymbol{r}$，$\dot{\boldsymbol{r}}$，其中，$\dot{\boldsymbol{r}}=(v_x,v_y,v_z)$，计算方法为

$$\begin{cases}\boldsymbol{r}=\boldsymbol{r}_0\\ v_x=v_{x0}+\mathrm{d}v\cos\delta\cos\alpha\\ v_y=v_{y0}+\mathrm{d}v\cos\delta\sin\alpha\\ v_z=v_{z0}+\mathrm{d}v\sin\delta\end{cases}\tag{9-49}$$

3）将 $\boldsymbol{r}$，$\dot{\boldsymbol{r}}$ 转换为J2000.0惯性坐标系下的开普勒根数，记为 σ_g'，即分离力修正后的航天器初始轨道根数。

从上述计算过程可以看出，分离时刻运载火箭姿态确定（详见本书5.2.4节）是影响分离力修正航天器初始轨道时的关键参数之一。

9.2.3 分离点参数计算

航天器发射入轨段除进行航天器初始轨道计算外，还需对分离入轨时刻的相关参数进行计算，一般称为分离点参数。分离点参数通常包括：器（星）箭分离时间，分离时刻航天器飞行高度、速度、速度与地面夹角，以及器下点地理经度、纬度等。

分离点参数一般通过航天器器（星）箭分离时刻下传的相关参数以及其在J2000.0坐标系下的位置、速度矢量计算得到。设航天器与运载火箭分离时刻在J2000.0轨道坐标系位置速度为 (X,Y,Z,v_x,v_y,v_z)，其中，位置矢量 $\boldsymbol{r}=(X,Y,Z)$，速度矢量为 $\dot{\boldsymbol{r}}=(v_x,v_y,v_z)$，则有：

（1）器（星）箭分离时间

运载火箭飞行达到预定的轨道高度和速度并经姿态调整后，航天器（卫星）以一定的相对速度与运载火箭分离，该时刻即称为器（星）箭分离时刻，通常以相对运载火箭起飞

时刻的积秒或当日的积秒形式表示。

器（星）箭分离时间通常有以下两种判断和计算依据：

一是火箭遥测分离判断及计算。地面以能反映器（星）箭分离事件的时间指令、计算机字特征点等火箭遥测为依据，获取相应码位跳变、电压跳变的发生时刻，完成器（星）箭分离相关时间指令和特征点解算，结合具体的判别策略，完成对器（星）箭分离时刻的综合判断，并取相应的特征点或时间指令发生时刻作为器（星）箭分离时刻。

二是航天器遥测分离判断及计算。航天器在与运载火箭分离后，一般会通过航天器遥测下传器（星）箭分离标志，地面可将该分离标志作为器（星）箭分离判断的依据，计算器（星）箭分离时刻。

假设真实的器（星）箭分离时刻为 T_{fs} ，航天器将器（星）箭分离标志经过遥测组帧，通过天地链路下传至测控设备，测控设备接收到该帧遥测时设备时标为 T_d ，其中，为了确保分离判断的准确性，一般选取连续三帧遥测中首帧的测控设备时标，则 T_{fs} 和 T_d 的关系为

$$T_d = T_{fs} + \Delta T_{ssy} + \Delta T_{sb} + R/c \tag{9-50}$$

式中，R/c 为空间传输时延；R 表示地面与航天器的距离；c 为光速；ΔT_{sb} 为测控设备进行遥测解调的解调时延；ΔT_{ssy} 为航天器器上进行遥测组帧的固定时延，则有器（星）箭分离时刻的计算方法为

$$T_{fs} = T_d - R/c - \Delta T_{sb} - \Delta T_{ssy} \tag{9-51}$$

（2）分离速度

航天器分离速度计算式为

$$v = (v_x^2 \quad v_y^2 \quad v_z^2)^{\frac{1}{2}} \tag{9-52}$$

（3）高度

航天器地心距 r 和航天器地面高度 h 计算式为

$$r = (x^2 \quad y^2 \quad z^2)^{\frac{1}{2}} \tag{9-53}$$

$$h = r - a_e \frac{1 - e_E^2}{1 - e_E^2 \cos^2 \delta} \tag{9-54}$$

式中，$a_e = 6\ 378\ 140$ m，为地球半径；e_E 为地球扁率；δ 为地心赤纬，计算方法如式（9-56）。

（4）速度与地面夹角

速度与地面夹角 θ 计算式为

$$\theta = \arcsin [\boldsymbol{r}\dot{\boldsymbol{r}}/(rv)] + \delta - \varphi \tag{9-55}$$

式中，r 为地心距；δ 为地心赤纬；φ 为大地纬度。

（5）赤经、赤纬

地心经度 α 、纬度 δ 计算式分别为

$$\begin{cases} \alpha = \arctan(Y/X) \\ \delta = \arcsin(Z/r) \end{cases} \tag{9-56}$$

（6）分离点大地经度、纬度

航天器分离点大地经度 λ 、纬度 φ 计算式分别为

$$\lambda = \alpha - \mathrm{GMST} \tag{9-57}$$

$$\varphi = \arctan\left(\frac{1}{1-e_E^2}\tan\delta\right) \tag{9-58}$$

式中，$e_E^2 = 6.694\ 385^{-3}$ ，表示地球扁率的平方；GMST 为格林尼治平恒星时；α 为地心赤经。

9.3 精密轨道确定

航天器精密轨道确定有别于初始轨道确定，其定轨数学模型对应一个“完整”力学系统的受摄二体问题或一般（$N+1$）（1 指航天器）体问题，是指根据各类观测数据对航天器进行轨道确定和参数估计的过程。就精密轨道确定的原理和定轨的内容来看，须通过提供的航天器初始轨道进行迭代计算，因此，航天器精密轨道确定也称为轨道改进。

9.3.1 动力学模型

航天器在运动的过程中会受到多种作用力的影响，在地心惯性坐标系下，应用牛顿第二定律可得到航天器的运动微分方程为

$$\frac{\mathrm{d}^2\boldsymbol{r}}{\mathrm{d}t^2} = \ddot{\boldsymbol{r}} = \boldsymbol{a}_{TB} + \boldsymbol{a}_G + \boldsymbol{a}_{NG} \tag{9-59}$$

作用在航天器上的力是多种多样的，其中，地球引力起主导作用。为了便于问题的分析研究，可以将地球和航天器作为质点，并忽略其他力的影响，这样就简化为二体问题。作为质点的航天器和地球，它们之间的万有引力为

$$\boldsymbol{a}_{TB} = -\frac{GM_e}{r^3}\boldsymbol{r} \tag{9-60}$$

式中，G 为万有引力常数；M_e 表示地球质量；$\boldsymbol{r}$ 表示航天器的地心向径。

航天器运行过程中受到的摄动力可以分为保守力和非保守力，$\boldsymbol{a}_G$ 是作用于航天器的保守力摄动加速度的总和，为

$$\boldsymbol{a}_G = \boldsymbol{a}_{NE} + \boldsymbol{a}_{TD} + \boldsymbol{a}_N + \boldsymbol{a}_{REL} \tag{9-61}$$

式中，$\boldsymbol{a}_{NE}$ 为非球形引力摄动加速度；$\boldsymbol{a}_{TD}$ 为潮汐引力摄动加速度；$\boldsymbol{a}_N$ 为 N 体引力摄动加速度；$\boldsymbol{a}_{REL}$ 为广义相对论摄动加速度。

$\boldsymbol{a}_{NG}$ 是作用于航天器的非保守力摄动加速度的总和

$$\boldsymbol{a}_{NG} = \boldsymbol{a}_D + \boldsymbol{a}_{SP} + \boldsymbol{a}_{TH} + \boldsymbol{a}_{EA} + \boldsymbol{a}_{EMP} \tag{9-62}$$

式中，$\boldsymbol{a}_D$ 为空气阻力摄动加速度；$\boldsymbol{a}_{SP}$ 为太阳光压摄动加速度；$\boldsymbol{a}_{TH}$ 为热辐射摄动加速度；$\boldsymbol{a}_{EA}$ 为地球反照摄动加速度；$\boldsymbol{a}_{EMP}$ 是经验力加速度，包括函数模型的误差和未模型化摄动力的总和。目前常用的模型有线性加速度、周期性加速度和虚拟脉冲加速度。

9.3.2　轨道参数估计

航天器精密定轨过程，即利用包括动力学信息和几何观测信息，采用参数估计的方法来最大限度地利用和匹配此两类信息。精密定轨中的参数估计可以利用两种基本算法：一种是批处理法，另一种是序贯处理法。批处理法将所有需要处理的观测资料一起解算，参考轨道可以循环迭代，数据处理精度相对较高，该方法适合于事后处理。序贯处理法是一种递推算法，对观测资料逐条处理，参考轨道不能循环迭代，对计算机的内存要求不高，可适用于实时处理。考虑航天器轨道改进精度要求高、数据处理量大等因素，一般采用批处理法（最小二乘方法）进行参数估计。轨道参数估计的一般过程如图 9－7 所示。

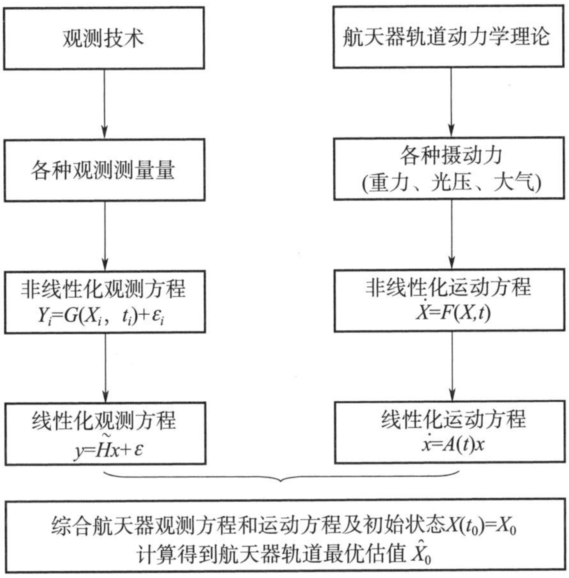

图 9－7　轨道参数估计的一般过程

定义 X 为包含航天器位置矢量 $\boldsymbol{r}$ 、速度矢量 $\dot{\boldsymbol{r}}$ 和各类动力学参数 $\boldsymbol{p}$ 的状态矢量，航天器动力方程为

$$\begin{cases}\dot{X}=F(X,t)\\X(t_0)=X_0\end{cases} \tag{9-63}$$

在弧段内的观测时刻，航天器的观测方程可以表示为

$$Y_i=G(\boldsymbol{X}_i,t_i)+\varepsilon_i, i=1,\cdots,n \tag{9-64}$$

式中，$\boldsymbol{X}_i$ 是航天器在 t_i 观测时刻的状态矢量；$G(\boldsymbol{X}_i, t_i)$ 是观测数据 Y_i 对应的真值；ε_i 是 Y_i 的随机噪声。上式表明观测值 Y_i 为其真实值 $G(\boldsymbol{X}_i, t_i)$ 与观测误差 ε_i 的非线性函数，需要将观测方程线性化，以求解状态矢量的估值。

假设 X^* 为 X 的参考值，其与真实值接近，因而，可以将式（9－64）在 X^* 处线性化，状态矢量参考值与真实值的偏差记为 x ，观测值与真实值的偏差记为 y ，则有

$$x(t)=X(t)-X^*(t) \tag{9-65}$$

$$y(t)=Y(t)-Y^*(t) \tag{9-66}$$

将式（9－63）和式（9－64）在 X^* 处进行泰勒级数展开，略去高阶项可得

$$\begin{cases}\dot{x}=A(t)x\\ y=\widetilde{H}x+\varepsilon\end{cases} \tag{9-67}$$

其中

$$A(t)=\frac{\partial F}{\partial X}(X^*,t);\widetilde{H}=\frac{\partial G}{\partial X}(X^*,t) \tag{9-68}$$

式（9－67）中第一式的一般解为

$$x=\boldsymbol{\Phi}(t,t_0)x_0 \tag{9-69}$$

式中，$\boldsymbol{\Phi}(t,t_0)$ 称为状态转移矩阵。将式（9－69）代入式（9－67），则有

$$\begin{cases}y_1=\widetilde{H}_1\boldsymbol{\Phi}(t_1,t_0)x_0+\varepsilon_1\\ y_2=\widetilde{H}_2\boldsymbol{\Phi}(t_2,t_0)x_0+\varepsilon_2\\ \vdots \qquad \vdots\\ y_n=\widetilde{H}_n\boldsymbol{\Phi}(t_n,t_0)x_0+\varepsilon_n\end{cases} \tag{9-70}$$

式（9－70）也可以表示为

$$\boldsymbol{y}=\boldsymbol{H}x_0+\boldsymbol{\varepsilon} \tag{9-71}$$

其中

$$\boldsymbol{y}=\begin{bmatrix}y_1\\ y_2\\ \vdots\\ y_n\end{bmatrix};\boldsymbol{H}=\begin{bmatrix}\widetilde{H}_1\boldsymbol{\Phi}(t_1,t_0)\\ \widetilde{H}_2\boldsymbol{\Phi}(t_2,t_0)\\ \vdots\\ \widetilde{H}_n\boldsymbol{\Phi}(t_n,t_0)\end{bmatrix};\boldsymbol{\varepsilon}=\begin{bmatrix}\varepsilon_1\\ \varepsilon_2\\ \vdots\\ \varepsilon_n\end{bmatrix} \tag{9-72}$$

如果有 n 个观测值（即 $\boldsymbol{y}$ 为 $n\times 1$ 矢量）和 m 个待估参数（即 $\boldsymbol{x}$ 为 $m\times 1$ 矢量），那么 $\boldsymbol{\varepsilon}$ 也是 $n\times 1$ 矢量，$\boldsymbol{H}$ 则为 $n\times m$ 矩阵，定义观测向量权矩阵为 $\boldsymbol{W}$。如果 $n>m$，则可以通过加权最小二乘方法求得 x_0 的最佳估值 $\hat{x}_0$。

$$\begin{cases}\hat{x}_0=(\boldsymbol{H}^{\mathrm{T}}\boldsymbol{WH})^{-1}\boldsymbol{H}^{\mathrm{T}}\boldsymbol{Wy}\\ \sum x_0=(\boldsymbol{H}^{\mathrm{T}}\boldsymbol{WH})^{-1}\hat{\sigma}_0^2\\ \hat{\sigma}_0^2=\boldsymbol{\varepsilon}^{\mathrm{T}}\boldsymbol{W\varepsilon}/(n-m)\end{cases} \tag{9-73}$$

最后，得到初始状态改进后的最优估值为

$$\hat{X}_0=X_0+\hat{x}_0 \tag{9-74}$$

参 考 文 献

[1] 李济生．人造卫星精密轨道确定［M］．北京：解放军出版社，1995.

[2] 刘林．人造地球卫星轨道力学［M］．北京：高等教育出版社，1992.

第10章　航天器轨道控制

航天器与运载火箭分离后，即进入初始轨道。由于运载火箭入轨偏差、初始轨道设计或航天器在轨运行阶段对轨道精度的要求，初始轨道往往不满足在轨应用需求，需要对航天器进行轨道控制，使其进入在轨运行轨道。此外，航天器在轨运行阶段，由于地球形状、天体引力等对航天器轨道产生摄动，使航天器偏离运行轨道，必要时需对航天器进行轨道控制以维持其运行轨道，以保证航天器载荷完成在轨任务。

10.1　轨道描述及类型

10.1.1　轨道描述

在工程中，常用开普勒轨道根数描述航天器轨道，开普勒轨道根数包括6个要素：半长轴 a 、偏心率 e 、轨道倾角 i 、升交点赤经 Ω 、近地点幅角 ω 及真近点角 f（或平近点角 M），如图8-1所示，分别定义如下：

1）半长轴 a ：航天器运行椭圆长轴的一半，一般以千米、地球赤道半径或天文单位为单位。

2）偏心率 e ：椭圆中心点至焦点的距离 c 与半长轴 a 的比值。

3）轨道倾角 i ：轨道平面与地球赤道平面的夹角，在图10-1（a）中，即地轴的北极方向 Z 与轨道平面的正法线 H 方向之间的夹角度量，轨道倾角值的范围为 $0°\sim180°$。根据轨道倾角可以区分几种不同类型的轨道，轨道倾角 i 为 $0°$或者$180°$的地球轨道称为赤道轨道，轨道倾角为 $90°$的地球轨道称为极轨道。一般，如果 $0°\leqslant i<90°$，航天器的运动与地球自转方向一致（向东），称为顺行轨道；如果 $90°<i\leqslant180°$，航天器运动与地球自转方向相反（向西），称为逆行轨道。

4）升交点赤经 Ω ：轨道平面与地球赤道有两个交点，航天器从南半球穿过赤道到北半球的运行弧段称为升段，这时穿过赤道的那一点为升交点 N ，反之则为降交点 N' 。升交点赤经即在惯性坐标系下，春分点沿逆时针方向至升交点之间的角距。

5）近地点幅角 ω ：近地点与升交点对地心的张角，沿着航天器运动方向从升交点至近地点。

6）真近点角 f ：指轨道历元时刻，航天器从近地点起沿轨道运动时其向径扫过的角度，是近地点到卫星位置矢量之间的夹角。

开普勒轨道根数中，半长轴 a 衡量轨道大小，偏心率 e 定义轨道的形状，轨道倾角 i 和升交点赤经 Ω 共同决定轨道平面在空间的方位，近地点在轨道平面内的方位用近地点幅角 ω 定义，某一历元时刻航天器在轨道平面上的位置用真近点角 f（或平近点角 M ）表示。

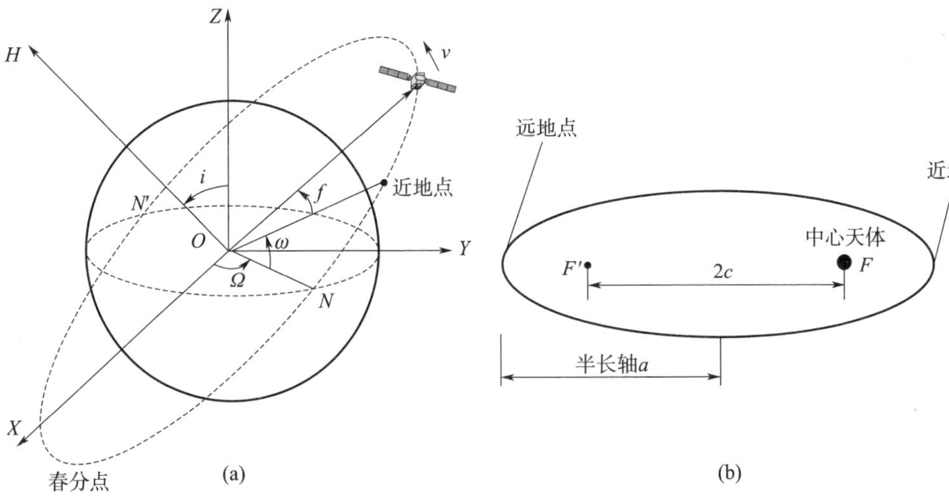

图 10－1　开普勒轨道根数示意图

10.1.2　轨道类型

根据不同的划分标准，可将航天器轨道划分为不同的类型。根据轨道的偏心率，可将航天器轨道分为圆轨道、椭圆轨道、抛物线轨道及双曲线轨道等几种类型，如图 10－2 所示。其中，圆轨道和椭圆轨道均绕中心天体飞行，抛物线轨道和双曲线轨道则将脱离中心天体，飞往中心天体外。

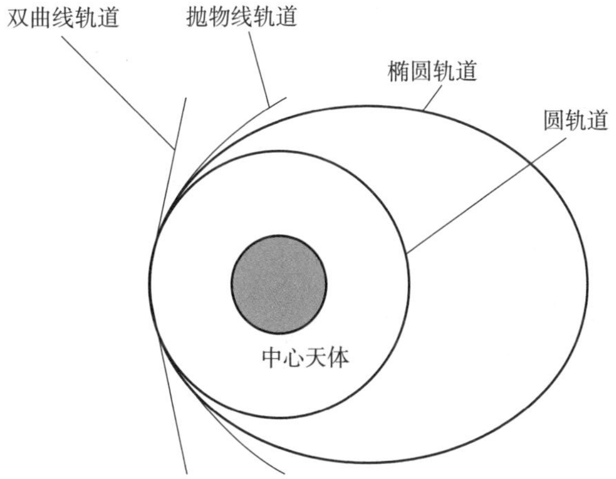

图 10－2　几种轨道类型示意图

无论哪种类型的轨道，航天器的位置和速度关系均满足活力公式（10－1），即

$$-\frac{\mu}{2a}=\frac{1}{2}v^2-\frac{\mu}{r} \tag{10-1}$$

式中，μ 为中心天体引力常数，地球引力常数 $\mu_E=3.986\ 004\ 415\times10^{14}\ \mathrm{m^3/s^2}$；$a$ 为轨道半

长轴；r 为航天器与中心天体的距离；v 为速度大小。从能量的角度出发，$-\frac{\mu}{2a}$ 为轨道总能量，$\frac{1}{2}v^2$ 为动能，$-\frac{\mu}{r}$ 为引力势能。

（1）圆轨道

准确地说，圆轨道应称为近圆轨道，其偏心率接近于 0，从能量的角度，其动能小于势能，即式（10－1）中 $\frac{1}{2}v^2 < \frac{\mu}{r}$，总能量为负，故轨道半长轴 $a > 0$，由此也可计算出航天器从地面起飞的环绕速度，即第一宇宙速度 $v_1 = \sqrt{\mu/r} \approx 7.9\ \text{km/s}$。圆轨道也是目前航天器应用最多的轨道类型，多用于对中心天体进行观测或进行通信业务应用的航天器，典型的如地球遥感卫星，通过设计合适的近圆轨道，以满足其对地球观测的空间覆盖。当对地球外天体（如月球、火星等）进行探测时，通常在航天器到达被探测天体后进行轨道控制，使航天器绕被探测天体圆轨道运行，以完成探测任务。

（2）椭圆轨道

椭圆轨道与圆轨道类似，动能仍小于势能，总能量为负，半长轴 $a > 0$，但其偏心率 $0 < e < 1$。椭圆轨道多用于航天器转移轨道或对中心天体观测有不同轨道高度要求的航天飞行任务。如：地球静止轨道卫星入轨后一般先进入近地点数百千米，远地点为静止轨道或高于静止轨道高度的大椭圆转移轨道，再通过若干次轨道机动后进入在轨运行轨道；某遥感卫星入轨后先进入约 300 km×700 km 的椭圆轨道，以满足不同轨道高度对地观测高分辨率的需求，待远地点逐渐衰减至约 500 km 时，再进行轨道机动，运行于轨道高度约 500 km 的圆轨道。在轨运行期间，可根据任务需求，再机动至 300 km×（490～700 km）的椭圆轨道完成对地观测任务。

（3）抛物线轨道

抛物线轨道动能等于势能，即 $\frac{1}{2}v^2 = \frac{\mu}{r}$，抛物线轨道总能量为 0，故轨道半长轴 a 为 ∞，由此可计算从地面起飞的逃逸速度，即第二宇宙速度 $v_2 = \sqrt{2\mu/r} \approx 11.2\ \text{km/s}$。抛物线是航天器脱离地球的最小逃逸轨道，即使航天器恰好能摆脱地球引力影响的路径，抛物线轨道没有远地点，也没有虚焦点，半长轴和焦点之间的距离是无限的，偏心率 $e = 1$。

（4）双曲线轨道

双曲线轨道的动能大于势能，即 $\frac{1}{2}v^2 > \frac{\mu}{r}$，总能量为正，故轨道半长轴 a 为负，定义为渐近线交点与拱线的距离，相同的约定也应用于焦距 $2c$，同为负值，但焦距绝对值大于长轴绝对值，因此偏心率大于 1，如图 10－3 所示。双曲线也是一种逃逸轨道，也没有远地点。双曲线轨道通常用于星际探测任务，如对太阳系内火星及其他天体的探测。

几类轨道参数的比较见表 10－1。

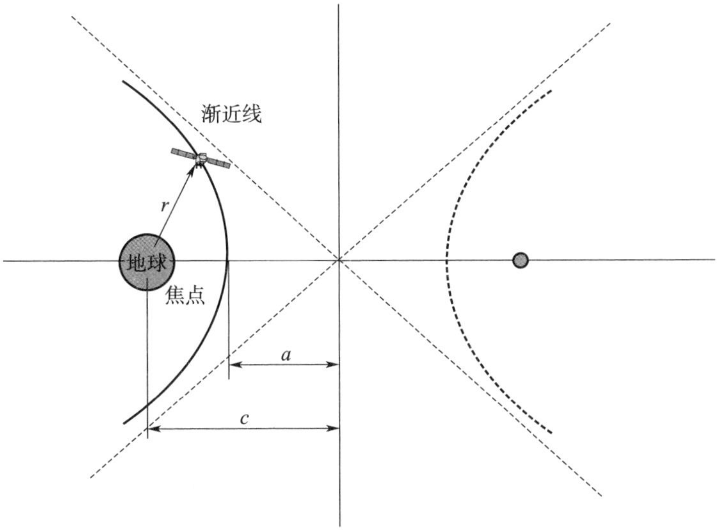

图 10-3　双曲线轨道示意图

表 10-1　几类轨道参数的比较

轨道	半长轴 a	焦距的一半 c	偏心率 e
圆轨道	$a>0$	$c=0$	$e=0$
椭圆轨道	$a>0$	$0<c<a$	$0<e<1$
抛物线轨道	$a=\infty$	$c=\infty$	$e=1$
双曲线轨道	$a<0$	$0<\lvert a\rvert<\lvert c\rvert$	$e>1$

10.2　常见的航天器轨道

如前所述，根据轨道偏心率，可将轨道分为圆轨道、椭圆轨道、抛物线轨道和双曲线轨道。但在航天工程应用中，考虑地球对航天器的摄动特性，以及特殊工程应用背景，常见的航天器轨道又包括以下几种类型：冻结轨道、太阳同步轨道、地球静止轨道及双曲线深空探测轨道等。

10.2.1　冻结轨道

航天器在中心引力场内运动，如果不考虑其他摄动，其轨道在惯性空间内保持不变。然而，对于卫星，地球并不是中心引力场，考虑地球非球形摄动时，卫星轨道面在惯性空间内有旋转运动，包括轨道面的进动和其拱线的旋转。

地球非球形摄动对近地点幅角和偏心率的影响如式（10-2）和式（10-3）所示

$$\dot{\omega}=\frac{3nJ_2R_e^2}{4a^2(1-e^2)}(4-5\sin^2 i)\left[1+\frac{J_3R_e}{2J_2a(1-e^2)}\cdot\frac{\sin^2 i-e\cos^2 i}{\sin i}\cdot\frac{\sin\omega}{e}\right] \tag{10-2}$$

$$\dot{e}=\frac{3nR_e^3 J_3 \sin i}{8a^3 (1-e^2)^2}(4-5\sin^2 i)\cos\omega \tag{10-3}$$

若只考虑 J_2 摄动项，式（10-2）和式（10-3）可简化为

$$\dot{\omega}=\frac{3n J_2 R_e^2}{4a^2(1-e^2)}(4-5\sin^2 i) \tag{10-4}$$

$$\dot{e}=0 \tag{10-5}$$

由式（10-4）可以看出，若需 $\dot{\omega}$ 为 0，则只有当 $4-5\sin^2 i$ 为 0，对应轨道倾角约为 63.43°或 116.57°时，轨道近地点幅角和偏心率基本不受地球非球形摄动的影响，这类轨道称为临界冻结轨道。

若同时考虑 J_2、J_3 摄动项，如式（10-3），当 $\omega=90°$或 270°时，$\dot{e}$ 为 0，即偏心率保持不变，选择合适的轨道半长轴 a 和轨道倾角 i 及偏心率 e，使得式（10-2）后半部分为 0，即式（10-6）为 0。

$$1+\frac{J_3 R_e}{2J_2 a(1-e^2)}\cdot\frac{\sin^2 i-e\cos^2 i}{\sin i}\cdot\frac{\sin\omega}{e}=0 \tag{10-6}$$

此时，可同时满足 $\dot{\omega}$ 和 $\dot{e}$ 均为 0，此类轨道称之为冻结轨道。式（10-6）中，若略去 e 的高阶小量，同时令 $\omega=90°$，则有

$$e=\frac{\sin i}{\cos i\cot i-2J_2 a/(J_3 R_e)} \tag{10-7}$$

可以看出，冻结轨道偏心率是轨道半长轴和倾角的函数。

10.2.2 太阳同步轨道

对于近地轨道航天器，其轨道摄动主要来自地球形状的影响，地球形状会对升交点赤经和近地点幅角进行摄动，其中，对升交点赤经的影响如式（10-8）所示

$$\dot{\Omega}=-\frac{3}{2}J_2\sqrt{\mu}\,\frac{R_e^2\cos i}{a^{7/2}(1-e^2)} \tag{10-8}$$

式中，一般取 $J_2=0.001\,082$，$R_e=6\,378\,140$ m 。由于地球公转，地球每天黄道上转过的角度 Ω_1 为 360/365.254 5=0.985 6(°)/d ，如果能够使 $\dot{\Omega}=\Omega_1$，即地球对航天器升交点赤经的摄动与地球每天在黄道上转过的角度相同，就可以实现航天器轨道始终和太阳的夹角不变，如图 10-4 所示，也即一段时间内地球绕太阳公转的角度 $\Delta\theta$ 等于地球对航天器升交点赤经摄动引起的角度变化量 $\Delta\Omega$ ，从而保证卫星对地球观测时每天的太阳光照角保持不变，此类轨道称为太阳同步轨道。

太阳同步轨道是近地卫星特别是对地观测卫星最常采用的一类轨道。由式（10-8）可以看出，$\dot{\Omega}$ 由轨道半长轴 a 、轨道倾角 i 和偏心率 e 共同决定。对于圆轨道卫星而言，其偏心率接近于 0，则 $\dot{\Omega}$ 仅由半长轴 a 、轨道倾角 i 决定，选择合适的轨道倾角和半长轴，即能够使 $\dot{\Omega}=\Omega_1$。对于太阳同步圆轨道，其轨道半长轴和高度与轨道倾角的关系如图 10-5 所示，可以看出，太阳同步轨道的半长轴和轨道倾角一一对应，且轨道倾角须满足

$90° < i < 180°$，为逆行轨道。

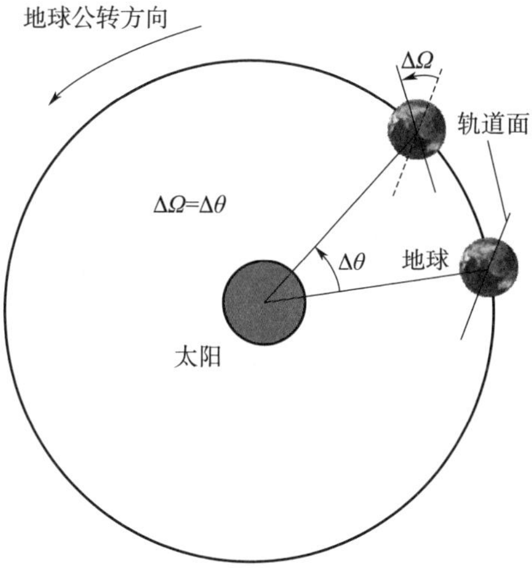

图 10－4　太阳同步轨道示意图

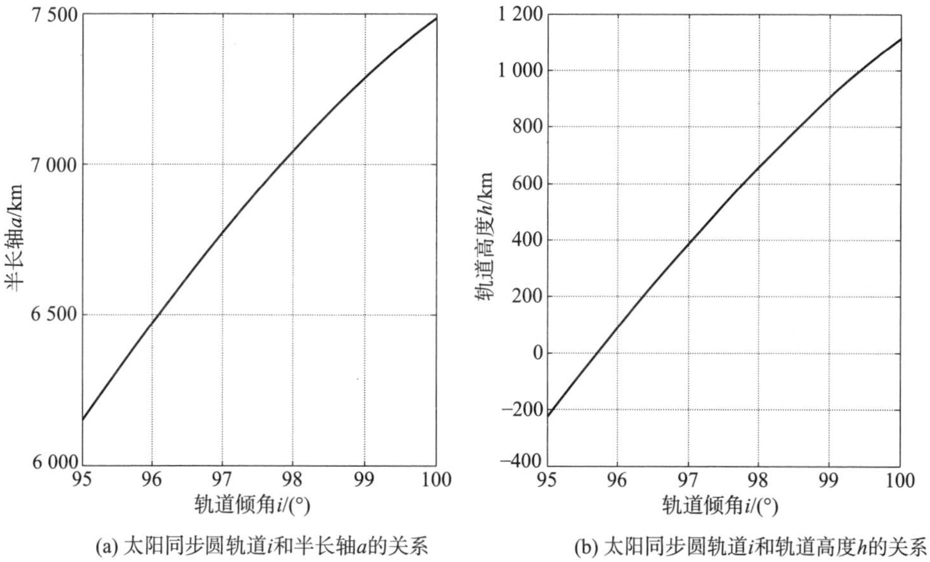

图 10－5　太阳同步轨道轨道倾角和半长轴及轨道高度的关系

（1）太阳同步回归轨道

回归轨道指航天器的器下点轨迹周期性地出现重叠现象的轨道，重复出现的周期即称为回归周期。由于回归轨道的卫星地面轨迹经过一个回归周期后重复原位置，因此，回归轨道也称为重复轨道。设轨道相对地球表面进动一周的时间间隔为 T_Ω ，航天器轨道周期（一般为交点周期）为 T_e ，若存在正整数 D 和 N ，满足

$$NT_\Omega = DT_e \tag{10-9}$$

这样的轨道称为回归轨道，即航天器在经过 D 天，正好运行 N 圈后，其地面轨迹开始重复，

如某近地回归轨道卫星每天运行 $14\frac{1}{7}$ 圈，则其经过 7 天运行 99 圈后，星下点轨迹开始重复。一些对地观测卫星，特别是测绘、遥感及资源卫星，要求对地面同一目标进行定期观测，回归轨道星下点轨迹定期重复的特性正好满足这一飞行任务要求。此外，地球同步轨道卫星只需运行一天就回到原来的位置，也是一种特殊的回归轨道。

如果太阳同步轨道具备回归特性，即称为太阳同步回归轨道。表 10-2 给出了几条特殊的太阳同步回归轨道的平均轨道参数，它们分别是每天运行 13、14、15、16 整圈的轨道。

表 10-2　几条特殊的太阳同步回归轨道

圈数	a /km	i /(°)	T /min	h /km(R =6 371 km)
13	7 635.262	100.726 00	110.769 2	1 257.1
14	7 266.470	99.007 16	102.857 1	895.5
15	6 939.142	97.659 05	96.000 0	568.1
16	6 646.283	96.583 18	90.000 0	275.3

（2）太阳同步冻结轨道

太阳同步轨道只考虑了轨道升交点赤经的长期摄动，然而，工程应用中，一些卫星要求卫星在不同时间通过同一地区时的高度尽可能不变。此时，若不考虑摄动对轨道近地点幅角 ω 的影响，由于椭圆轨道在轨道面内的转动，卫星在通过同一纬度地区时的高度可能有数十千米的变化，不利于卫星进行对地观测任务。

如 10.2.1 节所述，若太阳同步轨道同时考虑其冻结特性，选择合适的半长轴、轨道倾角及偏心率，使得 $\dot{\omega}$ 和 $\dot{e}$ 均为 0，此时，卫星在不同时刻通过同一纬度时具有相同的运动特性，即卫星在过同一地区时有相同的高度和速度，特别是用于对地观测的遥感卫星，可以使卫星在不同时刻经过同一地区所得到的遥感图片具有相同的几何特性，此类轨道称为太阳同步冻结轨道。工程应用中，常选择近地点幅角 $\omega=90°$，偏心率约为 1×10^{-3}，以满足太阳同步轨道冻结特性。

若太阳同步轨道同时具备回归和冻结特性，则称之为太阳同步回归冻结轨道。

10.2.3　地球静止轨道

地球静止轨道（GEO）的最早设计者是英国著名科幻家亚瑟·查尔斯·克拉克，他指出，发射到地球赤道上空约 36 000 km 高度的卫星，具有同地球自转速度一致的轨道角速度，因此，在该轨道上卫星相对地球上的观测者是静止的，可以作为地球上任意两地无线电通信的中间平台。1963 年美国发射了第一颗静止轨道卫星——SynCom-2 卫星，成功转播了 1964 年东京夏季奥运会，从此拉开了地球静止轨道发射和应用的序幕。迄今为止，有数百颗不同国家、不同组织的地球静止轨道卫星环绕在地球赤道上空约 36 000 km 的轨道上，担负着不同目的的通信、导航和中继任务。

不考虑地球扁率及各类摄动因素的地球静止轨道称为理想地球静止轨道。理想地球静止轨道的周期等于一个平恒星日，定义为地球任意子午面两次通过同一惯性方向的时间间隔。若已知地球自转角速度 ω_e ，理想静止轨道角速度为 $\omega_e = 7.292\ 115\ 85 \times 10^{-5}$ rad/s ，则一个平恒星日为：$2\pi/\omega_e = 23$ h 56 m 04 s $= 86\ 164.0$ s 。

假设地球为均质球体，以匀速自转角速度绕定轴旋转情况下，理想地球静止轨道为圆心位于地球质心的圆轨道。由牛顿万有引力，作用在距离为 r 的任意两个物体之间的引力为

$$F = \frac{gM_e m}{r^2} = \frac{\mu m}{r^2} \tag{10-10}$$

定义地球引力常数 $\mu = gM_e = 398\ 600.441\ 5(\mathrm{km}^2/\mathrm{s}^3)$（按 JGM－3 地球引力场模型），质量为 m 的卫星在以半径为 r 、角速度为 ω_e 的圆轨道上运行，离心力表示为

$$F_r = m\omega_e^2 r = \frac{\mu m}{r^2} \tag{10-11}$$

因此，理想静止轨道半径为：$r = \sqrt[3]{\mu/\omega_e^2} = 42\ 164.2$ km，则有轨道高度 $h = r - R_e = 35\ 786.06$ km，其中，$R_e = 6\ 378.136\ 30$ km，为地球半径（地球引力场 JGM－3）。

定义从地心到卫星连线扫过的平面为轨道平面，则理想静止轨道平面与地球赤道平面重合。设想卫星轨道面与地球赤道面不重合，则卫星半天在地球赤道以南，半天在地球赤道以北，赤道上的观测者半天在南方，半天在北方看到卫星，卫星具有相对地面观测点的运动，因此，理想静止轨道平面与赤道平面重合。

对于理想地球静止轨道，唯一的自由度是赤道经度，也是其区别不同地球静止轨道卫星唯一的参数，如图 10－6 所示。

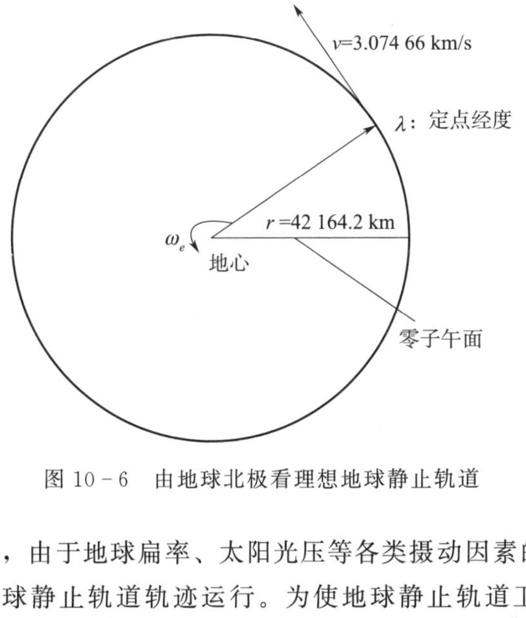

图 10－6　由地球北极看理想地球静止轨道

然而，实际应用中，由于地球扁率、太阳光压等各类摄动因素的影响，地球静止轨道卫星不可能沿着理想地球静止轨道轨迹运行。为使地球静止轨道卫星保持在一定的范围内，需要对其进行位置保持，同时，也可以利用其摄动特性，使多颗地球静止轨道卫星在

同一定点经度共位运行而互不影响，具体原理详见 10.4 节。

10.2.4 双曲线深空探测轨道

双曲线轨道通常用于进行本天体以外星体及星际空间的探测。以深空探测地火转移轨道为例，如图 10-7 所示的地火转移轨道曲线，其起点为探测器转移出地球影响球，距离约为 92 万 km，终点为探测器接近火星影响球（深空机动时刻），距离地球约 2 900 万 km。

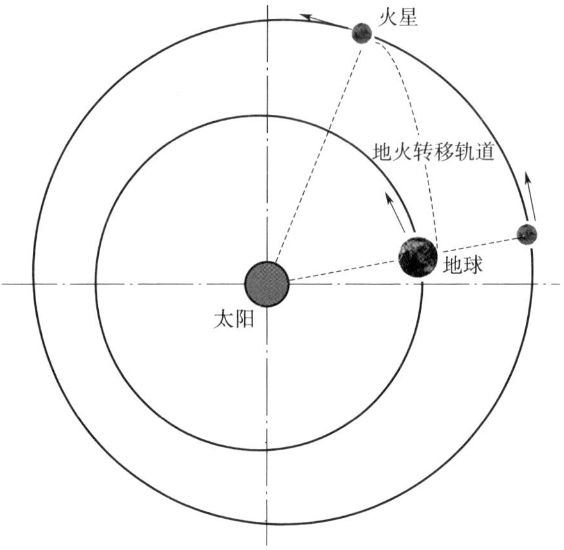

图 10-7 地火转移轨道示意图

特征能量是行星际探测任务所需能量的一个度量，也是运载火箭能够给一个已知质量的航天器所能提供的最大能量的一个度量。由活力公式（10-1）可以看出，当探测器距离中心天体位置无穷大（一般可以按照引力影响球边缘计算）时，即 $r=\infty$，此时势能为 0，对应的速度 $\boldsymbol{v}=\boldsymbol{v}_{\infty}$，可得特征能量 C_3 计算式为

$$C_3=\boldsymbol{v}_{\infty}^2=-\frac{\mu}{a} \tag{10-12}$$

探测器以双曲线轨道离开地球，进入地火转移轨道的过程如图 10-8 所示，其中，行星引力影响球半径计算式为

$$R_{\mathrm{SOI}}=r\left(\frac{m}{m_{\mathrm{sun}}}\right)^{\frac{2}{5}} \tag{10-13}$$

式中，m 为行星质量；m_{sun} 为太阳质量；r 为行星与太阳的距离。对于地球而言，影响球半径约为 92.5 万 km（0.006 2 AU），火星影响球半径约为 57.7 万 km（0.003 9 AU）。当探测器离开地球引力影响球时，进行一次深空机动，速度增量为 $\boldsymbol{v}_E$，如图 10-9（a）所示，探测器以速度 $\boldsymbol{v}_1$ 飞往火星，有 $\boldsymbol{v}_{\mathrm{SOIE}}=\boldsymbol{v}_1-\boldsymbol{v}_E$，$\boldsymbol{v}_{\mathrm{SOIE}}$ 为探测器离开地球（地球影响球边缘）时相对地球的速度。当探测器接近火星引力影响球时，再进行一次深空机动，速度增量为 $\boldsymbol{v}_M$，如图 10-9（b）所示，探测器以速度 $\boldsymbol{v}_2$ 进入火心双曲线轨道，有 $\boldsymbol{v}_{\mathrm{SOIM}}=\boldsymbol{v}_2-$

$\boldsymbol{v}_M$，$\boldsymbol{v}_{\mathrm{SOIM}}$ 为探测器到达火星（火星影响球边缘）时相对火星的速度。

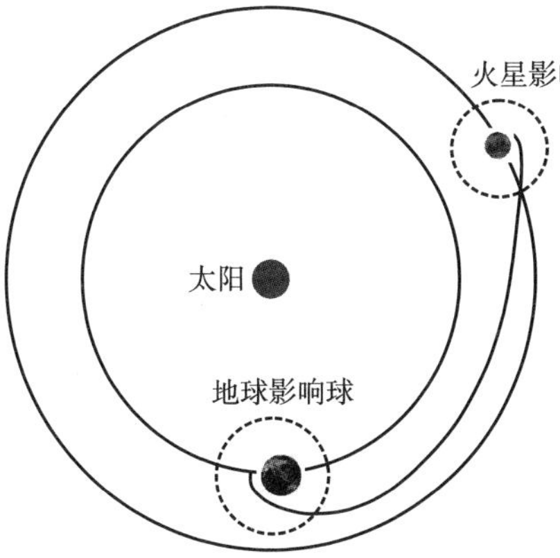

图 10－8　探测器地火转移过程示意图

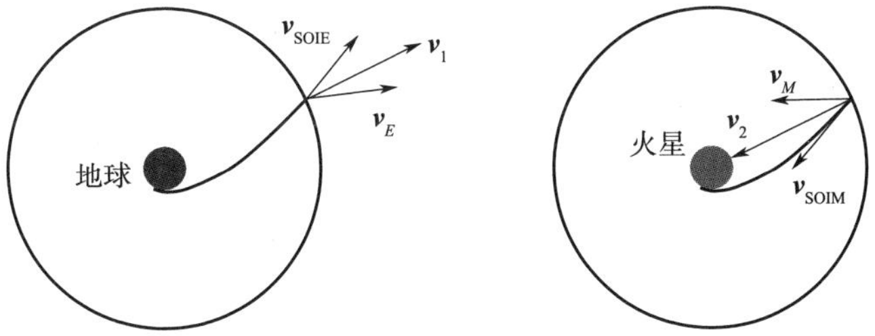

(a) 地心双曲线轨道　　(b) 火心双曲线轨道

图 10－9　地火双曲线轨道

10.3　轨道运动及控制方程

工程应用中，对于地球轨道航天器，大多运行在近圆轨道，本节主要阐述此类地球轨道航天器的轨道运动及摄动方程。

10.3.1　摄动运动及轨道控制动力学方程

为了对地球轨道航天器摄动运动及轨道控制进行数学描述，建立航天器轨道坐标系 $OXYZ$，坐标原点 O 与航天器质心重合，X 轴沿径向，Y 轴与径向垂直，沿运动方向为正，Z 轴沿轨道面法向，与 OX，OY 组成右手直角坐标系，如图 10－10 所示，$O_1X_1Y_1Z_1$ 为地心惯性坐标系。

航天器轨道动力学一般方程可表示为

$$\boldsymbol{X}_2 = R(\boldsymbol{X}_1, \boldsymbol{Y}, \boldsymbol{Z}) + \boldsymbol{F}(\boldsymbol{U}) \tag{10-14}$$

式中，$\boldsymbol{X}_1$，$\boldsymbol{X}_2$ 为航天器轨道运动状态矢量；$\boldsymbol{Y}$ 为气动力矢量；$\boldsymbol{Z}$ 为日、月、天体位置状态矢量；$\boldsymbol{R}$ 为引力和大气摄动力的函数；$\boldsymbol{F}$ 为变轨发动机推力矢量；$\boldsymbol{U}=[n,\ t_s,\ \Delta t,\ f(\tau),$

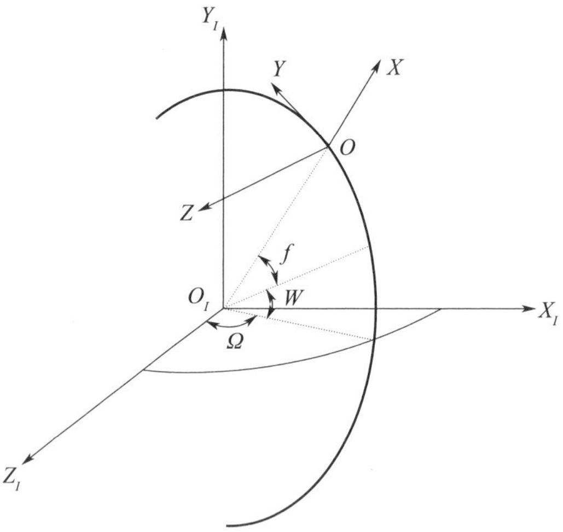

图 10-10　坐标系示意图

θ，ϕ，ψ] 为轨道控制矢量；n 为航天器从入轨点算起的运行圈数；t_s 为变轨发动机开机时刻；Δt 为发动机工作时间长度；$f(\tau)$ 为发动机推力（是发动机累积工作时间的函数）；θ，ϕ，ψ 为航天器姿态角。

对于近地卫星，由于地球非球形产生的引力摄动、大气阻力摄动是主要摄动因素，且卫星轨道为近圆轨道，因此，对轨道参数 a、i、$\xi = e\cos\omega$、$\eta = e\sin\omega$、$\lambda = M + \omega$，在将变轨发动机推力也视为摄动力的条件下，卫星的摄动运动方程为

$$\frac{\mathrm{d}a}{\mathrm{d}t} = \frac{2}{n\sqrt{1-e^2}}[a_x(\xi\sin u + \eta\cos u) + a_y(1 + e\cos f)] \tag{10-15}$$

$$\frac{\mathrm{d}\xi}{\mathrm{d}t} = \frac{\sqrt{1-e^2}}{na}\left\{a_x\sin u + \frac{a_y}{\sqrt{1-e^2}}\left[\left(1+\sqrt{1-e^2}\right)\cos u - \frac{\xi}{1+\sqrt{1-e^2}}(\xi\cos\tilde{u} + \eta\sin\tilde{u})\right]\right\} + \eta\cos i\,\frac{\mathrm{d}\Omega}{\mathrm{d}t} \tag{10-16}$$

$$\frac{\mathrm{d}\eta}{\mathrm{d}t} = \frac{\sqrt{1-e^2}}{na}\left\{a_x\cos u + \frac{a_y}{\sqrt{1-e^2}}\left[\left(1+\sqrt{1-e^2}\right)\sin u - \frac{\xi}{1+\sqrt{1-e^2}}(\xi\cos\tilde{u} + \eta\sin\tilde{u})\right]\right\} + \xi\cos i\,\frac{\mathrm{d}\Omega}{\mathrm{d}t} \tag{10-17}$$

$$\frac{\mathrm{d}i}{\mathrm{d}t} = \frac{r\cos u}{na^2\sqrt{1-e^2}}a_z \tag{10-18}$$

$$\frac{\mathrm{d}\Omega}{\mathrm{d}t} = \frac{r\sin u}{na^2\sqrt{1-e^2}\sin i}a_z \tag{10-19}$$

$$\frac{d\lambda}{dt}=n-\frac{\sqrt{1-e^2}}{na}\left\{2a_x\sqrt{1-e^2}\left(\frac{r}{p}\right)+\frac{1}{1+\sqrt{1-e^2}}\left[a_x(\xi\cos u+\eta\sin u)-a_y\left(1+\frac{r}{p}\right)(\xi\sin u-\eta\cos u)\right]\right\}-\cos i\frac{d\Omega}{dt} \tag{10-20}$$

其中，$u=\omega+f$，$\tilde{u}=\omega+E$，$n=\sqrt{\frac{\mu}{a^3}}$，$p=a(1-e^2)$，$r=a(1-e\cos E)$，$\cos f=\frac{\cos E-e}{1-e\cos E}$，$\sin f=\frac{\sqrt{1-e^2}\sin E}{1-e\cos E}$，$E$ 由式（10－21）迭代求解

$$E-e\sin E=M \tag{10-21}$$

a_x，a_y，a_z 为大气阻力摄动 (α)、地球形状摄动 (β)、日月引力摄动 (χ) 及轨控推力 (δ) 在卫星轨道坐标系上的投影之和，其中

$$a_x=a_{x\alpha}+a_{x\beta}+a_{x\chi}+a_{x\delta} \tag{10-22}$$

$$a_y=a_{y\alpha}+a_{y\beta}+a_{y\chi}+a_{y\delta} \tag{10-23}$$

$$a_z=a_{z\alpha}+a_{z\beta}+a_{z\chi}+a_{z\delta} \tag{10-24}$$

与轨控推力相比，大气阻力摄动、地球形状摄动、日月引力摄动是一个小量，则有

$$a_x=0 \tag{10-25}$$

$$a_y=a_{y\delta} \tag{10-26}$$

$$a_z=0 \tag{10-27}$$

Y 方向轨控推力仅改变平面内的轨道参数，仅考虑 Y 方向轨控推力的动力学方程为

$$\frac{da}{dt}=\frac{2(1+e\cos f)}{n\sqrt{1-e^2}}a_y \tag{10-28}$$

$$\frac{d\xi}{dt}=\frac{\sqrt{1-e^2}}{na}\left[\left(1+\frac{r}{p}\right)\cos u+\frac{r}{p}\xi\right]a_y \tag{10-29}$$

$$\frac{d\eta}{dt}=\frac{\sqrt{1-e^2}}{na}\left[\left(1+\frac{r}{p}\right)\sin u+\frac{r}{p}\eta\right]a_y \tag{10-30}$$

10.3.2　轨道平面内控制

轨道平面内控制即指改变轨道大小（a）、轨道形状（i）及近地点幅角（ω）的机动控制。假设在脉冲推力下，对于小偏心率的近圆轨道，则有方程

$$\Delta a=\frac{2a}{v}\Delta v_y \tag{10-31}$$

$$\Delta\xi=\frac{2}{v}\cos u\Delta v_y \tag{10-32}$$

$$\Delta\eta=\frac{2}{v}\sin u\Delta v_y \tag{10-33}$$

式中，Δa，$\Delta\xi$，$\Delta\eta$ 是实际轨道与标称轨道的差值，有以下关系

$$(\Delta e)^2=(\Delta\xi)^2+(\Delta\eta)^2 \tag{10-34}$$

此时，又分以下 3 种情况：

(1) $(\Delta a/a)^2>(\Delta e)^2$

这种情况下，可以用符号相同的两个脉冲来修正 a，e 和 ω，第一个速度增量的位置 u_1 可任选，位置选定后速度增量的大小以及第二个速度增量的大小和位置即完全确定，如图 10－11 所示。

$$\Delta v_1=\frac{v}{4}\frac{\left(\frac{\Delta a}{a}\right)^2-(\Delta\xi^2+\Delta\eta^2)}{\frac{\Delta a}{a}-(\Delta\xi\cos u_1+\Delta\eta\sin u_1)} \tag{10-35}$$

$$\Delta v_2=\frac{v\Delta a}{2a}-\Delta v_1 \tag{10-36}$$

$$\cos u_2=\frac{v}{2\Delta v_2}\left(\Delta\xi-\frac{2\Delta v_1}{v}\cos u_1\right) \tag{10-37}$$

$$\sin u_2=\frac{v}{2\Delta v_2}\left(\Delta\eta-\frac{2\Delta v_1}{v}\sin u_1\right) \tag{10-38}$$

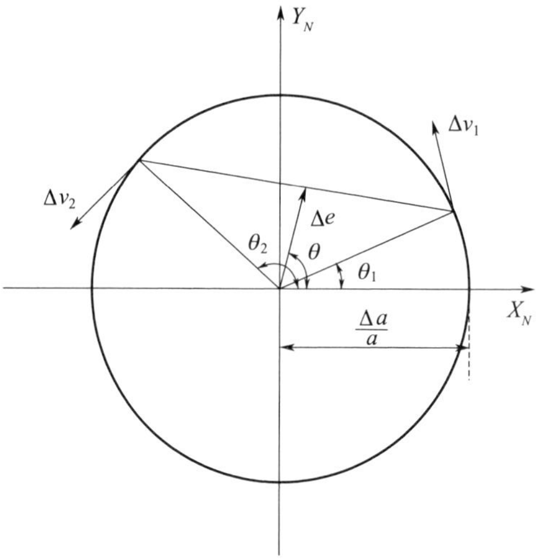

图 10－11 同向双脉冲控制原理示意图

(2) $(\Delta a/a)^2<(\Delta e)^2$

这种情况下，两次机动的位置和速度增量的大小都是完全确定的，速度增量的方向相反，位置相差 180°，如图 10－12 所示。

$$\Delta v_1=\frac{v}{4}\left(\frac{\Delta a}{a}+\sqrt{\Delta\xi^2+\Delta\eta^2}\right) \tag{10-39}$$

$$\cos u_1=\frac{\Delta\xi}{\sqrt{\Delta\xi^2+\Delta\eta^2}} \tag{10-40}$$

$$\sin u_1=\frac{\Delta\eta}{\sqrt{\Delta\xi^2+\Delta\eta^2}} \tag{10-41}$$

$$\Delta v_2 = \frac{v}{4}\left(\frac{\Delta a}{a} - \sqrt{\Delta\xi^2 + \Delta\eta^2}\right) \tag{10-42}$$

$$\cos u_2 = \frac{\Delta\xi}{\sqrt{\Delta\xi^2 + \Delta\eta^2}} \tag{10-43}$$

$$\sin u_2 = \frac{\Delta\eta}{\sqrt{\Delta\xi^2 + \Delta\eta^2}} \tag{10-44}$$

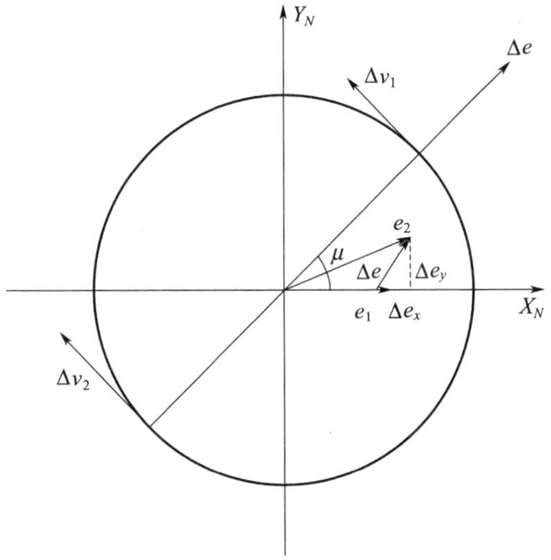

图 10-12 反向双脉冲控制原理示意图

(3) $(\Delta a/a)^2 = (\Delta e)^2$

在这种情况下，利用一次轨道机动控制即可完成对 a 和 e 的协调控制。

$$\Delta v = \frac{v}{2a}\Delta a \tag{10-45}$$

$$\cos u = \frac{\Delta\xi}{\sqrt{\Delta\xi^2 + \Delta\eta^2}} \tag{10-46}$$

$$\sin u = \frac{\Delta\eta}{\sqrt{\Delta\xi^2 + \Delta\eta^2}} \tag{10-47}$$

10.3.3 轨道平面控制

轨道面法向轨控推力只改变平面外的轨道参数，仅考虑轨道面法向轨控力的动力学方程为式（10-18），改变轨道面的控制是通过提供速度增量 Δv_z ，改变倾角 i 来达到维持希望的轨道升交点，保证太阳同步的目的。由上述轨道要素变化计算公式可以看出，当变轨点不在赤道上空时，利用轨道平面的法向力 a_{zt} 会同时改变 i，Ω 的值。如果不希望改变 Ω 的值，则应该在升交点或降交点变轨改变倾角 i 。

若在升交点变轨改变倾角 i ，则 $\omega + f = 0$，轨控方程简化为

$$\Delta i = \frac{a\,\Delta v_z}{\sqrt{\mu a}} = \frac{\Delta v_z}{na} \tag{10-48}$$

其中

$$n = \sqrt{\frac{\mu}{a^3}}$$

若在降交点变轨改变倾角 i ，则 $\omega + f = \pi$ ，轨控方程简化为

$$\Delta i = \frac{a(-\Delta v_z)}{\sqrt{\mu a}} = \frac{-\Delta v_z}{na} \tag{10-49}$$

以升交点变轨为例，对于一个较长时间的推力作用，需要积分 Gauss 方程

$$\mathrm{d}i = \frac{\cos(\omega + f)}{na}(a_{zt})\,\mathrm{d}t = \frac{\cos\theta}{na}(a_{zt})\,\mathrm{d}t \tag{10-50}$$

对长为 2α 的弧段上和升交点上的推力来说，有

$$\mathrm{d}\theta = n\,\mathrm{d}t \tag{10-51}$$

$$\Delta i = \int_{-\alpha}^{+\alpha} \frac{\cos\theta}{n^2 a} a_{zt}\,\mathrm{d}\theta = 2a_{zt}\frac{\sin\alpha}{n^2 a} \tag{10-52}$$

令 $2\alpha = n\Delta t_{zb}$， $a_{zt} = F_t/m$ ，则有

$$\Delta i = \frac{\sin\alpha}{\alpha}\frac{F_t}{mna}\Delta t_{zb} \tag{10-53}$$

$$\Delta t_{zb} = \frac{2}{n}\arcsin\left(\frac{mn^2 a}{2F_t}\Delta i\right) \tag{10-54}$$

如果推力是变化的，可利用式（10-55）求出平均推力

$$\overline{F}_t = \frac{1}{\Delta t_{zb}}\int_0^{\Delta t_{zb}} F(t + \tau_0)\,\mathrm{d}t \tag{10-55}$$

式中，τ_0 为发动机已累积工作的时间。

10.4　典型航天器轨道控制

10.4.1　初始轨道捕获与轨道维持

10.4.1.1　初始轨道捕获

由于运载火箭入轨偏差和初始轨道设计等原因，卫星入轨后，初始轨道通常与在轨设计运行轨道不一致，此时，需要选择合适的时机调整轨道，消除轨道偏差，建立卫星正常运行轨道，这一过程也称为卫星初始轨道捕获。

图 10-13 所示为航天器初始轨道捕获示意图，假设某航天器在轨运行目标轨道为 a ，e，i，Ω，ω，M ，入轨后初始轨道根数为 a'，e'，i'，Ω'，ω'，M' ，初始轨道捕获即通过一系列轨道控制，将航天器运行轨道调整至目标运行轨道的过程。

如某海洋卫星设计采用 13 天飞行 197 圈的太阳同步冻结轨道，标称轨道根数为：半长轴为 6 892.1 km，偏心率为 0.001 2，轨道倾角为 97.472°，近地点幅角约为 90°，见表 10-3。

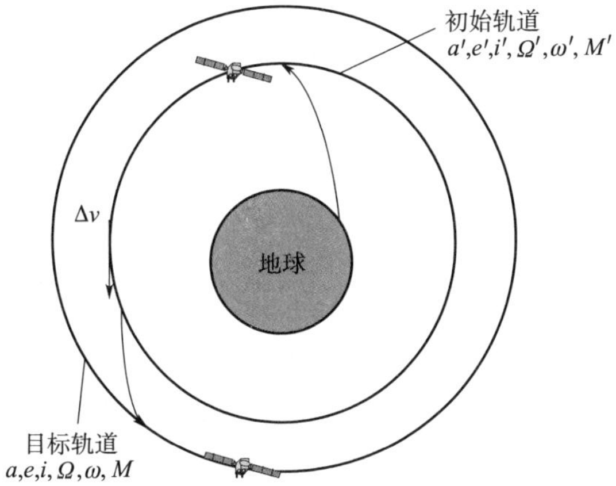

图 10-13　航天器初始轨道捕获示意图

表 10-3　某海洋卫星初始轨道及目标轨道

	半长轴 a/km	偏心率 e	倾角 i/(°)	升交点赤经/(°)	近地点幅角/(°)	平近点角/(°)
初始轨道	6 892.2	0.000 009	97.469	322.09	177.137	347.4
目标轨道	6 892.1	0.001 2	97.472	324.01	90.088	178.2

根据初始轨道，设计其初始轨道捕获控制策略见表 10-4。

表 10-4　某海洋卫星初始轨道捕获控制策略

控制次数		a/m	e	i/(°)	Ω/(°)	ω/(°)	M/(°)	方向	控制量/km	圈次
1	点火点	6 892.2	0.000 080	97.470 5	323.007 4	179.213 2	345.459 8	$+X$	$\Delta a=0.5$	15
	熄火点	6 892.7	0.000 151	97.470 5	323.007 7	172.697 7	353.712 2			
2	点火点	6 892.7	0.000 224	97.471 8	323.973 3	172.910 9	259.516 1	$+X$	$\Delta a=3.9$	30
	熄火点	6 896.6	0.000 600	97.471 8	323.975 8	101.462 2	345.197 5			
3	点火点	6 896.6	0.000 601	97.471 8	324.005 7	101.526 8	149.228 7	$-X$	$\Delta a=-4.5$	31
	熄火点	6 892.1	0.001 228	97.471 8	324.008 9	90.088 4	178.154 0			

整个轨道捕获控制策略分 3 次轨道控制完成，通过运载火箭射向及弹道设计，卫星入轨后轨道半长轴和轨道倾角已满足在轨运行要求，但偏心率和近地点幅角不满足太阳同步冻结轨道的要求，因此，整个初始轨道捕获控制主要通过半长轴调整，以满足在轨运行轨道对近地点幅角和偏心率的要求，属于轨道平面内控制。考虑飞行程序安排及测控条件等因素，分别选择卫星入轨后的第 15、30 及 31 圈进行轨道控制。其中，第 1 次控制为加速控制，考虑推力器标定等因素，控制量较小，半长轴调整量约为 0.5 km，第 2 次控制也为加速控制，半长轴调整量约为 3.9 km，最后一次控制为减速控制，半长轴调整量约为 −4.5 km，最终，卫星进入标称运行轨道。

10.4.1.2 轨道维持

卫星长期在轨道运行期间，由于受到地球非球形、太阳引力和大气阻力等的影响，其轨道半长轴等参数将随时间不断变化，从而偏离标称轨道，逐渐出现不满足在轨运行要求的情况。如某近地卫星在轨运行期间对星下点轨迹要求较高，当星下点轨迹偏离标称值超出一定的精度范围时，必须进行轨道机动，使其重新满足在轨星下点轨迹要求，此类轨道机动也称为卫星轨迹维持。近地轨道常规轨迹保持设计时，通常只考虑大气阻力和地球摄动 J_2 项对半长轴 a 的影响，一般采用半长轴超调策略控制地面轨迹的漂移。

如图 10－14 所示，初始时刻，将半长轴偏置为 $a = a_0 + \Delta a$，这时卫星通过轨迹约束的东边界，即 $\lambda = \lambda_0 + \Delta\lambda$；由于大气阻力的影响，半长轴 a 逐渐减小，当 $a = a_0$ 时，卫星通过西边界，即 $\lambda = \lambda_0 - \Delta\lambda$；最后半长轴等于 $a = a_0 - \Delta a$ 时，卫星又回到 $\lambda = \lambda_0 + \Delta\lambda$，轨道机动重新将半长轴调整至 $a = a_0 + \Delta a$，这样，在轨运行期间，通过轨道维持，始终使半长轴 a 保持在 $a_0 - \Delta a \leqslant a \leqslant a_0 + \Delta a$ 范围内，对应的卫星轨迹约束在 $\lambda_0 - \Delta\lambda \leqslant \lambda \leqslant \lambda_0 + \Delta\lambda$ 范围内。

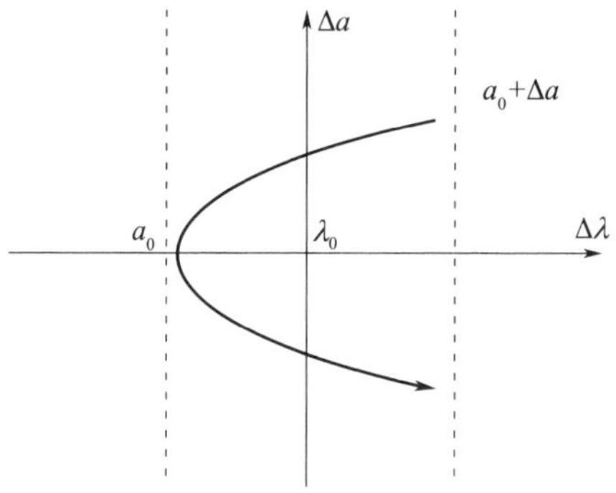

图 10－14 星下点轨迹的演变和控制

工程应用中，通常根据具体任务给定 $\Delta\lambda$ 的允许值来设计 Δa 的值。如图 10－15 所示，当半长轴 $a = a_0 + \Delta a$ 时，表示卫星完成轨迹捕获建立标称轨道后的轨迹漂移环；当 Δa 过大，即初始半长轴偏置过大时，轨迹漂移环时间较长，导致卫星漂移出西边界，即对应降交点经度超出 $\lambda_0 - \Delta\lambda$；当 Δa 过小，即半长轴偏置量过小时，导致卫星很快掉头向东漂移，增加了轨控次数。选择合适的初始半长轴既能保证轨迹漂移环不出边界，也能保证卫星在漂移环内保持时间够长，减少轨控次数。

10.4.2 星座构型控制

一些具有特殊需求的空间任务要求卫星对地面的空间覆盖率和时间分辨率水平较高，或者要求若干颗卫星同时工作才能完成在轨任务，这种情况下，需要建立卫星星座以满足空间任务需求。卫星星座可以是单个类型星座（如 Walker－δ 星座、玫瑰星座、σ 星座、Ω 星座等），也可以是多种类型星座组成的混合星座，如我国的北斗导航卫星系统是由 MEO、IGSO、GEO 等不同高度，不同倾角的多颗卫星组成的混合星座。卫星星座构型通

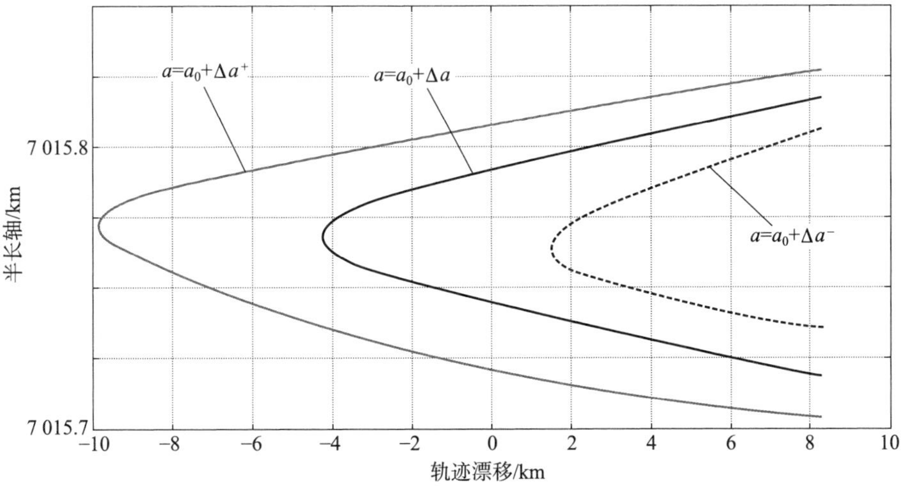

图 10-15　轨迹漂移环示意图

常对卫星有轨道面及轨道面内相位等要求，由于运载、发射窗口等多种因素制约，星座组网卫星入轨后一般不满足星座组网要求，因此，需要根据星座组网要求进行星座构型控制。根据星座组网需求不同，可能包括对组网卫星轨道半长轴、倾角及升交点赤经的控制需求。

以某遥感卫星通过半长轴调整进行星座组网为例，该卫星星座设计由 15 颗卫星组成，均匀分布于 3 个轨道面，每个轨道面的 5 颗星相位呈均匀分布（相邻两颗星之间相位差为 72°）。具体实施过程中，同一轨道面的 5 颗卫星以一箭 5 星方式发射入轨，要求对其进行星座组网控制，完成 5 颗星相位均匀分布的星座构型控制。

假设入轨后 5 颗星（m_1，m_2，m_3，m_4，m_5）的初始半长轴具有如下关系：$a_{m1} > a_{m2} > a_{m3} > a_{m4} > a_{m5}$，如图 10-16 所示，则最优组网控制策略如下：

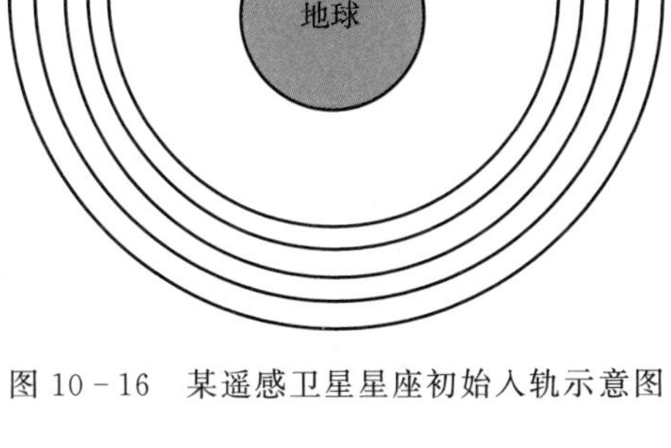

图 10-16　某遥感卫星星座初始入轨示意图

1）首先对 m_1 卫星进行轨道抬升，将其轨道半长轴控制至标称轨道半长轴 $a_{m\max}$，并以 m_1 卫星作为基准星对其他卫星进行相位控制。

2）在运行过程中，由于各星轨道半长轴不同，5 颗卫星间相对相位持续发生变化。轨道半长轴较小的卫星相位逐步超前，当 m_2 卫星与 m_1 卫星相位差达到 72°时，对 m_2 卫星进行轨道抬升，调整其半长轴至标称值，如图 10-17 所示。

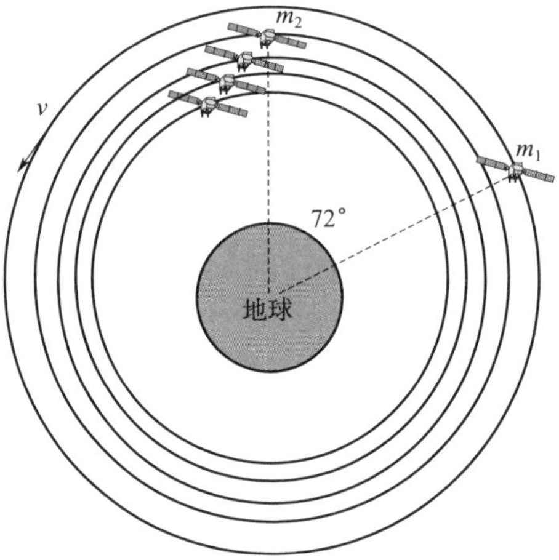

图 10-17 初始布局过程示意图

3）当 m_3 卫星与 m_1 卫星相位差达到 2×72°时，控制 m_3 卫星进行轨道抬升，调整其半长轴至标称值，m_4 卫星和 m_5 卫星与 m_2 卫星和 m_3 卫星控制时机类似，分别当其与 m_1 卫星的相位差达到 3×72°和 4×72°时，对其进行半长轴控制。

最终，5 颗星形成图 10-18 所示的星座构型，由于 5 颗星半长轴基本一致，其星座构型在一定时间内基本保持不变，星座构型稳定。

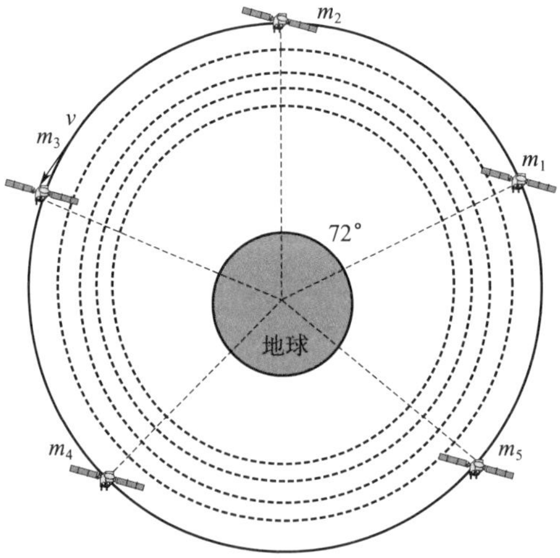

图 10-18 星座构型示意图

10.4.3　交会对接控制

航天器空间交会对接（Rendezvous and Docking，RVD）是 20 世纪 60 年代中期发展起来的一项有战略意义的空间技术，它不仅是航天技术从试验型到应用型转变的重要标志，也是一个国家航天技术发展水平的重要标志。中国载人航天工程是中国空间科学实验的重大战略工程之一，其中，神舟八号、神舟九号飞船实现首次自动交会对接和手动交会对接，标志着我国掌握并实现了航天器空间交会对接的关键技术。

航天器空间交会对接技术包括两个相互衔接的空间操作：空间交会和空间对接。所谓空间交会是指目标航天器不做任何机动，在预定轨道上稳定飞行，而追踪航天器执行一系列的轨道机动，与目标航天器在空间轨道上按预定的位置和时间相会。所谓空间对接是指在完成交会以后，两个航天器在空间轨道上接近、接触、捕获和校正，最后紧固连接成一个组合航天器的过程，如图 10－19 所示。

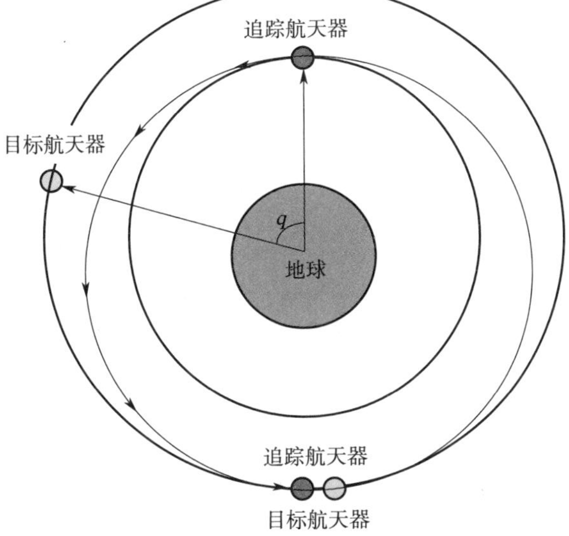

图 10－19　航天器交会对接原理示意图

在交会对接的过程中，根据两个航天器相对距离、控制和制导方式的不同，一般又将交会对接过程分为 3 个阶段：远程导引段、近程导引段、平移靠拢段。

1）远程导引段，也称为调相段，是指追踪航天器在地面控制（或自主控制）下，通过若干次轨道机动，从追踪航天器入轨点到其器上敏感器捕获到目标航天器为止。

2）近程导引段，是指从追踪航天器器上敏感器捕获目标航天器起，至控制系统将追踪航天器引导到目标航天器附近某一点为止。根据控制目标及任务不同，近程导引段通常又可细分为寻的段和接近段。寻的段的主要任务是捕获目标轨道，减小轨迹散布，保证接近段初始点所需的位置与速度要求；接近段的任务是进一步减小两个航天器的相对距离，为最后平移靠拢段提供合适的位置、速度和姿态条件。

3）平移靠拢段，是指从追踪航天器进入接近走廊开始，到两个航天器对接机构开始接触为止，目标是使追踪航天器位置、速度和姿态满足交会对接条件。在实际应用中，接近段和最后平移靠拢段并无明确的界限。

以我国神舟飞船（追踪航天器）与天宫空间实验室（目标航天器）交会对接为例，其整个交会对接过程如图 10－20 所示。

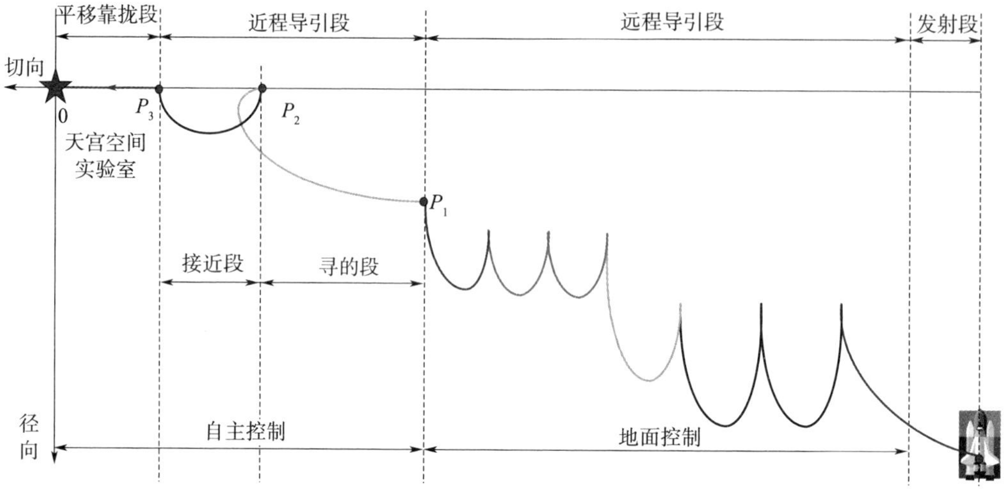

图 10－20　神舟与天宫交会对接过程示意图

初始时刻，天宫空间实验室处于正常运行的圆轨道（轨道高度约为 400 km）上，神舟飞船通过发射窗口选择，入轨后尽可能与天宫空间实验室运行在同一轨道面，初始轨道为椭圆轨道。神舟飞船入轨后即进入远程导引段，随后，经过 5 次轨道控制完成远程导引，具体过程如图 10－21 所示。

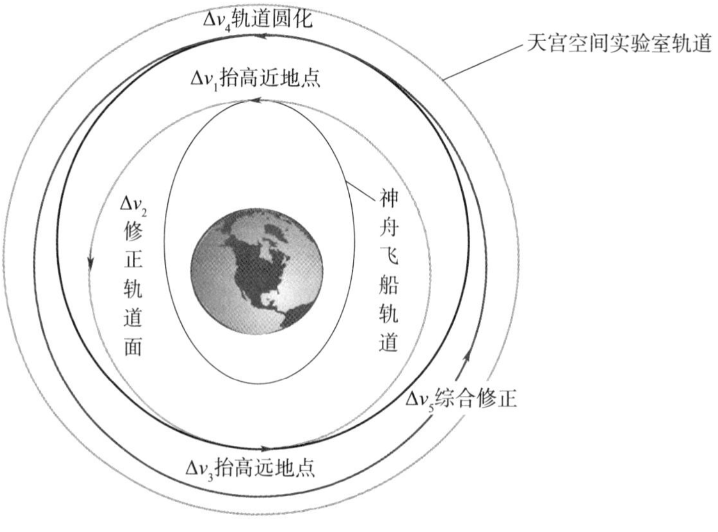

图 10－21　神舟飞船与天宫空间实验室远程导引示意图

远程导引段的 5 次变轨具体目标如下：

1）提高近地点高度。在远地点点火控制抬高轨道的近地点，使神舟飞船达到在相位上能够追赶目标飞行器合适的轨道角速度，神舟飞船轨道相位逐渐逼近目标飞行器。

2）修正轨道面偏差。消除发射时产生的轨道面偏差，包括轨道倾角偏差和升交点赤经偏差，确保神舟飞船与天宫空间实验室位于同一轨道面。

3）提高远地点高度。在近地点点火控制，使神舟飞船轨道远地点达到目标高度。

4）圆化轨道。在远地点附近点火控制进行轨道圆化，使神舟飞船进入能够满足交会对接要求的圆轨道。

5）综合修正。进入寻的段之前的轨道修正，尽可能消除轨道偏差，满足精度要求，标称情况下此次变轨控制量为 0。

远程导引结束后，神舟飞船与天宫空间实验室位于共面的圆轨道上，相对距离约为 50 km。随后，交会对接过程进入近程导引段和平移靠拢段，直至神舟飞船与天宫空间实验室交会对接完成，如图 10－22 所示。

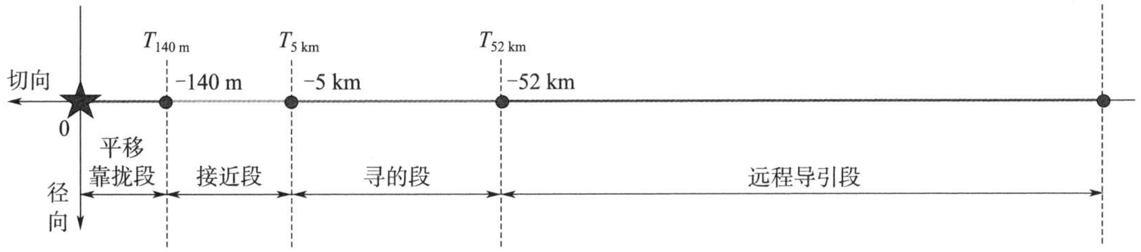

图 10－22　交会对接寻的段与平移靠拢段示意图

进入近程导引段后，神舟飞船利用激光雷达、微波雷达、光学测量敏感器及 GNSS 等测量设备，完成与天宫空间实验室的相对位置测量，自主控制实施接近，最终完成与天宫空间实验室的交会对接。雷达设备测量原理如图 10－23 所示。

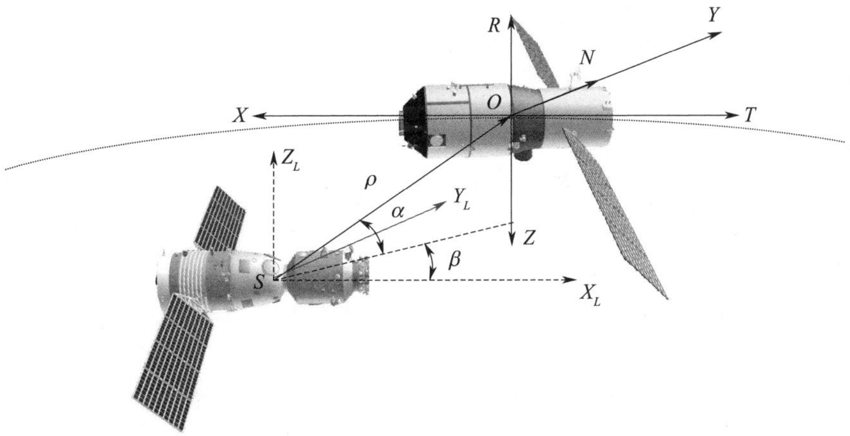

图 10－23　神舟飞船与天宫空间实验室后向交会对接示意图

在图 10－23 中，定义坐标系 $ORTN$，其中，原点 O 为天宫空间实验室（目标航天器）质心，R 轴与地心至天宫空间实验室指向平行，T 轴为天宫空间实验室运动的切线方向，N 轴与 R 轴和 T 轴组成右手坐标系。$OXYZ$ 为天宫空间实验室质心坐标系，$SX_LY_LZ_L$ 为神舟飞船雷达坐标系，可以看出 $ORTN$ 坐标系和天宫空间实验室（倒飞状态）质心坐标系满足

$$\begin{cases}R=-Z\\T=-X\\N=Y\end{cases}\tag{10-56}$$

神舟飞船雷达坐标系 $SX_LY_LZ_L$ 和 $ORTN$ 坐标系满足

$$\begin{cases}R=-Z_L\\T=-X_L\\N=Y_L\end{cases}\tag{10-57}$$

在图 10－23 中，ρ（距离）、α（俯仰角）、β（方位角）为神舟飞船雷达设备测量天宫空间实验室的测量要素，地面可根据飞船的雷达测量数据实时计算飞船与天宫空间实验室的相对位置。需要说明的是，根据交会对接时追踪航天器姿态（正飞、倒飞）、相对位置（前向、后向或径向），以及雷达设备在追踪航天器的安装位置不同，计算方法及参数可能有所差异。

10.4.4 地球静止轨道卫星控制

由于发射场位置、运载火箭运载能力等制约因素，地球静止轨道卫星入轨后通常先进入地球（超）同步转移轨道，随后利用大推力轨控发动机经过数次转移轨道控制（调整轨道倾角、半长轴和升交点赤经），将卫星控制至准工作（同步）轨道，再根据定点位置在轨卫星的运行情况，制定合适的共位策略，利用小推力发动机进行数次捕获控制，最终完成卫星定点，必要时与其他在轨卫星共位运行。在轨运行阶段，根据需要进行漂星控制和位置保持等，整个控制过程如图 10－24 所示。

10.4.4.1 转移轨道控制

地球静止轨道卫星入轨后，进入同步转移轨道。同步转移轨道一般分为两类：地球准同步轨道和地球超同步轨道。地球准同步轨道近地点高度一般为 200 km，远地点高度在地球同步轨道高度附近，如图 10－25（a）所示；超同步轨道卫星轨道近地点高度一般为 200 km，远地点高度高于地球同步轨道高度，如图 10－25（b）所示。卫星初始入轨选择进入地球准同步轨道还是超同步轨道，取决于卫星质量和运载能力。对于质量大致与火箭运载能力上限相当的卫星，初始轨道一般选择地球准同步轨道；对于质量略低于火箭运载能力上限的卫星，可选择进入地球超同步轨道。地球超同步轨道卫星较地球准同步轨道卫星，可节省远地点点火卫星推进剂消耗，在一定程度上能够延长卫星寿命。

对于准同步轨道，一般采用半长轴、倾角和升交点赤经联合控制的方法，在远地点通过 4～6 次加速控制将卫星控制到同步卫星工作轨道，如图 10－26（a）所示；对于超同步

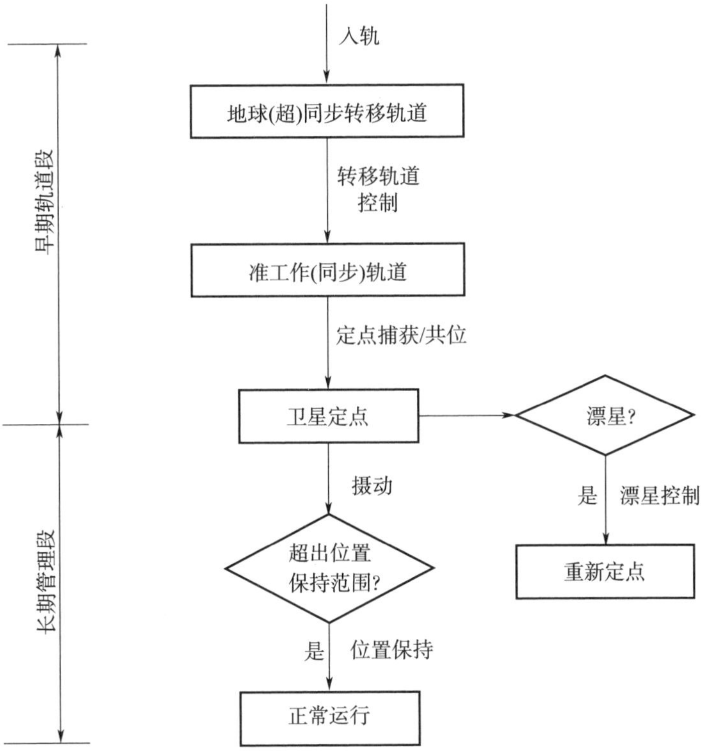

图 10-24 地球静止轨道卫星控制过程

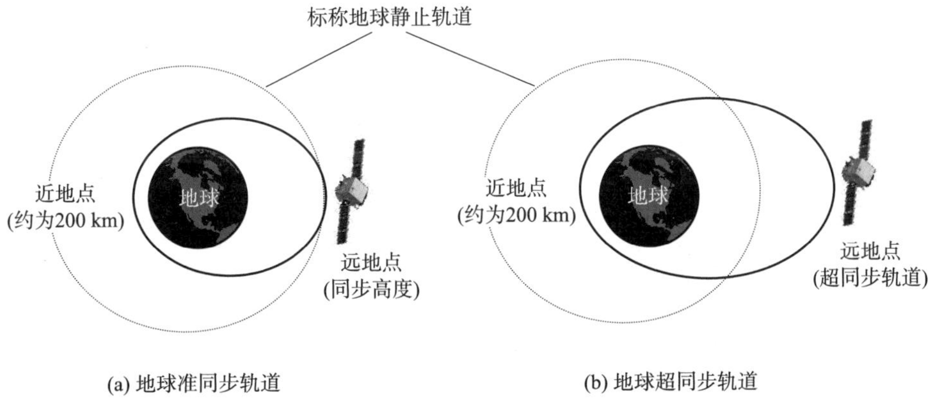

图 10-25 地球同步转移轨道示意图

转移轨道，采用半长轴、倾角和升交点赤经联合控制的方法通过 4 次远地点加速控制和 1 次近地点减速控制将卫星控制至同步卫星工作轨道，如图 10-26（b）所示。

例如，某地球静止轨道卫星初始入轨轨道参数见表 10-5。

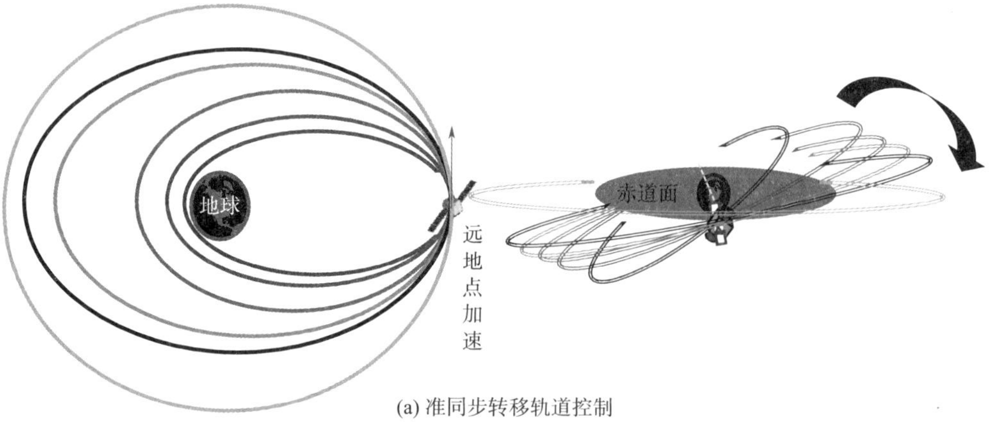

(a) 准同步转移轨道控制

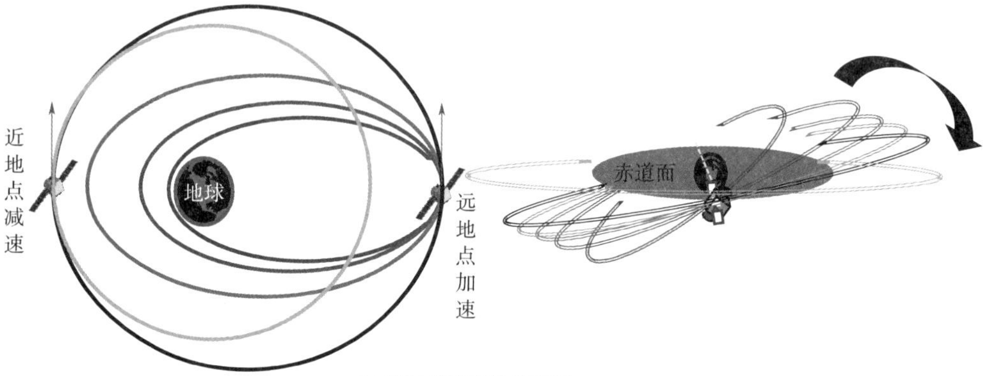

(b) 超同步转移轨道控制

图 10－26　同步轨道转移控制过程

表 10－5　某地球静止轨道卫星初始入轨参数（平根）

a /km	e	i /(°)	Ω /(°)	ω /(°)	M /(°)
24 369.965	0.730 150	19.357	265.878	179.467	181.167

该地球静止轨道卫星初始入轨轨道为近地点约 221 km，远地点 35 796 km，倾角为 19.357°的地球准同步转移轨道，须通过若干次轨道控制使其进入准工作轨道，计划在 94.2°E 定点。转移轨道段控制策略见表 10－6。

表 10－6　某地球静止轨道卫星转移轨道控制策略

点火序号	第一次		第二次		第三次	
	点火点	熄火点	点火点	熄火点	点火点	熄火点
T	××－12－24 10:03:11	××－12－24 10:44:44	××－12－25 09:43:40	××－12－25 10:43:52	××－12－27 12:43:10	××－12－27 13:12:53
a /km	24 387.219	26 454.448	26 475.473	33 495.530	33 557.276	42 215.739
e	0.729 372	0.594 528	0.593 229	0.260 669	0.258 342	0.001 104
i /(°)	19.289 3	11.640 0	11.587 0	3.626 7	3.587 2	0.380 9

续表

点火序号	第一次		第二次		第三次	
	点火点	熄火点	点火点	熄火点	点火点	熄火点
Ω /(°)	265.707 6	265.925 9	265.780 3	265.180 7	265.106 8	269.185 6
ω /(°)	179.780 9	179.589 7	179.903 3	179.235 8	179.413 1	108.740 9
M /(°)	167.393 5	189.819 6	165.384 1	192.913 0	174.791 1	250.440 2
H_p /km	221.723	4 348.411	4 391.312	18 386.134	18 509.890	35 791.006
H_a /km	35 796.442	35 804.210	35 803.360	35 848.652	35 848.387	35 884.199
经度漂移率/[(°)/圈]	201.654 5	181.100 0	180.886 7	105.116 0	104.410 9	−0.646 1
经度/(°)	139.429 8	134.807 3	141.692 7	137.731 8	94.941 5	94.509 7
纬度/(°)	−1.042 7	0.540 6	−0.971 9	0.451 7	−0.254 5	−0.010 6
点火偏航角/(°)	17.992 5		17.419 0		18.501 5	

1）整个转移轨道控制过程采用半长轴、倾角和升交点赤经联合控制的方法，在远地点附近通过3次远地点控制使卫星机动至准地球同步工作轨道；

2）选择点火时刻平近点角，可实现对升交点赤经的调整，如表10－6所示的转移轨道控制策略中，第一次和第二次控制点火中间点基本保持在远地点，因此控制后升交点赤经基本保持不变，第三次控制选择卫星过远地点后进行点火，达到调整升交点赤经的目的；

3）三次控制点火时偏航姿态角偏置约18°，以降低轨道倾角，具体原理如图10－27所示，点火前飞行速度为 v ，点火推力为 F ，则点火控制结束后飞行速度为 v' ；

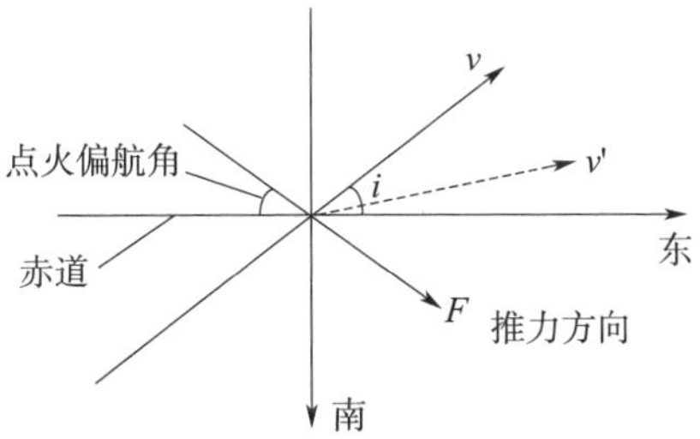

图10－27　点火偏航姿态示意图

4）对于地球同步轨道卫星，其远地点控制通常利用双组元大推力发动机（如490 N）长时间工作。为保证发动机工作过程稳定（发动机出口处的燃料和氧化剂混合均匀），一般须先使用小推力发动机（如10 N）进行推进剂沉底（使氧化剂和燃料聚集在贮箱发动机一侧），表10－6所列转移轨道控制策略中两次点火控制间的轨道根数未包含推进剂沉底引起的轨道半长轴变化。

一般，转移轨道控制策略以燃料消耗最小为最优目标，同时综合考虑测控条件、敏感器工作约束及定点位置等因素。如：通过合理选择每次点火控制的半长轴调整量，调整经度漂移率，确保点火过程弧段能够满足地面站覆盖。若利用太敏、地敏建立点火姿态，还需考虑日星地夹角等敏感器工作条件约束。此外，最后一次控制须根据共位策略，选择在定点位置偏东或偏西进行。

需要说明的是，轨道半长轴的调整属于轨道面内的控制，而升交点赤经和倾角的调整则涉及轨道面的调整，初始轨道半长轴和倾角受到运载火箭运力、发射场位置及射向等因素制约，因此调整余地非常小。另外，升交点赤经取决于发射日期和发射时刻。在卫星控制系统及光照条件制约下，如果每天的发射窗口相对固定，可通过选择合理的发射日期来最小化升交点赤经的调整量，进而达到节约转移轨道控制燃料消耗的目的。若卫星对每日发射时刻的约束较宽松，则可通过合理选择发射时刻，减小升交点赤经的调整量，以节约转移轨道控制的燃料消耗。

工程应用中，受推力器推力误差影响，每次远地点点火控制均有可能出现偏差，须根据实际控制结果进行发动机推力标定结果，实时调整后续控制策略。如在表 10－6 所示的控制策略下，第一次控制结束后，控后实际轨道见表 10－7，调整后续控制策略见表 10－8。

表 10－7　第一次点火控制后卫星轨道参数（平根）

a /km	e	i /(°)	Ω /(°)	ω /(°)	M /(°)
26 447.295	0.595 170	11.708	265.727	179.829	113.735

表 10－8　某地球静止轨道卫星第一次控制后轨道控制策略

点火序号	第二次		第三次	
	点火点	熄火点	点火点	熄火点
T	××－12－25 09:42:36	××－12－25 10:44:10	××－12－27 12:42:13	××－12－27 13:12:02
a /km	26 465.681	33 507.794	33 570.351	42 215.739
e	0.593 856	0.260 383	0.258 027	0.001 191
i /(°)	11.657 1	3.403 7	3.366 3	0.380 7
Ω /(°)	265.735 2	264.838 9	264.764 0	269.234 4
ω /(°)	179.850 6	179.141 6	179.320 6	113.916 7
M /(°)	165.484 4	193.934 1	174.791 5	244.802 3
H_p /km	4 370.749	18 404.809	18 530.156	35 787.314
H_a /km	35 804.338	35 854.505	35 854.271	35 887.890
经度漂移率/[(°)/圈]	180.986 0	104.976 0	104.261 5	－0.646 1
经度/(°)	141.904 8	137.852 7	94.740 3	94.311 2
纬度/(°)	－0.980 6	0.456 1	－0.246 4	－0.0146
点火偏航角/(°)	18.231 5		17.336 8	

就整个控制策略而言，第二次远地点控制较为重要，须结合最后一次远地点控制考虑卫星由东至西还是由西至东漂移至定点位置附近。表 10－7 所示的控制策略中，若选择最

后一次点火点在定点位置（94.2°E）以东，则需在第二次控制时向下考虑控制误差，有利于第三次远地点控制时卫星位于定点位置以东，否则，可能出现第三次远地点控制时卫星位于定点位置以西的情况，一定程度上影响卫星定点捕获控制策略。仍以该地球静止轨道卫星为例，由于其第二次远地点点火控制推力估计存在误差（小于理论推力），导致其第二次点火后实际半长轴较大，见表 10－9。

表 10－9　第二次点火控制后卫星轨道参数（平根）

a /km	e	i /(°)	Ω /(°)	ω /(°)	M /(°)
33 595.161	0.257 334 33	3.413 670	264.746 111	178.753 615	194.640 665

第二次远地点控制实际半长轴比理论半长轴偏大，将导致其经度漂移率减小，导致第三次远地点控制时卫星位于定点位置以西，此时，须适当调整后续控制策略，确保其第三次控制结束后轨道半长轴小于地球同步轨道理论半长轴，使卫星能够向东漂移至定点位置附近，再择机进行定点捕获，控制策略见表 10－10。

表 10－10　某地球静止轨道卫星第三次轨道控制策略

点火序号	第三次	
	点火点	熄火点
T	12－27　12:54:05	12－27　13:23:02
a /km	33 657.618	42 134.540
e	0.254 950	0.003 970
i /(°)	3.375 5	0.380 7
Ω /(°)	264.672 1	269.260 4
ω /(°)	178.925 7	126.406 8
M /(°)	175.589 5	232.310 1
H_p /km	18 698.461	35 589.111
H_a /km	35 860.502	35 923.694
经度漂移率/[(°)/圈]	103.263 6	0.393 9
经度/(°)	91.754 1	91.579 3
纬度/(°)	−0.242 6	−0.016 6
点火偏航角/(°)	17.767 8	

正常情况下，转移轨道控制结束后，地球静止轨道卫星将进入准同步工作轨道。

10.4.4.2　定点捕获控制

转移轨道控制一般由大推力发动机（如：490 N 轨控发动机）完成，受发动机工作状态、推力器误差，以及轨道控制要求等因素影响，转移轨道控制完成后，往往不能直接实现卫星定点。此时，卫星进入准工作轨道，随后，须利用小推力发动机（如：10 N 发动机）再进行数次控制，最终实现卫星定点，这一轨道控制过程通常称为定点捕获。

例如，仍以 10.4.2.1 节所述的某静止轨道卫星为例，其定点要求如下：轨道倾角预留约 0.4°，定点位置为 94.2°E，偏心率满足 $e<0.00003$。该地球静止轨道卫星经转移轨道控制后进入地球准工作轨道，轨道参数见表 10－11。

表 10－11　某地球静止轨道卫星准同步轨道参数

a /km	e	i /(°)	Ω /(°)	ω /(°)	M /(°)
42 080.895	0.005 667	0.422 050	268.650	129.442	230.017

可以看出，该地球静止轨道卫星转移轨道控制完成后，卫星进入远地点高度差约 154 km、近地点高度差约 321 km 的准同步轨道，偏心率约 0.005。该轨道下，卫星每天向东漂移约 1.085 1°，无法满足在轨运行要求，结合测控条件制定其捕获控制策略，见表 10－12。

表 10－12　某地球静止轨道卫星定点捕获控制策略

点火序号	第一次		第二次		第三次	
Δv /(m/s)	−2.810		2.700		3.190	
控制中点	12－27　22:00:00		12－28　09:54:00		12－29　09:46:00	
—	控前	控后	控前	控后	控前	控后
a /km	42 081.423	42 004.318	42 004.358	42 077.871	42 077.976	42 165.247
e	0.005 661	0.003 835	0.003 835	0.002 081	0.002 083	0.000 010
i /(°)	0.421 4	0.421 4	0.420 6	0.420 6	0.418 6	0.418 6
Ω /(°)	268.625 5	268.625 5	268.633 7	268.633 7	268.730 1	268.730 1
ω /(°)	129.376 4	129.331 7	129.483 5	129.485 5	129.603 3	155.027 2
M /(°)	0.091 6	0.136 3	179.996 7	179.994 7	179.884 0	154.460 1
升交点经度/(°)	92.275 7	93.069 8	93.079 4	93.101 7	94.225 1	94.251 4
平经度/(°)	92.098 7	92.098 7	93.130 4	93.130 4	94.253 8	94.253 8
经度漂移率/[(°)/圈]	1.085 1	2.082 5	2.082 0	1.130 9	1.129 6	0.005 9
远地点偏差/km	154.495	0.278	0.308	0.302	0.488	0.522
近地点偏差/km	−321.923	−321.916	−321.866	−174.834	−174.809	−0.301

由表 10－12 所列的地球静止轨道捕获策略可以看出：

1）该地球静止轨道卫星第一次捕获控制在近地点附近进行，采取减速控制（速度增量约−2.8 m/s），降低远地点至标称轨道高度。由于近地点偏差较大，第二次、第三次捕获控制均在远地点附近进行，分 2 次抬升近地点至标称轨道高度（两次捕获控制速度增量分别为 2.7 m/s 和 3.19 m/s），3 次捕获完成后，轨道满足定点要求，卫星成功定点，轨道偏心率满足小于 0.000 03 的要求。

2）第一次捕获控制时卫星平经度约 92.1°E，经度漂移率为 1.085 1（°）/圈，控制后，经度漂移率为 2.082 5（°）/圈，约半圈后，卫星平经度漂至约 93.1°E，此时，进行第二次捕获控制，控制后经度漂移率为 1.130 9，此后约 1 圈，卫星自然漂至约 94.2°E，此时进行第三次捕获控制，卫星定点。

3）需要说明的是，受推力器点火时长、误差等因素影响，捕获控制次数可能为 3 次或更多。

10.4.4.3　位置保持

由于地球非球形摄动的影响，引起了静止轨道半长轴发生线性变化，非球形摄动在不同经度对半长轴的影响也不同，约 −140～155 m/d 不等，如定点于东经 100°的地球静止轨道卫星，其半长轴每天增加约 122 m，进而引起卫星经度发生漂移。卫星受力和经度漂移变化情况如图 10－28 所示，可以看出，在同步卫星轨道高度，地球非球形摄动有 4 个特殊点，分别在东经 75.1°（稳定点）、东经 161.9°（不稳定点）、西经 105.3°（稳定点）和西经 11.5°（不稳定点）。

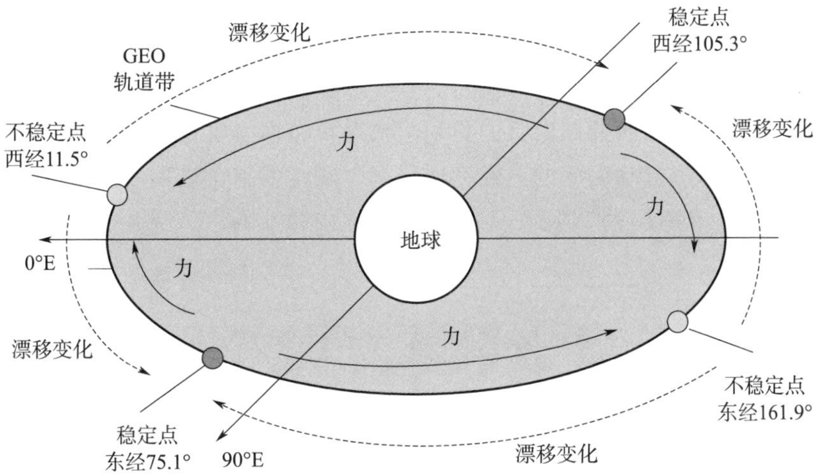

图 10－28　静止轨道卫星地球非球形摄动引起经度漂移情况

通常，定点在标称定点经度的地球静止轨道卫星对其相对运动区间有限制，这一限制运动区间称为“死区”，如图 10－29 所示。限制运动区间由卫星相对地球运动的经度和纬度定义，沿经度方向为“经度死区”，沿纬度方向为“纬度死区”。静止轨道卫星轨道倾角通常要求保持在一个小量，因此，“死区”的定义要区分相对地球赤道面的定义，一般精度的“死区”，如南北保持经度为±0.1°，“死区”定义的相对面可以为历元时刻平赤道面。“经度死区”由卫星相对定点经度的经度偏差定义，“纬度死区”则取决于设计轨道的最大允许倾角。

静止轨道卫星位置保持控制即指在卫星整个寿命期，利用卫星推进系统进行的一系列轨道修正控制的总称，其目的是允许卫星在“保持死区”内自由摄动运动的前提下，最大可能限制卫星运动到“死区”之外。显然，位置保持“死区”越大，越容易将卫星限制在“死区”；相反，“死区”越小，限制卫星保持在“死区”的难度将显著增大。位置保持控制分为东西保持控制和南北保持控制，相邻两次同类控制的时间间隔可以称为一个控制周期。

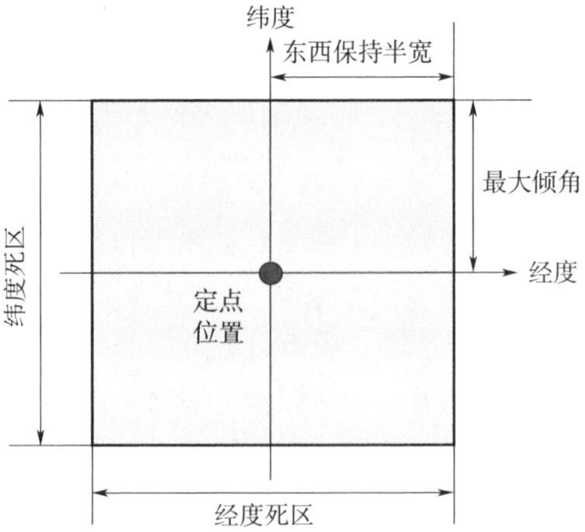

图 10-29　地球静止轨道卫星位置保持死区

（1）东西保持控制

地球静止轨道卫星东西控制的目的是利用轨道切向推力改变轨道，限制卫星的经度漂移率，克服地球非球形摄动引起的平经度漂移率，同时限制轨道偏心率的大小，克服太阳引起的卫星经度日周期振荡，使卫星东西经度方向位于保持“死区”内，如图 10-30 所示。

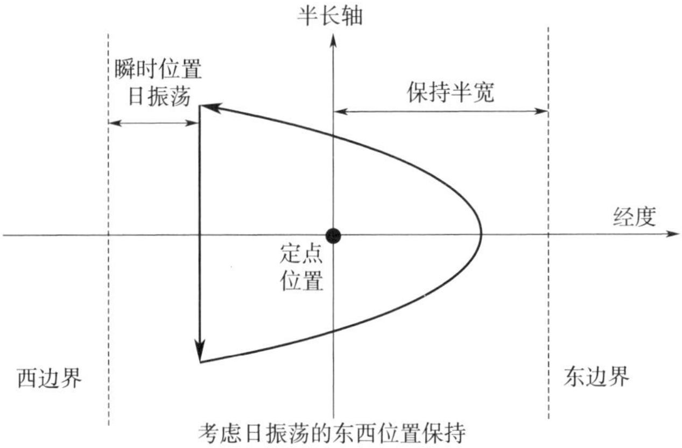

图 10-30　东西保持控制

地球静止轨道卫星在东西方向的经度漂移由两部分变化构成：一部分是由地球非球形摄动引起的平经度漂移率变化；另一部分是太阳光压引起的偏心率摄动，引起卫星经度的日周期振荡。两者的影响是独立的，共同引起卫星东西方向的经度偏差 $\Delta\lambda$ ，即

$$\Delta\lambda = \frac{3}{2}\frac{\Delta a}{a_s}\omega_e(t - t_p) + 2e\sin[\omega_e(t - t_p)] - \frac{i^2}{4}\sin(2\omega_c t) \tag{10-58}$$

式中，a_s 为标称静止轨道半长轴；$\Delta a = a - a_s$ ；$\omega_e = \frac{360.98654^\circ}{86400\ \mathrm{s}} \cdot \frac{\pi}{180^\circ} = 7.29211585 \times 10^{-5}(\mathrm{rad/s})$，为理想静止轨道角速度；$t_p$ 为卫星过近地点时刻。

经度漂移率 D 为卫星半长轴与理想静止轨道半长轴偏差引起的卫星东西漂移速度 [(°)/d]，如式（10-59），漂移率 $\boldsymbol{d}$ 为卫星平经度相对于定点位置 λ_n 的偏差和经度漂移率 D 构成的矢量，计算式为

$$D=-\frac{3}{2}\frac{\Delta a}{a_s}360.9860(°)/\mathrm{d} \tag{10-59}$$

$$\boldsymbol{d}=\begin{bmatrix}\Delta\lambda\\D\end{bmatrix}=\begin{bmatrix}\lambda-\lambda_n\\D\end{bmatrix} \tag{10-60}$$

定点在赤道上静止轨道带的卫星，由于地球椭状摄动，漂移率矢量在定点经度小的邻域内，认为卫星在该邻域内受到的摄动力是常数，因此，卫星在定点位置附近经度漂移加速度是常值，漂移率矢量变化微分方程式为

$$\begin{cases}\dfrac{\mathrm{d}\lambda}{\mathrm{d}t}=D\\\dfrac{\mathrm{d}D}{\mathrm{d}t}=\ddot{\lambda}_n\\\lambda\,|_{t=t_0}=\lambda_0,D\,|_{t=t_0}=D_0\end{cases} \tag{10-61}$$

漂移率矢量的解为

$$\Delta\lambda=\Delta\lambda_0+D_0t+\frac{1}{2}\ddot{\lambda}_nt^2 \tag{10-62}$$

$$D=D_0+\ddot{\lambda}_nt \tag{10-63}$$

在 (λ, D) 平面中，上述方程的解为开口向左或向右的抛物线，如图 10-31 所示。当平经度漂移加速度 $\ddot{\lambda}_n>0$ 时，开口向右；当平经度漂移加速度 $\ddot{\lambda}_n<0$ 时，开口向左；当平经度漂移加速度 $\ddot{\lambda}_n=0$ 时，退化为直线。

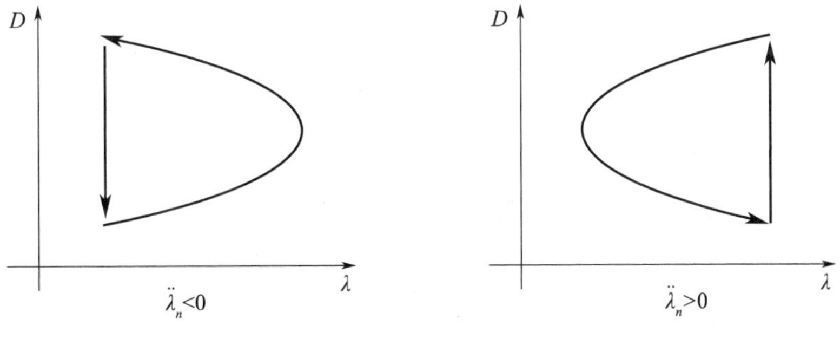

图 10-31　东西漂移率控制示意图

受卫星定点位置和保持范围的影响，不同卫星东西位保控制量和控制周期有一定差异，东西控制中 1 m/s 的速度增量对应半长轴调整量约为 27.4 km。

（2）南北保持控制

南北保持控制如图 10-32 所示。

静止轨道倾角矢量定义为

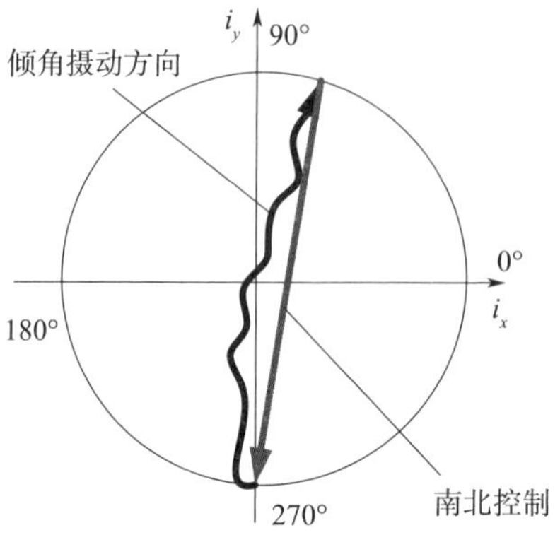

图 10-32　南北保持控制示意图

$$\boldsymbol{i}(t)=\begin{bmatrix} i_x(t) \\ i_y(t) \end{bmatrix}=\begin{bmatrix} i(t)\cos(\Omega(t)) \\ i(t)\sin(\Omega(t)) \end{bmatrix} \tag{10-64}$$

当升交点赤经为 270°时，$\sin(\Omega(t))=\sin 270°=-1$，称为负倾角；当升交点赤经为 90°时，$\sin(\Omega(t))=\sin 90°=+1$，称为正倾角。

摄动引起的倾角演化方向一般从 $\Omega_f=270°$（负倾角）左右开始自然摄动到 $\Omega_d=90°$（正倾角）左右。一般，转移轨道段大推力发动机轨道机动会直接将升交点赤经控制到约 270°，即预留负倾角偏置。这样做有两个方面的好处：一个是可以减少倾角捕获（也称为南北捕获）控制，另一个是对定点时轨道漂移率、偏心率、倾角大小、升交点赤经等多种状态一并进行综合优化，会节省部分推进剂。在卫星转移轨道控制过程中会根据卫星不同的定点位置和发射日期计算最佳初始倾角状态（倾角偏置），满足定点后卫星倾角总体飞控要求。

南北保持控制的目的是：利用轨道法向推力改变轨道倾角，使得卫星南北纬度方向位于保持“死区”内。法向推力不仅改变了轨道倾角大小，而且改变了升交点赤经。回顾静止轨道倾角定义，倾角矢量的大小为轨道倾角，方向由地心指向轨道升交点。

设静止卫星允许的最大倾角为 $i_{\max}$，在任意时刻，倾角矢量的模应满足：$|\boldsymbol{i}|\leqslant i_{\max}$。为了使倾角最大可能保持在允许的范围，倾角控制策略需考虑下列误差因素：倾角测量误差 $\Delta i_{\text{measure}}$，倾角控制误差 $\Delta i_{\text{control}}$，不确定误差 Δi_{random}，长周期项预留 Δi_{leave}，平倾角保持圆半径 i_d 须满足

$$i_d=\Delta i_{\max}-(\Delta i_{\text{measure}}+\Delta i_{\text{control}}+\Delta i_{\text{random}}+\Delta i_{\text{leave}}) \tag{10-65}$$

例如，最大允许倾角 $i_{\max}=0.1°$，倾角测量误差 $\Delta i_{\text{measure}}=0.005°$，倾角控制误差 $\Delta i_{\text{control}}=0.004°$，不确定误差 $\Delta i_{\text{random}}=0.004°$，长周期项预留 $\Delta i_{\text{leave}}=0.02°$，则平倾角保持圆半径为

$$i_d=\Delta i_{\max}-(\Delta i_{\text{measure}}+\Delta i_{\text{control}}+\Delta i_{\text{random}}+\Delta i_{\text{leave}})=0.067° \tag{10-66}$$

平倾角保持圆如图 10-33 所示。

倾角控制目标的选择应当使得控后倾角矢量在平倾角控制圆内自由摄动运动的时间最长，因此，倾角控制目标的选择与当年平倾角的平均摄动方向 Ω_d、控制圆分配区间有关。

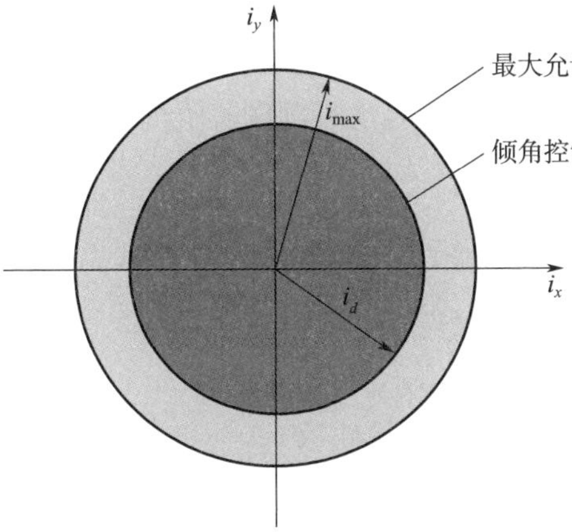

图 10-33　平倾角保持圆

设当年平倾角平均摄动方向为 Ω_d ，控制圆半径为 i_d ，当选择倾角控制目标 $\boldsymbol{i}_f(i_{fx}, i_{fy})^{\mathrm{T}}$ ，使得平倾角摄动运动经过坐标原点时，自由摄动距离等于控制圆直径 $2i_d$，达到最长。因此，倾角控制目标 $\boldsymbol{i}_f(i_{fx}, i_{fy})$ 选择为

$$\boldsymbol{i}_f = \begin{bmatrix} i_{fx} \\ i_{fy} \end{bmatrix} = i_d \begin{bmatrix} \cos(\pi + \Omega_d) \\ \sin(\pi + \Omega_d) \end{bmatrix} \tag{10-67}$$

设当年平倾角的摄动速率为 $\left(\frac{\delta i}{\delta t}\right)$ ，则平倾角在倾角控制圆的自由摄动时间为

$$T = 2\, i_d / \left(\frac{\delta i}{\delta t}\right) (\text{年}) \tag{10-68}$$

如某地球静止轨道卫星控制圆半径为 $i_d = 0.07°$ ，当年平倾角的摄动速率为 $\left(\frac{\delta i}{\delta t}\right) = 0.89°$ ，则当年倾角控制目标 $\boldsymbol{i}_f(i_{fx}, i_{fy})^{\mathrm{T}}$ 条件下倾角控制周期约为 58 天。不同定点位置每年南北控制量约在［0.75°，0.95°］区间范围内，调整 1°倾角所需的速度增量约为 53.7 m/s，所以一般卫星一年南北控制所需的速度增量约为 40～51 m/s。

10.4.4.4　漂星控制

小偏差地球静止轨道卫星相对定点位置的径向、切向和法向偏差 $(\Delta r, \Delta T, \Delta N)$ 分别投射到赤道平面上 $[\Delta r, \Delta T]$ ，满足

$$\left(\frac{\Delta r - \Delta a}{e a_s}\right)^2 + \left[\frac{\Delta T + \frac{3}{2}\Delta a \omega_e (t - t_p)}{2 e a_s}\right]^2 = 1 \tag{10-69}$$

轨道是中心位于 $\left(\Delta a, -\frac{3}{2}\Delta a \omega_e (t - t_p)\right)$ ，半短轴位于径向，半短轴长度为 $e a_s$ ，半长轴位于切向，半长轴长度为 $2 e a_s$ 的椭圆，且椭圆中心在切向以固定漂移率移动。

当 $\Delta a = 0$，$e \neq 0$ 时，卫星位于同步小偏差轨道，径切向偏差在赤道面内满足

$$\left(\frac{\Delta r}{e a_s}\right)^2 + \left(\frac{\Delta T}{2 e a_s}\right)^2 = 1 \tag{10-70}$$

此时，卫星在以标称定点位置为固定中心的椭圆上，绕定点经度顺时针进行绕飞运动，半短轴位于径向，半短轴长度为 ea_s ，半长轴位于切向，半长轴长度为 $2ea_s$ 。

当 $\Delta a \neq 0$，$e=0$ 时，卫星位于非同步圆轨道，径切向偏差在赤道面内满足

$$\begin{cases}\Delta r = \Delta a \\ \Delta T = -\dfrac{3}{2}\Delta a \omega_e (t - t_p)\end{cases} \tag{10-71}$$

此时，卫星在赤道平面内，相对定点位置的运动轨迹为直线，与定点位置的径向距离不变，$\Delta r = \Delta a$ ，切向以每天 9.424 8Δa 的速度向东 ($\Delta a < 0$) 或向西 ($\Delta a > 0$) 漂移。

当 $\Delta a = 0$，$e=0$ 时，卫星位于同步圆轨道，$\Delta r = 0$，$\Delta T = 0$，卫星在赤道平面内的轨迹为一点，即卫星当前定点经度。

漂星控制，正是利用小偏差地球静止轨道卫星在赤道平面内的相对运动特性。漂星控制主要分为起漂控制和刹车控制两个阶段。对于起漂控制，根据漂星时间要求计算卫星所需漂移率和对应半长轴控制量。若对卫星进行向西漂移控制，则抬高轨道半长轴；若对卫星进行向东漂移控制，则降低轨道半长轴。起控时刻和控制量由漂移控制量和飞行程序等共同确定；起漂后，当卫星位置漂移至目标经度范围后，再进行相应的刹车控制，使卫星进入新的定点位置保持环。卫星向西和向东漂星原理如图 10－34 和图 10－35 所示。

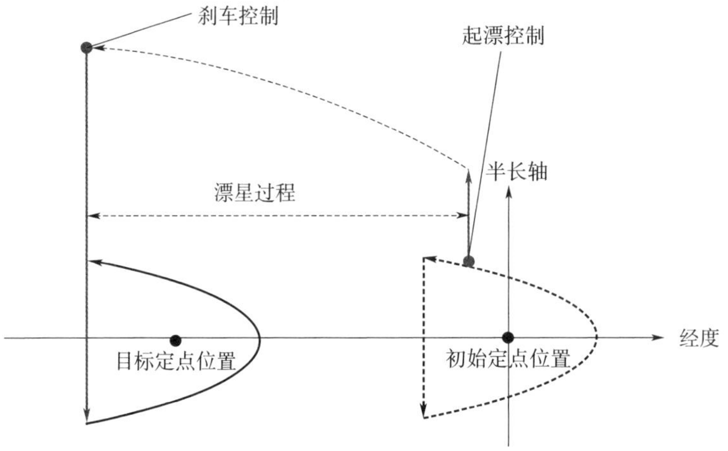

图 10－34　向西漂星控制原理示意图

以某地球同步卫星为例，如图 10－36 所示，任务要求该星将定点位置由 101.5°E 东漂至 101.7°E。根据实际轨道，卫星首先进行了半长轴降低约 1.2 km 的起漂控制，待卫星自然漂移至 101.7°E 附近时，进行升轨控制，使其进入 101.7°E 的定点保持环内。

10.4.4.5　卫星共位

静止轨道卫星必须保持在地球赤道上高度约为 35 800 km 的一个圆轨道上，同时考虑到空间环境摄动引起卫星自由摄动运动。通常情况下，单颗静止轨道卫星占有赤道经度约 ±0.1°，按±0.1°平均分配赤道经度，理论上可以有 1 800 颗静止轨道卫星。尽管如此，静止轨道定点经度是有限资源，特别是亚太地区和远东地区已经引起国际社会的高度关

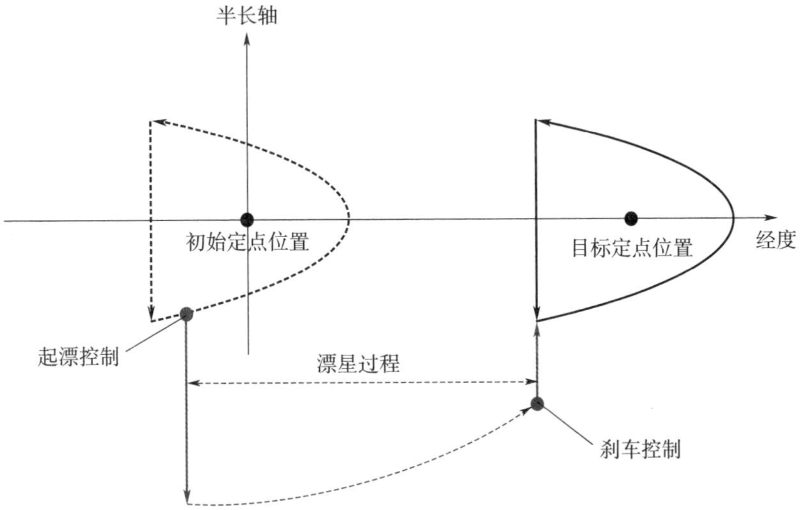

图 10-35　向东漂星控制原理示意图

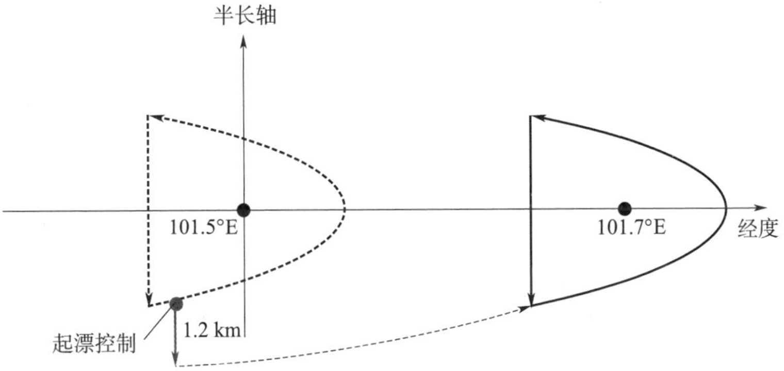

图 10-36　某静止轨道卫星漂星控制

注，部分赤道国家甚至曾对其上空静止轨道赤道经度提出主权要求。

一方面，由于静止轨道赤道环位置紧缺，另一方面，考虑备份星和其他应用目的，提出了双星或多颗卫星共享同一定点经度的需求，即卫星共位。国际上最早于 20 世纪 80 年代出现双星或多星共位，典型的如 ESA 的奥林帕斯通信卫星定点于西经 19°，在该定点位置曾先后与 1 颗德国卫星、2 颗法国卫星共位，4 颗卫星采用偏心率偏置协调控制策略，共享±0.2°的经度分配区间。

工程中，地球静止轨道卫星共位需求一般由用户单位根据卫星定点需求，结合定点位置已有卫星的运行情况提出，一般需遵循满足卫星定点精度指标、载荷正常使用及卫星在轨安全运行的原则。

在此基础上，多颗地球静止轨道卫星共位策略的基本设计原则是：根据轨道定位精度，设计多颗地球同步卫星的轨道约束关系，使它们定点在同一赤道经度位置，共位卫星之间产生空间相对隔离距离，并利用静止轨道卫星东西、南北保持控制时机和控制量，强制共位星在整个生命周期内满足这种轨道约束条件，从而达到共位的多颗卫星安全运行的目的。多星共位是有效利用同步轨位的措施之一，工程中常见的共位策略包括经度隔离、偏心率矢量隔离及偏心率倾角矢量联合隔离等几种方式。

（1）经度隔离

经度隔离是最直接的共位策略，共位的 A、B 星通过引入经度差 δ_λ，使得两颗星产生切向隔离距离。如图 10－37 所示，共位运行期间，A 星、B 星分别通过位置保持控制将定点位置保持在各自经度漂移环内，在考虑偏心率日振荡的情况下，仍可以使 A 星的东边界与 B 星的西边界保持 δ_λ 的安全距离（经度），以确保在轨期间双星安全运行。

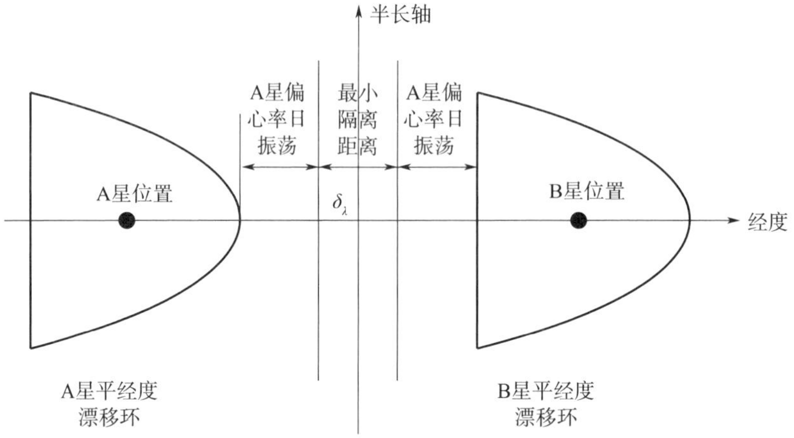

图 10－37　经度隔离共位示意图

（2）偏心率矢量隔离

偏心率矢量的大小为轨道偏心率，其方向由地心指向近地点，定义偏心率矢量为

$$\begin{cases} e_x = e\cos(\Omega + \omega) \\ e_y = e\sin(\Omega + \omega) \end{cases} \tag{10-72}$$

偏心率矢量隔离又分为绝对偏心率隔离和相对偏心率隔离两类。

绝对偏心率隔离的共位策略适合两颗共位运行的卫星对东西日周期振荡具有不同的要求，如通信卫星通常要求尽量小的瞬经度东西保持环，而导航卫星则可以适当增大瞬经度的东西保持环，两者可以采取绝对偏心率隔离的共位策略。如图 10－38 所示，假设 A 星要求为小偏心率轨道，偏心率控制圆半径为 e_A，B 星偏心率控制圆半径为 e_B，为保持双星安全隔离距离，偏心率偏置量为 $|\delta e| = |e_A - e_B|$，一般双星共位最小距离应大于 7 km，此时偏心率偏置量约为 0.000 17。当双星使用太阳指向东西控制策略时，A 星偏心率由 A 点出发，一年内绕其控制圆 a 随太阳运动摄动，同时，B 星偏心率由 B 点出发，一年内绕其控制圆 b 随太阳运动摄动，双星偏心率偏置量维持大于设计偏置量。A、B 星偏心率最大值为

$$\begin{cases} e_{\mathrm{Amax}} = e_A \\ e_{\mathrm{Bmax}} = e_A + |\delta e| + 2e_B \end{cases} \tag{10-73}$$

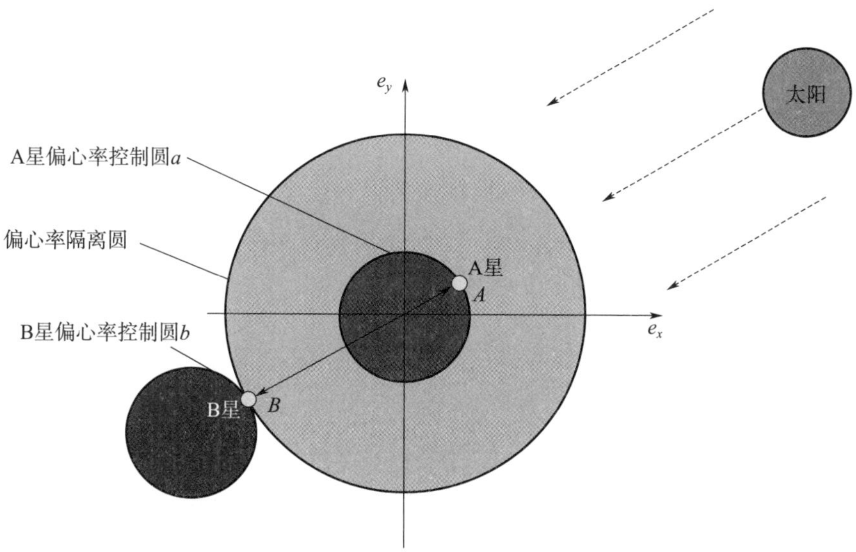

图 10-38　绝对偏心率隔离共位示意图

相对偏心率隔离的共位策略适合于控制特点相同、东西控制经度大致要求相同的多颗卫星的共位，偏心率采用相对偏置，使得共位卫星存在相互绕飞运动。如图 10-39 所示，A、B、C、D 四星共位的相对偏心率偏置策略：A 星、C 星控制圆沿太阳方向，分布于隔离圆的两个外切圆 a 和 c 上，B 星、D 星沿太阳指向垂线方向，分布于隔离圆的两个外切圆 b 和 d 上，分别采用太阳指向策略。

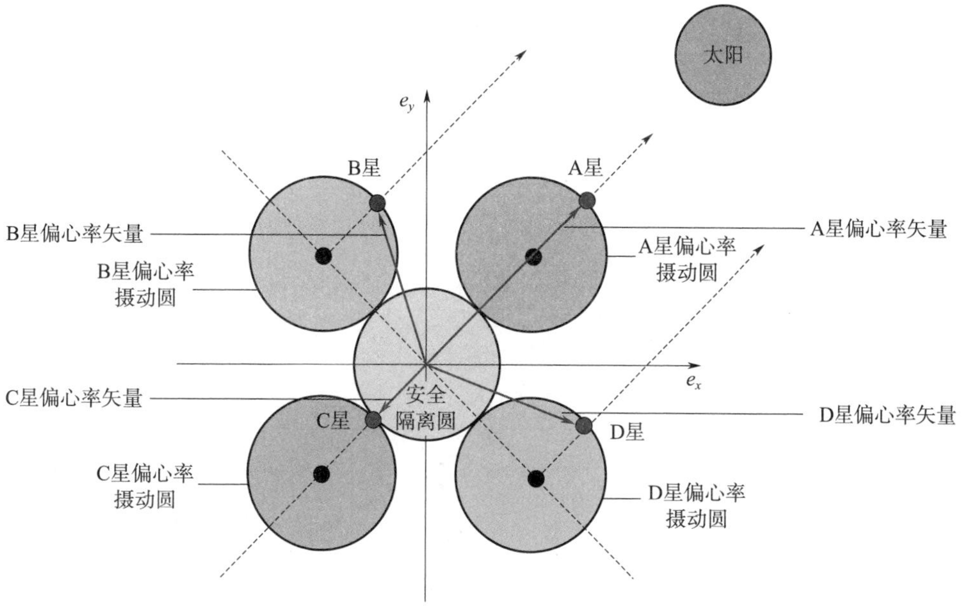

图 10-39　四星共位相对偏心率隔离共位示意图

归纳起来，偏心率隔离策略利用偏心率偏置保证共位卫星之间的空间隔离距离，代价是增大了绕飞卫星的偏心率，并对偏心率指向提出明确要求，因此，适当增大了共位卫星的东西瞬经度日周期振荡和偏心率指向控制的卫星推进剂需求。

某地球静止轨道卫星设计定点经度为 84. X，目前该轨位已有其他国家的两颗静止轨道卫星（A 星、B 星）及中国的一颗静止轨道卫星（C 星）。其中，其他国家的两颗静止轨道卫星之间采用绝对偏心率隔离，中国已在轨地球静止轨道卫星采用大偏心率绕飞方式，目前三星共位运行，如图 10－40 所示。

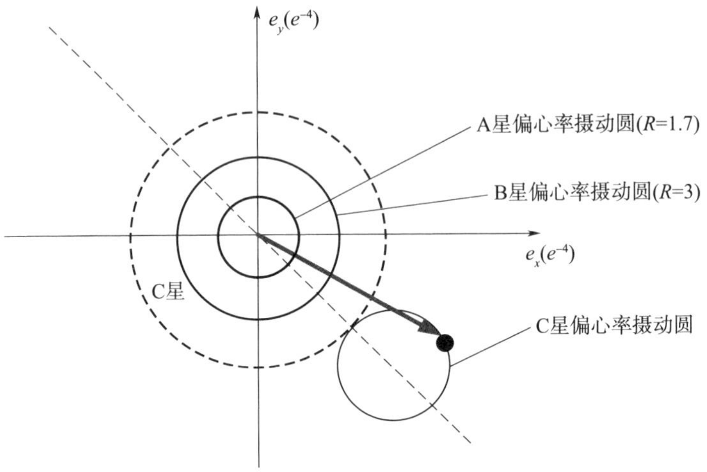

图 10－40　当前三星偏心率共位策略

在此基础上，设计四星共位策略如下：保持 A 星、B 星当前控制方式不变，取 C 星、D 星与 A 星、B 星的偏心率隔离圆半径为 0.003，D 星和 A 星采用相对偏心率隔离，均在隔离圆外自由漂移，摄动圆半径为 0.000 45，如图 10－41 所示。该共位策略下，A 星、B 星、C 星、D 星在轨期间均能够保持安全距离要求。

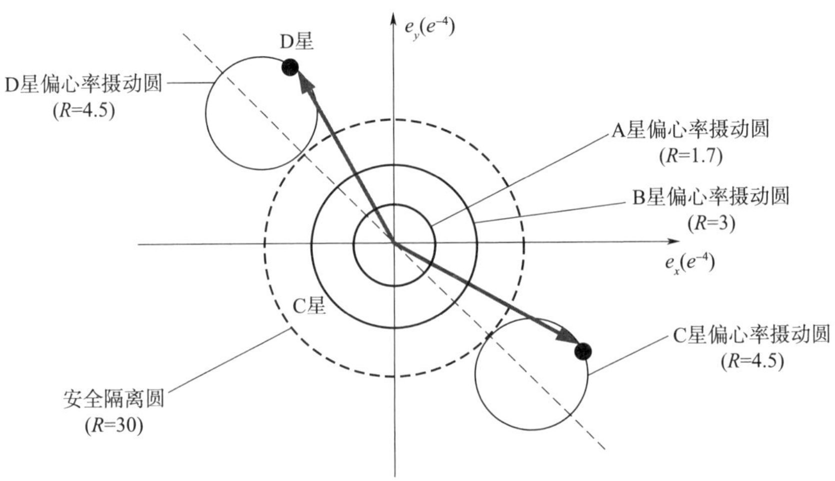

图 10－41　四星共位策略设计

（3）偏心率倾角矢量联合隔离

如前所述，偏心率控制要求共位的几颗卫星相对同步进行控制，以保证偏心率矢量隔离。然而，当共位卫星东西控制非同步时，经度隔离的偏差也可能会导致切向隔离距离为零，而静止轨道东西控制是相对短周期的轨道控制，要求共位卫星东西控制同步是不现实的，特别是对于属于不同测控中心管理的卫星。这种情况下，可引入倾角隔离以实现卫星共位。

定义倾角矢量

$$\begin{cases} i_x = i\cos\Omega \\ i_y = i\sin\Omega \end{cases}$$

则有倾角偏置量 $\delta i = (\delta i_x, \delta i_y)$，由小偏差方程可以得到双星的法向分量为

$$\delta_N = a_s \delta i \sin(l - \omega_i)$$

式中，$\delta i = \sqrt{\delta i_x^2 + \delta i_y^2}$，$\delta i$ 为倾角偏置量大小；$\omega_i = \arctan(\delta i_y / \delta i_x)$，$\omega_i$ 为倾角偏置量幅角，由春分点指向逆时针方向。

当卫星平赤经 $l = \omega_i + k\pi$ 时，由倾角偏置量引起的双星法向距离为零，因此，单独的倾角偏置不能达到共位隔离的目的。为引入法向隔离距离，需借助倾角偏置，但此举不会降低偏心率偏置。当法向距离为零时，依靠偏心率偏置引入的径向隔离距离较为可靠。这种共位方式称为偏心率倾角矢量联合隔离。

在偏心率倾角联合隔离共位策略中，偏心率偏置采用相对偏心率偏置策略，同时兼顾倾角的大小和方向。若四星共位偏心率偏置采用相对偏置策略，则倾角可以采用如图 10 - 42 所示的偏置策略。

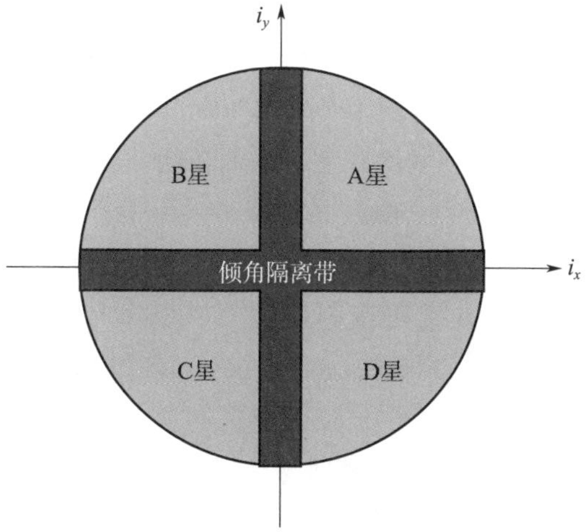

图 10 - 42　四星共位倾角偏置策略

某地球静止轨道卫星（以下简称 D 星）设计在轨运行期间倾角为 3°，计划定点于 110.5°E，然而，在该轨位已有 A、B、C 3 颗静止轨道卫星，3 颗星位置保持要求见表 10 - 13，偏心率矢量如图 10 - 43 所示。

表 10－13 三星位置保持要求

卫星	南北保持范围	东西保持范围	控制要求
A	[−0.08°,0.0°]	±0.1°	偏心率控制圆圆心为($-3e^{-4}$,0)，偏心率摄动圆和控制圆半径约为 $2e^{-4}$
B	[−0.03°,0.05°]	±0.1°	偏心率控制圆圆心为($-3e^{-4}$,$-5e^{-4}$)，偏心率摄动圆和控制圆半径约为 $2e^{-4}$
C	倾角小于 1.6°，升交点赤经不超过 35°	±0.1°	偏心率控制圆圆心为($3e^{-4}$,0)，偏心率摄动圆和控制圆半径约为 $2.5e^{-4}$

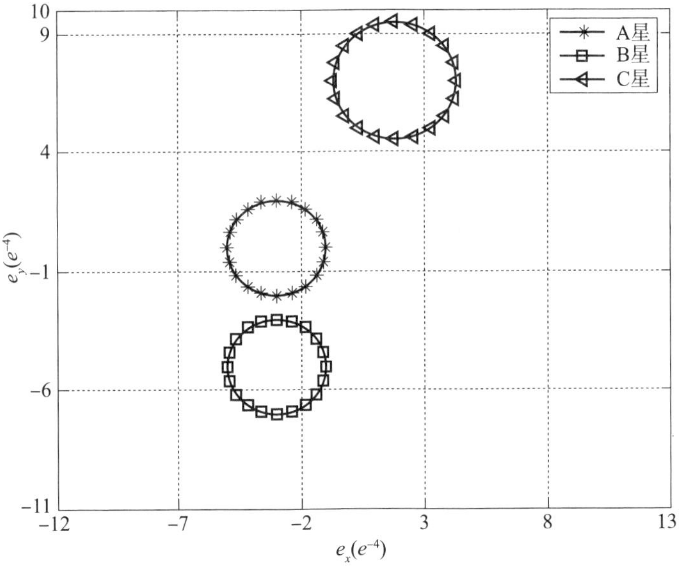

图 10－43 已共位三星偏心率矢量控制圆

按照定点要求，D 星东西保持范围为−0.1°～＋0.1°，定点时倾角大小为 3°，升交点赤经为 300°。为了减少整个寿命期间的控制推进剂消耗，考虑 D 星在整个寿命期内的倾角矢量摄动，设计四星共位方案如下：四星共位策略采用偏心率矢量和倾角矢量联合隔离，具体有，保持原有 A 星和 B 星的共位方案不变，对 C 星进行控制，偏心率控制圆圆心为 [$1.8e^{-4}$，$7.0e^{-4}$]，偏心率摄动圆和控制圆半径约为 $2.5e^{-4}$，倾角大小控制范围为 [1.35°，2.0°]，升交点赤经保持范围为 [62°，70°]。D 星在寿命期间其倾角矢量变化趋势如图 10－44 所示。

由于 D 星在整个寿命期内倾角矢量方向变化较大，整个寿命期内采用一种控制方案无法确保四星共位安全，因此共位运行期间，分三个阶段对 D 星进行控制。

第一阶段约 3 年，D 星偏心率控制圆圆心为（$2.5e^{-4}$，$-7.4e^{-4}$），控制半径为 $2e^{-4}$，偏心率控制采取太阳指向方式。倾角矢量不控制，按照入轨倾角大小 3°，升交点赤经 300°的倾角矢量初值自由摄动；四星偏心率矢量如图 10－45 所示。

第二阶段约半年，D 星偏心率控制圆圆心为（$6.5e^{-4}$，$-2.5e^{-4}$），控制半径为 $2e^{-4}$，偏心率控制采取太阳指向方式。倾角矢量由第二阶段结束时刻开始摄动，倾角大小

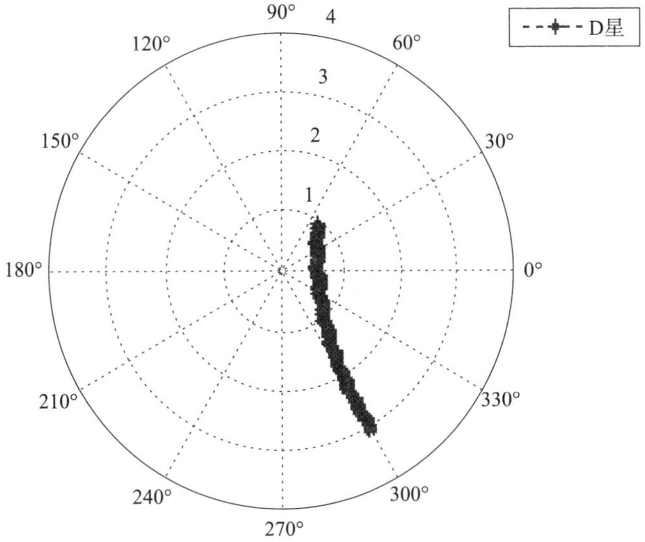

图 10 - 44　D 星倾角矢量变化趋势

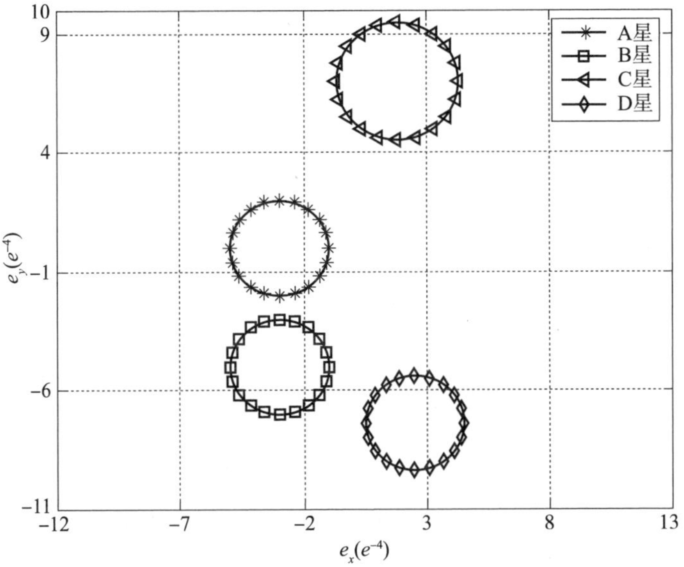

图 10 - 45　第一阶段四星偏心率矢量示意图

摄动至 1°，升交点赤经摄动至 55°时，开始南北保持，倾角大小控制范围为［0.6°，1°］，升交点赤经控制范围为［20°，55°］。四星偏心率矢量如图 10 - 46 所示。

第三阶段至寿命末期，D 星偏心率控制圆圆心为 $(2.5e^{-4}, 2.0e^{-4})$，控制半径为 $2e^{-4}$，偏心率控制采取太阳指向方式，倾角矢量由第二阶段结束时刻开始摄动，倾角大小摄动至 1°，升交点赤经摄动至 55°时，开始南北保持，倾角大小控制范围为［0.6°，1°］，升交点赤经控制范围为［20°，55°］。四星偏心率矢量如图 10 - 47 所示。

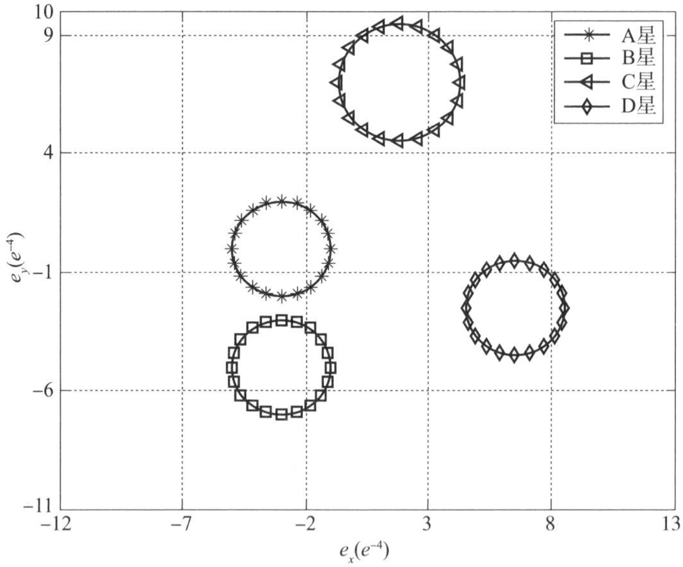

图 10－46　第二阶段四星偏心率矢量示意图

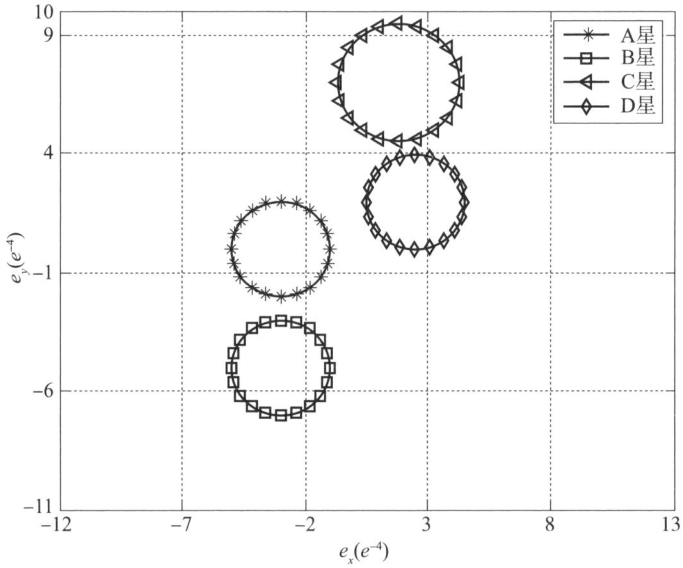

图 10－47　第三阶段四星偏心率矢量示意图

上述共位方案在保持原有 A 星和 B 星共位方案不变的基础上，采用偏心率矢量和倾角矢量联合隔离的方式，约束 C 星和 D 星的偏心率矢量和倾角矢量。整个寿命期，四星最小距离均为 20 km 以上，倾角矢量差和偏心率矢量差夹角均小于 45°或者大于 135°，能够确保四星长期稳定地共位运行。

10.5　航天器自主轨道控制

航天技术发展初期，受软、硬件系统及技术条件限制，器（星）上计算能力偏弱，航天器轨道控制任务均由地面进行分解、计算和任务规划后，再以遥控指令或数据的形式发送至航天器，航天器负责执行，从而实现对航天器的控制。随着航天技术的不断发展，器上软、硬件系统，计算及集成能力逐渐增强，一些原本必须由地面完成的工作，逐渐转变为由器上自主完成，特别是近年来微电子技术的迅速发展，使航天器自主轨道控制具备了持续发展的条件。

20 世纪 70 年代，航天器自主控制的概念逐渐开始发展。21 世纪初，NASA 在其航天器设计中提出航天器“自治”的概念，其本质即是航天器自主飞行控制的内涵，并在其多个航天器上得以应用。自主能力的研究主要由 NASA 戈达德空间飞行中心负责，其主要目的包括满足空间任务目标、支持航天器自主操作及降低成本等。

航天器自主控制的概念是一个较为宽泛的概念，可以包括自主温控、自主姿态控制、自主轨道控制、自主状态控制、自主故障诊断，甚至多星自主飞行控制等，但其基本框架及原理可以概括如图 10－48 所示。首先，航天器自主控制的前提是航天器能够完成自主感知（或认知），而自主感知的过程又包括自身状态感知、空间环境感知及认知模型等几个方面，典型的自身状态感知如位置、姿态等飞行状态感知，而空间环境感知如温度、空间离子辐射等，认知模型则为航天器对各类状态进行感知的规则或方法的统称；其次，航天器在状态感知的情况下，根据空间飞行任务进行自主规划，自主规划又大致分为根据目标和根据模型进行自主规划，不同的应用场景可能适用不同的规划方式；最后，航天器在完成自主规划后，根据规划结果，由执行机构执行。航天器自主控制的过程即上述三个基本过程的不断迭代过程，直至完成特定的空间飞行任务。

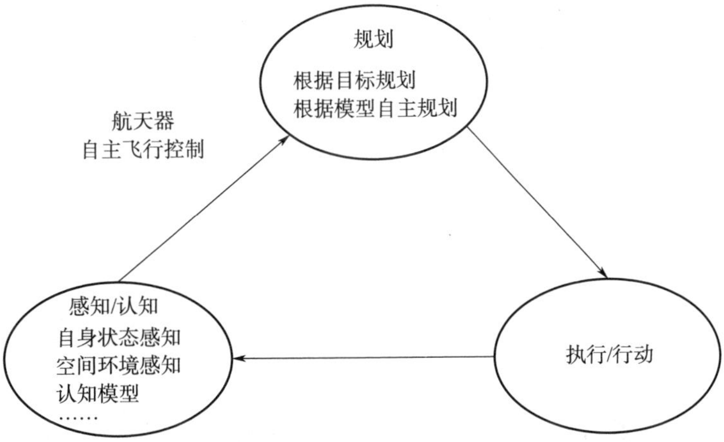

图 10－48　航天器自主飞行控制基本框架

航天器自主轨道控制是航天器自主飞行控制的重要组成部分，本节结合本章阐述的航天器轨道控制过程，就工程实际过程中几个典型的应用场景，阐述航天器自主轨道控制的基本原理和思路。

航天器自主轨道控制不仅能够降低航天器对地面测控系统的依赖程度，提高自主生存能力，同时也能提升航天器在测控区域外的任务能力。早在20世纪90年代，中国杨嘉墀院士就指出：发展航天器自主、智能控制是十分必要的，未来，航天器轨道控制必然朝着自主、智能的方向发展。也有学者又将航天器自主控制细分为三个阶段：

1）初级阶段：地面为主，星上为辅；

2）中级阶段：半自主运行，地面测控与星上自主相结合；

3）高级阶段：全自主运行，有自主决策能力。

就现阶段工程应用的现状而言，航天器自主轨道控制处于初级阶段，或者从初级阶段向中级阶段过渡，部分航天器实现了中级阶段，正在向高级阶段探索。

工程应用中，航天器的典型应用场景包括自主轨道捕获、轨道保持、碰撞规避、交会对接，以及深空自主导航等。

10.5.1 自主轨道捕获

航天器轨道捕获主要用于早期轨道段，通常在航天器入轨后，通过轨道机动进入工作轨道，这一过程可统称为轨道捕获。

目前，对于大多数航天器而言，轨道捕获均由地面测控系统综合考虑航天器任务需求和各种约束条件，制定相应的飞行程序及指令序列，再由航天器接收指令后在指定时刻执行，从而实现对航天器的控制。整个过程要求地面与航天器进行频繁的交互，对测控资源的依赖较为严重，且遇到应急情况时无法自动调整，灵活性较差。

为了满足未来空间应用的要求，传统的航天器轨道捕获方式急需进行改进，因此，一些学者提出了基于任务目标的航天器自主控制技术，该技术能够把航天器轨道捕获控制方式从指令级提升至任务级。航天器接收任务信息后在轨自动生成所需的控制指令，实现自主轨道捕获控制。就现阶段而言，一些航天器在自主轨道捕获方面做了一些尝试，但整体上还处于半自主状态。

航天器自主轨道捕获的基本思路和流程如图10-49所示，其中，轨道捕获目标是航天器自主轨道捕获过程的输入，可以是中间轨道，也可以是最终目标轨道。若为中间轨道，则可以称之为阶段自主轨道捕获；若为最终目标，则可称为全自主轨道捕获。

航天器将阶段目标作为输入，还是将最终轨道捕获目标作为输入，主要取决于器（星）上自主设计、地面支持能力，以及航天器飞行任务及飞行程序的复杂程度。基本过程如下：

1）航天器收到轨道捕获目标后，进行轨道机动策略规划、参数计算；

2）航天器根据轨道机动策略、参数以指令形式驱动器上执行机构实施；

3）轨道机动结束后，自主进行信息采集，完成轨道改进；

4）轨道改进完成后，最后进行状态反馈及轨道机动效果评估，以决定是否完成轨道

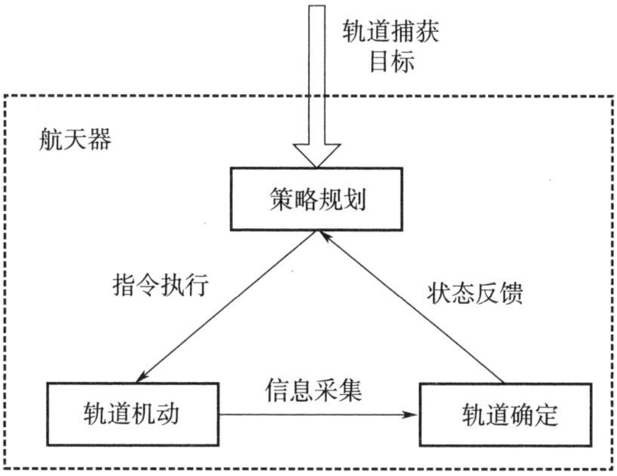

图 10-49　基于任务目标的航天器自主轨道捕获流程

捕获、进行下一阶段目标或补充修正等。

其中，策略规划、轨道机动、轨道确定三个过程既有顺序的关系，又有迭代的关系，直至航天器完成最终轨道捕获。

目前，航天器自主轨道捕获的难点主要有以下几个方面：

1）器（星）上异常处置能力。有别于航天器在轨运行阶段，轨道捕获阶段航天器各分系统大多处于测试阶段，状态切换频繁，异常出现概率较大，因此，对器（星）上异常处置能力要求高。

2）器（星）上计算能力要求高。自主轨道捕获过程中，原本由地面完成的轨道控制策略、参数计算等，均由器（星）上实现，因此，对器（星）上自主计算能力有了更高的要求。

鉴于上述约束，目前关于自主轨道捕获的应用，大多采用半自主的方式，即地面复核和器（星）上自主相结合的方式。对于关键策略、参数计算，须经过地面复核后实施。此外，器（星）上须具备任何情况下一旦出现异常，地面能够接管航天器的条件。

某地球静止轨道卫星自主轨道捕获流程如图 10-50 所示。由于该卫星轨道捕获过程由化学推进和电推进接力完成，因此其自主轨道捕获整体分三个阶段，三个阶段分别进行自主控制实施。

第一阶段，由化学推进系统作为执行机构将卫星控制至地球同步转移中间轨道。其中，化学推进轨道过程又包括数次点火控制，每次点火控制包括点火允许控制、控制策略计算、姿态机动、点火控制实施、轨道计算、推力器标定等几个步骤。每次点火过程的结果作为下一次点火控制的输入，直至卫星轨道机动至目标中间轨道。

第二阶段为电推进预处理。即电推力器点火测试，星上自主完成，包括推力器控制解锁、转动控制、管路预处理及点火测试等几个步骤。

第三阶段为电推进变轨控制阶段。通过若干次电推点火控制，将卫星送入预定地球同步轨道。每次点火控制又包括推力器转动控制、点火允许控制、点火策略计算、点火控制实施、轨道计算及推力器标定等几个步骤。

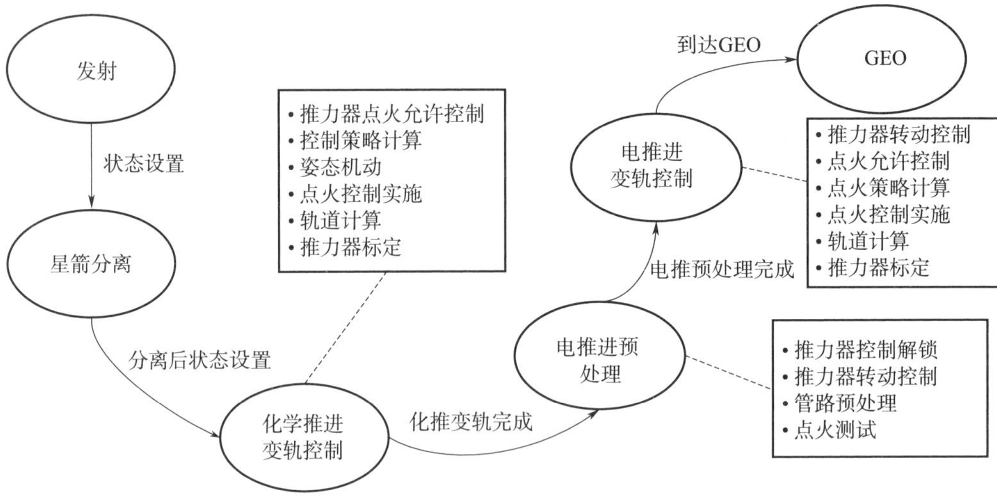

图 10-50　某地球静止轨道卫星自主轨道捕获流程

10.5.2　自主轨道保持

轨道保持主要面向地球卫星类航天器。由于受到地球非球形、太阳光压、日月引力等诸多摄动力的影响，卫星会逐渐偏离标称工作轨道，如不进行轨道保持，可能导致卫星无法正常工作。轨道保持的任务是使卫星的轨道保持在给定的允许范围内，确保卫星能够正常开展空间飞行任务。

传统的卫星轨道保持，通常采用地面开路控制方式，即通过地面跟踪测量，获得卫星的轨道根数，并设定边界、约束条件，允许卫星在标称轨道偏差范围内飞行。当卫星到达边界或约束条件时，地面计算轨道机动策略及控制参数，并上注至卫星，控制卫星进行轨道修正，重新使卫星轨道在一段时间内继续保持在边界、约束条件内，以此往复循环。

随着卫星数量的逐渐增多，特别是大规模星座的建立，以及电推进等微推力推进系统在卫星上逐渐得以广泛应用，传统的依靠地面开路控制对卫星进行轨道保持的方式，不仅给地面测控系统带来压力，也必将成为未来航天器管理模式限制和约束因素。

自主轨道保持即将原来由地面完成的工作，通过航天器自主设计，实现航天器自主轨道保持，基本过程如图 10-51 所示。航天器完成轨道捕获后，即进入工作轨道，航天器根据自身轨道计算策略自主进行轨道计算。当超出轨道保持阈值范围时，即需要进行轨道保持。此时，航天器根据设定的保持策略，自主进行计算，并驱动推进系统进行轨道机动，机动完成后再进行轨道计算并评定。

需要说明的是，轨道参数阈值的设定取决于航天器轨道、使用要求等多种因素，如：一般近圆低轨道卫星，可能选择半长轴作为是否进行轨道保持的主要依据；对于一些星下点轨迹保持要求高的卫星，可能以星下点轨迹为主要依据进行轨道保持；对于卫星星座，可能选择半长轴、基准星相位差等参数作为轨道保持的主要依据；对于地球静止轨道卫星，则以星下点经度、轨道倾角等参数作为东西、南北保持的依据。

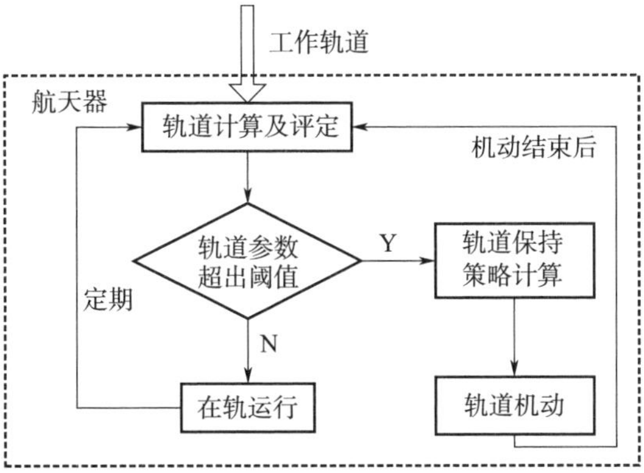

图 10－51　航天器自主轨道保持示意图

无论哪种轨道类型卫星的轨道保持，一般都遵循周期最大原则进行轨道保持策略的计算，即尽可能在一次轨道保持后，在尽可能长的周期内实施下一次轨道保持。

10.5.3　自主碰撞规避

随着人类太空活动的日渐频繁，轨道空间日益拥挤，空间碎片数量持续增加，给航天器在轨安全稳定运行带来严峻挑战。特别是 2019 年以来美国星链（Starlink）、一网（OneWeb）等低轨巨型星座计划的持续推进与部署，使得轨道空间密集程度呈现指数级增长趋势，碰撞风险激增，太空安全事件频发。

据 NASA 2020 年 8 月发布的报告，自 1999 年起仅国际空间站就实施了 27 次避撞机动，其中，2 次躲避空间碎片，5 次躲避宇宙－2251 卫星和铱星－33 卫星 2009 年撞击产生的碎片。2021 年 3 月 30 日，美国第 18 太空监视中队监测到，一网－0178 卫星在升轨过程中与星链－1546 存在很高的碰撞风险，两颗卫星的距离只有约 57.9 m。之后美国 SpaceX 公司关闭了星链－1546 卫星的自动碰撞规避系统，一网－0178 卫星采取了主动规避碰撞措施。

伴随着频繁发生的太空安全事件，航天器执行既定任务时的威胁规避逐渐成为其日常操作中的一项常规任务，其中，轨道机动是规避碰撞风险的主要方式。就目前而言，通常采用“地面测轨＋遥测下传＋威胁判定＋决策规划＋上注指令＋在轨执行”的“星地大回路”威胁处置方式，威胁判定和决策规划均由地面完成。

以 ESA 空间碎片办公室提供的碰撞规避服务为例，在收到美国联合太空作战中心共享的交会数据后，地面操作人员会进行事件检测和碰撞风险评估，进一步对碰撞风险高的目标进行轨道确定、演化分析等，给出规避决策和机动建议，以及考虑各种约束的避碰机动规划。然而，这种严重依赖地面的威胁处置方式，存在窗口和弧段时空约束多、星地回路时间链条长、人为因素多等问题，导致威胁处置时效性差、运控压力大，严重影响航天器在轨运行的安全性和业务的连续性，难以适应威胁数量持续增长、环境日益恶化的空间态势。

因此，近年来，世界主要航天大国致力于发展面对轨道威胁的智能自主控制技术，自主感知威胁、自主制定规避策略并自主完成规避动作。

如美国 SpaceX 公司宣称，星链卫星装载了自动防撞软件，在收到美国联合太空作战中心发布的潜在碰撞风险通知时，不需要人的参与，该软件将自行决定是否以及如何进行规避机动，并将信息反馈给美国联合太空作战中心。再比如，为确保卫星及大型星群的安全运行，ESA 正在发展航天器自主防撞系统，系统可根据空间目标编目情况，自动评估碰撞风险，给出决策建议，并进行规避机动设计与执行，最终目的是在没有人为干预的情况下实现航天器安全有效的碰撞规避。

航天器自主碰撞规避控制，不同于传统“星地大回路”的任务模式，需要通过“感知—决策—执行”星上闭环，以及与人工智能、博弈论等相关技术的深度融合，赋予航天器面对未知不确定环境和复杂动态任务的感知、决策、执行等能力。基本框架和原理如图 10－52 所示，其中威胁感知、决策规划、机动规避三个过程之间既有先后顺序关系，又是一个迭代的过程。

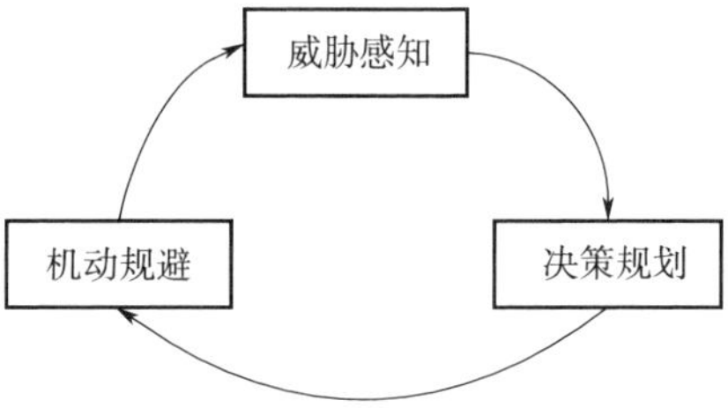

图 10－52　自主碰撞规避基本原理

（1）威胁感知

轨道空间跨度大，威胁目标的测量距离从米级到千公里量级。威胁感知的基本思路：利用航天器自身具备的可见光、雷达、红外等天基空间探测手段，辅以地面空间态势感知系统，获取航天器运行轨道及目标的测量信息，进行可能威胁目标的运动状态和轨迹估计、异动行为（如抵近、绕飞、伴飞）检测、特征识别，得到威胁目标运动的特征要素，并综合目标运动特征，以及历史行为特征等进行推理形成知识，给出威胁类型、行为意图、威胁等级的综合判定。其中，威胁类型、行为意图、威胁等级的综合判定侧重于对威胁态势的理解和认知。

（2）决策规划

航天器威胁规避自主决策规划，是指航天器根据任务场景的感知结果，在可能的规避方案中选择符合自身行为准则的最佳方案，并形成姿态、轨道机动的动作。

关于决策规划场景，又分两种情况：一种是针对空间碎片、失效航天器等非对抗性威胁规避的决策规划；另一种是对于具有机动变轨能力的对抗性威胁（如抵近捕获、绕飞干扰等）的规避决策，也可视为轨道追逃博弈问题。需要说明的是，两种情况下的自主决策规划方法亦不相同。

（3）机动规避

机动规避是指航天器根据威胁感知情况，进行自主决策规划后，由航天器执行机构执行指令并完成规避机动动作的实施，包括姿态控制、轨道机动，以及可能的载荷操作。机动规避的基本原则是在确保航天器在非受控环境下对环境及其自身的变化做出适应性反应并满足控制要求。

未来，随着星链、一网等大规模星座计划的推进部署，航天器自主规避控制技术将成为确保星座安全稳定运行的重要使能技术。随着航天器“感知—决策—执行”一体化控制系统架构的不断完善，感知、决策、执行等智能技术的不断发展及其工程实用化程度的不断提高，“星地大回路”的传统碰撞规避模式也将逐渐被颠覆，使航天器具备透彻感知理解、合理决策、精准执行的类人智能，从而实质性地提升航天器自主应对轨道威胁的能力，从根本上确保航天器飞行安全。

10.5.4　自主交会对接

航天器交会对接的基本原理及过程如本章前节所述，基本控制过程如图 10－53 所示，具体过程本节不再赘述。

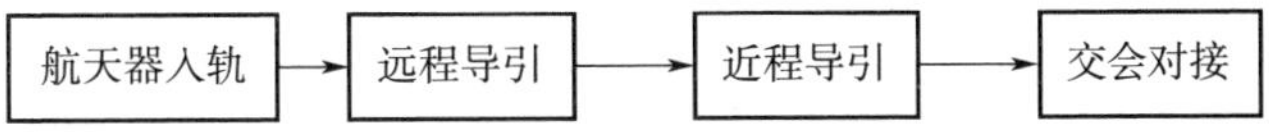

图 10－53　空间交会对接基本控制过程

整个交会对接过程中，无论是远程导引，还是近程导引，均为追踪航天器以轨道交会为目标进行的轨道机动。不同之处在于，远程导引以追踪航天器和目标航天器的轨道为依据进行轨道控制策略及参数计算，而近程导引阶段，追踪航天器以与目标航天器的近程测量数据为依据进行制导与控制，近程测量手段包括雷达、光学测量等，最终实现与目标航天器的交会。

自主交会对接即将原来由地面或者地面辅助完成的远程、近程导引控制过程交予航天器自主完成，从而实现了交会对接的全过程自主控制，大大减少了交会对接过程对地面测控系统的依赖，同时进一步缩短了交会对接时间。

目前，经过数十年的发展，自主交会对接技术已日趋成熟，特别是中国在空间站建设阶段及空间站建成以后，已圆满完成十余次交会对接。

以中国天舟五号货运飞船与空间站交会对接为例：2022 年 11 月 12 日 10 时 03 分，天舟五号货运飞船成功发射，12 时 10 分，顺利与空间站天和核心舱实现快速自主交会对接，改写了由国际空间站俄罗斯联盟号飞船 MS－17 于 2020 年 10 月 14 日创造的 3 小时 2 分的交会对接纪录，整个过程仅用时 2 小时 7 分。这一纪录的达成，取决于整个交会对接过程远程导引控制策略，以及近程导引段飞行程序的优化，更离不开日趋成熟的空间自主交会对接技术的支持，同时也标志着中国航天器自主控制能力进一步提升，综合制导水平迈向更高层次。

10.5.5 深空自主导航

深空探测是人类了解太阳系和宇宙，考察地球外天体的第一步，是空间活动中极具挑战性的领域之一，也是航天技术发展的必然选择和必经之路。

相比于绕地航天器飞行任务，深空探测任务主要有以下特点：

1）探测目标为地球以外星体，飞行环境充斥着大量未知和不确定性；

2）飞行距离远，即使是太阳系内星体的探测，也给传统的地面遥控实现对航天器控制的方式带来了挑战；

3）任务周期较长，对探测器自主性、可靠性要求高。

基于上述特点，且随着探测距离越来越远，任务日益复杂，传统的依靠无线电测控的方式还存在时延大、信号弱等问题，迫使深空探测器必须具有较强的自主导航能力，以保证安全和准确地完成探测任务。自主导航也是深空探测器进行自主轨道机动、自主任务规划的基础。

天文导航是深空探测常用的，也是重要的自主导航方法，它具有误差不随时间积累、抗干扰能力强及可同时提供位置和姿态信息的特点，已成为一种有效的深空探测器自主导航方法，并在深空探测任务中得到应用，未来在行星际航行和太阳系边际探测也必将发挥重要作用。天文导航方法按照量测量类型的不同，可分为天文测角、测速和测距导航。

（1）天文测角导航

天文测角导航方法是利用星敏感器测量探测器与太阳、行星、行星卫星、小行星、彗星等近天体和恒星等远天体之间的夹角来确定探测器位置。由于近天体在任意时刻的位置和远天体的方位可根据星历表获得，而从深空探测器上观测到的近天体之间的夹角、近天体和恒星之间的夹角与近天体视线方向等信息是探测器位置的函数。通过这些观测量，利用几何解析的方法或结合轨道动力学滤波，可获得探测器的位置、速度等导航参数。基本原理如图 10－54 所示。天文测角导航是目前最为成熟的自主天文导航方法，已在美国水手九号（Mariner 9）、海盗号（Viking）等多个探测任务中得到了应用，并验证了天文测角导航的有效性。

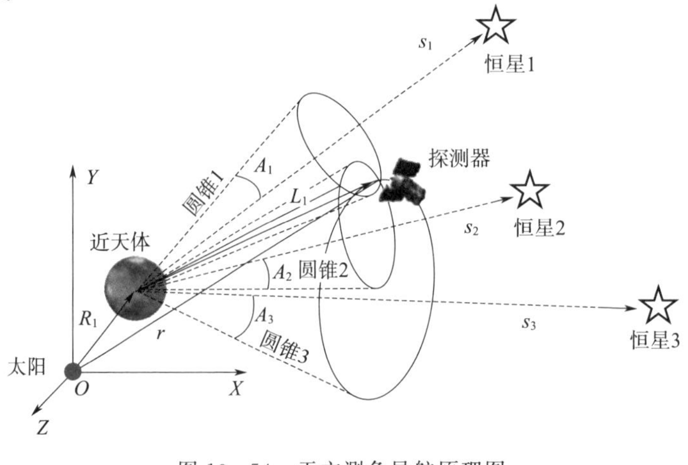

图 10－54　天文测角导航原理图

(2) 天文测速导航

光学多普勒效应是指导航天体在远离（或接近）深空探测器的过程中，光的频率减小（或增加）的现象。因此光频率的变化反映了探测器与导航天体之间的相对运动，通过测量光频率的偏移，就可以得到探测器与导航天体之间的径向速度。太阳和恒星可作为天文测速的导航天体。以太阳作为导航天体时，测速导航将局限于太阳系；以恒星作为导航天体时，测速导航将适用于整个太空，众多的恒星也给了测速导航源更多选择。恒星的星历误差较小，可得到精度较高的导航天体矢量方向。

天文测速导航的基本原理如图 10－55 所示。导航天体发出的光谱包含各个谱段谱线，通常提取某一特定谱线，测定其由于光学多普勒效应产生的频率变化，获得探测器相对于导航天体的径向速度。通过观测 3 个以上导航天体，可以获得探测器的速度矢量，从而积分获得探测器的位置矢量。

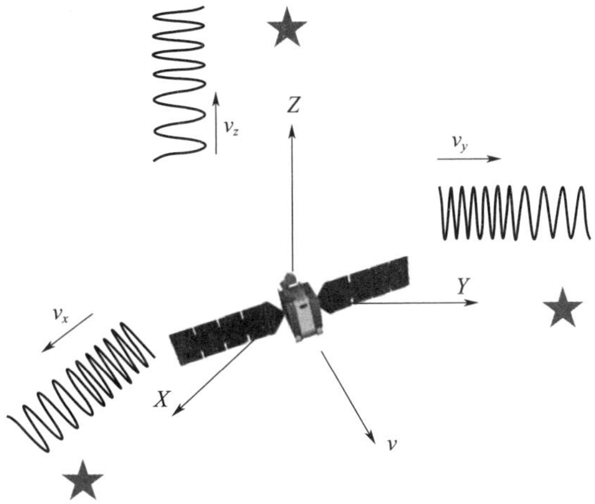

图 10－55　天文测速导航原理示意图

(3) 天文测距导航

天文测距导航也称脉冲星导航，是指测量 X 射线脉冲星相对探测器的脉冲到达时间。与脉冲星相对太阳系质心的标准脉冲到达时间相比较，可获得探测器到太阳系质心的距离在 X 射线脉冲星方向上的投影长度，采用适当的滤波算法，可得到探测器的位置、速度、姿态和时间等导航信息。其基本原理如图 10－56 所示。

1974 年，美国喷气推进实验室（Jet Propulsion Laboratory，JPL）Downs 博士首次提出了 X 射线脉冲星应用于深空自主确定轨道的想法，其后经过理论分析，初步论证了天文测距导航的可行性。2011 年，美国发射了中子星内部组成探测器（Neutron－star Interior Composition Explorer，NICER），搭载导航技术试验（Station Explorer for X－ray Timing and Navigation Technology，SEXTANT）进行脉冲星导航在轨验证，是世界上第 1 个脉冲星导航的实时在轨验证试验，实现了 10 km 以下的定位精度。2016 年，中国发射了脉冲星导航试验（X－ray Pulsar NAVigation－1，XPNAV－1）卫星，实现了 38.4 km 的粗定轨。2017 年，发射了硬 X 射线调制望远镜（Hard X－ray Modulation

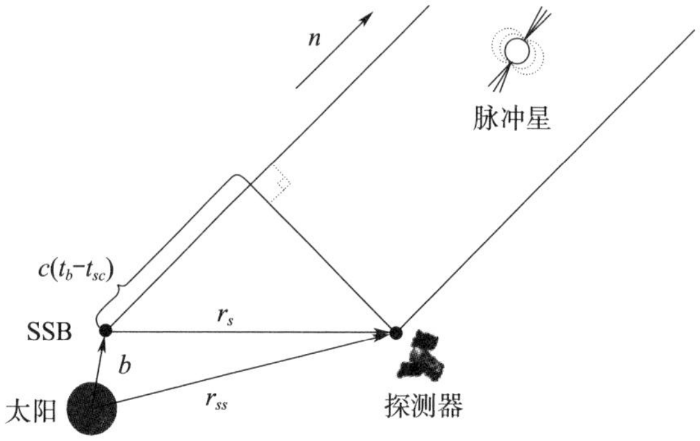

图 10－56　天文测距导航原理示意图

Telescope，HXMT）探测器，利用搭载的 3 台望远镜获得观测数据，实现了 10 km 的导航定位精度、10 m/s 的定速精度。未来，脉冲星导航在深空探测中将会发挥越来越重要的作用。

参考文献

[1] 李恒年. 地球静止卫星轨道与共位控制技术 [M]. 北京：国防工业出版社，2010.

[2] 高耀南，王永富，等. 宇航概论 [M]. 北京：北京理工大学出版社，2018.

[3] 李济生. 航天器轨道确定 [M]. 北京：国防工业出版社，2003.

[4] 黄福铭，杨小芹，谭炜，等. 太阳同步轨道设计与控制 [M]. 北京：国防工业出版社，2015.

[5] 李恒年，姜宇，张定波，等. 卫星在轨测控管理规程 第十七部分 共位管理：GJB 7893.17—2015 [S]. 北京：原总装备部军标出版发行部，2015.

[6] Walt Truszkowski. 自主系统及其在 NASA 智能航天器操作和探测系统中的应用 [M]. 余培军，译. 北京：国防工业出版社，2012.

[7] 吴宏鑫，谈树萍. 航天器控制的现状与未来 [J]. 空间控制技术与应用，2012，38 (5)：1-7.

[8] 王成. 卫星自主智能轨道控制方法研究 [D]. 哈尔滨：哈尔滨工业大学，2022.

[9] 王录. 基于任务目标的航天器自主控制技术研究 [J]. 科技创新与应用，2016 (24)：37.

[10] 张大鹏，沈红星. 基于精密星历的星链轨道特性研究 [J]. 力学与实践，2022，44 (6)：1268-1278.

[11] 袁利，姜甜甜. 航天器威胁规避智能自主控制技术研究综述 [J]. 自动化学报，2023，49 (2)：339-245.

[12] 崔晓峰. 自主航天器天地协同控制模式与技术综述 [J]. 宇航学报，2023，44 (5)：657-668.

[13] 王巍，邢朝洋，冯文帅. 自主导航技术发展现状与趋势 [J]. 航空学报，2021，42 (11)：1-19.

[14] 王大轶，符方舟，孟林智，等. 深空探测器自主控制技术综述 [J]. 深空探测学报，2019，6 (4)：317-327.

[15] 房建成，宁晓琳，马辛，等. 深空探测器自主天文导航技术综述 [J]. 飞控与探测，2018，1 (1)：1-15.

[16] 宁晓琳，杨雨青，房建成，等. 深空探测器自主天文导航研究进展 [J]. 深空探测学报，2023，10 (2)：99-108.

[17] 徐欣彤，桑吉章，刘晖，等. 深空探测器光学自主导航方法探讨 [J]. 导航定位学报，2021，9 (2)：1-4.

第 11 章　航天器返回

11.1　航天器返回过程

航天器返回是指航天器脱离工作轨道或原运行轨道，沿转移后的返回轨道进入地球大气层，并通过大气阻力减速，最终安全降落到地球表面的过程。航天器返回有多种应用场景，例如，航天技术发展初期，回收型照相侦察卫星为了把拍摄的胶片带回地面必须返回地球，无人飞船为了把空间物资运回地面需要返回地球，载人飞船和航天飞机在完成任务后也要返回地球，可重复利用航天器完成空间任务后需要返回地面。一般，可将航天器的返回过程分为制动段（或离轨段）、过渡段、再入段和着陆段 4 个飞行阶段，如图 11－1 所示，图中的 A，D，E，F，G 点分别表示航天器制动开始、制动结束、再入、着陆系统启动及着陆点，分别作为航天器返回过程中 4 个阶段的开始点或结束点。

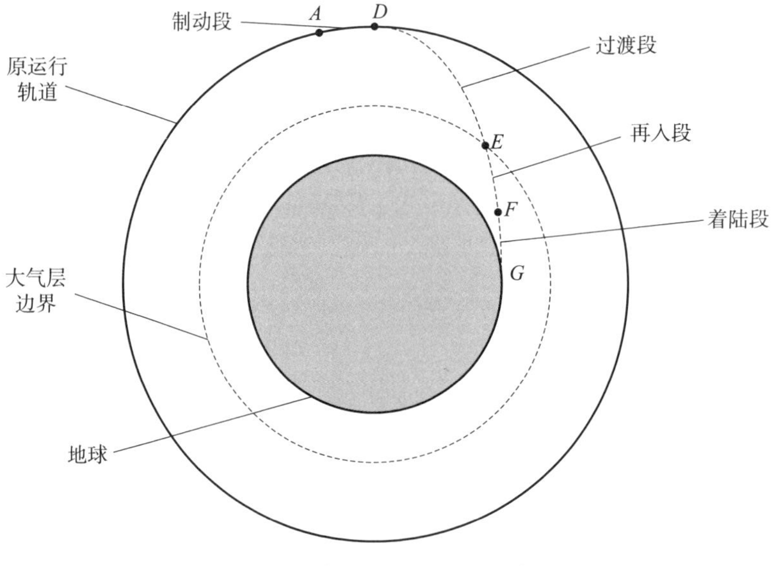

图 11－1　航天器返回过程示意图

11.1.1　制动段

制动段是指从航天器返回轨道控制发动机点火时刻开始，到返回轨道控制发动机工作结束这一飞行阶段。在制动阶段，航天器轨道控制发动机在预先计算的轨道位置和空间方向上点火，使航天器产生一个大小为 Δv 的制动速度，如图 11－2 所示。

制动速度 Δv 使航天器的飞行速度由原来的 v_1 改变为 v_2，精确控制 Δv 的大小、方向

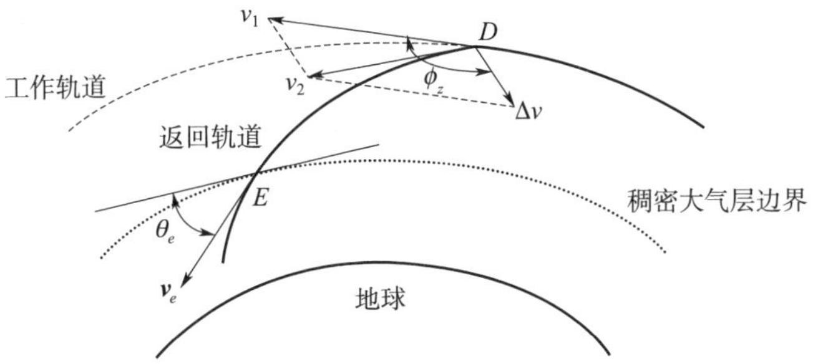

图 11-2　航天器制动过程示意图

和在工作轨道上的位置，即可以使航天器以 v_2 的速度脱离原来的工作轨道而进入预定的返回轨道。航天器在返回制动发动机工作结束时所对应的空间位置 D 称为离轨点，对应的速度 v_2 称为离轨速度。

图 11-2 中点 E 为航天器再入点，指航天器到达大气层边界的点，大气层边界高度一般指距离地球海平面约 120 km，再入角指再入速度 $\boldsymbol{v}_e$ 与大气层平面的夹角。离轨点 D 和制动速度 v_2 共同决定了航天器的再入点位置 E 、再入角 θ_e 、再入速度 v_e 的大小、着陆点的位置以及返回轨道过渡段是否需要进行轨道修正。因此，对航天器的制动控制务求精确和可靠，不容许超出规定的偏差范围。否则，航天器不能再入稠密大气层，或再入后因过热而烧毁，或破坏着陆系统的正常工作条件，或与预定理论着陆点偏离过大，从而导致返回任务的失败。

制动速度 Δv 与工作轨道速度 v_1 之间的夹角 ϕ_z 称为制动角。返回制动发动机产生的推力矢量一般与航天器的纵轴重合，因此，可以通过调整航天器的姿态来获得所需的制动角。一般情况下，航天器的正常运行姿态不是返回制动姿态，因此，在返回制动发动机点火之前，要对航天器进行姿态调整，以建立所需的返回制动姿态。同时，在返回制动发动机工作期间，为了使推力矢量保持在制动方向上，航天器需利用姿态控制系统或自旋稳定的方法来稳定航天器的制动姿态。对于采用自旋稳定的方法来保持制动姿态的航天器，在脱离工作轨道之后，要进行消旋控制，其目的是让航天器再入稠密大气层后能利用气动力矩的作用，在较短时间内建立所需的再入姿态。对于采用三轴姿态控制系统来保持制动姿态的航天器，在返回制动发动机工作结束之后，要进行姿态调整，确保以预定的姿态再入稠密大气层。

某些航天器并不是整个再入稠密大气层，有的在返回制动发动机点火之前，让航天器的部分舱段先分离出去，以便继续在工作轨道上运行，有的则在航天器再入稠密大气层之前，把多余的舱段（如推进舱）分离出去，只有返回器在制动控制后实施再入，而分离出去的多余舱段在再入稠密大气层的过程中烧毁。

11.1.2　过渡段

返回轨道的过渡段是指从航天器返回制动发动机工作结束时开始，至航天器到达稠密大气层边界（再入点）之间的飞行阶段。在过渡段，航天器沿着摄动开普勒轨道向稠密大气层靠近，返回制动发动机工作结束后，航天器过渡段的轨道即可确定下来，再入点的位置 E 、再入角 θ_e 和再入速度 v_e 的大小也可以预测。

假设地球只是一个质点且没有大气层，则航天器返回轨道的过渡段存在一个近地点 P ，称为虚近地点。在虚近地点 P ，航天器具有最小的矢径 $\boldsymbol{r}_P$ 。航天器的返回状态是受限制的，特定的航天器只能在特定的过渡段轨道范围内安全返回。如果过渡段轨道的虚近地点高度超出某一限度，使得航天器再入稠密大气层后受到的气动力作用过小，导致航天器会漂出稠密大气层，不能实现正常的返回。当过渡段轨道的虚近地点高度低于某一限度时，航天器再入稠密大气层的轨道过陡，受到的气动力作用过大，减速过于激烈，以至于航天器受到的气动过载和气动加热超出所规定的范围，同样也不能实现正常的返回。

有高限虚近地点的过渡段轨道称为上限过渡段轨道，其虚近地点用 P_o 表示，相应的虚近地点矢径用 $\boldsymbol{r}_{Po}$ 表示。有低限虚近地点的过渡段轨道称为下限过渡段轨道，其虚近地点用 P_u 表示，相应的虚近地点矢径用 $\boldsymbol{r}_{Pu}$ 表示。上、下限过渡段轨道之间的通道称为返回走廊，如图 11－3 所示。

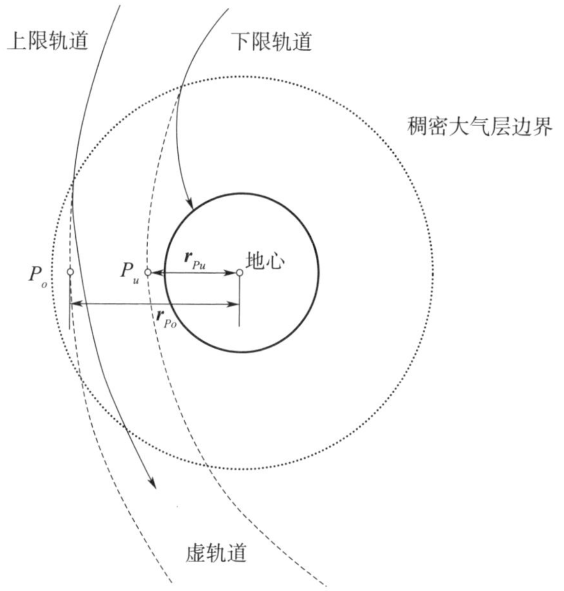

图 11－3　航天器返回走廊示意图

航天器返回时一定要使它的过渡段轨道在返回走廊之内，上限过渡段轨道虚近地点 P_o 与下限过渡段轨道虚近地点 P_u 之间的距离称为返回走廊的宽度 Δh_P ，$\Delta h_P = \boldsymbol{r}_{Po} - \boldsymbol{r}_{Pu}$ 。不同的航天器因具有不同的气动性能、防热结构和最大气动过载允许值，因而有不同的返回走廊宽度。

11.1.3　再入段

再入段也称为再入大气层段，是指航天器到达大气层边界（再入点）至航天器着陆系统开始工作为止的飞行阶段。这一飞行阶段内，航天器受到越来越稠密大气层的阻力，其飞行速度由接近第一宇宙速度迅速降至接近声速，面临着气动过载和气动加热的考验。

若航天器在再入时有气动升力的作用，则可以加宽返回走廊的宽度，改善返回条件。航天器在有升力再入的过程中，存在一定的气动角。图 11－4 给出了气流速度坐标系 $OX_aY_aZ_a$ 的定义：原点 O 位于航天器质心，OX_a 轴沿航天器相对于大气的速度方向，OY_a 轴在航天器的纵向对称面内垂直于 OX_a 轴，OZ_a 轴与 OX_a 轴、OY_a 轴构成右手坐标系。

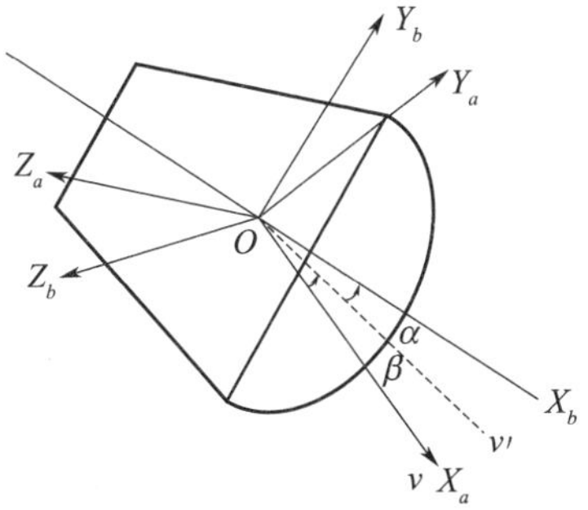

图 11－4　攻角、侧滑角示意图

在图 11－4 中，坐标系 $OX_bY_bZ_b$ 为航天器本体坐标系，其中，OX_b 轴为航天器纵轴，X_bOY_b 平面为航天器纵对称平面，Ov' 为速度矢量在航天器纵对称平面上的投影。

攻角：通常记为 α ，指速度矢量在纵向对称面上的投影与航天器纵轴间的夹角，即图 11－4 中 Ov' 与 OX_b 之间的夹角，偏向 OY_b 轴为正，反之为负。

侧滑角：通常记为 β ，指速度矢量与航天器纵向对称平面间的夹角，即速度矢量与 Ov' 之间的夹角，偏向 OZ_b 轴为正，反之为负。

航天器再入大气层飞行中，对于弹道式再入的航天器，其质心通常位于纵向对称轴上，依靠自身的气动稳定性或通过姿态控制系统来保证航天器在再入过程中始终保持零气动攻角飞行状态，或者不控制其再入姿态。在这种情况下，航天器主要受地球引力和气动阻力的作用，再入轨道比较陡，再入时间较短，导致再入时的最大气动过载和热流峰值较大。由于无法对再入轨道进行有效的控制，返回变轨后的轨道偏差、再入调姿后的姿态角偏差、再入区域大气密度的扰动和再入过程中的气动攻角偏差等因素都会造成无法避免的着陆点散布，导致航天器落点可能出现较大偏差。

若载人飞船以弹道式再入稠密大气层，为了使航天员所承受的最大气动过载不超过容许值[$(8\sim10)g_0$，g_0 为标准重力加速度，取值为 9.806 65 m/s^2]，则再入角要限制在 3°以下。对于不载人的航天器，再入时所允许的最大气动过载可高达 $20g_0$。因此，其再入角可放宽到 6°～7°。

通常在有升力控制的再入过程中，攻角 $\alpha<0°$ ，产生的正升力能使再入轨道变得平缓一些，从而减小了再入时的最大气动过载和热流峰值，降低下限过渡段轨道的虚近地点，加宽返回走廊的宽度；若攻角 $\alpha>0°$ ，则产生的负升力会使再入轨道向内弯曲，从而可以升高上限过渡段轨道的虚近地点，也可以使返回走廊的宽度得到加宽。

对于升力控制式再入的航天器，通常采用质心偏置的方法，如图 11－5 所示，即将航

天器的质心 O_1 配置在偏离中心轴线 O_2X_1 一小段距离的位置上，使航天器在再入时产生一个不大的配平攻角 η_{tr} ，相应地产生一个不超过气动阻力一半的气动升力 L 。由于增加了气动升力的作用，再入轨道比较平缓，再入时间较长，可以使再入时的最大气动过载和热流峰值较小。通过三轴姿态控制系统控制航天器的滚动姿态，可以改变气动升力的方向，从而改变气动升力在当地铅垂面和水平面上的分量，使航天器具有一定的再入轨道机动能力。按一定的逻辑程序控制航天器的滚动角，可以有效地控制再入飞行轨道，将着陆点偏差限制在几千米至十几千米的范围之内，减小着陆点的散布。

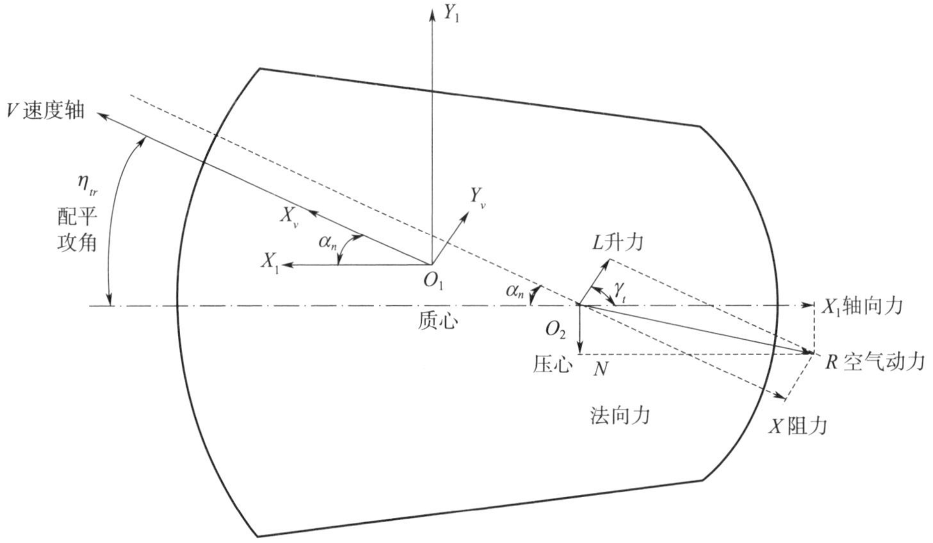

图 11-5　以配平攻角飞行时作用在航天器上的空气动力

对于采用弹道式再入或升力控制式再入的航天器，在再入段结束后，通常利用降落伞着陆系统进行垂直着陆。若想让航天器水平着陆，必须使它在再入稠密大气层时受到足够大的气动升力作用，只有升力式再入的航天器才能实现。升力式再入轨道更加平缓，机动能力更强，使航天器着陆到指定的机场成为可能。采用水平着陆，可以克服垂直着陆所带来的着陆冲击过载和着陆点散布等问题，实现无损和定点着陆，为航天器的多次重复使用创造了条件。

升力式再入的航天器所受到的气动升力一般都大于气动阻力，通常采用结构不对称的升力体式外形设计，可分为带翼和不带翼两种。不带翼的升力体外形复杂，增大了航天器的尺寸和质量，不太实用。常用的升力式再入航天器采用带翼的升力体外形，形状与飞机相似。典型的如美国的航天飞机轨道器，它主要由机翼产生和控制升力来完成机动飞行、下滑和水平着陆。

航天器在有升力的再入飞行过程中，常用到倾侧角、飞行航迹角等定义。

如图 11-6 所示，$\boldsymbol{v}$ 为速度矢量，v' 为速度矢量在当地水平面内的投影，r 为航天器位置矢量，$\boldsymbol{L}$ 为升力矢量，L' 为升力矢量在 $r-v$ 平面内的投影。几个常用的航天器再入飞行参数定义如下：

飞行航向角 ψ ：速度矢量 $\boldsymbol{v}$ 在当地水平面投影与正东方向的夹角，向北旋转为正，也称为速度方位角。需要说明的是，有些文献飞行航向角定义为速度矢量 $\boldsymbol{v}$ 在当地水平面投影与正北方向的夹角，顺时针旋转为正。

飞行航迹角 γ ：速度矢量 $\boldsymbol{v}$ 与当地地球水平面夹角，向上为正，也叫作速度倾角或弹道倾角。

倾侧角 σ ：指升力矢量 $\boldsymbol{L}$ 与 $r-v$ 平面的夹角，沿飞行器运动方向观察，向右为正。

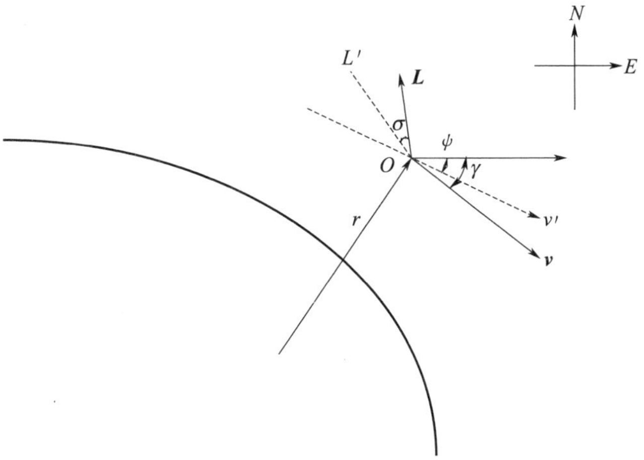

图 11－6　航天器再入飞行参数示意图

11.1.4　着陆段

着陆段一般指从返回器着陆系统开始工作到航天器完成着陆为止。对于垂直返回式航天器，指从降落伞着陆系统工作开始；对于水平返回式航天器，则指从对航天器进行导航操纵时起算。

垂直着陆段一般都是在航天器接近平衡速度（气动阻力与重力相互平衡时所对应的速度）之后，继续减速到降落伞系统能够可靠工作时开始的。某型载人飞船垂直返回着陆过程如图 11－7 所示，其一般包括抛伞舱盖、弹减速伞、抛防热大底、着陆等几个过程。

水平着陆段一般是从升力式再入的航天器下降到一定高度（如 20 km 左右），通过操纵活动翼面控制航天器的机动飞行时开始。在这段飞行过程中，航天器受导航系统引导，一边下滑一边机动飞行，最后达到准定常直线飞行状态所规定的高度、速度和距着陆跑道的距离。然后，航天器沿准定常直线轨道继续下滑，到一定高度后放下起落架准备着陆，下滑继续到拉平高度为止，之后航天器平飞减速，到达着陆跑道的上空，飘落下降到跑道上，滑跑减速到停止，一般包括下滑、拉平、平飞、飘落、滑跑、刹停等几个过程，如图 11－8 所示。

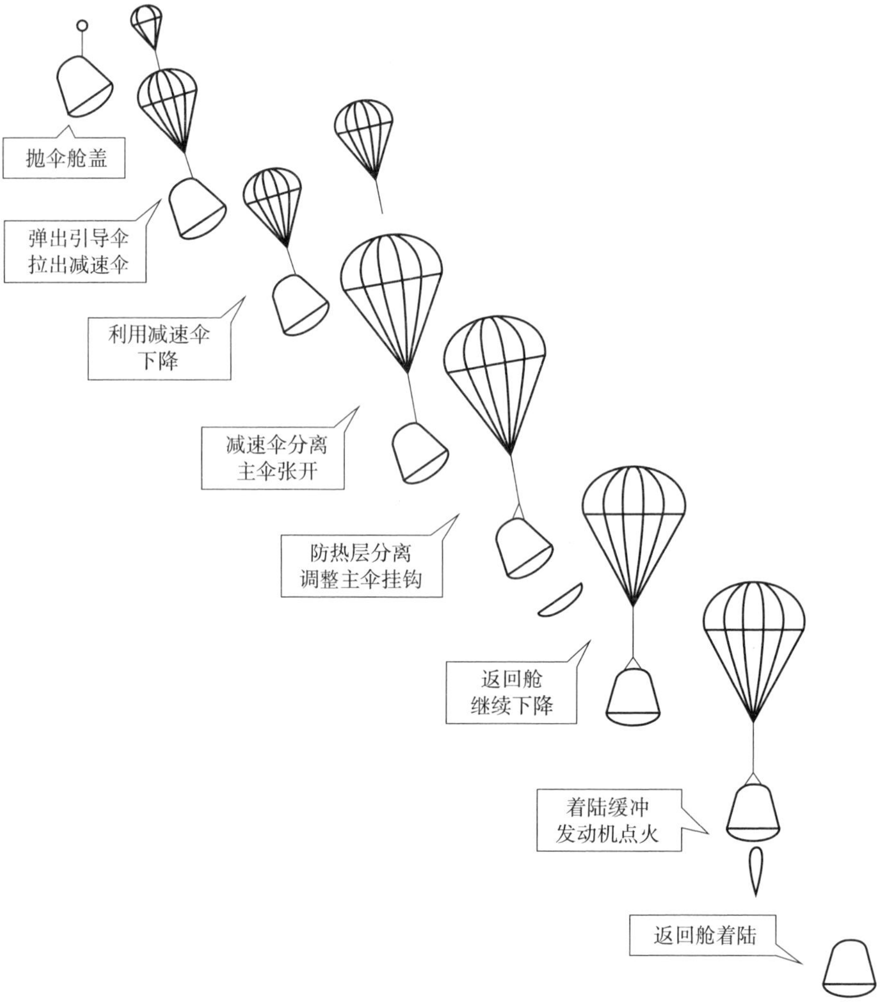

图 11-7　某型载人飞船垂直返回着陆过程

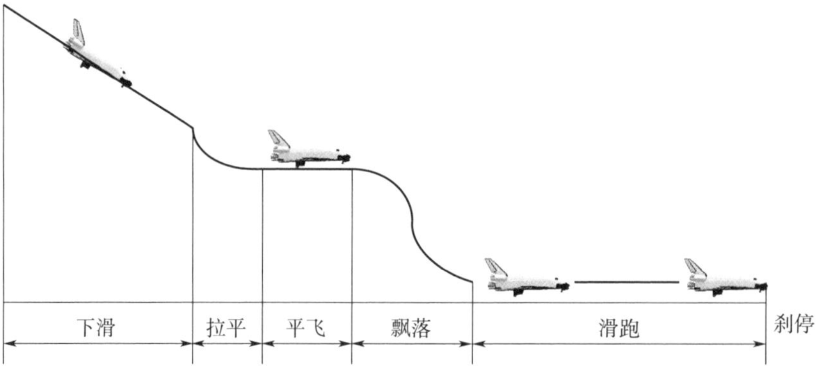

图 11-8　水平着陆式航天器返回过程

11.2 航天器返回方式

航天器返回过程所承受的外部作用力中，气动力是一种比较复杂的力。根据航天器在再入段气动力特征的不同，可将航天器的返回方式分为弹道式返回、弹道-升力式返回和升力式返回 3 类。

在大气层中，航天器所承受的气动力主要有：沿速度反方向的阻力（D）、垂直于速度方向的升力（L），升力和阻力大小之比——升阻比（L/D）如图 11－9 所示。一般定义升阻比在 0 ～ 0.1 内的航天器返回方式为弹道式返回，升阻比在 0.1 ～ 0.5 内的航天器返回方式为弹道-升力式返回，升阻比大于 0.5 的航天器返回方式为升力式返回。表 11－1 给出了航天器几种返回方式及特征的对比。

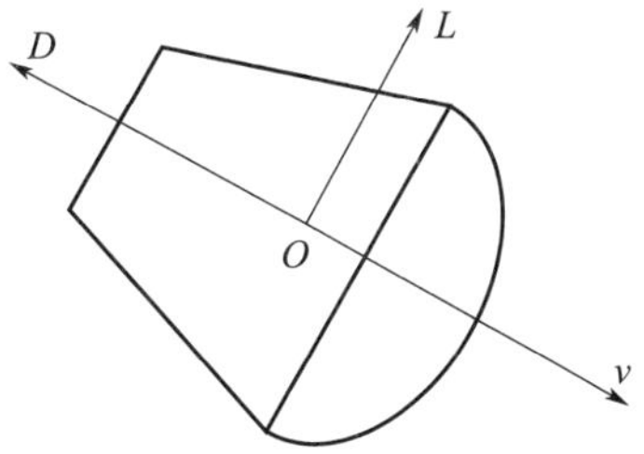

图 11－9　航天器返回气动力示意图

表 11－1　航天器几种返回方式及特征

返回方式	特征
弹道式	航天器进入大气层时，只有阻力不产生升力，或者虽有升力但对升力大小和方向不加以控制
弹道-升力式	升阻比不大于 0.5 的航天器进入大气层时仅通过滚动控制等方法调整升力方向
升力式	升阻比 ⩾ 0.5 的航天器进入大气层时可控制升力的大小和方向

11.2.1 弹道式返回

当航天器进入大气层后只产生阻力不产生升力，或者虽然产生小的升力，但航天器对升力的大小和方向不加以控制和利用时，这种返回方式称作弹道式返回。采用弹道式返回方式的航天器被称作弹道式返回航天器，其升阻比为零或者接近于零（$0 \leqslant L/D < 0.1$），所以航天器一旦脱离原来的运行轨道，就沿着预定的弹道无控制地返回地面。这与弹道导弹弹头再入大气时的运动相似，故称为弹道再入式返回。弹道式返回航天器的外形通常被设计成钝头体和轴对称旋成体外形，图 11－10 所示为美国的水星号载人飞船。

弹道式返回航天器在大气层中经历的时间较短，气动力产生的总热量相对较小，热防护结构较简单，是返回式航天器中最简单的一种。然而，弹道式返回时，航天器在大气层内的运动是无控的，因而落点位置偏差较大，且弹道式返回时减速很快，所以产生的热流密度峰值和过载峰值是几种返回方式中最大的。

图 11 - 10　美国的水星号载人飞船

11.2.2　弹道-升力式返回

在弹道式返回的基础上，通过质心配置的方法，使航天器进入大气层时产生一定的速度攻角，进而产生一定的升力，并通过改变升力在空间中的方向达到对升力加以控制的返回方式称作弹道-升力式返回。

航天器采用弹道-升力式返回方式，再入时将具有一定升力，可以增大其再入走廊的宽度，改善其再入状况。相同再入条件下，增大升阻比可以减小最大过载值和降低热流密度峰值。此外，在再入过程中还可以通过滚动控制改变升力的方向，从而在一定程度上调整航天器在大气中运动的轨道，使航天器具有一定的机动飞行能力，大大减小航天器的落点散布范围。但该种方式下航天器通过大气层的时间和路程均比弹道再入式长，接受的总热量较大。

依靠轴对称再入体重心位置的偏置所能获得的升力是有限的，升阻比一般不大于0.5。这样的升阻比还不能使再入航天器做较大范围的机动滑翔，更不能水平着陆，因此这种低升阻比再入航天器又称为弹道-升力式航天器或半弹道式再入航天器。图 11 - 11 所示为我国神舟载人飞船，它的外形基本上保持了弹道式返回器外形简单的特点。

11.2.3　升力式返回

若航天器需要水平着陆，就必须给其足够大的升力，而要获得更大的升力，就不能再用偏离对称中心轴线配置质心的办法获得，外形也不能再用旋转体，而需要改变再入航天器的外形，采用不对称的结构，甚至为其设置机翼，这种航天器外形设计也称为升力体设计。

一些返回式航天器采用一种形似飞机但无翼、仅有升力机体的设计，此时能产生较大的升力，升阻比可提高到0.7～1.2，这样的升力体设计能使航天器机动滑翔数百千米。航天飞机则是一种形似飞机的有翼再入航天器，再入时能产生相当高的升力，升阻比可达到

图 11-11　我国神舟载人飞船

1.3～3.0，再入大气层后能机动滑翔数千千米，可在广阔的范围内选择着陆场地，并像普通飞机那样在跑道上水平着陆。如图 11-12 所示，美国奋进号航天飞机为典型升力体设计。

图 11-12　美国奋进号航天飞机

升力式返回的航天器由于再入机动的灵活性和水平着陆的特点，避免了弹道式和弹道-升力式返回时再入过程存在的缺点，过载也较小，但同时也带来了一些新的问题，如再入段航程和经历的时间都比弹道式和弹道-升力式长得多。虽然热流密度峰值和最大减速过载值小，但总的气动热量大，加热时间长。另外此类航天器构型也比弹道式返回航天器复杂得多。

11.2.4 受控陨落

航天器除弹道式、弹道-升力式及升力式等着陆返回方式外，还有一种特殊的“返回”方式——“受控陨落”。受控陨落可以理解为一种介于航天器着陆返回和离轨之间的一种特殊的航天器返回方式。与航天器着陆返回相同的是，受控陨落同样需要根据理论陨落落点计算返回控制参数，并控制航天器进行制动控制，同时在陨落过程中尽能力跟踪以进行弹道计算。与航天器着陆返回不同的是，陨落落点一般选择大洋海域等无人区域，且受控陨落的航天器在陨落控制结束或再入后即不再进行控制，返回过程与弹道式返回过程相似，航天器最终将在大气层中烧毁。

就工程应用而言，航天器受控陨落有以下几个典型的应用场景：

（1）火箭末级受控陨落

一般，火箭末级或上面级在将航天器送入预定轨道后，与航天器进入相近轨道。如果不进行处理，火箭末级或上面级将在太空中继续飞行，在太空停留数年，甚至数十年之久，其轨道受大气阻力影响可能不断降低，但最终坠落时间难以预测，增加了与其他航天器的碰撞风险。随着航天发射任务数量的不断增加，未来一段时间内，太空垃圾很大一部分可能来自火箭末级或上面级，且因火箭末级或上面级质量大、体积大，推进剂气液多，导致部分结构难以烧毁，更容易与空间碎片发生碰撞，造成连锁反应。

按照国际空间碎片减缓的要求，火箭末级或上面级应尽可能进行离轨或受控陨落，因此，一些运载火箭或上面级进行了主动受控陨落设计。通过预留末级主发动机推进剂，推动火箭末级进行受控陨落，是目前火箭末级最为安全的离轨方式。

2023 年 4 月 2 日，天龙二号运载火箭首飞任务圆满成功。该火箭末级在星箭分离后实施了主动受控离轨，火箭末级在绕行地球半圈后，在南极洲安全区域实施再入。这是我国运载火箭首次应用末级主动力快速受控离轨再入技术。

（2）离轨航天器

一些航天器在完成空间在轨任务后，设计直接采用受控陨落的方式完成离轨。如苏联从礼炮六号空间站开始，使用进步号飞船为空间站补给并加注推进剂，进步号飞船随后都会受控陨落，苏联和平号空间站也于 2001 年 3 月 23 日受控陨落至南太平洋烧毁。2016 年 9 月 22 日，我国天舟一号货运飞船（图 11－13）在完成空间实验室各阶段预定任务后，受控陨落再入大气层，在南太平洋海域陨落烧毁，这也是我国首次对航天器实施受控陨落。

（3）超低轨科学实验卫星

除上述两类航天器通常进行受控陨落外，还有一些科学实验卫星在完成空间任务后，也进行受控陨落处置。此类航天器通常运行于超低轨道，进行科学探测实验，在不断陨落的过程中，尽可能进行科学探测，将获得的数据传回地面。

如图 11－14 所示，中国 2016 年发射的稀薄大气科学实验卫星（力星一号），在 100～150 km 轨道高度完成科学探测实验后受控陨落。该卫星也是迄今为止运行轨道最低的人造地球卫星。

图 11－13　天舟一号

图 11－14　力星一号

11.3　返回制动参数计算

航天器返回一般需在考虑着陆点目标位置、测控条件、航天器过载及各种偏差等因素的前提下，设计其返回过程。其中，返回制动参数的计算和优化选择，是保证航天器安全、定点着陆的基础。返回制动参数计算本质上是一个优化问题，通过优化目标函数，按某种优化策略，寻找满足约束条件的最优解，使得返回轨道右端点到指定区域（或目标落点）的距离达到最小，进而确定出返回控制系统所要求的控制参数。

11.3.1 返回圈选择

返回圈选择主要是预报航天器未来时段内，是否经过某个或某几个着陆场。为此，通过预测航天器轨迹穿越某着陆场中心地理纬度圈时的大地经度，由预报的大地经度与着陆场中心大地经度之间的差值是否在允许的经度差范围，来确定当圈是否适宜进行返回。

考虑到轨道倾角不为零的轨道，在每一圈可以两次通过同一纬度圈，从升交点起算，第一次通过该纬度圈的大地经度称为升弧经度，第二次通过该纬度圈的经度称为降弧经度。

设指定的着陆场中心点大地经度为 λ ，大地纬度为 ϕ ，可返回该着陆场的经度差允许值最大为 δ ，航天器当圈升交点时刻轨道根数为 JD，T，a，e，i，Ω，ω，M ，由此可采用轨道数值外推方法计算出某一圈通过该纬度时的升弧（交点）经度 λ_n 和降弧（交点）经度 λ_d 。若 $|\lambda_u-\lambda|\leqslant\delta$ ，则当圈升弧段可返回；若 $|\lambda_d-\lambda|\leqslant\delta$ ，则当圈降弧段可返回，否则，当圈不能返回。航天器通过落点纬度 ϕ 的升弧经度 λ_u 和降弧经度 λ_d 可采用解析法来计算：

1）计算升弧段和降弧段通过该纬度圈 ϕ 的升交点幅角 u_u，u_d

$$\begin{cases}u_u=\arcsin\left(\dfrac{\sin\phi}{\sin i}\right) & u_u\in\left[0,\dfrac{\pi}{2}\right]\\ u_d=\pi-u_u & u_d\in\left(\dfrac{\pi}{2},\pi\right]\end{cases}\tag{11-1}$$

当 $u_u=0$ 时，对应升交点；当 $u_d=\pi$ 时，对应降交点。

2）计算升弧段和降弧段通过该纬度圈 ϕ 的近地点幅角 f_u，f_d ，其中，$f_u=u_u-\omega$ ，$f_d=u_d-\omega$ 。当 $f<0$ 时，表明未通过近地点；当 $f>0$ 时，表明通过近地点。

3）计算升弧段和降弧段通过该纬度圈 ϕ 的平近点角 M_u，M_d

$$\begin{cases}M_i=E_i-e\sin E_i\\ E_i=\arctan\left(\dfrac{\sin E_i}{\cos E_i}\right)\end{cases}\tag{11-2}$$

其中，$\sin E_i=\dfrac{\sqrt{1-e^2}\sin f_i}{1+e\cos f_i}$，$\cos E_i=\dfrac{e+\cos f_i}{1+e\cos f_i}$，$i=u$，$d$ ，分别对应升弧段和降弧段，且 $M_u<M_d$ 。

4）计算航天器通过近地点的时刻 (JD_p，T_p)

$$\begin{cases}T_p=\dfrac{2\pi}{n}+\left(T-\dfrac{M}{n}\right)\\ n=\sqrt{\dfrac{\mu}{a^3}}\\ JD_p=JD\end{cases}\tag{11-3}$$

若 $T_p\geqslant 86\,400$，$JD_p=JD+1$，$T_p=\mathrm{mod}(T_p+86\,400,\ 86\,400)$ 。

5）计算升弧段和降弧段通过该纬度圈 ϕ 的时刻 (JD_u，T_u) 和 (JD_d，T_d) ，其中，

$JD_i = JD_p$，$T_i = T_p + \frac{M_i}{n}$，$i = u$，$d$，分别对应升弧段和降弧段的时刻。

6）计算升弧段和降弧段通过该纬度圈 ϕ 的赤经 L_u，L_d

$$\begin{cases} L_x = \Omega + \dot{\Omega}(T_x - T) + \arccos\left(\frac{\cos u_x}{\cos\phi}\right) \\ \dot{\Omega} = \frac{1}{2}\sqrt{\frac{\mu}{a^3}} J_2 \left(\frac{R_e}{a}\right)^2 \cos i \end{cases} \tag{11-4}$$

其中，$x = u$，d，分别对应升弧段和降弧段通过该纬度圈 ϕ 的赤经。

7）计算升弧段和降弧段通过该纬度圈 ϕ 的大地经度 λ_u，λ_d

$$\begin{cases} \lambda_x = L_x - \mathrm{GMST}(JD_x, T_x) \\ \lambda_x = \mathrm{mod}(\lambda_x + 2\pi, 2\pi) \end{cases} \tag{11-5}$$

其中，$x = u$，d，分别对应升弧段和降弧段通过该纬度圈 ϕ 的大地经度。

11.3.2　控制参数计算

返回控制参数计算问题实际上是个返回轨道始点、末端点固定的两点边值问题，但直接求解边值的解是不太可能的，且没有必要。因此，工程中一般将该类问题转化为初值问题和优化问题来解。

以某返回式航天器离轨控制参数为例，其问题的一般数学描述为

$$\boldsymbol{Y}_K = f(t, \boldsymbol{x}_o, \boldsymbol{q}, \boldsymbol{u}) \tag{11-6}$$

式中，$\boldsymbol{Y}_K$ 为返回轨道末端点参数向量；t 为时间；$\boldsymbol{x}_o$ 为航天器初始状态向量（航天器离轨制动前的位置和速度）；$\boldsymbol{q}$ 为飞船作为控制目标的特征向量（对于返回式卫星，$\boldsymbol{q}$ 为卫星作为控制目标的特征向量）；$\boldsymbol{u}$ 为离轨控制参数。

在符合所有对轨道限制的条件下，优化选择 $\boldsymbol{x}_o^*$，$\boldsymbol{u}^*$，使得对任意的 $\boldsymbol{x}_0 \in \mathrm{R}^{N1}$，$\boldsymbol{u} \in \mathrm{R}^{N2}$，满足式（11－7）

$$\begin{cases} |\boldsymbol{Y}_K^* - \boldsymbol{Y}^*| = \min|\boldsymbol{Y}_K - \boldsymbol{Y}^*| \\ \boldsymbol{x}_0 \in \mathrm{R}^{N1} \\ \boldsymbol{u} \in \mathrm{R}^{N2} \end{cases} \tag{11-7}$$

其中

$$\begin{cases} \boldsymbol{Y}_K^* = f(t, \boldsymbol{x}_0^*, \boldsymbol{q}, \boldsymbol{u}^*) \\ \boldsymbol{Y}_K = f(t, \boldsymbol{x}_0, \boldsymbol{q}, \boldsymbol{u}) \end{cases}$$

式中，$\boldsymbol{Y}^*$ 为期望的返回轨道末端点参数。

上述过程在选择计算离轨控制参数时，$\boldsymbol{q}$ 作为控制目标的特征向量是不改变的，也不在优化之列，$\boldsymbol{q}$ 作为控制目标的特征向量表征飞船的结构特点、气动特征、飞船运行的空间环境、控制规律等。计算过程如下：

1）优化参数的选取。一般待优化参数包括：制动发动机开机时刻（即离轨时刻）T_{on}、制动发动机关机时刻 T_{off}、制动姿态（一般为制动发动机工作过程中航天器本

体相对于惯性空间稳定的俯仰角 φ_p 和偏航角 ψ_p ）及基准轨道参数 K_p 。

2）确定目标优化函数。若不考虑开伞着陆段，可把返回轨道末端点定义为开伞点。开伞点的重要参数便是开伞点的位置 φ ，λ ，选择目标优化函数为

$$J(t_{on},t_{off},\varphi_p,\psi_p,K_p)=\sqrt{(\phi-\phi^*)^2+(\lambda-\lambda^*)^2} \tag{11-8}$$

式中，t_{on}，t_{off}，φ_p，ψ_p，K_p 为待优化参数；ϕ，λ 为被选择轨道所对应的开伞点纬度和经度；ϕ^*，λ^* 为期望的着陆点位置。

3）计算目标优化函数。目标优化函数是待优化参数的凸性泛函，因此，计算目标优化函数，需要对返回轨道的动力学模型进行数值积分，返回轨道动力学模型参见 11.5.1 节。

选择合适的优化算法，常见的如“黄金比例压缩区间法”“梯度下降法”等，即可计算得到返回制动参数。

11.4　返回弹道计算

航天器再入返回过程中，地面为了实时掌握航天器飞行状态，需要利用各类测量设备的跟踪测量数据，或航天器下传的自身测量数据，对其飞行弹道相关参数进行计算，必要时进行应急处置。

测量设备对航天器进行跟踪，可获得的数据主要有以下几类：

1）GNSS 数据。航天器上搭载有 GNSS 测量设备，如 GPS、北斗、格洛纳斯接收机等，返回过程中可通过航天器遥测将测量的航天器位置和速度等信息下传。

2）惯性导航数据，也称为内测数据，由航天器上安装的惯性导航系统对航天器的位置和速度等参量进行测量后通过遥测下传，惯性导航数据是航天器返回过程中一种重要的观测数据。

3）外测数据，是指由雷达、统一测控、光学设备等设备跟踪航天器得到的测速、测角、测距等数据。

上述几类数据由于测量原理和机制不同，获得的数据差异也比较明显，有的可直接给出飞行弹道的位置及速度信息，用于航天器返回时弹道监视，有的则需要进行计算后才能获得飞行速度、飞行高度和器下点经纬度等信息。

11.4.1　GNSS 弹道计算

航天器返回 GNSS 弹道计算基本原理同运载火箭 GNSS 弹道计算，具体方法见本书 5.2.2 节。

11.4.2　内测弹道计算

航天器在返回过程中，通常可以通过惯性导航测量部件获得自身位置和速度，一般为返回航天器在地心惯性坐标系下的位置和速度。地面可根据航天器在地心惯性坐标系下的

位置、速度分量计算得到航天器器下点经纬度、高度、速度及速度与地面夹角等飞行弹道参数，具体方法参见本书 5.2.2 节。

11.4.3　外测弹道计算

航天器返回外测弹道计算基本原理同运载火箭外测弹道计算，具体方法见本书 5.2.2 节。

11.5　返回落点预报

返回落点预报是航天器再入返回过程的一项重要工作，有利于着陆场系统根据预报结果提前展开航天器搜救工作，同时也有助于地面监视航天器状态。

如图 11－15 所示，航天器返回落点预报的基本过程和原理如下：

1）根据航天器返回过程建立航天器运动模型；

2）根据获得的航天器当前位置、速度信息和航天器运动模型，使用积分计算的方法外推出航天器到达地面时的位置及时间等信息，即为落点预报结果；

3）若航天器在再入返回过程中有制导过程，则根据航天器制导模型计算运动模型中所需的相关参数，再根据运动模型，使用积分计算的方法计算出落点结果。

返回落点预报的关键在于航天器运动模型的建立。

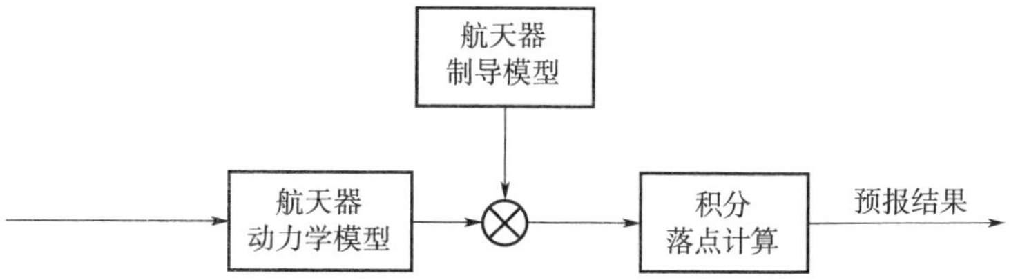

图 11－15　航天器落点预报计算的一般过程

11.5.1　返回运动模型

本节所列运动方程及其计算方法，适用于弹道式及弹道-升力式返回计算。升力式返回与上述两种返回方式的区别，主要体现在大气中飞行过程的变化，计算模型需要相应修改。

为了便于理解和计算，此处给出的是简化的返回运动模型，更详细和精确的计算模型可参考相关专著。简化计算模型是在保证控制精度和预报精度，详细试算分析精确计算模型中各种摄动项的基础上，对精确计算模型中对计算结果或控制精度有很小影响的摄动项进行了取舍。为了减少积分右函数的计算量和中间变量的换算运算量，此处选择在地心惯性坐标系中列写简化运动模型。

11.5.1.1　在轨运行段

航天器在轨运行阶段，其运动模型主要考虑地球引力场（地球非球形摄动 J_2 项）和大气阻力的影响，J2000.0 地心惯性坐标系中，航天器运动方程为

$$\begin{cases} \mathrm{d}t/\mathrm{d}t=1 \\ \mathrm{d}x/\mathrm{d}t=\dot{X} \\ \mathrm{d}y/\mathrm{d}t=\dot{Y} \\ \mathrm{d}z/\mathrm{d}t=\dot{Z} \\ \mathrm{d}\dot{X}/\mathrm{d}t=-c_B\rho v(\dot{X}+\Omega Y)-\mu(X/r^3)+\mu a_e^2(J_2/r^5)\ [7.5\ (Z/r)^2-1.5]X \\ \mathrm{d}\dot{Y}/\mathrm{d}t=-c_B\rho v(\dot{Y}-\Omega X)-\mu(Y/r^3)+\mu a_e^2(J_2/r^5)\ [7.5\ (Z/r)^2-1.5]Y \\ \mathrm{d}\dot{Z}/\mathrm{d}t=-c_B\rho v\dot{Z}-\mu(Z/r^3)+\mu a_e^2(J_2/r^5)\ [7.5\ (Z/r)^2-4.5]Z \end{cases} \tag{11-9}$$

式中，X，Y，Z，$\dot{X}$，$\dot{Y}$，$\dot{Z}$ 为航天器质心位置和速度矢量；$r=\sqrt{X^2+Y^2+Z^2}$，为地心矢量的模；$v=\sqrt{(\dot{X}+\Omega Y)^2+(\dot{Y}-\Omega X)^2+\dot{Z}^2}$，为航天器相对速度的模；$\mu$ 为地球引力常数；a_e 为地球赤道半径；J_2 为地球带谐项系数；Ω 为地球自转角速率；$c_B=c_D s_m/(2m)$ 为航天器弹道系数；c_D 为航天器迎面气动力系数；s_m 为航天器迎风面积；m 为航天器质量；ρ 为大气密度。

11.5.1.2　制动段

航天器返回制动段，除考虑地球引力场和大气阻力的影响外，航天器还受到制动发动机推力，其 J2000.0 地心惯性坐标系运动方程为

$$\begin{cases} \dot{t}=1 \\ \dot{X}=v_x \\ \dot{Y}=v_y \\ \dot{Z}=v_z \\ \dot{v}_x=-c_B\rho v(v_x+\Omega Y)-\mu(X/r^3)+\mu a_e^2(J_2/r^5)\ [7.5\ (Z/r)^2-1.5]X+\alpha\boldsymbol{P}_x \\ \dot{v}_y=-c_B\rho v(v_y+\Omega X)-\mu(Y/r^3)+\mu a_e^2(J_2/r^5)\ [7.5\ (Z/r)^2-1.5]Y+\alpha\boldsymbol{P}_y \\ \dot{v}_z=-c_B\rho v v_z-\mu(Z/r^3)+\mu a_e^2(J_2/r^5)\ [7.5\ (Z/r)^2-4.5]Z+\alpha\boldsymbol{P}_z \\ \dot{v}_s=a \\ \dot{m}=P/(I_p g_0) \end{cases} \tag{11-10}$$

式中，$\boldsymbol{\alpha}=P/m$ 为制动推力加速度；P 为制动发动机额定推力；v_s 为视速度，制动推力加速度的积分；$\boldsymbol{P}_x$，$\boldsymbol{P}_y$，$\boldsymbol{P}_z$ 为制动推力在地心惯性坐标系的单位矢量；I_p 为制动发动机额定比冲；$\boldsymbol{g}_0$ 为地面上地球引力加速度，其余参数定义同式（11－9）。

假设制动时刻俯仰角为 φ_p，偏航角为 ψ_p，滚动角为 0°，制动期间姿态在惯性空间稳定，且定义偏航角为沿航天器运行方向偏离制动开始时刻瞬时轨道面右面为正，制动发动机开机时刻航天器在惯性坐标系的状态向量为 $\boldsymbol{r}(ton)$、$\boldsymbol{v}(ton)$，则有制动推力矢量在地心惯性坐标系的投影矢量 $\boldsymbol{p}$ 为

$$\boldsymbol{p}=\cos\psi_p\sin\varphi_p\boldsymbol{r}^0(ton)+\cos\psi_p\cos\varphi_p\boldsymbol{v}_c^0(ton)-\sin\psi_p\boldsymbol{n}^0(ton) \tag{11-11}$$

其中

$$\begin{cases}\boldsymbol{r}^0(ton)=\boldsymbol{r}(ton)/|\boldsymbol{r}(ton)|\\ \boldsymbol{n}^0(ton)=\boldsymbol{r}^0(ton)\times\boldsymbol{v}(ton)/|\boldsymbol{r}(ton)\times\boldsymbol{v}(ton)|\\ \boldsymbol{v}_c^0(ton)=\boldsymbol{n}^0(ton)\times\boldsymbol{r}^0(ton)/|\boldsymbol{n}^0(ton)\times\boldsymbol{r}^0(ton)|\end{cases}$$

在进行制动段运动方程组积分时，制动发动机工作产生的加速度从给定的开机时刻开始计算，关机时刻取视速度 v_s 达到制动冲量给定值 $\Delta\nu$ 或其他相关关机方程所确定的关机时刻。

11.5.1.3　过渡段

航天器返回过渡段可能进行必要的调姿和舱段分离，但受外力影响可忽略，其运动方程同制动段，仍可用式（11－10）表示，但其中 $P_x=P_y=P_z=0$。

11.5.1.4　再入段

航天器再入段，其运动需考虑地球引力场（非球形摄动 J_2 项）、气动阻力、气动升力、风力及返回器按速度倾侧角转动的变动过程等因素对航天器弹道的影响，其地心惯性坐标系运动方程为

$$\begin{cases}\dot{t}=1\\ \dot{X}=v_x\\ \dot{Y}=v_y\\ \dot{Z}=v_z\\ \dot{v}_x=-\mu(X/r^3)+\mu a_e^2(J_2/r^5)\left[7.5(Z/r)^2-1.5\right]X-\dfrac{c_DS}{2m}\rho\nu(v_x+\Omega Y-w_x)+\\ \qquad\dfrac{c_LS}{2m}\rho v^2(L_1\cos\gamma+C_1\sin\gamma)\\ \dot{v}_y=-\mu(Y/r^3)+\mu a_e^2(J_2/r^5)\left[7.5(Z/r)^2-1.5\right]Y-\dfrac{c_DS}{2m}\rho\nu(v_y-\Omega X-w_y)+\\ \qquad\dfrac{c_LS}{2m}\rho v^2(L_2\cos\gamma+C_2\sin\gamma)\\ \dot{v}_z=-\mu(Z/r^3)+\mu a_e^2(J_2/r^5)\left[7.5(Z/r)^2-4.5\right]Z-\dfrac{c_DS}{2m}\rho\nu(v_z-w_z)+\\ \qquad\dfrac{c_LS}{2m}\rho v^2(L_3\cos\gamma+C_3\sin\gamma)\\ \dot{\gamma}=\widetilde{w}_x\end{cases} \tag{11-12}$$

式中，c_D 为航天器阻力系数；c_L 为航天器升力系数；s 为航天器截面面积；$v=\sqrt{(v_x+\Omega Y-w_x)^2+(v_y-\Omega X-w_y)^2+(v_z-w_z)^2}$，为航天器质心相对大气的速度，$\boldsymbol{w}=(w_x,\ w_y,\ w_z)$，为当地水平风在地心惯性坐标系的投影；$\gamma$ 为速度倾侧角（速度坐标系相对再入惯性坐标系的滚动角，该滚动角通常被称为速度倾侧角。弹道式返回通常采用自旋再入方式，因此，本书为了方便升力矢量分解到惯性坐标系，认为 γ 为返回器纵对称面偏离标准轨道再入纵平面的二面角）；$\widetilde{w}_x$ 为航天器按倾侧角转动的角速度，$\boldsymbol{L}=(L_1,\ L_2,\ L_3)$ 为总升力在再入纵平面内的分量在地心惯性坐标系的单位矢量，$\boldsymbol{C}=(C_1,\ C_2,\ C_3)$ 为总升力在再入纵平面的侧向分量在地心惯性坐标系的单位矢量。

假设标准轨道再入点位置、速度矢量为 $\boldsymbol{r}_e$，$\boldsymbol{v}_e$，则有再入纵平面法向单位矢量为 $\boldsymbol{d}_e=\boldsymbol{v}_e\times\boldsymbol{r}_e/|\boldsymbol{v}_e\times\boldsymbol{r}_e|$，航天器质心相对速度矢量 $\boldsymbol{v}$ 为

$$v=\begin{bmatrix}v_x+\Omega Y-w_x\\ v_y-\Omega X-w_y\\ v_z-w_z\end{bmatrix}\tag{11-13}$$

则有总升力在再入纵平面的投影的单位矢量为

$$\boldsymbol{L}=\boldsymbol{d}_e\times\boldsymbol{v}/|\boldsymbol{d}_c\times\boldsymbol{v}|\tag{11-14}$$

总升力在再入纵平面法向上的侧向分量为

$$\boldsymbol{C}=\boldsymbol{v}\times\boldsymbol{l}/|\boldsymbol{v}\times\boldsymbol{l}|\tag{11-15}$$

11.5.1.5　开伞段

航天器开伞后，受到地面风场的作用较大，其运动方程在再入段运动模型的基础上，需要将迎风面积改为伞的面积，且考虑气象风的影响，设风速矢量在地心惯性坐标系中为 $\boldsymbol{W}=[W_x,\ W_y,\ W_z]^{\mathrm{T}}$，则有相对速度为 $\boldsymbol{V}=\dot{\boldsymbol{r}}-\boldsymbol{w}_e\times\boldsymbol{r}-\boldsymbol{W}$，其中，$V=\|\boldsymbol{V}\|$，风速矢量在当地水平面内，可由风速大小 v_w 和风向角 A_w 来描述。A_w 是指风的来向与当地正北的夹角，顺时针度量为正。为了在地心惯性坐标系表示风速矢量，可先在当地东-北-天坐标系投影风矢量为

$$\boldsymbol{W}=-\begin{bmatrix}v_w\sin A_w\\ v_w\cos A_w\\ 0\end{bmatrix}\tag{11-16}$$

设当地经度、纬度为 λ，ϕ，当地当时的恒星时为 $S=S(t)+\lambda$，则 $\boldsymbol{W}$ 在地心惯性坐标系的投影为

$$\begin{bmatrix}W_x\\ W_y\\ W_z\end{bmatrix}=\begin{bmatrix}-\sin S & -\cos S\sin\phi & \cos S\cos\phi\\ \cos S & \sin S\sin\phi & \sin S\cos\phi\\ 0 & \cos\phi & \sin\phi\end{bmatrix}\begin{bmatrix}v_w\sin A_w\\ v_w\cos A_w\\ 0\end{bmatrix}\tag{11-17}$$

设标准轨道再入点位置、速度矢量为 $\boldsymbol{r}_e$，$\boldsymbol{v}_e$，则再入纵平面法向单位矢量为 $\boldsymbol{d}_e=\boldsymbol{v}_e\times\boldsymbol{r}_e/|\boldsymbol{v}_e\times\boldsymbol{r}_e|$，航天器质心相对速度矢量 $\boldsymbol{v}$ 为

$$\boldsymbol{v}=\begin{bmatrix}v_x+w_eY-W_x\\ v_y-w_eX-W_y\\ v_z-W_z\end{bmatrix}\tag{11-18}$$

式中，w_e 为地球自转速度，则有总升力在再入纵平面的投影单位矢量同式（11－14），总升力在再入纵平面法向上的侧向分量同式（11－15）。

11.5.2　再入制导方法

航天器再入过程中，利用大气阻力的作用，使高速运行的航天器减速，将航天器具有的动能和势能在通过大气层时转换为热能，大部分热量散发到稠密大气层中，其中的小部分使再入器表面温度急剧升高，总吸热量和热流峰值与再入器的结构形状、再入方式、返回轨道以及再入器的姿态直接相关。因此如何控制再入轨道和姿态，使再入器的表面温度和减速过载不超过允许的极限值，使再入器安全无损地降落在预定着陆区内，是航天器返回再入制导和控制的基本任务。

在弹道-升力式、升力式返回时，一般都需要进行再入制导，合适的制导规律可以使航天器再入时受到的过载减小，热负荷减轻，且可以减小着陆点的偏差。总的来说，再入制导方法可以分为两大类：一类是标准轨迹制导方法，另一类是预测-校正制导方法。

标准轨迹制导方法是指在航天器控制计算机中预先装定标准再入轨迹参数，它们既可以是时间的函数，也可以是速度的函数，甚至可以是一些参数组合的函数。当航天器再入大气层后，由于受初始条件误差、大气密度变化、气动系数变化等因素的影响，实际轨道可能偏离标准轨迹，此时航天器制导系统测出航天器的姿态参数和速度增量，由计算得到航天器的位置和速度等弹道参数，将实测弹道与标准轨迹参数进行比较得到误差信号，将误差信号输入制导方程得出返回器需要的倾侧角，再换算成滚动角，将需要的滚动角及滚动角速度向姿态控制系统发出控制指令，调整返回器的滚动角，从而改变倾侧角，进而改变升力的方向，实现返回器再入弹道的控制。

预测-校正法是在航天器计算机内存储对应理论落点的特征参数，根据导航系统测量的返回器状态参数，实时进行落点计算并将计算的结果与理论落点进行比较，形成误差控制信号输入计算机制导方程中，按照规定的制导规律控制返回器的滚动角和倾侧角，改变升力的方向，以实现对返回器着陆点的控制。

两种制导方法相比：标准轨迹法着眼于每一时刻实测轨迹与标准轨迹参数的比较，实时形成误差，以该误差信号为输入，实现返回器的再入轨迹控制，从而达到控制着陆点的目的。其优点是控制率简单，容易实现，对控制计算机的要求相对较低，但落点控制精度较低，落点控制精度受再入初始条件误差以及再入过程气动系数偏差的影响较大；预测-校正法比标准轨迹法有更高的落点精度，并且对再入时的初始条件误差不敏感，但控制方案更加复杂。

当获取返回器的制导方法后，就可以在落点预报时根据所使用的制导方法实现滚动角、倾侧角和升力的计算，进而预报出落点。

11.5.3　积分计算落点

在确定航天器返回运动模型，并了解其返回采用制导方法后，即可对航天器落点进行计算，达到返回落点预报的目的，有利于地面对航天器进行搜救。

落点预报计算的本质是根据航天器返回过程中各个阶段的动力学模型，将其进行积分计算到地面的过程。

如图 11－16 所示，首先由航天器当前位置计算出其所处的运动阶段，然后从该位置开始，积分航天器后面运动过程中所经历各阶段的运动模型。积分过程中适时根据受力情况修改运动模型，积分计算至地面或所指定的高度为止，即可得到航天器预报落点。

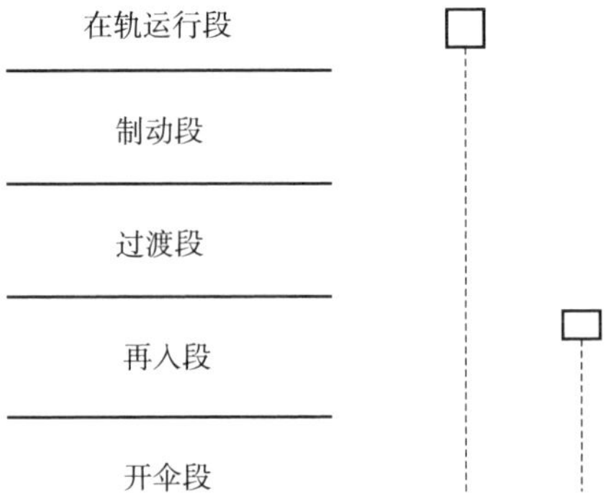

图 11－16　落点预报计算示意图

落点的积分计算常用的方法为四阶或八阶龙格-库塔方法。以四阶龙格-库塔法为例，将航天器运动模型投射到地心惯性坐标系，则对应的分量微分方程组为

$$\begin{cases}\dfrac{\mathrm{d}y_i}{\mathrm{d}t}=f_i(t,y_1,y_2,\cdots,y_n)\\ y_i(t_0)=y_{io}\\ i=1,2,\cdots,n\end{cases}\tag{11-19}$$

在上述一阶常微分方程组中，由 t_m，$y_{i,m}$（$i=1$，$\cdots$，n）以及步长 h 求 $y_{i,m+1}$（$i=1$，$\cdots$，n）的龙格-库塔法为

$$y_{i,m+1}=y_{i,m}+\frac{h}{6}(K_{i,1}+2K_{i,2}+2K_{i,3}+K_{i,4})(i=1,\cdots,n)\tag{11-20}$$

其中

$$\begin{aligned}&K_{i,1}=f_i(t_m,y_{1,m},\cdots,y_{n,m})\\&K_{i,2}=f_i\left(t_m+\frac{h}{2},y_{1,m}+\frac{h}{2}K_{1,1},\cdots,y_{n,m}+\frac{h}{2}K_{n,1}\right)\\&K_{i,3}=f_i\left(t_m+\frac{h}{2},y_{1,m}+\frac{h}{2}K_{1,2},\cdots,y_{n,m}+\frac{h}{2}K_{n,2}\right)\\&K_{i,4}=f_i\left(t_m+\frac{h}{2},y_{1,m}+\frac{h}{2}K_{1,3},\cdots,y_{n,m}+\frac{h}{2}K_{n,3}\right)\\&i=1,2,\cdots,n\end{aligned}$$

参考文献

[1] 李于衡，杨开忠，单长胜，等．地球同步轨道废弃卫星清理方法初步研究［J］. 中国科学（技术科学），2011（2）：205－212.

[2] 李建勇，刘兵，等，卫星在轨测控管理规程　第21部分：离轨管理：GJB 7893.21—2013［S］. 北京：原总装备部军标出版发行部，2013.

[3] 胡驰，郭宁，陈吴，等．立方星辅助离轨空气阻力帆技术研究进展［J］. 航天器环境工程，2020（1)：1－11．

[4] 邹毅．升力体航天器离轨再入轨迹设计与制导方法研究［D］. 长沙：国防科技大学，2014．

[5] 黄福铭．航天器飞行控制与仿真［M］. 北京：国防工业出版社，2004.

第12章　航天器寿命末期管理

在空间运行的各类航天器，受空间环境辐射及自身元器件老化，一般在其到达设计寿命期，甚至未到设计寿命期时，均有可能因为各类异常或故障，无法继续完成空间在轨飞行任务。对于此类航天器，同样需要统一进行管理，直至其寿命终止。

根据相关标准中定义，航天器寿命末期一般定义为工作到设计寿命的80%为起点，直至卫星寿命终结的阶段。

本章首先介绍航天器寿命末期管理的基本依据和原则，以及国际空间碎片减缓的基本要求，再从航天器漂星再定点、退役报废、离轨、钝化等几个方面对航天器寿命末期管理进行阐述。

12.1　依据、原则和内容

12.1.1　依据

开展航天器寿命末期管理的依据通常包括以下几个方面：

1）在轨运行管理要求。航天器退役报废前，均需在满足其在轨运行管理的基本要求前提下对航天器进行管理。

2）航天器健康状态评估报告。健康状态评估报告主要用于评估航天器能否继续在轨进行空间飞行任务，同时也是后续对航天器进行退役报废等处置的基本依据。

3）国际电联等组织的要求。对航天器进行寿命末期管理，还需满足国际上对无线电频率的管理要求，以及其他国际空间组织的相关要求。

4）航天器用户和研制部门的相关要求。航天器进行寿命末期管理，特别是在退役报废、离轨钝化等关键环节，还必须征求用户、研制部门的意见。

5）航天器在轨故障预案。故障预案是航天器寿命末期异常处置的基本依据。

12.1.2　原则

航天器寿命末期管理的原则一般为：

1）原则上，航天器达到设计寿命80%时，对其进行寿命末期管理；若航天器由于各种因素致使其在轨正常运行达不到设计寿命时，可按照在轨评估的寿命实施寿命末期管理。

2）尽可能保障航天器在轨正常运行，最大限度发挥其在轨应用效能。

3）确保航天器正常离轨（若需要）。

4）符合国际规则，测控管理应不对其他在轨飞行器构成威胁或损害。

5）确保卫星寿命末期能源的安全使用。

12.1.3　内容及要求

在航天器寿命末期管理期间，一般应由测控系统、航天器用户及航天器研制部门共同对航天器平台、载荷健康状态及使用风险进行评估。根据评估结论，制定相应的管理方案和故障预案，测控系统负责按照寿命末期管理方案实施管理。

寿命末期管理的具体内容及要求包括以下几个方面：

1）测控系统管理要求。调整航天器测控要求，包括测控资源分配策略、遥测监视、应急测控及故障处置预案等要求。

2）平台管理要求。平台分系统一般包括测控、能源、控制、数管、热控、推进等分系统，其中：

a）测控：按需调整航天器下行功放增益，确保地面设备跟踪捕获和遥测接收。

b）能源：根据电源分系统状态，调整蓄电池充电策略；根据太阳电池阵供电能力和蓄电池充放电容量，调整地影期加热器、载荷和其他大功率部件使用策略。

c）控制：根据测量和执行部件实际性能，调整测量和控制要求；根据部件状态，进行主备份优化组合，使控制分系统发挥最佳效能。

d）数管：根据航天器时间管理要求，依据星上时钟工作情况，调整星地时差校正要求。

e）热控：根据航天器能源分系统性能，调整加热器使用策略，在保证温度控制要求的基础上实现整星负载的调整，必要时调整器部件热控阈值。

f）推进：对推进分系统的健康状态和工作性能进行重点监视，根据需要调整推进分系统使用策略；加强剩余推进剂的监视和管理，确保航天器能够正常离轨。

3）载荷使用要求。根据卫星平台与载荷健康状况，调整载荷使用策略。

4）轨道控制要求。根据卫星用户使用要求和卫星在轨状态，制定卫星寿命末期的轨道控制（维持）策略，约定对航天器离轨、钝化等处置的原则和时机等。

12.2　空间碎片减缓要求

随着航天技术的持续发展，世界各国在太空中的航天器也越来越多，特别是近年来以美国 SpaceX 公司的星链卫星为首，短时间进入太空的卫星数量超过了之前数十年发射的卫星数量，这种情况下，航天器失效后的处置也成为国际外层空间管理迫切需要规范和约束的问题。

目前，国际上有三个机构或组织从尽可能减少空间碎片的角度，对航天器退役、报废等寿命末期处置措施给出了指导性意见。

（1）IADC 空间碎片减缓指南

早在 2002 年，机构间空间碎片协调委员会（Inter - Agency Space Debris Coordination

Committee，IADC）就通过了《IADC 空间碎片减缓指南》，其中提出的对航天器的安全处置措施包括：

1）航天器空间任务完成后因贮存燃料或能量导致解体的可能性最小。

2）地球同步轨道环区域（GEO 径向 ±200 km、纬度方向 ±15°构成的扇形球壳保护区）卫星，应离轨至近地点高度最小增加值 235 km +（1 000 × C_R × A/m）和偏心率≤0.003 轨道，其中，C_R 为太阳辐射压力系数，A/m 为面质比。

3）对于近地轨道航天器，任务后回收、离轨或机动至 25 年寿命内轨道，有控再入防止残留碎片造成风险，预防或最大限度减少环境污染。

4）其他轨道（如 MEO），应将轨道寿命缩短至符合低地球轨道寿命限制，或重新调整轨道位置，避免对高利用价值轨道区域产生干扰。

（2）UNCOPOUS 空间碎片减缓准则

联合国和平利用外层空间委员会（United Nations Committee on the Peaceful Uses of Outer Space，UNCOPOUS）2007 年 6 月通过的《空间碎片减缓准则》中提出的对航天器的安全处置措施包括：

1）避免故意自毁和其他有害活动；

2）最大限度降低剩余能源导致分裂解体的可能性；

3）限制卫星长期存在于低地球轨道区域；

4）限制卫星对地球同步轨道的长期干扰。

（3）ISO 空间碎片减缓要求

国际标准化组织（International Standardization Organization，ISO）2011 年发布了 ISO 24113《空间碎片减缓要求》，该标准适用于所有被发送至或穿越近地空间的无人系统，包括运载火箭末级、航天器及任何正常运行或处置行动所释放的物体。标准中提出的近地航天器和地球同步轨道航天器保护区域范围与 IDAC 的规定一致，具体安全措施包括：

1）防止在地球轨道中解体；

2）在寿命末期将航天器转移出保护区域；

3）减少空间物体和微流星体的碰撞风险。

12.3　漂星再定点

漂星再定点是地球静止轨道卫星在寿命末期（也可以选择在轨初期）特有的轨道机动模式，通常作为合理应用卫星轨道、频率资源的一种方式。

卫星频率、轨道资源指卫星使用的频率和卫星所处的空间轨道位置，就目前航天技术发展而言，有限且不可再生。二十世纪以来，人类已向太空发射了三万多颗卫星和航天器，频率、轨位资源日益紧张。以地球静止轨道卫星为例，由于其对地覆盖范围大，运行周期与地球自转同步等特点，多数通信卫星、广播卫星、气象卫星都位于地球静止轨道。

据最近发布的数据显示，目前在地球静止轨道有 1 500 余颗卫星，空间轨道位置十分拥挤。

20 世纪五六十年代，国际空间频率、轨道等管理规则还处于空白状态时，美国、苏联等航天强国为抢占频率资源，采取通过少量卫星囤积数百甚至上千颗卫星可用的频率资源的方式，占用了很多优质无线电频率资源。

随着空间技术的发展，空间无线电频率资源使用规则逐步规范，世界各国需要依据国际电信联盟（International Telecommunication Union，ITU）制定的规则进行开发和利用，频率、轨道的申请和投入使用需要经过相关国际组织的协调。2019 年 10 月，世界无线电大会对大型星座运营商提出更严格的发射节点要求，以防止卫星运营商以 1 颗卫星来囤积供几百乃至数千颗卫星使用的无线电频谱资源。要求如下：

1）通知投入使用卫星网络或空间电台任何频率指配的日期不得迟于无线电通信局收到提交的相关完整资料之日起的七年。若在要求的期限内未投入使用，须予以注销。

2）如果一个具有发射或接收频率指配能力的地球静止轨道卫星部署在指定轨道位置并连续保持 90 天，则该频率指配视为已启用。

对于通信卫星而言，通过漂星再定点的方式在满足国际电信联盟对频率、轨道资源规定的前提下，通常会在一颗新卫星入轨前，将在轨同步通信卫星从当前位置移动至另一个申请了频率的位置，直至有新的卫星入轨接管或至少保持 90 天使该位置的频率，已达到保护本国频率、轨道资源的目的。

以地球静止轨道卫星 INTELSAT37E（42950）为例，这颗卫星在 2017 年 10 月 27 日前后入轨，初始定点位置在 84.5°E，96 天后，进行轨道抬升，开始向西漂移，2018 年 2 月 24 日在 18°W 定点，如图 12－1 所示。根据分析，这颗卫星的轨道机动在入轨的位置短暂停留后就进行变轨转移，停留天数 96 天，这是一次典型的漂星再定点轨道机动，并且符合《无线电规则》对频率指配启用的相关规定。不难猜想，其漂星再定点是为了本国频率、轨道资源的合理利用。

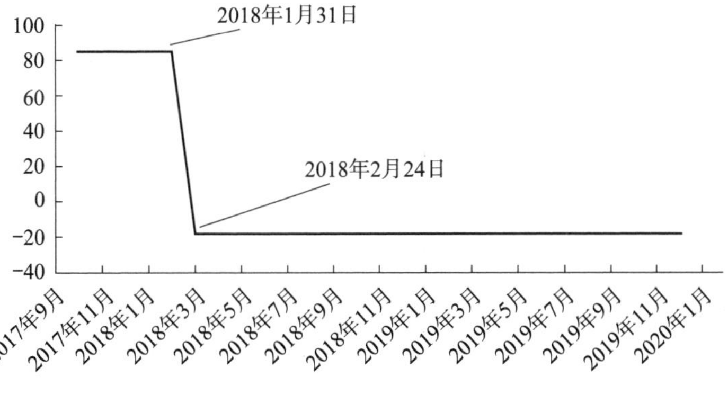

图 12－1　某地球静止轨道卫星轨道机动过程

未来，地球静止轨道卫星的频率、轨道资源将更加稀缺和宝贵，世界各国围绕频率、轨道资源的竞争正在加剧。美、俄等航天强国在早期参与了相关国际规则的制定，利用技术先发优势抢先占据了大量优质的频率、轨道资源，中国在这一领域掌握的资源有限。这种情况下，可以在不违反国际规则的前提下，采取灵活的策略来更高效地使用频率、轨道资源。

12.4 退役和报废

对于返回式航天器，在轨空间任务完成后，将进行返回制动控制使其离开运行轨道，最终返回地面。而对于一般航天器，在完成在轨应用任务后，或超寿和发生故障后，无法继续在轨执行任务。为节省轨位和测控资源，一般需要进行退役报废处理。

12.4.1 退役

航天器退役指当航天器无法正常完成原定的空间在轨任务时，对航天器降级管理，或另作他用的一种管理形式。

允许航天器做退役处理的一般条件如下：

1）航天器测控分系统常驻故障或性能衰退（含主备机）导致遥控、遥测误码率增大，无法有效保证测控管理。

2）航天器姿轨控分系统姿态控制精度、姿态稳定度、机动范围等技术指标无法满足载荷使用要求，或关键单机出现严重故障，无法满足空间飞行任务的轨道控制要求。

3）航天器太阳帆板、蓄电池供电能力下降，无法保证有效载荷供电需求。

4）航天器有效载荷异常，无法继续完成空间在轨飞行任务。不同类型的航天器，其退役的条件又略有不同，如通信卫星若载荷性能衰减，无法满足技术指标，导航卫星星载时钟稳定度下降，无法满足设计指标要求，成像卫星成像分辨率下降等。

航天器退役后，为尽可能大地实现其再利用，通常有以下几种应用方式：

1）在轨降级管理。这种方式下，一般不再对航天器按日常管理阶段要求进行测控管理，按照用户或研制方要求进行基本管理即可，其主要目的是考核卫星或其器部件部分寿命、性能指标，直至其达到报废条件。

2）辅助其他航天器开展空间试验。随着航天器技术的不断发展，空间操控等试验验证技术成为目前在轨应用的重要方向之一。这种情况下，一些退役航天器可用于配合此类航天器开展相关在轨试验。

3）漂星再定点。具体如前节所述。

12.4.2 报废

通常，航天器存在重大常驻故障，没有修复、使用价值，或存在无法离轨、钝化等重大安全风险时，应当做报废处理。

基于目前国际上关于空间碎片减缓指南及相关准则和要求，通常情况下，允许航天器做报废处理的基本条件如下：

1）有离轨要求，剩余推进剂接近离轨用量；

2）推进系统异常，难以控制在安全运行轨位；

3）控制、测控分系统等器部件单点运行，且性能衰退，存在数月内失控的重大风险；

4）蓄电池性能衰退，进入地影区后航天器失控风险高，且失控后无法恢复；

5）电源系统，数管、热控等分系统故障或性能衰退，存在数月内失控的重大风险；

6）在轨已失控失效，无法恢复。

需要说明的是，对航天器进行退役、报废评判，应严格依据客观数据（包括遥测数据、地面考核数据）及实际使用情况等，评判的时机包括：年度、发生无法修复重大异常、完成既定任务且无新任务需求、数月内有失控失效重大安全风险等。

报废航天器的处置要求一般如下：

1）进行钝化处理，最大限度地降低报废航天器在轨发生爆炸解体的可能性；

2）根据替代装备计划对航天器进行离轨处置；

3）低轨难以烧毁的航天器应尽量提前实施安全陨落；

4）报废但还未陨落的航天器，须作为空间监视目标，预警碰撞、解体、陨落未完全燃烧等灾害事件。

本章将在后续章节详细阐述钝化，以及针对不同轨道类型卫星离轨的方式、原则及处置过程等。

12.5 离轨

航天器离轨即通过轨道控制使航天器离开工作轨道进入坟墓轨道或加速陨落轨道，以避免航天器长期在轨造成对其他航天器的碰撞风险。就目前航天技术的发展而言，离轨和钝化的主要对象为绕地球飞行的航天器，即人造地球卫星或飞船。

12.5.1 离轨方式

目前，航天器离轨主要包括以下几种方式：推进式离轨、阻力增强装置、太阳帆等。

（1）推进式离轨

推进式离轨指航天器为脱离任务要求的运行轨道而进行的主动控制，通常利用航天器推进系统进行。通过选择适当时机和适当点火长度来控制航天器飞行速度的大小和方向，从而控制航天器离轨后的轨道或返回弹道。推进式离轨也是目前近地航天器主要的一种离轨方式。

（2）阻力增强装置

阻力增强装置是指通过增大航天器飞行横截面积，增大在轨飞行过程中所受到的大气阻力，以降低卫星轨道，从而加速卫星离轨的一类装置。其在工作过程中不需要卫星进行主动控制，可以依靠自身所储存的机械能来展开，具有质量小、结构简单、成本低等优点，常用的包括离轨帆和充气薄膜等。这种离轨方式主要适用于低轨道地球卫星，多在微、纳等小卫星上应用。

（3）太阳帆

轨道高度 1 000 km 以下的微小卫星可通过阻力增强装置进行离轨，但轨道高度高于 1 000 km 以上时大气阻力效应微弱，此时被动离轨通常选择太阳帆。太阳帆离轨是指在航天器上安装太阳帆，依靠太阳帆反射太阳辐射（太阳光压）对航天器产生推力，通过连续不断的作用，使航天器离开原有轨道，抬升或降低到新的轨道。这种离轨方式对卫星姿控系统要求较高，周期长，对其他分系统也提出了一定的寿命要求，但其优势是不消耗推进剂。

12.5.2 离轨的一般原则

一般而言，对航天器进行离轨处置，须遵循以下原则：

1）确保航天器离轨安全；

2）航天器的剩余燃料尽可能用于离轨控制；

3）离轨控制一般不在航天器地影期内实施；

4）离轨控制尽可能减少对其他在轨航天器的影响。

然而，针对不同的航天器，一般区分近地航天器、中轨道航天器和地球同步轨道航天器几类。在具体实施过程中，具体采用的离轨策略和原则又有所不同。对于近地轨道航天器，一般采取降低轨道，使其离开工作轨道高度，降低碰撞风险，并加速陨落；对于中高轨道卫星，一般采取抬升轨道的方法，使目标轨道几十年之内不会影响同轨道航天器安全；对于地球同步轨道航天器，一般采取抬高轨道使其进入坟墓轨道的方法。

12.5.3 推进式离轨的一般过程

航天器推进式离轨的一般过程如图 12－2 所示，通常包括以下几个步骤：

（1）航天器状态确认

进行离轨处置的航天器一般已经超寿命或带故障运行。实施离轨控制前，首先需确认航天器状态，特别是姿轨控、能源及推进分系统状态，包括：姿态测量部件、执行部件、能源以及剩余燃料状态等。在剩余燃料估算时，还应考虑不可排出量、计算误差以及姿控消耗等。

（2）推力器测试

在进行正式离轨控制前，一般须进行推力器喷气测试，监视推力器工作过程中航天器姿态是否超差，推力器工作是否正常。若异常，则须先进行异常处置。

（3）离轨策略制定

一般而言，受航天器推力器功能、性能及测控弧段约束，无法通过一次离轨控制实现控制目标，须根据航天器当前轨道、航天器状态、目标轨道、测控弧段等制定合理的离轨策略，分批次对航天器进行离轨控制。首次控制前，需要进行碰撞风险分析，且每次控制后，重新进行轨道确定和碰撞风险分析，并及时调整后续离轨控制参数。

(4) 离轨实施

离轨控制实施的内容包括：控制前航天器状态设置、离轨控制参数注入、航天器状态监视、应急处置及离轨后状态判断等工作。若离轨控制过程中出现异常，须首先进行异常原因定位；若为航天器异常，则进行航天器异常处置，待航天器状态满足离轨控制条件时继续进行离轨控制；若为其他异常，则排除故障后继续进行离轨控制，直至离轨控制达到目标。

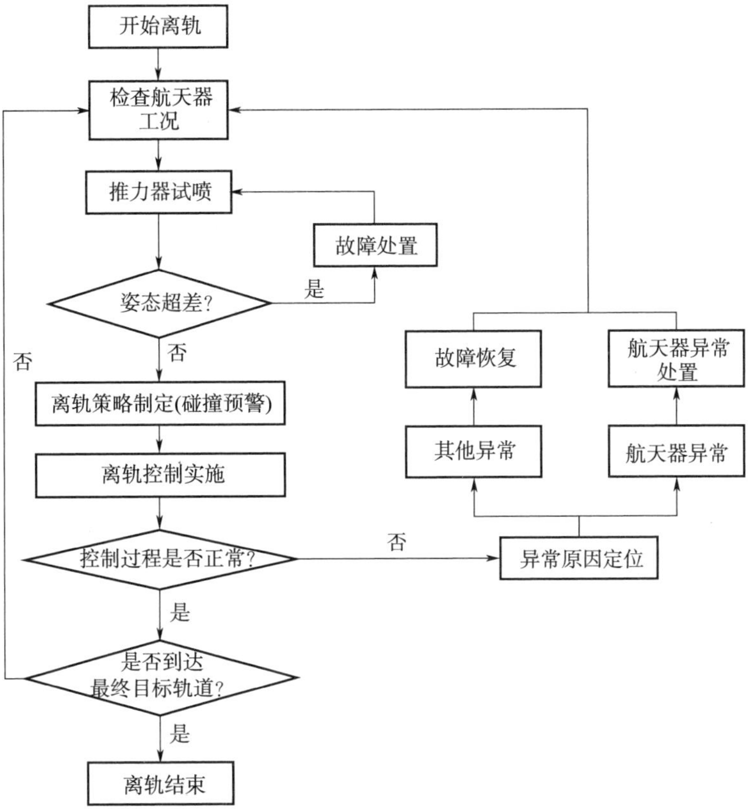

图 12-2 推进式离轨一般过程

12.5.4 典型航天器离轨

12.5.4.1 近地航天器离轨

近地航天器轨道高度一般在 500～900 km 范围内，通常根据航天器燃料剩余情况，考虑航天器质量、迎风面积、空间环境等因素，选择合理的时机分批进行降轨控制。为满足国际碎片减缓惯例，要求离轨后航天器寿命减到 25 年以内。

某近地卫星在轨运行在高度约 673 km 的圆轨道，设计寿命 1 年，超期服役 4 年后，星上部分部件工作不稳定，剩余燃料约 36 kg，其离轨前轨道半长轴、远地点高度及近地点高度见表 12-1。

表 12-1　某近地卫星离轨前后部分轨道参数

	半长轴/km	远地点/km	近地点/km
离轨前	7 044	675	671
离轨后	6 924	675	435

上述场景中，利用 STK 基于 HPOP 模型对其不进行离轨控制的近地点高度进行仿真计算，其中，卫星光压系数取 1.0，面质比 0.02，大气系数 2.2，计算结果如图 12-3 所示，卫星将经过近 50 年才能陨落。若直接实施陨落控制，则要求卫星至少提供 58 kg 推进剂才能直接离轨，当前剩余推进剂无法满足。综合考虑后，对该卫星采取离轨控制，计划将剩余燃料全部用于降低卫星近地点高度，预计近地点高度降低约 240 km，其离轨后轨道半长轴、远地点高度及近地点高度见表 12-1，同等条件下基于 HPOP 模型对其近地点高度进行仿真计算，由图 12-3 可以看出，离轨控制后，卫星约经过 7 年后陨落，满足国际碎片减缓惯例 25 年以内陨落的要求，达到了离轨处置效果。

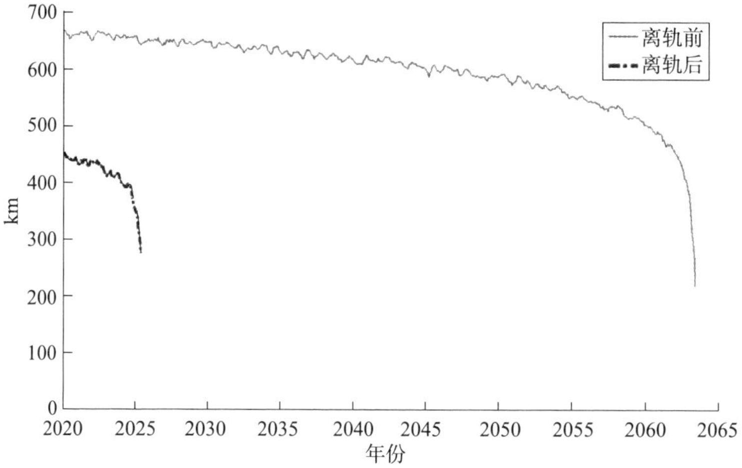

图 12-3　某近地卫星离轨前后近地点高度计算

12.5.4.2　中轨道航天器离轨

机构间空间碎片协调委员会于 2002 年正式通过了《IADC 空间碎片减缓指南》。其中，对于中地球轨道附近的卫星，IADC 仅给出了原则性的处理要求与建议，对轨道参数并无具体的要求，一般由各卫星所属机构自行研究。

目前，中地球轨道卫星主要集中在世界上建成或正在建设的几个卫星导航星座，基本概况见表 12-2。

表 12-2　中地球轨道卫星与星座的基本情况

卫星/星座	所属国家	轨道倾角/(°)	平均轨道高度/km
GPS	美国	55	20 182
GLONASS	俄罗斯	64.8	19 100

续表

卫星/星座	所属国家	轨道倾角/(°)	平均轨道高度/km
Galileo	欧洲	56	23 222
北斗 MEO	中国	55	21 528

(1) 国外中轨卫星离轨情况

目前，GPS，GLONASS 以及 Galileo 系统的多颗卫星运行在中高轨道高度，均进行过离轨处置。GPS 星座自 1978 年开始部署，其中 30 余颗卫星已退役停止服务，退役的 GPS 卫星中有 20 多颗采用了抬高轨道的离轨处置策略，半长轴抬高 600～1 400 km 不等，其余 10 颗仍位于工作轨道附近。GLONASS 星座自 1982 年开始部署，至今在轨运行的卫星数目多达百余颗，其中近百颗左右 GLONASS 卫星已退役停止服务，退役的 GLONASS 卫星中仅有 1 颗采用降低 180 km 方式离轨，其余 94 颗轨道高度均在其工作轨道高度 50 km 范围内，未进行大规模的离轨操作。Galileo 星座自 2005 年开始试验和部署，对其中 2 颗已停止使用的卫星进行了离轨处置，分别采用抬高 120 km 和 600 km 的策略。如图 12-4 所示为目前世界上几大导航卫星系统所处的轨道高度和其选择的离轨区域。

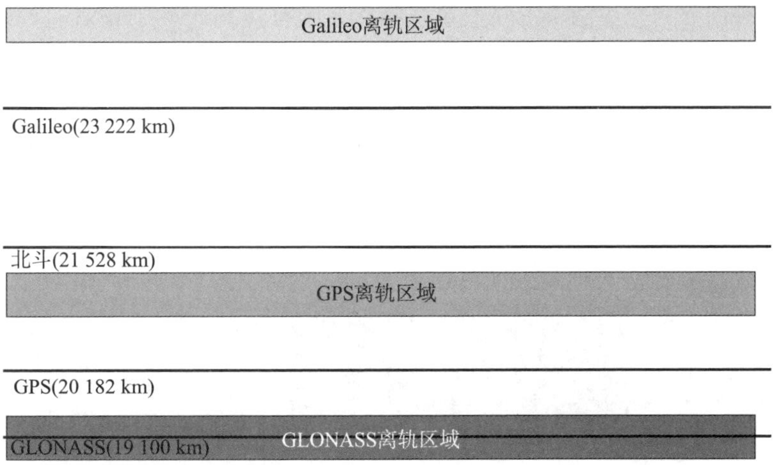

图 12-4 中高轨卫星轨道高度及离轨区域分布图

(2) 北斗导航 MEO 卫星离轨处置

参考国外中高轨道卫星离轨处置经验与国际规定，MEO 离轨处置原则一般以卫星离轨后 200 年轨道变化情况作为确定卫星离轨参数初值的依据；从确保卫星离轨后与相邻轨道星座及空间物体保持安全隔离的角度考虑，MEO 试验星离轨后 200 年内轨道高度变化应小于 200 km。

我国的北斗导航 MEO 卫星，其工作轨道与多颗 GPS 退役卫星的远地点高度较为接近，若选择降轨方式离轨，存在与 GPS 卫星碰撞的风险，与此同时，Galileo 卫星工作轨道高度较北斗 MEO 卫星工作轨道高 1 694 km，其两颗离轨 Galileo 卫星轨道分别抬高

120 km和 600 km。因此，若对我国的北斗导航卫星系统的 MEO 卫星在其寿命末期进行离轨，离轨高度可选择介于北斗 MEO 卫星和 Galileo 卫星工作轨道之间或者高于 Galileo 卫星的离轨高度两种方案，如图 12－5 所示。

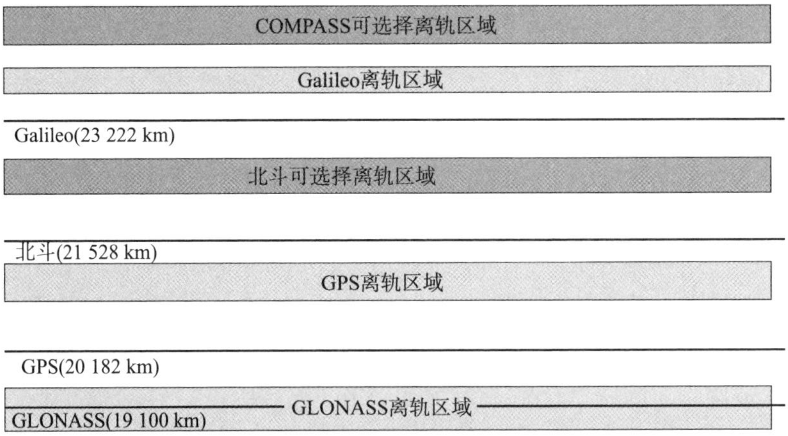

图 12－5　北斗 MEO 卫星可选的两种离轨方案高度区域

结合 MEO 卫星离轨控制能力，综合考虑发射 MEO 卫星上面级远地点高度、Galileo 卫星轨道等多种因素，我国的 MEO 卫星选择将轨道高度高于其工作轨道约 900 km 的区域作为离轨区域，如图 12－6 所示。离轨后，离轨高度能够避开当前 MEO 卫星运行轨道，并且具有足够的安全飞行区域。

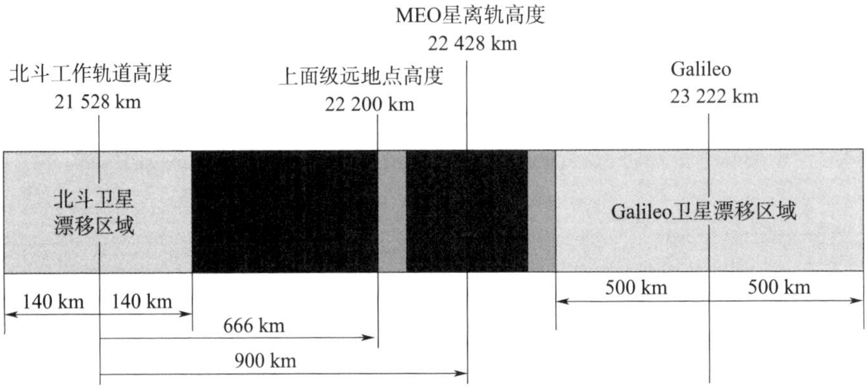

图 12－6　北斗 MEO 卫星离轨高度示意图

12.5.4.3　地球同步轨道航天器离轨

根据 IADC 对地球同步轨道航天器离轨的要求惯例，一般要求离轨后轨道偏心率小于 0.003，轨道近地点高度高于同步轨道 300 km，也就是通常所说的坟墓轨道。

（1）一般原则

对于地球同步轨道卫星，根据其离轨控制目标，一般遵循以下原则：

1）航天器可用剩余燃料尽可能根据控制目标抬高轨道半长轴，且偏心率小于 0.003。

对于双组元推进系统，即使出现仅单组元工作的情况，若未达到控制目标，仍以单组元工作模式进行，直至推进剂耗尽。

2）若离轨过程中轨道半长轴达到 300 km，推进系统仍可工作，继续实施离轨控制，直至推进剂耗尽或轨道半长轴达到 600 km。

3）尽量避免对同步轨道段其他卫星的干扰。

（2）离轨控制参数计算

①轨道半长轴增量

轨道半长轴增量一般按式（12-1）计算：

$$\Delta a = [(235 + 1\,000 C_R A/m) + a_0 e]/(1 - e) \tag{12-1}$$

式中，Δa 为离轨控制轨道半长轴增量（km）；C_R 为太阳辐射压力系数；A/m 为卫星面积质量比（m^2/kg）；a_0 为静止轨道标称半长轴（km）；e 为离轨控制后轨道偏心率；235（km）指 GEO 保护区域（高出静止轨道 200 km）与考虑日、月和地球引力摄动下最大下降高度（35 km）之和。

②离轨控制速度增量

离轨控制速度增量一般按式（12-2）计算：

$$\Delta V = \frac{V}{2} \cdot \frac{\Delta a}{a_s} \tag{12-2}$$

式中，ΔV 为离轨控制总的速度增量（m/s）；V 为静止轨道卫星标称轨道速度（m/s）；Δa 为离轨控制轨道半长轴增量（m）；a_s 为静止轨道卫星标称半长轴（m）。

（3）离轨控制批次计算

一般，由于航天器推进系统最长点火时长限制，离轨控制分多批次完成，当最长点火时长所提供的速度增量小于离轨控制总的速度增量时，离轨控制批次一般按式（12-3）计算：

$$n = \mathrm{floor}\left(\frac{\Delta V}{\Delta V_{\max}}\right) \tag{12-3}$$

式中，n 为离轨控制批次；floor() 为向上取整函数；ΔV 为离轨控制总的速度增量（m/s），$\Delta V_{\max}$ 为航天器推力器最长点火时长所能提供的速度增量（m/s）。

一般情况下，第一批次控制时刻的选择尽量远离赤道上空，且尽量靠近远地点。

12.6 钝化

随着人类发射活动持续增加，空间中，特别是近地空间中的航天器数量越来越多。航天器报废后如不进行钝化处理，在轨航天器碰撞风险将进一步增加。典型的如 1999 年 10 月，某运载火箭发射卫星入轨，其末子级在轨运行 148 天后于 2000 年 3 月因剩余推进剂引起在轨解体，产生空间碎片，导致目前仍有可跟踪空间目标 170 余个；某高轨卫星离轨后未进行钝化处理，后来发现其某一推力器累计工作数十天，导致卫星近地点高度重新回到同步轨道高度，带来了一定的安全风险。

为了保护空间环境，减少航天器发射、运行期间产生的空间碎片，依据国际上对空间碎片的减缓要求，一般，在航天器寿命到期实施离轨后，需对其进行钝化。

在航天器实施离轨后，因其携带的燃料可能未消耗完，蓄电池等内部充放电功能还未丧失，如果此时停止对航天器的测控管理，将不再具备控制能力，航天器处于自由飞行状态，有可能存在空中解体并对空间环境造成危害的风险。

航天器钝化是指为消除航天器潜在危害能力，消除或断绝可能引起航天器发生解体的因素，从而提前采取的排空燃料、放空电池、单机断电等一系列的处置措施。

航天器钝化处理的一般内容包括：

1）剩余推进剂和其他流体应通过耗尽燃烧或泄放尽可能排空，并关闭相关电源和阀门。

2）蓄电池应完成放电或其他钝化操作，断开蓄电池充电电路。

3）高压容器应尽可能实施排放或减压操作。

4）动量轮停转。

5）对其他形式的储能部件进行评估，并采取适当的减缓措施。

6）关闭航天器测控下行，停止测控管理。

通常情况下，对于不同类型的航天器，根据离轨轨道及寿命末期任务的不同，可能会根据航天器具体情况，制定不同的钝化方案。

如某中高轨卫星在完成离轨后，由于还需要对其陀螺等主要部件进行寿命考核，制定了如下对航天器实施钝化的原则：

1）若卫星在离轨控制过程中，无推力器效率明显下降情况，则卫星转巡航方式，转入陀螺工作寿命在轨考核。

2）若末期管理阶段控制过程中发现推力器效率明显下降，经卫星研制方确认，直接转入钝化处置，实施钝化。

3）陀螺等主要设备在轨考核完成后，经卫星研制方确认后，择机实施钝化。

4）若陀螺寿命在轨考核期间，卫星出现故障或轨道变化较大，则尽快实施卫星钝化。

卫星实施钝化处理，需要完成以下工作：

1）通过减小轨道倾角的方式将卫星剩余推进剂排空；

2）控制卫星转太阳捕获方式，关闭反作用轮，启爆常闭电爆阀，以断开推进系统管路；

3）控制卫星转帆板背对太阳，由蓄电池供电，并调整卫星负载，确保放电电流低于6 A；

4）推进系统断电；

5）进行蓄电池钝化操作，断开充电开关；

6）关闭卫星载荷下行信号和遥测下行信号；

7）盲发指令断开蓄电池放电开关。

参考文献

[1] 李于衡，杨开忠，单长胜，等. 地球同步轨道废弃卫星清理方法初步研究 [J]. 中国科学-技术科学，2011，41 (2)：205 - 212.

[2] 胡驰，郭宁，陈昊，等. 立方星辅助离轨空气阻力帆技术研究进展 [J]. 航天器环境工程，2020，41 (1)：1 - 11.

[3] 郑景辉，毛银盾，施娟，等. 同步轨道通信卫星占频保轨现象分析与实测 [J]. 空间控制技术与应用，2021，47 (1)：55 - 62.

附　录

附录 A　长征系列运载火箭主要参数

附表 A-1　长征系列运载火箭主要参数

火箭型号	服役时间	推进剂(氧化剂+燃料)	级数	长度/m	芯级直径/m	助推器直径/m	整流罩直径/m	起飞质量/t	起飞推力/kN
长征一号	1970—1971	硝酸-27S+偏二甲肼 聚硫橡胶固体推进剂①	3	29.86	2.25(一二级) 1.50(三级)	—	1.5	81.57	1 020
长征一号丁	1995—2002	硝酸-27S+偏二甲肼 四氧化二氮+偏二甲肼 HTPB 固体推进剂②	3	28.22	2.25(一二级) 2.054(三级)	—	2.054	81.075	1 101.2
长征二号	1974—1978	四氧化二氮+偏二甲肼	2	31.17	3.35	—	2.2	192	2 786
长征二号丙③	1982—	四氧化二氮+偏二甲肼	2	43.72	3.35	—	3.35	245	2 961.6
长征二号丁③	1992—	四氧化二氮+偏二甲肼	2	41.056	3.35	—	2.9/3.35/3.8⑥	250	2 961.6
长征二号 E	1990—1995	四氧化二氮+偏二甲肼	2.5	49.686	3.35	2.25	4.2	462.46	5 923.2
长征二号 F 标准型	1999—2008	四氧化二氮+偏二甲肼	2.5	58.34	3.35	2.25	3.8	479.8	5 923.2
长征二号 F 改进型	2011—	四氧化二氮+偏二甲肼	2.5	58.34④ 52⑤	3.35	2.25	3.8④ 4.2⑤	493	5 923.2

续表

火箭型号	服役时间	推进剂(氧化剂+燃料)	级数	长度/m	芯级直径/m	助推器直径/m	整流罩直径/m	起飞质量/t	起飞推力/kN
长征三号	1984—2000	四氧化二氮+偏二甲肼 液氧+液氢	3	44.86	3.35(一二级) 2.25(三级)	—	2.6/3.0[6]	204.88	2 961.6
长征三号甲	1994—	四氧化二氮+偏二甲肼 液氧+液氢	3	52.52	3.35(一二级) 3.0(三级)		3.35	243	2 961.6
长征三号乙标准型	1996—2009	四氧化二氮+偏二甲肼 液氧+液氢	3.5	54.838	3.35(一二级) 3.0(三级)	2.25	4	425.8	5 923.2
长征三号乙改一型	2012—			57.056			3.7	未知	
长征三号乙改二型	2007—			56.326			4	458.97	
长征三号乙改三型	2011—			56.542			4.2	未知	
长征三号乙改三Z型	2015—			57.126			4.2	未知	
长征三号乙/远征一号			4.5		3.35(一二级) 3.0(三级) 2.8(远征)				
长征三号丙标准型	2008—2012	四氧化二氮+偏二甲肼 液氧+液氢	3.5	54.838	3.35(一二级) 3.0(三级)	2.25	4	345	4 442.4
长征三号丙改二型	2014—			56.326			4	未知	
长征三号丙改三Z型	2015—			57.126			4.2	未知	
长征三号丙/远征一号			4.5		3.35(一二级) 3.0(三级) 2.8(远征)				
长征四号甲	1988—1999	四氧化二氮+偏二甲肼	3	41.901	3.35(一二级) 2.9(三级)	—	2.9	241.092	2 961.6
长征四号乙	1999—	四氧化二氮+偏二甲肼	3	47.977	3.35(一二级) 2.9(三级)		2.9/3.35	249.2	2 961.6
长征四号丙	2006—	四氧化二氮+偏二甲肼	3	47.977	3.35(一二级) 2.9(三级)		2.9/3.35/3.8	249.2	2 961.6

续表

火箭型号	服役时间	推进剂(氧化剂＋燃料)	级数	长度/m	芯级直径/m	助推器直径/m	整流罩直径/m	起飞质量/t	起飞推力/kN
长征五号	2016—	液氧＋煤油 液氧＋液氢	2.5	56.97	5	3.35	5.2	878.556	10 524
长征五号乙	2020—	液氧＋煤油 液氧＋液氢	1.5	53.66	5	3.35	5.2	850	10 524
长征六号	2015—	液氧＋煤油 四氧化二氮＋偏二甲肼	3	29.932	3.35(一级) 2.25(二三级)	—	2.25/2.6	103	1 200
长征六号甲	2022—	液氧＋煤油 HTPB 固体推进剂②	2.5	50	3.35	2	3.35/3.8/ 4.2/5.2	530	7 230
长征七号	2016—	液氧＋煤油	2.5	53.075	3.35	2.25	4.2	593	7 200
长征七号甲	2020—	液氧＋煤油 液氧＋液氢	3.5	60.13	3.35(一二级) 3.0(三级)	2.25	4.2	573	7 200
长征八号	2020—	液氧＋煤油 液氧＋液氢	2.5	50.3	3.35(一级) 3.0(二级)	2.25	4.0/4.2/4.5	356	4 800
长征十一号	2015—	HTPB 固体推进剂②	4	20.8	2.0(一二级) 1.6(三四级)	—	1.6/2.0	57.6	1 200

注：①即聚硫橡胶-高氯酸铵复合固体推进剂。
②即端羟基聚丁二烯复合固体推进剂。
③长征二号丙、长征二号丁参数均属最新批次型号，非早期型号。
④长征二号 F 改进型发射神舟飞船型号（Y 型）参数。
⑤长征二号 F 改进型发射天宫型号（T 型）参数。
⑥多种整流罩尺寸可选。
表中信息来源于互联网，仅供参考。

附录B　中国运载火箭发射记录

附表 B-1　中国运载火箭发射记录

序号	运载火箭	有效载荷	起飞时间	轨道	发射场	结果
		1970 年				
1	长征一号/Y4	东方红一号卫星	1970/04/24	LEO	酒泉	成功
		1971 年				
2	长征一号	实践一号卫星	1971/03/03	LEO	酒泉	成功
		1973 年				
—	风暴一号	长空一号卫星	1973/09/18	LEO	酒泉	失败
		1974 年				
—	风暴一号	长空一号卫星	1974/04/12	LEO	酒泉	失败
3	长征二号/Y3	返回式遥感卫星 0 号 00 星	1974/11/05	LEO	酒泉	失败
		1975 年				
—	风暴一号	长空一号卫星	1975/07/26	LEO	酒泉	成功
4	长征二号甲/Y4	返回式遥感卫星 0 号 01 星	1975/11/26	LEO	酒泉	成功
—	风暴一号	长空一号卫星	1975/12/16	LEO	酒泉	成功
		1976 年				
—	风暴一号	长空一号卫星	1976/08/30	LEO	酒泉	成功
—	风暴一号	长空一号卫星	1976/11/10	LEO	酒泉	失败
5	长征二号甲/Y5	返回式遥感卫星 0 号 02 星	1976/12/07	LEO	酒泉	成功
		1978 年				
6	长征二号甲/Y6	返回式遥感卫星 0 号 03 星	1978/01/26	LEO	酒泉	成功
		1979 年				
—	风暴一号	实践二号/实践二号甲/实践二号乙卫星	1979/07/28	LEO	酒泉	失败
		1981 年				
—	风暴一号	实践二号/实践二号甲/实践二号乙卫星	1981/09/20	LEO	酒泉	成功
		1982 年				
7	长征二号丙/Y1	返回式遥感卫星 0 号 04 星	1982/09/09	LEO	酒泉	成功
		1983 年				
8	长征二号丙/Y2	返回式遥感卫星 0 号 05 星	1983/08/19	LEO	酒泉	成功
		1984 年				
9	长征三号/Y1	东方红二号试验通信卫星	1984/01/29	GTO	西昌	部分成功
10	长征三号/Y2	东方红二号试验通信卫星	1984/04/08	GTO	西昌	成功
11	长征二号丙/Y3	返回式遥感卫星 0 号 06 星	1984/09/12	LEO	酒泉	成功

续表

序号	运载火箭	有效载荷	起飞时间	轨道	发射场	结果
1985 年						
12	长征二号丙/Y4	返回式遥感卫星 0 号 07 星	1985/10/21	LEO	酒泉	成功
1986 年						
13	长征三号/Y3	东方红二号通信卫星	1986/02/01	GTO	西昌	成功
14	长征二号丙/Y5	返回式遥感卫星 0 号 08 星	1986/10/06	LEO	酒泉	成功
1987 年						
15	长征二号丙/Y6	返回式遥感卫星 0 号 09 星	1987/08/05	LEO	酒泉	成功
16	长征二号丙/Y7	返回式遥感卫星 1 号 01 星	1987/09/09	LEO	酒泉	成功
1988 年						
17	长征三号/Y4	中星一号	1988/03/07	GTO	西昌	成功
18	长征二号丙/Y8	返回式遥感卫星 1 号 02 星	1988/08/05	LEO	酒泉	成功
19	长征四号甲/Y1	风云一号 01 卫星	1988/09/07	SSO	太原	成功
20	长征三号/Y5	中星二号	1988/12/22	GTO	西昌	成功
1990 年						
21	长征三号/Y6	中星三号	1990/02/04	GTO	西昌	成功
22	长征三号/Y7	亚卫一号	1990/04/07	GTO	西昌	成功
23	长征二号 E/Y1	澳大利亚澳普图斯模拟卫星/巴基斯坦巴达尔一号卫星	1990/07/16	GTO	西昌	成功
24	长征四号甲/Y2	风云一号 02 卫星/大气一号甲气球卫星/大气一号乙气球卫星	1990/09/03	SSO	太原	成功
25	长征二号丙/Y9	返回式遥感卫星 1 号 03 星	1990/10/05	LEO	酒泉	成功
1991 年						
26	长征三号 Y9	中星四号	1991/12/28	GTO	西昌	失败
1992 年						
—	长征二号 E/Y2	澳大利亚澳普图斯 B1 通信卫星	1992/03/22	GTO	西昌	发射中止
27	长征二号丁/Y1	返回式遥感卫星 2 号 01 星	1992/08/09	LEO	酒泉	成功
28	长征二号 E/Y3	澳大利亚澳普图斯 B1 通信卫星	1992/08/14	GTO	西昌	成功
29	长征二号丙/Y10	返回式遥感卫星 1 号 04 星/瑞典弗利亚科学实验卫星	1992/10/06	LEO	酒泉	成功
30	长征二号 E/Y4	澳大利亚澳普图斯 B2 通信卫星	1992/12/21	GTO	西昌	部分成功
1993 年						
31	长征二号丙/Y11	返回式遥感卫星 1 号 05 星	1993/10/08	LEO	酒泉	成功
1994 年						
32	长征三号甲/Y1	实践四号空间环境探测卫星/夸父一号模拟卫星	1994/02/08	GTO	西昌	成功

续表

序号	运载火箭	有效载荷	起飞时间	轨道	发射场	结果
33	长征二号丁/Y2	返回式遥感卫星 2 号 02 星	1994/07/03	LEO	酒泉	成功
34	长征三号/Y8	亚太一号(中星五号 E)	1994/07/21	SSTO	西昌	成功
35	长征二号 E/Y5	澳大利亚澳普图斯通信卫星 B3 星	1994/08/28	GTO	西昌	成功
36	长征三号甲/Y2	东方红三号通信卫星 01 星	1994/11/30	GTO	西昌	成功
1995 年						
37	长征二号 E/Y6	亚太二号通信卫星	1995/01/26	GTO	西昌	失败
38	长征二号 E/Y7/EPKM	亚洲二号通信卫星(亚卫二号)	1995/11/28	GTO	西昌	成功
39	长征二号 E/Y8/EPKM	美国艾科斯达一号通信卫星(回声星一号)	1995/12/28	GTO	西昌	成功
1996 年						
40	长征三号乙/Y1	国际通信卫星七号 A08 星	1996/02/15	GTO	西昌	失败
41	长征三号/Y10	亚太一号 A(中星五号 D)	1996/07/03	SSTO	西昌	成功
42	长征三号/Y14	中星七号通信卫星	1996/08/18	GTO	西昌	失败
43	长征二号丁/Y3	返回式遥感卫星 2 号 03 星	1996/10/20	LEO	酒泉	成功
1997 年						
44	长征三号甲/Y3	中星六号	1997/05/12	GTO	西昌	成功
45	长征三号/Y11	风云二号 02 星	1997/06/10	GTO	西昌	成功
46	长征三号乙/Y2	菲律宾通信卫星(亚洲三号)	1997/08/20	SSTO	西昌	成功
47	长征二号丙/SD/Y1	美国铱星模拟 A/B 星	1997/09/01	LEO	太原	成功
48	长征三号乙/Y3	亚太二号通信卫星	1997/10/17	SSTO	西昌	成功
49	长征二号丙/SD/Y2	美国铱星 42/44 号通信卫星	1997/12/08	LEO	太原	成功
1998 年						
50	长征二号丙/SD/Y3	美国铱星 51/61 号通信卫星	1998/03/26	LEO	太原	成功
51	长征二号丙/SD/Y4	美国铱星 69/71 号通信卫星	1998/05/02	LEO	太原	成功
52	长征三号乙/Y5	亚太九号 A 通信卫星	1998/05/30	SSTO	西昌	成功
53	长征三号乙/Y4	鑫诺一号通信卫星(中星五 B)	1998/07/18	GTO	西昌	成功
54	长征二号丙/SD/Y5	美国摩托罗拉铱 3/71 号通信卫星	1998/08/21	LEO	太原	成功
55	长征二号丙/SD/Y6	美国摩托罗拉铱 11 号 A/20 号 A 通信卫星	1998/12/19	LEO	太原	成功
1999 年						
56	长征四号乙/Y2	风云一号 03 星/实践五号卫星	1999/05/10	SSO	太原	成功

续表

序号	运载火箭	有效载荷	起飞时间	轨道	发射场	结果
57	长征二号丙/SD/Y7	美国摩托罗拉铱 14 号 A/21 号 A 通信卫星	1999/06/12	LEO	太原	成功
58	长征四号乙/Y1	中巴地球资源卫星 01 星/巴西科学应用卫星一号	1999/10/14	SSO	太原	成功
59	长征二号 F/Y1	神舟一号试验飞船	1999/11/20	LEO	酒泉	成功
2000 年						
60	长征三号甲/Y4	中星 22 号	2000/01/26	SSTO	西昌	成功
61	长征三号/Y12	风云二号 03 星	2000/06/25	GTO	西昌	成功
62	长征四号乙/Y3	资源二号卫星 01 星	2000/09/01	SSO	太原	成功
63	长征三号甲/Y5	北斗一号 A 星	2000/10/31	SSTO	西昌	成功
64	长征三号甲/Y6	北斗一号 B 星	2000/12/21	SSTO	西昌	成功
2001 年						
65	长征二号 F/Y2	神舟二号试验飞船	2001/01/10	LEO	酒泉	成功
2002 年						
66	长征二号 F/Y3	神舟三号试验飞船	2002/03/25	LEO	酒泉	成功
67	长征四号乙/Y5	风云一号 04 星/海洋一号 A 星	2002/05/15	SSO	太原	成功
—	开拓者一号	清华开拓一号/皮卫星 01 星	2002/09/15	LEO	太原	失败
68	长征四号乙/Y6	资源二号卫星 02 星	2002/10/27	SSO	太原	成功
69	长征二号 F/Y4	神舟四号试验飞船	2002/12/30	LEO	酒泉	成功
2003 年						
70	长征三号甲/Y7	北斗一号 C 星	2003/05/25	SSTO	西昌	成功
—	开拓者一号	清华开拓一号/皮卫星 02 星	2003/09/16	LEO	太原	失败
71	长征二号 F/Y5	神舟五号载人飞船	2003/10/15	LEO	酒泉	成功
72	长征四号乙/Y4	中巴资源一号 02 星/创新一号 01 星	2003/10/21	SSO	太原	成功
73	长征二号丁/Y4	返回式遥感卫星 3 号 01 星	2003/11/03	LEO	酒泉	成功
74	长征三号甲/Y8	中星 20 号通信卫星	2003/11/15	SSTO	西昌	成功
75	长征二号丙/SM/Y1	探测一号卫星	2003/12/30	HEO	西昌	成功
2004 年						
76	长征二号丙/CTS/Y14	探索一号卫星/纳星一号小卫星	2004/04/18	SSO	西昌	成功
77	长征二号丙/SM/Y2	探测卫星二号	2004/07/25	HEO	太原	成功
78	长征二号丙/Y12	返回式遥感卫星 4 号 01 星	2004/08/28	LEO	酒泉	成功
79	长征四号乙/Y7	实践六号 01 组 A/B 卫星	2004/09/09	SSO	太原	成功
80	长征二号丁/Y5	返回式遥感卫星 3 号 02 星	2004/09/27	LEO	酒泉	成功
81	长征三号甲/Y9	风云二号 04 星	2004/10/19	GTO	西昌	成功

续表

序号	运载火箭	有效载荷	起飞时间	轨道	发射场	结果
82	长征四号乙/Y8	资源二号卫星 03 星	2004/11/06	SSO	太原	成功
83	长征二号丙/Y15	试验卫星二号	2004/11/18	LEO	西昌	成功
2005 年						
84	长征三号乙/Y6	亚太六号通信卫星	2005/04/12	SSTO	西昌	成功
—	开拓者一号	清华开拓一号/皮卫星 03 星	2005/06/09	LEO	太原	失败
85	长征二号丁/Y6	探索二号卫星(实践七号)	2005/07/06	SSO	酒泉	成功
86	长征二号丙/Y13	返回式遥感卫星 4 号 02 星	2005/08/02	LEO	酒泉	成功
87	长征二号丁/Y7	返回式遥感卫星 3 号 03 星	2005/08/29	LEO	酒泉	成功
88	长征二号 F/Y6	神舟六号载人飞船	2005/10/12	LEO	酒泉	成功
2006 年						
89	长征四号丙/Y1	遥感卫星一号	2006/04/27	SSO	太原	成功
90	长征二号丙/Y16	实践八号育种卫星	2006/09/09	LEO	酒泉	成功
91	长征三号甲/Y10	中星 22 号 A	2006/09/13	SSTO	西昌	成功
92	长征四号乙/Y16	实践六号 02 组 A/B 卫星	2006/10/24	SSO	太原	成功
93	长征三号乙/Y7	鑫诺二号通信卫星	2006/10/29	GTO	西昌	成功
94	长征三号甲/F11	风云二号 05 星	2006/12/08	GTO	西昌	成功
2007 年						
95	长征三号甲/Y12	北斗一号 D 星	2007/02/03	SSTO	西昌	成功
96	长征二号丙/Y18	海洋一号 B 卫星	2007/04/11	SSO	太原	成功
97	长征三号甲/Y13	北斗二号 M1 星(第一颗北斗导航卫星)	2007/04/14	MTO	西昌	成功
98	长征三号乙改二/Y9	尼日利亚通信卫星一号	2007/05/14	SSTO	西昌	成功
99	长征二号丁/Y8	遥感卫星二号/皮星一号卫星	2007/05/25	LEO	酒泉	成功
100	长征三号甲/Y15	中星五号 C 卫星(鑫诺三号)	2007/06/01	SSTO	西昌	成功
101	长征三号乙/Y10	中星六号 B 通信卫星	2007/07/05	SSTO	西昌	成功
102	长征四号乙/Y17	中巴地球资源卫星 02B 星	2007/09/19	SSO	太原	成功
103	长征三号甲/Y14	嫦娥一号探月卫星	2007/10/24	HEO	西昌	成功
104	长征四号丙/Y3	遥感三号卫星	2007/11/12	SSO	太原	成功
2008 年						
105	长征三号丙/Y1	天链一号 01 星	2008/04/25	SSTO	西昌	成功
106	长征四号丙/Y2	风云三号 01 星	2008/05/27	SSO	太原	成功
107	长征三号乙/Y11	中星九号通信卫星	2008/06/09	SSTO	西昌	成功
108	长征二号丙/SMA/Y1	环境一号 A/B 卫星	2008/09/06	SSO	太原	成功
109	长征二号 F/Y7	神舟七号载人飞船/伴星一号	2008/09/25	LEO	酒泉	成功
110	长征四号乙/Y22	实践六号 03 组 A/B 星	2008/10/25	SSO	太原	成功

续表

序号	运载火箭	有效载荷	起飞时间	轨道	发射场	结果
111	长征三号乙改二/Y12	委内瑞拉一号通信卫星	2008/10/30	SSTO	西昌	成功
112	长征二号丁/Y12	创新一号 02 星	2008/11/05	SSO	酒泉	成功
113	长征二号丁/Y9	遥感四号卫星	2008/12/01	SSO	酒泉	成功
114	长征四号乙/Y20	遥感五号卫星	2008/12/15	SSO	太原	成功
115	长征三号甲/Y20	风云二号 06 星	2008/12/23	GTO	西昌	成功
2009 年						
116	长征三号丙/SM/Y3	北斗二号 G2 星	2009/04/15	GTO	西昌	成功
117	长征二号丙/Y19	遥感六号卫星	2009/04/22	SSO	太原	成功
118	长征三号乙/Y8	印尼帕拉帕 D 通信卫星	2009/08/31	SSTO	西昌	部分成功
119	长征二号丙/Y21	实践十一号卫星 01 星	2009/11/12	SSO	酒泉	成功
120	长征二号丁/Y10	遥感七号卫星	2009/12/09	SSO	酒泉	成功
121	长征四号丙/Y4	遥感卫星八号/希望一号	2009/12/15	SSO	太原	成功
2010 年						
122	长征三号丙/Y2	北斗二号 G1 星	2010/01/17	GTO	西昌	成功
123	长征四号丙/Y5	遥感九号卫星 A/B/C	2010/03/05	LEO	酒泉	成功
124	长征三号丙/Y4	北斗二号 G3 星	2010/06/02	GTO	西昌	成功
125	长征二号丁/Y15	实践十二号卫星	2010/06/15	SSO	酒泉	成功
126	长征三号甲/Y16	北斗二号 I1 星	2010/08/01	GTO	西昌	成功
127	长征四号丙/Y6	遥感十号卫星	2010/08/10	SSO	太原	成功
128	长征二号丁/Y14	天绘一号卫星 01 星	2010/08/24	SSO	酒泉	成功
129	长征三号乙改二/Y13	中星六号 A(鑫诺六号)	2010/09/05	SSTO	西昌	成功
130	长征二号丁/Y11	遥感卫星十一号/皮星一号 A 卫星 01/02 星	2010/09/22	SSO	酒泉	成功
131	长征三号丙/Y7	嫦娥二号探月卫星	2010/10/01	TLI	西昌	成功
132	长征四号乙/Y23	实践六号 04 组 A/B 星	2010/10/06	SSO	太原	成功
133	长征三号丙/Y5	北斗二号 G4 星	2010/11/01	GTO	西昌	成功
134	长征四号丙/Y7	风云三号 02 星	2010/11/05	SSO	太原	成功
135	长征三号甲/Y21	中星二十号 A 卫星	2010/11/25	SSTO	西昌	成功
136	长征三号甲/Y18	北斗二号 I2 星	2010/12/18	GTO	西昌	成功
2011 年						
137	长征三号甲/Y19	北斗二号 I3 星	2011/04/10	GTO	西昌	成功
138	长征三号乙改二/Y20	中星十号卫星(鑫诺五号)	2011/06/21	SSTO	西昌	成功
139	长征二号丙/Y25	实践十一号 03 星	2011/07/06	SSO	酒泉	成功

续表

序号	运载火箭	有效载荷	起飞时间	轨道	发射场	结果
140	长征三号丙/Y8	天链一号 02 星	2011/07/11	SSTO	西昌	成功
141	长征三号甲/Y17	北斗二号 I4 星	2011/07/27	GTO	西昌	成功
142	长征二号丙/Y24	实践十一号 02 星	2011/07/29	SSO	酒泉	成功
143	长征三号乙改二/Y19	巴基斯坦通信卫星一号	2011/08/12	SSTO	西昌	成功
144	长征四号乙/Y14	海洋二号 A 星	2011/08/16	SSO	太原	成功
145	长征二号丙/Y26	实践十一号 04 星	2011/08/18	SSO	酒泉	失败
146	长征三号乙改三/Y16	中星一号 A 卫星	2011/09/19	GTO	西昌	成功
147	长征二号 F 改/T1	天宫一号目标飞行器	2011/09/29	LEO	酒泉	成功
148	长征三号乙改二/Y18	欧洲通信卫星 W3C 星	2011/10/07	GTO	西昌	成功
149	长征二号 F 改/Y8	神舟八号飞船	2011/11/01	LEO	酒泉	成功
150	长征四号乙/Y21	遥感卫星十二号	2011/11/09	SSO	太原	成功
151	长征二号丁/Y19	创新一号 03 星/试验卫星四号	2011/11/20	SSO	酒泉	成功
152	长征二号丙/Y20	遥感卫星十三号	2011/11/30	SSO	太原	成功
153	长征三号甲/Y23	北斗二号 I5 星	2011/12/02	GTO	西昌	成功
154	长征三号乙改二/Y21	尼日利亚通信卫星一号	2011/12/20	SSTO	西昌	成功
155	长征四号乙/Y15	资源一号卫星 02C 星	2011/12/22	SSO	太原	成功
2012 年						
156	长征四号乙/Y26	资源三号卫星 01 星/卢森堡 4M 小卫星	2012/01/09	SSO	太原	成功
157	长征三号甲/Y22	风云二号 07 星	2012/01/13	GTO	西昌	成功
158	长征三号丙/Y6	北斗二号 G5 星	2012/02/25	GTO	西昌	成功
159	长征三号乙改二/Y22	亚太七号通信卫星	2012/03/31	SSTO	西昌	成功
160	长征三号乙改一/Y14	北斗二号 M3/M4 星	2012/04/30	MTO	西昌	成功
161	长征二号丁/Y17	天绘一号 02 星	2012/05/06	SSO	酒泉	成功
162	长征四号乙/Y12	遥感卫星十四号/天拓一号卫星	2012/05/10	SSO	太原	成功
163	长征三号乙改三/Y17	中星二号 A 卫星	2012/05/26	GTO	西昌	成功
164	长征四号丙/Y10	遥感卫星十五号	2012/05/29	SSO	太原	成功
165	长征二号 F 改/Y9	神舟九号载人飞船	2012/06/16	LEO	酒泉	成功
166	长征三号丙/Y9	天链一号 03 星	2012/07/26	SSTO	西昌	成功
167	长征三号乙改一/Y15	北斗二号 M5/M6 星	2012/09/19	MTO	西昌	成功

续表

序号	运载火箭	有效载荷	起飞时间	轨道	发射场	结果
168	长征二号丁/Y16	委内瑞拉遥感卫星一号	2012/09/29	SSO	酒泉	成功
169	长征二号丙/SMA/Y2	实践九号 A 星/B 星	2012/10/14	SSO	太原	成功
170	长征三号丙/Y10	北斗二号 G6	2012/10/25	GTO	西昌	成功
171	长征二号丙/Y17	环境一号 C 星/新技术一号卫星/蜂鸟一号	2012/11/19	SSO	太原	成功
172	长征四号丙/Y9	遥感卫星十六号 A 星/B 星/C 星	2012/11/25	SSO	酒泉	成功
173	长征三号乙改二/Y24	亚太七号 B 通信卫星	2012/11/27	SSTO	西昌	成功
174	长征二号丁/Y22	土耳其蓝突厥 2 号地球观测卫星	2012/12/19	LEO	酒泉	成功
2013 年						
175	长征二号丁/Y18	高分一号卫星/土耳其立方星/厄瓜多尔立方星/阿根廷立方星	2013/04/26	SSO	酒泉	成功
176	长征三号乙改二/Y25	中星十一号通信卫星	2013/05/02	SSTO	西昌	成功
177	长征二号 F 改/Y10	神舟十号载人飞船	2013/06/11	LEO	酒泉	成功
178	长征二号丙/Y23	实践十一号卫星 05 星	2013/07/15	SSO	酒泉	成功
179	长征四号丙/Y11	创新三号/试验七号/实践十五号卫星	2013/07/20	SSO	太原	成功
180	长征四号丙/Y13	遥感卫星十七号 A 星/B 星/C 星	2013/09/02	LEO	酒泉	成功
181	长征四号丙/Y12	风云三号 03 星	2013/09/23	SSO	太原	成功
182	长征四号乙/Y25	实践十六号卫星 01 星	2013/10/25	LEO	酒泉	成功
183	长征二号丙/Y28	遥感卫星十八号	2013/10/29	SSO	太原	成功
184	长征四号丙/Y14	遥感卫星十九号	2013/11/20	SSO	太原	成功
185	长征二号丁/Y23	试验五号卫星	2013/11/25	SSO	酒泉	成功
186	长征三号乙改二/Y23	嫦娥三号	2013/12/02	TLI	西昌	成功
187	长征四号乙/Y10	中巴地球资源卫星 03 星	2013/12/09	SSO	太原	失败
188	长征三号乙改二/Y27	玻利维亚通信卫星一号	2013/12/21	SSTO	西昌	成功
2014 年						
189	长征二号丙/Y27	实践十一号 06 星	2014/03/31	SSO	酒泉	成功
190	长征四号丙/Y15	遥感卫星二十号 A/B/C	2014/08/09	SSO	酒泉	成功
191	长征四号乙/Y27	高分二号卫星/波兰微卫星	2014/08/19	SSO	太原	成功
192	长征二号丁/Y25	清华大学灵巧卫星	2014/09/04	SSO	酒泉	成功
193	长征四号乙/Y28	遥感卫星二十一号/学天拓二号卫星	2014/09/08	SSO	太原	成功
194	长征二号丙/Y31	实践十一号 07 星	2014/09/28	SSO	酒泉	成功
195	长征四号丙/Y16	遥感卫星二十二号	2014/10/20	SSO	太原	成功

续表

序号	运载火箭	有效载荷	起飞时间	轨道	发射场	结果
196	长征三号丙改二/Y12	嫦娥五号 T1 飞行试验器	2014/10/24	TLI	西昌	成功
197	长征二号丙/Y35	实践十一号卫星 08 星	2014/10/27	SSO	酒泉	成功
198	长征二号丙/Y35	遥感卫星二十三号	2014/11/15	SSO	太原	成功
199	长征二号丁/Y24	遥感卫星二十四号	2014/11/20	SSO	酒泉	成功
200	长征四号乙/Y32	中巴地球资源卫星 04 星	2014/12/07	SSO	太原	成功
201	长征四号丙/Y17	遥感卫星二十五号 A/B/C	2014/12/11	SSO	酒泉	成功
202	长征四号乙/Y29	遥感卫星二十六号	2014/12/27	SSO	太原	成功
203	长征三号甲/Y24	风云二号 08 星	2014/12/31	GTO	西昌	成功
2015 年						
204	长征三号丙改三 ZY11/远征一号 Y1	北斗二号 I1-S 星	2015/03/30	IGSO	西昌	成功
205	长征四号乙/Y30	高分八号卫星	2015/06/26	SSO	太原	成功
206	长征三号乙改三 ZY26/远征一号 Y2	北斗二号 M1-S/M2-S 卫星	2015/07/25	MEO	西昌	成功
207	长征四号丙/Y17	遥感卫星二十七号	2015/08/27	SSO	太原	成功
208	长征三号乙改二/Y32	通信试验卫星一号	2015/09/12	GTO	西昌	成功
209	长征二号丁/Y21	高分九号卫星	2015/09/14	SSO	酒泉	成功
210	长征六号/Y1	皮星二号(A/B)/纳星二号/紫荆一号/紫荆二号/紫丁香二号/天拓三号/吕梁一号/天拓三号智能号手机卫星/天拓三号四颗星尘号飞卫星/开拓一号(A/B)希望二号(A/B/C/D/E/F)	2015/09/20	SSO	太原	成功
211	长征十一号/Y1	浦江一号/天网一号 A 星/天网一号 B 星/天网一号 C 星	2015/09/25	SSO	酒泉	成功
212	长征三号乙改二/Y33	北斗二号 I2-S 星	2015/09/30	GTO	西昌	成功
213	长征二号丁/Y37	吉林一号光学 A 星/吉林一号视频 01 星/02 星/吉林一号灵巧成像验证星	2015/10/07	SSO	酒泉	成功
214	长征三号乙改二/Y36	亚太九号通信卫星	2015/10/17	SSTO	西昌	成功
215	长征二号丁/Y26	天绘一号 03 星	2015/10/26	SSO	酒泉	成功
216	长征三号乙改三/Y34	中星二号 C 通信卫星	2015/11/04	GTO	西昌	成功
217	长征四号乙/Y24	遥感卫星二十八号	2015/11/08	SSO	太原	成功

续表

序号	运载火箭	有效载荷	起飞时间	轨道	发射场	结果
218	长征三号乙改二/Y38	老挝一号通信卫星	2015/11/21	SSTO	西昌	成功
219	长征四号丙/Y8	遥感二十九号卫星	2015/11/27	SSO	太原	成功
220	长征三号乙改三/Y31	中星一号 C 通信卫星	2015/12/10	GTO	西昌	成功
221	长征二号丁/Y31	暗物质粒子探测卫星	2015/12/17	SSO	酒泉	成功
222	长征三号乙改二/Y37	高分四号卫星	2015/12/29	GTO	西昌	成功
2016 年						
223	长征三号乙改二/Y29	白俄罗斯通信卫星一号	2016/01/16	SSTO	西昌	成功
224	长征三号丙改三ZY14/远征一号 Y3	北斗二号 M3-S 星	2016/02/01	MEO	西昌	成功
225	长征三号甲/Y26	北斗二号 I6 星	2016/03/30	GTO	西昌	成功
226	长征二号丁/Y36	实践十号卫星	2016/04/06	LEO	酒泉	成功
227	长征二号丁/Y27	遥感卫星三十号	2016/05/15	SSO	酒泉	成功
228	长征四号乙/Y33	资源三号 02 星/乌拉圭 NewSat-1/2 卫星	2016/05/30	SSO	太原	成功
229	长征三号丙改二/Y15	北斗二号星 G7 星	2016/06/12	GTO	西昌	成功
230	长征七号/Y1	远征一号甲上面级/多用途飞船缩比返回舱/2 个天鸽飞行器/遨龙一号空间碎片主动清理飞行器/天源一号卫星	2016/06/25	LEO	文昌	成功
231	长征四号乙/Y35	实践十六号 02 星	2016/06/29	SSO	酒泉	成功
232	长征三号乙改三/Y35	天通一号 01 星	2016/08/06	GTO	西昌	成功
233	长征四号丙/Y19	高分三号卫星	2016/08/10	SSO	太原	成功
234	长征二号丁/Y32	量子科学卫星/力星一号/西班牙立方星	2016/08/16	SSO	酒泉	成功
235	长征四号丙/Y22	高分十号卫星	2016/09/01	SSO	太原	失败
236	长征二号 F 改/T2	天宫二号/伴星二号	2016/09/15	LEO	酒泉	成功
237	长征二号 F 改/Y11	神舟十一号载人飞船	2016/10/17	LEO	酒泉	成功
238	长征五号 Y1/远征二号 Y1	实践十七号技术试验卫星	2016/11/03	GEO	文昌	成功
239	长征十一号/Y2	脉冲星/潇湘一号/丽水一号/皮纳二号/少年一号	2016/11/10	SSO	酒泉	成功
240	长征二号丁/Y34	云海一号 01 星	2016/11/12	SSO	酒泉	成功
241	长征三号丙改二/Y13	天链一号 04 星	2016/11/22	SSTO	西昌	成功

续表

序号	运载火箭	有效载荷	起飞时间	轨道	发射场	结果
242	长征三号乙改三/Y42	风云四号 01 星	2016/12/11	GTO	西昌	成功
243	长征二号丁/Y33	碳监测卫星/高分辨率微纳卫星/火花一号 01/02 星	2016/12/22	SSO	酒泉	成功
244	长征二号丁/Y39	高景一号 01 星/02 星/“八一·少年行”卫星	2016/12/28	SSO	太原	部分成功
2017 年						
245	长征三号乙改二/Y39	通信技术试验卫星二号	2017/01/05	GTO	西昌	成功
—	开拓二号/Y1	天鲲一号卫星	2017/03/03	SSO	酒泉	成功
246	长征三号乙改二/Y43	实践十三号通信卫星	2017/04/12	SSTO	西昌	成功
247	长征七号/Y2	天舟一号货运飞船/丝路一号科学实验卫星	2017/04/20	LEO	文昌	成功
248	长征四号乙/Y31	硬 X 射线调制望远镜卫星/欧比特视频卫星-1A/1B/乌拉圭 NewSat-3 卫星	2017/06/15	LEO	酒泉	成功
249	长征三号乙改二/Y28	中星九号 A 卫星(鑫诺四号)	2017/06/19	SSTO	西昌	部分成功
250	长征五号/Y2	通信技术试验卫星四号(实践十八号)	2017/07/02	SSTO	文昌	失败
251	长征二号丙/Y29	遥感三十号 01 组卫星	2017/09/29	LEO	西昌	成功
252	长征二号丁/Y30	委内瑞拉遥感二号卫星	2017/10/09	SSO	酒泉	成功
253	长征三号乙改三 ZY46/远征一号 Y4	北斗三号 M1/M2 星	2017/11/05	MEO	西昌	成功
254	长征四号丙/Y21	风云三号 04 星/和德一号	2017/11/15	SSO	太原	成功
255	长征六号/Y2	吉林一号视频 04/05/06 星	2017/11/21	SSO	太原	成功
256	长征二号丙/Y33	遥感三十号 02 组卫星	2017/11/25	LEO	西昌	成功
257	长征二号丁/Y47	陆地勘查卫星一号	2017/12/03	SSO	酒泉	成功
258	长征三号乙改二/Y40	阿尔及利亚一号通信卫星	2017/12/11	SSTO	西昌	成功
259	长征二号丁/Y48	陆地勘查卫星二号	2017/12/23	SSO	酒泉	成功
260	长征二号丙/Y34	遥感三十号 03 组卫星	2017/12/26	LEO	西昌	成功
2018 年						
261	长征二号丁/Y40	高景一号 03 星/04 星	2018/01/09	SSO	太原	成功
262	长征三号乙改三 ZY45/远征一号 Y5	北斗三号 M7/M8 星	2018/01/12	MEO	西昌	成功
263	长征二号丁/Y49	陆地勘查卫星三号	2018/01/13	SSO	酒泉	成功

续表

序号	运载火箭	有效载荷	起飞时间	轨道	发射场	结果
264	长征十一号/Y3	吉林一号视频07/08星/淮安号恩来星/潇湘二号/潇湘六号/加拿大开普勒一号卫星	2018/01/19	SSO	酒泉	成功
265	长征二号丙/Y36	遥感三十号04组卫星	2018/01/25	LEO	西昌	成功
266	长征二号丁/Y13	张衡一号01星/风马牛一号/少年星一号/乌拉圭NewSat-4/5/欧空局Gomx-4A/B立方星	2018/02/02	SSO	酒泉	成功
267	长征三号乙改三ZY47/远征一号Y6	北斗三号M3/M4星	2018/02/12	MEO	西昌	成功
268	长征二号丁/Y50	陆地勘查卫星四号	2018/03/17	SSO	酒泉	成功
269	长征三号乙改三ZY48/远征一号Y7	北斗三号M9/M10星	2018/03/30	MEO	西昌	成功
270	长征四号丙/Y26	高分一号02星/03星/04星	2018/03/31	SSO	太原	成功
—	星际荣耀双曲线一号S	无载荷	2018/04/05	SUB	海南探空部发射场	成功
271	长征四号丙/Y25	遥感三十一号01组卫星/微纳技术试验卫星	2018/04/10	LEO	酒泉	成功
272	长征十一号/Y4	珠海一号02组五星（视频卫星+高光谱01/02/03/04星）	2018/04/26	SSO	酒泉	成功
273	长征三号乙改二/Y55	亚太6C通信卫星	2018/05/04	SSTO	西昌	成功
274	长征四号丙/Y20	高分五号高光谱卫星	2018/05/09	SSO	太原	成功
—	零壹空间OS-X型火箭	无载荷	2018/05/17	—	阿拉善盟某发射场	成功
275	长征四号丙/Y27	嫦娥四号中继卫星/龙江一号/龙江二号	2018/05/21	TLI	西昌	成功
276	长征二号丁/Y20	高分六号卫星/珞珈一号01星	2018/06/02	SSO	酒泉	成功
277	长征三号甲/Y25	风云二号09星	2018/06/05	GTO	西昌	成功
278	长征二号丙/Y44	新技术试验卫星A星/B星	2018/06/27	LEO	西昌	成功
279	长征二号丙/SMA Y3	巴基斯坦遥感卫星一号/巴基斯坦PakTES-1A	2018/07/09	SSO	酒泉	成功
280	长征三号甲/Y27	北斗二号I7星	2018/07/10	GTO	西昌	成功
281	长征三号乙改三ZY49/远征一号Y8	北斗三号M5/M6星	2018/07/29	MEO	西昌	成功
282	长征四号乙/Y37	高分十一号卫星	2018/07/31	SSO	太原	成功
283	长征三号乙改三ZY50/远征一号Y9	北斗三号M11/M12星	2018/08/25	MEO	西昌	成功

续表

序号	运载火箭	有效载荷	起飞时间	轨道	发射场	结果
—	星际荣耀双曲线一号 Z	零重空间 EREBUS-1 立方星/国星宇航 TFJR-1 立方星/国星宇航 CDGX-1 立方星	2018/09/05	SUB	酒泉	成功
284	长征二号丙 Y39	海洋一号 C 星	2018/09/07	SSO	太原	成功
—	零壹空间 OS-X1 型火箭	无载荷	2018/09/07	—	酒泉	成功
285	长征三号乙改三 ZY51/远征一号 Y1	北斗三号 M13/M14 星	2018/09/19	MEO	西昌	成功
286	长征二号丙 Y38/远征一号 SY1	遥感三十二号 01 组双星	2018/10/09	SSO	酒泉	成功
287	长征三号乙改三 ZY52/远征一号 Y11	北斗三号 M15/M16 星	2018/10/15	MEO	西昌	成功
288	长征四号乙/Y34	海洋二号 B 星	2018/10/25	SSO	太原	成功
—	蓝箭航天朱雀一号	未来号微小卫星	2018/10/27	SSO	酒泉	失败
289	长征二号丙/Y22	中法海洋卫星/天启一号/微纳星空卫星/白俄罗斯科教卫星/潇湘一号 02 星/星河号/长沙高新号/铜川一号	2018/10/29	SSO	酒泉	成功
290	长征三号乙改二/Y41	北斗三号 GEO-1 星	2018/11/01	GTO	西昌	成功
291	长征三号乙改三 ZY53/远征一号 Y12	北斗三号 M17/M18 星	2018/11/19	MEO	西昌	成功
292	长征二号丁/Y28	试验六号/天平一号 A/B 星/嘉定一号/天智一号卫星	2018/11/20	SSO	酒泉	成功
293	长征二号丁/Y38	沙特遥感 5A/B 双星/长沙天仪 3 颗遥感星/九天微星 7 颗物联网卫星:瓢虫 1～7 号星	2018/12/07	SSO	酒泉	成功
294	长征三号乙改二/Y30	嫦娥四号月球探测器	2018/12/08	TLI	西昌	成功
295	长征十一号/Y5	虹云工程技术验证卫星	2018/12/22	SSO	酒泉	成功
296	长征三号丙改二/Y17	通信技术试验卫星三号	2018/12/25	GTO	西昌	成功
297	长征二号丁 Y35/远征三号 Y1	6 颗云海二号卫星/鸿雁星座试验星	2018/12/29	LEO	酒泉	成功
			2019 年			
298	长征三号乙改二/Y56	中星 2D 通信卫星	2019/01/11	GTO	西昌	成功
299	长征十一号/Y6	吉林一号光谱 01/02 星/潇湘一号 03 星/灵鹊一号 A 星	2019/01/21	SSO	酒泉	成功

续表

序号	运载火箭	有效载荷	起飞时间	轨道	发射场	结果
300	长征三号乙改二/Y54	中星6C通信卫星	2019/03/10	SSTO	西昌	成功
—	零壹空间OS-M-火箭	灵鹊一号B星	2019/03/27	SSO	酒泉	失败
301	长征三号乙改二/Y44	天链二号01星	2019/03/31	GTO	西昌	成功
302	长征三号乙改三/Y59	北斗三号IGSO-1星	2019/04/20	GTO	西昌	成功
303	长征四号乙/Y36	天绘二号01组双星	2019/04/30	SSO	太原	成功
304	长征三号丙改二/Y16	北斗二号GEO-8星	2019/05/17	GTO	西昌	成功
305	长征四号丙	遥感三十三号	2019/05/23	SSO	太原	失败
306	长征十一号海射型	捕风一号A/B星/长光高分03A星/潇湘一号04星/天启三号/网通一号A/B星	2019/06/05	LEO	海上发射平台	成功
307	长征三号乙改三/Y60	北斗三号IGSO-2星	2019/06/25	GTO	西昌	成功
—	双曲线一号/Y1	北理工1号卫星(BP-1B卫星)	2019/07/25	LEO	酒泉	成功
308	长征二号丙/Y37	遥感三十号05组卫星	2019/07/26	LEO	西昌	成功
—	捷龙一号/Y1	千乘一号01星/星时代5卫星/天启二号卫星	2019/08/17	SSO	酒泉	成功
309	长征三号乙改二/Y58	中星18号通信卫星	2019/08/19	GTO	西昌	成功
310	长征四号乙/Y39	资源一号02D卫星/京师一号/金牛座纳星	2019/09/12	SSO	太原	成功
311	长征十一号/Y7	珠海一号星座03组卫星(视频卫星+高光谱01/02/03/04星)	2019/09/19	SSO	酒泉	成功
312	长征三号乙改三ZY65/远征一号Y13	北斗三号M23/M24星	2019/09/23	MEO	西昌	成功
313	长征二号丁/Y43	云海一号02星	2019/09/25	SSO	酒泉	成功
314	长征四号丙/Y33	高分十号卫星	2019/10/05	SSO	太原	成功
315	长征三号乙改二/Y57	通信技术试验卫星四号	2019/10/17	GTO	西昌	成功
316	长征四号乙/Y38	高分七号/潇湘一号08星/精致高分试验卫星/苏丹科学实验卫星一号	2019/11/03	SSO	太原	成功
317	长征三号乙改三/Y61	北斗三号IGSO-3星	2019/11/05	GTO	西昌	成功
318	长征六号/Y4	宁夏一号卫星5星	2019/11/13	LEO	太原	成功

续表

序号	运载火箭	有效载荷	起飞时间	轨道	发射场	结果
319	长征三号乙改三 ZY66/远征一号 Y14	北斗三号 M21/M22 星	2019/11/23	MEO	西昌	成功
320	长征四号丙/Y24	高分十二号卫星	2019/11/28	SSO	太原	成功
321	长征三号乙改三 ZY67/远征一号 Y15	北斗三号 M19/M20 星	2019/12/16	MEO	西昌	成功
322	长征四号乙/Y44	中巴资源 04A 卫星/埃塞俄比亚遥感卫星/天琴一号/玉衡号卫星/顺天号卫星/天雁 01 卫星/天雁 02 卫星/未来号-1R 卫星/巴西 1U 小卫星	2019/12/20	SSO	太原	成功
323	长征五号/Y3	中星 19A 卫星	2019/12/27	SSTO	文昌	成功
2020 年						
324	长征三号乙改二/Y62	通信技术试验卫星五号	2020/01/07	GTO	西昌	成功
325	长征二号丁	吉林一号宽幅 01 星和 3 颗小卫星	2020/01/15	SSO	太原	成功
326	长征二号丁	新技术试验卫星 C/D/E/F	2020/02/20	LEO	西昌	成功
327	长征三号乙	北斗系统第 54 颗导航卫星	2020/03/09	GTO	西昌	成功
328	长征七号甲	新技术试验六号卫星	2020/03/16	GTO	文昌	失败
329	长征二号丙	遥感三十号 06 组卫星	2020/03/24	LEO	西昌	成功
330	长征三号乙	印度尼西亚 PALAPA－N1 卫星	2020/04/09	GTO	西昌	失败
331	长征五号 B	新一代载人飞船试验船	2020/05/05	LEO	文昌	成功
332	长征十一号	新技术试验双星	2020/05/30	LEO	西昌	成功
333	长征二号丁	高分九号 02 星、和德四号卫星	2020/05/31	SSO	酒泉	成功
334	长征二号丙	海洋一号 D 卫星	2020/06/11	SSO	太原	成功
335	长征二号丁	高分九号 03 星、和德五号卫星、皮星三号 A 星	2020/06/17	SSO	酒泉	成功
336	长征三号乙	第 55 颗北斗导航卫星	2020/06/23	GTO	西昌	成功
337	长征四号乙	高分辨率多模综合成像卫星及八一 02 星	2020/07/03	SSO	太原	成功
338	长征二号丁	试验六号 02 卫星	2020/07/05	LEO	酒泉	成功
339	长征三号乙	亚太 6D 通信卫星	2020/07/09	GTO	西昌	成功
340	长征五号遥四	天问一号火星探测器	2020/07/23	地火转移轨道	文昌	成功
341	长征四号乙	资源三号 03 星及搭载的 2 颗小卫星	2020/07/25	SSO	太原	成功
342	长征二号丁	高分九号 04 星和清华科学卫星	2020/08/06	SSO	酒泉	成功
343	长征二号丁	高分九号 05、多功能试验和天拓五号卫星	2020/08/23	SSO	酒泉	成功
344	长征二号 F	一型可重复使用的试验航天器	2020/09/04	LEO	酒泉	成功
345	长征四号乙	高分十一号 02 星	2020/09/07	SSO	太原	成功
346	长征十一号海射型	吉林一号高分 03－1 组卫星	2020/09/15	SSO	预定海域	成功

续表

序号	运载火箭	有效载荷	起飞时间	轨道	发射场	结果
347	长征四号乙	海洋二号 03 星	2020/09/21	SSO	酒泉	成功
348	长征四号乙	环境减灾二号 A、B 星	2020/09/27	SSO	太原	成功
349	长征三号乙	高分十三号卫星	2020/10/12	SSO	西昌	成功
350	长征二号丙	遥感三十号 07 组 3 颗卫星和 1 颗微纳卫星	2020/10/26	LEO	西昌	成功
351	长征六号	10 颗 NewSat 卫星、八一 03 星、天雁 05 卫星、北航空事卫星一号	2020/11/06	SSO	太原	成功
352	长征三号乙	天通一号 02 星	2020/11/12	GTO	西昌	成功
353	长征五号	嫦娥五号月球探测器	2020/11/24	TLI	文昌	成功
354	长征三号乙改进五型	高分十四号卫星	2020/12/06	SSO	西昌	成功
355	长征十一号	GECAM 卫星	2020/12/10	LEO	西昌	成功
356	长征八号	5 颗卫星	2020/12/22	SSO	文昌	成功
357	长征四号丙	遥感三十三号卫星及微纳技术试验卫星	2020/12/27	LEO	酒泉	成功
2021 年						
358	长征三号乙	天通一号 03 星	2021/1/20	GTO	西昌	成功
359	长征四号丙	遥感三十一号 02 组卫星	2021/1/29	LEO	酒泉	成功
—	双曲线一号	—	2021/2/1	—	酒泉	失败
360	长征三号乙	通信技术试验卫星六号	2021/2/4	GTO	西昌	成功
361	长征四号丙	遥感三十一号 03 组	2021/2/24	LEO	酒泉	成功
362	长征七号 A	试验六号卫星	2021/3/12	GTO	文昌	成功
363	长征四号丙	遥感三十一号 04 组	2021/3/13	LEO	酒泉	成功
364	长征四号丙	高分十二号 02 星	2021/3/31	SSO	酒泉	成功
365	长征四号乙	试验六号 03 星	2021/4/9	SSO	太原	成功
366	长征六号	齐鲁一号、齐鲁四号、佛山一号等 9 颗卫星	2021/4/27	SSO	太原	成功
367	长征五号 B	天和核心舱	2021/4/29	LEO	文昌	成功
368	长征四号丙	遥感三十四号卫星	2021/4/30	SSO	酒泉	成功
369	长征二号丙	遥感三十号 08 组卫星	2021/5/7	LEO	西昌	成功
370	长征四号乙	海洋二号 D 卫星	2021/5/19	SSO	酒泉	成功
371	长征七号	天舟二号货运飞船	2021/5/29	LEO	文昌	成功
372	长征三号乙	风云四号 B 卫星	2021/6/3	GTO	西昌	成功
373	长征二号丁	北京三号卫星等 4 颗卫星	2021/6/11	SSO	太原	成功
374	长征二号 F	神舟十二号	2021/6/17	LEO	酒泉	成功
375	长征二号丙	遥感三十号 09 组卫星	2021/6/18	LEO	西昌	成功
376	长征二号丁	吉林一号宽幅 01B 卫星等 4 颗	2021/7/3	SSO	太原	成功
377	长征四号丙	风云三号 05 星	2021/7/5	SSO	酒泉	成功
378	长征三号丙	天链一号 05 星	2021/7/6	GTO	西昌	成功

续表

序号	运载火箭	有效载荷	起飞时间	轨道	发射场	结果
379	长征六号	钟子号卫星星座 02 组	2021/7/9	SSO	太原	成功
380	长征二号丙	遥感三十号 10 组	2021/7/19	LEO	酒泉	成功
381	长征二号丁	天绘一号 04 星	2021/7/29	SSO	酒泉	成功
—	双曲线一号	—	2021/8/3	—	酒泉	失败
382	长征六号	多媒体贝塔试验 A/B 卫星	2021/8/4	SSO	太原	成功
383	长征三号乙	中星 2E 卫星	2021/8/6	GTO	西昌	成功
384	长征四号乙	天绘二号 02 组卫星	2021/8/19	SSO	太原	成功
385	长征三号乙	通信技术试验卫星七号	2021/8/24	GTO	酒泉	成功
386	长征二号丙	3 颗通信技术试验卫星	2021/8/24	LEO	西昌	成功
387	长征四号丙	高分五号 02 星	2021/9/7	SSO	太原	成功
388	长征三号乙	中星 9B	2021/9/9	GTO	西昌	成功
389	长征七号	天舟三号货运飞船	2021/9/20	LEO	文昌	成功
—	快舟一号甲	吉林一号高分 02D 卫星	2021/9/27	SSO	酒泉	成功
390	长征三号乙	试验十号卫星	2021/9/27	GTO	西昌	成功
391	长征二号丁	太阳 Hα 光谱探测与双超平台科学技术试验卫星	2021/10/14	SSO	太原	成功
392	长征二号 F	神舟十三号	2021/10/16	LEO	酒泉	成功
393	长征三号乙	实践二十号卫星	2021/10/24	GTO	西昌	成功
—	快舟一号甲	吉林一号高分 02F	2021/10/27	SSO	酒泉	成功
394	长征二号丙	遥感三十二号星座工程 02 组	2021/11/3	LEO	西昌	成功
395	长征六号	广目地球科学卫星	2021/11/5	SSO	太原	成功
396	长征二号丁	遥感三十五号卫星 A 星、B 星、C 星	2021/11/6	LEO	西昌	成功
397	长征四号乙	高分十一号 02 星	2021/11/20	SSO	太原	成功
398	长征四号乙	高分三号 02 星	2021/11/23	SSO	酒泉	成功
399	长征三号乙	中星 1D 卫星	2021/11/27	GTO	西昌	成功
400	长征四号乙	实践六号 05 组	2021/12/10	SSO	酒泉	成功
401	长征三号乙	天链二号 02 星	2021/12/14	GTO	西昌	成功
402	长征七号 A	试验十二号 01、02 星	2021/12/23	GTO	文昌	成功
403	长征四号丙	资源一号 02E 等	2021/12/26	SSO	太原	成功
404	长征二号丁	天绘四号卫星	2021/12/29	SSO	酒泉	成功
405	长征三号乙	通信技术试验卫星 9 号	2021/12/30	GTO	西昌	成功
2022 年						
406	长征二号丁	试验十三号卫星	2022/1/17	SSO	太原	成功
407	长征四号丙	陆地探测一号 01 组 A 星	2022/1/26	SSO	酒泉	成功
408	长征四号丙	陆地探测一号 01 组 B 星	2022/2/27	SSO	酒泉	成功
409	长征八号	泰景三号 01 卫星等 22 星	2022/2/27	SSO	文昌	成功

续表

序号	运载火箭	有效载荷	起飞时间	轨道	发射场	结果
410	长征二号丙	银河航天 02 批 6 颗卫星	2022/3/5	LEO	西昌	成功
411	长征四号丙	遥感三十四号 02 星	2022/3/17	LEO	酒泉	成功
412	长征六号改	遥感三十九号卫星等	2022/3/29	SSO	西昌	成功
413	长征十一号	一箭三星	2022/3/30	SSO	酒泉	成功
414	长征四号丙	高分三号 03 星	2022/4/7	LEO	酒泉	成功
415	长征三号乙	中星 6D 卫星	2022/4/15	GTO	西昌	成功
416	长征四号丙	大气环境监测卫星	2022/4/16	SSO	太原	成功
417	长征二号丙	四维 01/02	2022/4/29	SSO	酒泉	成功
418	长征十一号	一箭五星	2022/4/30	SSO	黄海海域	成功
419	长征二号丁	吉林一号 8 颗卫星	2022/5/5	SSO	太原	成功
420	长征七号	天舟四号	2022/5/10	LEO	文昌	成功
—	双曲线一号	吉林一号魔方 01A	2022/5/13	SSO	酒泉	失败
421	长征二号丙	一箭三星低轨通信试验卫星	2022/5/20	LEO	酒泉	成功
422	长征二号丙	一箭九星吉利星座 01 组	2022/6/2	LEO	西昌	成功
423	长征二号 F	神舟十四号	2022/6/5	LEO	酒泉	成功
—	快舟一号甲	天行一号试验卫星(空间环境探测实验)	2022/6/22	SSO	酒泉	成功
424	长征二号丁	遥感三十五号 02 组卫星(3 颗)	2022/6/23	LEO	西昌	成功
425	长征四号丙	高分十二号 03 星	2022/6/27	SSO	酒泉	成功
426	长征三号乙	天链二号 03 星	2022/7/13	GTO	西昌	成功
427	长征二号丙	四维高景二号 01/02 星	2022/7/16	SSO	太原	成功
428	长征五号 B	问天实验舱	2022/7/24	LEO	文昌	成功
—	力箭一号	空间科学试验卫星等 6 颗小卫星	2022/7/27	SSO	酒泉	成功
429	长征二号丁	遥感三十五号 03 组卫星	2022/7/29	LEO	西昌	成功
430	长征四号乙	陆地生态系统碳监测卫星等	2022/8/4	SSO	太原	成功
431	长征二号 F	可重复使用飞行器	2022/8/5	LEO	酒泉	成功
—	谷神星一号	泰景一号 01/02 星等 3 颗卫星	2022/8/9	SSO	酒泉	成功
432	长征六号	吉林一号等 16 星	2022/8/10	SSO	太原	成功
433	长征二号丁	遥感三十五号 04 组卫星	2022/8/20	LEO	西昌	成功
—	快舟一号甲	中科院创新十六号卫星	2022/8/23	LEO	西昌	成功
434	长征二号丁	北京三号 B 卫星	2022/8/24	SSO	太原	成功
435	长征四号丙	遥感三十三号 02 星	2022/9/3	SSO	酒泉	成功
436	长征二号丁	遥感三十五号 05 组卫星	2022/9/6	SSO	西昌	成功
—	快舟一号甲	微厘空间低轨导航增强系统	2022/9/6	LEO	酒泉	成功
437	长征七号 A	中星 1E 卫星	2022/9/13	GTO	文昌	成功
438	长征二号丁	云海一号 03 星	2022/9/21	SSO	酒泉	成功

续表

序号	运载火箭	有效载荷	起飞时间	轨道	发射场	结果
—	快舟一号甲	试验十四号和试验十五号卫星	2022/9/25	SSO	太原	成功
439	长征二号丁	遥感三十六号卫星	2022/9/26	SSO	西昌	成功
440	长征六号	试验十六号、试验十七号卫星	2022/9/27	SSO	太原	成功
441	长征十一号	微厘空间北斗低轨导航增强系统 S5/S6 试验卫星	2022/10/7	LEO	黄海海域	成功
442	长征二号丁	先进天基太阳天文台卫星等	2022/10/9	SSO	酒泉	成功
443	长征二号丙	环境减灾二号 05 星	2022/10/13	SSO	太原	成功
444	长征二号丁	遥感三十六号卫星	2022/10/15	LEO	西昌	成功
445	长征二号丁	试验二十号 C 卫星	2022/10/29	LEO	酒泉	成功
446	长征五号 B	梦天实验舱	2022/10/31	LEO	文昌	成功
447	长征三号乙	中星 19 号卫星	2022/11/5	GTO	西昌	成功
448	长征六号甲	云海三号卫星	2022/11/12	SSO	太原	成功
449	长征七号	天舟五号	2022/11/12	LEO	文昌	成功
450	长征四号丙	遥感三十四号 03 星	2022/11/15	LEO	酒泉	成功
—	谷神星一号	吉林一号高分 03D08、51、52、53、54 星	2022/11/16	SSO	酒泉	成功
451	长征二号丁	遥感三十六号卫星	2022/11/27	LEO	西昌	成功
452	长征二号 F	神舟十五号	2022/11/29	LEO	酒泉	成功
453	快舟十一号	交通 VDES 试验星	2022/12/7	SSO	酒泉	成功
454	长征二号丁	高光谱综合观测卫星(高分五号 01A)	2022/12/9	SSO	太原	成功
—	捷龙三号	一箭十四星	2022/12/9	SSO	黄海海域	成功
455	长征四号丙	试验二十号 A/B 卫星	2022/12/12	LEO	酒泉	成功
—	朱雀二号	14 颗卫星	2022/12/14	SSO	酒泉	失败
456	长征二号丁	遥感三十六号卫星 A/B/C 星	2022/12/15	LEO	西昌	成功
457	长征十一号	试验二十一号	2022/12/16	GTO	西昌	成功
458	长征四号乙	高分十一号 04 星	2022/12/27	SSO	太原	成功
459	长征三号乙	试验十号 02 星	2022/12/29	GTO	文昌	成功
2023 年						
460	长征七号 A	实践二十三号	2023/1/9	GTO	西昌	成功
—	谷神星	天启星座等卫星	2023/1/9	SSO	酒泉	成功
461	长征二号丙	亚太 6E	2023/1/13	LEO	西昌	成功
462	长征二号丙	遥感三十七号等	2023/1/13	SSO	酒泉	成功
463	长征二号丙	齐鲁二号等	2023/1/15	SSO	太原	成功
464	长征三号乙	中星 26 号卫星	2023/2/23	GTO	酒泉	成功
465	长征二号丙	荷鲁斯 1 号遥感卫星	2023/2/24	SSO	酒泉	成功
466	长征二号丙	荷鲁斯 2 号遥感卫星	2023/3/13	SSO	酒泉	成功
467	长征十一号	试验十九号	2023/3/15	SSO	西昌	成功

续表

序号	运载火箭	有效载荷	起飞时间	轨道	发射场	结果
468	长征三号乙	高分十三号 02 星	2023/3/17	SSO	文昌	成功
—	快舟一号甲	天目一号等	2023/3/22	SSO	酒泉	成功
469	长征二号丙	宏图一号等	2023/3/30	SSO	太原	成功
470	长征四号丙	遥感三十四号 04 星	2023/3/31	LEO	酒泉	成功
—	天龙二号	爱太空科学号	2023/4/02	SSO	酒泉	成功
—	双曲线一号	—	2023/4/07	SSO	酒泉	成功
471	长征四号乙	风云三号 07 星	2023/4/16	LEO	酒泉	成功
472	长征七号	天舟六号	2023/5/10	LEO	西昌	成功
473	长征三号乙	第 56 颗北斗导航卫星	2023/5/17	GTO	酒泉	成功
474	长征二号丙	澳门科学一号卫星/珞珈二号 01 卫星	2023/5/21	SSO	酒泉	成功
475	长征二号 F	神舟十六号	2023/5/30	LEO	酒泉	成功
—	力箭一号	星时代等 26 星	2023/6/7	SSO	酒泉	成功
—	快舟一号甲	龙江三号	2023/6/9	LEO	酒泉	成功
476	长征二号丙	吉林一号高分 03 等星	2023/6/15	SSO	太原	成功
477	长征六号	试验二十五号卫星	2023/6/20	SSO	太原	成功
478	长征二号丙/YZ-1	卫星互联网技术试验卫星	2023/7/9	SSO	酒泉	成功
—	朱雀二号	无载荷验证飞行	2023/7/12	SSO	酒泉	成功
—	谷神星一号	星时代等	2023/7/20	SSO	酒泉	成功
479	长征二号丙	四象 01-04 星	2023/7/23	SSO	太原	成功
480	长征二号丙	遥感三十六号 A、B、C 星	2023/7/27	LEO	西昌	成功
481	长征四号乙	风云三号 06 星	2023/8/3	SSO	酒泉	成功
482	长征二号丙	环境减灾二号 06 星	2023/8/9	SSO	西昌	成功
483	长征三号乙	陆地探测四号 01 星	2023/8/13	SSO	黄海海域	成功
—	快舟一号甲	交通 6-10 号卫星	2023/8/14	SSO	酒泉	成功
484	长征四号丙	高分十二号 04 星	2023/8/21	SSO	酒泉	成功
—	谷神星一号	吉林一号高分 04 等星	2023/8/25	SSO	酒泉	成功
485	长征二号丁	遥感三十九号 A、B、C 星	2023/8/31	LEO	西昌	成功
—	谷神星一号(海)	天启星座等星	2023/9/5	SSO	黄海海域	成功
486	长征四号丙	遥感卫星三十三号 03 星	2023/9/7	SSO	酒泉	成功
487	长征六号甲	遥感四十号 A、B、C 星	2023/9/10	LEO	太原	成功
488	长征二号丁	遥感三十九号 2A、2B、2C 星	2023/9/17	LEO	西昌	成功
—	谷神星一号	吉林一号高分 04B	2023/9/22	SSO	酒泉	失败
489	长征四号丙	遥感卫星三十三号 0 星	2023/9/27	SSO	酒泉	成功
490	长征二号丁	遥感三十九号 3A、3B、3C 星	2023/10/5	LEO	西昌	成功
491	长征二号丁	云海一号 04 星	2023/10/15	SSO	酒泉	成功

续表

序号	运载火箭	有效载荷	起飞时间	轨道	发射场	结果
492	长征二号丁	遥感三十九号 4A、4B、4C 星	2023/10/24	LEO	西昌	成功
493	长征二号 F	神舟十七号	2023/10/26	LEO	酒泉	成功
494	长征六号甲	天绘五号	2023/11/1	SSO	太原	成功
495	长征七号甲	通信技术试验卫星十号	2023/11/3	GTO	文昌	成功
496	长征三号乙	中星 6E 卫星	2023/11/9	GTO	西昌	成功
497	长征二号丙	海洋三号 A	2023/11/16	SSO	酒泉	成功
498	长征二号丁/远征三号	互联网技术试验卫星	2023/11/23	LEO	西昌	成功
499	长征二号丙	埃及二号卫星等	2023/12/4	SSO	酒泉	成功
—	谷神星一号	天雁 16 星、星池一号 A 星	2023/12/5	SSO	酒泉	成功
—	捷龙三号	互联网技术试验卫星	2023/12/6	LEO	海上发射	成功
—	朱雀二号	鸿鹄卫星、天仪 33 星等	2023/12/9	SSO	酒泉	成功
500	长征二号丁	遥感三十九号 05A－C 星	2023/12/10	LEO	西昌	成功
501	长征二号 F	可重复使用试验航天器	2023/12/14	LEO	酒泉	成功
502	长征五号	遥感卫星四十一号	2023/12/15	GTO	文昌	成功
—	双曲线一号	迪迩一号	2023/12/17	SSO	酒泉	成功
—	快舟一号甲	天目一号 11－14 星	2023/12/25	SSO	酒泉	成功
502	长征十一号	试验二十四号 C 星(3 颗)	2023/12/26	SSO	海上发射	成功
504	长征三号乙/YZ－1	北斗 MEO(57、58)	2023/12/26	LEO	西昌	成功
—	快舟一号甲	天目一号 19－22 星	2023/12/27	SSO	酒泉	成功
505	长征二号丙	互联网技术试验卫星	2023/12/30	LEO	酒泉	成功

注：1)表中仅列出长征系列运载火箭的发射序号，开拓及快舟系列运载火箭等非长征火箭的发射任务无发射序号。

2)运载火箭代号中的 Y 指“遥”，即“遥测”。

3)轨道类型说明：

LEO：近地轨道(Low Earth Orbit)；

SSO：太阳同步轨道(Sun－synchronous Orbit)；

MEO：中地球轨道(Medium Earth Orbit)；

GTO：地球同步转移轨道(Geostationary Transfer Orbit)；

SSTO：超同步转移轨道(Super－Synchronous Transfer Orbit)；

TLI：地月转移轨道(Trans－Lunar Injection)；

SUB：亚轨道(Sub－Orbit)。

4)表中发射记录截至 2023 年 12 月 31 日。

表中信息来源于互联网，仅供参考。

附录C　其他国家主要运载火箭发射记录

附表 C-1　猎鹰 9 号火箭发射记录

序号	箭体型号	发射时间	发射地点	载荷	目标轨道	任务状态	芯级回收
1	v1.0	2010/6/4	卡 SLC-40	龙飞船评估单元	LEO	成功	失败
2	v1.0	2010/12/8	卡 SLC-40	货运龙 C1	LEO	成功	失败
3	v1.0	2012/5/22	卡 SLC-40	货运龙 C2、天界 11 号	LEO-ISS	成功	不回收
4	v1.0	2012/10/8	卡 SLC-40	货运龙-1、轨道通信 FM101	LEO-ISS	部分成功	不回收
5	v1.0	2013/3/1	卡 SLC-40	货运龙-2	LEO-ISS	成功	不回收
6	v1.1	2013/9/29	范 SLC-4E	CASSIOPE1、POPACS1-3 星、DANDE、Nanosat4	LEO	成功	失控
7	v1.1	2013/12/3	卡 SLC-40	欧洲卫星公司 8 号	GTO	成功	不回收
8	v1.1	2014/1/6	卡 SLC-40	泰国通信 6 号	GTO	成功	不回收
9	v1.1	2014/4/18	卡 SLC-40	货运龙-3	LEO-ISS	成功	不回收
10	v1.1	2014/7/14	卡 SLC-40	轨道通信等 8 颗卫星	LEO	成功	不回收
11	v1.1	2014/8/5	卡 SLC-40	亚洲八号卫星	GTO	成功	不回收
12	v1.1	2014/9/7	卡 SLC-40	亚洲六号卫星	GTO	成功	不回收
13	v1.1	2014/9/21	卡 SLC-40	货运龙-4	LEO-ISS	成功	不回收
14	v1.1	2015/1/10	卡 SLC-40	货运龙-5	LEO-ISS	成功	失败
15	v1.1	2015/2/11	卡 SLC-40	深空气候天文台	L1 转移轨道	成功	不回收
16	v1.1	2015/3/2	卡 SLC-40	亚洲广播卫星 3A、欧洲通信卫星 115 西 B	GTO	成功	不回收
17	v1.1	2015/4/14	卡 SLC-40	货运龙-6	LEO-ISS	成功	失败
18	v1.1	2015/4/27	卡 SLC-40	土库曼 1 号	GTO	成功	不回收
19	v1.1	2015/6/28	卡 SLC-40	货运龙-7	LEO-ISS	失败	取消
20	v1.2	2015/12/22	卡 SLC-40	轨道通信等 13 颗卫星（一级首次成功着陆）	LEO	成功	成功
21	v1.1	2016/1/17	范 SLC-4E	杰森 3 号	SSO	成功	失败
22	v1.2	2016/3/4	卡 SLC-40	欧洲卫星公司 9 号	GTO	成功	失败
23	v1.2	2016/4/8	卡 SLC-40	货运龙-8（一级首次成功在驳船上着陆）	LEO-ISS	成功	成功
24	v1.2	2016/5/6	卡 SLC-40	日本通信卫星 14 号	GTO	成功	成功
25	v1.2	2016/5/27	卡 SLC-40	泰国通信 8 号	GTO	成功	成功
26	v1.2	2016/6/15	卡 SLC-40	墨西哥卫星 9 号、亚洲广播卫星 2A	GTO	成功	失败
27	v1.2	2016/7/18	卡 SLC-40	货运龙-9	LEO-ISS	成功	成功
28	v1.2	2016/8/14	卡 SLC-40	日本通信卫星 16 号	GTO	成功	成功
29	v1.2	2017/1/14	范 SLC-4E	铱星（10 颗）	LEO	成功	成功

续表

序号	箭体型号	发射时间	发射地点	载荷	目标轨道	任务状态	芯级回收
30	v1.2	2017/2/19	肯 LC-39A	货运龙-10	LEO-ISS	成功	成功
31	v1.2	2017/3/16	肯 LC-39A	回响星 23 号	GTO	成功	不回收
32	v1.2	2017/3/30	肯 LC-39A	欧洲卫星公司 10 号(一级首次复用)	GTO	成功	成功
33	v1.2	2017/5/1	肯 LC-39A	美国 276 号	LEO	成功	成功
34	v1.2	2017/5/15	肯 LC-39A	国际海事卫星 5 号 F4	GTO	成功	不回收
35	v1.2	2017/6/3	肯 LC-39A	货运龙-11	LEO-ISS	成功	成功
36	v1.2	2017/6/23	肯 LC-39A	孟加拉卫星 1R	GTO	成功	成功
37	v1.2	2017/6/25	范 SLC-4E	铱星(10 颗)	LEO	成功	成功
38	v1.2	2017/7/5	肯 LC-39A	国际通信卫星 35e	GTO	成功	不回收
39	v1.2	2017/8/14	肯 LC-39A	货运龙-12	LEO-ISS	成功	成功
40	v1.2	2017/8/24	范 SLC-4E	福卫 5 号	SSO	成功	成功
41	v1.2	2017/9/7	肯 LC-39A	X-37B OTV-5 等	LEO	成功	成功
42	v1.2	2017/10/9	范 SLC-4E	铱星(10 颗)	LEO	成功	成功
43	v1.2	2017/10/11	肯 LC-39A	回响星 105 号	GTO	成功	成功
44	v1.2	2017/10/30	肯 LC-39A	韩国卫星 5A	GTO	成功	成功
45	v1.2	2017/12/15	卡 SLC-40	货运龙-13	LEO-ISS	成功	成功
46	v1.2	2017/12/23	范 SLC-4E	铱星(10 颗)	LEO	成功	不回收
47	v1.2	2018/1/8	卡 SLC-40	Zuma	LEO	成功	成功
48	v1.2	2018/1/31	卡 SLC-40	欧洲卫星公司 16 号	GTO	成功	不回收
49	v1.2	2018/2/22	范 SLC-4E	帕兹、微卫星 2a/b	SSO	成功	不回收
50	v1.2	2018/3/6	卡 SLC-40	西班牙卫星等(因着陆区天气恶劣而取消回收)	Sub-GTO	成功	不回收
51	v1.2	2018/3/30	范 SLC-4E	铱星(10 颗)	LEO	成功	不回收
52	v1.2	2018/4/2	卡 SLC-40	货运龙-14	LEO-ISS	成功	不回收
53	v1.2	2018/4/18	卡 SLC-40	TESS 卫星	Sub-GTO	成功	成功
54	v1.2(B5)	2018/5/11	肯 LC-39A	孟加拉通信 1 号	GTO	成功	成功
55	v1.2	2018/5/22	范 SLC-4E	铱星(5 颗)、GRACE 卫星(2 颗)	LEO	成功	不回收
56	v1.2	2018/6/4	卡 SLC-40	欧洲卫星公司 12 号	GTO	成功	不回收
57	v1.2	2018/6/29	卡 SLC-40	货运龙-15	LEO-ISS	成功	不回收
58	v1.2(B5)	2018/7/22	卡 SLC-40	电星 19V	Sub-GTO	成功	成功
59	v1.2(B5)	2018/7/25	范 SLC-4E	铱星(10 颗)	LEO	成功	成功
60	v1.2(B5)	2018/8/7	卡 SLC-40	印尼电信公司 4	GTO	成功	成功
61	v1.2(B5)	2018/9/10	卡 SLC-40	电星 18V(亚太 5C)	Sub-GTO	成功	成功
62	v1.2(B5)	2018/10/7	范 SLC-4E	SAOCOM1A	SSO	成功	成功

续表

序号	箭体型号	发射时间	发射地点	载荷	目标轨道	任务状态	芯级回收
63	v1.2(B5)	2018/11/15	肯 LC-39A	Es'hail2	GTO	成功	成功
64	v1.2(B5)	2018/12/3	范 SLC-4E	天空卫星等小卫星	SSO	成功	成功
65	v1.2(B5)	2018/12/5	卡 SLC-40	货运龙-16	LEO-ISS	成功	失败
66	v1.2(B5)	2018/12/23	卡 SLC-40	全球定位系统 3-1(GPS Ⅲ SV01)	MEO	成功	不回收
67	v1.2(B5)	2019/1/11	范 SLC-4E	铱星(10 颗)	LEO	成功	成功
68	v1.2(B5)	2019/2/22	卡 SLC-40	PSN-6、Beresheet、S5	GTO	成功	成功
69	v1.2(B5)	2019/3/2	肯 LC-39A	载人龙 DM-1	LEO-ISS	成功	成功
70	v1.2(B5)	2019/5/4	卡 SLC-40	货运龙-17	LEO-ISS	成功	成功
71	v1.2(B5)	2019/5/24	卡 SLC-40	星链(60 颗)	LEO	成功	成功
72	v1.2(B5)	2019/6/12	范 SLC-4E	RCM 卫星	SSO	成功	成功
73	v1.2(B5)	2019/7/25	卡 SLC-40	货运龙-18	LEO-ISS	成功	成功
74	v1.2(B5)	2019/8/6	卡 SLC-40	AMOS17 卫星	Sub-GTO	成功	不回收
75	v1.2(B5)	2019/11/11	卡 SLC-40	星链 L-1(60 颗)(首个完成 4 次轨道飞行的 F9 芯级)	LEO	成功	成功
76	v1.2(B5)	2019/12/5	卡 SLC-40	货运龙-19	LEO-ISS	成功	成功
77	v1.2(B5)	2019/12/16	卡 SLC-40	日本通信卫星 18 号	Sub-GTO	成功	成功
78	v1.2(B5)	2020/1/7	卡 SLC-40	星链 L-2(60 颗)	LEO	成功	成功
79	v1.2(B5)	2020/1/19	肯 LC-39A	载人龙逃逸测试体	亚轨道	成功	不回收
80	v1.2(B5)	2020/1/29	卡 SLC-40	星链 L-3(60 颗)	LEO	成功	成功
81	v1.2(B5)	2020/2/17	卡 SLC-40	星链 L-4(60 颗)(一级火箭在水面溅落)	LEO	成功	失败
82	v1.2(B5)	2020/3/7	卡 SLC-40	货运龙-20	LEO-ISS	成功	成功
83	v1.2(B5)	2020/3/18	肯 LC-39A	星链 L-5(60 颗)(一级回收失败,坠入大西洋)	LEO	成功	失败
84	v1.2(B5)	2020/4/22	肯 LC-39A	星链 L-6(60 颗)	LEO	成功	成功
85	v1.2(B5)	2020/5/30	肯 LC-39A	载人龙 DM-2	LEO-ISS	成功	成功
86	v1.2(B5)	2020/6/4	卡 SLC-40	星链 L-7(60 颗)	LEO	成功	成功
87	v1.2(B5)	2020/6/13	卡 SLC-40	星链 L-8(58 颗) 、天空卫星 16、17、18	LEO	成功	成功
88	v1.2(B5)	2020/6/30	卡 SLC-40	全球定位系统 3-3(GPS Ⅲ SV03)	MEO	成功	成功
89	v1.2(B5)	2020/7/20	卡 SLC-40	ANASIS2	GTO	成功	成功
90	v1.2(B5)	2020/8/7	肯 LC-39A	星链 L-9(57 颗)、黑天全球 5、黑天全球 6	LEO	成功	成功
91	v1.2(B5)	2020/8/18	卡 SLC-40	星链 L-10(60 颗)(首个完成 6 次轨道飞行的 F9 芯级)	LEO	成功	成功

续表

序号	箭体型号	发射时间	发射地点	载荷	目标轨道	任务状态	芯级回收
92	v1.2(B5)	2020/8/30	卡 SLC-40	SAOCOM1B、GNOMES1、EG1	SSO	成功	成功
93	v1.2(B5)	2020/9/3	肯 LC-39A	星链 L-11(60 颗)	LEO	成功	成功
94	v1.2(B5)	2020/10/6	肯 LC-39A	星链 L-12(60 颗)	LEO	成功	成功
95	v1.2(B5)	2020/10/18	肯 LC-39A	星链 L-13(60 颗)	LEO	成功	成功
96	v1.2(B5)	2020/10/24	卡 SLC-40	星链 L-14(60 颗)	LEO	成功	成功
97	v1.2(B5)	2020/11/5	卡 SLC-40	全球定位系统 3-4(GPS Ⅲ SV04)	MEO	成功	成功
98	v1.2(B5)	2020/11/16	肯 LC-39A	Crew-1	LEO-ISS	成功	成功
99	v1.2(B5)	2020/11/21	范 SLC-4E	哨兵 6A	LEO	成功	成功
100	v1.2(B5)	2020/11/25	卡 SLC-40	星链 L-15(60 颗)(首个完成 7 次轨道飞行的 F9 芯级)	LEO	成功	成功
101	v1.2(B5)	2020/12/6	肯 LC-39A	货运龙-21、主教气闸仓	LEO-ISS	成功	成功
102	v1.2(B5)	2020/12/13	卡 SLC-40	SXM7	Sub-GTO	成功	成功
103	v1.2(B5)	2020/12/19	肯 LC-39A	美国 312 号、美国 313 号(NROL-108)	LEO	成功	成功
104	v1.2(B5)	2021/1/8	卡 SLC-40	土耳其卫星 5A	SSTO	成功	成功
105	v1.2(B5)	2021/1/20	肯 LC-39A	星链 L-16(60 颗)(首个完成 8 次轨道飞行的 F9 芯级)	LEO	成功	成功
106	v1.2(B5)	2021/1/24	卡 SLC-40	Transporter-1(大量小卫星)、10 颗星链	SSO	成功	成功
107	v1.2(B5)	2021/2/4	卡 SLC-40	星链 L-18(60 颗)	LEO	成功	成功
108	v1.2(B5)	2021/2/16	卡 SLC-40	星链 L-19(60 颗)	LEO	成功	失败
109	v1.2(B5)	2021/3/4	肯 LC-39A	星链 L-17(60 颗)	LEO	成功	成功
110	v1.2(B5)	2021/3/11	卡 SLC-40	星链 L-20(60 颗)	LEO	成功	成功
111	v1.2(B5)	2021/3/14	肯 LC-39A	星链 L-21(60 颗)(首个完成 9 次轨道飞行的 F9 芯级)	LEO	成功	成功
112	v1.2(B5)	2021/3/24	卡 SLC-40	星链 L-22(60 颗)	LEO	成功	成功
113	v1.2(B5)	2021/4/7	卡 SLC-40	星链 L-23(60 颗)	LEO	成功	成功
114	v1.2(B5)	2021/4/23	肯 LC-39A	Crew-2	LEO-ISS	成功	成功
115	v1.2(B5)	2021/4/29	卡 SLC-40	星链 L-24(60 颗)	LEO	成功	成功
116	v1.2(B5)	2021/5/4	肯 LC-39A	星链 L-25(60 颗)	LEO	成功	成功
117	v1.2(B5)	2021/5/9	卡 SLC-40	星链 L-27(60 颗)(首个完成 10 次轨道飞行的 F9 芯级)	LEO	成功	成功
118	v1.2(B5)	2021/5/15	肯 LC-39A	星链 L-26(52 颗)	LEO	成功	成功
119	v1.2(B5)	2021/5/26	卡 SLC-40	星链 L-28(60 颗)	LEO	成功	成功
120	v1.2(B5)	2021/6/3	肯 LC-39A	货运龙-22	LEO	成功	成功
121	v1.2(B5)	2021/6/6	卡 SLC-40	SXM-8	Sub-GTO	成功	成功

续表

序号	箭体型号	发射时间	发射地点	载荷	目标轨道	任务状态	芯级回收
122	v1.2(B5)	2021/6/17	卡 SLC-40	全球定位系统 3-5（GPS Ⅲ SV05）	MEO	成功	成功
123	v1.2(B5)	2021/6/30	卡 SLC-40	Transporter-2(大量小卫星)、3 颗星链	SSO	成功	成功
124	v1.2(B5)	2021/8/29	肯 LC-39A	货运龙-23	LEO-ISS	成功	成功
125	v1.2(B5)	2021/9/14	范 SLC-4E	星链 G-21(51 颗)	LEO	成功	成功
126	v1.2(B5)	2021/9/16	肯 LC-39A	灵感 4	LEO-ISS	成功	成功
127	v1.2(B5)	2021/11/11	肯 LC-39A	载人龙乘员-3	LEO-ISS	成功	成功
128	v1.2(B5)	2021/11/13	卡 SLC-40	星链 G-41(53 颗)	LEO	成功	成功
129	v1.2(B5)	2021/11/24	范 SLC-4E	DART/LICIACube	HCO	成功	成功
130	v1.2(B5)	2021/12/2	卡 SLC-40	星链 G-43(48 颗)、黑天全球 12、13	LEO	成功	成功
131	v1.2(B5)	2021/12/9	肯 LC-39A	IXPE(SMEX14)	LEO	成功	成功
132	v1.2(B5)	2021/12/18	范 SLC-4E	星链 G-44(52 颗)(首个完成 11 次轨道飞行的 F9 芯级)	LEO	成功	成功
133	v1.2(B5)	2021/12/19	卡 SLC-40	土耳其卫星 5B	GTO	成功	成功
134	v1.2(B5)	2021/12/21	肯 LC-39A	货运龙-24	LEO-ISS	成功	成功
135	v1.2(B5)	2022/1/6	肯 LC-39A	星链 G-45(49 颗)	LEO	成功	成功
136	v1.2(B5)	2022/1/13	卡 SLC-40	Transporter-3 等(109 颗小卫星)	SSO	成功	成功
137	v1.2(B5)	2022/1/19	肯 LC-39A	星链 G-46(49 颗)	LEO	成功	成功
138	v1.2(B5)	2022/1/31	卡 SLC-40	CSG-2	SSO	成功	成功
139	v1.2(B5)	2022/2/2	范 SLC-4E	NROL87(美国 326 号)	SSO	成功	成功
140	v1.2(B5)	2022/2/3	肯 LC-39A	星链 G-47(49 颗)	LEO	成功	成功
141	v1.2(B5)	2022/2/21	卡 SLC-40	星链 G-48(46 颗)	LEO	成功	成功
142	v1.2(B5)	2022/2/25	范 SLC-4E	星链 G-411(50 颗)	LEO	成功	成功
143	v1.2(B5)	2022/3/2	肯 LC-39A	星链 G-49(47 颗)	LEO	成功	成功
144	v1.2(B5)	2022/3/9	卡 SLC-40	星链 G-410(48 颗)	LEO	成功	成功
145	v1.2(B5)	2022/3/19	卡 SLC-40	星链 G-412(53 颗)(首个完成 12 次轨道飞行的 F9 芯级)	LEO	成功	成功
146	v1.2(B5)	2022/4/1	卡 SLC-40	Transporter-4 任务(40 颗)	SSO	成功	成功
147	v1.2(B5)	2022/4/8	肯 LC-39A	载人龙 Ax1	LEO-ISS	成功	成功
148	v1.2(B5)	2022/4/17	范 SLC-4E	闯入者 13A、闯入者 13B	SSO	成功	成功
149	v1.2(B5)	2022/4/21	卡 SLC-40	星链 G-414(53 颗)	LEO	成功	成功
150	v1.2(B5)	2022/4/27	肯 LC-39A	载人龙-4	LEO-ISS	成功	成功
151	v1.2(B5)	2022/4/29	卡 SLC-40	星链 G-416(53 颗)	LEO	成功	成功
152	v1.2(B5)	2022/5/6	肯 LC-39A	星链 G-417(53 颗)	LEO	成功	成功

续表

序号	箭体型号	发射时间	发射地点	载荷	目标轨道	任务状态	芯级回收
153	v1.2(B5)	2022/5/13	范 SLC-4E	星链 G-413(53 颗)	LEO	成功	成功
154	v1.2(B5)	2022/5/14	卡 SLC-40	星链 G-415(53 颗)	LEO	成功	成功
155	v1.2(B5)	2022/5/18	肯 LC-39A	星链 G-418(53 颗)	LEO	成功	成功
156	v1.2(B5)	2022/5/25	卡 SLC-40	Transporter-5(大量小卫星)	SSO	成功	成功
157	v1.2(B5)	2022/6/8	卡 SLC-40	尼罗卫星 301	SSTO	成功	成功
158	v1.2(B5)	2022/6/17	肯 LC-39A	星链 G-419(53 颗)(首个完成 13 次轨道飞行的 F9 芯级)	LEO	成功	成功
159	v1.2(B5)	2022/6/18	范 SLC-4E	SARah1	SSO	成功	成功
160	v1.2(B5)	2022/6/19	卡 SLC-40	全球星 M087、美国 328 号、美国 329 号、美国 330 号、美国 331 号	LEO	成功	成功
161	v1.2(B5)	2022/6/29	卡 SLC-40	欧洲卫星公司 22 号	GTO	成功	成功
162	v1.2(B5)	2022/7/7	卡 SLC-40	星链 G-421(53 颗)	LEO	成功	成功
163	v1.2(B5)	2022/7/11	范 SLC-4E	星链 G-31(46 颗)	SSO	成功	成功
164	v1.2(B5)	2022/7/15	肯 LC-39A	货运龙-25	LEO-ISS	成功	成功
165	v1.2(B5)	2022/7/17	卡 SLC-40	星链 G-422(53 颗)	LEO	成功	成功
166	v1.2(B5)	2022/7/23	范 SLC-4E	星链 G-32(46 颗)	SSO	成功	成功
167	v1.2(B5)	2022/7/24	肯 LC-39A	星链 G-425(53 颗)	LEO	成功	成功
168	v1.2(B5)	2022/8/5	卡 SLC-40	韩国探路者月球轨道器	TLI	成功	成功
169	v1.2(B5)	2022/8/10	肯 LC-39A	星链 G-426(52 颗)	LEO	成功	成功
170	v1.2(B5)	2022/8/12	范 SLC-4E	星链 G-33(46 颗)	SSO	成功	成功
171	v1.2(B5)	2022/8/19	卡 SLC-40	星链 G-427(53 颗)	LEO	成功	成功
172	v1.2(B5)	2022/8/23	肯 LC-39A	星链 G-423(54 颗)[F9 目前最重的载荷(总重约 16.7 t)]	LEO	成功	成功
173	v1.2(B5)	2022/8/31	范 SLC-4E	星链 G-34(46 颗)	SSO	成功	成功
174	v1.2(B5)	2022/9/5	卡 SLC-40	星链 G-420(51 颗)、夏尔巴 LTC 星 2 号	LEO	成功	成功
175	v1.2(B5)	2022/9/11	肯 LC-39A	星链 G-42(34 颗)、BlueWalker3(首个完成 14 次轨道飞行的 F9 芯级)	LEO	成功	成功
176	v1.2(B5)	2022/9/19	卡 SLC-40	星链 G-434(54 颗)	LEO	成功	成功
177	v1.2(B5)	2022/9/25	卡 SLC-40	星链 G-435(52 颗)	LEO	成功	成功
178	v1.2(B5)	2022/10/6	肯 LC-39A	载人龙-5	LEO-ISS	成功	成功
179	v1.2(B5)	2022/10/6	范 SLC-4E	星链 G-429(52 颗)	LEO	成功	成功
180	v1.2(B5)	2022/10/8	卡 SLC-40	银河 33、银河 34	Sub-GTO	成功	成功
181	v1.2(B5)	2022/10/15	卡 SLC-40	热鸟系列 13F	GTO	成功	成功
182	v1.2(B5)	2022/10/20	卡 SLC-40	星链 G-436(54 颗)	LEO	成功	成功

续表

序号	箭体型号	发射时间	发射地点	载荷	目标轨道	任务状态	芯级回收
183	v1.2(B5)	2022/10/28	范 SLC-4E	星链 G-431(53 颗)	LEO	成功	成功
184	v1.2(B5)	2022/11/03	卡 SLC-40	热鸟系列 13G	SSTO	成功	成功
185	v1.2(B5)	2022/11/12	卡 SLC-40	银河 31、银河 32	GTO	成功	不回收
186	v1.2(B5)	2022/11/23	卡 SLC-40	欧洲通信卫星 10B	SSTO	成功	不回收
187	v1.2(B5)	2022/11/26	肯 LC-39A	货运龙-26	LEO-ISS	成功	成功
188	v1.2(B5)	2022/12/09	肯 LC-39A	一网卫星 L15(共 40 颗)	LEO	成功	成功
189	v1.2(B5)	2022/12/11	卡 SLC-40	白兔 R-M1、月球手电筒	TLI	成功	成功
190	v1.2(B5)	2022/12/16	范 SLC-4E	地表水和海洋地形卫星	LEO	成功	成功
191	v1.2(B5)	2022/12/16	卡 SLC-40	O3bFM21、O3bFM22	MEO	成功	成功
192	v1.2(B5)	2022/12/17	肯 LC-39A	星链 G437(54 颗)	LEO	成功	成功
193	v1.2(B5)	2022/12/28	卡 SLC-40	星链 G51(54 颗)	LEO	成功	成功
194	v1.2(B5)	2022/12/30	范 SLC-4E	地球远程观测系统 C3-1	LEO	成功	成功
195	v1.2(B5)	2023/1/3	卡 SLC-40	YAM5 等 114 颗卫星	SSO	成功	成功
196	v1.2(B5)	2023/1/10	卡 SLC-40	一网卫星 L16(共 40 颗)	LEO	成功	成功
197	v1.2(B5)	2023/1/18	卡 SLC-40	全球定位系统 3-6	MEO	成功	成功
198	v1.2(B5)	2023/1/19	范 SLC-4E	星链 G24(51 颗)	LEO	成功	成功
199	v1.2(B5)	2023/1/26	卡 SLC-40	星链 G52(56 颗)	LEO	成功	成功
200	v1.2(B5)	2023/1/31	范 SLC-4E	星链 G26(49 颗)、在轨卫星搭载者 9 号	LEO	成功	成功
201	v1.2(B5)	2023/2/2	肯 LC-39A	星链 G53(53 颗)	LEO	成功	成功
202	v1.2(B5)	2023/2/7	卡 SLC-40	AmazonasNexus	GTO	成功	成功
203	v1.2(B5)	2023/2/12	卡 SLC-40	星链 G54(55 颗)	LEO	成功	成功
204	v1.2(B5)	2023/2/17	范 SLC-4E	星链 G25(51 颗)	LEO	成功	成功
205	v1.2(B5)	2023/2/18	卡 SLC-40	国际海事卫星 6 号 F2	GTO	成功	成功
206	v1.2(B5)	2023/2/27	卡 SLC-40	星链 G61(21 颗)	LEO	成功	成功
207	v1.2(B5)	2023/3/2	肯 LC-39A	载人龙-6	LEO-ISS	成功	成功
208	v1.2(B5)	2023/3/3	范 SLC-4E	星链 G27(51 颗)	LEO	成功	成功
209	v1.2(B5)	2023/3/9	卡 SLC-40	一网卫星 L17(40 颗)	LEO	成功	成功
210	v1.2(B5)	2023/3/15	肯 LC-39A	货运龙-27、STP-H9、ARKSAT1、LightCube、Ex-Alta2、AuroraSat、YukonSat、NEUDOSE	LEO-ISS	成功	成功
211	v1.2(B5)	2023/3/17	范 SLC-4E	星链 G28(52 颗)	LEO	成功	成功
212	v1.2(B5)	2023/3/17	卡 SLC-40	欧洲卫星公司 18 号、欧洲卫星公司 19 号	GTO	成功	成功
213	v1.2(B5)	2023/3/24	卡 SLC-40	星链 G55(56 颗)	LEO	成功	成功
214	v1.2(B5)	2023/3/29	卡 SLC-40	星链 G510(56 颗)	LEO	成功	成功

续表

序号	箭体型号	发射时间	发射地点	载荷	目标轨道	任务状态	芯级回收
215	v1.2(B5)	2023/4/2	范 SLC-4E	Transport and TrackingLayer（共 10 颗）	LEO	成功	成功
216	v1.2(B5)	2023/4/7	卡 SLC-40	国际通信卫星 40e、TEMPO	GTO	成功	成功
217	v1.2(B5)	2023/4/15	范 SLC-4E	Transporter-7 任务搭车小卫星	SSO	成功	成功
218	v1.2(B5)	2023/4/19	卡 SLC-40	星链 G62(21 颗)	LEO	成功	成功
219	v1.2(B5)	2023/4/27	范 SLC-4E	星链 G35(46 颗)	SSO	成功	成功
220	v1.2(B5)	2023/4/28	卡 SLC-40	O3bmPower3、O3bmPower4	MEO	成功	成功
221	v1.2(B5)	2023/5/4	卡 SLC-40	星链 G56(56 颗)	LEO	成功	成功
222	v1.2(B5)	2023/5/10	范 SLC-4E	星链 G29(51 颗)	LEO	成功	成功
223	v1.2(B5)	2023/5/14	卡 SLC-40	星链 G59(56 颗)	LEO	成功	成功
224	v1.2(B5)	2023/5/19	卡 SLC-40	星链 G63(22 颗)	LEO	成功	成功
225	v1.2(B5)	2023/5/20	范 SLC-4E	铱星(5 颗)、一网卫星 L19(15 颗)、JoeySat	LEO	成功	成功
226	v1.2(B5)	2023/5/21	肯 LC-39A	载人龙 Ax2	LEO-ISS	成功	成功
227	v1.2(B5)	2023/5/27	卡 SLC-40	BADR-8	GTO	成功	成功
228	v1.2(B5)	2023/5/31	范 SLC-4E	星链 G210(52 颗)	LEO	成功	成功
229	v1.2(B5)	2023/6/4	卡 SLC-40	星链 G64(22 颗)	LEO	成功	成功
230	v1.2(B5)	2023/6/5	肯 LC-39A	货运龙-28、iROSA1A 等	LEO-ISS	成功	成功
231	v1.2(B5)	2023/6/12	卡 SLC-40	星链 G511(52 颗)	LEO	成功	成功
232	v1.2(B5)	2023/6/12	范 SLC-4E	Transporter-8 任务搭车小卫星	SSO	成功	成功
233	v1.2(B5)	2023/6/18	卡 SLC-40	Satria-1	GTO	成功	成功
234	v1.2(B5)	2023/6/22	范 SLC-4E	星链 G57(47 颗)	LEO	成功	成功
235	v1.2(B5)	2023/6/23	卡 SLC-40	星链 G512(56 颗)	LEO	计划	计划
236	v1.2 (B5)	2023/7/1	卡 SLC-40	欧几里得太空望远镜	日地 L2 点晕轨道	成功	成功
237	v1.2 (B5)	2023/7/7	范 SLC-4E	星链 G5-13(48 颗)	LEO	成功	成功
238	v1.2 (B5)	2023/7/10	卡 SLC-40	星链 G6-5(22 颗)	LEO	成功	成功
239	v1.2 (B5)	2023/7/16	卡 SLC-40	星链 G5-15(54 颗)	LEO	成功	成功
240	v1.2 (B5)	2023/7/20	范 SLC-4E	星链 G6-15(15 颗)	LEO	成功	成功
241	v1.2 (B5)	2023/7/24	卡 SLC-40	星链 G6-6(22 颗)	LEO	成功	成功
242	v1.2 (B5)	2023/7/28	卡 SLC-40	星链 G6-7(22 颗)	LEO	成功	成功
243	v1.2 (B5)	2023/8/3	卡 SLC-40	银河 37	GTO	成功	成功
244	v1.2 (B5)	2023/8/7	卡 SLC-40	星链 G6-8(22 颗)	LEO	成功	成功
245	v1.2 (B5)	2023/8/8	范 SLC-4E	星链 G6-20(15 颗)	LEO	成功	成功
246	v1.2 (B5)	2023/8/11	卡 SLC-40	星链 G6-9(22 颗)	LEO	成功	成功

续表

序号	箭体型号	发射时间	发射地点	载荷	目标轨道	任务状态	芯级回收
247	v1.2（B5）	2023/8/17	卡 SLC-40	星链 G6-10(22 颗）	LEO	成功	成功
248	v1.2（B5）	2023/8/22	范 SLC-4E	星链 G7-1(21 颗）	LEO	成功	成功
249	v1.2（B5）	2023/8/26	肯 LC-39A	载人龙-7	LEO-ISS	成功	成功
250	v1.2（B5）	2023/8/27	卡 SLC-40	星链 G6-11(22 颗）	LEO	成功	成功
251	v1.2（B5）	2023/9/1	卡 SLC-40	星链 G6-13(22 颗）	LEO	成功	成功
252	v1.2（B5）	2023/9/2	范 SLC-4E	Transport Layer Tranche 等	LEO	成功	成功
253	v1.2（B5）	2023/9/4	肯 LC-39A	星链 G6-12(21 颗）	LEO	成功	成功
254	v1.2（B5）	2023/9/9	卡 SLC-40	星链 G6-14(22 颗）	LEO	成功	成功
255	v1.2（B5）	2023/9/12	范 SLC-4E	星链 G7-2(21 颗）	LEO	成功	成功
256	v1.2（B5）	2023/9/16	卡 SLC-40	星链 G6-16(22 颗）	LEO	成功	成功
257	v1.2（B5）	2023/9/20	卡 SLC-40	星链 G6-17(22 颗）	LEO	成功	成功
258	v1.2（B5）	2023/9/24	卡 SLC-40	星链 G6-18(22 颗）	LEO	成功	成功
259	v1.2（B5）	2023/9/25	范 SLC-4E	星链 G7-3(21 颗）	LEO	成功	成功
260	v1.2（B5）	2023/9/30	卡 SLC-40	星链 G6-19(22 颗）	LEO	成功	成功
261	v1.2（B5）	2023/10/5	卡 SLC-40	星链 G6-21(22 颗）	LEO	成功	成功
262	v1.2（B5）	2023/10/9	范 SLC-4E	星链 G7-4(21 颗）	LEO	成功	成功
263	v1.2（B5）	2023/10/13	卡 SLC-40	星链 G6-22(22 颗）	LEO	成功	成功
264	v1.2（B5）	2023/10/18	卡 SLC-40	星链 G6-23(22 颗）	LEO	成功	成功
265	v1.2（B5）	2023/10/21	范 SLC-4E	星链 G7-5(21 颗）	LEO	成功	成功
266	v1.2（B5）	2023/10/22	卡 SLC-40	星链 G6-24(23 颗）	LEO	成功	成功
267	v1.2（B5）	2023/10/29	范 SLC-4E	星链 G7-6(22 颗）	LEO	成功	成功
268	v1.2（B5）	2023/10/30	卡 SLC-40	星链 G6-25(23 颗）	LEO	成功	成功
269	v1.2（B5）	2023/11/4	卡 SLC-40	星链 G6-26(23 颗）	LEO	成功	成功
270	v1.2（B5）	2023/11/8	卡 SLC-40	星链 G6-27(23 颗）	LEO	成功	成功
271	v1.2（B5）	2023/11/10	肯 LC-39A	货运龙-29	LEO-ISS	成功	成功
272	v1.2（B5）	2023/11/11	范 SLC-4E	Transporter-9 任务搭车小卫星	SSO	成功	成功
273	v1.2（B5）	2023/11/12	卡 SLC-40	O3b mPower 5/6	MEO	成功	成功
274	v1.2（B5）	2023/11/18	卡 SLC-40	星链 G6-28(23 颗）	LEO	成功	成功
275	v1.2（B5）	2023/11/20	范 SLC-4E	星链 G7-7(22 颗）	LEO	成功	成功
276	v1.2（B5）	2023/11/22	卡 SLC-40	星链 G6-29(23 颗）	LEO	成功	成功
277	v1.2（B5）	2023/11/28	卡 SLC-40	星链 G6-30(23 颗）	LEO	成功	成功
278	v1.2（B5）	2023/12/1	范 SLC-4E	425 Project SAR Satellite 等 25 星	SSO	成功	成功
279	v1.2（B5）	2023/12/3	卡 SLC-40	星链 G6-31(23 颗）	LEO	成功	成功
280	v1.2（B5）	2023/12/7	卡 SLC-40	星链 G6-33(23 颗）	LEO	成功	成功

续表

序号	箭体型号	发射时间	发射地点	载荷	目标轨道	任务状态	芯级回收
281	v1.2 (B5)	2023/12/8	范 SLC－4E	星链 G7－8(22 颗)	LEO	成功	成功
282	v1.2 (B5)	2023/12/19	卡 SLC－40	星链 G6－34(23 颗)	LEO	成功	成功
283	v1.2 (B5)	2023/12/23	卡 SLC－40	星链 G6－32(23 颗)	LEO	成功	成功
284	v1.2 (B5)	2023/12/24	范 SLC－4E	SARah－2、SARah－3	SSO	成功	成功
285	v1.2 (B5)	2023/12/29	卡 SLC－40	星链 G6－36(23 颗)	LEO	成功	成功

注:1)上述信息来自互联网;

2)发射时间均为 UTC 时间。

附表 C－2 猎鹰重型火箭发射记录

序列	发射时间	发射地点	载荷	发射轨道	任务状态	芯一级回收	助推器回收
1	2018/2/6	肯 LC－39A	特斯拉跑车(首飞)	HECO	成功	失败	成功
2	2019/4/11	肯 LC－39A	阿拉伯卫星 6A	GTO	成功	成功	成功
3	2019/6/25	肯 LC－39A	近程 1 号等 25 颗星	LEO、MEO	成功	失败	成功
4	2022/11/1	肯 LC－39A	牧羊人示范卫星、LDPE 卫星 2 号、四元星、阿尔派、洛马太空升级卫星系统 1 号、洛马太空升级卫星系统 2 号	GEO	成功	不回收	成功
5	2023/1/15	肯 LC－39A	CBAS 2、LDPE 3A	GEO	成功	不回收	成功
6	2023/4/12	肯 LC－39A	Arabsat－6A 通信卫星	GTO	成功	成功	成功
7	2023/7/29	肯 LC－39A	木星三号	GEO	成功	—	成功
8	2023/12/29	肯 LC－39A	X37B 空天飞机	HEO	成功	不回收	成功

注:1)表中信息来源于互联网,仅供参考;

2)发射时间均为 UTC 时间。

附表 C－3 质子 M 火箭发射记录

序列	火箭	发射日期	载荷	发射地点	结果
1	质子 M Briz－M (Mod 1)	2001/4/7	荧光屏 M－4	拜 LC－81/24	成功
2	质子 M Briz－M (Mod 1)	2002/12/29	尼米克 2 号	拜 LC－81/24	成功
3	质子 M Briz－M (Mod 2)	2004/3/15	欧洲通信卫星 W3A	拜 LC－81/24	成功
4	质子 M Briz－M (Ph. 1)	2004/6/16	国际通信卫星 10－02	拜 LC－200/39	成功
5	质子 M Briz－M (Ph. 1)	2004/8/4	亚马逊 1 号	拜 LC－200/39	成功
6	质子 M Briz－M (Ph. 1)	2004/10/14	美国联通 15 号	拜 LC－200/39	成功
7	质子 M Briz－M (Ph. 1)	2005/2/3	阿斯特拉 4A	拜 LC－81/24	成功
8	质子 M Briz－M (Ph. 1)	2005/5/22	直播电视 8 号	拜 LC－200/39	成功
9	质子 M Briz－M (Ph. 1)	2005/9/8	阿尼克 F1R	拜 LC－200/39	成功
10	质子 M Briz－M (Ph. 1)	2005/12/29	欧洲通信卫星 174A	拜 LC－200/39	成功
11	质子 M Briz－M (Ph. 1)	2006/2/28	阿拉伯卫星 4A	拜 LC－200/39	成功
12	质子 M Briz－M (Ph. 1)	2006/8/4	热鸟 8 号	拜 LC－200/39	成功
13	质子 M Briz－M (Ph. 1)	2006/11/8	阿拉伯卫星 4B	拜 LC－200/39	成功

续表

序列	火箭	发射日期	载荷	发射地点	结果
14	质子 M Briz-M (Ph. 1)	2006/12/11	马星 3 号	拜 LC-200/39	成功
15	质子 M Briz-M (Ph. 1)	2007/4/9	阿尼克 F3	拜 LC-200/39	成功
16	质子 M Briz-M (Ph. 2)	2007/7/7	直播电视 10 号	拜 LC-200/39	成功
17	质子 M Briz-M (Ph. 1)	2007/9/5	日本通信卫星 11 号	拜 LC-200/39	失败
18	质子 M Briz-M (Ph. 1)	2007/11/17	天狼星 4 号	拜 LC-200/39	成功
19	质子 M Briz-M (Ph. 1)	2007/12/9	彩虹 1M-1	拜 LC-81/24	成功
20	质子 M Blok-DM2	2007/12/25	飓风 M-12～M-14	拜 LC-81/24	成功
21	质子 M Briz-M (Ph. 1)	2008/1/28	快讯 AM-33	拜 LC-200/39	成功
22	质子 M Briz-M (Ph. 1)	2008/2/11	索尔 5 号	拜 LC-200/39	成功
23	质子 M Briz-M (Ph. 1)	2008/3/14	美国联通 14 号	拜 LC-200/39	成功
24	质子 M Briz-M (Ph. 2 mod)	2008/8/18	国际海事卫星 4 号 F3	拜 LC-200/39	成功
25	质子 M Briz-M (Ph. 1)	2008/9/19	尼米克 4 号	拜 LC-200/39	成功
26	质子 M Blok-DM2	2008/9/25	飓风 M-15～M-17	拜 LC-81/24	成功
27	质子 M Briz-M (Ph. 1)	2008/11/5	阿斯特拉 1M	拜 LC-200/39	成功
28	质子 M Briz-M (Ph. 2)	2008/12/10	天蓝 2 号	拜 LC-200/39	成功
29	质子 M Blok-DM2	2008/12/25	飓风 M-18～M-20	拜 LC-81/24	成功
30	质子 M Briz-M (Ph. 3)	2009/2/11	快讯 AM-44、快讯 MD-1	拜 LC-200/39	成功
31	质子 M Briz-M (Ph. 2)	2009/4/3	欧洲通信卫星 W2A	拜 LC-200/39	成功
32	质子 M Briz-M (Ph. 2)	2009/5/16	印尼星 2 号	拜 LC-200/39	成功
33	质子 M Briz-M (Ph. 2)	2009/6/30	天狼星 FM5	拜 LC-200/39	成功
34	质子 M Briz-M (Ph. 2)	2009/8/11	亚洲五号卫星	拜 LC-200/39	成功
35	质子 M Briz-M (Ph. 2)	2009/9/17	尼米克 5 号	拜 LC-200/39	成功
36	质子 M Briz-M (Ph. 2)	2009/11/24	欧洲通信卫星 W7	拜 LC-200/39	成功
37	质子 M Blok-DM2	2009/12/14	飓风 M-21～M-23	拜 LC-81/24	成功
38	质子 M Briz-M (Ph. 2)	2009/12/29	直播电视 12 号	拜 LC-200/39	成功
39	质子 M Briz-M (Ph. 1)	2010/1/28	彩虹 1M-2	拜 LC-81/24	成功
40	质子 M Briz-M (Ph. 1 mod 1)	2010/2/12	国际通信卫星 16	拜 LC-200/39	成功
41	质子 M Blok-DM2	2010/3/1	飓风 M-24～M-26	拜 LC-81/24	成功
42	质子 M Briz-M (Ph. 3)	2010/3/20	回响星 14 号	拜 LC-200/39	成功
43	质子 M Briz-M (Ph. 2)	2010/4/24	欧洲卫星公司 1 号	拜 LC-200/39	成功
44	质子 M Briz-M (Ph. 2)	2010/6/3	阿拉伯卫星 5B	拜 LC-200/39	成功
45	质子 M Briz-M (Ph. 3)	2010/7/10	回响星 15 号	拜 LC-200/39	成功
46	质子 M Blok-DM2	2010/9/2	飓风 M-27～M-29	拜 LC-81/24	成功
47	质子 M Briz-M (Ph. 3)	2010/10/14	XM5 号	拜 LC-81/24	成功
48	质子 M Briz-M (Ph. 2)	2010/11/14	天域 1 号	拜 LC-200/39	成功

续表

序列	火箭	发射日期	载荷	发射地点	结果
49	质子 M Blok - DM03	2010/12/5	飓风 M - 30、飓风 M - 31、飓风 M - 32	拜 LC - 81/24	失败
50	质子 M Briz - M (Ph. 3)	2010/12/26	KA 卫星	拜 LC - 200/39	成功
51	质子 M Briz - M (Ph. 3)	2011/5/20	电星 14R	拜 LC - 200/39	成功
52	质子 M Briz - M (Ph. 3)	2011/7/15	哈萨克 2 号、欧洲卫星公司 3 号	拜 LC - 200/39	成功
53	质子 M Briz - M (Ph. 3)	2011/8/17	快讯 AM - 4	拜 LC - 200/39	成功
54	质子 M Briz - M (Ph. 1 mod. 2)	2011/9/20	鱼叉 11L	拜 LC - 81/24	成功
55	质子 M Briz - M (Ph. 3)	2011/9/29	奎兹卫星 1 号	拜 LC - 200/39	成功
56	质子 M Briz - M (Ph. 3)	2011/10/19	卫讯 1 号	拜 LC - 200/39	成功
57	质子 M Briz - M (Ph. 1 mod. 1)	2011/11/4	飓风 M34 - 36	拜 LC - 81/24	成功
58	质子 M Briz - M (Ph. 3)	2011/11/25	亚洲七号卫星	拜 LC - 200/39	成功
59	质子 M Briz - M (Ph. 3)	2011/12/11	阿莫斯 5 号、卢奇 5A	拜 LC - 81/24	成功
60	质子 M Briz - M (Ph. 3)	2012/2/14	欧洲卫星公司 4 号	拜 LC - 200/39	成功
61	质子 M Briz - M (Ph. 3)	2012/3/25	国际通信卫星 22	拜 LC - 200/39	成功
62	质子 M Briz - M (Ph. 3)	2012/4/23	雅卫星 1B	拜 200/39	成功
63	质子 M Briz - M (Ph. 3)	2012/5/17	尼米克 6 号	拜 LC - 81/24	成功
64	质子 M Briz - M (Ph. 3)	2012/7/9	欧洲卫星公司 5 号	拜 LC - 81/24	成功
65	质子 M Briz - M (Ph. 3)	2012/8/6	印尼电信公司 3、快讯 MD - 2	拜 LC - 81/24	成功
66	质子 M Briz - M (Ph. 3)	2012/10/14	国际通信卫星 23	拜 LC - 81/24	成功
67	质子 M Briz - M (Ph. 3)	2012/11/2	卢奇 5B、亚马尔 300K	拜 LC - 81/24	成功
68	质子 M Briz - M (Ph. 3)	2012/11/20	回响星 16 号	拜 LC - 200/39	成功
69	质子 M Briz - M (Ph. 3)	2012/12/8	亚马尔 402 号	拜 LC - 200/39	成功
70	质子 M Briz - M (Ph. 3)	2013/3/26	墨西哥卫星 8 号	拜 LC - 200/39	成功
71	质子 M Briz - M (Ph. 3)	2013/4/15	阿尼克 G1	拜 LC - 200/39	成功
72	质子 M Briz - M (Ph. 3)	2013/5/14	欧洲通信卫星 3D	拜 LC - 200/39	成功
73	质子 M Briz - M (Ph. 3)	2013/6/3	欧洲卫星公司 6 号	拜 LC - 200/39	成功
74	质子 M Blok - DM03	2013/7/2	飓风 M - 39 等	拜 LC - 81/24	失败
75	质子 M Briz - M (Ph. 3)	2013/9/29	阿斯特拉 2E	拜 LC - 200/39	成功
76	质子 M Briz - M (Ph. 3)	2013/10/25	天狼星 FM6	拜 LC - 200/39	成功
77	质子 M Briz - M (Ph. 1 mod. 2)	2013/11/11	彩虹 1M - 3	拜 LC - 81/24	成功
78	质子 M Briz - M (Ph. 3)	2013/12/8	国际海事卫星 5 号 F1	拜 LC - 200/39	成功
79	质子 M Briz - M (Ph. 3)	2013/12/26	快讯 AM - 5	拜 LC - 81/24	成功
80	质子 M Briz - M (Ph. 3)	2014/2/14	土耳其卫星 4A	拜 LC - 81/24	成功
81	质子 M Briz - M (Ph. 3)	2014/3/15	快讯 AT - 1、快讯 AT - 2	拜 LC - 81/24	成功
82	质子 M Briz - M (Ph. 3)	2014/4/28	哈萨克 3 号、卢奇 5V	拜 LC - 81/24	成功
83	质子 M Briz - M (Ph. 3)	2014/5/15	快讯 AM - 4R	拜 LC - 200/39	失败

续表

序列	火箭	发射日期	载荷	发射地点	结果
84	质子 M Briz－M（Ph. 3）	2014/9/27	卢奇	拜 LC－81/24	成功
85	质子 M Briz－M（Ph. 3）	2014/10/21	快讯 AM－6	拜 LC－81/24	成功
86	质子 M Briz－M（Ph. 3）	2014/12/15	亚马尔 401 号	拜 LC－81/24	成功
87	质子 M Briz－M（Ph. 3）	2014/12/27	阿斯特拉 2G	拜 LC－200/39	成功
88	质子 M Briz－M（Ph. 3）	2015/2/1	国际海事卫星 5 号 F2	拜 LC－200/39	成功
89	质子 M Briz－M（Ph. 3）	2015/3/18	快车- AM－7	拜 LC－200/39	成功
90	质子 M Briz－M（Ph. 3）	2015/5/16	墨西哥卫星 1 号	拜 LC－200/39	失败
91	质子 M Briz－M（Ph. 3）	2015/8/28	国际海事卫星 5 号 F3	拜 LC－200/39	成功
92	质子 M Blok－DM03	2015/9/14	快讯 AM－8	拜 LC－81/24	成功
93	质子 M Briz－M（Ph. 3）	2015/10/16	土耳其卫星 4B	拜 LC－200/39	成功
94	质子 M Briz－M（Ph. 1 mod. 2）	2015/12/13	鱼叉 12L	拜 LC－81/24	成功
95	质子 M Briz－M（Ph. 3）	2015/12/24	快讯 AMU1	拜 LC－200/39	成功
96	质子 M Briz－M（Ph. 3）	2016/1/29	欧洲通信卫星 9B	拜 LC－200/39	成功
97	质子 M	2016/3/14	ExoMars 2016	拜	成功
98	质子 M Briz－M（Ph. 4）	2016/6/9	国际通信卫星 31	拜 LC－81/24	成功
99	质子 M Briz－M（Ph. 3）	2017/6/8	回响星 21 号	拜 LC－81/24	成功
100	质子 M Briz－M（Ph. 3）	2017/8/16	福音 11L	拜 LC－81/24	成功
101	质子 M Briz－M（Ph. 3）	2017/9/11	亚马逊 5 号	拜 LC－200/39	成功
102	质子 M Briz－M（Ph. 4）	2017/9/28	亚洲九号卫星	拜 LC－200/39	成功
103	质子 M Briz－M（Ph. 3）	2018/4/18	福音 12L	拜 LC－81/24	成功
104	质子 M Briz－M（Ph. 3）	2018/12/21	福音 13L	拜 LC－81/24	成功
105	质子 M Briz－M（Ph. 4）	2019/5/30	亚马尔 601 号	拜 LC－200/39	成功
106	质子 M Blok－DM03	2019/7/13	俄德光谱号	拜 LC－81/24	成功
107	质子 M Briz－M（Ph. 3）	2019/8/5	福音 14L	拜 LC－81/24	成功
108	质子 M Briz－M（Ph. 4）	2019/10/9	欧洲通信卫星 5 号西 B 等	拜 LC－200/39	成功
109	质子 M Blok－DM03	2019/12/24	电学 L－3	拜 LC－81/24	成功
110	质子 M Briz－M（Ph. 3）	2020/7/30	快讯 103、快讯 80	拜 LC－200/39	成功
111	质子 M	2021/7/21	多用途实验室-升级版	拜 LC－200/39	成功
112	质子 M Briz－M（Ph. 1 mod. 2）	2021/12/13	快讯 AMU7、快讯 AMU3	拜 LC－200/39	成功
113	质子 M Blok－DM03	2022/10/12	安哥拉卫星 2 号	拜 LC－81/24	成功
114	质子 M Blok－DM03	2023/2/5	电学 L－4	拜 LC－81/24	成功
115	质子 M Briz－M（Ph. 3）	2023/3/12	Luch/Olimp－K 2	拜 LC－200/39	成功

注：表中信息来源于互联网，仅供参考。

附表 C－4 阿里安 5 火箭发射记录

序列	火箭	发射日期/UTC	发射地点	载荷	发射轨道	结果
1	Ariane 5G	1996/6/4	圭亚那航天中心	集群 FM1－4 号	—	失败
2	Ariane 5G	1997/10/30	圭亚那航天中心	高级小模型卫星、模型卫星 B、年轻工程师卫星	—	部分成功
3	Ariane 5G	1998/10/21	圭亚那航天中心	模型卫星 3 号	—	成功
4	Ariane 5G	1999/12/10	圭亚那航天中心	X 射线多面镜-牛顿	—	成功
5	Ariane 5G	2000/3/21	圭亚那航天中心	印度国家卫星 3B、非洲之星 1 号	GEO	成功
6	Ariane 5G	2000/9/14	圭亚那航天中心	阿斯特拉 2B、对地静止卫星 7 号	GEO	成功
7	Ariane 5G	2000/11/16	圭亚那航天中心	国际通信卫星 1R 等	GTO	成功
8	Ariane 5G	2000/12/20	圭亚那航天中心	对地静止卫星 8 号、阿斯特拉 2D 等	GEO	成功
9	Ariane 5G	2001/3/8	圭亚那航天中心	欧洲鸟 1 号、B 卫星 2a	GEO	成功
10	Ariane 5G	2001/7/12	圭亚那航天中心	阿尔忒弥斯、B 卫星 2b	GEO	部分失败
11	Ariane 5G	2002/3/1	圭亚那航天中心	环境卫星 1 号	LEO	成功
12	Ariane 5G	2002/7/5	圭亚那航天中心	N 星 c、大西洋鸟 3 号	GEO	成功
13	Ariane 5G	2002/8/28	圭亚那航天中心	大西洋鸟 1 号等	GEO	成功
14	Ariane 5ECA	2002/12/11	圭亚那航天中心	喇叭虫；模块化适应载荷 A、B，热鸟 7 号	GEO	失败
15	Ariane 5G	2003/4/9	圭亚那航天中心	印度国家卫星 3A、银河 12	GEO	成功
16	Ariane 5G	2003/6/11	圭亚那航天中心	B 卫星 2c、澳星 C1	GEO	成功
17	Ariane 5G	2003/9/27	圭亚那航天中心	欧洲鸟 3 号、印度国家卫星 3E、聪明 1 号	GEO	成功
18	Ariane 5G＋	2004/3/2	圭亚那航天中心	罗塞塔号	双曲线轨道	成功
19	Ariane 5G＋	2004/7/18	圭亚那航天中心	阿尼克 F2	GEO	成功
20	Ariane 5G＋	2004/12/18	圭亚那航天中心	蜂群 1、2、3、4 号等	LEO	成功
21	Ariane 5ECA	2005/2/12	圭亚那航天中心	欧洲 X 星、晃动卫星、模型卫星 B2	GEO	成功
22	Ariane 5GS	2005/8/11	圭亚那航天中心	泰国通信 4 号	GEO	成功
23	Ariane 5GS	2005/10/13	圭亚那航天中心	银河 15、锡拉丘兹 3A	GEO	成功
24	Ariane 5ECA	2005/11/16	圭亚那航天中心	印尼电信公司 2、太空路 2 号	GEO	成功
25	Ariane 5GS	2005/12/21	圭亚那航天中心	印度国家卫星 4A、气象卫星二代 2 号	GEO	成功
26	Ariane 5ECA	2006/3/11	圭亚那航天中心	热鸟 7A 号、西班牙 1 号	GEO	成功
27	Ariane 5ECA	2006/5/27	圭亚那航天中心	墨西哥卫星 6 号、泰国通信 5 号	GEO	成功
28	Ariane 5ECA	2006/8/11	圭亚那航天中心	日本通信卫星 10 号、锡拉丘兹 3B	GEO	成功

续表

序列	火箭	发射日期/UTC	发射地点	载荷	发射轨道	结果
29	Ariane 5ECA	2006/10/13	圭亚那航天中心	澳星 D1、直播电视 9S 等	GEO	成功
30	Ariane 5ECA	2006/12/8	圭亚那航天中心	野蓝 1 号、对地静止卫星 18 号	GEO	成功
31	Ariane 5ECA	2007/3/11	圭亚那航天中心	印度国家卫星 4B、天网 5A	GEO	成功
32	Ariane 5ECA	2007/5/4	圭亚那航天中心	阿斯特拉 1L、银河 17	GEO	成功
33	Ariane 5ECA	2007/8/14	圭亚那航天中心	B 卫星 3a、太空路 3 号	GEO	成功
34	Ariane 5GS	2007/10/5	圭亚那航天中心	国际通信卫星 11、澳星 D2	GEO	成功
35	Ariane 5ECA	2007/11/14	圭亚那航天中心	天网 5B、明星 1 号 C1	GEO	成功
36	Ariane 5GS	2007/12/21	圭亚那航天中心	地平线 2 号(美国)、非洲地区卫星通信组织 QAF－1	GEO	成功
37	Ariane 5ES	2008/3/9	圭亚那航天中心	自动转移载具 1 号	LEO	成功
38	Ariane 5ECA	2008/4/18	圭亚那航天中心	越南 1 号、明星 1 号 C2	GEO	成功
39	Ariane 5ECA	2008/6/12	圭亚那航天中心	土耳其 3A、天网 5C	GEO	成功
40	Ariane 5ECA	2008/7/7	圭亚那航天中心	原恒星 1 号、阿拉伯卫星 4AR	GEO	成功
41	Ariane 5ECA	2008/8/14	圭亚那航天中心	超鸟卫星 C2、美国联通 21 号	GEO	成功
42	Ariane 5ECA	2008/12/20	圭亚那航天中心	阿富汗斯坦 1 号、热鸟 9 号	GEO	成功
43	Ariane 5ECA	2009/2/12	圭亚那航天中心	红外线预警准备系统 A、B 星等	GEO	成功
44	Ariane 5ECA	2009/5/14	圭亚那航天中心	赫歇尔号、普朗克	L2 晕轨道	成功
45	Ariane 5ECA	2009/7/1	圭亚那航天中心	回响星 T1	GEO	成功
46	Ariane 5ECA	2009/8/21	圭亚那航天中心	日本通信卫星 12 号、澳星 D3	GEO	成功
47	Ariane 5ECA	2009/10/1	圭亚那航天中心	亚马逊 2 号、德国军用通信卫星 1 号	GEO	成功
48	Ariane 5ECA	2009/10/29	圭亚那航天中心	索尔 6 号、新天卫星 12 号	GEO	成功
49	Ariane 5GS	2009/12/18	圭亚那航天中心	赫利俄斯 2B	LEO	成功
50	Ariane 5ECA	2010/5/21	圭亚那航天中心	阿斯特拉 3B、德国军用通信卫星 2 号	GEO	成功
51	Ariane 5ECA	2010/6/26	圭亚那航天中心	阿拉伯卫星 5A、通信海洋和气象卫星 1 号	GEO	成功
52	Ariane 5ECA	2010/8/4	圭亚那航天中心	尼罗卫星 201、非洲地区卫星通信组织 QAF－1R	GEO	成功
53	Ariane 5ECA	2010/10/28	圭亚那航天中心	欧洲通信卫星 W3B、B 卫星 3b	GEO	成功
54	Ariane 5ECA	2010/11/26	圭亚那航天中心	国际通信卫星 17、海拉斯 1 号	GEO	成功
55	Ariane 5ECA	2010/12/29	圭亚那航天中心	韩国卫星 6 号、西班牙卫星 1E	GEO	成功
56	Ariane 5ES	2011/2/16	圭亚那航天中心	自动转移载具 2 号	LEO	成功
57	Ariane 5ECA	2011/4/22	圭亚那航天中心	新黎明号、雅卫星 1A	GEO	成功

续表

序列	火箭	发射日期/UTC	发射地点	载荷	发射轨道	结果
58	Ariane 5ECA	2011/5/20	圭亚那航天中心	新加坡台湾2号、印度国家卫星4G	GEO	成功
59	Ariane 5ECA	2011/8/6	圭亚那航天中心	B卫星3c、阿斯特拉1N	GEO	成功
60	Ariane 5ECA	2011/9/21	圭亚那航天中心	阿拉伯卫星5C、欧洲卫星公司2号	GEO	成功
61	Ariane 5ES	2012/3/23	圭亚那航天中心	自动转移载具3号	LEO	成功
62	Ariane 5ECA	2012/5/15	圭亚那航天中心	日本通信卫星13号、越南2号	GEO	成功
63	Ariane 5ECA	2012/7/5	圭亚那航天中心	回响星17号、气象卫星二代3号	GEO	成功
64	Ariane 5ECA	2012/8/2	圭亚那航天中心	国际通信卫星20、海拉斯2号	GEO	成功
65	Ariane 5ECA	2012/9/28	圭亚那航天中心	印度地球静止卫星10号、阿斯特拉2F	GEO	成功
66	Ariane 5ECA	2012/11/10	圭亚那航天中心	明星1号C3、欧洲通信卫星21B	GEO	成功
67	Ariane 5ECA	2012/12/19	圭亚那航天中心	墨西哥卫星3号、天网5D	GEO	成功
68	Ariane 5ECA	2013/2/7	圭亚那航天中心	非洲卫星1a、亚马逊3号	GEO	成功
69	Ariane 5ES	2013/6/5	圭亚那航天中心	自动转移载具4号	LEO	成功
70	Ariane 5ECA	2013/7/25	圭亚那航天中心	阿尔法卫星、印度国家卫星3D	GEO	成功
71	Ariane 5ECA	2013/8/29	圭亚那航天中心	欧洲通信卫星25B、印度地球静止卫星7号	GEO	成功
72	Ariane 5ECA	2014/2/6	圭亚那航天中心	雅典娜-菲杜斯号、亚洲广播卫星2号	GEO	成功
73	Ariane 5ECA	2014/3/22	圭亚那航天中心	阿斯特拉5B、亚马逊4A	GEO	成功
74	Ariane 5ES	2014/7/29	圭亚那航天中心	自动转移载具5号	LEO	成功
75	Ariane 5ECA	2014/9/11	圭亚那航天中心	澳星10号、马来西亚东亚卫星3号	GEO	成功
76	Ariane 5ECA	2014/10/16	圭亚那航天中心	阿根廷卫星1号、国际通信卫星30	GEO	成功
77	Ariane 5ECA	2014/12/6	圭亚那航天中心	印度地球静止卫星16号、直播电视14号	GEO	成功
78	Ariane 5ECA	2015/4/26	圭亚那航天中心	托尔7号、西克拉尔2号	GEO	成功
79	Ariane 5ECA	2015/5/27	圭亚那航天中心	墨西哥天空1号、直播电视15号	GEO	成功
80	Ariane 5ECA	2015/7/15	圭亚那航天中心	明星1号C4、气象卫星二代4号	GEO	成功
81	Ariane 5ECA	2015/8/20	圭亚那航天中心	国际通信卫星34、欧洲通信卫星8西B	GEO	成功

续表

序列	火箭	发射日期/UTC	发射地点	载荷	发射轨道	结果
82	Ariane 5ECA	2015/9/30	圭亚那航天中心	阿根廷电信卫星2号、天空集合1号	GEO	成功
83	Ariane 5ECA	2015/11/10	圭亚那航天中心	阿拉伯卫星6B、印度地球静止卫星15号	GEO	成功
84	Ariane 5ECA	2016/1/27	圭亚那航天中心	国际通信卫星29e	GEO	成功
85	Ariane 5ECA	2016/3/9	圭亚那航天中心	欧洲通信卫星65西A	GEO	成功
86	Ariane 5ECA	2016/6/18	圭亚那航天中心	回响星18号、印尼人民银行卫星	GEO	成功
87	Ariane 5ECA	2016/8/24	圭亚那航天中心	国际通信卫星33e、36	GEO	成功
88	Ariane 5ECA	2016/10/5	圭亚那航天中心	印度地球静止卫星18号、天空集合2号	GEO	成功
89	Ariane 5ES	2016/11/17	圭亚那航天中心	伽利略15、16、17、18	MEO	成功
90	Ariane 5ECA	2016/12/21	圭亚那航天中心	明星1号D1、日本通信卫星15号	GEO	成功
91	Ariane 5ECA	2017/2/14	圭亚那航天中心	巴西天空1号、印尼电信公司3S	GEO	成功
92	Ariane 5ECA	2017/5/4	圭亚那航天中心	韩国卫星7号、通信和防御地球静止卫星1号	GEO	成功
93	Ariane 5ECA	2017/6/1	圭亚那航天中心	欧洲通信卫星172B、卫讯2号	GEO	成功
94	Ariane 5ECA	2017/6/28	圭亚那航天中心	赫拉斯卫星3号、印度地球静止卫星17号	GEO	成功
95	Ariane 5ECA	2017/9/29	圭亚那航天中心	国际通信卫星37e、B卫星4a	GEO	成功
96	Ariane 5ES	2017/12/12	圭亚那航天中心	伽利略19、20、21、22	MEO	成功
97	Ariane 5ECA	2018/1/25	圭亚那航天中心	阿尔耶3号、欧洲卫星公司14号	GEO	部分失败
98	Ariane 5ECA	2018/4/5	圭亚那航天中心	超级鸟8号、海拉斯4号	GEO	成功
99	Ariane 5ES	2018/7/25	圭亚那航天中心	伽利略23、24、25、26	MEO	成功
100	Ariane 5ECA	2018/9/25	圭亚那航天中心	阿塞拜疆空间2号、地平线3e	GEO	成功
101	Ariane 5	2018/10/20	圭亚那航天中心	贝皮可伦坡	HCO	成功
102	Ariane 5ECA	2018/12/4	圭亚那航天中心	韩国对地静止多目的卫星2A、印度地球静止卫星11号	GEO	成功
103	Ariane 5ECA	2019/2/5	圭亚那航天中心	赫拉卫星4号、印度地球静止卫星31号	GEO	成功
104	Ariane 5ECA	2019/6/20	圭亚那航天中心	美国电话电报公司T16星、欧洲通信卫星7C	GEO	成功
105	Ariane 5ECA＋	2019/8/6	圭亚那航天中心	国际通信卫星39、欧洲数据传输卫星C	GEO	成功
106	Ariane 5ECA	2019/11/26	圭亚那航天中心	蒂巴1号、国际海事卫星5号F5	GEO	成功

续表

序列	火箭	发射日期/UTC	发射地点	载荷	发射轨道	结果
107	Ariane 5ECA+	2020/1/16	圭亚那航天中心	欧洲通信卫星连接者、印度地球静止卫星 30 号	GEO	成功
108	Ariane 5ECA+	2020/2/18	圭亚那航天中心	韩国对地静止多目的卫星 2B、日本通信卫星 17 号	GEO	成功
109	Ariane 5ECA+	2020/8/15	圭亚那航天中心	银河 30、B 卫星 4b、任务延长卫星 2 号	GEO	成功
110	Ariane 5ECA+	2021/7/30	圭亚那航天中心	明星 1 号 D2、欧洲量子通信卫星	GTO	成功
111	Ariane 5ECA+	2021/10/24	圭亚那航天中心	SES－17 通信卫星、Syracuse－4A 军事通信卫星	GTO	成功
112	Ariane 5ECA+	2021/12/25	圭亚那航天中心	詹姆斯·韦伯空间望远镜	地日 L2 晕轨道	成功
113	Ariane 5ECA+	2022/6/22	圭亚那航天中心	马星 3d、印度地球静止卫星 24 号	GTO	成功
114	Ariane 5ECA+	2022/9/7	圭亚那航天中心	欧洲通信卫星连接者 VHTS	GTO	成功
115	Ariane 5ECA+	2022/12/13	圭亚那航天中心	银河 35、银河 36、气象卫星三代-成像 1 号	GTO	成功
116	Ariane 5ECA+	2023/4/14	圭亚那航天中心	木星冰卫星探测器	HCO	成功
117	Ariane 5ECA+	2023/7/5	圭亚那航天中心	锡拉丘兹 4B、Heinrich Hertz (H2Sat)	GTO	成功

注：表中信息来源于互联网，仅供参考。

附表 C－5　PLSV 火箭发射记录

序列	火箭	发射日期	载荷	发射轨道	发射地点	结果
1	PLSV－G (1)	1993/9/20	印度遥感卫星 1E	SSO	萨 FLP	失败
2	PLSV－G (1)	1994/10/15	印度遥感卫星 P2	SSO	萨 FLP	成功
3	PLSV－G (1)	1996/3/21	印度遥感卫星 P3	SSO	萨 FLP	成功
4	PLSV－G (2)	1997/9/29	印度遥感卫星 1D	SSO	萨 FLP	成功
5	PLSV－G (2)	1999/5/26	德国试管卫星、印度遥感卫星 P4、原件卫星 3 号	SSO	萨 FLP	成功
6	PLSV－G (2)	2001/10/22	或许卫星、技术试验卫星、双谱红外探测 1 号	SSO	萨 FLP	成功
7	PLSV－G (3)	2002/9/12	印度气象卫星 1 号	GEO	萨 FLP	成功
8	PLSV－G (3)	2003/10/17	印度遥感卫星 P6	SSO	萨 FLP	成功
9	PLSV－G (3)	2005/5/5	卡托卫星 1 号、无线电通信爱好者卫星	LEO	萨 SLP	成功
10	PLSV－G (3)	2007/1/10	国家航空航天研究所 A1 卫星等	SSO	萨 FLP	成功
11	PLSV－CA	2007/4/23	伽马成像天文探测器、先进航空电子模块	SSO	萨 SLP	成功
12	PLSV－CA	2008/1/21	地平 8 号	SSO	萨 FLP	成功

续表

序列	火箭	发射日期	载荷	发射轨道	发射地点	结果
13	PLSV - CA	2008/4/28	奥尔堡大学 2 号等 10 颗卫星	SSO	萨 SLP	成功
14	PLSV - XL	2008/10/22	月船 1 号	TLI	萨 SLP	成功
15	PLSV - CA	2009/4/20	安那大学微卫星、雷达成像卫星 2 号	SSO	萨 SLP	成功
16	PLSV - CA	2009/9/23	海洋卫星 2 号等 6 颗卫星	SSO	萨 FLP	成功
17	PLSV - CA	2010/7/12	提契诺卫星 1 号等 5 颗卫星	SSO	萨 SLP	成功
18	PLSV - G (3)	2011/4/20	X 卫星、青春卫星、印度资源卫星 2 号	SSO	萨 FLP	成功
19	PLSV - XL	2011/7/15	印度地球静止卫星 12 号	GEO	萨 SLP	成功
20	PLSV - CA	2011/10/12	SRM 大学卫星、热带珍珠号、萤火虫号、船卫星 1 号	SSO	萨 FLP	成功
21	PLSV - XL	2012/4/26	雷达成像卫星 1 号	SSO	萨 FLP	成功
22	PLSV - CA	2012/9/9	大阪工学院电火箭发动机小卫星等 3 颗卫星	SSO	萨 FLP	成功
23	PLSV - CA	2013/2/25	大学亮星目标探测器等	SSO	萨 FLP	成功
24	PLSV - XL	2013/7/1	印度区域导航卫星系统 1A	倾斜 GEO	萨 FLP	成功
25	PLSV - C25	2013/11/5	火星飞船	深空轨道	萨	成功
26	PLSV - XL	2014/4/4	印度区域导航卫星系统 1B	倾斜 GEO	萨 FLP	成功
27	PLSV - CA	2014/6/30	气候监测与导航 1 号等 6 颗卫星	SSO	萨 FLP	成功
28	PLSV - XL	2014/10/15	印度区域导航卫星系统 1C	GEO	萨 FLP	成功
29	PLSV - XL	2015/3/28	印度区域导航卫星系统 1D	倾斜 GEO	萨 SLP	成功
30	PLSV - XL	2015/7/10	离轨实验飞行器等 5 颗	LEO	萨 FLP	成功
31	PLSV - XL	2015/9/28	国家航空航天研究所 A2 卫星等	SSO	萨 FLP	成功
32	PLSV - CA	2015/12/16	肯特岗 1 号等	SSO	萨 FLP	成功
33	PLSV - XL	2016/1/20	印度区域导航卫星系统 1E	倾斜 GEO	萨 SLP	成功
34	PLSV - XL	2016/3/10	印度区域导航卫星系统 1F	GEO	萨 SLP	成功
35	PLSV - XL	2016/4/28	印度区域导航卫星系统 1G	GEO	萨 FLP	成功
36	PLSV - XL	2016/6/22	国家航空航天研究所 A3 卫星、鸽群卫星等	LEO	萨 SLP	成功
37	PLSV - G (3)	2016/9/26	PES 理工学院成像卫星等	SSO	萨 FLP	成功
38	PLSV - XL	2016/12/7	印度资源卫星 2A	SSO	萨 FLP	成功
39	PLSV - XL	2017/2/15	阿尔 • 法拉比 1 号、鸽群卫星等	LEO	萨 FLP	成功
40	PLSV - XL	2017/6/23	阿尔托 1 号等	SSO	萨 FLP	成功
41	PLSV - XL	2017/8/31	印度区域导航卫星系统 1H	GTO	萨 SLP	成功
42	PLSV - XL	2018/1/12	阿基德 6A 等	SSO	萨 FLP	成功
43	PLSV - XL	2018/4/11	印度区域导航卫星系统 1I	GTO	萨 FLP	成功
44	PLSV - CA	2018/9/16	诺瓦合成孔径雷达卫星 1 号等	SSO	萨 FLP	成功

续表

序列	火箭	发射日期	载荷	发射轨道	发射地点	结果
45	PLSV-CA	2018/11/29	H卫星1号、鸽群等卫星	LEO	萨 FLP	成功
46	PLSV-DL	2019/1/24	卡拉姆卫星v2、微卫星R	SSO	萨 FLP	成功
47	PLSV-QL	2019/4/1	艾米卫星、鸽群等卫星	LEO	萨 SLP	成功
48	PLSV-CA	2019/5/22	雷达成像卫星2B	SSO	萨 FLP	成功
49	PLSV-XL	2019/11/27	卡托卫星3号、鸽群卫星等	SSO	萨 SLP	成功
50	PLSV-QL	2019/12/11	第一代高光学性能卫星技术演示仪、狐猴2等	SSO	萨 FLP	成功
51	PLSV-DL	2020/11/7	克洛斯侦察任务1A等	SSO	萨 SLP	成功
52	PLSV-XL	2020/12/17	印度地球静止卫星12R	GEO	萨 SLP	成功
53	PLSV-DL	2021/2/28	亚马逊1号(巴西卫星)等	SSO	萨 FLP	成功
54	PLSV-XL	2022/2/14	雷达成像卫星1A;印度纳卫星2TD、启灵1号	SSO	萨 FLP	成功
55	PLSV-CA	2022/6/30	国防科学光电卫星等	LEO	萨 SLP	成功
56	PLSV-XL	2022/11/26	海洋卫星3号等	SSO	萨 FLP	成功
57	PLSV-CA	2023/4/22	TeLEOS-2、Lumelite-4	LEO	萨 FLP	成功
58	PLSV-CA	2023/7/30	DS-SAR等	LEO	萨 FLP	成功
59	PLSV-XL	2023/9/2	太阳神-L1	日地L1点晕轨道	萨 SLP	成功

注:1)表中信息来源于互联网,仅供参考;

2)发射场“萨”指萨迪什·达万航天中心。